AN IMMENSE WORLD

—How Animal Senses Reveal the Hidden Realms Around Us

エド・ヨン ED YONG
久保尚子 訳

動物には何が見え、聞こえ、感じられるのか

人間には感知できない驚異の環世界

柏書房

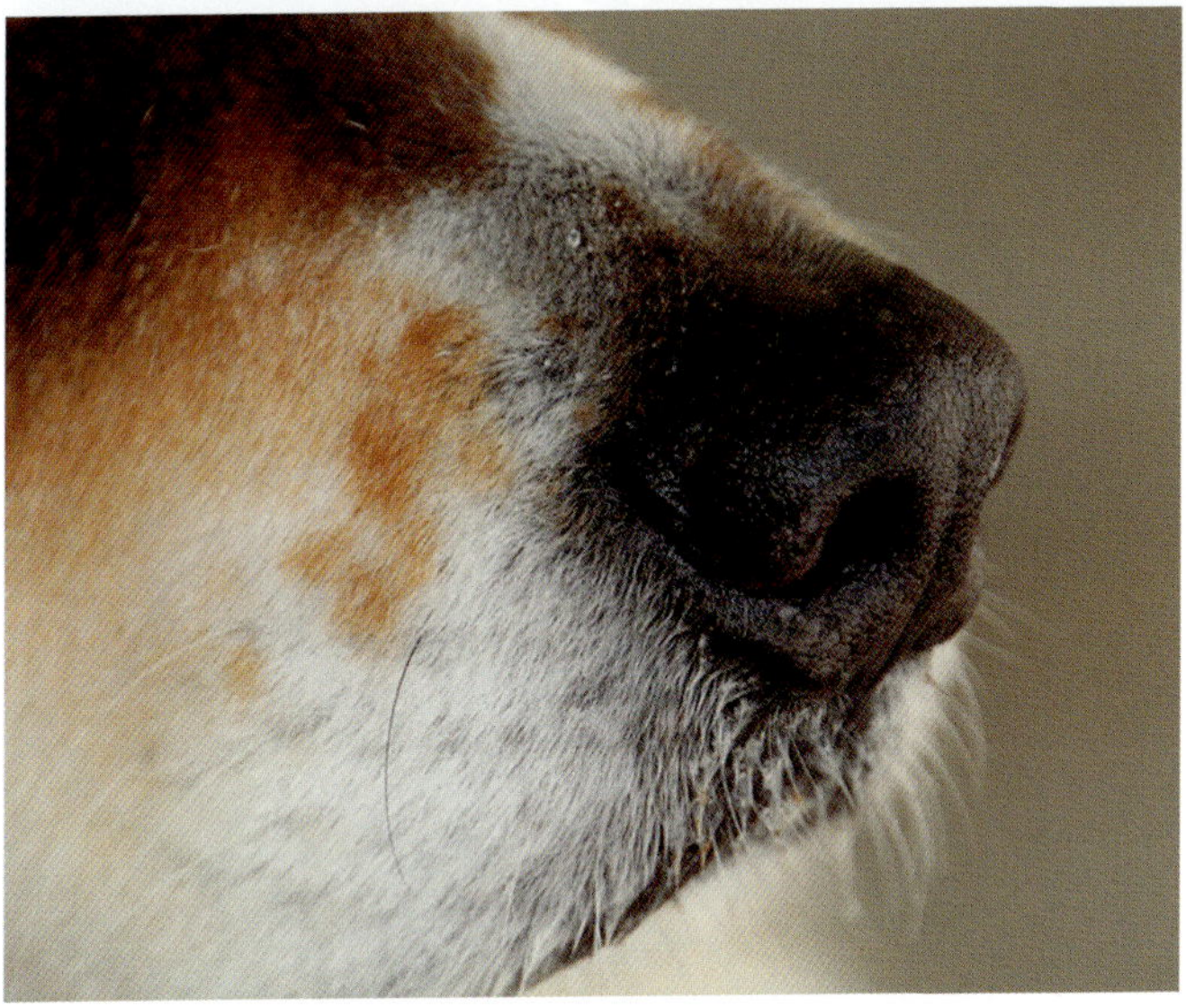

犬の鼻孔は、先端部が外側に細く切れ込んだ形になっているため、吐き出した息でより多くの匂い物質を浮遊させて鼻腔内に取り込むことができる。

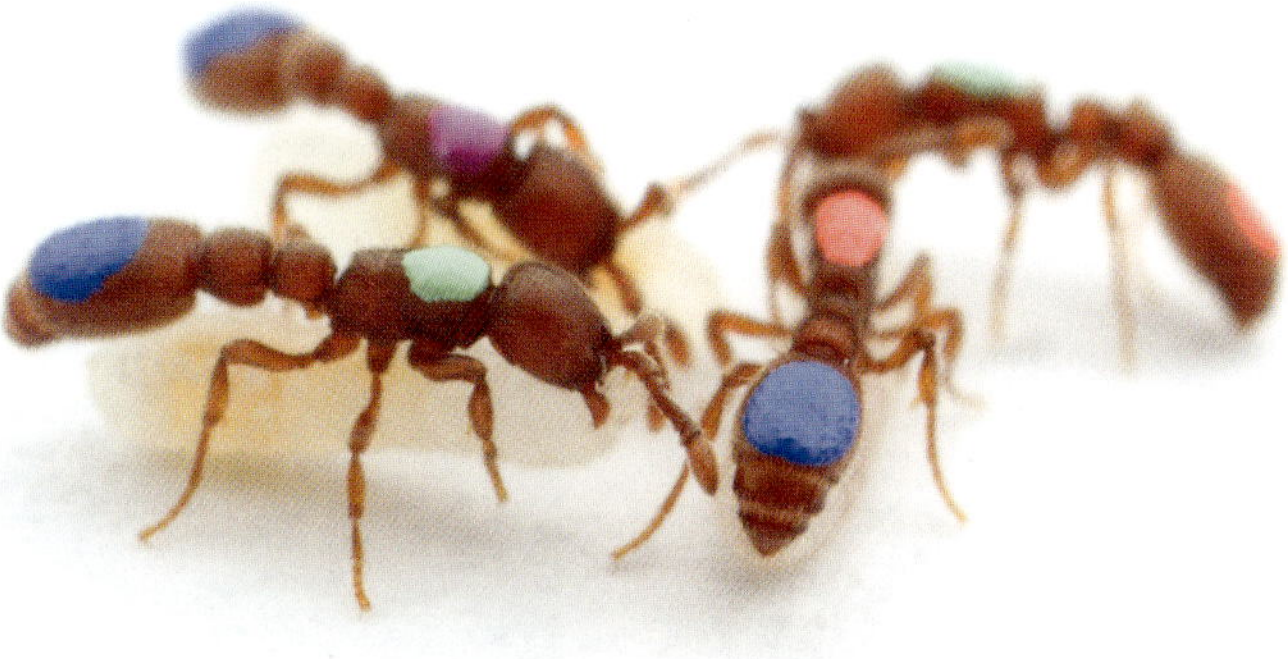

観察時に追跡しやすいように着色されたクローン性の侵略アリ。

ゾウの長い鼻、アホウドリのくちばし、先端が二股に分かれたヘビの舌など、嗅覚器官の形態はさまざまである。

チョウなどの昆虫は、物の表面に着地することで、
足にある受容体で味を感じることができる。

体表全体に味蕾《みらい》が広がっているナマズは、
「泳ぐ舌」である。

ハエトリグモの中央にある一対の眼は視力が鋭く、
その両脇にある二番目の対の眼は動くものに敏感
に反応する。

キラーバエの視覚は超高速であり、人間が瞬きするあいだに、
素早く飛び回る昆虫を捕獲することができる。

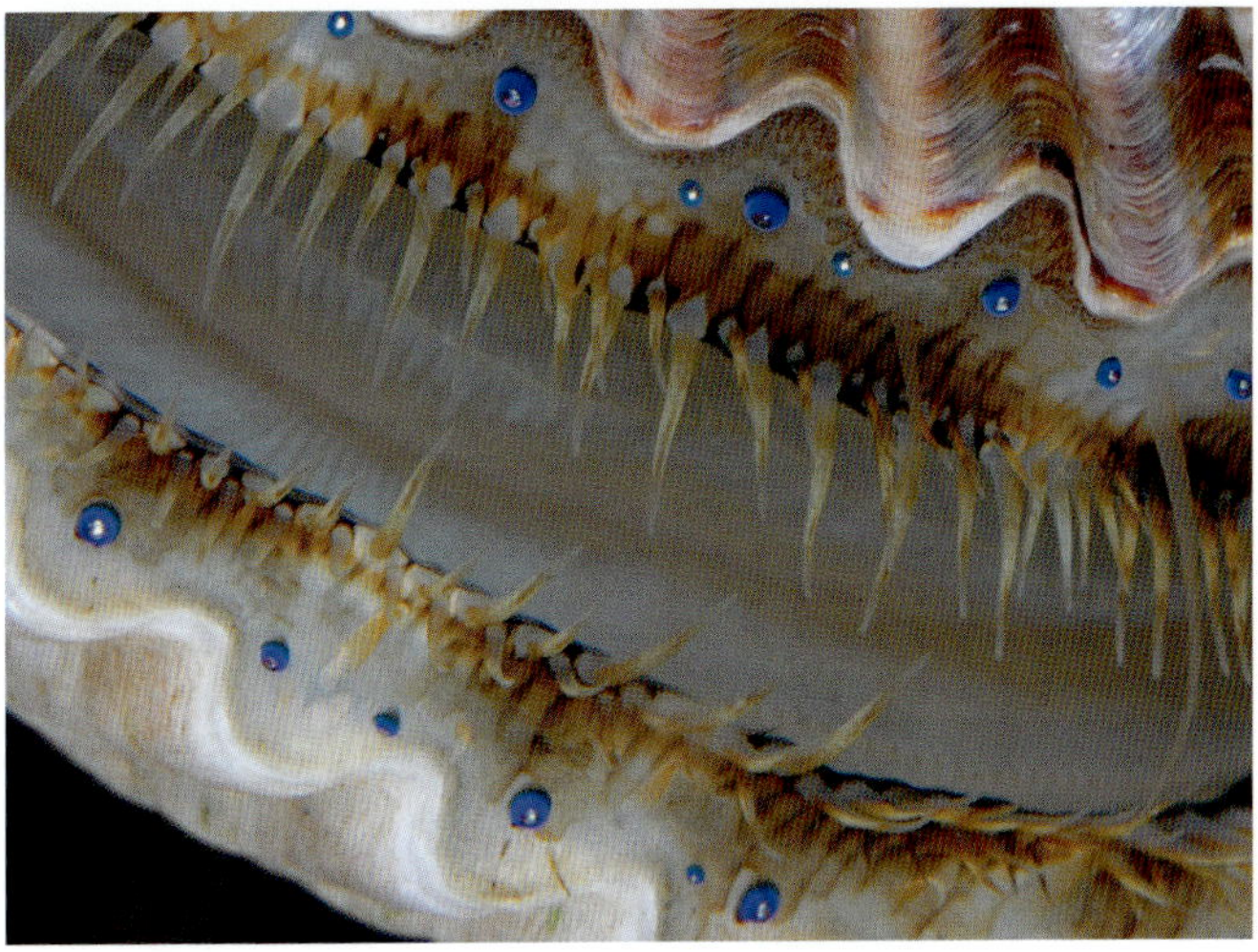

イタヤガイの殻の縁に沿って、数十個の鮮やかな青い眼が並んでいる。

クモヒトデは全身で一つの眼のように機能するが、
その眼が働くのは昼間だけである。

カゲロウの雄は、上部の眼が大きく発達していて、上方を飛ぶ雌をすぐに見分けられる。

カメレオンは左右の眼を別々に動かすことができ、前方も後方も同時に見ることができる。

カクホソメズキンの眼は、左右の眼が融合して1本の円筒状になっていて、上下左右は見えるが、正面は見えない。

自分の手も見えないほど濃い暗闇でも、この夜行性のコハナバチはジャングルで自分の小さな巣を見分けることができる。

蛾《ガ》の一種であるベニスズメには、星明かりと同程度の薄暗さでも花の色が見えている。

わが家の可愛いコーギー犬「タイポ」の写真で再現した（大半の）人間の3色型色覚（上）と犬の2色型色覚（下）の違い。

花の表面の模様（上・右側）やアンボンスズメダイの顔の縞柄（下・右側）など、自然界には紫外色が見える眼でしか見えない模様がたくさんある。

フトオハチドリの胸毛も、ヘリコニアス・エラトというチョウの羽の帯模様も、人間には知覚できない紫外色を反射する。

モンハナシャコは、3区画からなる眼の中央帯を用いて、
他のどの動物ともまったく違う方法で色を見ている。

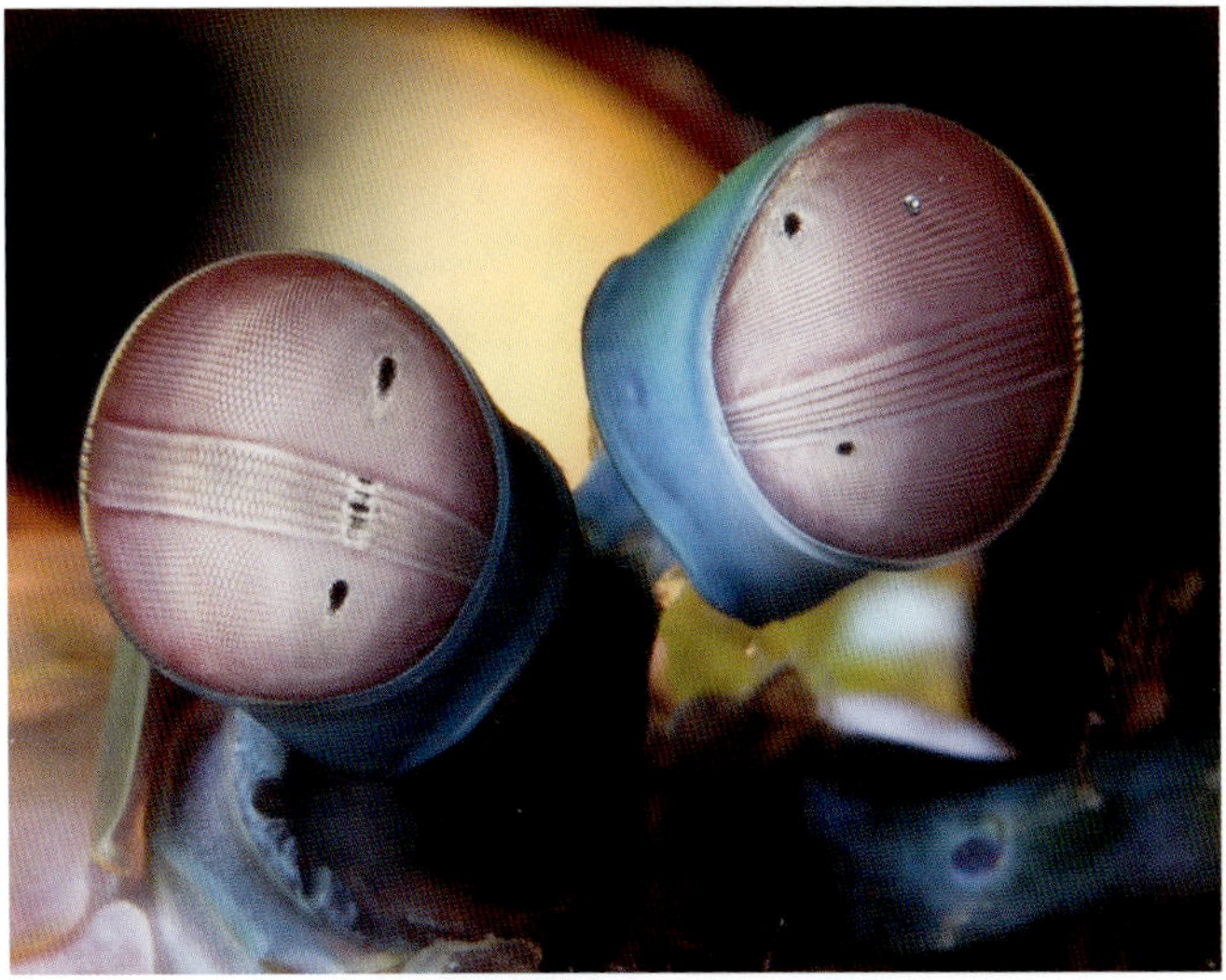

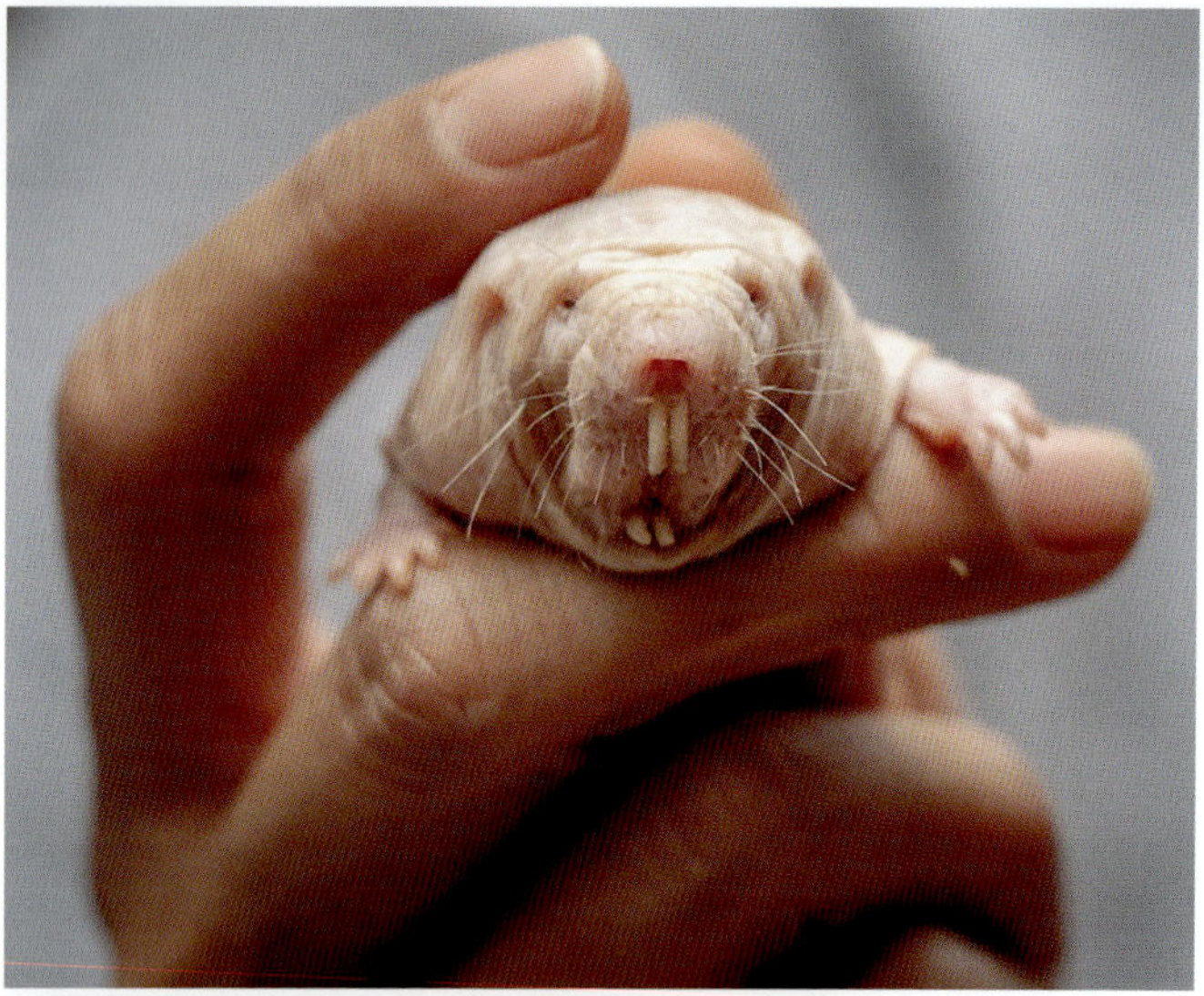

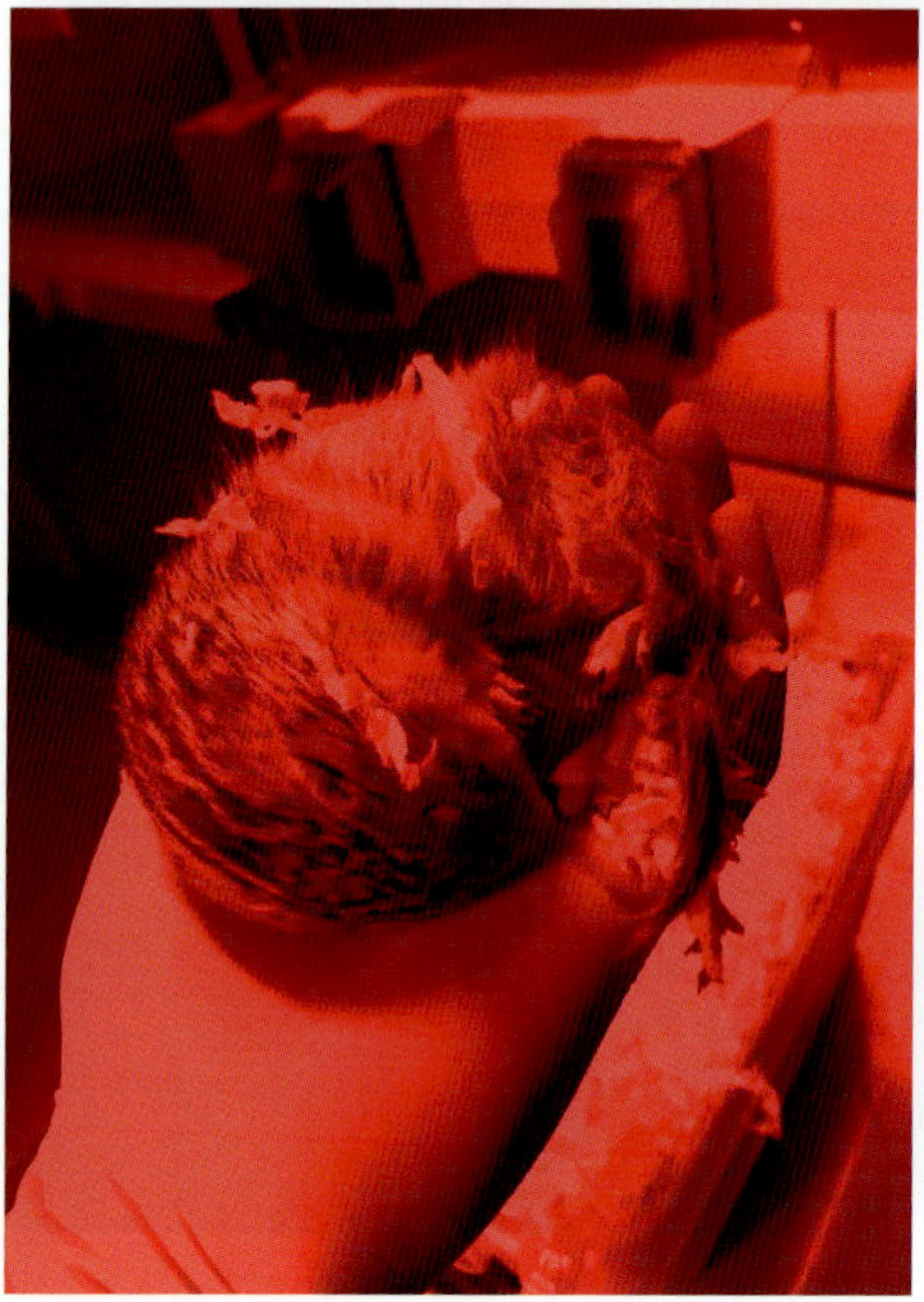

ハダカデバネズミは、酸による痛みや、トウガラシの辛味成分であるカプサイシンによる痛みを感じない。

ジュウサンセンジリスが冬眠できるのは、人間であれば痛みを感じるほどの低温下に置かれても寒さを感じないからだ。

これらの動物はすべて、温かい物体から放出される赤外線放射を感知できる。ファイヤーチェイサービートルは山火事を見つけるために、吸血コウモリとガラガラヘビは獲物となる温血動物を追跡するために、赤外線放射を感知する。

ラッコは見えない獲物を敏感な手の感触ですばやく探し出し、
コオバシギはくちばしを砂の中に突っ込んで餌を感知する。

ホシバナモグラの鼻、エメラルドゴキブリバチの毒針、シラヒゲウミスズメの顔の飾り羽、ネズミのひげ——触覚器官の形は実にさまざまだ。

マナティは繊細な触覚をもつ唇で物を操作し、仲間と挨拶を交わす。

ワニは、顎の縁に並んだ隆起で、獲物が生み出した微かなさざ波も感知できる。

ゼニガタアザラシの「スプラウツ」は、
目隠しをされていても、魚が水中に残す
目に見えない痕跡をひげで感知すること
によって、魚を追跡できる。

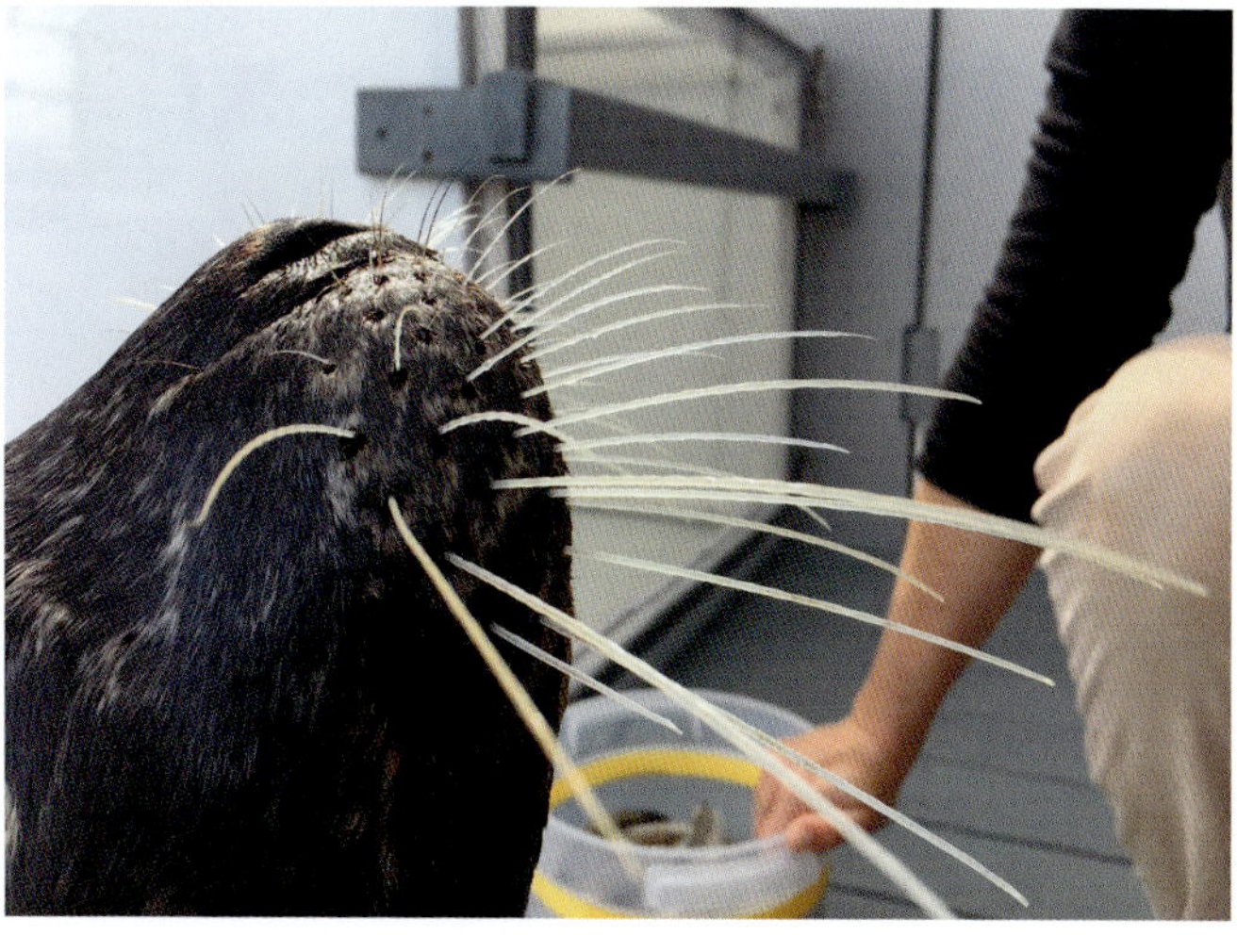

クジャクは冠羽で感知できるような
気流パターンを生み出す。

タイガーワンダリングスパイダーは、通り過ぎる
ハエが生み出す空気の流れを敏感な毛で感知する。

ツノゼミは、足元の植物を伝わせて振動を送ることによって、コミュニケーションを交わしている。彼らの振動の歌を人間が聴き取れる音に変換すると、鳥やサルの泣き声、楽器の音に似ていることがある。

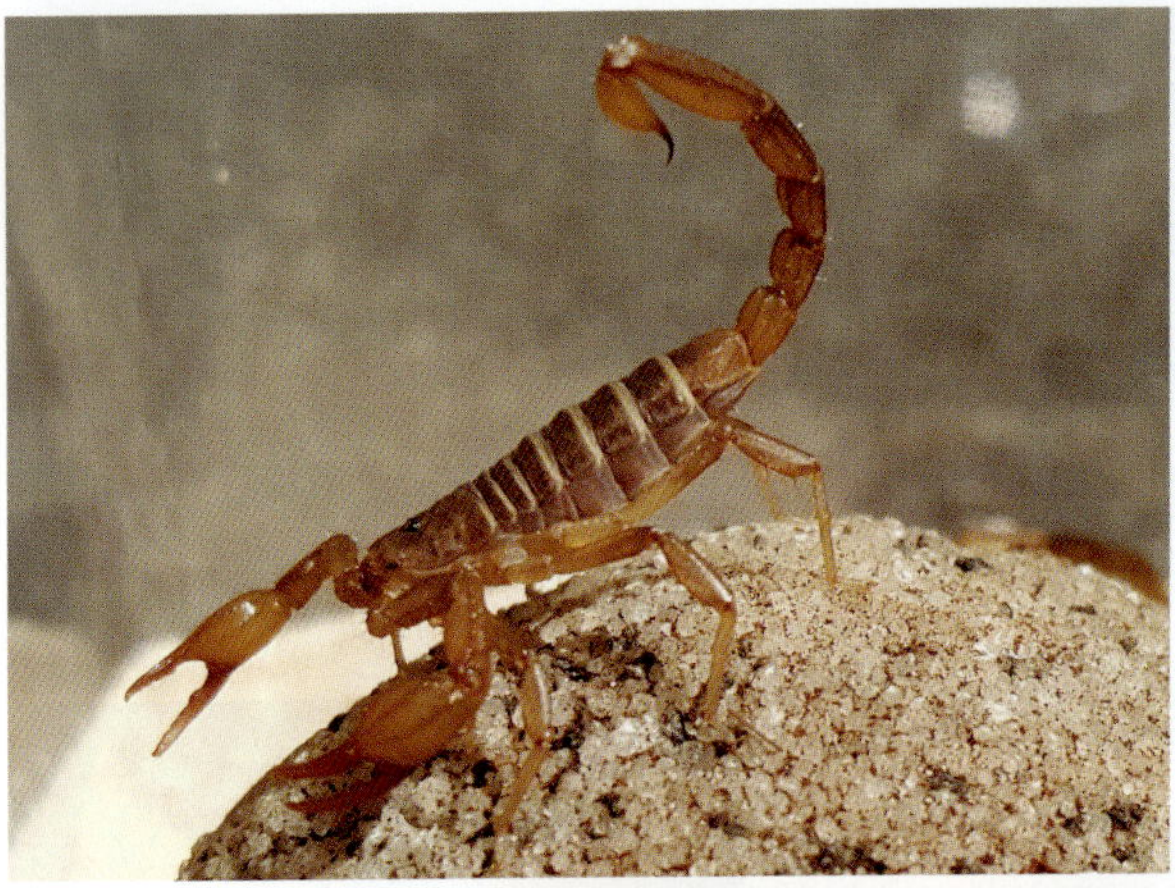

砂サソリは、獲物の足取りを感知する。キンモグラは、シロアリがたくさんいる砂丘の上を風が吹き抜けるときに生じる低周波振動を感知する。アマガエルのオタマジャクシは、ヘビの咀嚼による振動を感知して孵化する。

ジョロウグモは、円網によって自身の感覚システムと思考を拡張している——しかし、小さなイソウロウグモは、その拡張されたシステムをハッキングできる。

聴覚に優れた動物たちは、音が発生した位置を正確に特定できる。メンフクロウはげっ歯類の走り回る音に耳を傾け、ヤドリバエの一種であるオルミア・オクラセアはコオロギの求愛の歌に耳を傾ける。

トゥンガラガエルの雄の鳴き声は、
雌の耳の感覚バイアスに合うように
変化した。

キンカチョウは、仲間の歌声に含まれる、人間の耳では聴き
取れないほど速くて細かい旋律の装飾に耳を傾けている。

シロナガスクジラも、アジアゾウも、低音域の超低周波の鳴き声によって長距離離間でコミュニケーションを交わすことができる。今よりも静かだった時代には、クジラの鳴き声は海洋全体に伝わっていた可能性がある。

世界最小のメガネザルであるフィリピンターシャは、人間には聴こえない超音波でコミュニケーションをとる。

ハチノスツヅリガは、既知のどの動物よりも高い周波数まで聴くことができる。

不思議なことに、ルリノドシロメジリハチドリは、聴こえない超音波の旋律を歌う。

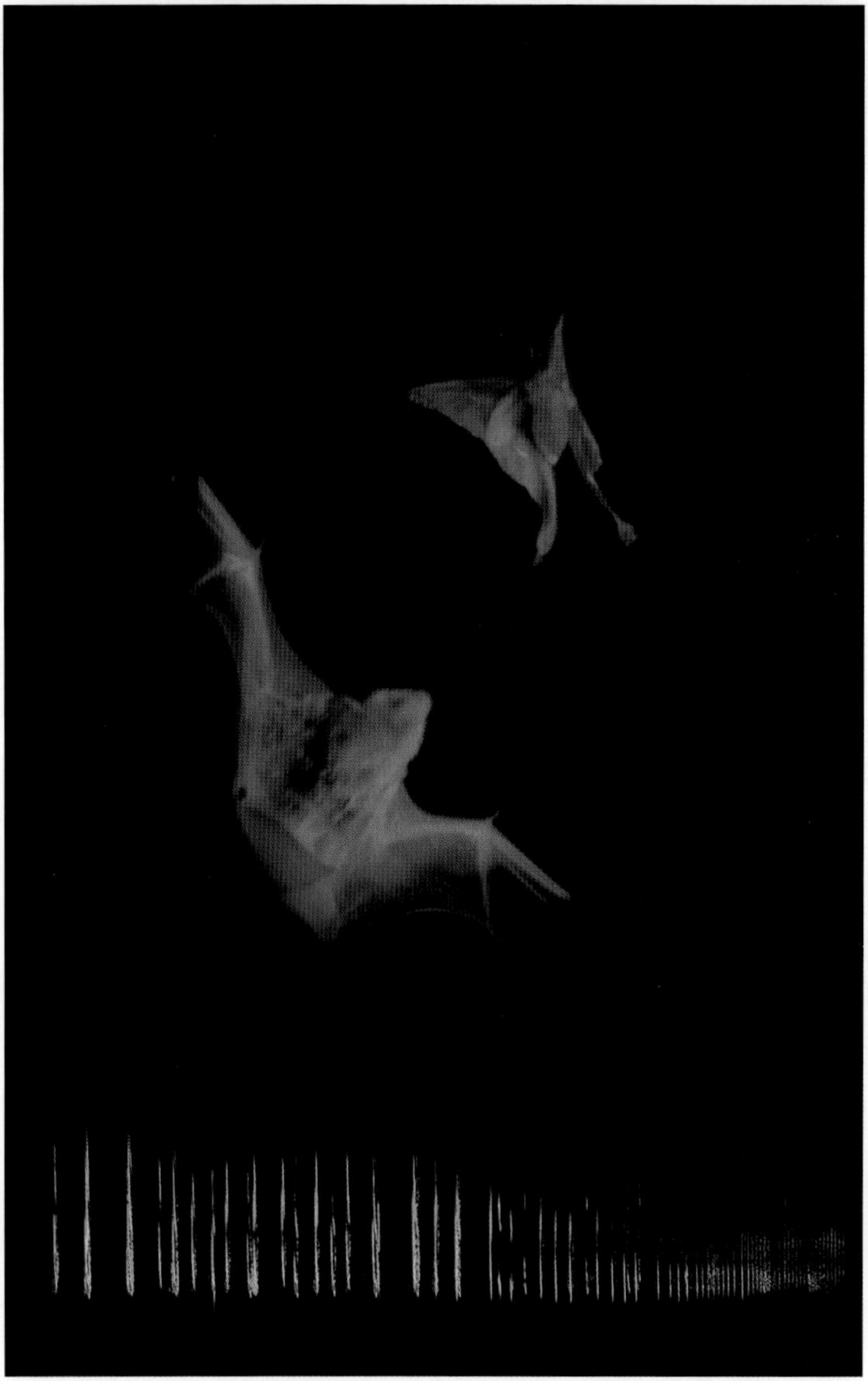

(右ページ) ルナモスという夜行性の蛾を襲うオオクビワコウモリ。色付きのスペクトログラムは反響定位を表している。コウモリが接近するにつれ、コウモリの鳴き声はより速く短くなり、より鮮明に詳細情報が得られるようになる。

イルカはソナーを使って、埋もれている物を見つけ出したり、仲間と協調してフォーメーションを組んだり、空気で満たされた浮袋の形で魚を見分けたりできる。

ブラックゴーストナイフフィッシュ、デンキウナギ、グラスナイフフィッシュ、ウバンギエレファントフィッシュは、いずれも独自に電場を生成し、その電場を使って周囲の世界を感知する。

サメとエイは、獲物が生み出す微弱な電場を「ロレンチーニ器官」と呼ばれる小さな孔で感知している。このロレンチーニ器官は、ノコギリエイとシュモクザメの頭部にとくによく見られる。

カモノハシのくちばしは、圧力場と電場の両方を感知できる。もしかしたら、両者を組み合わせて「電触覚」とでもいうべき単一の感覚を生み出しているかもしれない。

マルハナバチは、花々の電場を感知できる。

ボゴンモス、ヨーロッパコマドリ、アカウミガメは、いずれも地球磁場を感知することによって長距離移動中に進むべき方向を知ることができる。

タコの腕は部分的に独立している。
中央脳から指令を受けることなく、
世界を感知して探索することができるのだ。

動物には何が見え、聞こえ、感じられるのか

私のことを見てくれているリズ・ニーリーに捧ぐ

空を切って飛ぶ鳥たちはみな
喜びに溢れた素晴らしい世界を生きている
五感に閉ざされたあなたたちに
どうしてそれがわかろうか

ウィリアム・ブレイク

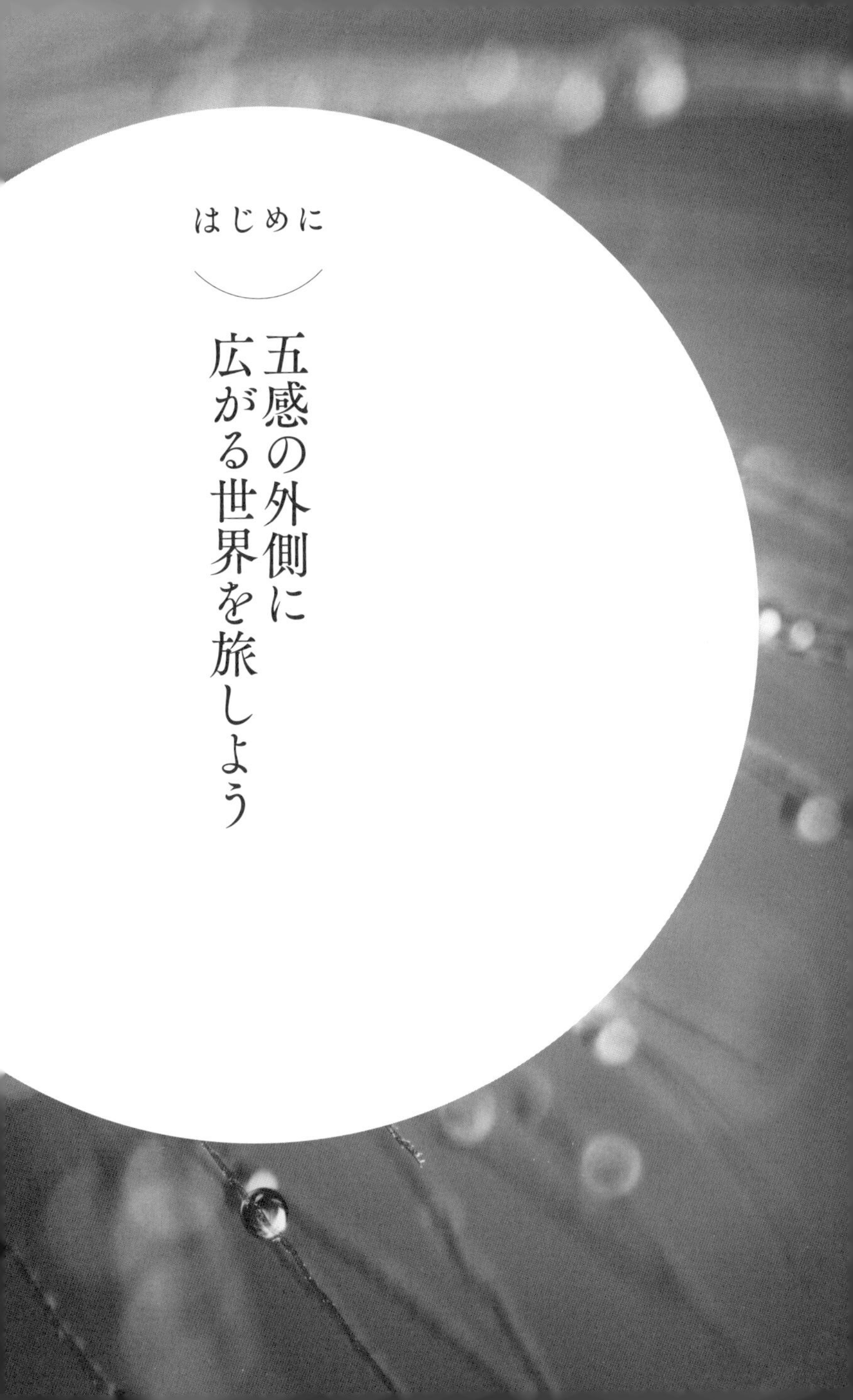

はじめに

五感の外側に広がる世界を旅しよう

想像してみてほしい。部屋の中に、ゾウがいる。「部屋の中の象《ゾウ》」と言えば、英語のことわざで誰もが見て見ぬふりをしている厄介事のことだが、ここでは実物の、大きな哺乳動物のゾウを想像しよう。部屋はゾウが余裕で入る大きさだ。うん、学校の体育館にしておこう。さて、そこにネズミが入り込んできた。そのすぐ横を、コマドリが飛び跳ねている。頭上を見ると、フクロウが梁で羽を休め、コウモリが頭を下にして天井からぶら下がっている。ガラガラヘビが床の上を滑るように這《は》い回り、部屋の隅にはクモの巣が張られ、ブーンという羽音を立てて蚊が飛び回り、マルハナバチが鉢植えのヒマワリに止まる。そうやって次々に生き物が現れるこの想像上の空間の真っただ中に、人間がいる。彼女のことをレベッカと呼ぼう。レベッカは、健康な目をもっていて、好奇心が旺盛で、(幸いにも)動物が大好きだ。彼女がどうしてここに迷い込んだのかは気にしないでくれ。他の動物がなぜ体育館にいるのかなんてことも気にするな。その代わり、レベッカとここに集められた想像上の動物たちがお互いをどのように知覚しているのか、それだけを考えてみよう。

ゾウは長い鼻を潜望鏡のように高く掲げ、ガラガラヘビは細い舌をちろちろと出し入れし、蚊は触角で空気を切るようにして飛び回る。いずれも、周囲に漂う匂い成分を取り込んで、嗅いでいるのだ。ゾウは鼻をフンフン鳴らしているが、何も感知できていない。ガラガラヘビは、ネズミの痕跡を嗅ぎつけ、すぐにとぐろを巻いて奇襲の態勢をとった。蚊は、レベッカの呼気に含まれる二酸化炭素の匂いと体が発する匂いに誘引されて彼女の腕に止まり、血を吸う準備を整えたが、針を刺す前に、レベッカにピシャリと叩かれた。その音に動揺したネズミが、警戒の声を上げた。その声は、コウモリには聞こえたが、ゾウには音域が高すぎて聞こえない。一方で、雷のように深く響くゾウの唸り声は、音域が低すぎてネズミやコウモリの耳には聞こえないが、ガラガラヘビは振動に敏感な腹部で感知していた。レベッカには、ネズミが発する超音波の鳴き声も、ゾウの超低周波音の唸り声もまったく聞こえていなかったが、コマドリの歌声は、彼女の耳に適した音域で心地よく響いていた。ただし、レベッカの聴力ではコマドリの歌声に含まれる複雑で多彩な調べをすべて正確に聞き取ることはできなかった。

やがて辺りはすっかり暗くなった。レベッカは腕を前に伸ばし、行く手に障害物がないことを手探りで確かめながら、ゆっくりと歩を進めた。ネズミも同じだ。腕ではなく鼻先のひげを一秒間に数回の速さで前後に動かして周囲の状況を探りながら、レベッカの足元をすり抜けていく。その微かな足音は、レベッカにはほとんど聞こえなかったが、頭上に止まっているフクロウには容易に聞き取れた。フクロウの顔面には硬い羽毛が円盤状に生えている。その円盤が集音器のような役割を果たし、鋭敏な耳に音を集める。フクロウの耳は左右が非対称で、一方が他方よりわずかに高い位置にある。そのおかげで、ネズミの足音のような微かな音でも、音源の垂直位置（高さ）と水平位置（方角）を正確に特定できる。次の瞬間、フクロウはさっと舞い降り、ガラガラヘビが待ち構える攻撃圏内をうろちょろしているネズミに襲いかかった。一方、ガラガラヘビは、温かい物体から発せられる赤外線放射を鼻先の小さな二つの窪みで感知できる。つまり、暗闇の中でも熱源を見ることができるので、目の前を走り回るネズミの体は明るく光って見えていた。そう、まるで射撃ゲームの標的のように。ガラガラヘビは狙いを定めて襲いかかった。そして……飛来したフクロウと衝突した！

同じ屋根の下でこんな騒動が起きていることに、クモはまったく気づいていなかった。クモは、ここに登場する他の生物たちを見ることも聞くこともほとんどない。クモの世界は、クモの巣の糸を伝わってくる振動だけで形作られているからだ。自家製の罠《わな》であるクモの巣の糸は、クモの知覚を拡張させる働きをする。絹のように滑らかな糸に掛かった蚊は、逃れようともがく。その振動で、クモは餌の存在を感知し、その餌を仕留めるために移動し、蚊を襲った。だがこのとき、クモは自分の体に当たって跳ね返っていく高周波数の音波に気づいていなかった。その音波が跳ね返った先には、その音波を発した生き物がいた――コウモリだ。コウモリには超音波ソナーが備わっていて、その精度は、暗闇でクモを見つけられるだけでなく、クモの位置を正確に特定して巣からクモを摘み取れるほどだった。

そうやってコウモリがクモをつまんで食べているあいだに、別の場所では、コマドリが抗《あらが》い難い誘引力を感じていた。それは、他の大半の動物には知覚できないが、コマドリにとっては馴染みの感覚だった。日に日に寒くなり、暖かい気候を求めて南へ渡る季節が到来していたのだ。閉鎖的な体育館の中でさえ、コマドリは地球の磁場を知覚することができた。体内に備わるコンパスに導かれ、コマドリは窓から外へ飛び出し、南に向かった。あとに残されたのは、ゾウが一頭、コウモリが一匹、マルハナバチが一匹、ガラガラヘビが一匹、まだ少し動揺しているフクロウが一羽、恐ろしく運のいいネズミが一匹、そして、レベッカだ。この七種の生き物は、同じ物理的空間を共有しているが、その空間を不思議なほどにまったく異なる知覚で体感している。これと同じことが、地球上に存在する他の無数の動物種についても言えるし、同じ種に属する無数の個体についても言える。*地球には、外見や質感、音や振動、匂いや味、電場や磁場が溢れている。だが、どんな動物も、外界に実在するこんなにも豊かな現実のほんの一部しか取り込むことができない。どの動物もそれぞれに、その動物に備わっている感覚でしか外界を知覚できず、限られた小さな知覚の世界に閉じ込められている。広大な素晴らしい世界のほんの一部しか知覚できていないのだ。

実は、このように限られた小さな知覚の世界を見事に言い表した言葉が、すでに存在する――〈環世界（Umwelt）〉だ。一九〇九年にバルト系ドイツ人の動物学者ヤーコプ・フォン・ユクスキュルによって提唱され、世に広められた(1)。Umwelt（ウムベルト）の語源は「環境」を意味するドイツ語だが、ユクスキュルがこの言葉で言い表そうとしたのは、動物を取り巻いている環境そのもののことではなかった。〈環世界〉は、動物の外界に実在する環境全体のうち、動物が知覚して体験できる部分のみ——その動物に特有の知覚世界——を表す言葉として用いられる。私たちが想像した体育館に生息する動物たちのように、たくさんの生き物が、同じ物理的空間にいながら、まったく異なる環世界を生きている。

たとえば、マダニは、哺乳類の血液を探し求めていて、動物の体が発する熱、毛の感触、皮膚から発散されるブタン酸（酪酸）の匂いに反応を示す。つまり、マダニの環世界はこの三つの刺激で構成されている。木々の緑も、赤いバラも、青い空も、白い雲も、マダニが生きている世界には含まれていない——マダニが意図的に無視しているのではない。知覚できないから、存在することすら知らないのだ。

ユクスキュルは、動物の体を家に喩《たと》えて説明している(2)。「それぞれの家には、たくさんの窓があり、いずれも庭に面している。光の窓、音の窓、匂いの窓、味の窓、そして、膨大な数の感触の窓。これらの窓がどこにどのように造られているかによって、庭の風景は違って見えるはずだ。窓の外に広がる大きな世界から切り取られた断片として見えているのではない。窓を通して見える部分だけが、その家に特有の世界であり、その家に属しているといってもいい。それが、その家の〈環世界〉だ。私たちの目

＊同じ種であっても個体によって感覚はさまざまに異なる。そのことを理解するには、人間の場合を考えてみればいい。赤と緑の区別がつかない人もいるし、体臭をバニラの匂いのように感じる人もいる。コリアンダー〔訳注：パクチー、香菜、カメムシ草とも呼ばれる〕を食べて石鹸の味がすると感じる人もいる。

に映る庭の風景は、その家の住人たちの前に現存する庭そのものとは根本的に異なる[3]」

この概念は、当時としては急進的だったし、今もなお、急進的だと考える人々もいる。ユクスキュルと同時代を生きた人々の多くは、動物のことを機械か何かのように考えていたが、ユクスキュルは、動物のことを感覚や感情をもつ存在として捉えていた。動物にも内面世界があると考えるだけでなく、そのような内面世界を観察によって理解したいと考えていたのだ。また、ユクスキュルは他の種の内面世界よりも人間の内面世界のほうが高尚であるとは考えていなかった。むしろ、環世界の概念には、すべての生き物を統一し、平等に扱わせる力があると考えていた。人間の家は、マダニの家よりも大きく、窓の数も多く、より広く庭を見渡せるかもしれない。それでも、私たち人間も、家の中から窓の外を眺めていることに変わりはない。私たちの環世界も限られている――そうは思えないだろうけれど。私たちにとっては、それですべてが網羅されているかのように感じられるが、実のところ、私たちは私たちの環世界しか知らない。そのせいで、それがすべてだと勘違いしてしまうのだ。しかし、それは幻想であり、他の動物たちも、私たちと同じ幻想を抱いている。

サメやカモノハシは微かな電場も感じ取れるが、私たちには感じられない。コマドリやウミガメは磁場を感知できるが、私たちにはできない。アシカやアザラシは目には見えなくても魚が泳いだ痕跡を追跡できるが、私たちには無理だ。徘徊性のクモは飛び回るハエが生み出す気流を感じ取っているが、私たちにはわからない。げっ歯類やハチドリが発する超音波も、ゾウやクジラが発する超低周波も、私たちの耳には聞こえない。ガラガラヘビには赤外線が見えるし、鳥やミツバチには紫外線が見えているが、私たちの目には見えない。

たとえ動物たちが私たち人間と同じ感覚をもっていたとしても、彼らが生きる環世界は人間の環世界とは大きく異なっている可能性がある。人間にとっては完全な静寂であっても、動物たちには音が聞こえていたり、人間にとっては完全な暗闇であっても、動物たちには色が見えていたり、人間にとっては完全な静止状態であっても、動物たちは振動を感じていたりすることがある。生殖器に目がついている動物、膝に耳がついている動物、脚に鼻がついている動物、体を覆う皮膚全体が舌の働きをしている動物もいる。ヒトデは放射状に伸びた腕の先端で見ているし、ウニは体全体で見ている。ホシバナモグラは鼻で周囲の様子を感じているし、マナティは口先で感じている。私たち人間の知覚もなかなかのものだ。まず、十分な聴覚を備えている。耳をもたない無数の昆虫たちよりは確実に、よく聴こえているはずだ。視覚も優れている。動物の体の模様にはカモフラージュ効果があるため、動物同士では姿が見えないが、人間の目には動物の姿がはっきりと見える。どの種も何らかの形で制約されているが、別の面では自由に解放されている。というわけで、この本は、備わっている知覚の鋭さによって動物たちを大人げなく格付けしたり、人間よりも優れた知覚能力をもつ動物のみを高く評価したりするようなランキング図鑑ではない。動物の優劣ではなく、多様性について書いた本である。

また、この本では動物をあるがままの動物として扱っている。科学者の中には、私たち人間についてより深く理解するために他の動物の知覚を研究する人もいる。彼らは、電気魚やコウモリやフクロウのような特殊な生き物を、私たち自身の感覚系が働く仕組みを探究するための「モデル生物」として用いている。あるいは、新しいテクノロジーを生み出すために動物の感覚をリバースエンジニアリングしている科学者もいる。ロブスターの目は、宇宙望遠鏡を開発するためのヒントになった。寄生バエの耳は、補聴器の開発に役立った。軍事用のソナー（音波探知機）は、イルカのソナーの仕組みを活用することで洗練された。どちらのタイプも、研究の動機として理にかなっている。だが、私はそのどちらにも興味はない。動物たちは、人間の代役として存在しているわけでも、新しいアイデアを生むためのブレインストーミングのネタとして存在しているわけでもない。動物たちは、あるがまま、動物のままで、価値ある存在なのだ。私たちはこの本で、彼らの生活をより深く理解するために、彼らの知覚について探究していく。米国の自然主義者ヘンリー・ベストンは「彼らは、私たち人間が失った知覚や到達したことのないほど拡張された知覚に恵まれ、私たち人間には決して聞こえることのない声に導かれて生きている、完成された完全なる存在だ」と書いている(4)。「彼らは同胞でも下っ端でもない。彼らは、私たち人間とともに、生命と時間の網に捕らわれた他国の民だ。同じ地球の輝きに魅了され辛酸を舐《な》める囚人仲間だ」と。

私たちの旅の道しるべになってくれそうな専門用語がいくつかあるので紹介しておこう。この世界を知覚するために、動物たちは、光、音、化学物質などの物理量――「刺激」――を感知し、それを電気シグナルに変換する。電気シグナルはニューロン(神経細胞)を通って脳へと伝わる(5)。刺激を感知する役割を担っている細胞は「受容細胞」と呼ばれている。光受容細胞は光を感知し、化学受容細胞は化学物質を感知し、機械受容細胞は圧力や動きを感知する。このような受容細胞は、目、鼻、耳などの感覚器に集中していることが多い。感覚器と、そこからのシグナルを伝達するニューロンと、シグナルを処理する脳領域は、まとめて集合的に「感覚系」または「感覚システム」と呼ばれている。たとえば視覚系には、目、目の中の光受容細胞、視神経、脳内の視覚野が含まれる。こうした構造体の組み合わせによって、私たちの大多数が、視覚を得ている。

このような説明は、高校の教科書にも書かれているようなことだが、その内容について改めて考えてみてほしい。これはとんでもない奇跡だ。光は本来、電磁波の放射にすぎない。音も、圧力振動の波にすぎない。匂いの正体は、ただの小さな分子だ。私たちには、それを電気シグナルに変換する能力が備わっている。そんなものを感知する必要があるかどうかはっきりわからないまま、私たちは、日の出の風景や、人の声や、パンの焼ける匂いを感知して、電気シグナルに変換している。そういった「感覚」は、流れゆく世界の混沌を認識や経験に変えてくれる――認識できれば反応を示せるし、経験すればその後の行動に反映できる。感覚は、物理学的な原理を生物学的な仕組みにうまく組み込み、刺激を「情報」に変換している。ランダムな状況から関連性を引き出し、雑多な寄せ集めの中から意味を紡ぎ出す。動物たちは、感覚を介して周囲とつながっている。感覚のおかげで、動物同士も互いの表情や表示行動、鳴き声、電流を介してつながっている。

動物の生活は、感覚による制約を受けている。何を感知してどう行動するのかを制限されている。また、種の未来は感覚によって規定されているとも言える。その種の前途に広がる進化の幅を制限しているということだ。たとえば、約四億年前に、魚類の一部は水辺から離れ、陸上での生活に適応していった。地上に出た先駆者たち――われわれの祖先――は、広々と開けた空の下で、水中ではありえなかったほど遥か遠くまで見渡せるようになった。神経科学者のマルコム・マッキーバーは、この変化が計画を立てたり戦略を練ったりするような高度な知能の進化を加速させたのだと考えている(6)。目の前の出来事にただ単純に反応するのではなく、先を見越して早めに行動を起こせるようになった。より遠くを見ることで、先回りして考えられるようになった。彼らの環世界が拡張されたことで、彼らの思考も拡張されたのだ。

だが、環世界は制限なく拡張されるわけではない。感覚にはそれ相応の負担が伴う。感覚システムに組み込まれているニューロンを必要なときにいつでも発火できる状態で絶えず保持しなければならない(7)。これは、いつでも矢を放てるように弓を引いた状態で待機するようなもので、とても疲れる。あなたの視覚システムは、瞼《まぶた》を閉じているときでさえ、かなりのエネルギーを消費している。何もかもを感知できる動物がいない理由も、そこにある。

それに、そもそもすべてを感知したがる動物などいないだろう。そんなことをしたら、押し寄せる大量の刺激に圧倒されてしまうし、その大半は不要な刺激である。必要に応じて感覚を進化させることで、膨大な刺激を選り分け、不要な刺激を取り除き、食物、棲み処、脅威、同族、伴侶を見つけ出すためのシグナルをキャッチしているのだ。感覚というのは、優れた鑑識眼をもつ助手みたいなもので、本当に重要な情報だけを脳に届けてくれる。たとえば、ユクスキュルはダニについて、周囲に広がる豊かな世界を「圧縮し」、わずか三つの刺激で構成される「貧弱な構造へ変換して」いると書いている(9)。そして、「このような環境の貧弱さは、行動の確実性を高めてくれる。豊かさよりも確実さのほうが重要なのだ」と続けている。すべてを感知できる動物はいないし、すべてを感知する必要のある動物もいない。だからこそ、すべての動物に独自の環世界が存在するのだ。だからこそ、他の生物の環世界について熟考し理解しようとする行為はいかにも人間的であり、恐ろしく深遠な探究テーマとなりうるのだ。私たち人間に備わっている感覚は、私たちに必要な情報だけを選り分けている。感知できていない「残りの部分」について知りたければ、積極的に知ろうとしなければならない。

動物の感覚は、何千年も前から人々を魅了してきたが、まだまだ謎に溢れている。私たちとはまったく異なる環世界をもつ動物の多くは、私たちの手が届かない場所――汚れた川、暗い洞窟、広大な外洋、深海、地中領域——に生息している。彼らの自然行動は、観察するのさえ難しいため、解釈するとなればなおさらだ。科学者が研究対象とする生き物は、捕獲して飼育できるものに限られるため、必然的に、研究成果の目新しさもそれ相応となる。研究室で飼育できる場合でさえ、研究には困難が伴う。その動物が感覚をどう使っているかを明らかにするための実験をデザインするのは簡単ではないし、彼らに備わっている感覚が私たち人間の感覚と極端に異なる場合はとくに難しい。

それでも、驚くべき新しい詳細——ときにはまったく新しい感覚——が次々に発見されている。巨大なクジラの下顎にあるバレーボールほどの大きさの感覚器は、二〇一二年に発見されたばかりで、その機能はまだ明らかにされていない[10]。これから紹介する話の中には、数十年もしくは数百年の歴史があるものも含まれるが、それ以外は、私が本書を執筆しているあいだに浮上した事例だ。そして、まだ説明のつかないものがあまりにも多い。感覚生物学者のソンケ・ジョンセンは、「私の父は原子物理学者で、かつて、私にいくつもの質問を投げかけました」と私に語ってくれた。「私がわからないと何度か答えたところで、父は私に、本当に何も知らないんだな、と言ったんです」。この会話から発想を得て、ジョンセンは二〇一七年に発表した論文に「私たちは本当に何も知らないのか？　感覚生物学における自由解答形式の質問」というタイトルをつけた[11]。

たとえば、一見、簡単そうに思える「感覚は何種類あるのか？」という質問について考えてみよう。約二三七〇年前に、古代ギリシアの哲学者アリストテレスは、人間にも他の動物にも五感——視覚、聴

＊一九八七年、ドイツ人科学者のリュディガー・ヴェーナーは、動物の感覚システムのこのような特性——感知する必要性の高い感覚刺激に合わせて調整されていること——を「整合フィルター（matched filters）」と表現した[8]。

覚、嗅覚、味覚、触覚――があると書いた。今も、感覚の数は五つだと考えられている。だが、哲学者のフィオナ・マクファーソンによれば、その考えを疑うべき理由がいくつかある[12]。まず第一に、アリストテレスは人間がもつ感覚をいくつか見落としていた。自分自身の体の位置や動きがわかる「固有受容」と呼ばれる感覚は、触覚とは別物である。体のバランスを感じる「平衡感覚」は、触覚とも視覚とも関連している。

他の動物に備わっている感覚は、分類がより一層難しい。多くの脊椎動物（背骨をもつ動物）には、匂いを感知する感覚系が嗅覚の他にもう一つあり、鋤鼻器《じょびき》と呼ばれる構造体によって制御されている。この感覚器は彼らにとって、匂いを感知する主たる感覚系の一部なのか、それともまったく別の感覚系に属するのか？　ガラガラヘビは、彼らの餌となる動物の体から発せられる熱を感知できるが、彼らの熱感覚器は、脳の視覚中枢につながっている。さて、彼らの熱感覚器は視覚の一部なのか、それとも別物なのか？　カモノハシのくちばしには、電場を感知する感覚器と圧力を感知する感覚器が搭載されている。さて、カモノハシの脳はこの二種類の刺激による情報を別々に処理しているのか、それとも「電触覚」とでも言うべき単一の感覚として扱っているのだろうか？

このような例は私たちに「感覚は明確に分類できるものではないため、別個の感覚として何種類あるのか数えられるものではない[13]」ことを教えてくれているのだと、マクファーソンは著書『感覚（The Senses）』（未邦訳）に書いている。私たちは、動物の感覚をアリストテレスの型に押し込むのではなく、その動物に特有の感覚が何のためにあるのかを研究すべきだ*。私は本書の章立てを編集するに当たり、便宜的に、特定の刺激（光や音など）を中心にすえて展開させた。各章は、動物たちがそれぞれの刺激をどのように受け止めているのか、その多様性を垣間見るための入り口になっている。感覚の数を数えることに興味はないし、ましてや「第六感」のような意味のない話を展開するつもりもない。動物たちが何種類の感覚を使っているのかを問うのではなく、彼らに特有の環世界に足を踏み入れることを試みる。

もちろん、簡単にはいかないだろう。米国人哲学者トマス・ネーゲルは、一九七四年に出版した古典的エッセイ「コウモリであるとはどのようなことか」〔訳注：『コウモリであるとはどのようなことか』（勁草書房）に収録〕の中で、他の動物たちにも意識経験はあるが、それはあくまで主観的なものであるため、容易には記述できないと主張している。たとえば、コウモリは超音波ソナーを介して世界を認知しているが、これは大半の人間には備わっていない感覚であるため、「私たちが経験したり想像したりできることと同じように主体的に推定することなどできるはずない」のだと言う(14)。あなたは、腕と脇のあいだにある膜を翼のように広げたり、口に昆虫を咥《くわ》えたりしている自分の姿を想像することはできるかもしれないが、だとしても、あくまでコウモリのような姿になった滑稽な「自分」を思い描くことになるだろう。しかし、ネーゲルは「コウモリにとって、コウモリであるということがどういうことなのかを知りた」がっていた。そして、「いくら想像しようとしても、私の思考のリソースが限られている

＊還元主義的にとことん突き詰めて考えると、理屈の上では感覚には大きく二つの種類がある——化学的な感覚と機械的な感覚である。化学的感覚には、嗅覚、味覚、視覚などがある。機械的感覚には、触覚、聴覚、電気的感覚が含まれる。磁気的感覚は、どちらにも分類できるし、両方に属しているともいえる。このような枠組みで考えることは、現時点ではまったく意味をなさないように思えるだろうが、本書を読み進めていくうちに、その意味がはっきりと見えてくることだろう。私自身はこの考え方にとくに固執するつもりはないが、感覚についての一つの考え方として知っておいて損はない。分類学において、定義に基づいて細かく分類したがる「スプリッター」派はさておき、できるだけ大きく分けたい「ランパー」派には、この考え方がしっくりくるのではないだろうか。

ため、コウモリになりきって想像することはできない」と書いている。

　他の動物について考えるとき、私たちは自身の感覚、なかでも視覚による先入観をもつ。人類は、種としても文化的にも、視覚による影響を大きく受けている。生まれつき目の見えない人であっても、視覚的な言葉や隠喩を用いて世界を表現するほどだ。[*] あなたも、相手の物事に対する「見」方が理解できたときや、「見」解が一致したときに、その人の意「見」に賛同するだろう。何か気づけていないことがあったら、それを「盲点」と呼ぶ。望ましい未来は「明るく」「輝かしい」世界であり、ディストピア（反理想郷）は「陰鬱」な「暗黒」世界だ。科学者でさえ、人間に備わっていない感覚（電場を感知する能力など）について記述する際に「イメージ」や「影」といった言葉を用いる。私たちにとって言語は、恩恵でもあるが、呪いでもある。他の動物の環世界を記述するためのツールになってくれるが、一方で、他の動物の環世界の記述の中に人間の感覚的世界を入り込ませてしまうのだ。

　動物行動学分野の学者たちのあいだでは、擬人化——他の動物に人間の感情や精神的能力を不適切に当てはめて考える傾向——の危うさがしばしば議論になる。だが、擬人化の弊害として最も頻発しているのに、ほとんど認識されていないのは、他の環世界の存在を忘れてしまうこと——動物たちの生活を、動物たちの感覚ではなく人間の感覚の枠の中で考えてしまうことだ。このような偏った考え方の結果として、私たちは、動物たちを傷つけている。彼らにとっては過剰すぎる刺激や、彼らの感覚を混乱させるような刺激で、この世界を満たしてしまっている。海岸線の電灯は、本来なら海面の煌《きら》めきに誘われて海に出るはずの孵化したばかりのウミガメを、海とは逆の方向に導く。水面下の雑音は、クジラたちの呼び合う声をかき消す。窓ガラスは、コウモリの超音波ソナーでは水の塊のように感じ取られる。ごく身近な存在である犬についても、私たちは彼らのニーズを誤解している。犬は嗅覚を頼りに生きているのに、周囲を嗅ぎ回るのをやめさせ、人間が生きている視覚中心の世界を押しつけている。このような動物たちの能力に対する過小評価は、私たち人間にとって損失でしかない。自然界の真の姿がいかに広大で素晴らしいものかを理解できる好機を逃している――ウィリアム・ブレイクの言うとおり、「五感に閉ざされ」ているせいで、私たちは喜びを享受できる絶好の機会を失っているのだ。

本書では、不可能もしくは突拍子もなさすぎると長らく考えられてきたような動物たちの能力も紹介する。コウモリの超音波ソナーの共同発見者である動物学者ドナルド・グリフィンはかつて、生物学者は「単純フィルター（simplicity filters）」に惑わされてきたのだと論じた[15]。つまり、研究対象にしている感覚について、集めたデータからわかることのみを単純に受け止めるばかりで、実際にはもっと複雑で洗練されているかもしれないと考察しようとはしてこなかったのだ。この残念な事実は、説明は単純なものほど最良であることが多いという「オッカムのかみそり」の原理と矛盾する。だが、この原理は必要な情報がすべて手元に揃《そろ》っている場合にのみ通用する。要するにグリフィンは、必要な情報が出揃っていないのではないか、と指摘しているのだ。他の動物について説明する際に、科学者は自分で集めたデータに基づいて語るが、そのデータは自分で立てた問いに基づいて集められたものだし、その問いは自分の想像の及ぶ範囲に限られるし、想像の及ぶ域は自分に備わっている感覚によって制限される。人間の環世界には境界線がある。私たちが他の動物の環世界を見ようとしても、その境界線に遮られて

＊この本を書くにあたり、人間に備わっていない感覚について記述する際に視覚的な隠喩を使わないように心がけてみたが、至難の業だった。とはいえ、できるだけ使用を避け、視覚的用語に頼るしかない場合も、せめて慎重に、きちんと意識して用いるようにした。

しまうのだ。

グリフィンの言葉は、動物の行動について複雑で難解な説明や超常現象的な説明を勝手気ままに提示しようというものではない。彼の言葉も、ネーゲルのエッセイも、謙虚さを求めているのだと私は理解している。他の動物も高度に洗練されているという事実、そして、自分たちの知能を自画自賛する私たちの姿勢が、他の生き物への理解——私たち自身の感覚を通して彼らの感覚を考えようとする傾向に抗《あらが》うこと——を難しくしているという事実に気づかせようとしているのだ。動物たちが生息する環境の物理的特性を研究し、彼らが反応する刺激と気づかない刺激を見極め、彼らの感覚器と脳をつなぐニューロンネットワークを追跡することはできても、究極の理解——コウモリであるということ、ゾウであるということ、クモであるということがどのようなことなのかを会得する——には、心理学者アレクサンドラ・ホロウィッツの言う「十分な情報を得たうえでの想像の飛躍(16)」が必要となる。

感覚生物学者には、芸術の素養をもつ者が少なくない。彼らが脳によって自動的に作り出される知覚世界の向こう側を見通せるのは、そうした素養のおかげかもしれない。たとえばソンケ・ジョンセンは、動物の視覚を研究する前は絵画、彫刻、モダンダンスを研究していた。私たちを取り巻く世界を表現するために、芸術家は絶えず自身の環世界の限界に抵抗し、「覆いの下に隠されているものを見る」必要があるのだと、彼は述べている。彼のそのような能力は、「多様な知覚世界をもつ動物たちについて考える」うえで役立つ。また彼は、感覚生物学者には他の人たちとは異なる知覚をもつ者が多いことも指摘している。コウイカなどの頭足類の視覚を研究しているサラ・ジリンスキは、人の顔を正しく認知できない「相貌失認（失顔症）」と呼ばれる脳障害を患っていて、家族の顔も、母親の顔さえも識別できない。チョウの色覚を研究している蟻川謙太郎は、赤緑色覚異常を有する。クジャクの視覚シグナルと振動シグナルについて研究しているスザンヌ・アマドール・ケインは、左右の目の色覚がわずかに異なるため、彼女の視界はわずかに赤味がかっている。ときに「異常」とも称される彼らのこのような特異性こそが、自身の環世界の外へ踏み出し、他の生き物の環世界を受け入れるための素因になっているのではないかと、ジョンセンは考えている。おそらく、標準とは異なるとみなされる見え方で世界を経験している人々は、「標準」という枠の限界を直感的に理解しているのだろう。

だが、彼らがしていることは、誰にでもできることだ。本書の冒頭で私は皆さんに仮想の動物たちで溢れた空間を思い浮かべてもらったが、これからはじまる一三の章でも、同じように想像力を働かせてもらいたい。ネーゲルが予想したとおり、難しい課題になるだろう。だが、努力する価値はあるし、大きな喜びが待っている。自然界の環世界を旅する際には、直感は最大の敵になり、想像力は最大の味方になるだろう。

一九九八年六月の昼近く、マイク・ライアンは元教え子のレックス・コクロフトとともに、動物の探索のためにパナマの熱帯雨林に足を踏み入れた。いつもならライアンはカエルを探すところだ。一方のコクロフトは、ツノゼミという樹液を吸う昆虫に魅了されていて、友人にも見せたいと思っていた。調査基地を出発した二人は、道の脇に車を止め、川に沿って歩いた。途中、コクロフトはよさそうな低木に目星をつけると、葉を何枚か素早く裏返して、*Calloconophora pingui* という学名の微小なツノゼミの一種の家族を見つけた。母ツノゼミのまわりに幼ツノゼミが集まっていて、黒い背中はエルヴィス・プレスリーの髪型のように前方の尖ったドーム型をしている。

ツノゼミは、足元の植物を伝わせて振動を送り合うことでコミュニケーションをとっている。この振動は、私たちの耳には聴こえないが、容易に音に変換することができる。コクロフトは簡易型マイクロフォンをクリップで植物に取り付け、ヘッドフォンをライアンに手渡し、聞くように言った。それから、葉を指で軽く弾いた。すると、幼ツノゼミたちは腹部の筋肉を収縮させて振動を生みながら、一斉に逃げ散った。「走り回る足音のようなノイズが聞こえるとばかり思っていましたが、実際に聞こえてきたのは、ウシの鳴き声のような音でした」とライアンはそのときのことを思い出しながら話してくれた。まさか昆虫がこんな音を発するとは思いも寄らないような、深く鳴り響く音だった。幼ツノゼミたちが落ち着きを取り戻して母ツノゼミのところに戻るころには、耳障りだったウシの鳴き声のような振動が合唱のように同調しはじめた。

さらに観察を続けながら、ライアンはヘッドフォンを外した。四方八方から、鳥のさえずりと、サルの吠え声と、甲高い虫の鳴き声が聞こえたが、ツノゼミは静かだった。ライアンは再びヘッドフォンをつけた。「まったく違う世界に移動したようだった」と彼は私に語った。ジャングルの騒音は再び彼の環世界から消え去り、ツノゼミの唸り声が戻ってきた。「最高の経験でした。感覚の旅を味わったんです。同じ場所にいながら、二つの異なる素晴らしい環境を行き来したのですから。ユクスキュルのアイデアをそのまま完全に実証してくれていました」と彼は言う。

環世界という概念に窮屈なイメージをもつ人もいるだろう。なぜなら、すべての生き物が感覚の箱に押し込められているかのように感じさせるからだ。しかし私は、このアイデアを知って、世界がどこまでも広がっていくのを感じた。私たちに見えているものだけがすべてではないということ、私たちが体験することはどれも、私たちが経験できるすべてのうちのほんの一部を取捨選択した簡略バージョンにすぎないということを教えてくれているからだ。暗闇の中にも光があり、静寂の中にも騒音があり、虚無の中にも豊かさがあることを私たちに気づかせてくれる。見慣れたものの中に見慣れないものが顔をのぞかせ、ありふれた日常の中に非日常が見え隠れし、俗世の中に荘厳さが揺らめいているのだとほのめかしている。低木の葉にマイクロフォンを取り付けるだけでも、大胆な探索の旅を味わうことができる。異なる二つの環世界を行き来すること、もしくは少なくとも行き来しようと努力することは、太陽系以外の惑星に着陸するようなものだ。ユクスキュル本人も、自分の研究のことを「旅行記」だと言っていた。

他の動物に注意を向ければ、私たち自身の世界が広がり、深みを増す。ツノゼミの声に耳を傾ければ、植物たちがつま弾く無音の振動の歌に気づく。散歩中の犬を観察すれば、その町の住人たちの人物像や経歴を物語る匂いの筋が街中で縦横になびいて交差しているのが見えてくる。アシカやアザラシが泳ぐのを観察すれば、水中にも道筋や痕跡がたくさんあるのだと理解できる。「動物の行動を、その動物のレンズを通して観察すれば、そうしなければ得られなかった重要な情報をすべて活用できるようになるんです」と、アシカやアザラシを研究している感覚生物学者のコリーン・ライヒムスは私に語った。「そのような知識を得るのは、魔法の拡大鏡を手に入れるようなものです」

マルコム・マッキーバーによれば、動物が陸に上がったときに、視野がぐんと広がったことで、計画性や高度な認知力の進化が促進された。つまり、環世界が拡張されたことで、知性も拡張されたのだ。同様に、他の環世界を探究する行為は、私たちの視野を広げ、思考を深めてくれる。ハムレットがホレイショーに告げた「この天地には……お前の哲学では思いも及ばぬことがまだまだある」という言葉が思い出される。この台詞は、超自然的なものを受け入れることを求める言葉として引用されることが多い。しかし私はむしろ、自然界をもっと深く理解する必要があるという意味に捉えている。私たちが超常的な感覚のことを「超常的」だと感じるのは、私たちの感覚がそれだけ限られているからであり、しかも、限られた感覚しか持ち合わせていないことに私たちがあまりにも無頓着だからだ。哲学者は昔から、水槽の中の金魚が外の世界を知らずにいることを哀れんできたが、私たちの感覚も、私たちのまわりに見えない水槽を生み出している――そして私たちはその水槽からなかなか出られずにいる。

それでも私たちは、外に出る努力はできる。サイエンスフィクション（SF）作家はパラレル宇宙を生み出し、互いによく似ているがわずかに異なる現実と現実のあいだを行き来するのを好む。だがこういったことは、実在するのだ。これから私たちは、パラレルな感覚世界を一つずつ訪問していく。まずは最も歴史が古く、最も普遍的な感覚――嗅覚や味覚のような化学的感覚――からはじめよう。そこから、予想外のルート経由で、視覚の領域を訪れる。視覚は、多くの人々の環世界を支配している感覚でありながら、まだまだ驚くほどの豊かさをたたえている。色彩が織りなす楽しい世界を味わったあとは、痛みや熱を感知する辛い領域へ向かう。そのままの流れで、圧力や動きに応答する多様な機械的感覚――触覚、振動覚、聴覚、そして最も印象深い聴覚の使い方である反響（エコー）定位――へ進もう。そうやって想像力の準備運動を万全に整えたところで、経験を積んだ感覚トラベラーとして、これまでで最も難しい想像の飛躍に挑む。私たちには馴染みのない感覚――私たち人間には感知できない電場と磁場を感知するために動物たちが使っている感覚――の領域を通り抜けていくのだ。そして最後に私たちは、この旅の終着地で、動物たちが自身の感覚から得た情報をどのように一体化しているのかを理解し、その情報を人間がいかに汚染したり歪めたりしているのかを知り、今現在、私たちは自然界に対してどのような責任を負っているのかを考えることになる。

小説家マルセル・プルーストがかつて言っていたように、「本当の旅というのは、……まだ見ぬ土地を訪れることではなく、新しい目をもち、……新たな視点から見える幾多の宇宙を見ることだ(17)」。さあ、旅をはじめよう。

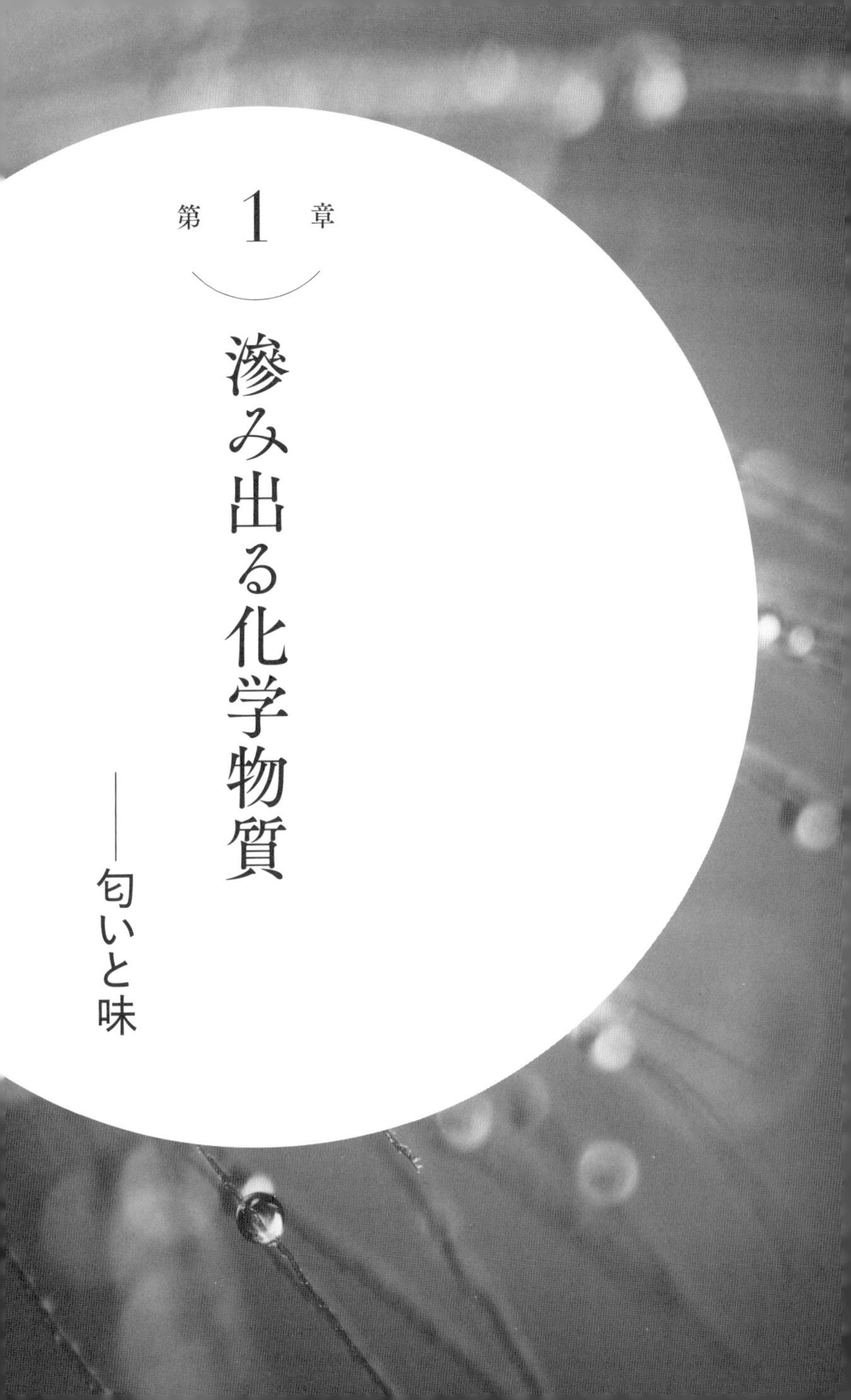

第1章

滲み出る化学物質

——匂いと味

「彼は今までここに来たことがないんです。だから、とても匂うはずです」とアレクサンドラ・ホロウィッツは私に言った。

彼女の言う「彼」とは、飼い犬の「フィネガン」――真っ黒なラブラドール・レトリーバーの雑種――のことで、「フィン」という愛称で呼ぶこともある。「ここ」というのは、ニューヨーク・シティの一角にある窓のない狭い部屋で、彼女はここで犬の心理学実験を行っている。「匂う」というのは、馴染みのない匂いや香りに溢れていて、探索好きなフィンの鼻を好奇心でうずかせるに違いないという意味だ。確かに、そうらしい。私が部屋を見回しているあいだ、フィンは部屋を嗅ぎ回っていた。鼻孔優先の探索スタイルで、鼻をクンクン鳴らしながら、床に敷かれたウレタンマット、卓上のキーボードとマウス、部屋の隅に掛けられたカーテン、私が座っている椅子の下の空間を熱心に嗅いでいる。初めての場所を訪れたとき、人間は頭と目をわずかに動かすだけで部屋の様子を探ることができるが、犬の鼻による探索は右へ左へ大きく動き回るので、目的もなくランダムに嗅ぎ回っているように思われがちだ。しかし、ホロウィッツはそうは考えていない。フィンが興味を示すのは人々が触れたりかかわったりした物であることに、彼女は気づいていた。他の犬がいた場所も追跡して入念に調べる。通気口、ドアのひび割れなど、空気が動いて新しい匂い物質――匂い分子――が運び込まれてくる場所も調べる。[*1]同じ物でも、さまざまな角度から嗅ぎ、さまざまな距離から嗅ぐ。「まるでファン・ゴッホの絵画に近づいていき、筆致を間近で観察するかのように」とホロウィッツは言う。「彼らはいついかなるときも嗅覚による探査を怠りません」

ホロウィッツは犬の嗅覚――匂いに対する犬の感覚――の専門家だ。私は匂いと鼻に関するあらゆることについて彼女と話すためにここに来た(1)。しかし、私はどうしても視覚に頼ってしまう。部屋を嗅ぎ回っていたフィンが探索を終えて私に近づいてきたときも、私はとっさに彼の目を見て、そしてダークチョコレート色の人懐っこい目に惹き込まれた。*2 目よりも前に突出しているもの——鼻——に注意を向け直すには、意識的に努力する必要があった。彼の鼻は湿っていて、カンマ（,）のような形の鼻孔が二つ、互いに背中合わせに（外向きにカーブを描く向きで）並んでいた。この鼻こそが、フィンと世界とをつなぐ主要なインターフェースになっている。その仕組みをこれから紹介していこう。

まずは深呼吸をしよう。鼻について理解するための実習にもなるし、これから登場する少しばかりの専門用語を受け入れるために、心の準備にもなる。さあ、大きく息を吸ってみよう。すると一つの気流が生まれ、あなたは呼吸しながら匂いを嗅ぐことができる。だが、犬の場合は、吸い込んだ空気の流れが二つに分かれるような鼻の構造になっている[3]。吸気の本流は肺へ降りていくが、わずかに分かれた支流は、匂いを嗅ぐためだけに鼻の奥へと送り込まれ、そして、「嗅上皮」と呼ばれる粘着層に覆われた骨ばった薄い壁の迷路へと入り込んでいく。ここで最初に匂いが感知される。上皮には長いニューロンがたくさん集まっている。ニューロンの片端は流れ込んでくる気流に曝されていて、流れ過ぎていく匂い物質を「嗅覚受容体（匂い分子受容体）」と呼ばれる特殊な形状のタンパク質ですくいとる。ニュー

*1 正式な専門用語では、「匂い物質」とは匂い分子そのもののことで、「匂い」は匂い分子よって生み出される感覚のことだ。たとえば、イソアミルアセテートという匂い物質は、バナナの匂いがする。

*2 私がフィンの目に惹き込まれたのは偶然ではない。犬には眉の内側を引き上げることのできる顔面筋があり、感情にあふれた悲しげな表情を作る。この筋肉はオオカミにはない。数世紀にわたる家畜化の結果として、犬の顔は気づかないうちに少しずつ、人間の顔に似るように形を変えてきたのだ。今では、犬の顔は表情を読みやすくなり、飼い主の養育反応を引き起こしやすくなった[2]。

ロンのもう一方の端は「嗅球」と呼ばれる脳領域に直結している。嗅覚受容体が標的をうまく捉えると、ニューロンが脳に通知し、犬は匂いを知覚する。はい、もう息を吐いていいですよ。

　人間の鼻の機構も基本的には同じなのだが、犬の鼻のほうがすべての点で優れている(4)。嗅上皮の面積も広いし、上皮には数十倍の数のニューロンが存在し、嗅覚受容体の種類も二倍近く多いし、嗅球も人間より大きい。[*1] また、人間の嗅覚のハードウェアは鼻腔内の本流に曝されているが、犬の場合はハードウェアがそれ専用の別区画に収められている。この違いは大きい。人間の場合は、息を吐いたときに匂い物質を鼻から一掃してしまうため、匂いの体験は一瞬の煌《きら》めきのように消えていく。だが犬の場合は、匂いの体験はもっと滑らかに尾を引く。鼻腔に入った匂い物質は鼻腔内に留まりやすく、鼻をクンクンいわせるたびに補充される一方だからだ。

　犬の場合、鼻孔の形も一役買っている(5)。地面に鼻を擦《こす》りつけるように嗅ぎ回っている犬の姿を見て、あれでは息を吐くたびに地表の匂い成分が鼻先から周囲へ吹き飛ばされてしまうのではと心配する人もいるだろう。しかし、そうはならない。次に犬と出会ったら、鼻の孔の形をじっくり観察してみてほしい。前向きに空いた鼻の孔は先端部が外側に細く切れ込んだ形になっている。地面を嗅ぎ回りながら息を吐くと、呼気はその切れ込みを通って外に排出され、それによって空気の渦ができ、その気流に乗って新たな匂い成分が鼻腔内に流れ込むようになっている。息を吐いているときでさえ、犬は空気を鼻の中に取り込んでいるのだ。一つ実例をあげると、イングリッシュ・ポインターという品種の犬（興味深いことに、「サー・サタン」と名づけられていた）は、四〇秒間連続で空気を取り込みながら、そのあいだに息を三〇回吐いていた(6)。

　そのようなハードウェアを備えているのだから、犬の鼻がとんでもなく敏感であっても不思議ではない。だが、どのくらい敏感なのだろうか？　科学者たちは、犬が特定の化学物質の匂いを感知できなくなる限界濃度を探ってきた(7)。だが、その答えはまったく定まらず、実験ごとに異なる無数の要因によって大きく変動した。*2 心もとない統計学に気をとられるより、実際に犬に何ができるのかに注目するほうがよほど有益である。過去の実験から、犬は一卵性双生児を嗅ぎ分けられることがわかっている(9)。また、顕微鏡スライドに指紋をつけ、そのスライドを屋根の上で一週間野晒《のざら》しにしたあとでも、犬はその指紋を感知できる(10)。わずか五歩分の足跡を嗅いだだけで、その人物がその後、どの方向に歩いていったかを嗅ぎ当てることもできる(11)。爆弾、麻薬、地雷、行方不明者、遺体、現金の密輸、トリュフ、外来雑草の侵入、農作物の病気、低血糖、トコジラミ、石油パイプラインの漏出、腫瘍を感知できるように訓練された犬もいる。

「ミガルー」は、遺跡発掘現場で地中の骨を見つけることができる。「ペッパー」は海岸に長く残存している油汚染を発見して回る。「キャプテン・ロン」はウミガメの巣を見つけ出してくれるので、おかげでウミガメの卵を収集して保護することができる。「ベア」は隠された電子機器の場所を突き止めら

＊1 ここではあえて、犬と人間の違いがどの程度のものかを具体的な数字で示すのを避けた。推定値を見つけるのは簡単だが、その一次資料を見つけるのはとても困難だからだ。初心者やサルでもわかるなどと銘打たれた本で出典として実《まこと》しやかに提示されている科学論文まで含めて、何時間もかけて検索してみたが、何の成果も得られず、私はこの知見の質を疑った。とはいえ、犬と人間の違いは間違いなく存在し、その差がかなり大きいのも確かだ。不確かなのは、それがどの程度の違いなのかを示す正確な数値だけだ。

＊2 ある研究では、二匹の犬で試したところ、わずか一、二ＰＰＴ（一兆分の一）の濃度の酢酸アミル——バナナの香り——まで感知できた(8)。人間よりも一万倍から一〇万倍も鼻が利くことになる。だがこれは、二六年前に同じ化学物質を用いて別の手法で六匹のビーグル犬に試した実験と比べても、三〇倍から二万倍も鼻が利くことになる。

れるし、「エルヴィス」はホッキョクグマの妊娠を嗅ぎつけるのが専門だ。「トレイン」は、エネルギッシュすぎるという理由で麻薬探知犬の訓練校を落第になったが、今はその鼻を活かしてジャガーやマウンテン・ライオンの糞を追跡している。「タッカー」は、かつてはボートの舳先から鼻を突き出してシャチの糞を探知していた。彼の引退後、その職務は「エバ」に引き継がれた。匂いのあるものなら、犬は感知して追跡できる。そこで私たちは、人間の嗅覚の弱さを補うために、自分たちのニーズに合うように犬の環世界を利用しているわけだ。ここに名前をあげた犬たちの優れた探知能力は驚嘆に値するが、これは言ってみれば、隠し芸大会のようなものだ。その優れた探知能力が犬たちの内面生活にとってどんな意味をもつのか？　彼らが生きる嗅覚世界は視覚世界とどう違うのか？　そういったことを深く考えようともせず、私たちはただ抽象的に、犬の優れた嗅覚を称賛しているだけだ。

つねに直進する光とは異なり、匂いは拡散し、滲出し、充満し、渦巻く。ホロウィッツは、初めての場所を嗅ぎ回るフィンの様子を観察する際には、視界に入るものの輪郭や空間の境界線を無視するように心がけ、代わりに「確たる境界をもつものが何もない、ゆらゆらと揺らめく環境」を思い描くようにしているのだと言う。「匂いが局所的に濃くなっている範囲もありますが、何もかもが滲み出て混ざり合っているような状態です」。匂いは暗闇であっても、いくつもの曲がり角があっても、視界がはっきりとしない状況であっても、広がり進んでいく。椅子の背に掛けられている私の鞄の中身は、ホロウィッツには見えない。しかしフィンは、鞄の中のサンドイッチから漂う分子を捉えて嗅ぎつけることができるのだ。また、光はその場に留まることはないが、匂いは残留し、過去を物語る。*1 過去にホロウィッツの部屋を訪れた人の残像が幽霊のように残ることはないが、訪問者たちの化学的痕跡は、フィンが感知できる程度には残されている。また、匂いはその発生源よりも先に漂ってくることがあるため、これから何が現れるかを先に知ることができる。遠くから漂ってくる雨の匂いは、嵐の予兆となる。わが家に近づいてくる人間が放つ体臭は、家主の帰りを愛犬に予告し、玄関へと走らせる。こうしたスキルは「超感覚」としてもてはやされることもあるが、実際は単なる「感覚」である。目に見えるようになる前に鼻で嗅ぎ分けられることは多い。ただそれだけのことだ。フィンは、現在を知るためだけではなく、過去を読み取り、未来を探知するために嗅ぎ回っているのだ。それだけではない。フィンは人の経歴まで読み取っている。動物は何種類もの化学物質を垂れ流しながら生きていて、漏れ出た化学物質は匂い物質の雲となって空気中に立ち込める。[*2] 動物の中にはメッセージを送るために故意に匂いを放出する種もあるが、私たち人間も気づかないうちに匂いを発していて、自分がそこにいること、どんな状況に置かれているか、正体が誰であるか、どんな健康状態にあるか、最近何を食べたか、といった情報を鼻の利く生き物に提供している。[*3]

＊1 例外がないわけではない。海生の虫類の中には、捕食動物に遭遇したときに発光化学物質が入った光る「爆弾」を放出するものがいて、その残留光で捕食動物の気を逸らして逃げる。

＊2 ヒョウの尿はポップコーンの匂いがする。黄アリはレモンの匂いがする。辛抱強く一三一種のカエルを嗅ぎ続けてイグノーベル賞を受賞した科学者の研究によれば、種によって異なるものの、ストレスを受けたカエルは、ピーナッツバター、カレー、カシューナッツの匂いがするそうだ(12)。カンムリウミスズメ――頭頂部の毛が冠のように長く伸びている海鳥――の大群のねぐらは、爽やかなタンジェリンオレンジの匂いがする。

＊3 例外として一つ思いあたるのは、アフリカに生息し、猛毒をもつ、パフアダーという大型のヘビだ(13)。環境に紛れる体の色と模様で身を守りながら何週間もじっと待ち伏せする。視覚的に紛れるだけでなく、化学的にも環境に紛れているようだ。二〇一五年、アシャディ・ケイ・ミラーは、犬、マングース、ミーアキャットなどの鼻の利く動物がパフアダーを感知できず、パフアダーをまたいで歩いても気づかなかったことを明らかにした。犬は、パフアダーの脱皮後の皮の匂いは感知できるのに、どういう理由かは誰にもわからないが、パフアダーの生身の匂いは感知できないのだ。

「鼻についてそれまでほとんど考えたことはありませんでした。考える機会がなかったんです」とホロウィッツは言う。[*1] 犬を研究しはじめたころの彼女は、不公平な扱いに対する犬の態度など、いかにも心理学者が興味をもちそうなテーマに注目していた。しかし、ユクスキュルの著書を読み、環世界という概念について考えるようになってからは、彼女は匂いに注意を向けるようになった——いかにも犬が興味をもちそうなテーマだ。

たとえば、犬を飼っている人の多くは、飼い犬に嗅ぎ回る喜びを与えていないことが多いのだと、彼女は指摘する。ちょっとした散歩も、犬にとっては未知なる匂いの探査活動なのだ。しかし、飼い主がそのことを理解せず、犬の散歩を単なる運動か目的地までの移動にすぎないと考えていたなら、所構わず嗅ぎ回る犬の行動を煩わしく感じることだろう。飼い犬たちは、目に見えない痕跡を見つけて精査しようと立ち止まるたびに、先へ進むように急かされる。道端のうんちや死骸など、飼い主にとって好ましくないものを嗅ごうとするたびに、引き離される。他の犬のお尻に鼻をくっつけるたびに、行儀が悪いと叱られる。まあ確かに、少なくとも欧米文化では、人間はお互いの匂いを嗅ぎ合わない。[*2]「ハグをすることはありますが、ハグをしながら相手の匂いを嗅いだりしたら、すごく変な感じになりますよね。あなたの髪はいい匂いがしますね、とは言えても、あなたはいい匂いがしますね、なんてことは親密な相手にしか言えません」とホロウィッツは言う。人々は何度も何度も、飼い犬に自分たちの価値観と環世界——を押しつけ、嗅ぐのではなく見ろと強制し、彼らの嗅覚の世界を曇らせて、犬らしさの根幹を抑え込んでいる。ホロウィッツ自身も、フィンをノーズワーク教室に連れて行くまで、自分のそのような態度にほとんど気づいていなかった。

犬のノーズワーク教室では、スポーツのようなものだと称して、徐々に難易度を高めながら、隠された匂いの痕跡を探し出すトレーニングが繰り返される。生まれつき備わっている能力のはずなのに、フィンと一緒に参加していた犬の多くにとっては難しい課題だった。諜報活動にまったく向いていなさそうな犬も何匹かいた。飼い主に引っ張られるようにして箱から箱へ移動する犬や、何をすべきかまったくわかっていない犬もいた。他の犬の存在に動揺して吠えかかる犬もいた。それでも、ひと夏のトレーニングを終えるころには、そのような奇行はほとんど見られなくなっていた。なかなか動かなかった犬は自分から動くようになり、他の犬に過敏だった犬は寛容になった。どの犬も、以前より気楽そうに見えた。すっかり魅了されたホロウィッツは、同僚のシャルロット・デュラントンとともに、二〇匹の犬を対象とした独自の実験を行った。各犬の前に、ボウル置き場を三か所用意し、そのうちの一か所にボウルを置く。一か所目に置かれるボウルにはいつも山盛りの餌が入っている。二か所目にはいつも空っぽのボウルが置かれる。三か所目は、そのときどきで変わる(15)。犬たちはすぐに学習し、山盛りのボウルには近づき、空っぽのボウルは無視するようになった。では、三か所目のボウルには、どのような態度を示すのか？　この状況でボウルに近づければ、それは認知心理学者の言う「ポジティブな判断バイアス」の働きであり、要するに「楽観的」であるということだ。ホロウィッツは、わずか二週間のノーズ

＊1　これまた、科学者によくあることだ。アレクサンドラ・ホロウィッツは過去一〇年間に発表された犬の行動に関する研究をすべて調べたが、匂いに焦点を合わせたものは、わずか四パーセントだった(14)。実験が行われた環境中の匂い——気流、気温、湿度、以前にそこに存在した人や食べ物など——について記述があったのは、わずか一七パーセントだった。これは、視覚に関する研究に置き換えれば、実験時に照明が点いていたか消えていたかを記述しないのと同じことだ。

＊2　二〇二一年のアカデミー賞の授賞式で、韓国の大女優ユン・ヨジョンは、ブラッド・ピットはどんな匂いがしたかと報道陣から質問され、「匂いなんて嗅いでいませんよ。犬じゃないんだから」と答えた。

ワークで犬の楽観性が高まることを明らかにした。嗅覚が磨かれるに連れ、犬たちの態度も前向きに変わっていったのだ（これとは対照的に、二週間のヒールワーク――嗅覚や自律性には何のかかわりもなく、飼い主の指示どおりに従順に行動するトレーニング――では、犬たちに何の変化も見られなかった）。

この結果は何を意味しているのか？　ホロウィッツに言わせれば、答えは明らかだ――犬は犬のままでいさせてあげよう。犬には犬の環世界があることを理解し、私たちとの違いを認めて歩み寄るのだ。彼女はこれを実践している。フィンを散歩に連れ出し、彼の嗅球が満足するまで思う存分に嗅ぎ回らせる。フィンが立ち止まれば、彼女も立ち止まる。散歩のペースはフィンの鼻で決まる。歩みは遅くなったが、目的地はないので問題ない。私も彼女の散歩に同行した。彼女のオフィスから西へ数ブロック進み、そのままマンハッタンのリバーサイド公園に入っていく。夏の暑い日で、私の鼻で嗅ぎ取れるだけでも、生ごみ、小便、排気ガスの臭いが空気中に立ち込めていた。フィンの鼻はもっと詳細に嗅ぎ取っているはずだ。道路の舗装のひび割れに鼻を沿わせながら走る。道路標識を調べる。立ち止まって消火栓を熱心に嗅ぐのは「コロンビア大学のすべての犬がここを訪れているから」だとホロウィッツは言う。彼女の話では、フィンは消火栓に残された新しい尿の染みを嗅いだあと、顔を上げ、辺りを見回し（あるいは嗅ぎ回り）、その尿を残した犬を発見することもある。匂いは、それ自体が調査対象になるだけでなく、評価基準にもなるし、散歩とは、単に地点Aから地点Bに至る途中の状態ではなく、マンハッタンに積み重ねられた目には見えない物語をめぐるツアーなのだ。

ひとたび公園内に入ると、緑の草木、刈られた草、地表を覆う腐葉土、バーベキューの匂いで大気が満たされた。他の犬が通り過ぎると、フィンはそちらに顔を向けて匂いのサンプルを吸い込み、葉巻を吸う人のように頬を膨らませる。二匹の大きなプードルが近づこうとしていたが、接近する前に両方の飼い主が紐を引いて離し、フェンスに寄せて自分の体で押さえ込んだ。それを見たホロウィッツは悲しそうだった。雌のオーストラリアン・シェパードがやってきて、飼い主同士で短い会話を交わすあいだに、フィンのまわりを回り、互いの生殖器を熱心に嗅ぎはじめたときのほうが、ホロウィッツは幸せそうだった。他の犬の性別を知りたいとき、私たちは飼い主が用いる代名詞から当たりをつけるが、フィンは匂いで解決した。私たちは飼い主に犬の年齢を尋ねるが、フィンは推測できる。私たちは飼い主に犬の健康状態や交尾をしてもいい状態かどうか尋ねなかったが、フィンは尋ねなくてもわかっていた。「彼が嗅いでいる匂いを嗅ごうと試みたこともありましたが、今はめったにしなくなりました。単純に、彼のように情報を嗅ぎ取ることなど私にはできないとわかったからです」とホロウィッツは言う。とはいえ、改善の余地はある。人間の鼻には犬の鼻のような解剖学的に複雑な構造は備わっていないし、地面から鼻までの距離も救いようがないほど遠いが、それでも、人間の鼻も十分に活用されている。ホロウィッツが言うには、自分の匂いを頻繁に嗅ぐようになり、以前よりも匂いに細やかな注意を払うようになったことで、彼女の嗅ぎ分ける能力は高まった（と同時に人付き合いは下手になった）そうだ。「私たちの鼻も十分すぎるほど優れています。ただ、犬たちほどにはうまく使えていないだけなんです」

ホロウィッツは著書『犬であるとはどういうことか』（白揚社）の執筆中に、あることに気づいた。人間の嗅覚を研究している神経科学者に犬の話をすると、面白い反応が返ってくるのだ。ちょっとした縄張り意識というか……なんというか……下に見るような態度が垣間見えるのだ。犬の他にもラット（ラットも地雷を感知できる）、ブタ（ブタの嗅上皮はジャーマン・シェパードの二倍の大きさにもなる）、ゾウ（あとで詳述する）など、優れた嗅覚をもつ哺乳動物が多く存在する中で、犬をその代表格のように扱うことを嫌悪する向きもある。特定の匂いを感知する犬の能力を検証した結果が実験ごとに大きく食い違っている点も指摘されている。人間の嗅覚の一〇億倍の感度をもつとする実験結果もあれば、一〇〇万倍や、わずか一万倍とする結果もあり、ばらつきが大きい。場合によっては、人間の嗅覚のほうが優れていることもある。一五種類の匂い物質を用いて犬と人間の嗅覚を比較したところ、βイオノン（シダーウッドの香り）や酢酸アミル（バナナの香り）などの五種類については、人間のほうが結果がよかったのだ。また、人間は匂いを識別する能力にも優れている。人間の目で区別できない二色の組み合わせを見つけるのは簡単だが、人間の鼻で区別できない匂いの組み合わせを見つけるのはとても難しい。実際にそのような研究を試みた神経科学者のジョン・マッギャンは、私にこう言った。「マウスには区別できない匂いで、人間にも区別がつきにくそうなものをいろいろ試してみたのですが、ダメでした。私たちには違いがわかってしまうんです」

だが教科書を見ると、人間の嗅覚はさんざんな書かれようだ。そのような良からぬ思い込みの起源は、マッギャンの調べによれば、一九世紀まで遡ることができる(18)。一八七九年、神経科学者のポール・ブローカは、人間の嗅球は他の哺乳類のものより貧弱であると記述している。匂いというのは原始的で動物的な感覚であり、より高尚な思考と自由な意思をもつための代償として、私たち人間はその力を失う必要があったのではないかと理由づけた彼は、人間を（他の霊長類やクジラと一緒に）優れた嗅覚をもたない「非スメラー」に分類した。その後この分類が定着したわけだが、実のところ、ブローカは動物の嗅覚がどれほど優れているのかを実際に測定したことはなく、動物の脳の大きさに基づく大ざっぱな推論で語ったにすぎなかった。人間の嗅球の大きさをマウスと比較した場合、脳の他の領域に対する比率は小さいものの、実寸はマウスの嗅球より大きいし、ニューロンの数はほぼ同じである。そもそも、動物が経験している匂いの感覚をこのような数値で語れるものなのかどうかも定かではない*。

教科書の見解も、嗅覚を長らく過小評価してきた欧米の文化に基づいて書かれている。古代ギリシアの哲学者プラトンと弟子のアリストテレスは、嗅覚はあまりにも曖昧すぎて、感情を掻き立てたり印象を残したりする他には何の役にも立たないと論じた。進化論の提唱者ダーウィンも、嗅覚は「ごくわずかな情報しかもたらさない」と考えていた(20)。近代哲学の祖と称されるカントは、「匂いが単独で語られることはなく、他の感覚について語るときに類似性のある感覚として引き合いに出されるのみ」であると言っていた(21)。匂いを形容するためだけの英単語が stinky（悪臭の）、fragrant（よい香りの）、musty（かび臭い）の三つしかないことも、彼の見解を裏付けている(22)。他の英単語はどれも、他の意味をもつ単語を派生的に使っているもの（aromatic［芳香族→よい香りの］、foul［不潔な→悪臭の］）、隠喩的に表現するもの（decadent［華麗な、廃退的な］、unctuous［媚びるような、キザな］）、他の感覚の形容を借りたもの（sweet［甘い］、spicy［スパイシーな］）、匂いの発生源の名称をそのまま使っているもの（rose［バラ］、lemon［レモン］）ばかりだ。アリストテレスが提唱した五感のうち、他の四つには、その感覚の形容に特化した語彙がたくさんある。ダイアン・アッカーマンが書いているとおり、匂いには「言葉がない」のだ(23)。

しかし、マレーシアの先住民ジャハイ族の人々は、これに異を唱えることだろう。ジャハイ族だけで

＊ 嗅覚をもつために嗅球が必須であるかどうかさえ疑わしい。二〇一九年、タリ・ヴァイスは、鼻の構造に嗅球らしい部分がまったく見当たらないのに問題なく匂いを嗅げている女性を数人確認した。どうやって匂いを嗅いでいるのかは、見当もつかない(19)。

なく、同じくマレーシアのスマッ・ブリ集団やタイ南部のマニ人など、多くの狩猟採集民の言葉には、匂いに特化された語彙が豊富に存在する(24)。ジャハイ語には、匂いを形容するためだけに用いられる表現が十数語ある。ガソリンの匂い、コウモリの糞の匂い、ヤスデの匂いを表す語もある。エビのペーストト、ゴムノキの樹液、トラ、腐った肉に共通する匂いを表現する語もある。石鹸の匂い、強烈なドリアンの悪臭、ポップコーンのように香るビントロングの体臭を表す語もある。*「匂いについてそれだけ気軽に話しているということです」と心理学者のアシファ・マジッドは言う。彼女は、英語を話す人々が色に名前をつけるときのような気軽さで、ジャハイ語を話す人々が匂いに名前をつけていることに着目していた。「トマトは赤い」と言うのと同じ気軽さで、「ビントロングは"Itpit"だ」と表現する。匂いは、彼らの生活の根幹でもある。以前、マジッドはジャハイ族の友人から、お互いの体臭が混じり合ってしまうから、座るときにあまり近づきすぎないでほしいと文句を言われたそうだ。また、あるとき、彼女は野生のショウガの木の匂いに名前をつけようとしたが、うまくいかず、ジャハイ族の子どもたちから、同じショウガでも茎と花で匂いがまったく異なるのに、ショウガの木全体を一つの対象として扱おうとするからだ、とからかわれたそうだ。人間の嗅覚は貧弱であるという通説は、「英国人や米国人ではなくジャハイ族を対象として人間の嗅覚を研究していれば、もっと早くに覆されていたかもしれません」とマジッドは私に語った。

だが実は欧米人でも、機会さえ与えられれば、驚異的な嗅覚の力を発揮することができる。二〇〇六年、神経科学者のジェス・ポーターは、学生たちに目隠しをしてバークレーの公園に連れて行き、彼女があらかじめ芝生の上に一〇メートルにわたって垂らしておいたチョコレートオイルの匂いを探して追跡するように指示した(25)。学生たちはみな四つん這《ば》いになり、犬のように嗅ぎ回った。その様子は傍目には滑稽だったが、彼らは見事にやりとげ、練習を重ねるとさらに上達した。

実は私も、アレクサンドラ・ホロウィッツのもとを訪ねたときに彼女から同じ課題を与えられた。チョコレートの匂いのする糸が床に置かれ、私は膝をつき、目を閉じ、鼻の穴を大きく開いて嗅ぎ回った。すぐにチョコレートの匂いを嗅ぎつけ、追跡した。匂いを見失ったときは、顔を左右に大きく振った。犬の動きと同じだ。とはいえ、似た動きをするにも限界がある。犬は一秒間に六回の速さで嗅ぐことができるし、途切れることなく吸気を嗅覚受容体に送り込むことができる。だが私は、数回連続で匂いを嗅いだところで過換気になり、たまらず大きく息を吐くと、匂いを見失っていた。糸の匂いを追跡することはできたが、フィンなら〇・五秒でできるのに、私は一分かかった。私がどれだけ訓練しても、フィンには追いつけないだろう。そもそも鼻の構造が違うのだから。ホロウィッツが糸を片づけたあと、さらに決定的な違いが浮き彫りになった。犬は、匂いの発生源が消えていても、匂いの痕跡をたどることができるのだ。私たちがいくら頑張っても、「匂いの痕跡はまったく感じられません」と彼女は言う。私たち人間は、自分たちの嗅覚を過小評価している。だが、人間が犬と同じ嗅覚世界を生きているわけではないのも明らかだ。その意味を理解できるだけでも奇跡と言っていいほど、世界はとにかく複雑なのだ。

光を感知できる生き物は多い。音に反応できる生き物も少なくない。電磁場を感じ取れるのは選ばれ

---

* ビントロングは、猫とイタチとクマの中間のような外見をした体長二メートルの黒くて毛深い動物である。クマネコという別名でも知られ、私の最初の著書『世界は細菌にあふれ、人は細菌によって生かされる』（柏書房）にもちらっと登場する。

た少数の生き物だけだ。そんな中、おそらく例外なく、すべての生き物が化学物質を感知することができる。たった一つの細胞で構成されている細菌でさえ、外の世界から受け取った分子を手がかりにして餌を見つけたり危険を回避したりしている。細菌は、細菌間のコミュニケーション手段として独自のシグナルとなる化学物質を放出することもでき、細菌の個体数が十分に多いときにだけ、感染活動の開始など、協調的な活動を実行に移す。また、あまりに構造が単純すぎて生き物として科学者から認められていない存在であるウイルスでさえ、化学物質を感知する仕組みを備えていて、細菌が出すシグナルを殺菌性ウイルスが感知して利用することもある[26]。化学物質は、最も太古から存在する最も普遍的な感覚情報源なのだ[27]。環世界が生み出されたときからずっと、化学物質は環世界の一部であり続けている。だからこそ、環世界の中でも最も理解するのが難しい部分でもある。

　視覚や嗅覚であれば、環世界の理解は比較的容易だ。光波も音波も、輝度や波長、音量や周波数など、測定可能な性質によって明快に定義できる。波長四八〇ナノメートルの光で私の目を照らせば、私には青色に見える。周波数二六一ヘルツ（Hz）の音高で歌えば、私にはミドルC（真ん中のド）の音に聞こえる。しかし、匂いの場合は、このように単純には予測できない。匂い物質となりえる化学物質の種類はあまりにも多種多様で、無限に存在するといってもいい[28]。匂い物質を分類する際には、強度や快適性のような主観的な概念が用いられるが、測定するには人々に尋ねるしかない。さらに悪いことに、ある分子がどんな匂いをもつのかを——そもそも匂いをもつのかどうかさえも——その分子の化学構造から予測する術がないのだ[*1]。それでも、多くの動物は、化学や神経科学を学ばなくても生まれながらにして、このような嗅覚の複雑さに対処している。彼らの鼻は、無限空間の王座に君臨している[31]。いったいどうして、そんなことができるのか？

一九九一年にリンダ・バックとリチャード・アクセルがきわめて重要な発見をしたことで、その基礎が明るみに出はじめた。この二人は、嗅覚受容体――匂い分子を最初に認識するタンパク質――を産生する大規模な遺伝子群を同定し、その研究でのちにノーベル賞を受賞した[*2](32)。嗅覚受容体は、この章の序盤で犬について考察したときにも登場したが、動物界の至る所で嗅覚の基礎をなしている。ちょうど、電源コンセントには形状の合う電気プラグしか挿し込めないのと同じように、嗅覚受容体もおそらく、標的となる分子のみを認識する[*3]。嗅覚受容体が匂い分子を認識すると、その受容体に接続しているニューロンを伝って脳内の嗅覚中枢へとシグナルが送られ、その動物は匂いを知覚する。ただし、この過程

＊1 ベンズアルデヒドに実際に鼻を近づけてみなければ、アーモンドのような匂いがするとは誰も予測できなかった。あなたに硫化ジメチルの化学式を見せても、海の匂いがするとは予想できないだろう。よく似た分子であっても、まったく違う匂いを生み出すことがある。七個の炭素原子からなる主鎖をもつヘプタノールは、緑葉の匂いがする。主鎖に炭素原子を一個加えるとオクタノールになり、柑橘系の匂いになる。カルボンには、まったく同じ原子構成からなる二つの形態があり、この二つは互いに鏡像になっている。一方はキャラウェイシードの香りがして、他方はスペアミントの香りがする。混合物になると、さらにややこしい。混ぜてもそれぞれの匂いを嗅ぎ分けられる組み合わせもあるが、混ぜたあとに元の二つの匂いとは異なる第三の匂いを生み出す組み合わせもある(29)。その一方で、香水は何百種類もの化学物質を含むが、個々の匂い物質よりも複雑な匂いかと言えば、そんなことはなく、ブラインドで香りの成分を言い当てようとしても、たいていの人は三つ当てるのが精一杯だ。嗅覚の研究をしている神経生物学者のノーム・ソーベルは、この複雑性にまつわる論争に他の誰よりも深く関わってきた(30)。私がこの本を執筆しているあいだにも、彼が率いる研究チームは、匂い分子がもつ二一の特性を分析し、その分析結果を一つの尺度に落とし込むような測定法を考案した。匂い尺度の数字が近いほど、匂いが似ていることを示す。この手法は、分子構造から匂いを予測しているわけではないが、他の匂いとの類似性に基づいて予測しているのだから、次善の策だと言えよう。

＊2 専門用語はちょっとややこしい。感覚生物学では、英語の receptor（受容体）という用語は、光受容器や化学受容器のような受容器（感覚細胞）を意味することもあるため混同されがちだが、嗅覚受容体は感覚細胞の表面にあるタンパク質である。どうか私を責めないでほしい。私が呼び名を定めたわけではないので。

の詳細はまだはっきりしていない。匂い物質になりうる化学物質の種類の膨大さを考えると、受容体の種類は十分ではないため、匂いの知覚は、発火する嗅覚ニューロンの組み合わせに依存しているに違いない。ある特定のニューロン群が刺激されると、あなたはバラの匂いを感じて顔を輝かせるし、別のニューロン群が活性化されると、あなたは嘔吐物の臭いを感じて顔をしかめることになる。そのような刺激コードは存在するには違いないが、その特性はまだ謎に包まれている。

また、嗅覚受容体は個体間でも劇的に異なる。たとえば、OR7D4遺伝子は、汗を吸った靴下が放つ臭いや体臭に潜む化学物質であるアンドロステノンに反応する受容体を作る(34)。たいていの人にとっては不快な臭いだ。しかし、標準的なOR7D4遺伝子とはわずかに遺伝子型が異なるOR7D4遺伝子多様体を受け継いだ少数の幸せ者にとっては、アンドロステノンはバニラの匂いのように感じられる。これは何百種類もの受容体のうちのほんの一種類の話だが、すべての受容体にそのような「遺伝子多様体」が存在するため、すべての人が他の人とはわずかに異なる個別化された独自の環世界をもつことになる。誰もが少しずつ異なる感じ方で世界の匂いを嗅いでいる。他の人間の嗅覚が生み出す環世界でさえ、なかなか理解できないのに、相手が人間以外の種となれば、どれほど難しいことか。

ある動物の嗅覚を他の動物の嗅覚と比較した主張は、疑ってかかるべきだ。私は、ゾウはブラッドハウンドの五倍も鼻が利くと書かれている本に何度も出会ってきたが、そのような記述はまったく意味をなさない。何が五倍なのか？　感知できる化学物質の種類が五倍なのか？　特定の化学物質について、五分の一の濃度でも感知できるということなのか、五倍の距離からでも感知できるということなのか？それとも、匂いを記憶していられる期間が五倍なのか？　そのような比較には必ず不備がある。なぜなら、匂いは実に多様であり、計測できないことが多いからだ。動物について「嗅覚がどれほど優れているか？」を問うのはやめるべきなのだ。それよりも、「その動物にとって嗅覚がどれほど重要であるか？」や「その動物は嗅覚を何のために使っているか？」を問うほうがいい。

たとえば、蛾《ガ》の雄は、雌が放出する性的な化学物質に照準を合わせている(35)。何マイルも離れた場所から漂ってくる雌の匂い物質を羽毛状の触角で捉えると、発生源に向かってゆっくりと羽ばたいていく。彼らにとって匂いはとても重要で、スフィンクスガ（雀蛾）の雌の触角を雄に移植すると、移植された雄はまるで雌のように振る舞った――雌の匂いではなく産卵に適した場所の匂いを探すようになったのだ(36)。蛾の嗅覚が恐ろしく優れていることは、蛾が生存し続けていることからも明らかだ。しかし、その驚異的な嗅覚は、数少ない特殊任務のためだけに使われている。蛾は「匂いに導かれるドローン」とも表現されるが、それも誇張ではない(37)。蛾の雄は成虫になると口器すらもたない。餌を探す手間さえ省いて、短い生涯をただ飛び回り、探し回り……交尾するためだけに捧げる。あまりにも単純な行動原理なので、簡単に騙される。蛾の雌の匂いを模倣することによって、ナゲナワグモは蛾の雄を誘引して奇襲して命を奪うし、農家の人々は罠《わな》を仕掛けて捕獲する(38)。だが、他の昆虫の中には、もっと洗練された方法で匂いを扱っているものもいる。

ニューヨーク・シティにある研究室で、レオノーラ・オリボス・シスネロスは大きなタッパー容器を取り出した。蓋を開けると、濃赤色の粒がびっしりと詰まって蠢《うごめ》いている。アリだ。厳密に言えば、ク

＊3 匂いは多種多様な分子の振動にコードされているという学説が広く普及しているが、この学説は完全に誤りであることがすでに証明されている(33)。

ローン性の侵略アリで、まだ詳しい生態などは不明だが、たいていのアリよりも頑丈そうな体格で、通常、集団内に女王アリも雄アリもいない。すべての個体が雌で、どの個体も自身をクローニングすることによって繁殖できる。そんなアリが約一万匹、タッパー容器の中を歩き回っている。その大半が自分たちの体で仮の巣を形作り、幼虫の世話をしている。残りのアリは餌を探して歩き回る。餌として与えられているのは、別種のアリ——メキシコから空輸した大型種の幼虫エスカモーレなど——だ。

このクローン性の侵略アリはとても小さいため、どれか一匹に注目して観察するのは難しい。それでも、顕微鏡で見れば、だいぶ観察しやすくなる。拡大もされるし、観察しやすいようにアリに着色してあることも、功を奏している。オリボス・シスネロスは慣れた手つきで虫ピンを使い、アリの背中に黄色、オレンジ色、赤紫色、青色、緑色の染料をつけていく。そうやって各個体に独自のカラーコードを与え、自動カメラシステムで追跡できるようにしているのだ。着色してあると、目視でも観察しやすい。そうやって観察するうちに、私は、アリがときどき棍棒《こんぼう》のような形の触角の先で他のアリに軽く触れていることに気づいた。このように触角で触れて回る「触角行動」は、アリにとっては「匂いを嗅ぎ回る」のと同じ意味をもつ。そのようにして互いの体表の化学物質を調べることで、同じコロニーの仲間なのか侵入者なのかを識別しているのだ。このアリは普段、地下に生息しているため、目はまったく見えない。「視覚に相当する機能はありません」と、この研究室を率いるダニエル・クロナウアーが私に言った。「このアリたちのコミュニケーションはすべて、化学物質のやりとりで成り立っています」

アリたちがコミュニケーションに使っている化学物質は「フェロモン」と呼ばれているが、この用語は重要でありながら、意味を誤解されることも多い(39)。フェロモンとは、同じ種の個体間でメッセージを伝え合うための化学的シグナルのことだ。蛾の雌が雄を惹きつけるために用いるボンビコールはフェロモンだが、蚊を私の体へと引き寄せる二酸化炭素はフェロモンではない。また、フェロモンのもつメッセージは標準化されていて、その使われ方や意味は同じ種であれば個体ごとに異なったりはしない。カイコ蛾であればすべての雌がボンビコールを使い、すべての雄が誘引される。一方で、ある人物と別の人物を匂いで識別できるのであれば、その匂いはフェロモンではない。独身の男女が互いの衣服の匂いを嗅ぎ合う「フェロモンパーティー」や媚薬効果を謳って市販されている「フェロモンスプレー」は存在するが、実のところ、人間にフェロモンがあるのかどうかさえ、まだ明らかにされていない(40)。何十年も前から研究されているにもかかわらず、まだ一つも確認されていないのだ。*

アリのフェロモンの場合は、もっと特殊だ(42)。まず、フェロモンの種類が多い。それをアリたちは、特性に応じて使い分けている。大気中に拡散しやすい軽量級の化学物質は、働きアリを招集して獲物を迅速に制圧するためや、広範囲に素早く警告を発するために使われる。一匹のアリの頭を押しつぶすと、大気中に噴霧されたフェロモンを数秒のうちに近くの仲間のアリたちが感知し、戦闘に突入する。大気中をゆっくりと浮遊する中量級の化学物質は、道しるべとして利用される。働きアリは餌を見つけると、道しるべとしてフェロモンを使う。すると、その匂いを嗅ぎつけた仲間のアリたちが餌の場所を探して

＊ 人間にもフェロモンが存在する可能性はあるが、それを見つけ出すのはかなり面倒だ(41)。動物の場合、研究者は通常、その動物がフェロモンに反応しているときにみられる特有の行動や生理反応――唇が赤く膨らんだり、触角を激しく揺らしたり、テストステロン濃度が上昇したり――を探す。だが、人間の場合はうんざりするほど多様で複雑なため、型通りの行動などほとんどみられない。かつて一部の研究者のあいだでは、女性たちの生理周期が同調するのは、まだ同定されていないフェロモンが原因ではないかと疑われていたが、そもそも生理周期が同調するという話も俗説にすぎない。昨今では、乳を吸うように乳児を促す働きをするフェロモンが乳房から放出されているのではないかと考える研究者もいるが、これもまた、それらしい化学物質は単離されていない。

集まってくる。働きアリが多く集まるほど匂いは強まる。餌がなくなれば匂いは薄れる。ハキリアリは道しるべフェロモンの感知力がきわめて高いため、一ミリグラムもあれば十分に、地球三周分の道のりに道しるべをつけることができる(43)。最後に、大気中にほとんど拡散しない重量級の化学物質は、アリの体表を覆っている。このような種類のフェロモンは、クチクラ炭化水素(ワックス)を成分とすることが知られていて、身元証明バッジのような働きをする(44)。自分と同種のアリと別種のアリ、同じ巣の仲間と別の巣のアリ、女王アリと働きアリを識別するために使われているのだ。また、女王アリはこの種類のフェロモンを使って、働きアリの繁殖を停止させたり、秩序を乱したアリに標的の印をつけて罰したりもしている(45)。

フェロモンの影響力はとても強いため、アリたちにとって有害ともいえる奇妙な振る舞いを強いることもある。赤アリは、アリの幼虫によく似た匂いがするからという理由で、アリの幼虫とは似ても似つかない姿をした青いチョウの幼虫の世話をする(46)。軍隊アリは、フェロモンの道しるべにどこまでも忠実に従うため、道しるべのルートが偶然にもループを描いていた場合には、何百匹もの働きアリが疲れ果てて死ぬまで延々と「死のスパイラル」を描いて歩き続けることになる(47)[*1]。また、多くのアリがフェロモンを用いて仲間の死を認識する。生物学者のエドワード・オズボーン・ウィルソンが生きているアリの体表にオレイン酸を塗ると、そのアリのことを姉妹アリたちは死骸として扱い、巣内のごみ集積所まで運んだ(49)。そのアリは生きていて、足で空を蹴っている様子も見て取れたのに、そんなことはお構いなしだった。死の匂いがすることが重要だったのだ。

「アリたちは、フェロモンが絶えず行き交う乱雑で騒々しい世界に生きている」とウィルソンは言っていた(50)。「もちろん、私たちには感じ取れない。私たちには小さな血色のよい生き物が地面を慌ただしく走り回っているようにしか見えなくても、おびただしい量の調整とコミュニケーションが活発に重ねられているのだ」。そして、そのすべてを支えているのがフェロモンだ。この匂いを放つ物質のおかげで、アリは個体の限界を超えた「超個体」として活動することができ、各個体の無意識の活動の寄せ集めから複雑で並外れた振る舞いを生み出すことができる。軍隊アリが無敵の捕食者として活動できるのも、アルゼンチンアリが何マイルにも及ぶ巨大コロニーを作り上げられるのも、ハキリアリが巣内で菌類を育てて農業を営めるのも、フェロモンのおかげだ。アリが築き上げた文明は地球上で最も素晴らしい部類に入る。かつて動物行動学者のパトリツィア・デットーレが「（アリたちの）類まれな才能は、間違いなく、触角に宿っている」と書いていたが、まったくそのとおりだ(51)。

クローン性の侵略アリを用いたクロナウアーの研究によって、アリの触角に宿る才能がどのように進化してきたのかが明らかにされた。アリというのは本質的には、一億四〇〇〇年前から一億六八〇〇年前までのあいだに進化して単独の存在からきわめて社会的な存在へと急速に移行した、高度に専門化されたハチの集団である(52)。その進化の過程で、嗅覚受容体遺伝子——匂いをもつ化学物質の感知を可能にする遺伝子——のレパートリーの数は膨れ上がっていった(53)。嗅覚受容体遺伝子の数はショウジョウバエで六〇個、ミツバチで一四〇個なのに対して、ほとんどのアリで三〇〇個から四〇〇個に及び、クローン性侵略アリになると記録破りの五〇〇個となる[*2]。なぜなのか？　その手がかりは三つある(54)。第

＊1　二〇二〇年九月、私は、軍隊アリの死のスパイラルがＣＯＶＩＤ－19の流行に対する米国の対応の完全な暗喩になっていることに気づいた。「アリたちは、すぐ先のことは感知できても、大局は感知できない(48)。自分たちを安全な状況へと導くために力を調整することができない。自らの本能の壁に閉じ込められている」のだ。

一に、クローン性侵略アリの嗅覚受容体の三分の一は、触角の下側――触角行動中に互いの体に触れる部位――のみで産生される。第二に、嗅覚受容体はアリたちが身元証明バッジとして身にまとう重量級のフェロモンを特異的に検知する。第三に、一八〇個ほどの受容体はすべてたった一つの遺伝子から生じており、おおよそ祖先アリが単独生活からコロニー生活へと移行したころに繰り返し重複された。これらの手がかりを考え合わせたクロナウアーは、アリたちが同じ巣の仲間をより的確に認識できるようになったのはこのように獲得された余分な嗅覚系のハードウェアのおかげではないかと推論している。結局のところ、アリたちは一種類のフェロモンの有無をただ探っているのではなく、数十種類のフェロモンの組成比を評価している。なかなかに難しい計算になるが、その計算が、アリの行動のすべてを下支えしている。匂いに関する性能を拡張することによって、アリたちは洗練された社会を制御する方法を獲得したのだ。

アリが匂いにどれほど依存しているかは、嗅覚を絶たれたときに顕著に表れる。クロナウアーが嗅覚受容体で標的分子を感知するために必要な *orco* と呼ばれる遺伝子をクローン性侵略アリから奪うと、変異アリたちはまったくアリらしからぬ行動を見せた(55)。「生まれてすぐのころから、何かが変でした。アリの体に着色するのも、やけに簡単でした」とオリボス・シスネロスは私に語った。変異アリはフェロモンの道しるべを追いかけようとしなかった。油性マーカーで引いた境界線も、正常アリならその強烈な臭いを嫌って避けて通るのに、変異アリは平気で越えていった。本来なら幼虫の世話をするのが責務のはずなのに、変異アリは幼虫に見向きもしなかった。自分が属するコロニーにも無頓着で、何日間も彷徨《さまよ》い歩いた。そうやって歩き回るうちに偶然、コロニーに入り込むこともあったが、変異アリの存在はコロニー内に大混乱を招いた。何の挑発も受けていないのに警戒フェロモンを放出して、同じコロニーの仲間を不要なパニックに陥らせた。「他のアリの存在が変異アリにはわからないんです。仲間の存在をまったく感知できていません」とクロナウアーは言う。なんとも気の毒だ。匂いをもたないアリにコロニーはなく、コロニーのないアリは、もはやアリではないのだ。[*3]

フェロモンの威力を知るには、アリを例にあげるのがおそらく最もわかりやすいのだが、これは何もアリに限った話ではない。ロブスターの雌は雄の顔に尿をかけて性フェロモンで誘惑する(57)。マウスの雄が産生する尿中フェロモンには、雄の体臭に含まれる他の成分に対する雌の感受性を高めて強く惹きつける作用があり、この尿中フェロモンは、小説『高慢と偏見』の主人公エリザベスの恋のお相手となるダーシーにちなんで、「ダーシン」と呼ばれている(58)。クモに似た花を咲かせるラン科のスパイダーオーキッドは、ミツバチの性ホルモンを模倣して雄ミツバチをおびき寄せ、花粉を運ばせる(59)。かつてE・O・ウィルソンは「私たちはいついかなるときも、とりわけ自然界では、大量のフェロモンに取り巻かれながら生きている」と言っていた(60)。「フェロモンは一〇〇万分の一グラム単位で放出され、おそらくキロメートル単位で漂ってくる」。目的に合わせて作られたこのメッセージ物質は、最小の生物から最大の生物まで、動物界全体を駆り立てているのだ。

＊2 注意：動物の感覚能力を遺伝子の数によって評価するのは危険である。実際に働いている嗅覚受容体遺伝子の数を比べると、犬には人間の二倍の数の遺伝子があるが、だからといって、犬の嗅覚のほうが二倍優れているということにはならない。

＊3 この研究には前例がある。遡ること一八七四年、スイスの科学者アウグスト・フォレルは、アリの触角が匂いを感知する主要器官であることを明らかにした(56)。フォレルがアリの触角を取り除くと、アリたちは巣を作らず、幼虫の世話をせず、他のコロニーに属する侵入者を攻撃しなくなった。

二〇〇五年、ルーシー・ベイツはゾウを研究するためにケニアのアンボセリ国立公園に到着した。そして初日の現地調査の際に、経験豊富な現場アシスタントから、一九七〇年代以降ずっと科学者の観察対象とされてきたゾウたちは、調査グループに新しいメンバーが加わったことにほぼ間違いなく気づくだろうと告げられた。ベイツは懐疑的だった。どうしてそんなことがゾウにわかるのか？　なぜゾウはそんなことを気にかけるのか？　まもなくして、研究チームはゾウの群れを発見して車のエンジンを切ったが、ほぼ同時に、群れの中の一頭がこちらに向かってきた。「そのゾウは車に近づいてきて、鼻先を窓に押しつけ、しきりに匂いを嗅いでいました。車の中に新入りがいることに気づいていたんです」とベイツは語った。

それから数年かけてベイツは、ゾウとともに過ごした経験のある者なら誰もが知っていることを理解していった。ゾウの暮らしは匂いに支配されている。二〇〇〇個という桁外れの数の嗅覚受容体遺伝子をもち、嗅球も並外れて大きいのだが、そんなことは知らなくても、ゾウの鼻を見ればわかる(61)。あんなに長くて、あんなによく動く鼻をもつ動物は他にいない。おかげで、匂いを嗅ぐ行動も他のどの動物より観察しやすい。歩いているときも食べているときも、警戒しているときも寛《くつろ》いでいるときも、ゾウの鼻は絶えず動いている。揺れて、巻かれて、ねじれて、地面を舐《な》めるように鼻先を滑らせたかと思えば、鼻先をひくひくさせて匂いを嗅ぐ。対象物を調べるために全長六フィート（約一・八メートル）の鼻を潜望鏡のように高く掲げることもあるし、とても器用に繊細な動きを見せることもある。「餌を食べているときに近づこうとしても、ゾウは音で察知し、振り向きもせずに鼻先で追い払うんですよ」とベイツは言う。

アフリカゾウは、大好物の植物が箱の中に隠されていたとしても、その箱が生い茂った草に覆われていたとしても、鼻を使って見つけ出すことができる(62)。馴染みのない匂いも学習できる。TNT火薬は人間には無臭のように感じられるが、三頭のアフリカゾウは短時間の訓練を受けただけで、高度な訓練を受けた探知犬よりも巧みにこの火薬を特定できた(63)。さらに、この三頭のうちの二頭である「チシュル」と「ムッシーナ」に人の匂いを嗅がせると、何人もの匂いを混入させた九本の瓶の中から、その人の匂いが混ざった瓶《びん》を特定することができた(64)。アジアゾウも負けてはいない(65)。ある実験では、アジアゾウは中身の見えない二つのバケツのどちらにより多くの餌が入っているかを匂いだけで判別してみせた。そんな芸当は人間にはとても真似できないし、（アレクサンドラ・ホロウィッツの実験によれば）犬でもなかなかできないことだ。*「私たちは、中を見れば違いを言い当てられますが、匂いを嗅ぐだけではわかりません」とベイツは言う。「ゾウが匂いから得ている情報のレベルは、私たち人間が理解できる範囲を遥かに超えているんです」

ゾウは匂いで危険を察知することもできる。アンボセリに到着してからしばらくして、ベイツは同僚と一緒にジープでマサイ族の男たちに会いに行った。現地の研究チームが何十年も使用してきたジープだ。翌日、再びジープを走らせていると、ゾウたちはこの慣れ親しんでいるはずの車を妙に警戒した。マサイ族の若い男性はゾウを槍で突くこともあるので、ゾウたちが落ち着きを失ったのはジープに残る匂い――マサイ族が育てる乳牛、食べる乳製品、体に塗る黄土の匂い――のせいではないかとベイツは考えた。そして、それを検証するために、さまざまな衣類をゾウの縄張り内に隠した。洗い立ての衣類

＊ ただし、ホロウィッツはこの実験結果について、犬のモチベーションを高めることができなかったせいかもしれないと考えている。

や、ゾウに何の危害も与えないカンバ族の着古した衣服のときは、ゾウたちは好奇心で近づいたあと、無関心だった(66)。しかし、マサイ族の着古した衣服の匂いが風で漂ってくると、必ず明らかな反応を示した。「最初の一頭が鼻を高く上げたかと思うと、すぐに群れ全体が全力で走り出し、丈の長い草むらに逃げ込みました」とベイツは私に話してくれた。「それはもう、信じられないほどの緊迫感で――どの群れでも、毎回同じです」

ゾウにとって重要な匂いの発生源といえば、餌と敵を除けば、あとは他のゾウくらいだろう。ゾウたちは常日頃、鼻を使って互いに探り合っている。離れた場所から分泌腺や生殖器や口の匂いを詮索している。アフリカゾウは、長らく離れて過ごしていた仲間と再会すると、激しい挨拶の儀を交わす(67)。耳をぱたぱたと動かし、喉を低音で震わせる様子は人間にも観察できるが、当のゾウたちは溢れんばかりの匂いも体感しているに違いない。彼らは旺盛に排尿し、排便し、目の後ろの分泌腺からは芳香性の液が溢れ出て、空気中に匂いが充満する。

ゾウの匂いの研究者といえば、かつて「ゾウの分泌物、排出物、呼気の女王」と称された生物科学者のベッツ・ラスムッセン*の右に出る者はいないだろう(68)。ゾウの体内で作られたものなら、ラスムッセンはまず匂いを嗅ぐし、ときには味見もした。そして、ゾウの分泌物にはフェロモンが豊富に含まれること、つまり、メッセージに溢れていることに気づいた。一九九六年、一五年間の研究のすえに彼女は、交尾の準備が整ったことを雄に知らせるために雌の尿中に分泌されるZ－7－ドデセン－1－イルアセテートと呼ばれる化合物を単離した(69)。こんなにも複雑な動物の性生活に、たった一種類の化合物がこれほど大きく影響するとは、驚きだった。さらに驚くべきことに、蛾の雌も同じ物質で雄を惹き寄せていた。幸いにも、この誘引物質は蛾の雄が雌を探す手がかりにしている複数の化合物のうちの一つにすぎないので、蛾の雄が雌ゾウに惹き寄せられることはないし、なおさら幸運なことに、蛾の雌が作るフェロモンの量が少なすぎるおかげで雄ゾウに交尾を迫られることもない。一方で、ゾウは別の場面でも標識を掲げるように匂いを発する。最終的にラスムッセンは、雌が発情周期の別の段階にあるときも、雄が発情して「盛り」と呼ばれる凶暴な状態にあるときも、ゾウはそれを匂いで察知できることを発見した(70)。また、ゾウは匂いで個体識別もできる。自分たちの縄張りへと続く歩き慣れた道を進むとき、ゾウは糞と尿をあとに残す――単なる排泄ではなく、周辺にいる他のゾウに嗅ぎ取らせるために、自分の痕跡として残しているのだ(71)。

二〇〇七年、ルーシー・ベイツはゾウのこのような行動について検証した(27)。ゾウの家族の群れを追いながら、どれか一頭が排尿するのを待った。群れが去ると、尿が染み込んだ土をスコップですくい、アイスクリームの空き容器に入れた。それから、先ほどと同じゾウの群れか別の群れに遭遇するまでサバンナを車で走り回り、群れの前方に先回りして、先ほど容器に入れた土を地面に撒《ま》くと、少し離れた見晴らしのいい場所まで速やかに退避して、群れの到着を待った。「あまり愉快な経験ではなかったですね。群れの進む先を予測し、先回りして尿サンプルを撒いても、違う方向に進んでいくことも多くて。かなり気の滅入る作業でした」と彼女は語る。それでも、ことがうまく運ぶと、ゾウは必ず尿を調べに近づいてくる。別の家族のものであれば、すぐに見向きもしなくなるが、今は離れて暮らす同じ家族の

＊ ゾウは雌が率いる母系社会で暮らしているので、ゾウの感覚に関する研究を女性たちが牽引してきたことは、実にふさわしいことのように思える。嗅覚はベッツ・ラスムッセン、聴覚はケイティ・ペインとジョイス・プールとシンシア・モス、振動覚はケイトリン・オコンネルが牽引している。ラスムッセン以外の女性研究者たちも、後の章で登場する。

一員のものであれば、もう少し興味を示した。同じ群れの一員で、今も後方を歩いているゾウのものだった場合はとくに、強い好奇心を見せた。ゾウたちはその尿がどのゾウのものか正確に判断できたが、後方にいるゾウが前方に尿を残すことなどありえないので、困惑した様子で、別の場所から運び込まれたその匂いを慎重に調べていた。ゾウは大きな家族の群れで移動していて、近くにどの個体がいるかだけでなく、群れの各個体がどこにいるかまで把握しているようだ。そのような認知力は匂いと深く結びついている。「ゾウは歩いているときもつねに、体内に吸い込んだ多種多様な匂いからありとあらゆる情報を拾っていてます……それはもう、圧倒的な情報量であるに違いありません」とベイツは言う。

そのような情報の正確な内容を識別するのは難しい。動物のディスプレイ行動や鳴き声は写真に収めたり録音したりできるが、匂いは簡単に収集できるものではないため、嗅覚に関心のある科学者は、尿が染み込んだ土をすくいとるようなことをしなければならない。また、匂いは簡単には再生できない。音声や映像で匂いを再現するのは不可能なため、ゾウの群れのすぐそばまで車を走らせ、尿の染みた土を採取して運んでこなければならない。しかもそれは、科学者が嗅覚について考えていればこそであって、これまでにゾウの脳の働きを調べるために実験してきた研究者の多くは、暗黙のうちに視覚ばかりを検証し、鏡のような小道具を使ってきた。ゾウにとって最も重要な感覚である嗅覚を無視してきたせいで、私たちはゾウの頭脳についてどれほど多くのことを見落としてきたことか。

通いなれた道を歩いているときに他のゾウの「落とし物」の匂いに遭遇したゾウは、落とし主の個体情報以外にどんな情報を嗅ぎ取っているのだろうか？　先を行くゾウたちの感情がわかる？　ストレス状態や病気を診断できる？　あるいはもっと幅広く、これまでの暮らしや環境まで把握できる？　戦後のアンゴラに戻ったゾウは、今なお地中に点在する無数の地雷を遠巻きに避けて通っているようだから、少しの訓練ですぐにＴＮＴ爆弾を探知できるようになるというのも、うなずける話だ(73)。乾期になるとゾウが穴を掘ることは以前から知られているが、ベイツと同じくアンボセリで働くジョージ・ウィットマイヤーは、ゾウのそうした行動について、地中の水の匂いを頼りにしているに違いないと確信している。それだけでなく、遥か遠くで雨に濡れた土が放つ匂いから雨の接近を感知することもできるはずだと考えている(74)。「とても爽快な匂いなんですよ」と彼は私に言った。「その匂いを嗅ぐと活力が湧いてきて、生きていることを実感させてくれます。その匂いに反応してゾウが立ち上がる様子を、あなたも見ることになるでしょう」

かつてラスムッセンは、ゾウはその長い旅路の道しるべとして「風景や地勢、小道、ミネラル源や塩分源、水たまり、雨や氾濫した川の匂い、季節を知らせる木の香りなどの化学的な記憶」を利用しているのではないかと考察していた(75)。誰も検証していないが、彼女の主張は理にかなっている。結局のところ、犬も、人間も、アリも、みな匂いの痕跡をたどることができる。サケは、生まれた場所の水の匂いの記憶に導かれ、生まれた川へ戻ってくることができる(76)*。ウデムシは、鞭のように細長い第一脚の先端にある嗅覚器を使って、乱雑な熱帯雨林の中を自分の棲み処まで戻っていく(77)。ホッキョクグマが何の目印もない氷の上を何千マイルも移動できるのは、一歩進むごとに手足の腺から分泌される匂いが氷上に残されるからだと考えられている(78)。このような例はいくらでも存在するので、科学者の中には、

＊ 生態学者のアーサー・ハスラーは、ハイキング中に滝の近くを通りがかり、その懐かしい匂いをきっかけに、すっかり忘れていた幼少期の記憶を思い出した。そして、回遊するサケもこれに似た体験をしているのではないかと考え、その考えが正しいことを、一九五〇年代に明らかにした。

動物の嗅覚が発達したのは、化学物質を感知するためではなく世界中を移動して回るためではないか、と考える者もいるほどだ(79)。よく利く鼻があれば、風景は「匂いの分布図」として地図に描くことができるし、目印になるような香りがあれば、食べ物や棲み処までの道筋を知ることができる。皮肉なことに、そのような技能の存在を示す最も有力な証拠は、最近まで匂いを感知できないと考えられていた動物から得られた。

画家であり熱心な鳥類研究家でもあったジョン・ジェームズ・オーデュボンは、なかでも北アメリカの鳥類の博物画で有名であり、その画集は鳥類学の研究書としても大きな影響を残した(80)。だが、その一方で彼は、コンドルに関するとんでもなく酷い実験によって、それから何世紀も続くことになる「鳥類にまつわる嘘」の種を撒いたのだった。

アリストテレスの時代から、コンドルには鋭い嗅覚が備わっていると学者たちは信じていた。だが、オーデュボンの考えは違った。彼が腐敗したブタの死骸を開放的な場所に放置しても、コンドルは一羽も食べに現れなかった。対照的に、シカの皮に麦わらを詰めたものを放置したときには、ヒメコンドルが急降下してきて襲いかかった。この実験を基に、一八二六年に彼は、この種の鳥類は嗅覚ではなく視覚で餌を見つけていると主張した(81)。彼の支持者たちもまた、同じくらい酷い証拠を掲げて彼の主張を盛り立てた。コンドルは内臓の飛び出たヒツジの絵にも襲いかかるというものや、捕獲したコンドルの目をつぶしたら餌を食べなくなったという報もあった。他にも、シチメンチョウの餌に硫酸やシアン化カリウムを混ぜて与えると、食べれば苦しみながら死ぬことがはっきりとわかるような強烈な臭いを発しているにもかかわらず、シチメンチョウはその餌を食べるという報告もあった。こうした異様な研究は、人々の心を捉えた。コンドルは新鮮な死骸を好み、オーデュボンが用いたような悪臭の強すぎる肉には見向きもしないのだが、そんなことは気にするな。オーデュボンはクロコンドル（嗅覚への依存度が比較的低い）とヒメコンドルを混同していたし、当時の油絵からは腐りかけの魚に含まれるのと同じ化学物質が放出されていたのだが、それも忘れてしまおう。損傷を受けた動物が空腹をほとんど感じなくなる理由はたくさんあるが、それも無視しよう。やがて、ヒメコンドルは匂いを感知できない――いや、それどころか根拠もなく拡大解釈して、すべての鳥類は匂いを感知できない――という考えが常識となり、教科書にも載るようになった。これに反するエビデンスは何十年間も無視され、鳥類の嗅覚に関する研究は放棄状態に陥った。*

このような誤った状況に風穴を開けたのは、アマチュア鳥類愛好家でもあった医療イラストレーターのベッツィー・バングだった[83]。彼女は、鳥の鼻腔を次々に解剖し、観察したままをスケッチした。その姿――大きな鼻腔いっぱいに薄い骨が回旋状に渦を巻いていて、犬の鼻腔内の様子によく似ていた――を見た彼女は、鳥類も匂いを感知できるに違いないと強く確信した。そうでなければ、何のためにこのような機構があるのか？　誤った情報が教科書によって広められているのではないかと憂慮したバ

---

* 鳥類学者のケネス・ステイジャーは、オーデュボンよりもだいぶまともな研究を行い、ヒメコンドルが隠された死骸の匂いを頼りに目的地まで飛来することを示した[82]。さらに彼は、ある石油会社がパイプラインからの漏出を追跡するために油にエチルメルカプタン――おならや腐敗の臭いのするガス――を添加し、上空を旋回するコンドルを探索していることを知った。興味をそそられたステイジャーは、自前のメルカプタン散布装置を作製し、カリフォルニア州のさまざまな場所に配備した。すると、装置を配備するたびに、コンドルが飛来した。オーデュボンは間違っていたのだ。ヒメコンドルは、匂いを感知できるだけでなく、何マイルも離れた場所でほんのわずかに噴霧された微量の匂い物質を感知できるほど優れた嗅覚を備えているのだから。

ングは、一九六〇年代を通じて、一〇〇種を超える鳥類の脳を念入りに調べ、嗅球を測定した(84)。そして鳥類の中でも、ヒメコンドル、ニュージーランドのキウイ、ミズナギドリ目（アホウドリ、ウミツバメ、ミズナギドリ、フルマカモメなどの海鳥）の嗅覚中枢がとくに大きいことを明らかにした。ミズナギドリ目にはくちばしの上部に特徴的な管状の鼻孔があり、もともとは塩分の排出口だと考えられていた。バングの研究は、この鼻孔にもう一つ別の役割があることを示していた。海上を舞いながら餌の匂いをキャッチできるように、外部の空気を鼻腔内に取り込んでいるのだ。彼らにとって「嗅覚は何より重要」なのだとバングは主張*した(85)（「たとえ相手がオーデュボンでも、論争を厭《いと》わない様子でした」と、のちに息子のアクセルが語っている）。

カリフォルニア州の別の場所でも、生理学教授のバーニス・ヴェンツル（一九五〇年代の米国では数少ない女性の生理学教授だった）がバングと同じ結論に行き着いていた(87)。空気中に微かな香りを捉えると、伝書バトの心拍数が高まり、嗅球のニューロン（神経細胞）が興奮することを明らかにしたのだ。彼女は同様の実験を他の鳥類――ヒメコンドル、ウズラ、ペンギン、カラス、アヒル――でも試したが、いずれも同様の反応を示した(88)。つまり彼女は、鳥類は匂いを感知できるというバングの推論を証明したのだ。バングとヴェンツルは他界してからも、誤った常識に立ち向かい、存在しないとみなされていた感覚世界への探究の道を切り開いた「同時代を生きた二人の異端児」と評されている(89)。彼女たち自身がよい前例となり、指導者としても尽力したおかげで、その足跡を追った科学者の多くも女性だった。

そのうちの一人、ガブリエル・ネビットは、ヴェンツルの退官前の最終講座で、海鳥の研究に関する講義を聴いて感銘を受けた。そして、ミズナギドリ目が嗅覚を利用する仕組みの解明につながる彼女の長い研究の旅がはじまった。一九九一年初頭には、参加できる南極探検があればすぐにでも参加できるように準備を整えつつ、「鳥を殺すことなく砕氷船の甲板の上から鳥の実験を行う方法について思案していた」と彼女は私に語った。魚油に浸したタンポンを凧《たこ》につけて飛ばしたり、刺激臭のする油を船尾から放出してなびかせたりしたそうだ。すると毎回、ミズナギドリ目の鳥がすぐに姿を現した。ネビットは、鳥類は刺激臭のするベトっとした物質に含まれる特殊な化学物質に惹きつけられているのではないかと考えたが、それがどんな化学物質なのかも、何の起伏もない水の広がりの中でどうやってその化学物質を見つけ出しているのかも、わからなかった。彼女がようやくその答えを知ったのは、もっとあとの南極の旅でのこと、それも予期せぬ状況の最中でのことだった。

その旅の途中、ネビットの船は猛烈な嵐で激しく揺れ、部屋の中で振り回された彼女は道具箱に叩きつけられ、腎臓に裂傷を受けた。船の修復が終わって新しい乗組員が乗船してきたあとも、ベッドから起き上がれなかったが、彼女は休養中も、新たに主任研究員として乗船してきたティム・ベイツとよく雑談していた。ベイツは、硫化ジメチル（ＤＭＳ）と呼ばれる気体の研究をしている大気化学者だった。海洋中では、プランクトンが餌としてオキアミ――エビに似た動物で、クジラや魚や海鳥の餌になる――に食べられる際にＤＭＳが放出される。ＤＭＳは水に溶けにくいため、やがて大気中に移行し、上空まで達すると、雲の種になる。ＤＭＳが鼻に入ると「カキや海藻のような匂い」がする、とネビットは表現している。つまり、海の匂いだ。

＊鳥類は、映画でも人気のヴェロキラプトルと同じ部類の小型肉食恐竜から進化した。古生物学者のダーラ・ゼレニツキーは、この小型肉食恐竜の骨格をスキャンし、体格に比べて嗅球が大きい――同じ獣脚類に属する大型肉食恐竜ティラノサウルスと同じくらい大きい――ことを明らかにした(86)。どうやらこの小型恐竜はその嗅覚を使って狩りをしていたようだ。そして、現代を生きる鳥類も、そんな祖先の環世界を受け継いでいる。

さらに言うなら、ＤＭＳの匂いは「豊かな」海の匂いだ。膨大な量のプランクトンが豊かに繁殖し、それを餌とするオキアミの群れも同じくらい豊かに繁殖している。ネビットはベイツと話すうちに、このＤＭＳこそが探していた化学物質――水中に餌が豊富に存在することを海鳥の嗅覚に訴えて知らせるディナーの合図――なのではないかと気づいた。するとベイツが、彼女のこの着想を裏付けるような南極のＤＭＳ濃度分布図を提供してくれた。ＤＭＳ濃度にはばらつきがあり、山のように濃度の高い場所や谷のように濃度の低い場所が見て取れた(90)。彼女は海洋のことを「何の起伏もない水の広がり」のように思っていたが、そうではなかったことに気づいた。海洋には、目には見えなくても、鼻ではっきりと嗅ぎ取れる「地形」が隠されていたのだ。こうして彼女は、海鳥とおそらく同じであろう方法で海を知覚しはじめた。

　体調が回復すると、ネビットは「ＤＭＳ仮説」を確かめるための研究を次々に実施した(91)。そして、ミズナギドリ目の海鳥がＤＭＳの分布に沿うように群がることを見出した。彼女の算出によれば、海鳥たちは実際に風に流されてきたときのようにかなり低濃度の微かな痕跡も感知できる(92)。海鳥の中には、飛べるようになる前からＤＭＳに惹き寄せられるものがいることも明らか[*1]になった(93)。海鳥の種の多くは深い巣穴を作り、その奥の暗闇の中で、グレープフルーツほどの大きさの毛玉のようなひな鳥を孵化させる。そのため、幼いひな鳥の環世界に光は存在しないが、匂いは溢れている。巣穴の入り口から漂ってくることもあるし、親鳥のくちばしや羽毛に付着して運び込まれることもある。孵化したばかりのひな鳥は、海について何も知らないのに、ＤＭＳに向かって進むべきであることは知っている。やがて窮屈な巣穴を出て光を浴び、広大な空へ飛び立ったあとも、匂いは彼らに進むべき方角を示す北極星のような存在であり続ける。数千マイルを舞い飛びながら、海面下のオキアミの存在を匂わせる存在として水上に立ち上って発散する気体の匂いを追跡するのだ。[*2]

だが、匂いが果たす役割はディナーの合図だけではない。海洋では道標にもなる。水面下の山々や海底の傾斜のような地質学的特徴は、海水中の栄養濃度に影響し、ひいてはプランクトン、オキアミ、DMSの濃度にも影響する。海鳥が頼りにしている匂いの景観は、実際の地形と深く結びついているため、驚くほど容易に予測できる(95)。やがてネビットは、海鳥の頭の中ではこの特徴を捉えた地図が出来上がっていて、嗅覚を使って餌が豊富な場所や自分の巣の位置を把握しているのではないかと考えるようになった。

このアイデアを検証するのは容易ではないが、ピサ大学生物学教授のアンナ・ガリアルドが、これを裏付ける説得力のある証拠を見つけた。彼女は数羽のオニミズナギドリ——ミズナギドリ目の海鳥の一種——を巣から五〇〇マイル（約八〇〇キロメートル）離れた場所まで運び、鼻を洗浄して一時的に嗅覚を閉ざした(96)。この状態で解放すると、オニミズナギドリたちは巣へ帰るのが困難になり、通常なら

＊1 DMSを追跡する動物はミズナギドリ目だけではない。ペンギン、サンゴ礁に棲む魚、ウミガメもDMSを感知できるし、DMSに惹きつけられる。

＊2 立ち上る匂いの追跡は、直線を目で追いながらたどるよりも難しい。鳥類にとっての最良の選択肢は、風を横切るように飛び回り、漂流する匂い分子に遭遇する可能性を最大限まで高め、遭遇したら風上へ向かってジグザグの経路で飛びながら追跡することだ。これは、蛾の雄が雌から放出されるフェロモンを探すときや、アホウドリが餌から放出される匂いを探すときと同じ方法である。海洋生物学者のアンリ・ヴァイマースキルチは、自由に飛び回るアホウドリ——世界最大の翼長をもつ鳥——にGPSを取り付け、位置情報を記録して大まかな飛行経路を追跡し、胃の温度の記録から餌を食べた時間を割り出した(94)。ガブリエル・ネビットがそのデータを解析したところ、アホウドリはジグザクの経路で飛行して匂いを追跡することによって餌の半分以上を捕獲していることがわかった。

数日で戻れる距離なのに、数週間から数か月もかかった。嗅覚を失ったことで、海鳥は迷子になってしまった。嗅覚を失ったことで、海上の道標が奪われたのだ。作家のアダム・ニコルソンが『The Seabird's Cry（海鳥の鳴く声）』（未邦訳）で書いているとおり、「私たちの目には何の特徴もなくどこまでも同じ風景が広がっているように見える海も、海鳥にとっては起伏や裂け目などの特徴をもつ変化に富んだ景観なのだ。好ましいもの、望ましいものの匂いの濃淡が絶えず揺らぎながら大草原のように広がっている。あちらこちらで命の気配がチラチラと点滅し、喜びと危険が縞模様を織りなし、マーブル模様を描きながら散っていく。その豊かさは表に現れていないこともあるし絶えず移りゆくが、命と可能性をはらんだ場所はつねにどこかしらに溢れている(97)」。

ミズナギドリ、犬、ゾウ、アリはいずれも異なる器官で匂いを嗅いでいるが、みな一対の鼻孔または触角を用いてステレオ方式で立体的に匂いを捉えている。左右それぞれに付着した匂い物質を比較することで、匂いの発生源を追跡できるのだ(98)。これは人間にもできる。アレクサンドラ・ホロウィッツが私に試すように言った匂いつきの糸を追跡する課題も、片方の鼻腔を塞ぐとかなり難しくなる。一対の感知器が揃うことで、匂いが漂ってくる方向を探るのも簡単になるし、その匂いの性質についても大まかな特徴を捉えることもできる。そのような嗅覚器官の中でもとくに優れているのが、先端が二股に分かれたヘビの舌だ。

ヘビの舌は、口紅のように赤いものもあれば、電飾的な青、インクのような黒のものもある。その舌を口から外に伸ばして広げると、ヘビの頭よりも長く広くなる。進化生物学者のカート・シュベンクは、もう何十年もヘビに魅せられていて、独りでヘビと過ごすことも多い。博士課程二年目のときに、彼は同期の学生に、自分が何を研究していて、同じ志をもつ仲間と科学的探究の喜びを味わいながら何を明らかにしたいと願っているのかを語ったことがあったそうだ。すると、その学生（現在は有名な生態学者）は彼の話を聞いて失笑した。「その反応に私は傷つきました。だって、その彼が研究していたのは、ハチドリの鼻腔内にいるダニですよ」と、まだ少し怒気を含んだ声でシュベンクは私に語った。「ハチドリの鼻の穴のダニを研究している男に笑われたんです！　まったく、舌の何がそんなにおかしいんでしょうね」

もしかしたら、食欲や性欲のような肉体的な喜びに関連づいた器官を研究することに、何らかの下品さや卑しさを覚えてのことかもしれない。あるいは、冗談を言うときや軽蔑や挑発を表すときに突き出すものについて真剣に調べることに奇妙さを感じたのかもしれない。あるいは、二股に分かれた舌が悪意や不誠実さの象徴とされているからかもしれない。いずれにせよ、学者は真剣だ。二股に分かれた舌をヘビはどのように使っているのか？　なぜ二股に分かれているのか？　そのような疑問について、かなり奇抜な仮説も提案されてきた(99)。舌先から毒を出すという説もあれば、ハエを挟んで捕まえるという説や、手のように触覚器官として機能するという説、鼻腔を清掃するための道具として使われるという説まであった。古代ギリシアのアリストテレスは、舌先が二股だと餌を食べたときの喜びが二倍になるのではないかと提唱していた。だが、ヘビの舌には味蕾《みらい》がなく、感覚情報は伝達していない。やがて一九二〇年代に入り、ようやく科学者たちは、ヘビの舌に化学物質収集器官が存在することを発見した。ヘビは、舌を外の世界へと鋭く突き出したときに、その先端部で地表や空気中の匂い分子を引っかけ、その舌を引っ込めるときに、舌先に引っかけた化学物質を唾液で拭って鋤鼻《じょび》器官――一対の鋤《すき》のような形をした空間で、脳の嗅覚中枢と接続している――に流し込む[*1]。そうやって舌の助けを借りて、ヘビは世界を嗅いでいる。舌を一回ちろっと出すたびに、一嗅ぎしていることになる。卵から孵化したヘビが最初にするのも、舌をちろっと出すことだ。「ヘビの舌は、感覚の原点を教えてくれています」とシュベンクは言う。

この舌を使って、ガーターヘビの雄は、這い回る雌があとに残すフェロモンの痕跡を頼りに雌を追跡できる[100]。雌が這い回るときに体が擦れたと思しき物体のどの側面にどれくらいフェロモンが付着しているかを比較することで、雌がどの方向に進んだかを割り出すこともできる[101]。そうやって実際に雌を見つけると、ほんの一、二回舌を出すだけで雌の体長や健康状態を測定することもできる。しかも、すべて暗闇の中でできるのだ。そして雄は、雌の匂いを染み込ませたペーパータオルが相手でも雌だと思い込んで精力的に交尾できてしまう。ただ、こうした妙技は人間のようなへら型の舌でも簡単にできるのではないか？　なぜ、ヘビの舌は二股に分かれているのだろうか？　その理由についてシュベンクは、二股だからこそ、空間中の二点の化学的痕跡を比較することによって、ステレオ方式で立体的に匂いを嗅げるからだろうと推論している[102]。二つの舌先の両方でフェロモンが感知されれば、ヘビはそのまま直進する。右側の舌先では感知されたのに左側では感知されなかったとしたら、右へ進む。どちらの舌先でも感知されなければ、再び痕跡が得られるまで頭を左右に大きく揺らす。舌先が二股に分かれているからこそ、ヘビは進むべき道筋の境界を正確に知ることができるのだ。

シンリンガラガラヘビは、森の底を滑るように進みながら舌を使ってげっ歯類が縦横に走り回った痕跡を探り、さまざまな種の匂いを識別して、外の世界を「地図」と「献立表」に落とし込んでいく。複雑に交差する痕跡の中からお好みの餌食[*2]を選び、なかでも新鮮な痕跡が多く重なっている場所を見つけると、近くに身を潜め、とぐろを巻いて待ち伏せる。そこにげっ歯類が現れ、走り過ぎていく。ヘビは人間の瞬きの四倍の速さで襲いかかる。牙が刺さり、毒が注入される。ヘビ毒が効くまでには少し時間がかかるし、げっ歯類には鋭い歯があるため、ヘビは反撃を受けないようにいったん獲物を放し、そのまま走り去らせる。しばらく待ってから、舌をちろちろと出し、息絶えたばかりの獲物を追跡する。このとき、ヘビ毒が役に立つ。ガラガラヘビの毒には致死性の毒素の他に、ディスインテグリンという化合物が含まれていて、毒性はないが、げっ歯類の組織と反応して匂い物質を放出する(104)。その香りによって、毒死したげっ歯類と健康なげっ歯類を嗅ぎ分けることも、同種のヘビの毒で死んだのか、別種のガラガラヘビに噛まれたのかを区別することもできる(105)。さらには、噛みついた瞬間に獲物の匂いを学習しているので、自分が襲った個体かどうかも追跡可能だ。「辺りには何匹ものネズミの匂いが存在していることでしょう。それでも、どの匂いを追うべきか、ヘビにはわかるんです」とシュベンクは言う。

ヘビは風で運ばれてくる匂いを捉えることもできる。シュベンクの研究室の学生だったチャック・スミスが、アメリカマムシに無線送信機を埋め込んで移動を追跡することによって、これを実証した(106)。雌のヘビを野に放ち、その場から動かずにいる様子を観察した。動き回っていないので、匂いの痕跡は

＊1 研究者たちはずいぶん前から、ヘビの舌は二股に分かれた先端部を口腔の上あごに開いた二つの穴に通すことによって化学物質を鋤鼻器官（ヤコブソン器官としても知られている）へ送り込んでいると主張してきた。しかし、これは誤った通説である。ヘビはそのような動作はしておらず、ただ舌を口腔内の上あご部に収めているだけであることが、X線動画によって示されている。それなのに、誤った通説がいつまでもまことしやかに語られ、教科書にまで溢れている現状に、シュベンクは頭を抱えている。

＊2 あとの章で登場するルーロン・クラークの研究によれば、研究室で孵化した無経験のガラガラヘビでも、シマリスやシロアシネズミのような好物の匂いと馴染みのない実験用ラットの匂いを識別できる(103)。また、嫌な話ではあるが、ロージーボア〔訳注：地上棲の小型ヘビ〕は仔を生んだばかりの雌ネズミの匂いにとくに惹きつけられることも実験で明らかにされた。

残していない。それでも数百ヤード（数百メートル）離れた場所をランダムに這い回っていた雄たちはこの雌に惹きつけられ、みな一斉に雌に向かって直進しはじめた。

ヘビの舌の出し方に秘密があるに違いない、とシュベンクは推測した。ヘビの進化上の祖先であるトカゲも、舌で匂いを嗅ぐし、舌先が二股に分かれていることも多い。だが、トカゲが舌を突き出すときは、通常、ちろっと一回出すだけだ。舌をしゅっと伸ばして地面を擦り、すぐに引っ込める。一方のヘビは、例外なく、舌をちろちろと素早く何度も動かし、地面には触れない。舌の真ん中辺りが折れ曲がって蝶番のように動き、一秒間に一〇回から二〇回ほど舌先で大きな弧を描く。シュベンクの研究室の学生であるビル・ライヤーソンは、でんぷんの粉が舞い上がって立ち込める中でヘビに舌を出させ、その動きを分析した(107)。立ち込める粉をレーザー光で照らし、粉が渦巻く様子を高速カメラで撮影した。その映像を見たとき、シュベンクは「頭が爆発しそうになった」そうだ。

その映像は、上下に弧を描く舌先の二股が弧の両端では左右に大きく広がり、弧の中間点では閉じている様子を捉えていた。この動きが絶え間なく空気を動かして二つのドーナツ型の渦を生み出し、左右両側から匂い物質を引き込んでいる。これは、瞬時に二つの巨大送風機を出現させるようなものだ。辺りに拡散している匂い分子を左右それぞれから吸引して舌先に集めているのだ。これなら、左右の匂いを分けて集めることができるので、空中で舌を出しているときも匂いの方向性を感じ取れる。

このような匂いの嗅ぎ方は、二つの意味で独特である。まず、昔から味覚の器官だと思われてきた舌が関与している点が独特だ。実はヘビは、後述する理由から、味覚をほとんど使っていない。二つ目は、他のほとんどの動物には存在しないか、存在してもあまり重要ではない器官が関与している点だ。多くの脊椎動物（背骨のある動物）は匂いを感知するシステムを別個に二つもっている。メイン系は、本章の序盤で犬の頭部機構について説明したときに登場した構造体、受容体、神経をすべて含む嗅覚系のほうで、鋤鼻器官（ヤコブソン器官）はそれを補佐するサブ系なのだが、鋤鼻器官にも匂いを感知する細胞、感覚神経、脳への接続が独自に存在する。たいていは鼻腔内の、上顎のすぐ上辺りにある。だが、これを読んで自分にもあるかどうか確かめようとするのは、やめておいたほうがいい。どういうわけか、人間は進化の過程で鋤鼻器官を失っているし、人間だけでなく他の類人猿、クジラ、鳥類、ワニ、一部のコウモリにも鋤鼻器官は見られない[108]。

　その他の哺乳類や、爬虫類、両生類のほとんどには、鋤鼻器官が残っている。たとえばゾウは、鼻で他のゾウに触れたあと、フェロモンが表面に付着した鼻先を口に運び、フェロモン分子を鋤鼻器官に送り込む。ウマや猫は、上唇をめくり上げて歯をむき出しにすることで、鼻孔を閉じて遮断し、吸い込んだ匂い物質を鋤鼻器官に送り込む。ヘビも、舌を引っ込めたときに舌先を上顎と下顎で挟んで絞るようにして、収集された分子を鋤鼻器官に噴入する。ただし、ヘビの場合は「サブ系」のほうが主役になる。鋤鼻器官がなければ、ガーターヘビは餌を追跡することも食べることもやめてしまうし、ガラガラヘビは獲物を襲っても半分は失敗して取り逃がす[109]。鋤鼻器官を失っても鼻孔を通じて匂い物質を吸い込むことはできるが、メイン系は情報処理にはあまり長けていないようで、舌を出し入れして回っているときに何か関心を惹かれるものがあるかどうかを脳に伝えるという受動的な役回りに降格されている。

　ヘビが例外的なのは、鋤鼻器官がきわめて重要な役割を担っている点だけではない。ヘビの鋤鼻器官がどのような働きをしているのかを私たちが実際に理解しているという点も、他とは異なっている。他の動物の場合は、鋤鼻器官は謎に包まれたままで、その謎に魅せられた人々がさまざまな説を主張[*1]している[110]。現時点では、二つの独立した嗅覚系をもつ種が存在する理由は、本当のところ、誰にもわからないし、大半の動物が嗅覚以外に別の化学的感覚をもつ理由も、完全には解明されていない。

毎年四月にフロリダ州で開催される化学受容学会の年会では伝統的に、匂いの研究者たちと味の研究者たちがソフトボールで白熱の試合を繰り広げる。「そしていつも、匂いチームが勝ちます」と匂いの研究者であるレスリー・ヴォスホールは私に言う。「研究の領域が遥かに広いですからね。四、五倍といったところでしょうか」。匂いと同じく、味——専門用語で言うなら味覚——も環境中の化学物質を感知する手段の一つである。それでも、この二つの感覚ははっきりと異なる。バニラオイルに鼻を近づければ、心地よい香りを吸い込むことになるが、そのバニラオイルを舌の上に垂らせば、顔をしかめることになる。

匂いと味の違いは何だろうか？　その線引きは驚くほど複雑に込み入っている。匂いは鼻で嗅ぐもので、味は舌で味わうものだと考える人もいるかもしれないが、ヘビは舌で匂いを収集するし、思いがけない体の部位で味わう動物たち（まもなく登場）もいる。また、空気中を漂う分子は匂いとして嗅ぐ対象になり、液体や固体の状態にあるものは味わう対象になると考えることもできる（実際に多くの科学者がそう考えている）。あるいは、匂いは離れた場所からでも嗅ぐことができるが、味は接触しなければわからない。この考え方のほうが区別しやすいかもしれないが、それでもいくつか問題点がある。第一に、匂いを認識する受容体はつねに薄い液体の層で覆われわれているため、匂い分子が感知されるためには、まず液体に溶けなければならない。つまり、匂いも——味と同じく——必ず液体の段階を踏むことになり、遠くから流れてきた匂いであっても必ず最後は密に接触することになるのだ。第二に、すでに見てきたように、アリなどの昆虫は、空気中を浮遊するには重すぎるフェロモンを触角で拾い上げることによって――つまり接触することによって――匂いを嗅いでいる。第三に、魚は匂いを嗅ぐことができるが、彼らが嗅いでいるものはすべて水に溶けた状態にある。魚のように絶えず液体に浸っている生き物の場合、味と匂いを区別するのはあまりに煩雑で、ある神経科学者に尋ねたところ、「それについては考えないようにしています」と告げられたくらいだ。

だが、ナマズの研究をしている生理学者のジョン・カプリオは、匂いと味の違いはこれ以上ないほどはっきりしていると言う。味は、もって生まれた再帰的な性質だが、匂いはそうではない。*2 私たちは生まれながらにして、苦いものを忌避するが、そのような反応は学習を重ねるうちにいつしか覆され、ビールやコーヒーやダークチョコレートの苦みを美味しく味わえるようになる。これはつまり、覆されるべき本能的なものが存在することの証である。これとは対照的に、匂いは「経験と関連づけられるまでは何の意味ももたない」のだとカプリオは言う。人間の場合、乳児は汗やうんちの匂いを嫌がらない。嫌がるようになるのは、もっと成長してからだ。成人してからも、匂いの好き嫌いには大きなばらつきが見られ、米国陸軍が群衆を統制する目的で悪臭弾を開発しようとしたときも、すべての文化圏で普遍的に嫌悪される臭いを見つけ出すことはできなかった(11)。生まれながらに備わっている固有の反応を引

*1 鋤鼻器官はフェロモンの感知に特化した器官であるかのように語られることも多いが、それは違う。他の匂い物質にも反応を示すし、メイン系でもフェロモンは感知できる。メイン系の鼻腔内を浮遊して通過するには重すぎる分子をサブ系で感知している可能性もあるが、このアイデアは適切な検証を受けていない。メイン系は動物が経験を通して学習した嗅覚反応をつかさどり、サブ系は本能的な嗅覚反応をつかさどっている可能性も考えられるが、これも十分には検証されていない。

*2 味覚と嗅覚では、それぞれに異なる受容体と神経が使用され、脳の異なる領域と接続している。脊椎動物では、味覚系はもっぱら、基礎的な生命維持機能をつかさどる後脳に配線されている。嗅覚系は、学習など、より高度な能力を司る前脳に接続されている。

き起こすものとだと古くから考えられていた動物のフェロモンでさえ、その作用には驚くほどの順応性があり、経験を通して変化していく。

それに、味覚のほうが単純である。すでに見てきたように、匂いとして認識される分子の選択肢は、事実上、無限にあり、その特徴の幅広さも言葉では言い尽くせないほどで、それを神経系はコードの組み合わせで表現するが、その悪魔的な複雑さゆえに、科学者は解読しようにもどこから手をつけていいかわからない状態だ。しかし味は、人間の場合、塩味、甘味、苦味、酸味、うま味の「五味」が基本となっている。もしかしたら、もう少し多くの味を感知できる動物もいるかもしれないが、いずれにしても、少ない種類の受容体で感知することになる。また、匂いは、広大な海の道案内や獲物の探索、群れやコロニーの連係など、複雑な用途に用いられるが、味は食べ物についての二者択一的な意思決定に用いられることがほとんどだ(112)。食べるか、食べないか。美味しいか、まずいか。飲み込むか、吐き出すか。

このように味覚は感覚の中でもかなり大ざっぱな部類に入るにもかかわらず、皮肉なことに私たち人間は、味覚を物の本質を見極める力や繊細な感性や識別能力と関連づけている。苦味を感じる能力のおかげで、私たちは有毒かもしれない幾多の化合物を警戒できるが、毒物の種類まで識別できるわけではない。「苦い」ということさえ知覚できれば十分で、それが何の苦味なのかを知る必要はない——食べるのをやめるべきだとわかるだけでいい——からだ。たいていの場合、味は食べ物を飲み込む前の最終チェックとなる。味わいながら、食べていいものかどうかを確認するのだ。ヘビが餌をほとんど味わっていない理由もそこにある。舌をちろちろと出すことで、その餌を食べてもよいかどうかについて、口に入れて直に接触する前に匂いで判断できるからだ。[*1] ヘビが獲物を襲ったあとで吐き出した、などという話は聞いたことがない。（私たちは、味と風味を混同しがちだが、後者はどちらかというと匂いに近い。風邪を引いたときに食べ物が味気なく感じられるのはそのためだ。味はいつもどおりだが、鼻が詰まっているせいで風味を感じ取りづらくなるからだ）

爬虫類、鳥類、哺乳類は舌で味わうが、他の動物はそうとは限らない。ごく小さな生き物の場合、餌は、すぐに口に入れるものというより、まずはその上を歩いて回るようなものだったりするのだ。そのため、ほとんどの昆虫は足または脚で味を感じることができる。ミツバチは花の上に止まるだけで、花蜜の甘味を感知できる(114)。ハエも、あなたが今まさに食べようとしているリンゴの上に止まるだけで、その味がわかる(115)。寄生バチは、針の先端にある味覚センサーを用いることで、他の昆虫の体内に慎重に卵を産みつけることができる(116)。他のハチによってすでに寄生ずみの宿主とまだ寄生されていない宿主の違いを味で判別できる種もいる。[*2]

人間の腕に止まった蚊は「感覚を楽しんでいる最中」なのだと、レスリー・ヴォスホールは言う。「蚊にとっては人間の皮膚にも味があり、正しい場所に降り立てたかどうかをその味で確認している」のだと言う。そのため、苦味のあるＤＥＥＴ（ディート）という成分が腕に塗布されていると、蚊の足

＊1 この理由についてカート・シュベンクは、ヘビは餌を食べる頻度が低く、一度に大量に食べるからだろうと考えている。自分よりもかなり大きな獲物を襲うことが多く、飲み込んだ餌を消化するために内臓を再構築する。ブタやシカを丸飲みしたニシキヘビの場合、その後の数日間は、胃腸や肝臓の大きさが二倍になり、心臓は四〇パーセント肥大する(113)。彼らは食餌のたびにかなりのエネルギーを費やすことになるため、それに見合うだけの獲物かどうかをできる限り早く見極める必要があるのだ。

＊2 寄生バチの針は、スイス軍のアーミーナイフに似ている。味覚センサーだけでなく、嗅覚センサーと触覚センサーと金属片も備えている。つまり、ドリルでもあり、鼻でもあり、舌でもあり、手でもあるのだ。

にある受容体がその苦味に反応し、蚊は皮膚を刺す前に否応なく飛び立つことになる[117]。ヴォスホールが撮影した動画には、手袋をはめた手に止まった蚊が、手の露出部を求めて歩き回りながらも、DEETを塗布した部分は決して歩かない様子が収められている。塗布部に触れると、蚊は脚を素早く引っ込める。辺りをひとめぐりしてからもう一度試し、再び撤退する。「蚊にとっては強烈な刺激なんです」と彼女は蚊に同情するような申し訳なさそうな表情で私に言った。「それに、幻覚作用もあります。指で味わうのがどんな感覚なのか、私たちには想像もつきませんが」。昆虫は体の他の部位でも味を感知でき、味覚という限られた感覚を典型的な枠を超えた用途にまで拡張している。産卵管にある味覚受容体を用いて産卵に適した場所を見つけ出す昆虫もいる。羽に味覚受容体をもつ昆虫もいて、飛行中に餌の痕跡を察知しているものと思われる[118]。ハエは羽の表面に細菌が存在することを味覚で感知するとグルーミングをはじめる[119]。このグルーミング行動は、頭を切断されたハエでも見られる。

　自然界で最も「広い」味覚をもっているのは、間違いなくナマズだろう[120]。ナマズは「泳ぐ舌」だ。口ひげのような触鬚《しょくしゅ》の先から尾の先まで、鱗《うろこ》のない体表全体に味蕾が広がっている[121]。ナマズに触れれば、どこに触れても必ず膨大な数の味蕾を撫《な》でることになる。ナマズを舐めれば、互いに同時に舐め合ったことになる。[*1]「私がナマズなら、大喜びでチョコレートタンクに飛び込みますよ。全身で味わえますからね」とジョン・カプリオは私に言った。全身に味蕾があるおかげで、ナマズは全方向の味を感知できる——それなのに、味覚は餌の見極めにしか使われていない。ナマズは肉食なので、肉片を皮膚のどこかに接触させれば（あるいは、肉汁を周囲の水に添加すれば）、ナマズは素早く体をくねらせ、正確に食いつく。彼らはアミノ酸——タンパク質や肉の構成単位——にきわめて敏感に反応する[*2][122]。だが、糖類に対する感度はそこまで高くないので、カプリオには気の毒だが、チョコレートタンクに飛び込んでもあまり楽しいことにはならないだろう。

糖類や他の標準的な味を感知できない生き物は驚くほどたくさんいて、その動物の食性によって感知できない味の種類も違ってくる。猫やブチハイエナなど、肉しか食べない多くの哺乳類も同様に、甘いものには反応しない[124]。血液しか飲まない吸血コウモリも、甘味やうま味に対する味覚がない[125]。パンダの場合も、竹しか食べないのでうま味を感じる必要はないが、口いっぱいに頬ばった餌に何か毒になるものが含まれていた場合にすぐに気づけるように、苦味を感知する遺伝子の種類は拡張されている。*3 他にもコアラなど、葉のみを食べる動物は苦味に敏感だが、一方で、アシカやイルカのように獲物を丸飲みする哺乳類では、苦味に対する味覚はほとんど失われている[126]。またしても予想どおりに、動物の味覚が生む環世界は、その動物が最も頻繁に遭遇する食べ物の存在を把握できるように拡張されたり縮小されたりしているのだ。場合によっては、そのような変化がその動物の運命を変えることもある。

---

*1 ナマズには、毒針をもつものもいれば、（後の章で述べるとおり）発電できるものもいるため、動物保護の問題とは関係なく、ナマズを舐めるのは思考実験の中だけにして、行動には移さないほうがいい。

*2 アミノ酸には、互いに鏡像の関係にある二つの型があり、それぞれL型（左手型）、D型（右手型）と呼ばれている。自然界で見られるのはもっぱらL型であり、D型は動物ではめったに見られない。そのため、一九九〇年代半ば、ハードヘッドナマズについて研究していたカプリオは、このナマズの味蕾の約半分がD型アミノ酸に反応することを知って衝撃を受けた[123]。「何かの間違いかと思いましたよ。この自然界のいったいどこに、ナマズにとって重要になるD型アミノ酸があるんだろうって」と彼は語った。だがその後、海洋虫やハマグリの中に、L型アミノ酸をその鏡像体であるD型アミノ酸に反転できるものが何種か存在することがわかった。科学者たちがD型アミノ酸を生成できる海洋動物を発見したのは一九七〇年代に入ってからのことだが、「ナマズは数億年前から知っていたんです」とジョン・カプリオは言う。

*3 ただし、味覚は細かな識別よりも大まかな感知に向いていることを思い出してほしい。犬よりもパンダのほうが苦味を敏感に感じるが、苦味の正体が異なっても、感じる苦味はほぼ同じである可能性が高い。

猫などの現代の肉食動物と同じく、おそらく小型の捕食性恐竜も、糖類に対する味覚を失っていたものと思われる。その限られた味覚は、子孫である鳥類へと受け継がれ、鳥類の多くは今も甘味を感知できない。ただし、鳴禽類――コマドリ、カケス、ショウジョウコウカンチョウ、シジュウカラ、スズメ、フィンチ、ムクドリなど、発声器官を有し、繁栄している鳥類グループ――は例外である。二〇一四年、進化生物学者のモード・ボールドウィンは、最古の鳴禽類の中に、通常はうま味を感知する味覚受容体で糖類も感知できるように微調整することによって甘味に対する味覚を取り戻しているものがいることを明らかにした(127)。このような変化はオーストラリアで起きていた。オーストラリアの植物は糖類を大量に産生し、花からは蜜が溢れ出し、ユーカリの木の樹皮からはシロップのような樹液が滲み出る。もしかしたら、甘党に変化した鳴禽類がオーストラリアで繁栄できたのも、他の大陸への長距離移動に耐えられたのも、新天地で花蜜の豊富な花々を見つけられたのも、今や世界中の鳥類の半分を占める一大勢力へと多様化を遂げられたのも、この豊富なエネルギー源のおかげだったのかもしれない。そのような進化の物語はまだ立証されていないが、人の心を惹きつける魅力を備えている。数千万年前にオーストラリアに生息する一羽の鳥で環世界の拡張が無作為に生じていなかったら、私たちは今みたいに、美しい鳥の歌声で目覚める喜びを享受できなかった可能性もあるわけだ。*

あなたは、感知する刺激の種類によって、感覚を異なるグループに分けることができる。嗅覚、そこから派生した鋤鼻感覚、そして味覚は、分子の存在を感知する化学的な感覚だ。こうした感覚は、歴史が古く、普遍的で、他の感覚とは一線を画しているように思われる。私が化学的感覚をこの本の最初に選んだ理由の一つも、そこにある。だが、他の感覚と完全に異なっているわけではない。より詳しく調べていくと、予期せぬ形で他の感覚――少なくとも一つの感覚――と共通の基礎をもつことがわかる。

本章の冒頭で私は、犬や他の動物が「嗅覚受容体」と呼ばれるタンパク質を用いて匂いを感知していることを説明した。この嗅覚受容体は、「Gタンパク質共役受容体（GPCR）」と呼ばれる、より大きなタンパク質群に属している。小難しい名称は重要ではないので忘れてくれ。ここで重要なのは、このタンパク質群が化学的センサーとして働いているということだ。細胞の表面に存在し、漂い流れていく特定の分子を捕まえる。この動作を通じて、細胞は周囲の物質を感知して反応することができる。この過程は一過性のもので、用が済んだら、GPCRは捕まえた分子を手放すか破壊する。ただし、この流れに抵抗する一群がある。オプシンだ。オプシンは、捕まえた分子を放さない点も特殊だが、光を吸収する分子を捕まえるという点でも特殊である。これが視覚の基礎中の基礎となっている。すべての動物は、光感受性のタンパク質を用いて「見て」いるのだが、実はこの光感受性のタンパク質も、改変型の化学的センサーなのだ(129)。

つまり、私たちは光の匂いを嗅ぐことによって「見て」いるのだといってもいいわけだ。

＊モード・ボールドウィンは、ハチドリがうま味受容体を甘味受容体として再利用していることも明らかにした(128)。ハチドリ独自の進化として、鳴禽類と同じ遺伝子が、鳴禽類とはまったく違う形で変化していた。ハチドリの中には、変化した受容体で今もうま味を感知できる種もいることから、「ハチドリは甘味とうま味を区別できていない可能性があります」と、彼女は私に語った。つまり、醤油とリンゴジュースを区別できないということだ。

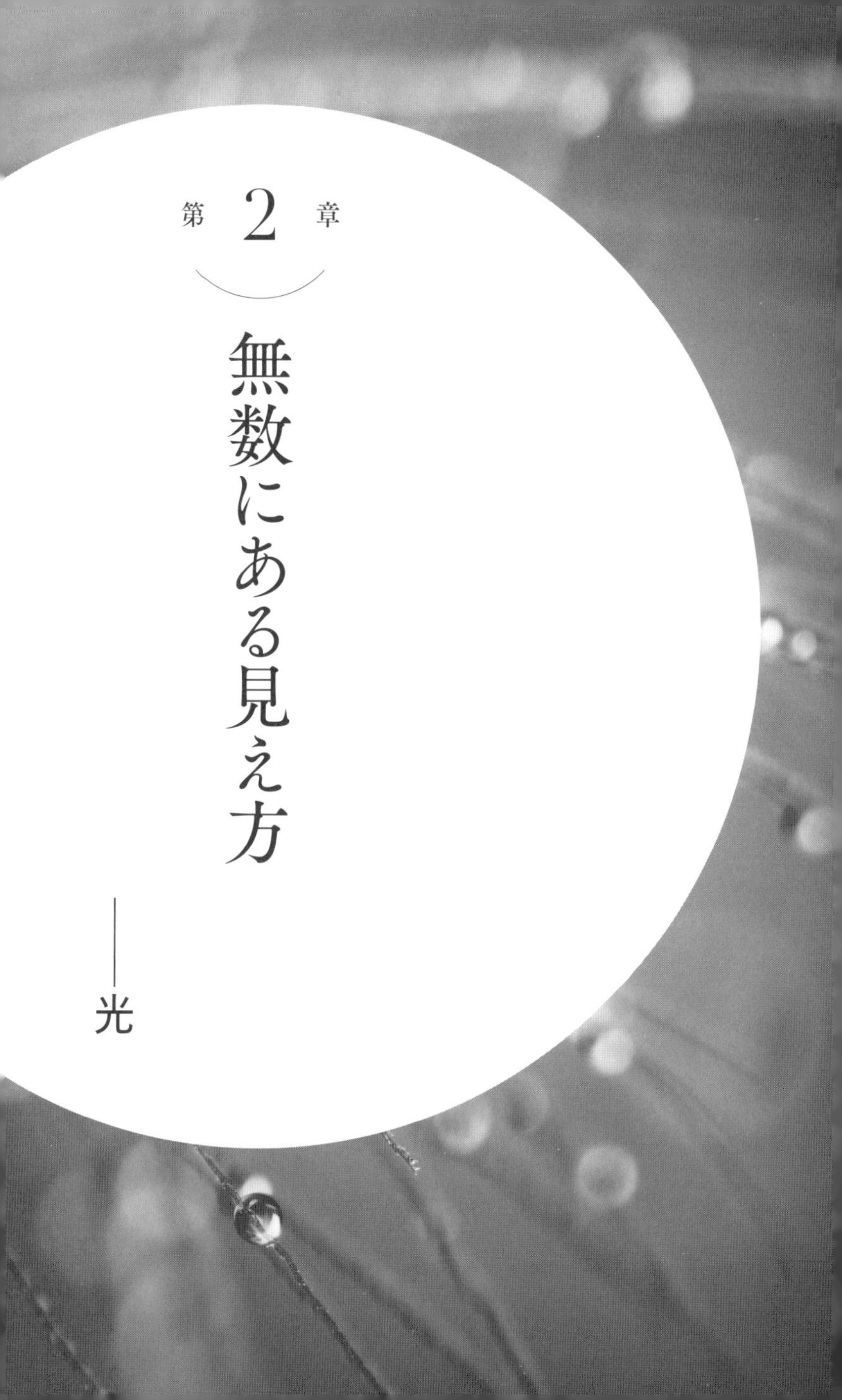

第2章

無数にある見え方

——光

私は今、ハエトリグモを見つめている。私に背を向けながら、ハエトリグモも私を見つめ返している。せり上がった頭部を取り巻くように四対の眼が並んでいて、二対は前方を向き、残り二対は側方と後方を向いている。このクモは、周囲をほぼ一周ぐるりと一望でき、頭のすぐ後ろだけが唯一の盲点だ。後方五時の方向で指を揺らすと、揺れ動く指を視界に捉えたクモは、指が正面にくるように体の向きを変えた。指を移動させると、あとを追ってくる。ハエトリグモは「つねにあなたのほうを向いて見つめてくる唯一のクモですよ」とエリザベス・ジェイコブは言う。ここは、マサチューセッツ州アマーストにある彼女の研究室だ。「多くのクモは膨大な時間を身動きせずに網状の巣の上で過ごし、何かが起きるのをひたすら待ちます。でも、ハエトリグモは活発に動き回るんです」

人間という種は視覚の生き物であるため、視力に問題のない人々は無意識のうちに、活発な眼の動きを活発な知性の働きと結びつけて考えがちだ。忙しなく動く眼を見ると、世界を探究しようとする好奇心があるのだと感じる。ハエトリグモに関して言えば、そのような擬人化も的外れではない。脳の大きさはケシの実ほどしかないが、彼らは驚くほど賢い。*ケアシハエトリグモ属のクモは、獲物を追い詰めるときにどの経路から忍び寄るかを戦略的に練ったり、高度な狩猟戦術を柔軟に切り替えたりできることで知られている(1)。「大胆にジャンプするクモ」という意味の英名をもつハエトリグモの一種フィディプス・オーダックス (*Phidippus audax*) は、そこまで器用ではないが、それでもジェイコブはこのクモをさまざまな刺激に囲まれた環境——動物園の飼育員が捕獲された哺乳類のために提供するような豊かな環境——で飼育して研究している。鮮やかな色の棒を何本か入れてある飼育容器もあれば、赤いレゴブロックを入れた容器まである。私たちが背を向けているあいだに何が組み上がるか楽しみだ(もちろん冗談だが)。

私の小指の爪ほどの大きさのフィディプス・オーダックスは、膝を覆う白い産毛《うぶげ》と鋏角《きょうかく》を保持する付属肢の鮮やかな青緑色を除けば、ほぼ全身が真っ黒だ。そして、意外と可愛らしい。ずんぐりとした体に短い脚、大きな頭、大きくて丸い複数の眼、そのすべてが子どもっぽい印象を与え、赤ちゃんや子犬を愛らしく感じるのと同じような深い心理学的バイアスを呼び起こす。とはいえ、このクモの体の均衡は、可愛がられるために進化したのではない。この短い脚は、力強い跳躍を生む。じっと待ち伏せして奇襲する他のクモとは異なり、ハエトリグモは獲物に忍び寄って飛びかかる。また、もっぱら振動と触感を通じて世界を感知する他のクモとは異なり、ハエトリグモは視覚に頼っている(2)。八個の眼が大きな頭の体積の約半分を占めているのもそのためだ。彼らはクモの中で最も私たち人間に近い環世界を生きている。そのような類似性に、私は親近感を覚えた。私はクモを見つめ、クモは私を見つめ返す。まったく異なる二つの種でありながら、私たちは視覚という感覚でつながっていた。

今は亡き英国の神経生物学者マイク・ランドは、ハエトリグモの視覚に関する研究の先駆者で、彼の同僚だった人物から聞いた話では、まさに「眼の神様」だったそうだ(3)。一九六八年、ランドはクモ用の検眼鏡を開発し、クモに次々と像を見せながら、その像を見つめるクモの網膜をその検眼鏡で観察し

＊ ハエトリグモの（クモにしては）並外れた知能は、彼らの感覚にどれくらい影響しているのだろうか。私はエリザベス・ジェイコブに尋ねた。主に巣の糸を伝わってくる振動を感知するクモの場合は、解釈すべき情報の量はそれほど多くないそうだ。「しかし、視覚に頼るクモの場合、処理すべき情報の複雑さは一気に高まります。その複雑さを解釈できる能力は彼らにとって有益であると考えざるをえません。そして、その能力が彼らの認知スキルをより高いレベルに押し上げる進化のきっかけになった可能性もあります。もちろん、本当のところはわかりません。私たち自身が視覚の生き物であるために偏った考え方をしがちである点も、考慮する必要があります」というのが彼女の答えだった。

た(4)。ランドが考案した検眼鏡の設計に、ジェイコブは同僚たちと協力して改良を加えた。私が彼女のもとを訪れたときには、その装置の中にハエトリグモが静置され、中央の眼に照準が向けられていた。中央の対をなす二つの眼はまっすぐ前方を向き、四対の眼の中で最も大きく、しかも、最も視力が鋭い。長さはわずか数ミリメートルだが、ハト、ゾウ、小型犬と同じくらい鮮明に見ることができる。[*1]個々の眼は細長い筒状で、前方にレンズ、後方に網膜がある。レンズの位置は固定されているが、頭の内側で筒部を旋回させることによって、ハエトリグモは周囲を見回すことができる。（頭に筒状の懐中電灯を握らせ、筒部を動かすことによって、照射される光の照準を合わせるようなイメージだ。[*2]）雌のハエトリグモの視線を追跡装置で観察すると、まさにそんな感じだ。体は動いていない。眼も動いていないように見える。だが、モニターを見ると、雌クモの網膜が動いているのがわかる。「彼女は本当に周囲を見回しているんですよ」とジェイコブは言う。

どういう理屈なのかは誰も完全には理解していないが、雌ハエトリグモの中央の二つの眼の網膜はブーメランのような形をしている。最初にモニター画面に映し出されたときには、ブーメラン形の二つの網膜は離れていた（＞＜）。ところが、黒い正方形の像をクモに見せると、二つの網膜はぎゅっと接近してX字を形成した（＞＜）。正方形の像を動かすと、X字形の網膜も追うように動く。だが、しばらくしてクモが興味を失うと、二つの網膜は離れた。次にジェイコブが、正方形の代わりにコウロギの輪郭の像を見せると、網膜は再び接近した。ただし今回は、視線が像の上を激しく動いた。ちょうど私たちが自分の置かれた状況を把握しようとするときと同じような動きで、クモの視線はコウロギの触角、体、脚のあいだを小刻みに行き来した。網膜も一緒に、時計回り、半時計回りに忙しなく回転する。おそらく、自分が注視しようとしている物の正体を特定しやすい角度を探しているのだろう。かつてマイク・

ランドは、「感覚をもつ別の生き物の眼の動きをじっと見つめるのは、なかなか刺激的だが、とても奇妙な経験で、私たち人間とは異なる独自の進化を遂げてきた生物の場合はなおさらだ(5)」と書いている。これには私も心の底から同意する。ハエトリグモと人間は、遅くとも七億三〇〇〇万年前には、別々の進化の道筋をたどりはじめた。これほどまでに異なる生き物の行動を解釈するのは難しい。それでもジェイコブの装置を使えば、クモが意識を集中したり興味を失ったりする様子をモニター越しに観察できる。クモが観察している様子を、観察することができるのだ。クモが凝視している先を見ることで、クモの思考に可能な限り寄り添い、何を考えているのかを垣間見ることができる。そして、多くの類似点はあっても、クモの視覚と私の視覚は違うのだと理解することもできるわけだ。

まず、クモのほうが眼の数が多い。中央にある一対の眼は視力が鋭く、可動性もあるが、視野はとても狭い。もしこの一対しかなければ、このクモの視界は暗い部屋を二本の懐中電灯で照らして眺めるような感じになる。この欠点を補っているのが、その両脇にある二番目の対の眼だ。中央の対の眼よりも視界がかなり広い。可動性はないが、動くものに敏感に反応する。クモの前をハエが飛ぶと、その位置を捉え、見るべき方向を中央の対の眼に教える。そして、ここが実に奇妙な点なのだが、この二番目の

＊1 実は、個々の中央の眼にはそれぞれ二つのレンズがあり、一方は上部、他方は底部に付いている。上部レンズは光を集めて焦点に収束させ、底部レンズはその光を拡散させる。このようなレンズの配置によって、外から取り込まれた像は網膜に当たる前に拡大される。これが、こんなにも小さなクモが小型犬と同程度の鋭い視力をもつ理由である。ガリレオが一六〇九年に使用しはじめた望遠鏡も、これと同じ仕組みだ。ガリレオも両端にレンズを取り付けた筒をのぞいて、遥か遠くの物体を見ていた。ハエトリグモは数百万年前に進化を果たし、雲のない夜に月を観察できるほどの構造を獲得していたが、そんなクモの発明を、ガリレオは自分でも気づかないうちにうっかり盗用していたわけだ。

＊2 ハエトリグモの幼虫の体は透明である。うまい具合に光を当てれば、筒状の眼が頭の内側で動く様子を見ることができる。

対の眼を覆うと、クモは標的の動きを追跡できなくなる(6)。

それがどういう感覚なのか、私にはほとんど想像できない。この文章を書いている今、私は視界の焦点は画面上に現れる文字に合っている。同時に、私の周辺視野には、リビングを歩き回る子犬の黒い姿が見えている――私が飼っている「タイポ」という名のコーギー犬だ。この「鮮明な視界」と「動きの感知」という二つのタスクを別々に切り離して感じ取ることなど、私には到底できそうにない。だが、ハエトリグモはこの二つのタスクを完全に切り離し、二対の眼に別々に振り分けている。中央の対の眼はパターンと輪郭を色付きで認識する。二番目の対の眼は動きを追跡して注意を振り向ける。タスクごとに担当する眼が異なり、眼ごとに脳と独自の接続をもつ。*私たちの目に映る現実を、視覚をもつ他の生き物も「見て」はいるが、それぞれの視覚体験はまったく異なるということを、ハエトリグモは私たちに思い出させてくれる。「他の惑星に棲む地球外生命体をわざわざ探さなくても、私たちとはまったく異なる解釈で世界を捉えている動物は、私たちのすぐ身近に存在していています」とジェイコブが私に言った。

人間には目が二つあり、頭部についている。両目の大きさはほぼ同じで、どちらも前を向いている。こうした特徴は、自然界の標準ではない。動物の世界をざっと眺めただけでも、生き物の多様性と同じくらい、目も眼も多様であることがわかる。眼の数も、八個のこともあれば一〇〇個のこともある。ダイオウイカの眼はサッカーボールほどの大きさだが、ホソハネコバチの眼はアメーバの細胞核ほどの大きさだ(7)。イカ、ハエトリグモ、人間はいずれもそれぞれ独自に、単眼レンズで光を収束させて一枚の角膜の上に像を結ぶカメラのような眼を進化させてきた(8)。昆虫や甲殻類は、個々に独立した集光ユニット（単眼）がたくさん集まって構成される複眼をもつ。なかには、焦点を二つもつ眼や非対称な形をした眼をもつ動物もいる(9)。タンパク質でできている眼もあれば、岩でできている眼もある(10)。口や腕、甲に眼がついている生き物もいる。私たち人間の目が実行しているタスクをすべて達成できる眼もあれば、ほんの一部しか達成できない眼もある。

このような眼の寄せ集めは、くらくらと目の回るような視覚的環世界をもたらす。動物の眼には、少し離れた場所からでも細部まで鮮明に見えているかもしれないし、ぼんやりとかすんだ光と影の斑点のようにしか見えていない可能性もある。私たち人間が「暗闇」と呼ぶ状況でも完全に見えている可能性もあるし、私たちが「眩《まぶ》しい」と感じる程度の明るさで瞬時に失明する可能性もある。あるいは、私たちが「スローモーション」と呼ぶような低速度の映像で見えているかもしれない。同時に二つの別角度から見えているかもしれない。同じ日でも時間帯によって視覚の感度が高まったり低くなったりしているかもしれない。年齢を重ねるうちに環世界が変化する可能性もある。ハエトリグモの場合も、生まれたときにはすでに一生分の光感細胞が供給されていて、成長するに連れてより大きく、より高感度になっていくことが、ジェイコブの同僚のネイト・モアハウスによって明らかにされている(11)。「世界がだんだん明るくなっていくんです」とモアハウスは私に言った。ハエトリグモにとって、年齢を重ねることは「太陽が昇っていくのを見るようなもの」なのだ。

ソンケ・ジョンセンは著書『The Optics of Life(生命のための光学)』(未邦訳)の冒頭部で、視覚は「光

＊残る二対の眼はどんな役割を担っているのだろうか。一対は、後方の動くものを感知するようだ。もう一対はかなり退化していて、役割は不明である。

を感知する感覚なのだから、おそらく、光の正体について語るところからはじめるのが妥当だろう」と記述している(12)。そして、称賛に値する率直さで、「だが、私にはさっぱりわからない」と続けている。絶えず私たちを取り囲んでいるが、光の本当の性質は直感的にはつかめない。物理学の分野では、光は電磁波としての性質と光子というエネルギー粒子としての性質をあわせもつと主張されている。ここでは、そのような光の二面性の詳細にまで踏み込む必要はない。重要なのは、生き物は光を感知できるが、「波」もしくは「粒子」として感知しているわけではない、という点である。生物学的な観点から言えば、とにかく私たちは光を感知できているのだという事実こそが、おそらく最も驚くべきことなのだ。

ハエトリグモやヒトに限らず、動物の眼の内側を調べてみると、光を感知する「光受容細胞」と呼ばれる細胞が見つかる。種によって光受容細胞の姿はさまざまに異なるものの、普遍的に共通する特徴がある。すべての光受容細胞には、「オプシン」と呼ばれるタンパク質が内包されている。視覚をもつすべての動物にオプシンが存在し、「発色団」と呼ばれるパートナー分子(ほとんどがビタミンAの誘導体)を包み込むように結合した状態で働く(13)。発色団は、個々の光の粒子(光子)からエネルギーを吸収できる。エネルギーを吸収した瞬間に発色団の形が変わり、結合にねじれが生じて、結合パートナーであるオプシン自体の形まで変化させる。このオプシンの変形が、連鎖的な化学反応を始動させるきっかけとなり、最終的には電気シグナルがニューロン(神経細胞)を伝わっていくことになる。これが、光を感知する仕組みだ。発色団が車のキーだとすると、オプシンはエンジン点火装置だ。この二つがうまくかみ合った状態で、光がキーをねじると、視覚のエンジンが唸りを上げて動き出す。

動物のオプシンは実に多様で、何千種類も存在するが、すべて同族のタンパク質である。* この統一性がパラドックスを生む。すべての視覚が同じタンパク質を基礎としていて、それらすべてのタンパク質が光を感知するのであれば、なぜ、眼はこんなにも多様なのだろうか？　その答えは、光の特性にある。地上の光の大半は太陽光なので、光の存在には、温度や時間帯や水深がかかわってくる。光は物に反射し、敵や仲間や棲み処の姿を明らかにする。光は直進し、固体の障害物によって遮断され、輪郭のある影を生み出す。光はあっという間に地球を一周し、遥か遠くから広範囲の情報を高速で運ぶ情報源となる。視覚がこんなにも多様性に富んでいるのは、光があらゆる意味で情報に富み、動物が光を感知する理由が数えきれないほど存在するからだ(15)。

生物学者のダン＝エリック・ニルソンによれば、眼は複雑さを増しながら四つの段階を経て進化した(16)。第一段階は、かろうじて光の存在を感知する程度の光受容細胞からはじまった。クラゲの仲間で、触手に刺胞と呼ばれる毒針をもつヒドラは、光受容細胞を用いることで、微かな光の中でも確実に、より敏速に針を刺すことができる。これはおそらく、ヒドラがもっぱら捕食行動をとる夜間に刺胞の無駄使いを避けるためか、暗がりに身を潜めているときに標的が通り過ぎるのを感知するためだろう(17)。猛毒をもつオリーブウミヘビは、尾の先端部に光受容細胞をもち、光源から離れていく(18)。タコやイカの

＊二〇一二年、進化生物学者のメガン・ポーターが、さまざまな種に由来する九〇〇〇種近いオプシンを比較し、単一の祖先から派生したことを裏付けた(14)。元祖となるオプシンは最古の部類に入る動物で発生し、当初からきわめて高い効率で光を捉えていたため、進化を重ねても、より効率の高いものに取って代わられるようなことにはならなかった。その代わりに、オプシンタンパク質の祖先は次々にファミリーを生み出して多様化し、系統樹をどこまでも広げ、現存するすべての視覚の基礎をなしている。ポーターが描いた系統樹は、中心の一点から枝分かれを繰り返しながら放射状に伸びて、一つの円を浮かび上がらせている。それ自体が、巨大な眼のようだ。

ような頭足類は、全身の皮膚に光受容細胞が点在しており、体の色を変化させる驚異的な能力の調節に役立っている可能性がある[19]。[*1]

第二段階では、光受容細胞が日よけを獲得した。濃い色の色素や防壁のようになるもので、特定の角度から差し込んでくる光を遮るようになったのだ。日よけを獲得した光受容細胞は、光の存在を感知するだけでなく、光が射してくる方向を推測できるようになった。この段階ではまだ構造があまりにも単純であるため、正真正銘の「眼」とはみなさない科学者も多いが、それでも、持ち主の役には立つし、現在も至る所で散見される。日本でよく見られるナミアゲハは、生殖器上に光受容細胞をもつ[20]。ナミアゲハの雄は、交尾器の管を雌の交尾器の開口部に誘導する際に光受容細胞を用いる。ナミアゲハの雌は、産卵時に植物の葉の上で産卵管の位置を調整するために光受容細胞を用いる。

ニルソンの言う第三段階では、日よけを獲得した光受容細胞が集合してグループ化する。こうなると、持ち主はさまざまな方向から差し込む光に関する情報を編纂して自分を取り巻く世界の像を生成できるようになる。多くの科学者が、この時点でようやく単純な光受容細胞が正真正銘の「眼」になり、光の感知が「視覚」に達し、動物たちは本当に「見る」ことができるようになったとみなしている。[*2]最初のうちは、視界は粗く不鮮明で、棲み処を探したり、おぼろげな輪郭を見分けたりするような大ざっぱな役割のみに適していた。だが、レンズのように焦点を調節できる構成要素が加わると、視界は鮮明になり、視覚的に細部まで捉えた豊かな環世界が広がる。高解像度の視覚、これがニルソンの言う第四段階だ。この段階に達すると、動物間の相互作用が強化される。触覚や味覚で捉えられる範囲よりも離れた場所から、嗅覚では追いつけないほど迅速に、闘争行動や求愛行動を示せるようになる。捕食動物は遠くから獲物の姿を捉えられるようになったが、逆に被食動物も離れた場所から捕食動物の姿を捉えられるようになった。そして、追跡がはじまる。動物たちは、より大きくなり、より速くなり、より遠くまで移動するようになった。身を守るために硬い甲、脊椎、殻が進化した。約五億四一〇〇万年前に動物界が劇的に多様化して現存する主要な分類群が出現した理由も、高解像度の視覚の台頭によって説明できるだろう。一気に湧き起こったこの進化的革新は「カンブリア爆発」と呼ばれているが、第四段階の眼がこの爆発の火付け役の一つとなった可能性がある(21)。

ニルソンの四段階モデルは、現代の複雑な眼がどのように進化しえたのか確信がもてずにいたチャールズ・ダーウィンの懸案事項に取り組んでいる。ダーウィンは著書『種の起源』の中で、「率直に打ち明けると、こんなにも独創的な造形をもつ眼が……自然淘汰によって形成されうるものだと考えるのは、控えめに言っても、バカげている(22)……それでも私の理性はこう告げている。完成された複雑な眼からごく単純で不完全な眼までグラデーションをなすように段階的に無数の眼が存在し、それぞれの段階の眼が持ち主にとって役立つものであることを示せたなら……完成された複雑な眼が自然淘汰によって形成されたものだと信じるのが難しく感じられ、その難しさを想像力では克服できそうになかったとしても、その印象が正しいとは言い切れない」と書いている。現に、ダーウィンが思い描いたグラデーショ

＊1 いつの時代にも、尊大な態度で誤った情報を発信する人物が一人や二人はいるものだが、そのような誤りは排除していこう。タコを意味するオクトパス（octopus）という単語は、語源がラテン語ではなくギリシア語なので、複数形としてラテン語式のオクトパイ（octopi）を用いるのは正しくない。厳密に言えば、正式な複数形はオクトポーディーズ（octopodes）となるが、オクトパシーズ（octopuses）を用いるのが一般的である。

＊2 このような区別は普遍的に合意されているわけではなく、第二段階の眼――光受容細胞に日よけとなる色素が加わったもの――も眼とみなせると主張している研究者もいる。

ンは存在する。動物界を探せば、単純な光受容細胞から鋭い眼に至るまでのあいだに位置するあらゆる段階の眼が見つかる。多種多様な動物の分類群がそれぞれ独自に進化を繰り返し、同じオプシンという構成要素を用いたまま多様な眼を派生させてきた。クラゲの眼の進化だけでも、第二段階の眼を少なくとも九回、第三段階の眼を少なくとも二回発生させてきた(23)。眼の進化は、ダーウィンの進化論に打撃を与えるどころか、進化論の最も緻密な事例の一つであることがわかったのだ。[*1]

ただし、複雑な眼を「完成された」と称し、単純な眼を「不完全」と称した点は、ダーウィンが間違っていた。第四段階の眼は、必ずしも理想的な最終形というわけではないし、そもそも眼の進化は何らかの理想に向かって進んできたわけではない。進化の早い段階で登場した比較的単純な眼は今も至る所に散見され、その持ち主のニーズに十分に適している。「不十分な眼から完全な眼へ進化したのではない」とニルソンは強調している。「数少ない単純なタスクを完璧に実行するものから、数多くの複雑なタスクを見事に実行するものへと進化した」のだ。本章の導入部で紹介したとおり、ヒトデは五本の腕の先端に眼をもつ(25)。ヒトデの眼では色、詳細、速い動きは見えないが、そもそも見る必要がない。ゆっくり歩いて安全なサンゴ礁まで戻れるように、大きな対象物を感知できればそれでいいのだ。ヒトデには、ワシのような鋭い視力は必要ないし、ハエトリグモほどの視力も必要ない。見るべきものが見えればそれでいい。[*2]他の動物の環世界を理解するための第一歩は、その動物が何を感知するために感覚を用いているのかを知ることだ。

たとえば霊長類は、おそらく樹木の枝に座ったまま樹上の昆虫を捕まえるために、鋭くて大きな眼を進化させた。私たち人間は、その優れた視力を受け継ぎ、指を器用に動かすためのガイドとしたり、意味をもつ記号や表記を読むためや、顔のわずかな表情から隠された意図を読み取るために活用している。

私たちの目は、私たちのニーズに合っている。そして、他の動物とは異なる私たちだけの、唯一無二の環世界を作り上げている。

二〇一二年、動物の視覚について研究している科学者のアマンダ・メリンは、動物の模様について研究している科学者のティム・カロに出会い、二人の会話は自然とシマウマの話になった。

これまで多くの生物学者が、なぜシマウマはあのように目立つ白黒の縞模様をしているのかと疑問に思ってきたが、カロはその疑問に向き合う最後の生物学者となった(28)。カロはメリンに、ごく初期のころにもてはやされた仮説の一つとして、あの縞模様が案外、まわりの環境に溶け込んでカモフラージュになるという説を話して聞かせた。あの縞模様のおかげで、シマウマの輪郭が分断される、もしくは、

＊1　一九九四年、ダン゠エリック・ニルソンとスーザン・ペルイェルは、第三段階の単純な眼から第四段階の鋭い眼への進化をシミュレーションした(24)。このシミュレーションは、光受容細胞からなる平らな小片から始まった。世代が進むごとに、小片はゆっくりと厚みを増しながら湾曲してカップ型になった。これが粗削りなレンズとなり、しだいに改善されていった。悲観的な推測では、眼は一世代ごとに〇・〇〇五パーセントずつ改善され、各世代は一年間続くため、不鮮明な第三段階の眼が現在の私たちの眼のようになるまでには三六万四〇〇〇年かかることになる。だがこれは、進化の歴史の中ではほんの一瞬である。

＊2　高度に進化した眼の持ち主が必ずしも高度に進化した生き物とは限らないし、単純な眼の持ち主が単純な生き物とも限らない。単細胞のみで構成される微生物でありながら、驚くほど複雑な眼をもつものもいる。淡水性細菌の一種、シネコシスティス（*Synechocystis*）について考えてみよう(26)。球状の細胞の片側から射し込んだ光は、細胞の反対側に焦点を結ぶ。この細菌は光がどこから射してくるのかを感知し、光の方向に向かって移動することができる。事実上、生きたレンズのようになっていて、細胞の境界面全体が網膜として働く。単細胞藻類であるワルノヴィア科渦鞭毛藻類も、生きた眼のような存在であり、一つひとつの細胞にレンズ、虹彩、角膜、網膜に似た構成要素が備わっている(27)。この藻類が何を見ているのか、そもそも見えているのかどうかという問題には、まだ答えが出ていない。

縦に伸びる木々の幹に紛れる、あるいは、走ったときに体の輪郭が不鮮明になり、ライオンやハイエナのような捕食動物の眼を混乱させるというのだ。これを聞いたメリンは、訝《いぶか》しんだ。「私はその疑念をそのまま表情に出しました」と彼女はそのときのことを振り返った。「そして、肉食動物の多くは夜間に狩りをするので、人間の視力よりもかなり劣っているはずだと、ティムに伝えました。捕食動物の眼にはシマウマの縞模様は見えていない可能性が高いんです。ティムは『何だって?』と驚いていました」。

人間の目にはたいていの他の動物の姿が細部まで鮮明に見えている。並外れた鋭い視力のおかげで、人間にはシマウマの縞模様が高解像度で見えていることに、メリンは気づいていた。メリンとカロは、よく晴れた日に測定を実施し、視力の優れた人々が白黒の縞模様を二〇〇ヤード（約一八〇メートル）離れた場所から識別できることを確認した(29)。ライオンはわずか九〇ヤード（約八〇メートル）、ハイエナは五〇ヤード（約四五メートル）の距離までしか識別できない。捕食動物が盛んに狩りをする明け方や夕暮れには、識別可能な距離はこの約半分になる。メリンの指摘は正しかったのだ。シマウマの縞模様にカモフラージュの効果はおそらくない。なぜなら、捕食動物はかなり接近するまで縞模様を識別できず、識別できる範囲まで近づくころには、音や匂いでシマウマの存在を感知できるからだ。離れた場所からは、白黒の縞模様はぼんやりと滲んで灰色一色に見える。つまり、捕食者であるライオンには、シマウマもロバもほとんど同じように見えるわけだ[*1]。

動物の視力は、空間周波数（ＣＰＤ：cycles per degree、明暗を判別できる縞模様の細かさの程度）で測定されるが、それがどういう概念であるかは、ありがたい偶然の一致で、シマウマの縞模様から容易に思い浮かべられる(31)。片腕を前に伸ばし、親指を上に向けてみよう。このとき、あなたのまわりにはぐるりと一周三六〇度の視覚空間が広がっていて、伸ばした腕の指先の爪は約一度の視野角に相当する。その爪の表面には白黒の極細の縞模様を六〇〜七〇対は描けるだろうし、あなたはそれを黒白の縞模様として見分けることができるだろう。となると、人間の視力は、六〇CPDから七〇CPDのあいだのどこかだと言える。現在の最高記録は一三八CPDであり、記録保持者はオーストラリアのオナガイヌワシである(32)。オナガイヌワシの光受容細胞は、動物界でも最も細長い部類に入り、そのおかげでワシの網膜内に高密度でみっしりと詰め込まれている。このほっそりとした光受容細胞のおかげで、ワシは私たち人間の二倍以上の画素数で、スクリーン上に映し出される世界を効率的に見ている。一マイル(約一六〇〇メートル)離れた場所からでもラットの姿を捉えることができ、標的として狙いを定めることができる。[*2]

だが、私たち人間よりも遥かに鋭い視力をもつ動物は、ワシと、餌食になる他の鳥類ぐらいなものである。感覚生物学者のエレナー・ケイブスは、何百種もの視力の測定値を照合してきたが、そのほぼすべてで人間の視力が上回っている(34)。猛禽類の他に人間の標準に迫る視力をもつのは、他の霊長類だけだ。タコ(四六CDP)、キリン(二七CDP)、ウマ(二五CDP)、チーター(二三CDP)もなかなか

*1 では、なぜシマウマは縞模様をしているのか? この疑問に、カロは決定的な答えを出した。吸血バエを避けるためだ(30)。アフリカに生息するウマバエ(アブ)やツェツェバエは、ウマを死に至らしめる数多くの病気を媒介するが、シマウマは毛足が短いため、とくに脆弱である。だが、どういうわけか、縞模様はこの吸血性の害虫を混乱させる。シマウマの体を薄膜で覆った場合も、ふつうのウマの体をシマウマ模様の薄膜で覆った場合も、吸血バエは近寄っていくが、体表にうまく着地できない。ただし、なぜそうなるのかは、まだ明らかにされていない。

*2 一九七〇年代以降によく引き合いに出される研究の一つでは、アメリカ・チョウゲンボウ(小型のハヤブサ)の視力は一六〇CPDであると示唆しているが、同じ鳥類を対象とした他の研究では、視力はこれより遥かに低く、人間と同程度であることが示されている(33)。

の視力だ(35)。ライオンの視力はわずか一三CDPで、人間が法的に「失明」とみなされる閾値より、ほんの一〇CPDだけ高いにすぎない。そして、鳥類全体の約半数（驚くべきことにハチドリやメンフクロウも）、魚類の大半、すべての昆虫類を含む大部分の動物の視力は、その閾値を下回る。ミツバチの視力は、たったの一CPDだ。大まかに言えば、腕を前に伸ばしたときの親指の爪が、ミツバチの視覚世界の一ピクセルほどに相当し、爪の範囲内の詳細は解像度が潰れた状態で均一な染みのように見える。昆虫類の約九八パーセントは、さらに粗い視力しか持ち合わせていない。「人間は不思議です」とケイブスは私に言う。「私たちは、どの感覚様式の頂点にも立ってはいませんが、優れた視力で頂点の座を揺るがせています」。そして逆説的だが、そんな人間の鋭い視力が、他の環世界についての私たちの認識を曇らせる。なぜなら、「私たちに見えるなら彼らにも見えるはずだと、私たちの目を引くものであれば彼らの注意も惹いているはずだと、思い込んで」いるからだ。「でも、実際にはそうではありません」とケイブスは言う。

ケイブス自身も、このバイアスに陥ったことがある。彼女は、魚類の体表から寄生虫や古い皮膚を剥ぎ取ることで知られるアカシマシラヒゲエビを研究していた。「アカシマシラヒゲエビは、サンゴ礁に棲む色鮮やかな魚たちの体を掃除しますし、彼ら自身も色鮮やかなので、彼らの視界は色彩豊かであるに違いないと思っていました」とケイブスは私に語った。しかし、その推測は間違っていた。アカシマシラヒゲエビの体表にある鮮やかな青い斑点も、ゆっくりと揺れる鮮やかな白い触角も、掃除される魚たちには見えているが、アカシマシラヒゲエビ自身には見えていない。アカシマシラヒゲエビの美しい模様は、至近距離まで近づいても、アカシマシラヒゲエビの環世界には存在しないのだ。「おそらく彼らには、自分の触角さえも見えていません」とケイブスは言う。

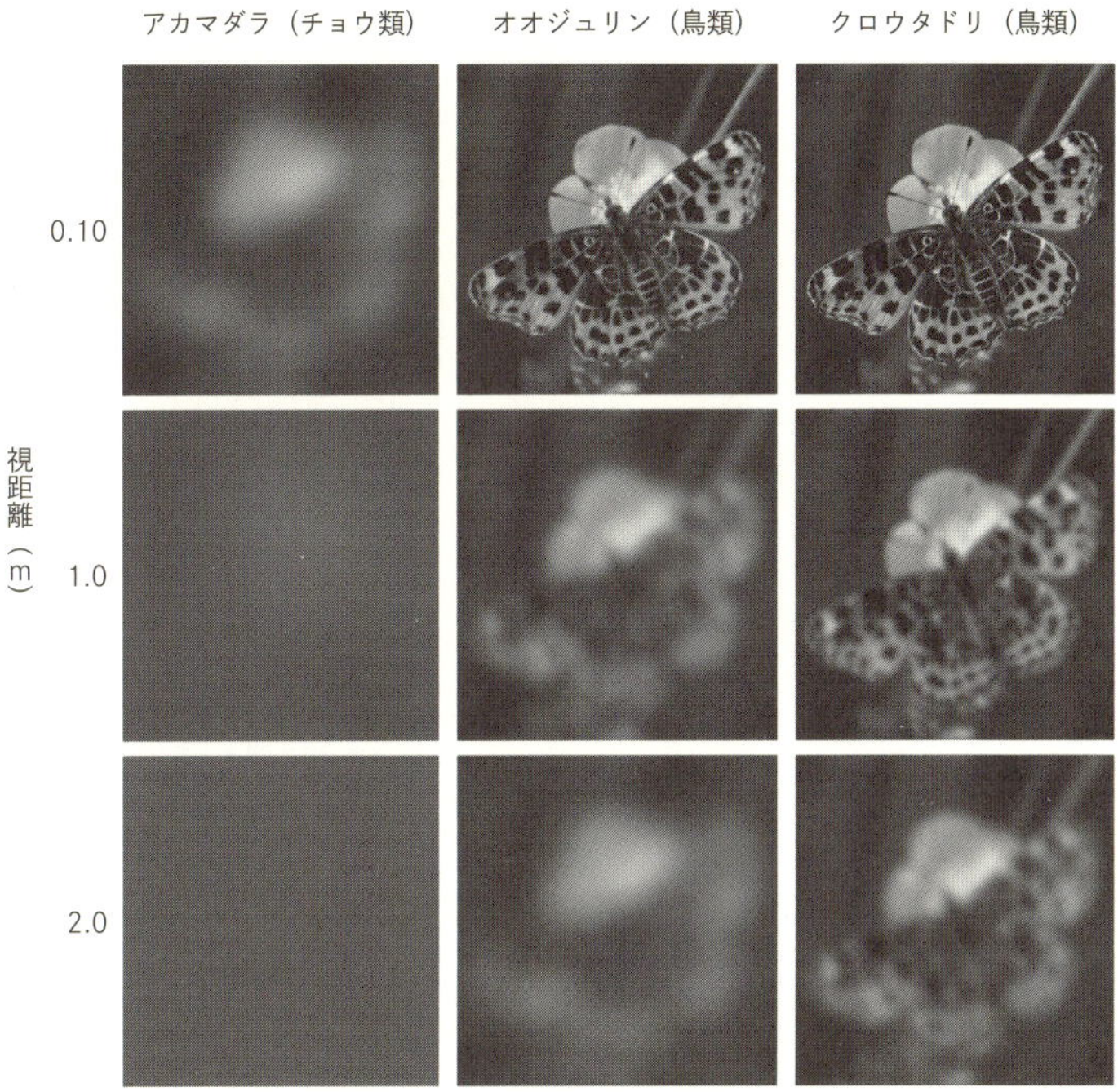

異なる距離から異なる種の眼で見たアカマダラ。

チョウの多くも複雑な模様の羽をもつ。おそらく、自分たちが毒をもつ昆虫であることを捕食者に警告するためだろう。チョウたちは羽の模様によって互いを認識しているのではないかという説を唱えた科学者もいたが、チョウの視力が十分ではないことを考慮すると、その可能性は低い。アカマダラのオレンジ色の羽には黒い斑点があり、クロウタドリにはこの黒い斑点が見えているが、おそらく仲間のチョウにはぼやけたオレンジ色にしか見えていない。私たちはこれまでずっと、チョウのことも、アカシマシラヒゲエビのことも、シマウマのことも、誤った目で――私たち自身の目だけを通して――観察してきたわけだ。

いやしかし、こんなにも多くの動

物が複雑な模様を身に纏《まと》っているのに、なぜ、視力に優れた動物はこんなにも少ないのか？　一つの原因として、眼の過去が関係している場合がある。複眼の構造には、低解像度の呪いが練り込まれている。昆虫や甲殻類の眼は、もともと解像度の低い単眼から進化してきたものなので、複眼になっても解像度には限界がある。ムシヒキアブの視力はせいぜい三・七ＣＰＤだが、これが限界だ(36)。アブの視力を人間並みにしようと思ったら、幅一メートルは必要になるだろう(37)。

また、高解像度の眼には大きな難点が伴う。オナガイヌワシの実例が示しているとおり、より小さな光受容細胞をより密に詰め込むことによって動物はより鋭い視力を獲得することができる。しかし、そうすると各受容体はより狭い範囲の光を集めることになり、感度は低くなる。感度と解像度という二つの質は、シーソーのように相反して上下する。感度と解像度の両方に優れた眼など不可能だ。ワシは、真っ昼間には遥か遠くのウサギを見分けられるが、日が暮れると視力が急落する（夜行性のワシは存在しない）。逆に、ライオンやハイエナはシマウマの縞模様を離れた場所から識別することはできないが、彼らの視力は夜間でも十分に狩りができるほど感度がいい。ライオンやハイエナや、他の多くの動物は、解像度よりも感度を優先してきた。ここでもまた、眼は持ち主のニーズに合わせて進化する。ごく単純に、鮮明な画像で見る必要のない動物もいるということだ。なかには、画像をまったく見る必要のない動物もいる。

ダニエル・シュパイザーは、まさか自分がホタテガイの世界観に共感するためにキャリアを捧げることになるとは、思ってもいなかった。二〇〇四年に大学院生活をはじめたときには、彼もホタテガイのことを他の多く人々と同じように考えていた。「皿の上のごちそう」だと思っていたのだ。だが、こんがりと焼かれた食欲をそそるその塊は、ホタテガイが殻を閉じるために用いる筋肉の部分だけだ。生きたホタテガイの全体を観察すれば、まったく異なる動物の姿が見えてくる。そして、あなたがホタテガイを見ているとき、ホタテガイもあなたを見ている。ホタテガイの仲間は扇形の殻を二枚もち、各殻の縁に沿って眼が――種によって数十個から最大二〇〇個の眼が――並んでいる[38]。イタヤガイの場合は、ブルーベリーのような眼がネオンライトのように並んでいて、その見た目は、シュパイザーに言わせれば「恐ろしくておかしくて魅力的」だ。

ムール貝やカキなど、他の二枚貝には眼がないので、眼があるというだけでも十分にホタテガイは変わり者だ。しかもその眼が、一九六〇年代にマイク・ランドが明らかにしたとおり、妙に複雑なのだから、ホタテガイはますます変わり者だ[39]。一つひとつの眼は、よく動く触手の先端にあり、どの眼にも小さな瞳がある。「すべての瞳が一斉に開いたり閉じたりする様子が、ゾクッとして面白い」とシュパイザーは言う。瞳を通り抜けた光は、眼の裏にある湾曲した鏡に反射する。この鏡は、正方形の結晶がタイル状に正確に配列されたもので、光を集め、複数ある網膜上で焦点を結ぶ。そう、網膜が複数あるのだ。一つの眼につき、二つの網膜があり、しかも、この二つは互いに別の動物の網膜かと思うほど異なっている。* どちらにも何千もの光受容細胞が備わっているため、小さな対象物も感知できるほどの空

＊動物の光受容細胞は、繊毛型と感桿型の二つに大きく分類される。いずれもオプシンを用いるが、活用の仕方は大きく異なる。かつて科学者たちは、繊毛型光受容細胞は脊椎動物のみに存在し、感桿型は無脊椎動物のみに存在すると考えていた。しかし、実際はそうではなかった。脊椎動物にも無脊椎動物にも、繊毛型と感桿型の両方が存在している。そして、ホタテガイにも両方が存在し、一方の網膜には繊毛型、他方には感桿型の光受容細胞がたくさん存在する[40]。なぜなのか？　理由は明らかにされていないが、一方は動く対象物を感知するために使用され、他方は生息地を選ぶために使用されているようだ。

間解像度をもつ。「彼らの眼の光学は、本当によくできている」とシュパイザーは言う*。

だが、なぜだろうか？　ホタテガイは、脅威に曝されたときには、パニックを起こしたカスタネットのように二枚の殻を開閉して泳いで逃げることができる。とはいえ、そんな瞬間はまれで、たいていは海底にじっとしたまま餌になる粒を海水から濾《こ》し取って摂取している。ソンケ・ジョンセンによれば、ホタテガイは「二枚貝界の美食家」である。彼らはなぜ、数十、数百もの眼をもつだけで飽き足らず、こんなにも複雑な眼を必要としたのか？　その視力を何のために使っているのか？　その答えを求めて、シュパイザーは「ホタテガイＴＶ」と称して実験を行った。ホタテガイの殻を小さな台座に結びつけ、モニターの前に設置し、浮遊する小さな粒のコンピュータ映像を見せた(41)。あまりにもバカげた設定の実験だったため、何らかの成果が得られるとは、誰も真剣に考えていなかった。ところか、素晴らしい成果が得られたのだ。粒が十分に大きく、漂う速度が十分にゆっくりであれば、ホタテガイは殻を開けた――まるで食べる準備をするかのように。「最高に面白い光景でしたよ」とジョンセンは私に語った。

シュパイザーは当時、ホタテガイは餌になりうる粒を見分けるために眼を使っているに違いないと考えていた。でも今は、何か別のことが起きていると考えている。彼らの眼のあいだには触手が散在して、水中の分子の匂いを嗅ぐために使われている。ホタテガイはヒトデのような捕食者を認識するために嗅覚を使用し、匂いを調べるに値する対象物を感知するために視覚を使用しているものと、シュパイザーは考えている。ホタテガイＴＶの映像に反応して殻を開いたのは、食べようとしていたのではなく、調べようとしていたのだ。「僕らは、好奇心旺盛な状態のホタテガイを見たのだと思います」とシュパイザーは言う。

ホタテガイの視覚は私たち人間の視覚とは異なる仕組みで機能しているのではないかとシュパイザー

は考えている。人間の脳は、二つの眼から入ってくる重複した情報を混合して一つの光景にする。ホタテガイがそれと同じことを百個の眼でしている可能性もあるが、ホタテガイの大ざっぱな脳でそのような芸当ができるとは思えない。むしろ、それぞれの眼は単純に、何か動くものを感知したかどうかだけを脳に伝えている可能性もある。ホタテガイの脳は動作検知カメラに接続された百枚のモニターを監視する警備員のような働きをしていると考えてみよう。カメラで何かが検知されれば、警備員は調査のために探知犬を送る。問題はここだ。カメラが最新鋭のものだったとしても、カメラで捉えた映像がそのまま警備員に送られるわけではない。警備員がモニター上で見ているのは、各カメラで何かを検知したときに点灯する警告ランプだけだ。シュパイザーが考えたこの奇抜な設定が正しければ、それはつまり、ホタテガイの個々の眼の空間解像度が優れていたとしても、ホタテガイという動物自体に優れた空間視覚が備わっているとは限らないということだ。ホタテガイは、自分の体の特定の領域にある眼が何かを感知したことはわかるが、その何かの視覚映像は取得できない。私たち人間の脳内で再生されるような映像を、ホタテガイは体験していない。見えてはいるが、光景を見ているわけではないのだ。

このような種類の視覚は、私たち人間が視覚を通して体験する感覚よりも、むしろ触覚に近いのではないだろうか。人間は、全身の皮膚で接触を感じることはできても、触覚を通して世界の光景を思い描くことはない。それどころか、何かにつつかれる（あるいは逆に自分から何かをつつく）まで、触覚によ

＊ホタテガイの眼も完璧ではない。眼に光が射し込んだとき、その光は、いったん網膜を通過してから、鏡に反射されて網膜上に焦点を結ぶ。光を吸収するたびに、網膜は光を二回照射されることになる——一回目は集束される前の光が通過し、二回目は集束された光が焦点に当たる。これはつまり、ぼやけた不鮮明な像と重なった状態で、集束された像を見ているということだ。

ってもたらされる知覚の大部分を無視している。そして、予期せず何かが触れるのを感じたときの私たちの反応は大概いつも同じだ――身を返してじっと見る。ホタテガイの場合は、もしかしたら（視覚ではなく）嗅覚がきめ細かな調査を担い、（触覚ではなく）視覚が全身の大まかな感知を担当しているのかもしれない。*1

だが、もしそうなら、なぜ、個々の眼の解像度はこんなにも優れているのか？　なぜ、鏡や二つの網膜のような洗練された構成要素が存在するのか？　わずかな数の眼でもホタテガイの殻周辺の空間全体をカバーできるのに、なぜ、こんなにも多くの眼があるのか？　眼から伝わってくる情報をほとんど処理できないような脳の持ち主で、なぜ、こんなにも眼が進化したのか？*2　その答えを知る者はいない。「もう少しで答えがわかりそうな気がすることもあるし、ホタテガイに感情移入できそうな気がすることもあるんです」とシュパイザーは私に語った。「でも、いつもその感覚は失われ、私は再び途方に暮れるのです*3」。

動物の中には、眼をまったくもたずにホタテガイのような分散型の視覚をもつと考えられているものもある。クモヒトデの一種であるオフィオマスティクス・ウェンティ（*Ophiomastix wendtii*）は、棘《とげ》で覆われた細いヒトデのような外見、もしくはアイスホッケー用のパックのような中心部からムカデのように絶えずうごめく五本の腕が放射線状に伸びた姿をしている。明確な眼をもたないが、明らかに見ている。光から慌てて逃げ出し、薄暗い岩の割れ目まで一直線に這《は》って行って身を隠し、日没後には体の色を変化させる。二〇一八年には、このクモヒトデのしなやかに動く腕の全長を覆うように数千個の光受容細胞が存在していることを、ローレン・サムナー＝ルーニーが明らかにした(47)。全身で一つの複眼のように機能しているということだ。*4　さらに奇妙なことに、このクモヒトデが眼になるのは昼間だけだ(49)。

太陽が昇ると、このクモヒトデは皮膚にある色素胞を膨らませ、血の塊のような深紅色に変わる。夜になると、色素胞を収縮させ、淡灰色の縞模様になる。膨張した色素胞は光を遮るため、特定の角度から差し込む光が受容細胞に届かなくなる。そのおかげで、個々の受容細胞は「方向性」を獲得して第二

＊1 この発想は、ホタテガイの眼がそもそも化学感覚器である触手から改変されたものであることを考え合わせると、なお一層、説得力をもつ。ホタテガイの視覚システムは、もとは嗅覚および触覚のために使用されていたシステムから急ごしらえされたものだ。

＊2 一九六四年、まだ大学院生だったマイク・ランドがホタテガイの眼をのぞき込んでいると、上下逆の自分自身の像が見えた(42)。こうして彼は、ホタテガイの眼の一つひとつに集束鏡が含まれることを発見した。のちに彼は、この鏡が層状の結晶で構成されていることを明らかにし、この結晶がグアニン――ＤＮＡの構成単位の一つ――でできているのではないかと提唱した（正しかった）。グアニンは自然には正方形の結晶を形成しないため、ホタテガイは何らかの方法で結晶の成長を制御しているに違いない(43)。どうやって制御しているのか、どうやってすべての結晶を正確に同じ寸法――厚さ一億分の七四〇メートル――に仕上げているのかは、明らかにされていない。

＊3 複雑で理解しにくい分散型の視覚をもつ動物はホタテガイだけではない。軟体動物のヒザラガイは、ＳＦ映画『スター・トレック』に登場するクリンゴンの前頭部のみが体外離脱したような外見をしている。その体は何枚もの板状の殻で覆われ、その殻の表面には数百の小さな眼が点在している(44)。多毛類のファンワームは、硬い岩の管から色彩豊かな羽ぼうきが伸びたような外見をしている。羽ぼうきのように見えるのは触手であり、そこにたくさんの眼がついている(45)。オオシャコガイは……まあ、とにかく大きい二枚貝である。幅約一メートルの外套膜には、数百の眼が含まれている(46)。ダン＝エリック・ニルソンは、これらすべての眼を侵入警報器と関連づけている。付近の動きや迫りくる影を感知することによって、眼の持ち主は防御の手段を講じるべきときを知るのだ。ヒザラガイは岩にがっちり張りつき、ファンワームは羽のような触手を管の中に引っ込め、オオシャコガイは二枚の殻を閉じる。ホタテガイと同じく、これらの動物も光景を見ていない可能性が高い。

＊4 クモヒトデと同じくウニも、精度は粗いながらも全身を一つの眼球のように使っているようだ(48)。ウニは、棘だらけの丸い形をしていて、数百本ある管足で海底を歩く。ウニの光受容細胞は足にあり、たくさんの棘や硬い外骨格の陰で光から保護されている。ウニの視力はとくに鋭くはないかもしれないが、黒っぽい輪郭に向かって確実にゆっくりと歩いていくことができる。

段階の眼となり、クモヒトデ全体としては、「空間的視覚」を得て第三段階の眼となる。だが、夜になって色素胞が収縮すると、光受容細胞は完全に曝された状態になる。光がどの方向から射しているのかわからないし、空間的視覚ももはや機能しない。「光に照らされていることはわかっても、どうやって光から逃れればいいのかはわからない」のだと、サムナー＝ルーニーは言う。

この変化がクモヒトデ自身にとってどんな意味をもつのかは、まったく見当がつかない。ホタテガイとは異なり、クモヒトデには脳がない――中央の円板部の周囲に神経が環状に分散しているだけだ。この環状の神経は、五本の腕を連動させてはいるが、五本の腕に指令を出しているわけではない。どの腕もほぼ独自に働いている。クモヒトデは、ホタテガイと同じような奇妙な監視カメラのシステムを備えてはいるが、警備員がいない。監視カメラ間で互いに信号を送り合っているだけだ。クモヒトデは全身で信号を送り合っているのか？　それとも、腕ごとに一つの眼として働いているのか？　それぞれの腕は、たまたま連結されたものの、半自律的に眼として機能しているのか？「私たちがこれまで考えもしなかったようなことが繰り広げられている可能性があります」とサムナー＝ルーニーは私に語った。「これまで、私たちが動物の視覚について知っていることはすべて、眼があることが前提でした。何もかもが、眼に近接する網膜や、網膜上に密集しグループ化された光受容細胞に関する一世紀分の研究に基づいています。［このクモヒトデは］そういった前提の多くに反しているんです」。

眼はたくさんあるが、頭はなく、場合によっては脳もない――そんな未知の奇妙な視覚がありえることを、クモヒトデとホタテガイは明らかにしてくれている。「動物が視覚を利用するのに、必ずしも映像を見る必要はありません」とサムナー＝ルーニーは言う。「ですが、人間は視覚に頼りきって生きているので、このようにまったく異質なシステムについて理解しようとするのは、とても難しいことです」。もっと馴染みのある生き物——頭があって、眼が二つある生き物——の視覚世界を想像するほうが簡単だ。しかし、その場合でも、私たちはすぐ目の前にあるものを見落としている可能性がある。

シロエリハゲワシは、暖気の上昇気流に乗って高く舞い上がり、広い風景の上空を旋回しながら餌を探す。地上に横たわる死骸を見分けることができるのだから、前方の大きな障害物も容易に見えるはずだ。それなのに、ハゲワシやワシのような大きな猛禽類は、風力タービンに衝突して命を落とすことが少なくない。スペインのある地方だけでも、この一〇年間で三四二羽のシロエリハゲワシがタービンに衝突した。昼間に飛び、この惑星で最も鋭い視力をもつ鳥類でありながら、こんなにも巨大で目立つ建造物を回避できないとは、どうしたことか(50)? 鳥の視覚を研究しているグラハム・マーティンは、別の問題に取り組んでるうちに、この問題の答えに行き着いた。彼が取り組んでいたのは、ハゲワシは厳密にはどこを見ているのかという問題だった。

二〇一二年、マーティンは同僚たちと一緒に、シロエリハゲワシの視野を測定——両眼で見たときに頭を中心としてどの角度まで見えているかのを測定——した(51)。ハゲワシのくちばしを専用ホルダーに固定したうえで、視野計を用いてハゲワシの眼を全方向からのぞき込んだ。「眼鏡技師が視力検査をするときに使うのと同じ装置です」とマーティンは私に言った。「厄介だったのは、ハゲワシを三〇分間じっとさせておくことでした。私につかみかかろうとするハゲワシもいて、私は親指の先を失いました」。

視野計による測定で、ハゲワシの視野は頭の両側面まで広くカバーしているが、上方と下方には大きな盲点があることがわかった。飛んでいるとき、ハゲワシは頭を下に傾けているため、前方にちょうど盲点がくることになる。ハゲワシが風力タービンに衝突するのはこのためだ。大空を滑空しているあいだ、ハゲワシは前方を見ていないのだ。ハゲワシの進化の歴史の中では、前方を見る必要などまったくなかったからだ。「滑空中にあんなにも背が高くて大きな障害物に遭遇したことはなかったでしょうから」とマーティンは言う。ハゲワシが近くにいるときには風力タービンを停止させたり、地上のマーカーを使ってハゲワシをおびき寄せたりすれば、衝突防止につながるかもしれません。しかし、風力タービンのブレード自体に目印をつけても効果はないでしょう[*1]（北米でも、同じ理由でハクトウワシが風力タービンに衝突している）。

マーティンの研究について考えているうちに、私は突然、自分の頭の後ろに見えない大きな空間があること、そして、それをほとんど意識していないことに気づいた。人間や他の霊長類は、二つの眼がまっすぐ前方を向いていて、どちらかといえば奇妙だと言える。左眼で見える光景は右眼の光景とよく似ているし、双方の視野はほぼ重なっている。このような配置のおかげで、私たち人間は優れた奥行き感覚をもっている。しかしそれは、側面にあるものはほとんど見えず、後方にあるものは振り返らないと見えないということでもある。私たちにとって、見るということは顔を向けることと同義であり、探索するときは、注視しながら向きを変えることになる。だが、ほとんどの鳥類（フクロウを除く）は眼が側面を向いていることが多く、何かを見るときに頭の向きを変える必要はない。

地上を見渡しながら滑空中のハゲワシには、頭の向きを変えなくても、すぐ横を飛んでいる他のハゲワシの姿が見えている(52)。アオサギの場合は、垂直方向に一八〇度までが視野に入っている。そのため、直立していてくちばしがまっすぐ前方を向いているときも、足元を泳ぐ魚の姿が見えている。マガモの場合は、全方位が完全に視野に入っていて、上方にも後方にも盲点はない。湖面に浮かんでじっとしているときも、マガモには空全体が見えている。飛んでいるときには、近づいてくる世界と遠ざかっていく世界が同時に見えている。私たちは高いところから俯瞰的に見るという意味で「鳥の目で見る」というフレーズを使うが、鳥が見ている景色は、人間がただ高いところから見ただけの景色とは異なる。「人間の視覚世界は前方に広がっていて、人間はその世界へと進んでいく(53)」とかつてマーティンは書いた。一方で、「鳥類の視覚世界は全方向に広がっていて、鳥たちはその世界の中を進んでいくのだ[*2]」。

鳥類と人間では、視野のどの部分が最もよく見えているかも異なっている。多くの動物の網膜には、光受容細胞（と付随するニューロン）が密集している部分があり、視野のその部分は解像度が高まっている(54)。その部分はさまざまな呼ばれ方をしている。無脊椎動物の場合は「注視帯（acute zone）」と呼ばれ、脊椎動物の場合は「中心野（area centralis）」と呼ばれている。人間の眼のように、この部分が内側へ窪んでいる場合は「中心窩（fovea）」と呼ばれる。ここでは便宜上（視覚を専門とする科学者の皆さんには申し訳ないが）、注視帯という用語を使うことにする。人間の場合は、まるで的のように、視野の中心部に丸く注視帯がある。私たちは字を読むときに読みたい文字がちょうど注視帯にくるように練習を積んでいる。ほとんどの鳥類にも丸い注視帯があるが、前方ではなく側方を向いている。何かを詳しく調べたいと思ったとき、鳥は対象物を横から見る必要があり、どちらか片方の眼でしか見ることができない。ニワトリは、何か新しいものを入念に調べるときには頭を左右に振り、左右の眼の注視帯で交互に

＊1　なぜハゲワシは飛行中に前方も見えるような広い視野をもっていないのだろうか？　この点ついてグラハム・マーティンは、ハゲワシの大きくて鋭い眼は太陽のまぶしい光に対して脆弱だからだと考えている。一般的に、大きな眼をもつ鳥類は盲点が大きい傾向にあるのだと彼は言う。アヒルのように広い視野をもつ鳥類は、眼が比較的に小さく、視力の鋭さも劣っているため、太陽の存在にも比較的に耐えられる。

＊2　ニワトリや他の多くの鳥は、くちばしや足で何かを正確につかみたいときには、至近距離の前方視野のみに頼っている。

見る(55)。「ニワトリがあたなを見ているとき、反対の眼で何をしているのか、あなたには決してわかりません」と、鳥類の視覚を研究している動物学者のアルムート・ケルバーは言う。「彼らには注意の中心が少なくとも二つありますが、それがどんなものかは、私たちにはなかなか想像できません」。

ワシ、ハヤブサ、ハゲワシのような猛禽類の多くは、実は左右それぞれの眼に注視帯が二つずつある——一つは前方、もう一つは斜め前（四五度）を向いている(56)。斜め前を向いている注視帯のほうが視力が鋭く、多くの猛禽類がそちらを使って狩りをしている。ハヤブサは、ハトのあとを追って急下降するとき、獲物に向かってまっすぐ飛び込んでくるわけではない(57)。螺旋《らせん》を描いて降下してくる。頭を下げて体の流線形を維持しつつ、殺意に満ちた横目でハトを注視し続けるには、そうするしかないからだ。[*1]

ハヤブサは、獲物を追跡する際に右眼を好んで使用する。このような選好性は、鳥類では珍しくない。左右の眼で異なる光景が見えるなら、左右の眼を異なるタスクに使用できる。ヒヨコの脳の左半分は、注意を集中して対象物を分類する用途に特化されている。おかげでヒヨコは、左眼ではなく、右眼（左脳から指令を受けている）を使うことで、敷き詰められた小石の中から餌となる穀物を見分けることができる(58)。脳の右半分は予想外のことに対処する。鳥類の多くは、左眼（右脳から指令を受けている）を使って捕食動物を探しているため、左から接近されたときのほうがより迅速に脅威を感知できる。

動物の視野は、どこが見えるかで決まる。注視帯は、どこがよく見えるかで決まる。この二つの遺伝形質を考慮せずにいると、私たちは動物の活動を本気で誤解しかねない。動画専用のＳＮＳ「ＴｉｋＴｏｋ」では、キジ科の鳥類であるセイランの雄が美しい羽を広げて雌に見せたのに対し、雌が顔を横に向ける様子を撮影した動画が拡散された。視聴者は、雌の関心のなさそうな態度を見て笑ったが、実際は無関心なのではなく、顔の側方にある視野で雄をしっかり見ていたのだ。アシカの視野は、もう少し人間に似ているが、頭上の視野がかなり広く、下方の視野が狭い。おそらく、水中を泳ぎながら空を背景として魚のシルエットを見分けるためだろう(59)。お腹を見せて水面を泳ぐアシカの姿は、観察している人間にはリラックスしているかのように見えるが、実際は、海底の餌を探しているのだ。

乳牛などの家畜も、眼をほとんど動かさずに一点をじっと見つめているように見えるため、のどかな雰囲気をまとっている(60)。彼らは、人間（やハエトリグモ）のように振り返ってあなたを見ることはほとんどない。そうする必要がないのだ。頭を動かさなくても全方向が視野に入っていて、注視帯は水平方向に縞模様にあるため、ぐるりと一周分の水平方向の光景が一度に見渡せる。同じことが、ウサギ（野原）、シオマネキ（浜辺）、アカカンガルー（砂漠）、アメンボ（池の水面）など、平らな場所に生息する他の動物についても言える(61)。たまに空中から襲いかかる捕食者を除けば、上も下も彼らにはあまり重要ではない。そこには四方八方への横移動があるだけだ。乳牛には、前方から近づいてくる農夫も、後方から歩み寄る牧羊犬も、側方にたたずむ同じ群れの仲間も同時に見えている。見回すという動作は、私たち人間の視覚体験とは切り離せないものだが、実際には、限られた視野と狭い注視帯しか持ち合わせていない動物だけが行う珍しい動作なのだ。

ゾウ、カバ、サイ、クジラ、イルカは、それぞれの眼に二、三個の注視帯があるが、これはおそらく、頭の向きを素早く変えられないからだろう(62)。*2 カメレオンは、砲台のように盛り上がった眼を左右別々に動かすことができるので、頭の向きを変える必要がない。前方も後方も同時に見ることができるし、

＊1 眼の向きを変えるという選択肢はない。というのも、猛禽類は頭を動かさずに眼だけを動かすことがほとんどできないからだ。実際、彼らの眼はあまりにも大きく、頭蓋骨の内部で左右の眼がもう少しで接触しそうなほどである。

反対方向に移動する二つの標的を同時に追跡することもできる(64)。視線が固定されている動物もいる。ハエの雄の多くは、眼の焦点を上方に合わせている。ハエの複眼の最上部にある大きな個眼は「ラブスポット」と呼ばれ、上方を飛ぶ雌のシルエットを感知する(65)。カゲロウの雄は、さらにその上を行く。雌の偵察に使われる部分があまりに大きくて、個々の眼がシェフの帽子のように膨らんだ形をしている。南米の川の水面近くに生息するアナブレプス・アナブレプス(*Anableps anableps*)という学名の魚は、眼に仕切りがある(66)。眼の上半分は水面より上に出た状態で空気中の視覚に適応していて、下半分は水面下で水中の視覚に適応している。眼は二つしかないが、仕切りがあって四つに見えるため、ヨツメウオとも呼ばれている。

深海の三次元の世界では、前後と同じくらい上下も重要である。デメニギスやムネエソのような深海魚の多くは、上向きの管状の眼をもち、深海まで降り注ぐ微かな日光を背景として他の動物のシルエットを見ている。デメニギスの一種であるブラウンスナウトスポークフィッシュの眼は、同類の魚がもつ上向きの眼に、独自の網膜をもつ下向きの眼を取り付けたような構造をしている。そのような二部構成の眼のおかげで、上下方向を同時に見ることができる(67)。左眼が右眼の二倍の大きさであるカリフォルニアシラタマイカもまた、上下方向を同時に見ることができる(68)。水中を柱のように漂いながら、下向きの小さいほうの眼で生物発光を見分け、上向きの大きいほうの眼でシルエットを見分けるのだ。その一方で、深海の甲殻類であるカクホソメズキン(*Streetsia challengeri*)は、両眼が融合して一本の水平な円筒の中に入り、まるでアメリカンドッグのようだ(69)。おかげで、円周方向——上下左右——はほぼ全方向が見えているが、前方と後方が見えない。

カクホソメズキンやカメレオン、さらには乳牛についても、いったいどのように見ているのかを想像するのはほぼ不可能だ。私もスマートフォンの自撮りカメラを使えば、自分の肩越しに背後で何が起きているのかを見ることはできるが、その画像もあくまで私の前方視野で見えているものだ。ここでも、ホタテガイのときと同じように、触覚について考えると想像しやすい。私は頭皮、足裏、胸部、背中で感じている触感を同時に知覚できる。意識を集中すれば、全方向性の長距離視覚による知覚を融合するのがどんなものかも、かろうじて想像できそうだ。視覚は、ありとあらゆる方向に拡張できる。包み込むことも取り囲むこともできる。そして、時間と空間で変わりうる。私たちを取り巻く空っぽの空間を埋めるだけでなく、瞬間と瞬間のあいだにあるつかの間の隙間をも埋めてくれる。

地中海は、メスグロハナレメイエバエ（*Coenosia attenuata*）という小さくて控えめなハエの原産地である。全長わずか数ミリメートルで、薄灰色の体に大きな赤い眼をしており、「ありふれたイエバエのような外見」だと、パロマ・ゴンザレス゠ベリードは私に語った。だが実際は、「キラーバエ」として知られる捕食性のハエだ。木の葉の上で待機し、ショウジョウバエ、キノコバエ、コナジラミを――ときには他の捕食性のハエまで、ゴンザレス゠ベリードによれば「十分に押さえ込めるほど小さければ何でも」――追跡して飛び立つ。追跡中は脚を伸ばして広げ、標的に接触した瞬間に六本の脚を閉じて虫籠《むしかご》のような形を作る。多くの場合、この餌食を最初の待機場所まで運ぶ。このキラーバエにあなたの指の

＊2 クジラの瞳孔は、私たち人間の瞳孔のように丸いまま小さく収縮するのではない(63)。収縮すると、中央部だけつまんで両端が小さく開いたままの、変な笑い方をしたときの口の形のようになる。両端の開いた部分がちょうどうまく小さな瞳孔として機能し、個々に隔てられた注視帯に光が取り込めるようになっている。

上を歩かせることができたなら、まるで（ごく小さな）タカが鷹匠のもとに帰ってくるように、キラーバエは何度もあなたの指から飛び立ち、餌と一緒に戻ってくるだろう(70)。このような経験は、人間にとっては思いがけない奇術のように感じられるだろう。だが、犠牲者にとってはそれどころではない。典型的なイエバエには棒の先にスポンジをつけたような形の口吻があり、液体を撫《な》でたり吸ったりするのに使われるが、キラーバエの口吻には短刀のような部分とヤスリのような部分があり、肉を突き刺したり削り落としたりするために使われる。口吻をまだ生きている獲物の体内に押し込んで身をえぐり出すのだ。ゴンザレス＝ベリードが見せてくれた動画には、キラーバエが口器でショウジョウバエの眼を体内からえぐり出し、透明なレンズの格子以外は何も残らない様子が映っている。農家や園芸家が害虫対策としてこのキラーバエを温室に導入することも多いため、現在、このハエは世界中に広まっている。

キラーバエは、スピードが命だ。「獲物はどこから来るかわかりませんし、地中海は乾燥しているので、めったに獲物に出合えません」とゴンザレス＝ベリードは言う。餌になる可能性が少しでもありそうなものを見つけたら、すぐに飛び立ち、いったん空中に出たら、同種のハエに自分が食われる前に、できる限り素早く餌を捕獲する。彼らの追撃は、よく訓練された人間の目でも追うのは不可能に近い。高速カメラで撮影することにより、ゴンザレス＝ベリードはこの追撃が通常わずか四分の一秒で完結することを明らかにした(71)。さらに、その半分の時間で終わることもあるかもしれない。キラーバエは、人間が瞬きするあいだに標的を捕まえることができるのだ。

彼らの超高速ハンティングは、超高速な視覚によって誘導される。光は宇宙最速であり、私たちにとって目に見えるものは一瞬であることを思えば、「動物はさまざまに異なる速度で見ている」という話は奇妙に思えるかもしれない(72)。だが、眼は高速で働くわけではない。飛び込んできた光子に光受容体細胞が反応するのにも、光受容細胞で生成された電気シグナルが脳に伝わるのにも、時間がかかる。キラーバエは、こうした工程を進化の中で限界まで圧縮してきた。ゴンザレス＝ベリードがキラーバエに画像を見せると、わずか六〜九ミリ秒のうちに、光受容細胞が電気シグナルを送信し、脳にシグナルが到達し、脳が筋肉に指令を出す。[*1] これとは対照的に、人間の光受容細胞は、これらの工程のうちの第一工程を達成するだけでも三〇〜六〇ミリ秒はかかる(74)。あなたがキラーバエと同じ瞬間に同じ画像を見たとしても、あなたの網膜からシグナルが発信されるより、キラーバエが空中に飛び立つほうがだいぶ早いだろう。「キラーバエの光受容細胞よりも高速で反応する光受容細胞を私たちは知りません」とゴンザレス＝ベリードは私に語ったが、その言葉には、どこか誇らしげな響きが感じられた。[*2]

また、キラーバエの視覚はアップデートされるのも速い。チカチカと点滅する光を見つめているところを想像してみよう。その点滅を速めていくと、ある速さに到達した時点で点滅の見分けがつかなくなり、安定した光のように見える。そのような点滅速度を臨界フリッカー融合周波数（ＣＦＦ：critical

---

＊1 キラーバエの眼の光受容細胞は、発火するのも、基底状態に復帰するのも速い。この二つの特性には大量のエネルギーが必要だ。ショウジョウバエの光受容細胞と比べると、キラーバエには三倍以上のミトコンドリア――動物の細胞にパワーを供給する豆形のバッテリー――が存在する(73)。

＊2 トンボやムシヒキアブのような他の捕食性昆虫には、独特の注視帯をもつ大きな高解像度の眼がある。彼らは標的を追いながら、標的がつねに視野の中でも最もよく見える範囲に入るように頭の向きを変えている。その点、キラーバエは「全方向に注意を向けている」のだとパロマ・ゴンザレス＝ベリードは言う。そのため、キラーバエには注視帯がなく、視覚の解像度もとくに高くはない。それでも、彼らにはもっと要求の厳しいハンティング戦術があるようだ。トンボは、空を背景に上空を飛ぶ獲物のシルエットを見分ける。だが、キラーバエはどういうわけか「地上を背景にしたハンティングという不可能なことをやってのけている」とゴンザレス＝ベリードは言う。複雑な背景の前で動き回る獲物を見分け、そこから木々の葉や他の煩雑な環境の中をすり抜けて標的を追跡するのだ。

flicker-fusion frequency）という。この測定値は、脳が視覚情報を処理できる速度を表す。動物の頭の中で上映される映画のフレームレート――静止画の連写を連続した動きと錯覚するようになる臨界点――だと思えばいい。人間のＣＦＦは、明るい場所では一秒間に約六〇フレーム（六〇ヘルツ［Hz］）だ。たいていのハエは、最大で三五〇。キラーバエの場合は、おそらく、さらに高い。人間の映画は、キラーバエの眼にはスライドショーのように見えるだろうし、人間にとって最速の動きも、彼らには緩慢に見えることだろう。人間が殺意をもって手で払っても、キラーバエは容易に身をかわす。ボクシングも太極拳のように見えているのだ。

一般的に、より小さく、より素早い動物ほど、ＣＦＦが高い傾向にある(75)。人間のＣＦＦと比べると、猫はわずかに遅く（四八ヘルツ）、犬はわずかに速い（七五ヘルツ）(76)。ホタテガイのＣＦＦは、いい意味で、氷河のようにゆっくり（一～五ヘルツ）だが、夜行性のヒキガエルはそれ以上に遅い（〇・二五～〇・五ヘルツ）。それに比べれば、オサガメ（一五ヘルツ）、タテゴトアザラシ（二三ヘルツ）のほうが速いが、それでもまだ遅い。メカジキは普段はそれほどでもない（五ヘルツ）が、特殊な筋肉によって眼と脳をフル回転させることができ、ＣＦＦも八倍まで加速できる(77)。鳥類の多くは生まれつき俊敏な視力をもつ。マダラヒタキ――美しい声で鳴く小さな鳥――は、これまでに測定された脊椎動物の中で最速の視力をもち、その最高ＣＦＦは一四六ヘルツに達するが、それはおそらく、飛行中の昆虫を追跡して捕獲することができなければ生きていけないからだろう(78)。そして、この鳥が標的とする昆虫たちは、それ以上に俊敏な眼をもっている(80)。ミツバチ、トンボ、ハエのＣＦＦは二〇〇～三五〇ヘルツだ。

このような視覚速度の違いは、時間経過の感覚にも違いを生む可能性がある。オサガメの眼には、世界はコマ撮り動画（ストップモーション）のように見え、人間の動きも激しく飛び回るハエのように忙しなく見えている可能性がある。逆に、ハエの眼には、世界はスローモーションのように見えているのかもしれない。人間の眼では追えないほど高速で飛び回る他のハエの動きはずいぶんゆっくりとした動きに見えるだろうし、動きの遅い動物はまったく動いていないように見えている可能性もある。「私はいろんな人から、どうやってキラーバエを捕獲したのかと尋ねられるのですが」と言って、ゴンザレス＝ベリードはその秘訣を私に教えてくれた。「小瓶をもってゆっくりと近づいていくだけなんです。十分にゆっくりと動けば、背景の一部にしか見えませんから」。

俊敏な視覚には大量の光が必要なので、キラーバエが活動できるのは昼間だけだ。他の動物の中には、そのような制限のないものもいる。

パナマの熱帯雨林に降り注ぐ金色の光の筋が退き、低木層の暗がりが濃くなり、やがて漆黒の闇になると、枯れ枝の中の空洞からハチが現れる。コハナバチ（*Megalopta genalis*）だ。脚と腹部は黄金色、頭部と胸部はメタリックな緑色をしている。だが、この美しい色彩を人間はめったに観察できない。なぜなら、コハナバチが姿を現すのは、人間の眼では色彩どころか何も見えないほど暗いときだけだからだ。そのような暗闇でも、コハナバチはつる植物の迷宮を縫うように大きく蛇行しながら、お気に入りの花の場所を突き止める。そこで花粉をたっぷり集めると、何らかの方法で、最初に姿を見せた枯れ枝のところまで戻る。親指ほどの太さのその枯れ枝の中に巣を作っているのだ。

＊従来の蛍光灯は、一〇〇ヘルツで――つまり、一秒間に一〇〇回――点滅している(79)。これは人間の眼で見分けるには速すぎるが、ムクドリなど、多くの鳥の眼にはしっかり点滅して見えるため、刺激となり、ストレスを与えているに違いない。

子ども時代は昆虫を採集し、今は昆虫の眼を研究しているエリック・ワラントは、一九九九年に研究旅行でパナマを訪れた際に初めてコハナバチに遭遇した。そして彼は、自分でも驚いたことに、コハナバチが夜間飛行のガイドとして視覚を使っていることをすぐに立証した。赤外線カメラで撮影したところ、コハナバチは最初に枯れ枝から姿を現したときに、巣穴の入り口の前でゆっくりとホバリングしながら体の向きを一回転させて周囲の枝葉の見た目を記憶していた(81)。その後、狩猟採集を終えると、視覚の記憶を頼って元の場所まで帰ってくる。何か目立つもの、たとえば正方形の白い紙片などを目印として記憶していた場合、留守中にその目印を他の枯れ枝に移動させると、コハナバチは違う場所に戻ることになる。コハナバチのこのような芸当は、明るい昼間でも十分に難しい。熱帯雨林で道を覚えるのは簡単ではないし、枯れ枝の数も決して少なくないのだから。しかし、コハナバチはそれを「想像できる限り最も暗い光の中で」やってのけているのだとワラントは言う。目の前の自分の手も見えないほどに暗い夜に彼が赤外線撮影した動画には、そんな暗闇の中で自分の巣に帰り着くコハナバチの姿が映っていた。コハナバチが自分の眼で見ているものを彼が見るには、暗視ゴーグルを装着する必要がある。「明るい昼間に活動するミツバチに負けず劣らず、コハナバチは暗闇でも実に器用に活動しています」とワラントは私に語った。「とても俊敏な動きで飛んできて、何のためらいもなく、信じられないほど素早く着地します。私がこれまでに見たなかで最も驚くべき部類に入ります」。

コハナバチの祖先は昼間の花粉媒介者（他のハナバチなど）との激しい競争を避けるために夜間スケジュールに転向したのではないか、とワラントは考えている。だが、夜行性の生活は視覚に依存する動物にとって簡単ではない。その理由は大きく二つある。一つ目は明白で、光が遥かに少ないからだ(82)。満月の光でさえ、真っ昼間の光量の一〇〇万分の一程度だ。月が見えず星明りだけの夜は、その一〇〇分の一になる。雲や木々で星の光が遮られた状態では、さらにその一〇〇分の一にまで低下する。コハナバチはそのような状況でなお、道に迷うことなく飛び回っている——星のない暗闇の中でも、コハナバチの眼は必要な量の光をかろうじて集めて飛んでいるのだ。二つ目の理由は、直感がほとんど通用しないことだ。光受容細胞は偶発的に勝手に作動することがあり、夜間はそのような誤認が実際の光子による本物のシグナルを数で圧倒する可能性がある[83]。そのため、夜行性の動物はわずかに存在する光を感知しなければならないだけでなく、実際には存在しない幻の光を無視しなければならない。物理学的な限界と生物学的な錯乱を両方とも克服しなければならないのだ。

そのような悪戦苦闘から単純に脱落した動物もいる。すべての感覚システムに言えることだが、眼の構築と維持には多大なコストがかかる。必要なときに反応できるように、光の到着に備えて光受容細胞とそれに付随するニューロンの準備を整えるだけでも大量のエネルギーを要する[84]。何も見ていないときでも、見るかもしれないというわずかな可能性のために絶えず資源が消費される。この消費は、眼の有用性や有効性が失われると眼が退縮したり消滅したりする理由に十分なりうる。なかには、そうやって垂れ流されていた資源を光に関連のない別の感覚に投じるようになった動物もいる（後ほど登場する。真っ暗闇の中で動物たちが驚くべきことをやってのけていることに科学者が気づき、多くの並外れた感覚が発見されている）。あるいは、視覚を完全に手放した動物もいる[85]。地下や洞窟など、視覚が存在価値を得られないような暗がりでは、眼は失われることが多い[*1]。

暗闇で視覚を放棄するのではなく、暗がりで見る方法を進化させてきた動物もいる。ワラントが研究していたコハナバチなど、一部の動物は神経の錯覚を利用している[87]。複数の異なる光受容細胞からの反応をため込んで、多数の最小ピクセルを少数の巨大なメガピクセルに変換する。また、シャッターを開いたままの状態にして露光時間を長くしたカメラのように、この動物の光受容細胞は発火の前に長めの時間をかけて光子を集める。この二つの戦略によって、コハナバチの眼に到達する光子を空間と時間の両方で分類し、ノイズに対するシグナルの割合を高めていく。こうして得られる視覚は画質が粗く、速度も遅いが、明るさを維持できそうにないときでも明るさを残すことができる。「より粗くて遅くて明るい世界を見るほうが、まったく何も見えないよりましです」とワラントは言う。[*2]

暗がりでも見えるように、捉えられる限りの光子を一つ残らず捉える動物もいる。猫、シカ、その他の多くの哺乳類など、一部の種では、「タペタム」と呼ばれる反射層が網膜の背後にあり、光受容細胞を通過してくる光をすべて反射して送り返す。そのおかげで、光受容細胞は一度は逃した光子を捉える機会をもう一度得ることができる。[*3] 他には、並外れて大きな眼と広い瞳孔を進化させた動物もいる。モリフクロウの眼は、頭部に収まりきらないほど大きい。メガネザル——東南アジアに生息する小さな霊長類で、グレムリンに似ている——の眼は、眼球の大きさが脳よりも大きい(89)。そして、最大級の眼はすべて、地球上で最も暗い環境の一つ——深海——で進化した。

海に潜っていくと、地球上で最も巨大な生息環境に入っていくことになる——地上のすべての生態系を合わせた空間の一六〇倍を超える生息空間が広がっている(90)。その空間の大部分は、暗闇である。

水深一〇メートルでは、水面から入った光の七〇パーセントがすでに吸収されている(91)。潜水艇で降下中の場合、あなたが身に着けている赤色、オレンジ色、黄色のものは、今は黒色、茶色、灰色に見えるだろう。水深五〇メートルまで潜ると、緑色と紫もほぼ消滅する。水深一〇〇メートルでは、青色しか存在せず、その明るさは水面のわずか一パーセントしかない。その青はもはやほとんどレーザー光線のようだ――不気味なほど純粋な青色で、すべてを包み込んでいる。その中を、銀色の魚が矢のように横切る。ゼラチン質のクラゲやクダクラゲがゆっくりと身をくねらせて通り過ぎていく。水深三〇〇メートルは月夜ほどの暗さで、そこからますます暗くなっていく。徐々に、魚は黒くなっていき、無脊椎動物は赤くなっていく。しだいに、彼らは自ら光を発するようになり、生物発光の閃光が下降していく潜水艇の輪郭を浮かび上がらせる。水深八五〇メートルでは、日光の残存があまりに微かすぎて、あなたの眼はもはや機能しない。水深一〇〇〇メートルになると、どんな動物の眼も役に立たない。ここから漸深層もしくは無光層がはじまる。地表や海面の複雑な視覚的光景は遥か遠くに過ぎ去り、代わりに、生物発光のきらきらとした輝きが織りなす生きた星のフィールドが広がる。あなたが世界のどこにいるのかによっては、さらに一万メートルの深さが残されていることもある。

深海の完全な暗闇は、深海の生き物を研究したいと思っている科学者にとって問題を生む。潜水艇の

＊1 眼を遮断する方法はたくさんあり、進化はあらゆる方法を探索してきた(86)。レンズが退化したり、視色素が消失したり、眼球が皮膚の下に沈んだり皮膚に覆われたり。メキシコの洞窟魚は、一つの種だけで、何度も眼を失ってきた。目の見え方の異なる集団が明るい川から暗い洞窟へと移動していき、それぞれの集団で独自に視覚を放棄したからだ。エリック・ワラントが私に教えてくれたとおり、『ホビットの冒険』に登場するゴラム［日本語版小説では「ゴクリ」と表記］の眼が必要以上に大きいのは、科学的には理にかなっていない」のだ。

＊2 だが、これだけではコハナバチの暗視を完全には説明できない。「コハナバチがどうやって見ているのか、私は説明できません」とワラントは私に言った。「彼らが暗がりでの視力を向上させる何らかの機構について、いくつか手がかりは得られていますが、まだ全体像は見えていないんです」。

＊3 犬、猫、シカ、その他の動物の眼が車のヘッドライトやカメラのフラッシュで照らされたときに輝く理由は、タペタムからの反射で説明できる。トナカイのタペタムは、暗い冬になると、より一層明るく反射するように構造が変化する(88)。同時に、この構造変化はタペタムの色も変化させるため、トナカイの眼の色は夏の黄金色から冬の鮮やかな青色へ変わる。

灯りを点けなければ研究者は辺りを見ることができないが、そうすると、光のない生活に適応した生き物に衝撃を与えることになる。月の光でさえ、ほんの数秒で深海のエビを失明させる。潜水艇のヘッドライトが与える影響はなおさら悪い。深海の動物の中には、潜水艇に特攻して終わるものもいる。驚いたメカジキは、両刃の剣のような長い吻を潜水艇に激しくぶつけてくる。他の生き物は動きを止めるか逃げる。「私たちはおそらく、逃げられるものは何もかもが半径五〇ヤード（約四五メートル）の範囲から逃げ出した状態の海を探査しているのだと思います」とソンケ・ジョンセンは言う。「探査中、ほとんどの時間を私たちは恐怖と暗闇を見つめて過ごします。私たちは、神のように光り輝く何かによって殺されると考えたときに動物たちがとる行動を見ているのです」。

深海の環世界にさらなる敬意を表すために、ジョンセンの師でもある海洋生物学者のエディス（エディー）・ウィダーは、「メデューサ」と呼ばれるステルスカメラを開発した[92]。発光するクラゲを模したリング型の青色LEDで深海の生物を惹きつけ、深海のほとんどの動物には見えない赤色光を使って動画を撮影することができる。「本当の革新は、私たちが灯りを消したときにしか起こりません」と彼は言う。「灯りを消しさえすれば、とんでもない光景が展開されます」。

二〇一九年、ウィダーとジョンセンはメキシコ湾での一五日間の調査クルーズにメデューサをもっていった。湾内は荒れた様子だったが、その水面下で彼らは三〇〇ポンド（約一三六キログラム）のカメラを、最終的には水深二〇〇〇メートルまで手動で降ろし、それを翌日の夜に引き上げる。「冷蔵庫ほどの大きさのものを一マイル（約一・六キロメートル）も引き上げたことがありますか?」とジョンセンは私に尋ね、「毎晩三時間はかかりましたよ」と続けた。引き上げたあとは毎回、ネイサン・ロビンソンがメデューサの映像を調べることになっていた。最初の四日間で「私たちはエビがわずかに光を発する姿を見ました。すごいでしょう？」とジョンセンは言う。

その後、六月一九日、「私がブリッジにいると、まったくの突然に、エディーが満面の笑みで階段の下に現れました。それはもう、耳まで裂けんばかりの満面の笑みでしたから、何かすごいものが映っていたに違いないと思いました」。五日目の調査で、メデューサはダイオウイカを撮影していたのだ。

その録画映像は、間違えようのないものだった(93)。水深七五九メートルで、長い筒状のものが現れ、身をくねらせながらカメラに向かってくると、何本もある吸盤のついたうごめく腕を広げた。二本の長い触腕でつかの間だけカメラをつかんだが、すぐに興味を失って腕を引っ込め、暗闇に消えていった。乗組員の推定では、全長一〇フィート（約三メートル）の子どもイカで、この種は最大四三フィート（約一三メートル）近くまで成長する。とはいえ、それは紛れもなくダイオウイカだった――神話のように語られることの多い巨大なイカで、地球上で最大かつ最高感度の眼をもつ。

本章の最初のほうで述べたとおり、ダイオウイカ（そして全長は同じくらいだが遥かに重いダイオウホウズキイカも）の眼は、成長するとサッカーボールほどの大きさになる（直径約二七センチメートル）。この比率には当惑させられる。そう、眼が大きいほど、感度は高いので、暗い海で生きる動物が大きな眼をもつのは理にかなっている。しかし、深海の生き物を含めても、ダイオウイカやダイオウホウズキイカと同レベルの大きな眼をもつ生き物は他にいない(94)。その次に大きな眼をもつのはシロナガスクジラだが、半分にも満たない大きさだ。メカジキの眼は、魚類で最大の三・五インチ（約九センチメートル）だが、ダイオウイカの瞳孔の中にすっぽり収まる大きさだ。ダイオウイカの眼は単に大きいのではない。他のどの動物の眼よりもバカバカしいほど過剰に大きいのだ。メカジキほどの眼の大きさでは見えないなんて、ダイオウイカはいったい何を見る必要があるのだろうか？

ソンケ・ジョンセン、エリック・ワラント、ダン＝エリック・ニルソンは、その答えを自分たちは知っていると考えている(95)。彼らの計算によると、深海では眼は投資に対する見返りの減少に悩まされる。大きくなるに連れ、維持に必要となるエネルギーは増えるのに、追加で得られる視力はわずかだ。三・五インチ（約九センチメートル）――メカジキの眼の大きさ――よりも大きくなってくると、さらに大きくする意味はほとんどない。だが、この研究チームは、必要以上に大きな眼が得意とするタスクが一つだけあることを明らかにした。それは、水深五〇〇メートルよりも深い水中で、光を発する巨大な物体を見分けることだ。この基準を満たす動物は存在し、しかもダイオウイカは実際にその動物を見る必要がある。その動物とは――マッコウクジラだ。

歯のある捕食動物としては世界最大であるマッコウクジラは、ダイオウイカの一番の敵である。マッコウクジラの胃の中は、オウムのくちばしのような形をしたダイオウイカの口でいっぱいになっているし、マッコウクジラの頭部にはダイオウイカの吸盤の縁のギザギザによって生じる円形の傷跡が残されていることも多い。マッコウクジラは自分では発光しないが、下降していく潜水艇と同じように、小さなクラゲ、甲殻類、その他のプランクトンにぶつかったときに、それが引き金となって生物発光の閃光が引き起こされる。そうやってマッコウクジラの存在を露呈するチラチラと揺らめく光りを、ダイオウイカはその不釣り合いなほど大きな眼で一三〇ヤード（約一二〇メートル）ほど離れた場所からでも見ることができる。それだけ離れていれば、逃げる時間は十分にある。離れた場所からでもこのような生物発光の雲が見えるほど十分に大きな眼をもち、かつ、離れた場所から見える必要がある生き物は、ダイオウイカしかいない。「深海でこんなにも大きなものを探している動物は他にいません」とジョンセンは言う。マッコウクジラも他の歯のあるクジラも、餌を探すときには視覚よりもむしろソナー（音波探知器）を好んで用いる。巨大なサメは、もっと小さな餌のあとを追う傾向にある。シロナガスクジラは微小なエビに似たオキアミを常食しているので、シロナガスクジラの生物発光雲が見えれば、オキアミにとって有益かもしれない。しかし、オキアミの複眼は解像度があまりにも限られているし、オキアミの体はあまりに動きが遅いので、その情報を得たとしても何も対処できない。ダイオウイカ（とダイオウホウズキイカ）は、「巨大な捕食動物を見る必要のある巨大な動物」であるという点で独特であり、そんな特異なニーズが、彼らの環世界を特異なものにしている。巨大なイカたちは、現存する中で最も大きく、最も感度の高い眼で、地球上で最も暗い部類に入る環境を見渡し、小さな生き物にぶつかりながら泳ぐクジラの輪郭を浮かび上がらせる微かな煌《きら》めきを見分けているのだ＊。

灯りを消すと、私たちの世界はモノクロ（単色）になる。そのような変化が生じるのは、私たちの眼に二種類の光受容細胞——錐体視細胞と桿体視細胞——が含まれているからだ。錐体視細胞のおかげで

＊ダイオウイカは世界中の海に生息している種のようだ。しかし、ずいぶん長い間、海岸に打ち上げられた死骸でしか存在が知られていなかった。野生のダイオウイカの写真が最初に撮影されたのは二〇〇四年で、比較的最近のことだ。ダイオウイカの自然な姿が初めて映像に記録されたのは二〇一二年で、エディス・ウィダーと彼の同僚たちが当時の最新のメデューサカメラを日本の沖合に配備したときだった[96]。その七年後、ニューオーリンズから南東へわずか一〇〇マイル（約一六〇キロメートル）のところでも、ステルスカメラはその価値を再び証明した。「メキシコ湾内のその辺りには、石油掘削装置が詰め込まれていて、遠隔操作の装置が何千基もありました」とソンケ・ジョンセンは言う。「その操縦者たちは誰もダイオウイカを見たことがなかったのに、私たちは五回目のカメラ配備で見たんです。私たちが世界で最も幸運な人間だったからか、そうでなければ、私たちがライトを消したからでしょう」（実のところ、彼らはかなり運が良い。乗組員がダイオウイカの映像を見た三〇分後に、彼らの船に稲妻が落ち、大量の装置が壊れたが、幸いにもメデューサのハードドライブは無事だった。そのすぐ後に、その船は竜巻の難も逃れた）。

色を見ることができるが、この視細胞は明るい場所でしか働かない。暗い場所では、より感度の高い桿体視細胞が引き受け、万華鏡のように変化する昼間の色彩は、夜間の黒色や灰色に取って代わられる。科学者たちはかつて、すべての動物が夜には同じように色盲になると考えていた。

その後、二〇〇二年にエリック・ワラントと同僚のアルムート・ケルバーが、蛾《が》の一種であるベニスズメを用いてきわめて重要な実験を行った(97)。ヨーロッパ原産のこの美しい昆虫は、体の色がピンク色とオリーブ色で、羽を広げたときの幅は約三インチ（約七・五センチメートル）ある。餌を食べるのは完全に夜に限られ、花の前でホバリングしながら、長い吻を伸ばして花蜜を飲む。ケルバーは、青色のカードもしくは黄色のカードの後ろに設置された供給装置から蜜を飲むようにベニスズメを調教した。すると、カードの色と餌の関連を覚えたベニスズメは、同程度の明るさの灰色も餌と関連づけて確実に区別した。彼女が実験室の照明を暗くしても、ベニスズメは同じ行動を続けた。

ケルバーの感知する世界は、半月と同程度の明るさで黒白に変わるが、ベニスズメの世界はまだ色を失わない。ある時点で、「暗い実験室でベニスズメが見えるようになるまでに、私は二〇分かかりました」と彼女は私に語った。「私には長い吻さえも見えなかった」のに、ベニスズメは正しい供給装置から蜜を飲んでいた。その後、照明を星明かりと同程度まで薄暗くすると、ケルバーは何も見えなくなったが、ベニスズメはまだカードの色を鮮やかな色として認識できていた。だが、おそらく、ベニスズメに見えていたカードの色は、私たち人間が認識する色とはまったく違っていたことだろう。

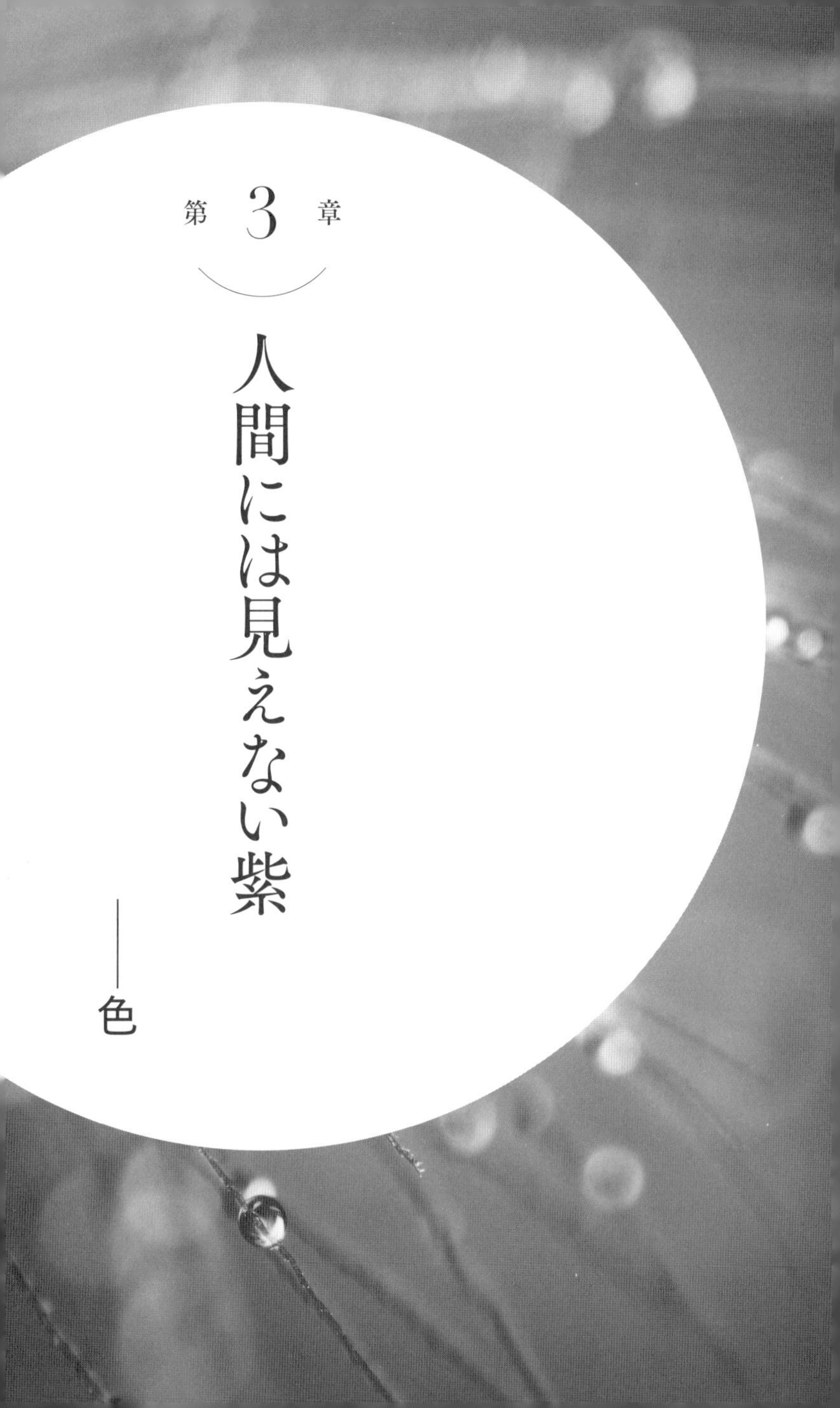

第3章

人間には見えない紫

——色

モーリーン・ネイツとジェイ・ネイツがトイプードルの子犬を家族に迎えたとき、「熱心な親なら誰もがそうするように、私たちも犬の育て方に関する本を読みました」とジョイは私に語った。その本には、犬の名前は「硬子音を含む二音節」が理想的だと書かれていたそうだ。ネイツ夫妻は思いつくままに候補を出し合ったが、そのうちにモーリーンが、ジェイの視覚研究にかこつけて、なかば冗談で「レティナ（網膜）」という名を提案した（私がすかさず、レティナが三音節であることを指摘すると、ジェイは「そうなのですが、でも、私たちはレッナと呼んでいるので、二音節です」と答えた）。この黒い毛がふわふわしている可愛いレティナは、歴史に名を刻むことになった。犬の眼に実際に見えている色がどんな色なのかを最初に確認した実験に参加したのだ。

一九八〇年代、ネイツ夫妻が博士号を取得するために研究していたころ、多くの人が犬には色がわからないと信じていた。漫画家のゲイリー・ラーソンが新聞に連載していた一コマ漫画『ファーサイド』にも、「ママ、パパ、レックス、ジンジャー、タッカー、僕、それから他の家族も、みんな色が見えるようになりますように」とベッドサイドで祈る犬が描かれていた。科学者もこの通説を受け入れていた。教科書にも「総じて、霊長類以外の哺乳類には色覚がないようだ」と書かれていた(1)。だが、実際に検証された種はほとんどなく、ペットとして人気の高い犬でさえも、丁寧な検証はされていなかった(2)。「うちの犬には何が見えているのかと、絶えずいろんな人に尋ねられましたが、実のところ、私たちにもさっぱりわかりませんでした」と言ったジェイは、「いや、わかっていたとしても、証拠がありませんでした」と続けた。

その証拠を得るために、彼はレティナと二匹のイタリアン・グレーハウンドを研究室に連れて行って実験用に訓練した。さまざまな色の光に照らされる三枚のパネルの前に座らせ、他の二枚と異なる色のパネルを鼻で触れたときに、ご褒美のチーズを与えるようにしたのだ。犬たちは何度でも正解してみせた。つまり、犬にも色は見えているのだ(3)。ただ、犬に見えている色の範囲は、大多数の人間に見えている色の範囲と同じではなかった。他のほとんどの動物もそうだ。動物たちの視界は、動物ごとに異なる色調で彩られている――そのことを十分に理解するためには、私たちはまず、色とは何なのか、それを動物たちはどのような仕組みで見ているのか、そもそもなぜその色が見えるように進化したのかを知る必要がある。色覚はあまりにも複雑だ。このあと、できるだけ単純化して説明していくつもりだが、それでも抽象的すぎてわかりにくく感じる読者もいるかもしれない。それでも、どうか我慢して付き合ってほしい。鳥やチョウや花のことを本当に理解しようと思ったら、詳細こそが重要なのだ。花々の真の姿を愛でるためには、草むらをかきわけて進むような時間も必要だろう。

光には、波長がある(4)。私たち人間が見ることのできる波長範囲は、紫色として知覚される四〇〇ナノメートルから、赤色として知覚される七〇〇ナノメートルまでだ。この範囲の波長を感知できるのも、この波長範囲で展開された虹を見ることができるのも、オプシンタンパク質――すべての動物の視覚の基礎をなすタンパク質――のおかげである。オプシンにはさまざまな種類が存在し、それぞれ特定の波長の光の吸収を得意とする。健康な人間の色覚は、三種類のオプシンに依存し、いずれも網膜にある異なる種類の錐体細胞に配置されている。三種類のオプシン(とそれを含む錐体細胞)は、それぞれが得意とする波長に基づいて、長波長型・中波長型・短波長型と呼び分けられている。もっと親しみやすく、赤オプシン(赤錐体)・緑オプシン(緑錐体)・青オプシン(青錐体)とも呼ばれている*。ルビーに反射した光が私たちの眼に入ると、長波長型(赤)錐体は強く刺激され、中波長型(緑)錐体はほどほどに、短波長型(青)錐体は弱く刺激される。サファイアに反射した光の場合は逆に、短波長型(青)錐体が

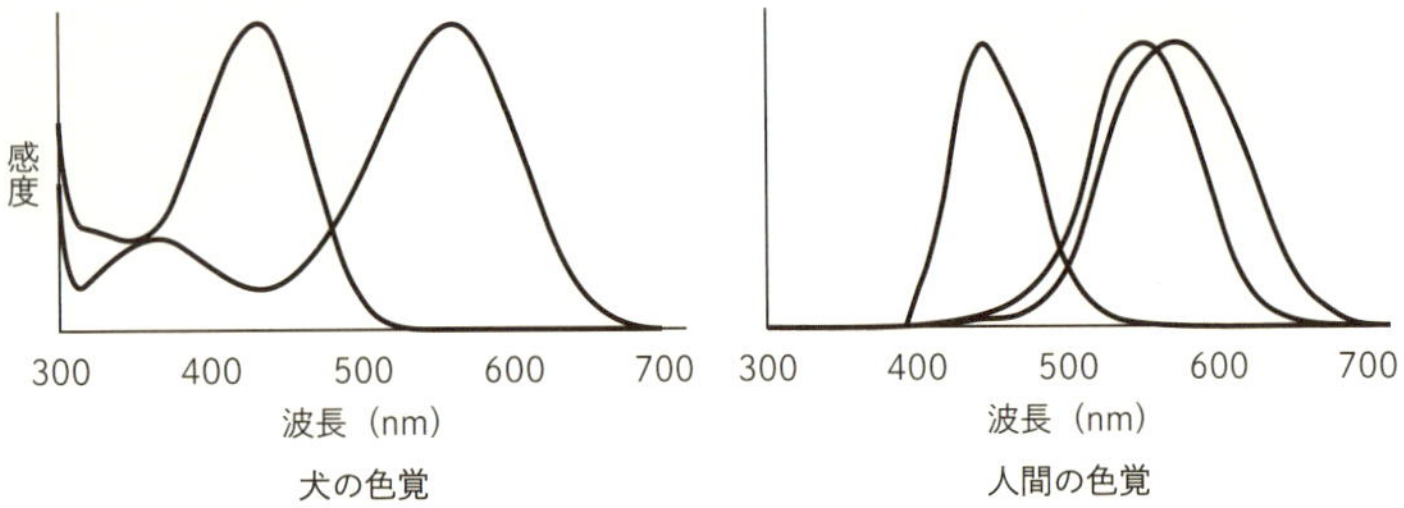

各曲線はそれぞれ別の種類の錐体細胞を表し、曲線のピークはその種類の錐体細胞が最も高い感度を示す波長を表す。犬には 2 種類の錐体細胞があり、人間には 3 種類の錐体細胞がある。

最も強く刺激され、あとの二つは弱めに刺激される。

しかし色覚は、波長の異なる光をただ感知しているのではない。感知した光の比較もしている。三種類の錐体から伝わってきたシグナルは、複雑な神経細胞ネットワークによって足し引きされる。赤錐体からの入力で興奮し、緑錐体からの入力で興奮が抑えられるニューロンがあるおかげで、私たちは赤色と緑色を判別できる。青錐体からの入力で興奮し、赤錐体と緑錐体からの入力で興奮が抑えられるニューロンのおかげで、青色と黄色を識別できる。ニューロンを介したこのような簡単な演算処理——R－G、B－（R＋G）——は「反対色応答」と呼ばれている。たった三種類の錐体から入力された生シグナルを私たちが美しい虹色として知覚できるのは、この仕組みのおかげである。

反対色応答は（ほぼ）すべての色覚の基礎をなす。このような神経応答をもたない動物では、私たちが想像するような色の見え方はしていない。たとえば、ミジンコは、橙色、緑色、紫色、紫外色の波長を感受する四種類のオプシンをもつ[5]。しかし、これらの波長は物理的に備わっている回路を刺激して反射的行動を引き起こすだけだ。紫外色は太陽を意味するので、泳いで回避する。緑色と黄色は餌を意味するので、泳いで接近する。ミジンコは、私たちが色として見ている四種類の光に対して、特異的な反応は示せるが、四種類のオプシンから入力されたシグナルを比較できないので、波長分布を把握することはできない。

また、色というのは本来、主観的なものである。草の葉は「緑色」に生まれついているわけではなく、ただ五五〇ナノメートルの波長の光を反射しているだけだ。そのような物理的特性を、私たちの光受容細胞とニューロンと脳が「緑色」という知覚に変換しているのだ。色は、見る人の眼の中――見る人の脳の中――にしか存在しない。「色覚異常の画家の症例（The Case of the Colorblind Painter）」という記事でオリヴァー・サックスとロバート・ワッサーマンが語っている芸術家ジョナサン・Iの話がいい例だ(6)。彼は色のある世界を見て描く人生を過ごしてきたあとで、脳に損傷を受けた。そして、彼の世界はモノクロに変わった。彼の網膜は健康で、オプシンも存在し、錐体も機能していた。しかし、彼の脳は黒と白と灰色の世界しか浮かび上がらせることができなかった。目を閉じたときでさえ、彼が脳裏に描く世界は色を失っていた。

ごく一部の人々ではあるが、脳損傷が原因ではなく、網膜が色覚に対応していないせいで灰色の色調でしか見えない人もいるし、種全体でそのようにしか見えない動物もいる。そのような色覚は「一色型」と呼ばれている。ナマケモノやアルマジロのように、薄明りの中ではよく機能するが色には順応していない「桿体細胞」しかもたない動物もいる(7)。アライグマやサメのように、錐体が一種類しかない動物もいるが、色覚は反対色応答に依存しているため、一種類しかないのは、事実上、一種類もないの

＊ 各錐体を最も励起させる光の波長に基づいて厳密にいうなら、長波長型は赤ではなく黄緑、短波長型は青ではなく紫（バイオレット）と呼ぶべきだろう。

と同じである(8)。クジラも錐体が一種類しかなく、これを視覚科学者のレオ・パイヒルは、「シロナガスクジラ〔訳注：英名は Blue whale〕にとって海は青くない」と表現した(9)。錐体細胞は脊椎動物に特有のものだが、他の動物にも同様の役割を担う波長特異的な光受容細胞がある。驚くべきことに、頭足類*——タコ、ヤリイカ、コウイカ——には光受容細胞が一種類しかなく、これはつまり、彼らの色覚も一色型であるということだ(10)。彼らは皮膚の色を素早く変化させることができるのに、自分の色の変化が自分には見えていないのだ。

一色型色覚の動物がこんなに多く存在するということは、色覚について直観に大いに反する一つの事実を示唆している。そう、色覚は必須ではないのだ。動物が眼を使ってすることのほぼすべて——進路の探索、狩猟採集、情報交換——は、灰色の色調でも事足りる。それでは、色を見ることには、いったいどんな意味があるのだろうか？

生理学者のヴァディム・マキシモフは、その答えは約五億年前のカンブリア紀——現代の動物群の祖先が発生した時期——にあるのではないかと提唱している(12)。祖先となる生き物の多くは浅い海に生息していたため、辺りには太陽光線が揺らめいていた。波打つ光線は、現代の私たちの眼には美しく見えるが、古代の一色型色覚生物にとっては、とんでもなく紛らわしい光景だったことだろう。水中のどの位置を見ても明るさが一秒間に百回は変化するのだから、そのような背景から重要な対象物を見分けるのは、かなり難しくなる。突然現れた暗い輪郭は、捕食動物の影がぼんやりと見えているのか、それとも太陽が雲に隠れて一時的にできた影にすぎないのか？　明暗しか処理できない一色型色覚の眼では、見分けるのに苦労したことだろう。だが、色が見える眼であれば、事態は大きく好転する。なぜなら、さまざまな波長をもつ光は、光量が増減して明るくなっても暗くなっても、同じ相対的比率を保つ傾向にあるからだ。明るい日光の下で赤色に見えるイチゴの実は、日陰でも赤色に見えるし、緑色をしたイチゴの葉は、夕焼けで赤みを帯びた光の中でも明らかに緑色に見える。色——厳密に言えば、反対色応答をもつ色覚——には恒常性がある。光受容細胞からの出力を比較して異なる波長に変換することができれば、光が躍り揺らめく世界の見え方を安定化できる。錐体が二種類あるだけでも、そのような芸当ができるようになる。それが、最も単純な色覚の形態である「二色型色覚」の基礎であり、ネイツ夫妻の愛犬レティナや他の犬も含め、ほとんどの哺乳動物に備わっている。

犬には二種類の錐体——長波長型の黄緑オプシンをもつ錐体と短波長型の青紫オプシンをもつ錐体——がある(13)。そして、もっぱら青色、黄色、灰色の色調で見ている。私が飼っているコーギー犬の「タイポ」が赤色と紫色で色分けされた犬用玩具を見ているとき、おそらく彼には赤色はくすんだ暗黄色に見え、紫色は藍色に見えている。噛んで遊ぶ明るい緑色のリングを見ているとき、その緑色は彼の二種類の錐体を両方とも同じくらい刺激する。そして、その二つのシグナルは反対色応答によって打ち消し合うため、タイポには白色に見えている。

ウマも二色型色覚で、彼らの錐体が感受する波長は犬が反応を示す波長ときわめてよく似ている。ということは、競馬の障害レースで障害物を目立たせるために使用されるオレンジ色の標識はウマにとって見分けにくいということだ(14)。オレンジ色の目印は、三色型色覚の人間の眼には目立って見えるが、ウマの二色型色覚の眼では背景に紛れてしまうことを、サラ・キャサリン・ポールとマーティン・ステ

＊ ホタルイカは例外である(11)。頭足類で唯一、三種類の光受容細胞をもつことで知られ、十分な色覚をもっている可能性がある。

イーブンスが明らかにしている。ウマの視覚に合わせてレース場をデザインしていたら、標識は黄色、鮮青色、または白色の蛍光色で塗られていたことだろう。

いや、人間の視覚に合わせるにしても、多様な色覚に配慮したインクルーシブなデザインを採用していたら、やはり同じように黄色か鮮青色か白色の蛍光色を使っていただろう。いわゆる「色盲」の人のほとんどは、通常なら三種類ある錐体のうちの一種類が欠損しているため、二色型色覚なのだ。彼らにも色は見えるが、見える範囲が通常より狭くなる。色覚異常には多くの種類が存在するが、中波長型（緑）錐体が欠失している第二（緑）色覚異常の人が、犬やウマに一番近い見え方になる。彼らの世界は黄色、青色、灰色で彩られていて、赤色と緑色の区別がつきにくい。色盲の人たちは、信号機や電気配線、塗料の色見本の見分けがつかず困惑しているのではないか(15)。パッケージの表示や地図や天気図を読むにも、スポーツ観戦の際に服の色でチームを見分けるにも、虹の絵を描くような簡単そうに思える学校の課題を終わらせるにも、苦労しているのではないか。一部の国では、彼らには飛行機の操縦や軍隊への参加の資格が与えられず、車の運転免許さえ取得できないことがある。本来、色盲は異常でも障害でもない。ただ、人間社会が三色型色覚を前提として築き上げられているため、生活の支障になることがあるだけだ。そもそも、三色型色覚の何がそんなに特別なのか？　大多数の人が三色型色覚であるという以外に何かあるのか？　たいていの哺乳類は二色型色覚で十分に事足りているのに、なぜ私たち人間や他の霊長類は二色型ではないのか？　なぜ私たちには、このような見え方で色が見えているのか？

最初期の霊長類はほぼ間違いなく、二色型色覚だった(16)。短波長型と長波長型の二種類の錐体をもち、犬のように青色と黄色の色調で見えていた。しかし、二九〇〇万年前から四三〇〇万年前のあいだのどこかの時点で、霊長類の特定の系統の環世界を永久的に変化させるような出来事が起きた。長波長型オプシンを構築する遺伝子のコピーをもう一つ余分に取得したのだ。そのような重複は、ＤＮＡを複製して細胞分裂する際によく起きる。偶発的とはいえ複製ミスであり、このような冗長な遺伝子は進化の中で変異を重ね、元の遺伝子が担っていた働きを失う可能性がある。そして、実際にそのようなことが長波長型オプシン遺伝子にも起きたのだ(17)。二つのコピーのうちの一つは、ほぼ元のままで、五六〇ナノメートルの光を吸収する。もう一つは、吸収波長のピークがより短い五三〇ナノメートルへとしだいに移行していき、現在の中波長型（緑）オプシンと呼ばれるものになった。この二つの遺伝子は九八パーセント同じであるが、残り二パーセントの違いが、青色と黄色のみの色調の色覚と、そこに赤色と緑色の色調が加わった色覚の違いを生んでいる*。従来から存在する長波長型と短波長型のオプシンに中波長型オプシンが新たに加わったことで、霊長類は三色型色覚に進化した。このように拡張された視覚は、彼らの子孫——アフリカ、アジア、欧州のサル、類人猿、そして人類——へと受け継がれた。

この物語は、私たちが今のような色の見え方で見えるようになった経緯については説明しているが、理由には触れていない。そもそもなぜ、重複した長波長型オプシン遺伝子は中波長の方向に移行していったのか？　その答えは、明らかであるように思える。より多くの色を見るためだ。一色型色覚の場合、

＊中波長型と長波長型の遺伝子はX染色体上にある。X染色体を二本もつ者は、どちらか一方の遺伝子コピーに欠損があっても、もう一方がバックアップとして正常に機能する。だが、X染色体とY染色体を一本ずつもつ者（男性）が欠損をもつコピーを受け継いだ場合は、バックアップがないため行き詰まる。中波長型または長波長型のいずれかの錐体の欠失が主な原因となって引き起こされる赤緑色覚異常が女性よりも男性で遥かに多い理由も、これで説明がつく。

黒と白のあいだの灰色を約一〇〇段階で見分けることができる。二色型色覚では、そこに黄色から青色までの約一〇〇段階が加わり、灰色の色調との掛け合わせで、数万色を知覚できるようになる。三色型色覚になると、さらに赤色から緑色に至る一〇〇段階の色が加わり、二色型色覚で見分けられる色調との掛け合わせで、知覚できる色の数は一気に数百万色にまで増える。オプシンの種類が一つ増えるごとに、知覚できる色の数は指数関数的に増加する(18)。だが、二色型色覚の動物がわずか数千色で繁栄できているのに、三色型色覚の動物は数百万色からどんな恩恵を受けているというのか？

一九世紀以降、科学者たちは、三色型色覚であれば緑色の葉を背景としたときに赤色、橙色、黄色の果実を見分けやすくなると提唱してきた(19)。より最近になると、一部の研究者が、熱帯雨林の植物は若いうちは葉が鮮やかな赤色をしていてタンパク質を豊富に含む傾向にあるため、そのような栄養価の高い葉を見つけやすいことこそが、三色型色覚の利点であると主張するようになった(20)。この二つの解釈は互いに排他的ではない。ほとんどの霊長類は果実を食べるが、果実が熟していないときや手に入らないときは、体が比較的大きな種であれば若葉を食べて間に合わせることができる。「三色型色覚を進化させるには完璧な状況」だと、霊長類の視覚を研究している（前章で紹介したとおり、シマウマの縞模様の研究もしていた）アマンダ・メリンは言う。「主食と非常食のどちらを見つけるにも役立つのですから」と。

しかし、アメリカ大陸のサルが、この物語を複雑にする。彼らも三色型色覚へと進化したが、独自の進化によって、まったく異なる結果に至っている。一九八四年、ジェラルド・ジェイコブスは、他のリスザルは赤色の光を感受しないのに、一部のリスザルは赤色の光を感受していることに気づいた(21)。そこで彼は、ジェイ・ネイツの助けも借りて、その理由を解明した。赤色の光を感受するサルには、長波長型オプシンの遺伝子コピーの重複は発生していなかった[*3](22)。その代わり、元からある遺伝子に複数のバージョンが存在していて、通常どおり長波長型の錐体を生成するバージョンもあれば、中波長型の錐体を作るバージョンもあった。この遺伝子もX染色体上にあることから、雄（XY）のサルは一種類のバージョンしか受け継ぐことができない。中波長型と長波長型のどちらを受け継ぐかは問題ではない。重要なのは、どちらを受け継いでも二色型色覚になる運命にあるということだ。一方で、雌（XX）のサルの場合は、二本のX染色体の片方に中波長型、他方に長波長型の遺伝子があれば、両方を受け継ぐことになる[*4]。サルの集団が木のてっぺんから餌を探すとき、他のサルには黄色と灰色しか見えない中で、両方の遺伝子をもつサルには、緑色の葉を背景にして赤色の果実が目立って見えることになる。同じ親

＊1 色覚研究者の蟻川謙太郎が自分の赤緑色覚異常に最初に気づいたのは、六歳のときだった。朝食用のイチゴを庭から摘んでくるように頼まれたのに、うまく摘むことができず、母親をがっかりさせてしまったのだ。果実を見つける能力は三色型色覚のほうが二色型よりも優れていることが、複数の研究室実験で示されている。

＊2 霊長類は、視力も並外れて優れている。このことが、果実や若葉を食べる他の哺乳類で三色型色覚が進化しなかった理由の説明になる可能性がある。「ネズミに三色型色覚を与えたところで、視力の弱い夜行性の哺乳動物にとって何か利点があるでしょうか？」とメリンは言う。対照的に、視力の鋭い霊長類であれば、三色型色覚を利用して果実や若葉を遠くからでも見分けることができ、競争相手に気づかれる前にその場に到達できるようになる。

＊3 ホエザルは例外である(23)。彼らもアメリカに生息しているが、同じ大陸に生息する他のサルとは異なり、雄も雌も全頭が三色型色覚だ。というのも、アフリカや欧州のサルと同じ方法――長波長型オプシン遺伝子の重複による方法――で三色型色覚へと進化したからだ。そのような進化の道を彼らは独自に歩んできた。

＊4 実際は、この説明よりもさらに複雑である。なぜなら、アメリカに生息するサルの多くは、同じ遺伝子から三つのバージョンを生み出せるからだ。雌は三つのバージョンのうちの二つのバージョンを受け継ぐ可能性と、同じバージョンを二つ受け継ぐ可能性があり、これはつまり、雌の視覚には六通り――三通りの二色型色覚と三通りの三色型色覚が――あるということだ(24)。

から生まれたサル同士でも、知覚できる色は異なる可能性がある。

二色型色覚のほうが不利に違いないと推測するのは簡単だ。しかし、コスタリカの森で顔の白いオマキザルを一五年間研究してきた今、アマンダ・メリンはそのようには考えていない。オマキザルの複数の群れを追跡してきた彼女は、見ただけですべての個体を識別できるようになった。そして、彼らの糞を採集してＤＮＡの配列を調べることにより、どの個体が三色型色覚で、どの個体が二色型色覚なのかを解明した。どちらかのほうが生存や繁殖の可能性が高いような傾向は認められなかった[25]。三色型色覚は確かに、鮮やかに色づいた果実を探すには有利だが、木の葉や枝に擬態している昆虫を見つけるには、二色型色覚のほうが優れている[26]。戸惑わせたり注意を惹いたりする色の氾濫がないため、二色型色覚のほうが、境界線や輪郭を見極めたりカモフラージュを見抜いたりするのは得意なのだ。メリンは、三色型色覚の彼女の眼では存在に気づくことさえできなかった昆虫を二色型色覚のサルが捕まえるところを、これまでにも観察してきた。余分な色が見えることには、利点も欠点もある。より多く見えるほうがよいとは限らない。それが、一部の雌とすべての雄がいまだに二色型色覚のままである理由だ。

いや、ほぼすべての雄、と言うべきだろう。二〇〇七年、ネイツ夫妻は二匹の雄の成体リスザルの眼に人間の長波長型オプシン遺伝子を追加して、二種類ではなく三種類の錐体を与え、三色型色覚へと変化させた[27]。二匹のリスザル——ダルトンとサム——は突然、これまで二年間毎日してきたのと同じ視覚検査で、これまでと異なる成績を示し、これまで彼らには見えていなかった新たな色を識別できるようになった。ダルトンはこの実験のあと、まもなく糖尿病で死亡したが、サムは、私が最後にジョイと話した二〇一九年四月の時点ではまだ生きていて、三色型色覚になって一二年目に入っていた。そして私は、サムの今の生活はどんなものかと思いを馳せた。彼の行動にも何か変化があったのだろうか？

果実に対する反応の仕方は以前と違うのだろうか？「私は彼に話しかけようと努力しましたよ」と言ってジョイは笑った。「世界の見え方が変わった気分はどうだい？　なかなか興味深いだろう？　ってね。でも、彼は知らん顔ですよ」。

私には、サムの沈黙こそが多くを語っているように思えた。彼は私たちに、より多くの色が見えたからといってそれだけで有利なわけではないことを思い出させる。色そのものに魅力があるわけではないのだ。何らかの意味を引き出せたときに、色は魅力をもつようになる。一部の色は私たち人間にとって特別だが、それは私たちが三色型色覚の祖先から色を見る能力を脈々と受け継ぎ、社会的な意味合いや重要性をその色にもたせてきたからだ。逆に言えば、私たちにとってまったく重要でない色もある。それどころか、私たちには見えない色もあるのだ。

一八八〇年代、銀行家であり、考古学者であり、博学者でもあったジョン・ラボックは、プリズムを用いて光線を虹色に分光し、その光でアリを照らした(28)。すると、アリたちは慌てて光から逃れるように走り去ったのだが、このとき、虹色の端にある紫色よりも外側の領域からもアリたちが逃げていることに、ラボックは気づいた。私たち人間の眼には暗く見える領域だが、アリにとっては暗闇ではなく、文字どおり「紫（バイオレット）よりも外側」を意味する「紫外（ウルトラバイオレット：ＵＶ）」の光に照らされていたのだ。ＵＶ光の波長域は一〇〜四〇〇ナノメートルである。*1　人間にとっては大部分が見えない領域だが、「アリにとっては、はっきりと区別できる別の色（どんな色なのか私たちは表現できない色）であるに間違いない」と予見したラボックは、「どうやら、物体の色も自然界の全般的な光景も、アリたちにとっては、私たち人間に見えている姿とはまったく異なる外観で存在しているに違いない」

と書いている。

当時、一部の科学者たちは、動物は色盲か、あるいは私たち人間と同じスペクトルが見えているかのどちらかだと考えていた[30]。ラボックは、アリがその例外であることを示したわけだ。それから半世紀後、ミツバチとヒメハヤにもＵＶ光が見えていることがわかった。すると、仮説は少しずつ変わっていった。一部の動物には、私たちには見えない色が見えているが、そのスキルはまれであるに違いない、と。だが、さらに半世紀が過ぎて一九八〇年代になると、鳥類、爬虫類、魚類、昆虫の多くにＵＶ感受性の光受容細胞があることを研究者が明らかにした[31]。こうして、仮説は再び変わり、多くの動物群がＵＶ視覚をもつが、哺乳類にはない、と考えられるようになった。だが、これも間違いだった。一九九一年に、ジェラルド・ジェイコブスとジェイ・ネイツが、マウス、ラット、スナネズミの短波長型錐体がＵＶに反応することを明らかにしたのだ[32]。なるほど、哺乳類にもＵＶ視覚はあるわけだが、でもそれは、げっ歯類やコウモリなど、ごく一部の哺乳類に限った話だろう。だが、それも違っていた。二〇一〇年代にグレン・ジェフリーが、トナカイ、犬、猫、ブタ、カラス、フェレット、その他の多くの哺乳類が短波長型の青錐体でＵＶを感知できることを明らかにした[33]。彼らはおそらく、ＵＶを別の色というよりも深く濃い青色として知覚しているが、それでも彼らには、それが見えるのだ。そして、人間の中にも見える人がいる。

人間の眼のレンズは、通常、ＵＶを遮断するが、外科手術や事故でレンズを失った人々は、ＵＶを白っぽい青色として知覚できる。この現象は、八二歳で左眼のレンズを失った画家のクロード・モネの身にも起きた[34]。睡蓮の反射したＵＶ光が見えるようになったモネは、睡蓮を白色ではなく白っぽい青色で描くようになったのだ。だが、モネの話はさておき、ほとんどの人にはＵＶが見えない。ＵＶが見える能力はまれであると科学者たちが頑《かたく》なに信じたがっていたのは、おそらくそのせいだろう。だが実際はその逆である。ほとんどの動物には、色もＵＶも見えている(35)。そちらが標準で、私たちのほうが変わっているのだ。*2

ＵＶはどこにでも存在するため、他の多くの動物には、自然界の大部分が私たちに見える姿とは異なって見えているはずだ。*3 水はＵＶ光を散乱させ、周囲にＵＶの霧を発生させるため、それを背景として水面を眺める魚たちには、ＵＶを吸収する微小プランクトンがより見えやすくなる。げっ歯類にとっても、ＵＶで溢れる空が背景になり、鳥類の暗いシルエットが見えやすくなる。トナカイにとっても、Ｕ

＊1 可視光は、広大な電磁波スペクトルの中のほんの一部でしかない。私たち人間の眼ではごく狭い領域しか感知できないのには、いくつか理由がある。ガンマ線やX線のようにきわめて短い波長をもつ電磁波は、その大半が大気によって吸収される。マイクロ波やラジオ波のようにきわめて長い波長の電磁波は、オプシンを確実に励起させるにはエネルギーが十分ではない。これらの理由から、マイクロ波やX線を眼で見ることができる動物はいない。視覚に有用な波長の「ゴルディロックスゾーン」〔訳注：生命の生存に適したちょうどいい帯域〕はとても狭く、三〇〇〜七五〇ナノメートルの範囲だ(29)。私たち人間の眼が機能するのは四〇〇〜七〇〇ナノメートル辺りなので、利用できる視覚空間の大部分はすでにカバーできている。しかし、その周縁部でも多くのことが起こり得る。

＊2 なぜ、ほとんどの人間にはＵＶが見えないのか？ それはもしかしたら、優れた視力をもつことの代償かもしれない。光が眼のレンズを通過するとき、波長の短い光ほど鋭角に屈折する。たとえレンズがＵＶを受け入れたとしても、他の光の焦点よりもだいぶ手前で焦点を結ぶことになり、網膜上の像の輪郭はぼやけることになる。この現象は「色収差」と呼ばれている。色収差は、眼が小さい場合や優れた視力を必要としない場合にはあまり問題にならないが、優れた視力をもつ大きな眼の動物にとっては問題になる。霊長類にはＵＶが見えないのも、猛禽類は他の鳥類よりもＵＶが見えにくいのも、色収差が理由かもしれない。

＊3 一部の科学者は、進化の過程で最初に登場した色覚は、緑の光受容細胞とＵＶの光受容細胞をもつ二色型色覚であると考えている(36)。それが本当であれば、動物たちは色が見えるようになった当初からＵＶ光を見てきたことになる。

Vを反射する雪に覆われた斜面の中で、UVをほとんど反射しないコケ類や地衣類は目立って見える(37)。このような例はいくらでもあげられる。

さらに続けよう。花々は、印象的なUV模様を活用して授粉媒介者に花粉の存在をアピールする(38)。ヒマワリも、マリーコールドも、ブラック・アイド・スーザンも、人間の眼には花びらの色は均一に見えるが、ミツバチの眼には花びらの付け根辺りに眼玉模様のUVの斑点が鮮やかに見える。通常、この模様は蜜の位置を示す指標になる。だが、この模様は罠《わな》にもなる。カニグモは花の上に隠れて授粉媒介者を奇襲する(39)。このクモは、私たちの眼には彼らが選んだ花の色と同じ色に見えるため、長らく擬態《ぎたい》の達人として扱われてきた。だが、彼らの体はUVを大いに反射するため、ミツバチの眼には際立って見え、カニグモがいる花は他の花よりも魅力的に見える。まわりに溶け込むのではなく、目立つことによって、UVを感受する獲物を引き寄せているのだ。

鳥類の多くも、羽毛にUV模様をもつ。一九九八年、二つの研究チームがそれぞれ独自に、アオガラの「青い」羽毛の大部分が実際にはUVを大量に反射していることに気づいた。一方のチームが論文に書いたとおり、「アオガラは実際にはUVガラ」なのだ(40)。人間の眼には、アオガラはどれも同じように見える。だが彼らの眼には、羽のUV模様のおかげで、雄と雌はまったく違って見える。これは、ツバメやマネシツグミなど、私たちの眼には性別の見分けがつかないような鳴禽類〔訳注：美しい声で鳴く鳥〕の九〇パーセント以上でも、同じである(41)。

UV模様が見えないのは人間だけではない。UV光は水によって激しく散乱されるので、離れた場所から獲物を見分けなければならない捕食性の魚は、UVを感受しないことが多い。逆に、彼らの獲物はその弱みをうまく利用してきた。中米の川に生息するツルギメダカは、私たちの眼には淡褐色に見えるが、モーリー・カミングスとギル・ローゼンタールが明らかにしたとおり、一部の種の雄は、体の側面から尾にかけて強いUVの縞模様がある(42)。この模様は雌にとっては魅惑的だが、ツルギメダカの主な捕食動物には見えない。捕食動物が多くいる場所ほど、ツルギメダカのUV模様はより鮮やかになる。彼らは危険を引き寄せることなく、「この上なく大胆に華やかに着飾ってみせる」のだとカミングスは言う。オーストラリアのグレートバリアリーフに生息するアンボンスズメダイにも、同じような秘密の暗号がある。アンボンスズメダイは、人間の眼には、ひれのついたレモンのように見えるし、他の近縁種と同じに見える。だが、ウルリケ・ジーベックが明らかにしたとおり、アンボンスズメダイの頭部には、まるで顔いっぱいに見えないマスカラを塗ったかのように、UVの縞模様が入っている(43)。この模様は捕食動物には見えないが、アンボンスズメダイ自身はこの模様でスズメダイ科の他種と同種を見分けている。

私たちにとって、UVは得体の知れない不思議な魅力をもつ存在である。私たちの視覚の境界にある見えない色相——想像力で埋めたくなる知覚の空洞——である。科学者たちはしばしば、そこに特別な意味や重大な秘密を紐づけ、内密の通信手段として扱ってきた(44)。だが、アンボンスズメダイやツルギメダカは別としても、そのような主張のほとんどは消えていった*。現実には、UV視覚もUVシグナル

* UV視覚に関する他の主張もすでに破綻した。一九九五年、フィンランドの研究チームが、チョウゲンボウ〔訳注：小型のハヤブサ〕はハタネズミの尿に反射したUVを見ることによってハタネズミを追跡できると提唱した(45)。この主張は本やドキュメンタリーで頻繁に繰り返されてきたが、「それは間違い」だとアルムート・ケルバーは言う。二〇一三年、彼女と同僚らは、ハタネズミの尿が実際にはUVをほとんど反射せず、水と区別できないことを明らかにした(46)。チョウゲンボウがそれを離れた場所から見ることなど、おそらくできないだろう。

もそこら中に溢れている。「私の個人的な見解では、UVはもう一つの色にすぎません」と、色覚を研究しているイネス・カットヒルは私に語った。

ミツバチになったつもりで想像してみよう。彼らは、緑、青、UVに強く反応するオプシンをもつ三色型色覚の持ち主だ。もしもミツバチが科学者だったら、彼らはおそらく、私たちが赤と呼ぶ色の存在を知って驚くだろう。彼らには見えないからだ。そして、この色を「黄外（ウルトライエロー）」と呼びはじめる。最初のうちは他の生き物にも黄外は見えていないものと推測するが、のちに、なぜこんなにも多くの動物に黄外が見えているのかと不思議に思うようになり、やがて、黄外が見えるのは特殊であるという考えに疑問を抱きはじめる。黄外カメラでバラを撮影した科学者は、その姿がどれほど違って見えるかを熱狂的に語るだろう。そして、この色が見えている巨大な二足歩行の動物たちは、赤くなった頬を介して秘密のメッセージをやりとりしているのではないかと考えるようになる。だが最終的には、黄外も一つの色にすぎず、ただ、黄外の波長範囲の大部分が自分たちの色覚から外れているだけだと気づく。すると今度は、自分たちの環世界にこの色が加わるとどうなるのかが気になり、三次元の色の世界に第四の次元を導入して補強することを考えはじめることだろう。

コロラド州エルク山脈の標高九五〇〇フィート（約二九〇〇メートル）に位置するゴシックの町は、かつては銀鉱山で栄えた。一九世紀後半に銀の価値が暴落し、一度はゴーストタウンになったが、一九二八年に、なんと、調査基地として生まれ変わった。現在、ロッキーマウンテン生物学研究所は、頭文字のRMBL（ランブル）の呼び名で親しまれ、世界中の科学者を魅了している。毎年夏になると何百人もの科学者が移住してきて、まるで西洋の町にいるかのような暮らし方と働き方で、現地の土壌や水流、マダニやマーモットを研究する。二〇一六年、現地に到着したメアリー・キャズウェル（キャシー）・ストダードの頭の中は、ハチドリでいっぱいだった。

「私は鳥を観察して育ちましたが、人間には見えない色も鳥は知覚できるということを、大学に通うまで知りませんでした」とストダードは私に語った。「それを知って、衝撃を受けたんです」。ほとんどの鳥は、赤、緑、青、そして紫もしくは紫外（ＵＶ）を主に感受するオプシンを備えた四種類の錐体細胞をもつ、四色型色覚だ。理論的には、私たち人間には知覚できない多数の色を識別できるはずである。実際に識別できることを確認するために、ストダードの研究チームはＲＭＢＬに棲み着いているフトオハチドリ――緑がかった虹色の羽をもつ美しい種で、雄の胸元の羽毛は鮮やかな赤紫色（マゼンタ）をしている――で検証した。

ストダードは、色彩豊かな花々の蜜を餌とするハチドリの生まれもった本能を利用した。四色型色覚であれば知覚できるはずの色で発光する特注ライトの近くに設置した給餌器で、ハチドリを引き寄せたのだ(47)。蜜を入れた給餌器は緑とＵＶの混合ライトで照らし、水を入れた給餌器は緑の単色ライトで照らした。ストダードには混合ライトと単色ライトの違いがわからなかったが、ハチドリは最小限の経験だけで区別できるようになった。一日のうちに、ハチドリは蜜の入った給餌器に群がるようになったのだ。「私たちにはまったく同じに見える二種類のライトの違いをハチドリは学習したんです」と彼女は言う。「予測どおりの結果でしたが、自分の目で確認できて、とても刺激的でした」[*1]。

このような実験がなされたにもかかわらず、鳥たちに何が見えているのかについては、過小評価されがちだ。ただ単に人間の色の世界にＵＶが加わるだけではないし、ミツバチの色の世界に赤色が加わるだけでもない。四色型色覚は、可視スペクトルの両端をただ広げるのではなく、まったく新しい次元の色を解き放つ。思い出してほしい。二色型色覚では、三色型色覚で見える色の約一パーセントしか認識できない――つまり数万色から数百万色へと色の世界は拡張される。三色型と四色型のあいだにも同様の格差があるとすれば、私たちに見えているのは、鳥が識別できる数億色のうちのわずか一パーセントにすぎないことになる。三色型の人間の色覚を図示するなら、赤、緑、青の錐体を表す三点を結んだ三角形になるだろう(48)。私たちに見えている色はすべて、この三色を混ぜ合わせた色であり、この三角形の空間内にプロットできる。それに比べると、鳥の色覚は四つの錐体を表す四点を結んだ四面体になる。私たち人間の色覚空間は四面体の一面にすぎず、四面体の内側に広がる空間は、ほとんどの人間にはアクセスできない色を表している。

人間の赤錐体と青錐体が同時に刺激されると、私たちには「パープル（赤紫色）」が見える。パープルは、虹の色には含まれず〔訳注：虹色に含まれる紫色は「バイオレット」〕、単一の波長の光では表せない。このような複数の色のカクテルは「非スペクトル色」と呼ばれている。四種類の錐体をもつハチドリには、UV＋赤、UV＋緑、UV＋黄（＝UV＋赤＋緑）、そして、おそらくUV＋パープル（＝UV＋赤＋青）も含めた遥かに多くの非スペクトル色が見えている。私の妻の提案で、これらの色を「ラープル（rurple ＝ red ＋ purple）」「グラープル（grurple ＝ green ＋ purple）」「ヤープル（yurple ＝ yellow ＋ purple）」「ウルトラパープル（ultrapurple ＝ purple ＋ purple）」と呼ぶことにしたのだが、この提案をストダードは喜んで受け入れてくれた。*2 植物や羽の色の約三分の一は、このような非スペクトル色とそこから派生する多様な色合いで構成されていることを、ストダードは明らかにしている(49)。鳥にとって、牧草地や森林はグラープルとヤープルが揺らめく場所なのだ。フトオハチドリにとっては、雄の胸元を飾る鮮やかな赤紫色（マゼンタ）の羽毛は、実際にはウルトラパープルに見えている。

四色型色覚の場合は、白の概念もまったく異なる。私たち人間は、すべての錐体が同等に刺激されたときに「白」を知覚する。しかし、鳥がもつ四種類の錐体を同時に励起させるために必要となる波長の組み合わせは、人間の三種類の錐体の場合とは異なる。UVを吸収する染料で処理された紙は、鳥には白色に見えない。多くの人が「白い」と思っている鳥の羽毛も、UVを反射するので、鳥にとっても「白く」見えるとは限らない(50)。

鳥にとって「ラープル」「グラープル」や他の非スペクトル色がどんな色なのかを知るのは難しいことだと、ストダードは言う。バイオリン奏者でもある彼女は、二つの音階を同時に弾くと、別々の音符として聞こえる場合と、融合してまったく新しい音符に聞こえる場合があることを知っている。そこからの類推で考えると、さて、ハチドリはラープルを赤とUVの混合色として知覚しているのだろうか、それとも、まったく新しい独自の色として知覚しているのだろうか？　ハチドリは、どの花を訪れるか選択する際に「パープルを赤の一種として分類しているのでしょうか、それとも、まったく異なる色相として見ているのでしょうか？」と彼女は問う。ハチドリはラープルと純粋な赤を区別することができる。しかし、「それがハチドリの眼にどのように見えているのかを明示することは、私たちにはできません」。

＊1　ストダードがどちらのライトも同じ色を発光するように設定すると、ハチドリは蜜の入った給餌器に確実にたどり着くことができなくなった。このことは、彼らが単に望ましい給餌器の位置を学習しているのでも、匂いなどの他の感覚に頼っているわけでもないことを示している。

＊2　実のところ、私はまだ、UV＋パープルを「ウルトラパープル（ultrapurple）」と呼ぶべきか「パーパープル（purpurple）」と呼ぶべきか決めかねている。

四色型の色覚をもつ動物は、鳥類だけではない。爬虫類や昆虫、そして金魚などの淡水魚も、四種類の錐体をもつ(51)。科学者たちは、現代の動物の四色型色覚を観察し、そこから逆算することによって、最初の脊椎動物もまた、四色型色覚であった可能性が高いと推測している(52)。哺乳類は、おそらく最初は夜行性であったことから、祖先から受け継いだ錐体のうちの二つを失い、二色型色覚で恐竜の足元を忙しなく走り回っていた。一方の恐竜は、ほぼ間違いなく四色型色覚であり、「あらゆる種類の非スペクトル色が見えていたことでしょう」とストダードは言う。ずいぶん長らく、イラスト画家や映画製作者が恐竜を地味な茶色、灰色、緑色の色合いで描いてきたのは、なんとも皮肉なことである。恐竜たちが鮮やかな色彩で描かれはじめたのは、つい最近のことだ。恐竜が鳥類の祖先であることが明らかになり、その新事実に刺激を受けて着想を得たのだろう。だが、そのような生き生きとした色合いであっても、三色型色覚の眼では、恐竜が身を飾っていたであろう色や恐竜には見えていたであろう色のごく一部しか捉えられない。

ほとんどの人にとっては、鳥(や恐竜)の色覚よりも犬の色覚のほうが遥かに想像しやすい。三色型色覚の持ち主であれば、特定の色を除去するアプリを使って二色型色覚をシミュレーションすることができる。あるいは、赤、緑、青の色覚系に青、緑、UVの色覚系を当てはめることができれば、(ミツバチのような)異なる三色型色覚をシミュレーションすることも可能かもしれない。しかし、四色型の色覚を三色型の眼に合わせて表現する方法はない。「私はよく、非スペクトル色が人間にも見えるようになるゴーグルを開発することは可能かと尋ねられますが——私だって欲しいですよ」とストダードは言う。鳥の羽毛の色の中にラープルやグラープルが含まれるかどうかを計測できる分光光度計を使うことなら、あなたにもできるが、だからといって、その色を再現することは私たちの限られた色の範囲ではできない。四次元のものを三次元で再現することは不可能なのだ。こんなにもどかしいことがあるだろうか――ほとんどの人間には、多くの動物が実際に見ているであろうお互いの姿も、彼らの色覚がどれほど多様性に溢れているかも、想像すらできないのだ。

「赤い郵便配達のチョウ」という異名をもつチョウは、ずいぶん奇妙な飛び方をする。高速で羽ばたいても驚くほどちっとも前進せず、無駄に頑張っているように見える。そのような緩慢な動きは、このチョウの身の守り方に合っている。全身に毒をもち、赤色と黒色と黄色を身に纏《まと》っているので、捕食動物から慌てて逃げる必要がないのだ。しかし、人間の眼で見ると、このチョウには何の不快感も覚えない。カリフォルニア州アーバインにある温室で、私は二十数匹のこのチョウが顔のすぐそばで羽ばたき、赤色やオレンジ色のランタナの花々のあいだを飛び回るのを観察していた。このチョウの鮮やかな色とゆったりとした動きに囲まれていると、世界はより豊かで穏やかに感じられる。このチョウの学名はヘリコニアス・エラト（*Heliconius erato*）というが、前半の属名も後半の種名もこのチョウにふさわしく感じられる。ギリシア神話では、ヘリコン山は文芸を司る女神たちが住む神聖な場所であり、詩的霊感の源泉とされている。エラトは愛の詩を司る女神だ。

一匹のヘリコニアス・エラトが、ランタナの新芽に止まり、腹部を丸め、微小な金色の卵を一つ産みつけた。さらに五匹ほどのエラトがすぐそばの葉に愛想よく一緒に止まり、羽をゆっくりと開いたり閉じたりしている。別の一匹は、温室の環境制御システムの表示盤の上に止まった。表示盤には、温度九七°F（三六℃）、湿度五九パーセントと表示されている。ジーンズを穿《は》いてきたのは間違いだったと私は気づく。私の隣にいるアドリアナ・ブリスコーは、もっとこの場にふさわしい服装で、辺りを見回し、喜びに溢れた満面の笑みを浮かべている。この温室は彼女のもので、職場でもあるが保養所でもあり、穏やかな幸せを感じるために彼女はここを訪れる。「私はここで過ごすのが大好きなんです」と彼女は思いを込めて言う。「ここに来ればあなたも、なぜ多くの科学者がこのチョウの研究に生涯を奉げてきたのかわかるでしょう」。

エラトは通常、中米と南米の至る所で、近縁種のヘリコニアス・メルポメネ (*Heliconius melpomene*) ——悲劇を司る女神にちなんだ種名——と一緒に生息している。エラトもメルポメネも有毒で、互いによく似た姿をしているため、どちらか一方を避けることを覚えた捕食動物は、もう一方も避けるようになる。どこの生息地でも、この二種のチョウはほぼ同じ見た目をしている(53)。だが、その見た目は生息地ごとにかなり異なる。ペルーのタラポトでは、エラトもメルポメネも前翅《まえばね》に赤い帯模様、後翅《うしろばね》に黄色い帯模様が入っている。一方、そこからわずか八〇マイル(約一三〇キロメートル)しか離れていないユリマグアスでは、どちらの種も前翅は赤い地色に黄色い斑点模様、後翅は赤い縞模様をしている。この二つの地域のエラトが実際には同種であるとはなかなか信じられないだろうし、同じ地域のエラトとメルポメネを見分けるにはかなりの労力を要する。ブリスコーの温室にもこの二種がたくさんいた可能性があるが、私には知る由もなかった。では、チョウたち自身はどのように見分けているのだろうか？

ブリスコーは、一九九〇年代後半にこのチョウの研究をはじめたが、当時、誰もその答えを知らないことを奇妙に思った。「こんなにも美しい姿で、しかも人気の高い生き物ですから、彼らの眼を調べるのは当然のことのように思えました」と彼女は言う。

ほとんどのチョウは三色型色覚である。ミツバチと同じく、UV、青、緑を最も感受する三種類のオプシンをもち、赤からUVまでの範囲の色が見える。だが、二〇一〇年にブリスコーは、ヘリコニアス属のチョウが重要な二つの点で近縁種と異なることを発見した(54)。一つ目は、ヘリコニアス属のチョウが四色型色覚である点だ。通常の青と緑のオプシンの他に、ピーク波長が異なる二種類のUVオプシンをもつ。二つ目は、他の近縁のチョウの羽には黄色い色素で模様が入っているが、ヘリコニアス属のチョウにはヤープル色——UVと黄色が混ざった非スペクトル色——の色素が使われている点である。この二つの形質は関連している。二種類のUVオプシンのおかげで、ヘリコニアス属のチョウはUV領域のスペクトルをより詳細なグラデーションとして見分けることができ、UVを基調とした色合いのわずかな違いも区別できるのだ。この領域の色で羽を彩ることによって、彼らはお互いの種の違いや模倣部分をより正確に判別できるようにしている。鳥類でさえ、一種類のUVオプシンでは、ヘリコニアス属のチョウが使っているヤープルの色合いと黄色を区別できていないようだ(55)。

だが実は、エラトの雄も区別できていない。二〇一六年、ブリスコーの学生だったカイル・マカロックが、エラトの雌だけが四色型色覚であることを明らかにした(56)。雄は三色型なのだ。第二のUVオプシンの代わりに緑オプシンをもつが、その緑オプシンが何らかの理由で抑制されている。ちょうどリスザルと同じように、雌エラトには、雄エラトの色覚にはない次元が一つ追加されている。*ブリスコーの

＊この物語にはまだ、私の最初の著書『世界は細菌にあふれ、人は細菌によって生かされる』(柏書房)の読者が喜ぶような意外な展開が待っていた。アドリアナ・ブリスコーは時折、雄のように三種類のオプシンしかない眼をもつ雌のエラトを見つけることがあった。この現象に彼女は困惑していたが、やがて、このような雌がすべて「ボルバキア」という細菌に感染していることに気づいた。ボルバキアは地球上で最も繁栄している細菌の一種であり、昆虫や他の節足動物の大部分に感染する。母から娘へと母系のみで受け継がれ、あらゆる手口で無用な雄を排除する。この細菌に感染した雄は、命を落とすこともあるが、雌へと性転換することもある。また、この細菌に感染した雌は、雄をまったく必要とせずに無性生殖できるようになることがある。エラトの体内で何が起きているのかは謎だが、現在、ブリスコーがその謎の解明に取り組んでいるところだ。

温室で、私たちは二羽のエラトが性交を開始するのを見た。双方の腹部を連結させると、お互いの体が離れる前に、雌が雄をくっつけたまま飛び立った。ほんのつかの間でも、互いの生殖器を介して一体となってひらひらと舞う雌と雄——だがしかし、彼らが互いの環世界を分かち合う日は永遠にこない。

四色型色覚に性差がみられる種はチョウだけではない。人間にも同じような形質がある。英国のニューカッスルのとある場所に、科学文献では「cDa29」として知られる女性が暮らしている。その女性はまったくの私人であり、インタビューには応じず、本名も公開していない。だが、大規模な研究を通じて彼女とかかわってきた心理学者のガブリエル・ジョーダンによれば、cDa29は四色型色覚の検査で好成績を収めた唯一の合格者だ。ストダードが研究していたハチドリと同じように、その女性はきわめてよく似た他の色の中から特定の色合いの緑を「まるで葉の茂った木から赤い実を摘むかのように」選び出すことができるのだとジョーダンは私に語った。「私たちには、緑の中から緑を選んでいるようにしか見えません。他の被験者は、何度も何度も見返してからあてずっぽうで答えます。それを彼女は瞬時に見分けることができるのです」。

人間で四色型色覚をもつのは、たいてい女性である。なぜなら、長波長型オプシンの遺伝子も中波長型オプシンの遺伝子もX染色体上にあるからだ。ほとんどの女性は二つのX染色体をもつので、どちらのオプシンについても、わずかに異なる二つのバージョンの遺伝子を受け継ぐ可能性がある。ということは、異なる波長にピークがある四種類のオプシン——たとえば、短波長型、中波長型、長波長型a、長波長型b——をもつ可能性があるということだ。そのような女性は約八人に一人の割合で存在する……だが、そのほとんどは四色型色覚ではない(58)。四色型の能力をもつためには、他にもたくさんのピースが所定の場所に収まる必要がある。通常、赤錐体と緑錐体が反応するピーク波長はわずか三〇ナノメートルしか離れていない。新たに異なる色の次元を生み出すには、第四の錐体の波長のピークがその範囲のほぼ中央、緑から一二ナノメートル離れた波長に正確に位置する必要がある。（そのような錐体をcDa29はもっている）。そのような正確な仕様を備えたオプシンを作り上げるのは、「一つの原子を遺伝学的に引き裂くようなことをしなければならない」のだとジョーダンは言う。仮に理想的な種類の第四の錐体を作れるとしても、その錐体を網膜の正しい位置――色覚が最も鋭くなる「中心窩」と呼ばれる場所――に組み込まなければならない。そしてこれが最も重要なのだが、これらの錐体からのシグナルを受けて反対色応答を示すために神経が正しく配線される必要がある。

このような形質が組み合わさることはきわめて珍しく、四種類の錐体をもつ女性のうち、本当に四色型色覚である割合はごくわずかだ。ジョーダンによれば、自分は四色型色覚だと言う人の多くは、実際には違う。とくに芸術家は、他の人よりもたくさんの色が見えると言われることが多いが、実際には、色相に対してより深く注意を向けるのが仕事であるからといって、他の次元の色が丸ごと見えるわけではない。「私は四色型色覚ではない人々も多く検査してきました」とジョーダンは言う。「超人的な視覚という発想はとても魅力的です。[*1] しかし、人々が言うほど高頻度では存在していません」。そんな中、最初に四色型色覚であることが確認されたのがcDa29だった。ジョーダンの推定では、英国には他にも約四万八六〇〇人は存在するが、彼女たちを見つけ出すのは簡単ではない。[*2] 二色型の人がくすんだ色

＊1　cDa29も他の本物の四色型色覚の人も、鳥のようにＵＶが見えるわけではなく、通常の三色型色覚の人と同じ波長範囲をカバーしているという点には注意すべきだ。それでも、彼女たちには他の人には見えない次元の色が見え、彼女たちの色空間は三角形ではなく四面体で表される。ただし、人間の四色型色覚の四面体は、鳥の四面体の内側にすっぽり収まる。

の服ばかり着ているわけではないのと同じように、四色型だからといって際立った色の服を着て歩いているわけではないからだ。cDa29も検査を受けるまでは「自分の色覚に何か特別なところがあるなんて考えたこともなかった」のだとジョーダンは言う。「あなたは自分に与えられた網膜と脳のセットで世界を見ています。他の誰かに与えられたセットで世界を見ることなどできないのだから、自分の色覚は他の人よりも優れているという考えが頭をよぎることとすらないでしょう」。

この言葉をジョーダンから初めて聞いたとき、正直なところ、私は少しがっかりした。遺伝子操作によって三色型色覚に生まれ変わったリスザルのサムが自分の色覚の変化に無関心だったとジェイ・ネイツから聞かされたときの気持ちにも似ている。色は私たち人間にとって重要である。テレビもプリンターも本も、カラーのほうが白黒よりも価値が高いとされている。色の次元が一つ上がれば、さぞかし壮観な光景が見えるものと期待するのは自然なことだ。しかし、そんな壮観な光景をごく当たり前の光景としか思わずに暮らしている人がいる——その事実を知ったことで、色の魔法が失われたように感じたのだ。だが、そもそも私たちは全員——一色型も二色型も三色型も四色型も——色が見えることを当たり前だと思っている。私たちはみな、自分独自の環世界からは抜け出せない。でも、思い出してほしい。「はじめに」で書いたとおり、この本は動物の感覚の優劣ではなく多様性について書いた本だ。どれだけ多くの色が見えるかを比べるのではなく、こんなにも多種多様な虹の見え方があるということに思いを馳せることこそが、色に対する本物の賛美になる。

四色型色覚もつ人やエラトのことを思うと、かつて、すべての動物に人間と同じスペクトルの色が見えているものと考えられていたことが、無性にバカらしく思えてくる。人間同士でも、同じ色が見えているとは限らない。[*3] 私たちは、多様な色覚をもちながらも、突き詰めればみな部分的もしくは完全な色盲なのだ。なかには、四色型色覚の人もいるし、動物界を広く見渡せば、さらに上の多色型も見つかるだろう。六〇〇〇種のハエトリグモ、一万八〇〇〇種のチョウ、三万三〇〇〇種の魚を見渡せば、仲間内でも色覚は大きく異なる。

ゼブラフィッシュの幼魚の場合、一つの眼の中に少なくとも三種類の色覚が存在する(59)。網膜のうち、空を見上げる際に使用される部分では白黒に見える。なぜなら、空中の捕食動物のシルエットを見分けるのに、色は必要ないからだ。まっすぐ前方を見るときに使用される部分は、UVの感知に特化している。美味しいプランクトンを見分けやすくするためだ。遠くの水平線と下方空間を見渡すために使用される部分は、四色型色覚になっている。白黒の色覚から人間よりも多色型の色覚まで、この幼魚の眼にはすべて備わっている。

あなた自身の色覚にインスタグラムのフィルターを加えてみても、他の動物に見えている色の世界を鑑賞することはできない。また、状況や季節が移り変われば色の見え方は変わるし、個体によっても見え方は違っている。その動物がもつオプシンの種類や光受容細胞の数だけを頼りに、その動物の色覚の色彩を再現することもできない。蟻川謙太郎は、多くのチョウが過剰すぎると言えるほど多くの種類の

＊2　二〇一九年、ガブリエル・ジョーダンは、正確に一二ナノメートル離れている正真正銘の四色型色覚をもたらす第四の錐体をもつ女性を迅速に見分けることのできる検査法を考案した。「その検査法を携えて、私たちはいろんな場所に出向き、そこに四色型色覚の人が何人いるかをあっという間に明らかにしていくつもりでした」と彼女は言う。「でも、COVID－19がはじまってしまいました」。

＊3　アマンダ・メリンに聞いた話では、彼女や他の研究者がチンパンジー、ヒヒ、その他の霊長類で観察してきた色覚に比べて、人間の色覚は遥かに多様である。理由は不明だが、私たち人間にとって色の見え方は生存にそれほど密接に結びついていないため、かつては有害だった変異も残存を許されている状況なのではないだろうか。

光受容細胞をもつことを明らかにした(60)。モンシロチョウには八種類の光受容細胞があり、そのうちの一種類は雌のみ、別の一種類は雄のみに存在する。ナミアゲハには六種類あるが、使用されているのは四種類だけで、四色型の色覚をもつ。残りの二種類は、通り過ぎていく特殊な色の飛行物を見分けるなどの特殊タスクに組み込まれているようだ。チョウの中でも最多を誇るチョウ――アオスジアゲハ――には、光受容細胞が一五種類もある。だからといって、一五次元の色が見える一五色型色覚というわけではない。眼の全体に広がっている光受容細胞は三種類だけで、四種類は上半分のみに存在し、八種類は下半分のみに存在する。蟻川は、もっと詳しく調べれば、より細かな区分けが見つかるだろうと期待している。彼の考えによれば、アオスジアゲハはおそらく四色型色覚だ。残りの一一種類の光受容細胞は、視界のごく狭い部分でごく限られた特殊なものを感知するために使用されているものと考えられる。

実のところ、色覚は四色型よりも高次元である必要はない。自然界の物質に反射する色に基づいて考えると、スペクトル上に等間隔で配置される四種類の光受容細胞があれば、見る必要のありそうなものはすべて見ることができる。鳥類の色覚は、この理想にかなり近い。それ以上は無駄であり、効率の悪い贅沢品になる。そんなわけで、五種類以上の光受容細胞をもつ動物が見つかったときは、おそらく何か裏がある。

「そこに指を入れると、攻撃してきますよ」オーストラリアのブリスベンで、エイミー・ストリーツは小さな水槽を身振りで示しながら私に言った。「試してみたければ……」

試してみたいところだが、水槽の中にいる動物はなかなかの評判の持ち主なので、私は体をこわばらせた。

「どれくらい激しいですか」と尋ねると、

「あなたを驚かせるには十分なくらいですね」とストリーツは答え、「さあ、どうぞ」と言う。

私は小指を水の中に入れた。その途端、全長二インチ（約五センチメートル）ほどの緑色の生き物が矢のように突撃してきた。弾けるような大きな音がして、耐えられる程度の鋭い痛みが私の指に走った。トンガリフトユビシャコのパンチを受け、私は妙に誇らしい気持ちになった。

シャコは、口脚目（またはシャコ目）に属する海の甲殻類である。カニやエビの仲間ではあるが、約四億年前に分岐して独自の進化を遂げてきた。背中側から見ると、小さなロブスターのように見えるが、お腹側から見ると、カマキリの前脚のような鎌状の二本の脚が折り畳まれて体の下に隠れている（シャコの英名 Mantis shrimp の Mantis は「カマキリ」という意味だ）。槍のように突く刺撃型の種であれば、この腕で何度も残忍に突き刺すし、粉砕する打撃型の種であれば、この腕をハンマーのように振るって殴りつける。どちらのタイプも、この武器を驚くべきスピードで繰り出し、まったく容赦がない。彼らはこのパンチ攻撃で獲物を降伏させる。巣穴のそばまで侵入してきたものは何でも攻撃する。仲間同士が初遭遇したときには互いに攻撃し合う。シャコは、人間が意見を投げ合うのと同じように、パンチを繰り出し合う——頻繁に、攻撃的に、挑発することなく。

シャコのパンチは、世界最速かつ最強だ。打撃型の大きな棍棒《こんぼう》は、大口径の銃弾のように加速され、水中で時速五〇マイル（約八〇キロメートル）を叩き出す(61)。そのパンチ力は、カニの殻を貫き、水槽を突き破り、肉も骨も突き通す。彼らが「サム・スプリッター（親指を切り裂く者）」「フィンガー・ポッパー（指を弾く者）」「ナックル・バスター（指関節を壊す者）」などの異名で呼ばれてきたのも、大いにうなずける。シャコの一撃を受けるにあたって、私が体をこわばらせた理由も、ご理解いただけたことだろう。小さすぎて私の指に何のダメージも与えられないほどの個体でも、その動きは、繰り出した棍棒の正面にあった水を気化させるほど高速だった。気化した水が小さな泡を生み、その泡が壊れるときに破裂音が生じた——私が聞いた弾けるような音の正体だ。「攻撃の音は種ごとに少しずつ異なるので、それがまた楽しいんですよ」とストリーツは私に語った。

彼女は私を別の水槽に案内してくれた。そこにはモンハナシャコがいた。派手な色の打撃型の種で、殻には赤、青、緑の縞模様が入っている。口脚目の五〇〇種の中で最も有名なシャコだ。最強クラスのシャコでもある。「この子たちのパンチは試さないでください」とストリーツが強い口調で言う。私は彼女の助言に従った。そして、モンハナシャコの忍耐力を試す代わりに、眼を見つめた。そこには二つの眼があり、青いホイルに包まれたピンク色のマフィンのような外見で、頭の上部から突き出た可動性の柄の先端にある。左眼は私を見つめている。右眼はストリーツを見ている。おそらく、地球上で最も奇妙な眼だ。他のどの動物とも違う方法で色を見ている。私たち人間がこれまでに遭遇してきたすべての動物の中でも、モンハナシャコの環世界は最も想像し難い。ストリーツが働いている研究室の運営者であるジャスティン・マーシャルは、この研究に携わって三〇年以上になるが、どうにかして想像できないものかと、今も苦戦している。

マーシャルの母親は、博物画を描くイラストレーターだった。父親は海洋生物学者で、ロンドンの自然史博物館でキュレーターをしていた。子ども時代には両親と海辺に行き、ボートに乗り、彼の心は色と海洋生物への愛でいっぱいになった。一九八六年、彼の博士課程のアドバイザーだったマイク・ランド（ランドの研究については前章で紹介した）から研究対象の選択肢としてクモ、チョウ、シャコを提示されたとき、彼の心はすぐに決まった。「私は瞬時にシャコを選びました」とマーシャルは私に語った。

「なぜなら、彼らは熱帯地方に生息していたからです」。

彼はまず、モンハナシャコの眼を詳しく調べるところから研究をはじめた。他の甲殻類と同じく、モンハナシャコの眼も個々に分離している多くの集光器からなる複眼だ。ただし、個々の眼が三つの区画に分かれている点が独特である。二つの半球の区画のあいだに、ちょうど地球の赤道付近を一周ぐるりと包み込む熱帯地域のように、特徴的な帯状の区画がある。マーシャルは、この中央帯を顕微鏡で調べているときに、思いも寄らない美しいものを発見した——赤、黄、オレンジ、赤紫（パープル）、ピンク、青の斑点がまるで万華鏡のように並んでいたのだ[62]。当時、甲殻類は色を知覚できないと考えられていた。だが、モンハナシャコが色盲でないのは明らかだ。「そのスライドを見せたときにマイクがなんて言ったか、私は今でもしっかり覚えています。『やばい！　やばいやばいやばい！　やばい！』って連呼してましたよ」とマーシャルは言う。「それで僕は、これはすごい発見に違いないって思ったんです」

モンハナシャコはこの多彩な斑点を用いて、たった一種類の光受容細胞に届く光にフィルターをかけているのだろうとマーシャルは推測した。そうすれば、通常であれば色盲になるはずの眼でも、色を見ることができるからだ。マーシャルはこのアイデアを検証するために英国から米国に渡り、優れた実験設備と口脚目への興味をあわせもつトム・クローニンと共同で研究した。二人は数週にわたって熱心にモンハナシャコの眼を調べ、見つけた光受容細胞を片っ端から分析した結果、一種類ではなく、少なくとも一一種類あることを明らかにした[63]。「すぐにはピンときませんでした」とクローニンは私に語った。「眼の新たな領域を調べるたびに、新しい種類の光受容細胞が見つかったんです。ジャスティンとともに研究し、これを発見した時期は、私の研究人生の中で最も奇跡がかっていました」。モンハナシャコは「これまでに詳細を明らかにされてきたどんな色覚系よりも性能的に優れた系をもっている可能性がある」と、二人は一九八九年の論文に書いている。マーシャルの言葉を借りれば、「いくら連呼してもし足りないくらい『やばい』発見」だった。

モンハナシャコの眼の中央帯には、集光器が六列で並んでいる(64)。下の二列についてはいったん忘れよう。色覚に使用されているのは、上の四列のみだ。各列には三種類の特有の光受容細胞があり、層状に配置されている。第一列には紫色（バイオレット）と青色、第二列には黄色と橙色（オレンジ）、第三列には橙赤色と赤色、第四列には青緑色（シアン）と緑色の受容細胞があり、各列の最上層には、その列に特有のUV光受容細胞が他の色の上に乗っかっている。[*1] つまり、UVに特化した四種類を含めて一二種類になる。[*2] シャコ類は、私たち人間よりも多くの種類の光受容細胞をもち、UV領域までカバーしている(65)。そんなに多くの種類の光受容細胞を使うことで、何ができるようになるというのか？　一二色型の色覚で一二次元の色が見えるのか？　それとも、中央帯の列ごとに四とおりの三色型色覚を働かせているのか？　いずれにしても、彼らが色に精通しているのは確実で、ほとんど見分けのつかない色合いのごくわずかな違いさえも識別できるに違いない。サンゴ礁は、私たち人間の眼で見ても十分に美しいのだから、シャコの眼には、いったいどれほど美しく見えているのだろうか？　そんな推論や臆測が際限なく繰り広げられ、想像はどこまでも膨らんだ。マシュー・インマンが運営するコミックウェブサイト「ザ・オートミール」でも、「私たちに虹が見えているとき、シャコには光と美の核融合爆弾が見えている」と表現されていた(66)。

しかし、実際はそうではない。二〇一四年、マーシャルの研究室の学生だったハンネ・トーエンが、どんどん膨らんでいくモンハナシャコの評判をひっくり返す決定的な実験を行った(67)。彼女はまず、ご褒美の餌と引き換えに、二色の光のうちの一方を攻撃するようにモンハナシャコに教え込んだ。そのうえで、その二つの光の色をシャコが区別できなくなるまで、色合いを近づけていった。人間は色の波長差が一～四ナノメートルあれば色を区別できる。だが、モンハナシャコは一二～二五ナノメートルの波長差がある色を区別できなかった。これはおおよそ、純粋な黄色と橙色（オレンジ）ほどの違いである。人間、ミツバチ、チョウ、金魚のほうがよほど優秀である。

現在、マーシャルが考えているモンハナシャコの色の見方は、実に独特である。無数にある色合いの微妙な差を見分けているのではなく、むしろその逆で、スペクトルに含まれる豊富な色彩のすべてを、まるで子どもの塗り絵のように、わずか一二色に落とし込んでいるものと考えている。あらゆる種類の赤色は、第三列の最下層にある光受容細胞を刺激する。紫色（バイオレット）の色調はすべて、第一列の最上層にある光受容細胞を刺激する。一二種類の光受容細胞からの出力を反対色応答によって比較するのではなく、網膜はただ、送られてきた生シグナルをそのまま脳に送る。すると脳は、入ってきたシグナルパターンを特定の色として認識する。可視スペクトルがバーコード、中央帯がスーパーマーケットのスキャナーのような働きをするわけだ。たとえば、一、六、七、一一の光受容細胞が刺激され、脳がそのシグナルを獲物として認識すると、モンハナシャコは攻撃する。三、四、八、九の光受容細胞が

＊1 ジャスティン・マーシャルが最初に気づいた多彩な斑点は、第二列と第三列に見つかっている。彼の推測どおり、フィルターとして機能しているが、その役割はフィルターの下にある光受容細胞の感度を高めることにある。

＊2 モンハナシャコは一六種類の光受容細胞をもつとどこかで読んだことのある読者がいるかもしれない。中央帯の上四列に含まれる一二種類のほかに、下二列に二種類、半球部分に二種類の光受容細胞が存在する。だが、一般に知られている限りでは、この四種類は視覚には関与していない。また、すべてのシャコ類が一二種類の光受容細胞をもつわけでもない。大半のシャコ類は色鮮やかな浅瀬に生息しているが、なかには深海に棲み、一、二種類の光受容細胞を残してすべて失ってしまった種もある。

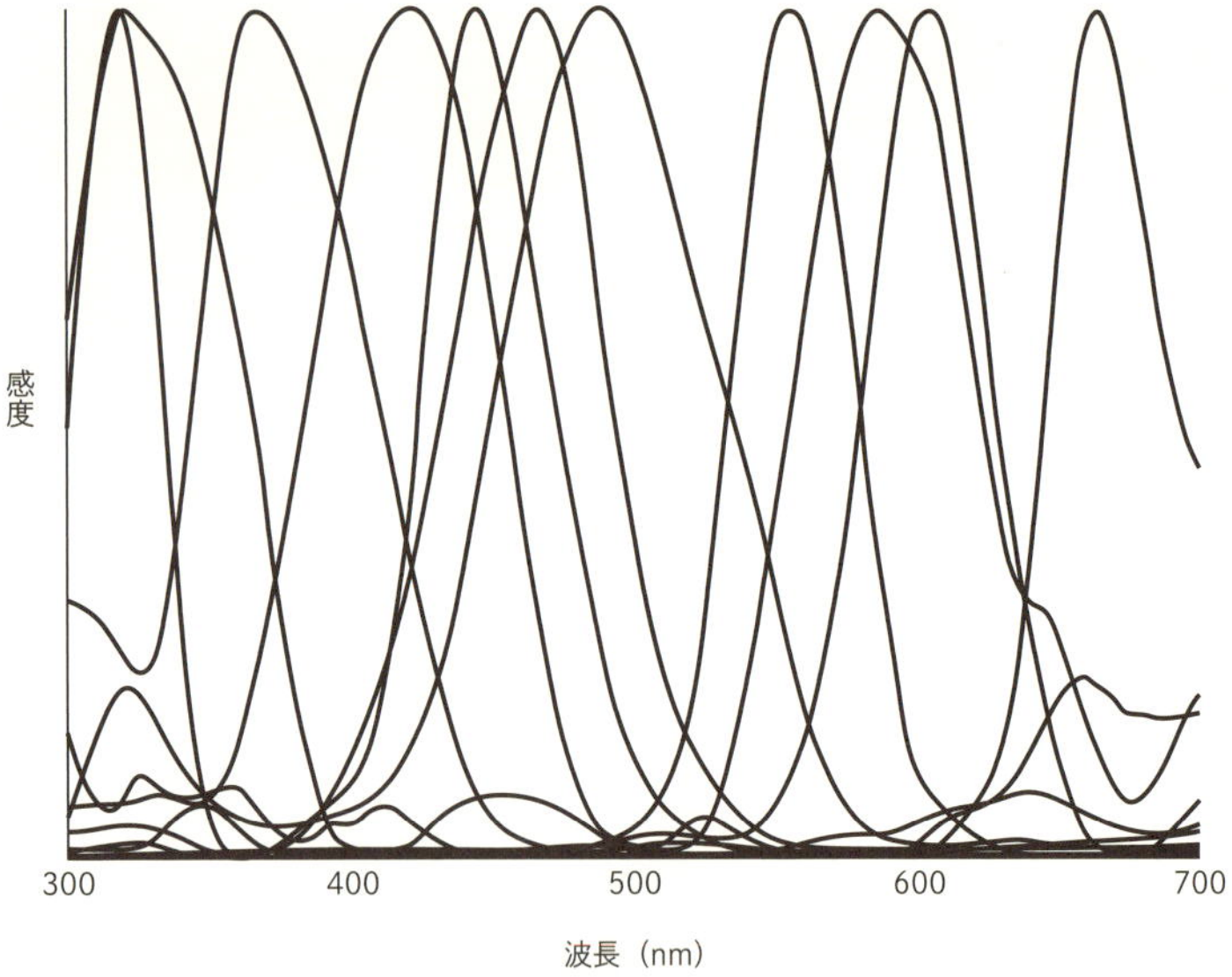

各曲線は、シャコの眼にある 12 種類の光受容細胞のうちの 1 つを表す。各曲線のピークは、その種類の光受容細胞が最も高い感度を示す光の波長を示す。

刺激された場合は同種の仲間の可能性があり、それがシャコだとわかると、「かなり慎重な求愛行動があとに続く」のだとマーシャルは言う。モンハナシャコには、そもそも色という概念がまったくない可能性すらある。

　これらはすべて、信頼のおける根拠はあるものの、推測の域を出ない。私が話を聞いたシャコの研究者で、シャコに何が見えているのかを本当に知っていると主張する者は一人もいなかった。シャコは多様なタスクごとに異なる種類の色覚を使っている可能性がある。トーエンの実験でも示されているとおり、餌を認識するためなら一二色の参照テーブルで十分だろう。だが、異性を互いに認識するときには、よく似た色の違いまで見分けられる標準型に近いシステムが使われる可能性がある。そもそもシャコ類の多くは鮮やかな色をしていて、異性に遭遇したときには互いの模様を誇示し合う。「おそらく、交配相手との出逢いには些細な違いが重要なのですが、実験するとなるとかなり難しくなります」とクローニンは言う。

動物の行動を研究するのは、いつだって難しい。だが、シャコ類の行動を研究するのは、自虐にも近い行為だ。マーシャルの研究室ではストリーツが、新たな実験の一環として、モンハナシャコに特定の色の結束バンドを攻撃させようと訓練してきた。しかし、彼女がその成果を私に実演してみせようとしても、モンハナシャコは間違った色の結束バンドばかりを攻撃した。そうこうするうちに、一匹のモンハナシャコが水槽の壁を強打した。別の一匹は何もないところに空中パンチ（水中パンチ？）を放った。モンハナシャコの訓練は難しいかと私が尋ねると、「もうお手上げです」と言って彼女はわずかに首を振った。モンハナシャコはそれほど頻繁に食べる必要がないので、餌づけでは思いどおりに動かせない。すぐに興味を失うようなので、実験は一日に一回しかできない。「神に誓って言いますが、シャコたちは何をすべきか知っていながら、わざと私に意地悪をしているんです」。

「シャコの相手をするのは好きですか、嫌いですか？」と私は尋ねた。

「どちらとも言えません」と彼女は肩を落として言った。「最初のうちは、とにかく嬉しかったんです。甲殻類好きであれば誰もが聞いたことのある存在ですから、シャコの研究ができるなんて、最高でした！　でも、実際に研究を開始して、そこにただ座っていると、自分はなぜこんなことをしているのだろうかと考えてしまいます」。

ストリーツと同じく、私たちもまだもうしばらくシャコ類と付き合うことにしよう。なぜなら、シャコ類の眼には、まだ紹介しきれていない魅力があるからだ。彼らの眼はとにかく独特で、非常に洗練されていて、理解し難いのだが、だからこそ世界中の多くの科学者が今もシャコ類の研究をしている。ニコラス・ロバーツとマーティン・ハウも、英国のブリストルでシャコ類の研究に従事している。私は彼らの研究室の一室に案内された。するとそこにも、モンハナシャコがいた——八匹の個体がそれぞれの安全のために別々の水槽に入れられている。どの水槽も人の目線の高さに置かれているため、シャコたちがいかに詮索好きかが容易に見て取れた。私たちが近づいていくと、何匹かはこちらに気づき、私たちを注視しはじめた。私が指を水槽の壁に押し当てると、ナイジェルと名づけられた雄のシャコが泳いで近づいてきた。私が指を移動させると、彼は追ってきた。私は指で彼を引きずり回しているような感覚だった。

ナイジェルの眼はありとあらゆる方向に絶えず動いている(68)。上下にも左右にも動くし、時計回りにも反時計回りにも動く*。両眼が一緒に動くことや同じ方向に動くことはまれだ。ロバーツはときどき実験でモンハナシャコにスクリーンを見せながら、その様子を上方から動画撮影することがある。「かなりの頻度で、モンハナシャコは片眼でスクリーンを見ながら、もう片方の眼でカメラを見上げています」と彼は私に教えてくれた。前章で触れたとおり、私たちは活発に動く眼を見ると、知能が活発に働いている証拠だと解釈する。だが、シャコの脳は実のところ小さくて貧弱だ。彼らの眼の多動性は、知性の表れではない。しかし、彼らが何をどのように見ているのかを理解するための重要な鍵になる。

私たちの網膜には錐体が豊富に存在する窩《か》〔訳注：小さな窪み〕があり、そこが最も視力が鋭く、色も鮮やかに見える。だから私たちは、視線を素早く動かすことによって、網膜のその区画を外の世界のさまざまな部分に向けている。視界の端のほうに何か興味を惹かれるものを見つけると、私たちは視線をそちらに向けて凝視し、詳細な色の解析を行う。シャコ類も似たようなことをしている(69)。中央帯で色は見えているが、その視界は細長い帯状の空間に限られる。中央帯の両側にある半球部はおそらく白黒でしか見えていないが、その視界は全方位に広がっている。シャコは眼をぐるぐる動かしながら、その半球部で何か動くものや興味を惹かれる対象を探している。そして何か見つけると、両眼を素早く動かし、対象物のあるエリアを中央帯でスキャンする。ちょうど、スーパーマーケットで二つのスキャナーを素早く上下に動かしながら走らせて陳列棚のバーコードを読み取っていくかのように[70]。ということは、シャコの色覚は一色型からはじまり、徐々に色づいていったのだろうか？「私はそうは思いません」とマーシャルは私に言った。「シャコの脳内で確たる二次元的な色の表象が構築されることはない」と彼は考えている。シャコは眼の中央帯でスキャンしながら、光受容細胞を正しい組み合わせで刺激する何かに遭遇するのをただ待っているのだ。

想像してみよう。あなたはシャコだ。そして、広く知られているとおり、パンチ攻撃すべき何かを求めている。あなたは左右ばらばらの動きで絶えず眼を動かし、右眼でサンゴ礁の一部をじっくり見つめ、左眼では別の場所をざっと眺めている。あなたの視界がモノクロなのは、色ではなく動きを追っているからだ。右眼で何か動くものを見つけると、両眼を素早くそちらに向け、今度は左右の眼を一緒に使って、謎の物体を中央帯で撫《な》でるようにスキャンする。すると突然、三、六、一〇、一一の光受容細胞が発火し、あなたの脳は魚を認識した。その瞬間、あなたは前脚を鞭のように素早く伸ばし、標的に命中

＊私たち人間は二つの眼から入る像を比較することによって奥行きを知覚できるが、シャコは一つの眼の三区画を使って同じことをしている。それぞれの眼で三眼視ができ、左右で別々に距離を測定できる。戦闘中に片眼を失うことの多い好戦的な動物にとっては便利なスキルだ。

させるのだ。

このような視覚の様式は非常に効率がよく、それはつまり、シャコの小さな脳をあまり働かせなくてすむということになる。[*1] だが、これには落とし穴がある。よく動く眼で動くものを感知するのは、とても難しいのだ。実は私たちも、道を歩いているときや車窓から外を眺めているときには、視線を前方の特定の一点に定めては、次の点、次の点へと素早く移動させている。眼球のそのような素早い動きは「衝動性運動」と呼ばれていて、私たちの体の動きの中でも最速の部類に入るのだが、最速でよかった。なぜなら、衝動性運動が起きているあいだ、私たちの視覚システムは停止しているからだ。私たちの脳はミリ秒間隔の細切れ情報から連続性のある視覚を生み出しているが、それは錯覚だ。これと同じことが、中央帯でゆっくりとスキャンしているときのシャコでも起きている。「眼を素早く動かすとき、シャコは運動視〔訳注：動いている物体の運動方向や速さを知覚する視覚機能〕を停止しなければなりません」とハウは私に語った。「彼らの眼が動いているとき、世界はぼやけているので、おそらく、捕食動物が近づいてくるのも見えにくくなっているはずです」。だが、眼でスキャンしていないときは、シャコの視界の大部分は黒白である。前章で登場したハエトリグモは、異なる視覚的タスク——動きの感知と詳細な色の識別——ごとに眼が分かれていた。それと同じことを、シャコ類は一つの眼を区画に分けることによって実現している。彼らは、動きを見るためには、色を諦めなければならない。色を見るためには、動きを諦めなければならない。「タイムシェアリング方式ですよ」とクローニンは言う。「あなたの眼の仕組みとは異なりますが、彼らはこの方法を発見し、自分たちのためにうまく機能させてきたのです」

ここまで読み進めてきた親愛なる読者の皆さんは、もうすでに、シャコの眼に詰め込まれている光受容細胞と中央帯と半球部とその他の理不尽なほど複雑な仕組みの話に圧倒されていることだろう。あるいは、もしかしたら、ここまで読んできたおかげで、モンハナシャコの環世界をあともう少しで想像できそうな明るい感触を得ているかもしれない。いずれにしても、そんなあなたに悪い知らせがある——シャコの眼の話はまだ終わらないのだ。

ご存じのとおり、光とは、波である。進みながら振動する。その振動は通常、進行方向に対して垂直方向であればどの方向にも生じうる。だが、振動方向がたった一つの平面内に限られる場合もある——ちょうど、壁に取り付けられたロープの端をもって上下、もしくは左右に振ったときのように。そのように一つの平面内でのみ振動する光は「偏光」と呼ばれていて、自然界でもよく見られる。光が水や空気によって光が散乱されたときや、ガラス、光沢のある葉、水の塊などの滑らかな表面に反射されたときに形成される。人間は偏光にほとんど気づいていないが、大半の昆虫、甲殻類、頭足類には、色が見えるのとほとんど同じ仕組みで、偏光が見えている(71)。彼らの眼には、たいてい二種類の光受容細胞——水平方向の偏光に刺激される細胞と垂直方向の偏光に刺激される細胞——がある。この二つを比較することによって、彼らは偏光の度合い——つまり偏光角度——の異なる光を区別できる。「二偏光型」の視覚といってもいいだろう。[*2]

シャコの眼でも、上半球部にこのような偏光受容細胞が配置されている。下半球部にも配置されてい

*1 想像してみよう。あなたは、地元の軽食屋にこっそり入ってハンバーガーを見つけてきてくれるロボットを作ろうと試行錯誤している。そして、ロボットに二つの最新鋭カメラを取り付け、そのカメラで撮影した画像を解析して分類できるような学習アルゴリズムを搭載しようと考えた。だが、「それならハンバーガー探知器を作ったほうがいい」とジャスティン・マーシャルは言う。「いっそのこと、ラインスキャンカメラを作るのが一番手っ取り早いですよ」と。

るが、偏光受容細胞は四五度回転している。中央帯の第五列と第六列には、シャコ特有のものが配置されている。偏光は通常、一定の固定された平面内で振動するが、場合によっては、その振動面が回転し、光の進行が螺旋《らせん》状にねじれることもある。これを「円偏光（回転偏光）」と呼ぶ。マーシャルの研究室のポストドクターだったツィル・ヘイ・チオウは、二〇〇八年、シャコ類が円偏光を見ることのできる唯一の動物であることを見出した(73)。中央帯の最下列には、時計回りか反時計回りのいずれかで螺旋を描く円偏光に合わせて調整された光受容細胞が存在する。そのため、シャコ類には六種類——垂直面、水平面、二つの対角面、時計回りと反時計回り——の偏光受容細胞が備わっている。例外はつねにあるものだが、シャコは「六偏光型」なのだ。*3

私は偏光と色を別々に説明してきたし、教科書でもこの二つは別の章で扱われることが多い。しかし、シャコが偏光と色を別々に扱っていると考える根拠はまったくない。六種類の偏光シグナルを追加の六色として——身の回りの物体を認識するために使用する情報チャネルの単なる増加として——同じように扱っている可能性もある。だが、すでに一二種類もあるのに、なぜ、追加の六種類が必要なのか？なぜ、彼らの視覚はこんなにも並外れて複雑なのか？「サンゴ礁には、もっと遥かに単純で、きわめて効率のよい視覚系をもつ動物が他にいくらでもいます」とトム・クローニンは私に語った。だからこそ、シャコ類については「まだ疑問が残っています。彼らはこの複雑な視覚系を何のために使っているのでしょうか？　その答えを誰も知らないんです」

ちょっと待ってほしい。話を少し戻そう。そもそも、なぜ、シャコには円偏光が見えるのか？直線偏光とは異なり、円偏光はとても珍しい。おそらくそれが、円偏光を見る能力が他の動物で進化しなかった理由だろう。シャコが生きる環境の中で円偏光を確実に発する唯一の存在といえば……シャコたち自身だ。シャコ類の中には、尾節の背側の大きな殻で円偏光を反射し、それを雄の求愛行動に利用している種もあれば(75)、体の複数部位で円偏光を反射し、闘争中のライバルへの威嚇に使っている種もある。おそらく、シャコ類は自分たちだけに見える秘密のコミュニケーション手段として、特殊な性質をもつ光を利用しているのだ。しかし、この説明には、どこか納得のいかない回りくどさがある。円偏光シグナルは、円偏光を見ることができる眼をシャコが進化的に獲得する前は、何の役にも立っていなかったことになる。では、なぜシャコの眼は、何のために使えるかもわからないまま、その能力を進化させてきたのか？　眼とシグナル、どちらが先に進化したのだろうか？

クローニンは、眼の進化が先だと考えている(76)。中央帯の下の二列には、たまたま円偏光のねじれが戻って直線偏光になるように光受容細胞が配置されている。シャコ類が円偏光を感知できるのは、このおかげだ。このような配置になったのは身体構造上の思いがけない幸運だった可能性がある——身近に見るべき円偏光はほとんどなかったにもかかわらず、複眼に予測外のよじれが生じ、円偏光が見えるようになったというわけだ。そうやってシャコ類の祖先は、事実上、新たな感覚を獲得した。それからゆっくりと時間をかけて、円偏光を反射できるように殻の構造を発達させ、自分たちの眼に適したシグナ

＊2　頭足類は他のどの動物よりも偏光に対する感度が高い(72)。シェルビー・テンプルと彼の同僚たちは、モーニング・カトルフィッシュが、偏光角度にわずか一度しか差のない二種類の偏光を見分けられることを明らかにした。モーニング・カトルフィッシュには色は見えないが、代わりに偏光を用いることで、視覚世界に豊かな情報を加えている可能性がある。

＊3　シャコは、対象物と背景の偏光の対比を高めるために、眼を回転させることもでき、そのおかげで、彼らは動的な偏光視覚をもつ動物として最初に知られるようになった(74)。

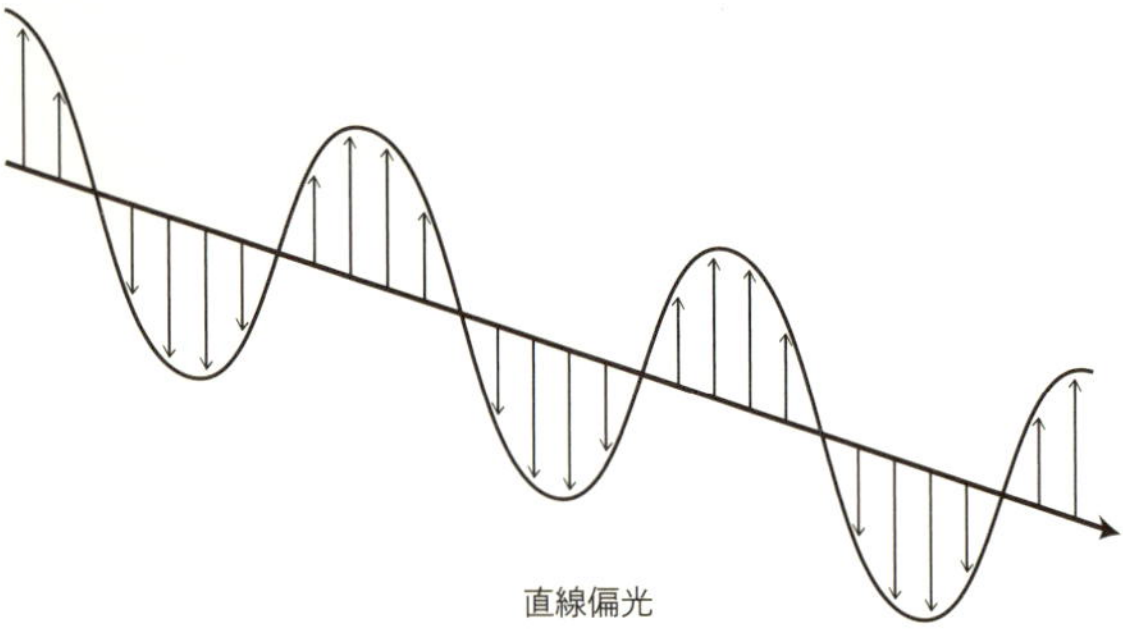

直線偏光

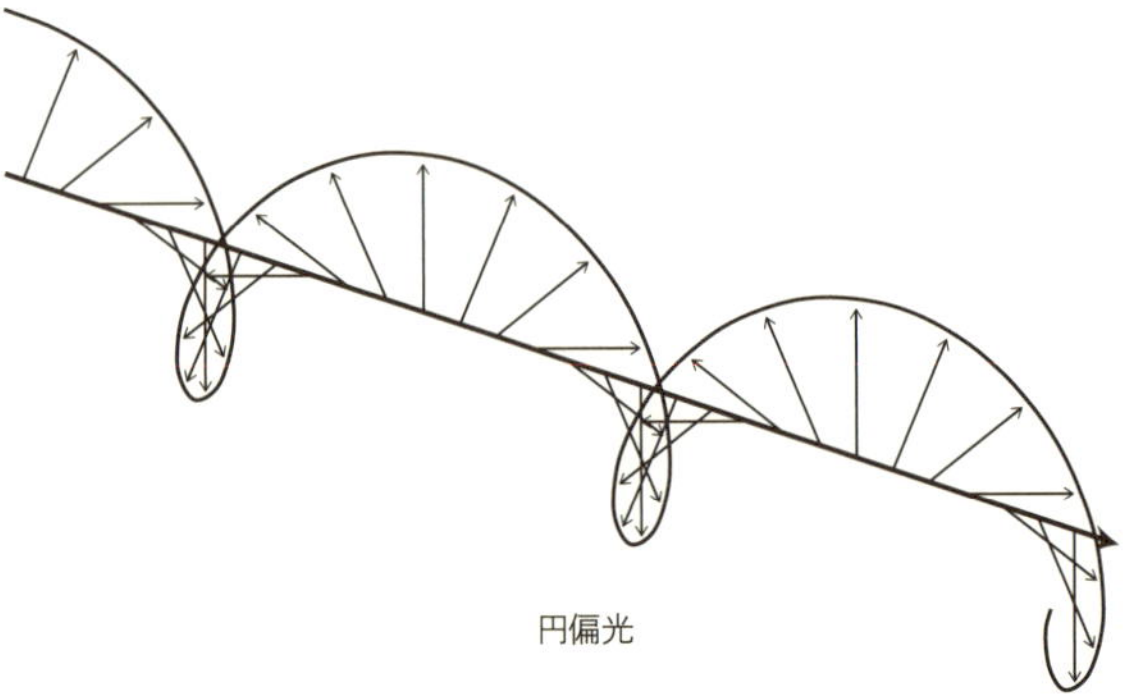

円偏光

ルを進化させることによって、円偏光を利用するようになった。このような現象はいくらでも起きる。シグナルは、いずれ見られるようになる運命にあり、動物の毛皮、鱗《うろこ》、鱗粉《りんぷん》、羽毛、外骨格を飾る色彩は、その動物の眼で知覚できる色によって形作られていくものだ。眼で扱われる色の種類や範囲は、自然が描き出す風景を眺めるうちに定まっていく。

　たとえば霊長類は、三色型色覚へと進化して、若い葉と完熟した果実をうまく見分けられるようになった。そして、彼らの環世界にひとたび赤が加わると、血流量の増加によって素肌が紅潮するようになり、メッセージを伝えられるように進化しはじめた。アカゲザルの赤い顔も、マンドリルの赤いお尻も、ウアカリの滑稽な赤い顔と禿げ頭もすべて、三色型色覚によって可能になった性的シグナルだ(77)。

サンゴ礁に棲む魚のほとんどは、三色型色覚である。ただし、赤色の光は水に強く吸収されるので、魚たちの光に対する感受性はスペクトルの青色側に振り向けられている。ピクサーのディズニー映画『ファインディング・ドリー』の主役であるナンヨウハギのように、サンゴ礁に棲む魚には青色と黄色のものがずいぶん多いが、その理由もこれで説明がつく。彼らの三色型の色覚では、黄色はサンゴに紛れ、青色は水に紛れて見えない。サンゴ礁の魚の色は、水中を遊泳する人間の眼には色鮮やかに際立って見えるが、それは私たちがもつ三種類の錐体細胞が青色と黄色の識別に優れているからだ。しかし、魚たちにしてみれば、仲間に対しても、捕食者に対しても、自分の姿を見事にカモフラージュできているのだ(78)。

捕食者の色覚に影響されて、体の色が多様化したカエルもいる。中米に生息するイチゴヤドクガエルは、同一種でありながら色彩パターンが実に多様で、一五とおりの模様が存在する。ライムグリーン（黄緑色）で脚先だけシアン（青緑色）のものもいれば、オレンジに黒い斑点のあるものもいる。まるで無作為に選ばれたかのようにさまざまな色が使われているが、その裏には綿密な計算がある。イチゴヤドクガエルは毒ガエルで、毒性の強いものほど目立つ色をしている。だが、モーリー・カミングスとマーティン・マアンは、この毒ガエルの色が派手に映るのは鳥の眼に対してだけで、ヘビなどの他の捕食動物の眼には派手に映らないことを発見した(79)。四色型色覚の鳥類の眼こそが、この両生類の皮膚の色を奇抜な配色へと進化させてきたのだ。これはとても理にかなっている。毒ガエルの体の色には警告の意味合いがあり、何世代にもわたって、捕食動物の視覚に適した警告色をもつカエルほど攻撃を免れる割合が高かった。カミングスとマアンが明らかにしたように、あなたも、動物の色を研究すれば、その動物を獲物として狙っている動物が何なのか——イチゴヤドクガエルの場合は鳥類——を解明することができる。自然界の配色を決定づけるのは眼なのだから、動物の配色を見れば、誰の眼を引きたがっているのかがわかる。

同じ論理が花々にも当てはまる。一九九二年、ラーズ・チッカとランドルフ・メンツェルは一八〇種の花の色を解析し、どんな種類の眼に最も識別されやすいかを解明した(80)。その結果は、緑色、青色、UVの三色型色覚の眼——まさに、ミツバチをはじめとする多くの昆虫の眼だ。花粉媒介者の眼は花がよく見えるように進化してきた、と考える人もいるかもしれないが、実際はそうではない。彼らの三色型色覚の様式は、最初の花の登場よりも数億年前にすでに進化を遂げていたので、前者に適するように後者が進化したと考えるのが妥当である(81)。つまり、昆虫の眼を喜ばせることのできる理想的な色へと、花が進化していったのだ。

この深遠なつながりは、感覚がもつ作用そのものについての私の考え方をがらりと変えた。感覚というのは、ただ受け身で感じるだけのもので、眼や他の感覚器は、吸気弁のように外からの刺激を吸収したり受け入れたりするための一方通行の取り込み口だ。しかし、「見る」という単純な作用は、時間をかけて世界の色を塗り直していく。眼は、進化によって導かれる「生きた絵筆」なのだ。花、カエル、魚、羽毛、果実はみな、視覚が「見られている側」に影響することを教えてくれている。自然の中で私たちが美しいと感じるものの大半は、私たちの仲間である動物たちの視覚によって形作られてきたのだ。美は、見る者の眼の中にただ存在するのではない。美は、見る者の眼が原因となって生まれるのだ。

二〇二一年三月、ある晴れた日の午後、私は愛犬のタイポを散歩に連れ出した。その道中、近所の人がホースの水で車を洗っていて、タイポはその傍らで立ち止まり、座り込んで、じっと眺めた。タイポと一緒に立ち止まった私は、ホースの水の中に虹がかかっていることに気づいた。タイポの眼に映る虹は、黄から白を経て青になる。私の眼に映る虹は、赤からはじまり、橙、黄、緑、青を経て、紫で終わる。背後の木の枝に止まっているスズメとムクドリの眼には、赤とUVのあいだにもっと多彩なグラデーションが見えている。

私は本章の冒頭で、「色というのは本来、主観的なもの」だと述べた。網膜にある光受容細胞が多様な波長の光を感知し、そこから送られてくるシグナルを使って脳が色の知覚を構築する。このプロセスの前半を研究するのは簡単だが、後半はとんでもなく難しい。「受容」と「知覚」のあいだにあるこの隔たりは、動物たちが「何を感知できるか」と「何を実際に体験するか」のあいだにある隔たりでもあり、この緊張関係はほとんどの感覚に存在するものだ。私たちには、シャコの眼を解剖して眼を構成する各部分が何をしているのかを解明することはできても、シャコの眼に実際にどのように見えているのかを本当に知ることはできない。ハエの足にある味覚受容細胞の詳しい形状を解明することはできても、リンゴの上に着地したときの実際の体験を理解することはできない。ある動物が何を感知したときにどんな反応を示すのかを図示することはできても、それをどう感じているのかを知るのは並大抵の難しさではない。痛みについて考えるときには、この違いを区別することがとくに難しく――そして重要に――なる。

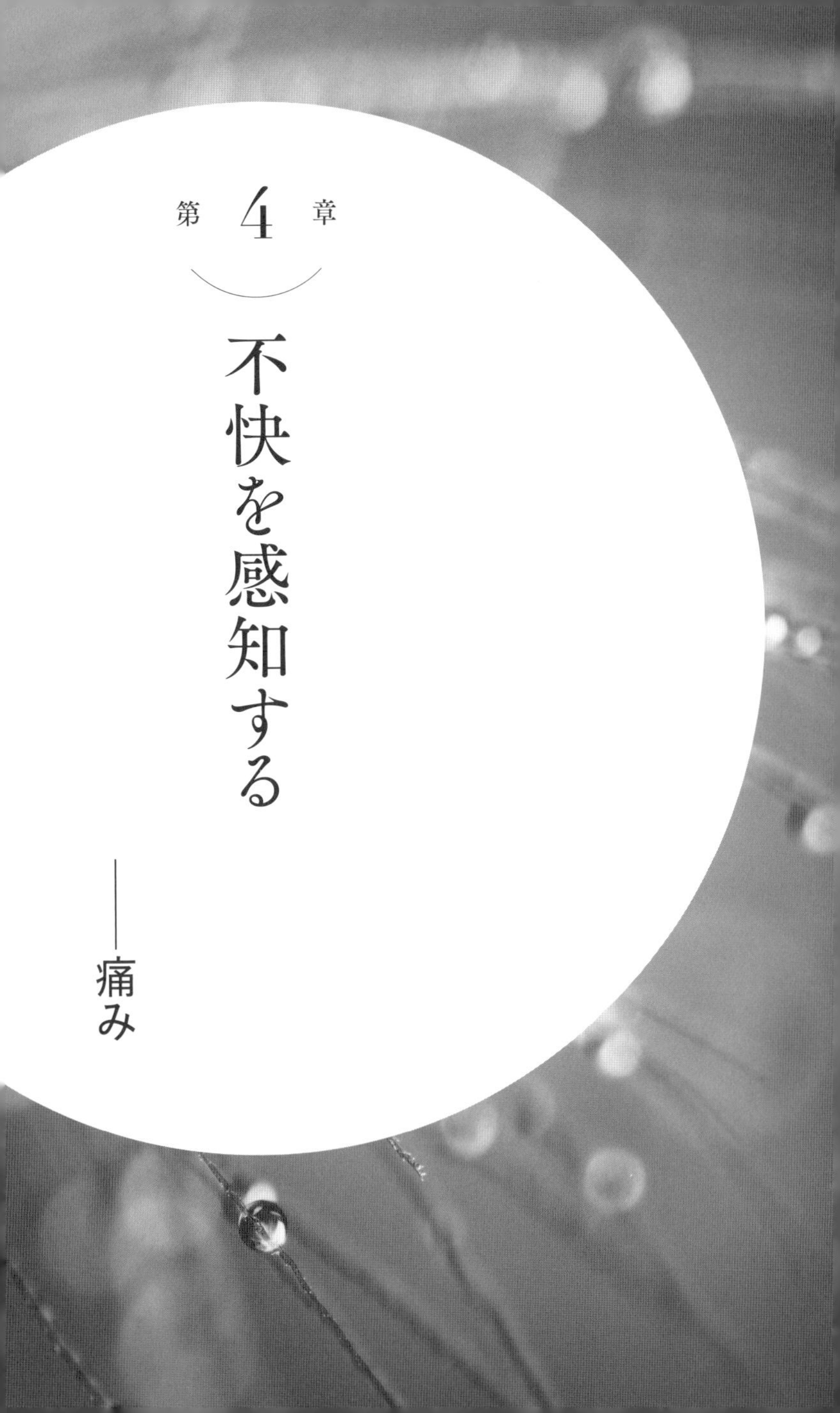

第4章 不快を感知する

――痛み

トウモロコシの甘い匂いが漂う温かい部屋で、私はグローブをはめた手に小さなげっ歯類を抱えている。ほとんど毛のないピンク色の体は、ラットやモルモットというより、お湯に長く浸かりすぎてふやけた指のように見える。まるで胎児のような見た目だが、完全に成長した成体である。黒い眼は針で突いたほどの小ささだ。唇の前から長い門歯が突き出ている。たるんだ皮膚は頑丈そうな感触だが、内臓が透けて見えるほど半透明で、肝臓の暗い輪郭も見える。この動物の正体は、ハダカデバネズミだ。見た目も奇妙だが、これから紹介する内容の奇妙さに比べれば、まだほんの序の口である*。

ハダカデバネズミは、げっ歯類にしては並外れて長生きで、最長記録は三三年に及ぶ。下の門歯は箸《はし》のように左右に開いたり閉じたりして物をつかむことができる(3)。精子はいびつな形をしていて動きが緩慢である(4)。マウスならせいぜい一分間しか耐えられないような酸素不足の状況下でも、ハダカデバネズミは最長一八分間は生存できる(5)。アリやシロアリのようにコロニーを形成し、繁殖可能な一匹以上の「女王ネズミ」と生殖不能な数十匹の「働きネズミ」が協働して生活している。私の手の中にいる一匹もそうだが、ハダカデバネズミの単独の姿はかなり奇妙だ。野外で暮らしているハダカデバネズミの外観も同じように独特である。通常は迷路のように入り組んだ地下トンネルの中で暮らしていて、この地下トンネルを絶えず拡張し、再構築し、栄養豊富な植物の塊茎を探してパトロールしている。トマス・パークは、シカゴにある彼の研究室で、トイレットペーパーの芯と木くずを詰めたプラスチック製の飼育ケージを相互連結して、このトンネル網を再現した。ハダカデバネズミをこのトンネル網に入れると、何匹かは、この人工的なトンネルを拡張しようとして本能的に容器の壁に噛みつき、掘り出した土を排出するかのように脚を後ろに蹴り出していた。他の数匹は、巣穴の少し広い場所で女王ネズミのまわりに集まり、しわだらけの体を丸めて重なり合って休息している。女王ネズミはまわりのネズミよりもかなり大きく、彼女のお腹は生まれる前の胎児で膨れている。「ハダカデバネズミたちにとっては、とても美しい光景なんです」とパークは私に語ってくれた。私は彼の言葉をそのまま受け入れた。

野生の巣穴でも、ハダカデバネズミは体温を保つために堆《うずたか》く重なり合って眠る。一番下にいるネズミはすぐに酸素が足りなくなる。彼らが酸欠に耐えられるように進化したのは、おそらくこれが理由だろう。呼気を吐くたびに巣穴に蓄積していく二酸化炭素に対する耐性も鍛えられている(6)。二酸化炭素は通常、平均的な部屋の空気の〇・〇三パーセントを占める。この割合が三パーセントまで上昇すると、あなたは過呼吸を起こしてパニックになる。同時に、二酸化炭素はあなたの粘膜の湿った表面に溶解し、粘膜を酸性化する。目は刺すように痛み、鼻は燃えるように痛む。あなたは苦痛に顔を歪めることだろう。そして、その場から脱出しようとする。だが、ハダカデバネズミは逃げもたじろぎもしない。

パークはそれを実証するために、実験装置の活動領域の片端から二酸化炭素を注入し、反対側の端から通常の空気を注入した(7)。マウスなら、後者の領域へ入っていくことだろう。しかし、ハダカデバネズミは濃い二酸化炭素の中でも悠然としていて、濃度が一〇パーセントに達するころにようやく通常の空気のほうへ退避した。酸による痛みも感じていないようだ。強いお酢の匂いを嗅いでも不快そうな様子は見られない(8)。皮膚の下に酸を数滴垂らしても――レモンの搾り汁をあなたの手の傷口に垂らすようなものだ――ハダカデバネズミには何の効果もない(9)。同様に、護身用の催涙スプレーにも使用され

＊ ハダカデバネズミはあまりにも神秘的で、その風変わりな特性が神話のように語られることも多いが、その大半は真実ではない(2)。そのような神話の誤りの一部を正した重要な論文として、「Surprisingly Long Survival of Premature Conclusions About Naked Mole-Rat Biology」と題された論文を強く推奨する(1)。

るトウガラシの辛味成分であるカプサイシンにも平然としている。カプサイシンは私たちの皮膚を刺激して炎症を引き起こし、熱に過敏な状態を残すが、ハダカデバネズミはそのような影響を受けない。ハダカデバネズミは痛みを感じることができない、とよく言われるが、そうではない。ハダカデバネズミもつねられたり皮膚がヒリヒリしたりするのは嫌いで、マスタードの辛味成分からはあとずさりする[10]。それでも彼らは、私たち人間が痛みを感じるいくつかの侵害性物質に対して無反応だ。

私たちの痛みの体験は、「侵害受容器」と呼ばれる種類のニューロン〔訳注：侵害受容ニューロンとも呼ばれる〕に依存している[11]。この侵害受容ニューロンの末端は髄鞘《ずいしょう》と呼ばれる鞘《さや》状の被膜に覆われていない無髄線維で、私たちの皮膚や他の器官の隅々にまで行き渡っている。そして、侵害性のある刺激――強烈な熱さや冷たさ、粉砕力のある圧、酸、毒物、損傷や炎症によって放出される化学物質――を感知するセンサーが搭載されている*。侵害受容器は、大きさ、刺激による興奮の程度、情報の伝達速度がさまざまで、そのような特性があいまって、私たちが不幸にも経験する痛みの様相――チクチクとした痛み、刺すような痛み、熱をもってヒリヒリする痛み、ズキズキとうずく痛み、キリキリと締めつけるような痛み、長く続く鈍い痛み――が形作られる。

ほぼすべての動物に侵害受容器があり、ハダカデバネズミも例外ではない。ただ、ハダカデバネズミの侵害受容器は数が少なく、あの手この手で無効にされてきた[12]。本来であれば酸によって活性化されるはずの侵害受容器は、酸によって遮断されるようになっている[13]。カプサイシンを感知する侵害受容器は、今も感知はするが、そのシグナルを脳に伝える「神経伝達物質」を産生しなくなっている。このような変化の一部は簡単に説明がつく。ハダカデバネズミが今も酸による痛みを感じることができたなら、おそらく、巣穴の中の二酸化炭素に苦しみながら眠ることになっていただろう。「ですが、カプサイシンに反応できない理由はわかりません」とパークは私に語った。もしかしたら、とくに刺激の強い塊茎を食べるうちに耐性を獲得したのかもしれない。あるいは、その逆かもしれない。つまり、比較的安全な環境で数百万年を過ごしたすえに、もはや必要のない感覚能力を失ったのかもしれない。いずれにしても、彼らのこの無感覚さは、カプサイシンや酸に対する痛みがどんな動物にも備わっているものではないことを私たちに告げている。

ハダカデバネズミのように、冬眠中に上昇していく二酸化炭素濃度に対処しなければならない数種の哺乳類には、酸の刺激に対する感覚がない(14)。トウガラシ、コショウ、カラシなどの植物の種を運ぶ鳥類は、カプサイシンの辛味を感じない(15)。イヌハッカという植物が産生するネペタラクトンという化合物は、蚊にとっては強烈な刺激成分だが、人間はその刺激に対して無感覚だ(16)。サソリの毒針に刺されると、人間はタバコを皮膚に押しつけられたかのような痛みを感じるが、驚異的な獰猛さでサソリを襲うバッタネズミは刺されても平気な様子だ(17)。マウスの侵害受容器は、サソリ毒を認識すると神経発火を停止するように進化してきたため、本来であれば耐え難い刺激を生むはずの毒が、鎮痛薬として働く。

多くの人が、痛みというのは動物界全体で同じように感じられるものだと思い込んでいるが、実際はそうではない。色と同じく、その本質は主観的で、驚くほど変化に富む。光の波長が普遍的に赤や青として認知されるわけではなく、匂い成分が普遍的に心地よい芳香や痛烈な悪臭として認知されるわけで

＊特定の刺激――光、分子、音――を感知する視覚、嗅覚、聴覚とは異なり、侵害受容器は、損傷を与える可能性があるという共通点のある多種多様な刺激（侵害刺激）を感知する。私たちがすでに探求してきた匂いの要素や、これから探求することになる感触などの要素を組み合わせた寄せ集めの感覚である。

はないのと同じように、普遍的に痛みを生むものなど存在しない。痛みを与えるという目的に特化して進化してきたサソリ毒の成分でさえ、普遍的ではない。痛みは、損傷や危険の存在を動物に警告するものであり、生き残っていくために欠かせない重要なものだ。どんな動物にも警戒すべきものはあるが、何を避けるべきで、何を許容すべきかは、動物ごとに異なる。だからこそ、動物が何に痛みを感じるのか、痛みを経験しているかどうか、そもそも痛みを感じることができるのかどうかさえも、明らかにするのは恐ろしく難しい。

一九〇〇年代前半、神経生理学者のチャールズ・スコット・シェリントンは「(皮膚には) 損傷を与えるような刺激を受け入れる任務に特化した神経末端が一式備わっている」と記している[18]。これらの神経は、脳に接続されていれば「皮膚の痛みを引き起こす」が、その接続が切断されても、「精神的苦痛を伴わない」防御的な反射作用を引き起こすことがある。たとえば犬は、脊髄を損傷したあとでも、前脚をきつく握られると引っ込める。シェリントンは、侵害刺激を感知する行為を、そこから生まれる痛みの感覚とは切り離して――「客観性をより高めた」表現として――記述できる用語を求めていた。そして考えついたのが「侵害受容」という用語だった。

それから一世紀以上がたった今も、科学者や哲学者は「侵害受容」と「痛み」を区別している[19]。侵害受容は、損傷を感知するための感覚処理過程だ。痛みは、損傷後に引き起こされる苦痛である。先週、私は偶然にも熱いフライパンに触れてしまった。そのとき、私の皮膚の侵害受容器は火傷するほどの高温を感知した。これが「侵害受容」であり、何が起きたのかを私が認知する前に、とっさに腕を引っ込めるという反射作用を引き起こした。その後すぐに、侵害受容器からのシグナルが脳に到達し、不快感や苦痛が生じた。これが「痛み」だ。この二つは密接に関連しているが、はっきりと区別できる。侵害受容は私の手（と脊髄）で発生し、痛みは私の脳内で生み出された。一つの過程を構成する二つのパート――「感知する」パートと「情動を体験する」パート――なのだが、ほとんどの人はこの二つを分けて感じることはできない。

それでも、この二つは分けら**れ**る。手足の一部を切断された患者は、失った手足がまだ存在するかのように錯覚し、その幻の手足の痛みを感じることがある。侵害受容を伴わない痛みを経験しているのだ。一方で、先天的に痛みを感じない人もいる。[*1] 彼らは生まれたときから、他の人が痛みとして感じる感覚に気づいているが、その感覚を苦痛に感じることはない(20)。鎮痛薬の中には、この作用を再現したものもある。侵害受容に影響を与えることなく痛みを鈍らせるように中枢神経系に働きかけるのだ。「私は顎の手術を受けたあとにバイコジン〔訳注：鎮痛薬〕を飲んだのですが」と、痛みについて研究している神経科学者のロビン・クルークは私に語った。「薬を飲んだあとも、何かを感じている感覚はありましたが、とても穏やかな感覚でした」。また、私たちは学習によって、マスタード、チリペッパー、猛烈な暑さなど、侵害受容器を作動させるような刺激を無視できるように、いや、それどころか楽しめるようになることもある。[*2]

＊1　この状況は危険をはらんでいる。生まれつき痛みを感じない先天性無痛症の小児や乳幼児は、損傷が危険であることを学習できず、自分の指に噛みついたり、頭を物に激しく打ちつけたり、熱湯に飛び込んだりすることが多い。また、先天性無痛症の生存者は他人に利用されることもある。最初に報告された先天性無痛症の症例は、サーカス団で「人間針山」として生計を立てている男性だった。また、先天性無痛症のパキスタン人の少年は、路上で何本ものナイフを腕に突き刺すパフォーマンスを繰り返していた(21)。そして、一四歳の誕生日に屋根から飛び降りて死亡した。

誤解のないようにはっきりさせておくと、侵害受容と痛みを切り分けても、痛みの現実味はまったく薄れない。慢性的な痛みを伴う疾患の患者（とくに女性）は長らく医学界から信用されず無視されてきた(23)。その苦痛は脳内にしか存在しない、もしくはメンタルヘルス上の問題が原因であるなどと、不当に言われてきた。痛みは主観的であるがゆえに、そのように安易に片づけられてしまう。そして、不幸にも長く信じられてきた二元論——心と体は分かれているという時代遅れな考え——のせいで、主観は曖昧だと、心理学的なものは想像の産物だと、決めつけられてきた。これは有害な誤りだ。侵害受容は体に属する身体的過程であり、痛みは心に属する心理学的過程であるという考えは、事実と異なる。どちらもニューロンの発火から生じるのだから。ただ、人間の場合、侵害受容は末梢神経系だけで事足りるが、痛みには脳がつねにかかわっている。痛みには、ある程度の意識的な気づきが必要だが、侵害受容は、意識的な気づきがなくても存在しうる。

侵害受容は太古から存在する感覚である。オピオイドと総称される同じ化学物質で、人間、ニワトリ、マス、ウミウシ類、ショウジョウバエ——約八億年前から別々の進化を遂げてきた生き物——の侵害受容器を鎮めることができるほど、動物界に一貫して広く普及している(24)。だが、痛みは主観的なものなので、どの動物が痛みを感じているのかを判断するのは難しい。人間同士であっても、互いの痛みをわかり合えることはめったにない。「あなたは私に、叫びたくなるほどの頭痛がすると告げることはできますが、あなたがどんな痛みを経験しているのかは、私にはまったくわかりません」とクルークは私に語った。「私たちは同じ種で、脳の基本構想も同じであるにもかかわらず、わからないんです」。人間の痛みに関する研究は、今なお、被験者自身による説明に大きく依存しているが、動物の痛みの場合、動物自身に説明してもらうわけにいかないのは明らかだ。*3 動物たちの行動について、紅茶占いでお伺いを立てるしかなさそうだ。

マウス（またはハダカデバネズミ）の足をつねると、すぐに脚を引っ込め、その後おそらく、舐《な》めて身繕いをする。鎮痛薬を与えると、受け入れる。ここまでの行動は、傷を負った人間がとる行動に似ている。げっ歯類の脳は人間の脳にかなり似ているので、彼らの侵害受容反射には痛みが伴っていると合理的に推測できる。だが、そのような類似性に基づく議論は、問題を孕《はら》んでいるのがつねである。人間とずいぶん異なる体と神経系をもつ動物の場合はなおさらだ。ヒルは、体をつねられると身をよじるが、その動きは果たして、苦しんでいる人間の動きに類似しているのか、それとも熱いフライパンから無意識に腕を引っ込める動きに似ているのか？　他の動物は痛みを隠している可能性もある。社会性のある生き物は、傷ついたときに哀れな声を出すことによって助けを呼ぶことができるが、苦境にあるカモシカは、助けを呼ぶと弱っていることがライオンに伝わりかねないので、静かにしていることが多い。痛みの兆候は種ごとにさまざまに異なる。では、どうすれば動物が痛みを経験しているかどうかを判別できるのか(25)？

動物は感情を抱くことも意識的な経験をすることもない、と信じていた歴史上の多くの思想家たちにとって、これは見当外れな質問だった(26)。一七世紀の二元論者だったルネ・デカルトは、動物について、機械仕掛けで動く自動装置だと考えていた。哲学者であり修道士でもあったニコラ・ド・マルブランシ

＊2　マゾヒスト（被虐性愛者）、ウルトラマラソン走者〔訳注：フルマラソンを超える長距離の走者〕、氷の海で泳ぐ人々など、意図的に痛みを味わう人々について調べたリー・カワート著『なぜ人は自ら痛みを得ようとするのか』（原書房）を強くお薦めする。

＊3　脳スキャナは役に立たない。どのような脳活動パターンが意識を表しているのかも不明なのに、まして、痛みを感じているときの意識、それも、人間以外の動物が痛みを感じているときの意識の脳活動パターンとなれば、なおさら不明である。

ュは、デカルトの思想をわかりやすく言い換えて、「動物は喜びを感じることなく食べ、痛みを感じることなく泣き、自分が成長していることを知ることなく成長する。つまり、動物は何も欲せず、何も恐れず、何も知らないのだ」と書いている。だが、そのような考え方はここ数十年で変化してきた。今では、哺乳類は痛みを感じることができる、という考えに異を唱える科学者はほとんどいないだろう。それでも、魚、昆虫、甲殻類など、他の動物群については、まだ激しい議論が続いている(27)。この長引く論争の中心にあるのが、侵害受容と痛みの区別である。そのような区別は「人間と他の動物、もしくは〈高等〉動物と〈下等〉動物の違いを強調しようとする試みの遺物である」と、動物の福祉を専門とする生物学者のドナルド・ブルームは書いている(29)。結局のところ、他の感覚では、感覚受容器の作用と脳によって生み出される主観的な経験に別々の名前はつけられていない。眼の研究をしている科学者たちは、人間に視力があるかどうかや、魚には光受容しかないのかどうかで議論になることはない。

だが、前章までで見てきたとおり、網膜の細胞が感知するものと、見えているという意識的経験のあいだには、確かに違いが存在する。視覚の研究をしている科学者は、実のところ、単純な光受容と空間視覚を明確に区別している——眼の進化に関するダン゠エリック・ニルソンの四段階モデルを思い出せばわかることだ。ホタテガイのように、見てはいるが光景は見ていない生き物もいるため、「視覚」という概念は拡張されていく可能性もあるのではないかと、科学者たちは思っている。また、私たち人間の視覚世界のいくつかの側面（色など）は脳内で構築されるものであり、シャコ類のように光の多様な波長を感知できる動物であっても色をまったく知覚していない可能性があることにも、気づいている。

化学感覚——嗅覚と味覚——でも、刺激に気づかないまま、その刺激を感知して反応することはありうる。今もあなたはそうしている。人間の体には至る所に味覚受容体がある——といっても、皮膚や足ではなく、内臓にある(30)。腸内の甘味受容体は、食欲を制御するホルモンの放出を調節している。肺内の苦味受容体は、アレルゲンの存在を認識して免疫応答を引き起こす。これらはすべて、私たちの知らないうちに起きる。同様に、蚊の足にある味覚受容体は、蚊の脳へ情報を送ることさえせずに、反射作用を引き起こしてDEET（殺虫剤）から身を引き、回避する。ハエの羽にある味覚受容体は、微生物を感知すると、それがどんな微生物なのかも、どの羽なのかも知る必要なく、反射作用として身繕いを開始させることができる。観察者にとって、このような行動は嫌悪しているようにしか見えないが、そのような感情が昆虫の脳内で湧き起こっているかどうかは、私たちにはまったくわからない。

ブルームの指摘は正しい。感知するという生の作用とその後に続く主観的経験を私たちが区別することはめったにない。だがそれは、そのような区別が存在しないからではない。そのような区別が普段は重要でないからだ。ホタテガイには何が見えているのかという問いも、鳥類と人間には同じ赤色が見えているのかどうかという問いも、哲学的には興味深い。しかし、痛みと侵害受容の区別は、道徳的、法律的、経済的に重大な問題であり、動物を対象とした捕獲、殺害、摂食、実験をめぐる文化的規範に影響する。痛み（あるいは侵害受容といってもよい）は、好ましくない不快な感覚である。痛みがないこと（ハダカデバネズミやバッタネズミの場合）は、まるで異能のように感じられるが、なくて喜ばれるのは痛みだけである。私たちが回避しようと努力するのも、薬物治療で和らげるのも、他人に与えることがないように努力するのも、痛みだけである。

＊人間の早産児や新生児が痛みを知覚できるかどうか、鎮痛薬の恩恵を受けるかどうかの議論は一九八〇年代まで続いていた(28)。

視覚や聴覚について研究している科学者は、研究対象の動物に映像を見せたり音を聞かせたりすることができる。だが、痛みについて研究している科学者は、研究対象となる生き物の保護や福祉改善につながる可能性のある知識を探究するために、その生き物に危害を加えなければならない。そのため、研究に用いる動物の数はできるだけ少なくしたいが、同時に、統計学的に有効な結果を得るために十分な数を揃《そろ》える必要がある。彼らの研究は倫理的な課題に直面することが多く、挫折感を味わうことも少なくない。「人々の意見は、動物も私たち人間と同じように痛みを感じるに決まっているのだから、そんな研究はくだらないという意見と、動物は私たち人間が感じるようには痛みを感じていないのだから、そんな研究はくだらないという意見に、大きく二分されます」とロビン・クルークは私に語った。「中立の立場を保ち、本当のことを私たちは知らないのだと考える人は、ほとんどいません」。

痛みの研究の難しさを示すよい例が、魚の研究である。二〇〇〇年代前半に、リン・スネッドン、マイク・ジェントル、ヴィクトリア・ブレイスウェイトはマスの唇にハチ毒や酢酸（お酢の酸味成分）を注射した(31)。この不幸な魚たちは、生理食塩水を注射された魚とは異なり、呼吸が荒くなりはじめた。数時間にわたって餌を食べなくなった。水槽の底に敷かれた砂利の上に横たわり、左右に体を揺らしていた。そのうちの何匹かは、唇を砂利や水槽の壁に擦《こす》りつけていた。何かに気をとられているようで、見慣れないものに対して慎重に距離を置くこともしなくなった。このような作用は、モルヒネを注射すると消失した。スネッドンと彼女の同僚たちには、注射後に長く持続したこのような作用の原因が侵害受容だけにあるとは思えなかった。彼らの目には、痛みを感じている動物の姿が映っていた。

二〇〇三年に発表されたこの研究は革新的だった。科学の教科書も、釣り関連の雑誌も、ニルヴァーナの歌詞も、魚は痛みを感じないという思想を広めていた。釣り針にかかった魚が身をよじらせてもがくのは、苦しんでいる兆候ではなく、ただの反射作用なのだと。スネッドンの研究チームが魚に侵害受容器があることを確認するまで、魚に侵害受容器があるかどうかさえ、誰も知らなかった。「ある、と答える人は少なかったことでしょう」と彼女は言う。一七年かけて証拠を積み上げたすえにようやく、「多くの人が、あると思うほうに手をあげるようになりました」。

魚の侵害受容器が発火すると、そのシグナルは、学習など、単純な反射作用よりも複雑な行動を司る脳の領域へと伝えられる(32)。魚が身をつねられたり、衝撃を受けたり、毒物を注射されたりしたときには、もちろん確実に、何時間も何日間も——鎮痛薬を与えられるまで——いつもと異なる行動を見せることになる(33)。魚たちは鎮痛薬を得るため、あるいは、さらなる不快感を避けるために、犠牲を払う。ある実験でスネッドンは、ゼブラフィッシュが何も入っていない殺風景な水槽よりも植物や砂利でいっぱいの水槽で泳ぐほうを好むことを示した(34)。ところが、彼女がゼブラフィッシュに酢酸を注射し、殺風景な水槽の水に鎮痛薬を溶かすと、ゼブラフィッシュたちは通常の好みを放棄し、退屈だが痛みが緩和される環境を選んだ。別の研究では、サラ・ミルソップとピーター・ラミングが、金魚に水槽の特定の場所で餌を与えたあとに電気ショックを与えるという訓練を行った(35)。すると、金魚たちはそれから数日間はその場所を避けて近づかず、餌を諦めた。やがては、また餌を食べにくるようになったが、どんなに空腹でも、電気ショックを弱めても、より素早く餌を食べて去るようになった。彼らの最初の回避行動は反射的な行動だったかもしれないが、その後は、さらなる損害を避けるべきかどうかを判断してのことだった。ブレイスウェイトが著書『魚は痛みを感じるか？』（紀伊國屋書店）に書いたとおり、「魚が痛みを感じて苦しむことを示す証拠は、鳥や哺乳類が痛みを感じて苦しむことを示す証拠と同じくらいたくさん」存在する(36)。

だが、それに納得できないと声高に批判する集団*もいる(37)。そのような人々は、スネッドンたちのことを擬人主義である――実験対象の魚を人間の目線で見ている――と非難し、魚は無意識のまま行動している可能性が高いと主張している。結局のところ、魚の脳では、それ以上のことはほどんどできない、と言うのだ。私たち人間の脳の表層は「新皮質」と呼ばれるマッシュルーム形の厚い神経組織で覆われている。新皮質はオーケストラのように組織編成されていて、特殊化されたたくさんの部門が一緒になって作用し、意識の音楽や痛みの哀歌を生み出している。だが、魚の脳に新皮質はなく、高度に組織化された部分もない。懐疑的な立場をとる七人の研究者が二〇一四年に「魚は本当に痛みを感じることができるのか？（Can Fish Really Feel Pain?）」と題して書いた記事には、「神経学的な観点から言えば、魚には無意識的な侵害受容と情動性の反応は備わっているが、意識的な痛みや感情は備わっていない(39)」と書かれている。

皮肉なことに、この議論自体が大いに擬人的である(40)。軽率にも、痛みを感じるには新皮質が必要に違いないと主張しているが、それは人間の場合であって、すべての動物に当てはまるとは限らない。仮にそれが真実だとしたら、鳥類も新皮質をもたないので、痛みを感じないことになる。この誤った論理をそのまま適用すれば、魚には、新皮質に根差した他の精神スキル――注意力、学習能力、その他の魚にも明らかに備わっている能力の多く――もすべて欠けていることになる(41)。動物たちは、同じ問題に対して異なる解決策を生み出したり、同じ課題を達成するために異なる構造を発達させたりすることが多い。「魚には人間のような新皮質がないから痛みを感じることができない」と主張するのは、「ハエにはカメラのような仕組みの眼がないから見ることができない」と言っているようなものだ。

とはいえ、彼らの批判にも一理ある。私たちは、「すべての動物に痛みや他の意識経験を感じる能力がある」と主張することはできない。意識はすべての生き物に生まれつき備わっている性質ではない。意識は神経系から生じるものであり、新皮質は神経系に必要とは限らないが、神経処理を行えるような十分な性能は必要である。大局を見ると、カニやロブスターは約三〇〇本のニューロンからなるクラスターを用いて胃のリズミカルな動きを調節している[42]。その一方で、線虫（*Caenorhabditis elegans*）がもつニューロンの総数は三〇二本だ。さて、この線虫は、カニが胃を撹拌するために必要とするニューロンの数のわずか一〇倍のニューロンで主観的な経験を生み出すことができるだろうか？　そうは思えない。「いくつかの点で、線虫の神経系はあまりにも小さすぎますが、では、脳の性能はどれだけあれば十分なのでしょうか？」とロビン・クルークは言う。人間のようにニューロンが八六〇億本あれば十分なのか？　それとも、犬の二〇億本、マウスの七〇〇〇万本、グッピーの四〇〇〇万本、ショウジョウバエの一〇万本？　クルークは、ウミウシの一万本では不十分なのではないかと思っているが、「だからといって、一万五七本は必要だ、なんてことを誰かが言えるものでもありません」と彼女は私に語った。

重要なのは、単なるニューロンの総数ではなく、ニューロン間の接続である[43]。人間の脳内では、数十万本のニューロンが皮質のオーケストラを構成する多様なセクションと接続している。この連携のおかげで私たちは「痛みの体験」というフルオーケストラを響かせることができ、感覚シグナルと負の感

＊議論の要点をつかむには、リン・スネッドンによって書かれたレビュー記事とジェームズ・ローズをはじめとする著者グループによって書かれたレビュー記事を比較するといい[38]。ブライアン・キイが投稿した「魚が痛みを感じない理由」という表題の記事と、その記事の内容を真っ向から否定するために寄せられた数十件の返信を読むのもいいだろう。

情や不快な記憶などを混合できるのだ。しかし昆虫の脳内では、そのような連携はもっと希薄である(44)。ショウジョウバエの侵害受容器は、学習を司る「キノコ体」と呼ばれる脳領域と接続している。だが、キノコ体には脳の他の領域につながる出力ニューロンはわずか二一本しかない。ショウジョウバエには侵害刺激を回避できる程度の学習能力は十分に備わっていそうだが、その教訓には、不快な感情——人間に備わっていて人間を苦しめているもの——は伴っているのだろうか？　人間の場合は「扁桃体」と呼ばれる脳領域で感情が処理されているが、昆虫にはそのように感情を処理する脳領域すら存在しない可能性がある。「このような違いが、昆虫にとって痛みという主観的経験がどういうものなのかを理解することを難しくしています」と、昆虫の行動を研究している生理学者のシェリー・アダモは私に語った。

それからアダモは、昆虫の感情中枢がどのような見た目をしているかなんて、どうすればわかるのか？　とも言っていた。人間の脳の働き方についてさえも私たちはほとんど知らないのに、他の動物の脳の配線ともなればなおさらであり、痛みを経験するために必要な神経学的特徴があるのかどうか、それがどんな特徴なのかについて、はっきりと明言するのは時期尚早のように感じられる。動物の中には、単純な脳の限界を越えたパフォーマンスを見せるものもある。

二〇〇三年、北アイルランドのキリーリーにあるパブにて、生物学者のロバート・エルウッドは、有名シェフのリック・スタインにばったり出会ったそうだ。エルウッドが「私たちには甲殻類に興味をもっているという共通点がありますね。私は甲殻類の行動を研究していて、あなたは甲殻類を料理していますよ」と話しかけると、スタインはすぐに「甲殻類は痛みを感じるんですか？」と尋ねてきた。エルウッドは、甲殻類が痛みを感じるとは考えていなかったが、本当のところはわからなかった。それ以来、その質問が頭から離れなくなり、彼は答えを出そうとしはじめた。「簡単に終わるプロジェクトだと思っていましたし、私はすぐに動き出すことができました」と彼は私に語った。「でも、そう簡単にはいきませんでした」。

エルウッドが研究したのは、欧州の海岸に多く繁殖し、柔らかな腹部を空っぽの貝殻に詰め込んで歩き回るヤドカリだった。ヤドカリにとって殻は貴重な財産で、殻がなければヤドカリは脆弱である。だが、エルウッドと彼の同僚のミリアム・アペルは、ちょっとした電気ショックを与えただけで、ヤドカリが殻を明け渡して逃げ出すことを明らかにした(45)。その素早い動きは反射的行動のように見えたが、ヤドカリはつねに逃げるわけではなかった。彼らをお気に入りの巻貝から追い出すには、人気の劣る扁平な貝殻から追い出すときよりも強いショックが必要だった。また、水中に捕食動物の匂いが感じられる場合には、ヤドカリが殻を放棄する確率は半分に低下した。「これらの結果は、ヤドカリの退避が反射的行動ではないことを示していました」とエルウッドは言う。反射的なものではなく、複数の情報を天秤にかけたうえで下された決断なのだ。

ヤドカリは、ショックを受けたあとも、しばらくはいつもと違う行動をとる。退避したあと、脆弱な体を危険に曝している状態であるにもかかわらず、なかなか元の殻に戻ろうとせず、腹部の電気ショックを受けた部分を身繕いして整えていた。殻を放棄しなかった場合も、いつものように入念に調べることなく早急に、新しい殻に引っ越した。これらのデータは、ヤドカリが痛みを感じるという見解に合致しているが、甲殻類が実際にどのように感じているのかを知るのは不可能だ、とエルウッドは言う(46)。「カニやロブスターが痛みを感じるのかどうか、私は何度も自問してきましたが、研究を一五年間続けてきた今も、その答えはあやふやです」と彼は私に語った。

甲殻類は、進化的には昆虫の「いとこ」のようなもので、よく似た単純な神経系をもつ。だが、エルウッドのヤドカリがとった行動は複雑に見えた。私たちは、この矛盾にどう折り合いをつければよいのだろうか？　動物の行動がその動物の脳の理論上の性能に見合わないとき、私たちは、その動物の行動を過大評価しているのか、それとも、その動物の神経系を過小評価しているのか？　スネッドンとエルウッドは、後者だと主張する。アダモは前者だと言うだろう。誰の主張が正しいのか、本当のところはわからないし、もしかしたら全員が正しいのかもしれないが、それもわからない*。

「脳の大きさについてあれこれ言うのは、本題から外れている可能性がある」とアダモは私に語った。彼女は脳の大きさよりも、痛みによってもたらされる進化上の恩恵と代償について考えようとしている。ここで言う「代償」とは、苦痛ではなく、エネルギーのことだ。昆虫の神経系は、進化によってミニマリズム（極限までの簡素化）と効率化が推し進められ、小さな頭と体にできる限りの処理性能が詰め込まれている(48)。余分な知能――意識など――を搭載するには追加のニューロンが必要になり、すでに逼迫しているエネルギー予算からエネルギーを奪うことになる。彼らがこのような代償を払うのは、重要な恩恵が得られる場合に限られる。では、彼らが痛みから得ている恩恵とは何だろうか？

侵害受容から得られる進化上の恩恵は、はっきりしている。損傷や死をもたらす可能性のあるものを感知し、防衛行動をとるための警報システムになる。しかし、痛みの起源となると、あまり明らかではない。苦痛に適応する価値は何だろうか？　なぜ侵害受容は不快でなければならないのか？　不快な感情が、侵害受容によって湧き起こる感覚の効果を増強し、定着させることで、現在、自分を傷つけているものを回避できるだけでなく、未来においてもそれを回避できるように学習しているのだと提唱する科学者もいる(49)。侵害受容が「逃げろ」と告げ、痛みが「……そして、戻ってくるな」と告げるわけだ。しかし、アダモのように、動物は主観的経験を必要としなくても危険回避を完璧に学習できると主張する科学者もいる。ロボットに何ができるかを観察すれば、わかることだ。

まるで痛みを感じているかのように振る舞い、負の経験から学び、人工的な不快感を回避できるように設計されたロボットは、すでに存在する(50)。そのような振る舞いは、動物がしてみせた場合には痛みの兆候として解釈されてきた。しかし、ロボットはそのような振る舞いを、主観的経験を伴うことなく実行できる。これは何も、デカルトが主張したように、動物は考えることも感じることもない機械仕掛けの自動装置であると主張しているわけではない。「昆虫と同じくらい複雑で洗練されたロボットは存在しない」とアダモも言っている。彼女が言わんとしているのは、昆虫の神経系はできる限り単純な方法で複雑な行動を引き出せるようにと進化を重ねてきたということ、そして、それがどこまで単純になりうるかを示しているのがロボットなのだ。人間は、痛みによって可能になると推定される適応行動を、何の意識も伴わずにすべて遂行できるように、ロボットをプログラムすることができた。だとすれば、進化という、人間よりも遥かに長い時間枠で働く遥かに優れたイノベーターもきっと、ミニマリストである昆虫の脳を同じ到達点へ向かわせているに違いない。このような論理に基づき、アダモは、昆虫（や甲殻類）が痛みを感じている可能性は低いと考えている。あるいは、少なくとも、昆虫にとっての

＊　動物の痛みに関する議論は、辛辣な言い争いになることもある。しかし、シェリー・アダモ、リン・スネッドン、ロバート・エルウッドの三人は、動物の痛みの定義づけに関するレビューを共同発表し、異なる意見をもちながらも、全員が互いの考えを和やかな雰囲気で語っている(47)。

痛みの経験は、私たち人間の痛みの経験とは大きく異なるものと考えられる。魚についても同じことが言える。「魚も何かを経験しているはずだと期待したくなりますが、では、何かって何でしょうか？」と彼女は言う。「それはおそらく、人間の経験とは別物でしょう」。

これはきわめて重要なポイントだ。動物の痛みに関する論争は、人間が感じているのと同じ痛みを感じているか、まったく何も感じていないかの二択を前提としていることが多い。まるで小さな人間か高性能なロボットの二択であるかのように。そのような二項対立は誤りだ。それなのに、いつまでもその前提にしがみつくのは、その中間を想像しにくいからだ。私たちは、視界がぼやけている人がいることも知っているし、他の大勢とは痛みの閾値が異なる人がいることも知っている。だが、質的に異なる痛みというのは、光景を伴わないホタテガイの視覚と同じように、概念的で難しい。意識を伴わない痛みなど存在しうるのだろうか？　痛みから感情を奪うと、あとには侵害受容だけが残るのか、それとも、私たちの想像では埋め難いグレーな領域が残るのか？　忘れられがちだが、痛みには、おそらく他の感覚以上にばらつきがあり、どんな痛みなのかを思い描くのは難しい。

二〇一〇年九月、欧州連合（EU）は動物研究に関する規制の適用範囲を頭足類――タコ、イカ、コウイカを含む分類――にまで拡大した。頭足類は無脊椎動物であるため、通常は、マウスやサルのような背骨のある実験動物の福祉を保護する法律は適用されない。だが、頭足類の神経系はたいていの無脊椎動物より遥かに発達している――たとえば、ショウジョウバエのニューロン数が一〇万本であるのに対し、タコのニューロン数は五億本に及ぶ(51)。また、頭足類は、爬虫類や両生類のような一部の脊椎動物よりも優れた知性や柔軟な行動を見せる。そして、EUの実験動物保護指令によれば、「痛み、苦痛、苦悩、持続的な害を経験する能力があることを示す科学的証拠」もあるそうだ(52)。研究で甲殻類を扱っていて、そのような証拠がないことを知っていたロビン・クルークにとって、この指令はまったくの驚きだった。どうやらEUは、知性があるように見える動物は苦痛を感じることができるに違いないと思い込んでいるようだ。しかしその当時は、頭足類に侵害受容器があるかどうかさえ、誰も知らなかったのだから、痛みを経験しているかどうかなど、なおさら知る由もなかった。「その時点で科学が知っていたことと、科学が知っているだろうと立法者が推定したことのあいだには、大きな開きがありました」とクルークは私に語った。

彼女はそのギャップを埋めるために、アメリカケンサキイカ——北大西洋でよく捕れる体長一フィート（約三〇センチメートル）ほどの種——を研究しはじめた(53)。このイカは、好戦的なライバルとの競争やカニの挟みによる攻撃で頻繁に腕の先端を失う。クルークは外科用のメスを使ってそうした傷を模倣した。予測したとおり、イカは墨を噴出して注意をそらせつつ、素早く逃げ去り、まわりに溶け込むように体の色を変化させた。数日後には、より俊敏に逃げて隠れた。だが驚いたことに、彼らは人間やラットやヤドカリがするように傷に触れて手入れしたり、傷を庇《かば》うように抱え込んだりは一切しなかった。他の七本の腕を伸ばせば簡単に傷口に届くのに、そうしようとしなかったのだ。

さらに驚いたことに、傷ついたイカは、まるで全身が痛むかのように振る舞っていた(54)。人間や他の哺乳類が切り傷や打撲傷を受けたときには、損傷部位は痛むが、体の残りの部分は痛まない。私が手に火傷を負った場合、その火傷をつつけば痛いが、足をつついても痛くない。しかし、クルークがイカの片方のひれを傷つけると、反対側のひれの侵害受容器も損傷を受けた側のひれと同様の興奮性を示した。想像してみてほしい。爪先をぶつけるたびに、全身がちょっとした接触にも敏感になるとしたら、どうだろうか？　それがイカの現実である。「イカは損傷を受けると、全身が過敏になります」とクルールは私に語った。「平常の状態から、この潜在的な痛みの世界へ移行するんです」。彼らが傷口を手入れしない理由もこれだろう。彼らは、自分が傷ついたことは感知できるが、どこが傷ついたのかはわからないのかもしれない。

哺乳類の場合は、痛みが局所的に生じるおかげで、体の脆弱な部位を保護したり清潔に保ったりしながら、残りの人生をどうにか生きていくことができる。なぜ、イカはそのような有用な情報を得られないのだろうか？　一つの可能性として、「海中の何もかもがイカを食べるから」ではないかと、クルークは言う。傷ついたイカはとくに、捕食性の魚にとって魅力的である。なぜなら、よく目立つから、あるいは、簡単に捕まえられそうに見える（または匂う）からだ。全身が厳戒態勢に入ることで、彼らはどの方向から攻撃されても巧妙に逃げられるようにしている可能性がある[55]。また、全身の感受性を働かせるのは、自分の体の大部分に物理的に腕が届かない動物にとって理にかなっている。何の対処もできないのであれば、ひれが傷ついたと知ったところで、何かよいことがあるだろうか？

タコの場合は事情が異なる。イカと違って、タコは全身のあらゆる場所を腕で触れることができる。鰓《えら》の手入れをするために体の内側にも腕を届かせることができる――人間で言えば、喉に手を突っ込んで肺を引っかくようなものだ。また、広く開けた水域で群れから出られず、休むこともできないイカとは異なり、タコは気がすむまで単独で巣穴に身を隠すことができる。傷口に気を配るだけの時間も器用さも持ち合わせているので、損傷を受けた場所を知ることは、タコにとって理にかなう。そして実際にそうであることを、クルークが実験で示した。タコは、腕の先端を損傷した場合に、その腕を切り離すことがある[57]。そうなると、切り離された腕の残根は周囲の腕より敏感になり、タコはその残根を庇うようにくちばしで覆う。二〇二一年に発表されたクルークの最新の研究によれば、タコは、酢酸で損傷を受けた場所を避け、鎮痛薬を与えられた場所に引き寄せられる(58)。また、局所麻酔薬を注射されたタコは、傷ついた腕の手入れをやめる。クルークの最新の論文には、「タコは痛みを経験することができる」と明記されている。

この研究が発表される前から、クルークは私に、自分は頭足類が痛みを感じる前提で研究室を運営していると語っていた。彼女は、麻酔薬が効くかどうかを確認するなど、甲殻類の福祉向上につながる研究をしている。実験に使用する動物の数も(統計学的頑健性を確保できる範囲で)最小限に抑え、必要以上に傷づけないことを徹底した。動物研究の倫理について熟慮するのは、痛みに関する研究の場合はとくに、簡単なことではない。「でも私は、難しくて当然だと思っています」と彼女は言う。「たとえ痛みを伴わない実験だとしても、動物を使って実験しているのであれば、そのことについて心を痛めるべきです。動物たちは同意書にサインしていません。たとえ私の最終目標が動物の苦痛を緩和することだとしても、水槽に入れられた動物の知ったことではないのですから」。

痛みについて研究している科学者の多くが、彼女と同じように感じている。頭足類、魚類、甲殻類は人間が感じるのと同じように感じているのか、それとも根本的に異なる経験をしているのかという問題について、彼らは予防措置原則を発動させるに足る証拠が存在すると主張している。「こうした動物た

＊ ロビン・クルークはこれを実験で確認した。スズキにイカを狙わせたところ、傷ついたイカは標的にされやすく、傷ついていないイカよりも早めに回避行動をとることが実験で示された(56)。傷ついたイカを麻酔薬で処置すると、回避行動が遅くなり、生存率が低下した。

ちが苦痛を感じている可能性は大いにあります」とエルウッドは言う。「そして、私たちはそのような苦痛を回避する方法を検討すべきです」。

動物の痛みに関する議論は、「動物は痛みを感じるか？」というシンプルな問いを中心に進められることが多い。この問いの裏には、暗黙の問いがいくつか隠れている。「ロブスターを茹《ゆ》でてもいいのか？」「タコを食べるのをやめるべきか？」「釣りに行ってもいいのか？」*。動物の痛みについて問うとき、私たちは、動物についてではなく、私たち自身が動物に対して何をしてもいいのかを問うている。そのような態度は、動物が実際に何を感知しているのかについての理解を狭めることになる。

痛みについては、有無の他にも問うべきことがたくさんある。シェリー・アダモの言うとおり、私たちは痛みの恩恵と代償についてもっと理解する必要がある。痛みは、痛み自体のために存在するのではない。ただ痛むだけなら、痛むべき理由などない。体のどこかが痛むのは、その情報を基に動物が何か対処できるようにするためだ。動物たちのニーズと限界を理解できていなければ、動物たちの行動を正確に解釈するのは難しい。

たとえば昆虫は、警報を発している部位に対して、とても耐え難そうな過酷な対処をすることが多い[60]。肢を破砕されても、その肢を引きずるのではなく、その肢に無理を強いて進み続ける。カマキリの雄は、雌に貪り食われながらも、交尾を続ける。イモムシは、体の内側から寄生バチの幼虫に食い破られながらも、葉をもぐもぐと食べ続ける。ゴキブリは、機会があれば仲間の内臓を共食いする。こうした行動は「昆虫に痛覚が存在したとしても、それに適応するような行動への影響は何もないことを強く示唆している」と、一九八四年のクレイグ・アイズマンらの論文には書かれている[61]。だが、もしかすると、こうした行動を見せる昆虫たちは、自ら進んで痛みに耐えているだけではないだろうか？　あるいは、もしかすると、ゴキブリやカマキリにとっては、痛みよりもタンパク質の摂取や繁殖のほうが優先度が高いのかもしれない。運動選手や兵士が、競技中や戦闘中は痛みに耐えられるのと同じように、昆虫たちも痛みに耐えられるのかもしれない。イモムシが生きたまま食べられても痛みを感じないのは、その痛みを自分では軽減できないからかもしれない。

イカとタコについても考察してみよう。どちらも頭足類だが、三億年以上前――哺乳類と鳥類が分岐したのとほぼ同じころ――から異なる進化の道をたどってきた。体の構造も生態もまったく異なるため、損傷後の神経系の働き方がまったく異なるのは、むしろ当然である。私たちは、頭足類が痛みを経験しているかどうかではなく、どの頭足類が、どのように痛みを経験しているのかを問うべきだろう。同じことが、既知の魚類三万四〇〇〇種、甲殻類六万七〇〇〇種、そして、誰も正確な数字を知らない数百万種の昆虫についても言える。視覚や嗅覚など他の感覚からもわかるように、ごく近縁の動物でさえ世界の知覚の仕方は異なるのだから、分類学上のグループごとにまとめて一緒に扱うのは、バカげている。

生理学者のキャサリン・ウィリアムズが私に語ってくれたように、私たちは、痛みが存在するかどうかではなく、「侵害を感知し、痛みを経験し、苦痛を表現することが有利に働くのは、どんな状況で、

＊これらの問いに答えようとすると、それだけで本が一冊書けてしまう。ここでは、主観的な痛みは、動物の福祉について考えるときに考慮すべき項目の一つにすぎず、最重要項目ではない、とだけ述べておこう。獣医のフレデリック・シャティニーは「私たちは、侵害受容そのものが動物の福祉に十分すぎるほどの影響を与え、治療を必要とする可能性があるということを、単純に受け入れることができた」と書いている(59)。「動物の福祉に負の影響があるかどうかは、意識によって定義される痛みの有無には左右されない」のだ。

どんな刺激を受けたときなのか」に注目すべきだろう。そうすれば、地中で暮らすハダカデバネズミとサソリを襲うバッタネズミ、あるいは、腕の長いタコと腕の短いイカでは、痛みの現れ方が違うことに気づけるはずだ。助けを求めることができる社交的な動物と自分で対処するしかない単独行動の動物、あるいは、寿命が短くて過ちを繰り返す可能性の低い動物と寿命が長くて過ちを繰り返す可能性が高い動物とでは、痛みの形態が異なっている可能性だってあるだろう。次章で私たちは、過酷な温度——灼熱の暑さから凍るほどの寒さまで——に耐えなければならない動物では、痛覚がまったく別の顔を見せることがあるのだと知ることになる。

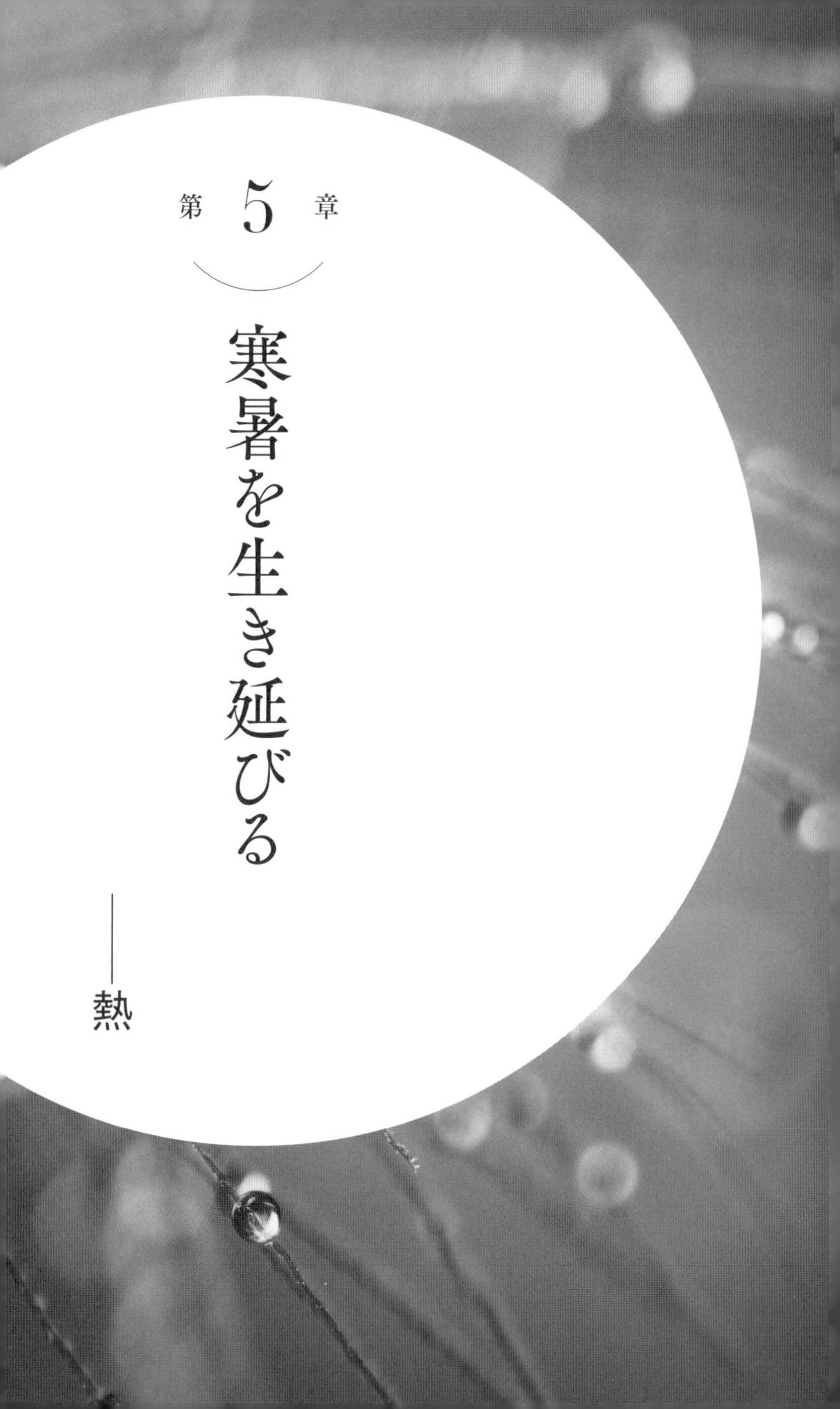

第5章

寒暑を生き延びる

——熱

寒い。外は穏やかな秋の陽気で、二四℃はあるのだが、私がいる室内は四℃まで冷却されていて、いわば、巨大なウォークイン冷蔵庫だ。ここは人工的な冬眠場所——冬眠する動物たちが冬を過ごす真っ暗な極寒の状況を模倣した部屋——である。どうやら私は取材旅行の内容に合わせて適切な服を荷造りできない性格のようで、Tシャツ姿できてしまった。露出した肌から熱が奪われるので、本能的に腕をさすった。その傍らで、私よりも良識的な服装のマディ・ジャンキンスが、細切りの紙が詰まった箱の中に手を伸ばし、小さくて毛がふさふさした丸いものを取り出した。ジュウサンセンジリスだ。鼻が尻尾に触れるほど体を丸めて、グレープフルーツほどの大きさと重さのボール状になっている。シマリスを大きくしたような外見で、背中に一三本の黒い縞模様があり、その縞模様の中に白い斑点が並んでいる。その模様が私には見えた。なぜなら、室内を照らす赤い光を私の眼は感知できるからだ。しかし、リスの眼ではこの光は感知できないし、いずれにしても、リスは硬く目をつぶっている。九月中旬の今ぐらいの時期には、もう長い冬眠の季節がはじまっているのだ。

冬眠は、睡眠ではない。もっと極端な不活性状態であり、ジュウサンセンジリスが北米の厳しい冬を生き残れるのは、冬眠のおかげである(1)。冬眠期間中は、地リスの代謝はほぼ完全に停止している。*ジャンキンスは、ゴム手袋をはめた私の手の中に、冬眠中の地リスをそっと置いた。私は、その静けさに衝撃を受けた。げっ歯類に特有の興奮して神経質に動き回るようなエネルギーが、まったく感じられなかった。激しい呼吸で振動しているべき腹部も、まったく動いていない。夏には毎秒五拍以上の速さで脈打つ心臓も、今は一分間に五拍打つかどうかといったところだ(3)。「あなたの手の中にある命は、いつもは生命力に溢れていますが、今はまったく違います。不活性な冷たい塊でしかありません」とジャンキンスは言う。現に、その地リスはあまりに冷たくて、しばらくすると触れていられなくなったほどだ。夏場には三七℃ほどある体温も、今は、この部屋に置かれた命のない物体と同じく、四℃前後を推移している。実のところ、不気味なほど生気が感じられなかった――温もりがないため、命もないように思えた。この塊が実際に生きていることを確信させてくれるのは、足だけだった。足だけはまだ血の通ったピンク色をしていて、ぎゅっと握ると、緩慢な動きながらも、足を引っ込める。あまり長く抱えていると、私の手の温もりで地リスが目覚めてしまうので、仮の寝床にそっと戻してから、私たちは冬眠部屋をあとにした。外に出ると、この施設の運営者であるエレナ・グラチョーワが待っていた。

「どうでしたか?」と尋ねる彼女に

「最高に寒かったです」と私は答えた。

グラチョーワは、熱について博識で、動物による熱の感知方法にも詳しい。吸血コウモリとガラガラヘビ(詳細は後述する)について研究してきたが、最近はより可愛らしいジュウサンセンジリスに注目し、その並外れた低温耐性に関心を寄せている。「私が低温室に閉じ込められたら、痛みを感じるようになったあと、低体温症になり、おそらく二四時間以内に命を落とすでしょう」と彼女は私に語った。だが、ジュウサンセンジリスは二~七℃の環境下に半年間留まることができる(4)。近縁のホッキョクジリスは、さらに低いマイナス二・九℃の氷点下にも耐えられる。そのような芸当ができるのは、めったに注目されることのない重要な能力のおかげである――このリスたちは、寒さが気にならないのだ。

グラチョーワとともに研究していたヴァネッサ・マトス゠クルーズはこれを実証するために、加熱可

＊冬眠と睡眠がまったく異なる状態であることは、冬眠中の地リスが実は睡眠負債に陥っており、本来の睡眠をとるために、不活性状態から周期的に目覚めて体温を上昇させなければならないことからも明らかだ(2)。

能な二枚組のプレートの上にジュウサンセンジリスを置いた(5)。一方のプレートを三〇℃まで、他方を二〇℃まで加熱すると、上に置かれた動物はどこに陣取るだろうか？　ラット、マウス、ヒトの場合は、心地よい温もり——床暖房のような贅沢な心地よさ——を感じるため、ほぼ毎回三〇℃のプレートの上に行く。だが、ジュウサンセンジリスにとっては、二〇℃も三〇℃も変わらないようだ。二〇℃だったプレートの温度を一〇℃以下——ラットやマウスであれば痛いほどの冷たさを感じて完全に避けようとする温度——まで下げると、ようやく三〇℃のプレートに移動する地リスも出てくるが、一〇℃からさらに零度まで下げたとしても、そのままそこに留まる地リスもいる。

このような低温耐性がなければ、地リスは冬眠できない。低温耐性がなければ、寒すぎる夜に私たち人間が睡眠中にするのと同じように、脂肪を燃やして熱を産生し、それでも追いつかなければ自動的に目を覚ますことになる。人間はそれで命拾いできるが、地リスの場合は、真冬に目を覚ますと死を招くことになる。地リスには冬眠が必要であり、冬眠するために感覚を適応させてきた。寒さを無視しているわけではなく、そもそも「寒さ」とは何かという概念——体が対処しきれなくなり、感覚が警告を発する最低温度——が私たちとは異なるのだ。

生きとし生けるものはすべて、温度による影響を大きく受ける。温度が低すぎると、化学反応の速度は役に立たないほどゆっくりになる。温度が高すぎると、タンパク質やその他の生命分子は本来の形状を失い、ばらばらに離散する。そのせいで、生命の大部分は温度のちょうどよいゴルディロックスゾーン（生命居住可能地帯）に閉じ込められている。このゾーンの境界は、変動しつつもつねに存在する。だからこそ、神経系をもつすべての動物に、温度を感知して反応する仕組みが備わっているのだ(6)。

動物たちは多様な温度感知器を用いているが、なかでも徹底的に研究されているのが、「ＴＲＰチャネル」と呼ばれるタンパク質群である(7)。全身の至る所で感覚ニューロンの表面に存在し、ちょうどいい温度に達すると開く小さなゲートとして機能している。このゲートが開くと、イオンがニューロン内部へと流入し、電気シグナルが脳まで伝わり、私たちは「熱さ」や「冷たさ」を知覚する。TRPチャネルには、高温に対応するものと、低温に対応するものがある（「冷たさ」は、「熱さのない状態」ではなく、熱さとは異なる独自の状態として感知される）。[*1] また、TRPチャネルが温度に反応する際の厳密さは、チャネルごとにさまざまに異なり、刺激の弱い無害な温度範囲を感知するものもあれば、痛みを感じるほど危険な極低温や極高温で発火するものもある。ある特定の化学物質は、これらのチャネルを作動させる引き金になり、熱っぽい感覚やひんやりとした感覚を生み出すことができる。トウガラシがヒリヒリと熱く感じられるのは、トウガラシに含まれるカプサイシンという成分が、TRPV1――痛みを感じるほどの高温を感知するTRPチャネル――を作動させるからだ。[*2] ミントが冷たく感じられるのは、ミントに含まれるメントールという成分が、TRPM8と呼ばれる低温感知器を活性化させるからだ。

同様の感知器が、動物界の至る所で見つかっている。といっても、種ごとに微妙に異なる独自のバージョンの感知器であり、その種の体や生態に合わせて調整されている。温血動物（恒温動物）は自分で

＊1 一八八〇年代のこと、生理学者のマグヌス・ブリックスは、自分の手と、さまざまな温度の水が入ったボトルに取り付けた先の尖った金属管を用いて、手の表面には熱さを感じやすい地点と冷たさを感じやすい地点があることを明らかにした。他にも、アルフレッド・ゴールドシャイダーとヘンリー・ドナルドソンという二人の科学者がそれぞれ独自に、同時期に、同じ発見をしている。

＊2 大方の予想とは裏腹に、トウガラシの刺激は味覚ではない。世界一辛いトウガラシとして知られるハバネロをみじん切りにしたあと、すぐにシャワーを浴びると、手に付着していたカプサイシンが体中の敏感な部分に広がり、全身のどこに触れても燃えるような感覚を味わうことになる。

熱を産生できるが、快適な温度帯が狭く、体温がその範囲よりも下がりはじめると、低温感知器であるＴＲＰＭ８が警告を発するようになっている。ラットの場合、その設定温度は二四℃辺りだ(8)。ラットよりも平常体温が少し高いニワトリでは、二九℃でＴＲＰＭ８が作動する。対照的に、環境温度に左右される冷血動物（変温動物）は、体温の変動幅が大きいため、ＴＲＰＭ８が作動する温度はかなり低い──カエルの場合で、一四℃だ。魚はＴＲＰＭ８を完全に失っているようで、大半の魚は氷結温度付近の低温にも耐えられる(9)。魚が痛みを感じるとしても、痛みを伴うほどの寒さがどんなものかは知る由もない。人間の場合、人によって快適温度は異なるが、そのような変動幅は動物界全体ではさらに大きくなる。

では、地リスの場合はどうだろうか？　マトス゠クルーズは、地リスのＴＲＰＭ８について、他の温血のげっ歯類のＴＲＰＭ８とかなり類似しているが、少数の変異が原因で感度がだいぶ低下していることを明らかにした(10)。メントールにはまだ反応するが、一〇℃の低温にはほとんど反応しない。それが、私たち人間には耐え難い極寒の中でも地リスが快適に冬眠できる理由の一つになっている*。

痛いほどの熱を感知するＴＲＰＶ１感知器も持ち主のニーズに適合しているが、とりわけ持ち主の体温に合わせて調整されている(12)。ニワトリの場合は四五℃、マウスとヒトの場合は四二℃、カエルの場合は三八℃、ゼブラフィッシュ（低温感知器の世話になることはないだろうが、高温感知器からは間違いなく恩恵を受けている）の場合は三三℃で、ＴＲＰＶ１が活性化する。「熱い」の定義は種ごとに異なっている。私たち人間の生活温度帯は、ゼブラフィッシュにとっては痛みを伴う温度となる。マウスが苦しみ出す温度でも、ニワトリは平然としている。そんなニワトリでもまったく敵わない相手がいる。これまでに検証されてきた中で最も鈍感なＴＲＰＶ１をもつその二つの種は、他の生き物には耐え難いような熱でも無視できる。そのうちの一種は、なるほど納得の、砂漠に棲むフタコブラクダである。そして、もう一つの種は——なんと！　意外なことに！——ジュウサンセンジリスだ！　私の手の中にいたあの素朴なげっ歯類は、氷点に近い低温に対処できるだけでなく、超高温の熱にも耐えられるのだ。加熱プレートを用いたグラチョーワの実験で、地リスが温度の低いほうのプレートに逃げ込んだのは、もう一方のプレートが五五℃という熱々の状態に達したときだけだった(13)。ジュウサンセンジリスが北はミネソタ州から南はテキサス州まで全米各地で繁殖しているのも不思議ではない。温度感知器は、繁殖する地理的範囲、活動的になる季節、その他諸々に影響する。どこで、いつ、どのように生きるかを、温度感知器が——その動物が感知できる温度と耐えられる温度を決定づけることによって、あるいは、個体ごとに「熱い」と「冷たい」の限界を微調整することによって——左右しているということだ。

動物たちの生活は、ときに過酷なものになる。サハラギンアリは、地球上最大の砂漠の真昼の灼熱の下、五三℃にも達する砂の上で餌を探し回る。深海の火山性熱水噴出孔の近くに生息するポンペイワームも、短期間であれば同様の高温に耐えられる(14)。マイナス六℃で活発に活動するクモガタガガンボ（俗名ユキガガンボ）や、氷河の氷の上で一生を過ごすアイスワームは、あなたの手の上では死んでしまう(15)。このような、いわゆる「極限環境生物」を研究するとき、科学者は熱を反射する体毛や血中の自家製不凍剤のような適応に注目する傾向にある。だが、そのような適応も、動物の感覚系が絶えず悲鳴を上げ、痛みの感情（または侵害受容）を引き起こしていたら、役に立たないだろう。あなたも、サハ

＊人間のＴＲＰＭ８にも、緯度が高い地域ほど多くみられるバージョンがあり、寒冷な気候への適応を反映したものと思われる(11)。このバージョンのＴＲＰＭ８をもつ人々が他の方法でも寒さを知覚しているかどうかは、まだ明らかにされていない。

ラ砂漠や海底、あるいは氷河の上で生きていきたければ、その環境を好ましいと思えるように感覚を微調整したほうがいい。

この概念は直感的なものだし、私たちはいまだに、南極の寒さをものともしないコウテイペンギンにせよ、灼熱の砂の上を旅するラクダにせよ、極限環境生物を観察するときに、彼らは一生を通して苦しみ続けているに違いないと考えがちである。彼らの生理学的なレジリエンス（逆境力）だけでなく、心理学的な不屈の精神にも感心しているのだ。私たちは自分の感覚を彼らに投影し、自分にとって不快な環境だからという理由で、彼らも不快に感じているものと思い込む。だが、彼らの感覚は、彼らが生きている環境の温度に合わせて調整されている。ラクダは照りつける太陽を苦にしていない可能性が高いし、ペンギンたちもおそらく、南極の嵐の中で身を寄せ合うことを何とも思っていない。吹き荒れたければ吹き荒れろ、寒さなど痛くも痒くもない、といったところだろう。

現在、わが家の温度自動調節器は二一℃を示している。しかし、家全体が同じ温度というわけではない。私が仕事をしている南向きの居間は、他の部屋よりもかなり温度が高い。この文章を打ち込んでいる今、私の頭は太陽光線に温められているが、机の下の足は日陰で冷えている。このような温度差は、小さな規模でも存在する。私の皮膚から五ミリメートル離れた空気の温度は、おそらく皮膚よりも一〇℃ほど低い。そのため、私の腕に止まったハエは、足と羽でかなりの温度差を経験しているものと思われる(16)。体が小さいので、ハエは環境温度をすぐに取り込む。私の頭に止まっていたら、ハエの体温はほんの数秒のうちに太陽の熱で有害なほど上昇していただろう(17)。だが、ハエの触角の先にある温度感知器のおかげで、そのような事態になる可能性は低い。

神経科学者のマルコ・ガリオは、温度の異なる四区画で構成された容器にショウジョウバエを入れた実験——二枚組のプレートを異なる温度で加熱したマトス゠クルーズの実験と本質的には同じだ——で、ハエの温度感知器の性能を実証した(18)。この実験で、ハエたちは彼らが好む二五℃の区画には余裕で滞在するが、隣接する二つの区画——彼らが嫌う三〇℃の区画と、彼らに死をもたらす四〇℃の区画——は回避することが示された。しかも、信じがたいスピードでその判断を下していた。高温の区画との境界に接するたびに、まるで目に見えない壁にぶち当たったかのように、すぐに急角度でUターンするのだ。

そのようなアクロバット飛行が可能なのは、ハエの触角を構成するキチンが熱伝導に優れ、かつ、触覚自体が微小であるからだ。おかげで触覚の温度は一瞬にして外気温と平衡化されるため、誤って高温または低温すぎる空気に突入しても、瞬時に判断できるのだ。ガリオはさらに、ハエが二本の触角をステレオ式の温度計のように使って熱の勾配を確認していることも明らかにした。ちょうど、犬が左右の鼻孔を使って匂いの勾配をたどっていたのと同じ原理だ。ハエは、どちらか一方の触角の温度が他方より〇・一℃高いだけでも勾配を判定でき、より快適な温度の方向に舵を切ることができるのだ。こうした実験結果についてガリオが語るのを聞きながら、私はこれまでに遭遇してきたハエの動きを思い返していた。彼らの飛行経路は、いつも無秩序かつ無作為であるように見えていたが、今は目的をもってその経路を選んでいるように見える。高温と低温の障害物を避け、あいだを縫うように飛んでいたのだ——私たちはその障害物を知覚できないので、気にとめることなく押し通っているけれど。

ハエのこのような能力は「走熱性」と呼ばれ、動物界に広く見られる[*1]。大きな生き物も小さな生き物も、周囲が許容できない状態になっていないか判断したり、自分が動くと周囲の温度がどう変化するのかを測定したりするために、自分の温度感知器を利用している。隠された物に近づくほど暖かくなるのか寒くなるのかを告げられた子どもたちが室温を頼りに探し出そうとするのと同じように、ほとんどの動物は、日向や日陰、そよ風や水の流れによって生み出される熱勾配を把握するために周囲の温度変化を利用している。だが、なかには、この広く普及した能力をもっと珍しい能力へと転換させた動物もいる。その動物たちは、A地点よりもB地点のほうが高温であることをその場まで移動しなくても把握できるし、離れた場所から熱源を能動的に探し当てることもできる。

一九二五年八月一〇日、午前一一時二〇分、カリフォルニア州コーリンガの町の近くの給油所を、稲妻が襲った(23)。その一撃で辺りは火の海になり、三日間燃え続けた。炎は天高く燃え盛り、夜には九マイル(約一四・五キロメートル)離れた場所でもその明かりで本が読めるほどだった。そうやって本を読みながらも、カーテンのように大きく揺れる煙を背景に、黒い小さな点々が猛火に向かって流れていくのに気づいた人もいたかもしれない。その黒点の正体は、「ファイヤーチェイサービートル(火を追いかける甲虫)」だ。その名のとおり、火を追いかけて生きている。

炎に引き寄せられる虫といえば蛾《ガ》が有名だが、蛾は炎の「光」に引き寄せられる。*2 しかし、ファイヤーチェイサーであるナガヒラタタマムシ属の甲虫は、炎の「熱」に引き寄せられる。この体長半インチ(約一・三センチメートル)ほどの黒い昆虫について、昆虫学者のアール・ゴートン・リンズリーは、精錬所や、セメント工場の窯、砂糖精製所の熱いシロップが入ったタンクの中に「信じられないほど膨大な数」で見つかると記述している(24)。リンズリーは、ある夏の日の野外バーベキュー場で「大量の鹿肉を焼いて」いたときにも、この甲虫が群れをなして飛んでくるのを目撃している(25)。また、一九四〇年代には、カリフォルニア大学バークレー校のカリフォルニア・メモリアル・スタジアムでフットボールの試合が行われるたびに、この甲虫が飛来し、「衣服に止まったり、首や手に噛みついたりして」観戦者を苦しめていた。これはおそらく、「約二万人の喫煙者が燻《くゆ》らせる巻きタバコの煙がスタジアム上空にもやのように垂れ込めていたため、甲虫たちはその煙に引き寄せられていた」ものと考えられる。これらの出来事は、人間だけでなく甲虫にとっても不幸なことだった。なぜなら、工場もバーベキュー場もスタジアムも、甲虫にとっては何の役にも立たない場所であり、本来の標的――山火事――に向かう妨げになっているからだ。

山火事の現場に到着すると、甲虫たちは、おそらく動物界でもトップクラスのドラマチックなシチュエーションで――森を燃やす炎に囲まれながら――交尾する(26)。やがて、焼け跡の熱が冷めると、雌は焼け焦げた樹皮の上に卵を産みつける。木を食べて育つ幼虫にとって、その場所は孵化した瞬間から楽園である。山火事で損傷を受けた木々は、幼虫に内部を食い荒らされても十分に抗《あらが》うことができない。

＊1　魚類は、小さな幼生も体長三〇フィート（約九メートル）のジンベエザメも、より温かな浅瀬に向かったり、より冷たい深海に潜ったりすることによって自分の体温を調節している(19)。海底の火山性熱水噴出孔の中で生息する硫化物ワームは、激しく乱れながら立ち昇る熱水の中で周囲より温度の低い「冷水ポケット」を見つけ出すことができる(20)。太陽光で飛翔筋を温めているチョウは、羽の上にある温度感知器で過熱を感知すると、日光浴を中止する(21)。カメの胚は、孵化する前から日光浴をするために、走熱性を発揮して卵の殻の中で最も暖かい側に移動することができる(22)。

＊2　チョウの羽に温度感知器があることを明らかにした昆虫学者のナオミ・ピアスは、蛾がロウソクの炎の「光」だけに引き寄せられているのかどうか完全には確信していない。彼女は同僚のナンファン・ユーとともに、何年も前から、蛾の触角が赤外線感知器として機能している可能性について調べている。

幼虫の捕食者となりうる動物は、残り火や灰から放出される煙と熱によって遠ざけられている。そんな平和な場所で、彼らはすくすくと育ち、成熟し、やがて次の火事場を探し求めて飛び立つ。だが、山火事が起こるのはまれで予測もできないため、甲虫は遠方からでも感知できるように何らかの手段をもたねばならない。夜行性の昆虫であれば遠くからでも炎を簡単に見つけられるが、昼行性なのでそうはいかない。立ち昇る煙を頼りにできればよいのだが、雲と煙を見分けられるほどの視力はない。彼らの触角は木の焦げる匂いを確実に感知できるのだが、そのような匂いは風向きに大いに影響される。そんな彼らにとって、最も信頼のおける手がかりとなるのが、熱だ(27)。

すべての物質に含まれる原子と分子は、絶えず小刻みに振動しており、その振動が電磁放射線を生む(28)。物質の温度が高くなるほど、分子の振動は速くなり、放出される放射線の量も周波数も高まる。この放射線には可視光も一部含まれる――熱された金属が光る様子を思い出せばわかるだろう――が、大部分は赤外線スペクトルだ*。私たちは赤外線を見ることはできないが、感じることならできる。暖炉のそばに立てば、燃えている薪から放射された赤外光があなたに届き、そのエネルギーを吸収して、暖炉に近い側の皮膚が加熱され、温度感知器が作動し、あなたは熱を感じることになる。また、赤外光に照らされている部分は熱くなるが陰になっている部分は熱くならないので、赤外光がどの方向から照射されているのかもわかる。ただし、そんな芸当ができるのは熱源に近い範囲に限られる。赤外光は暖炉から全方向に広がり、その一部は進行中に空気に吸収される。暖炉の薪から離れるほど、あなたに届く赤外光は少なくなり、やがては、届いたエネルギーを取り込んでもその温かさに気づけなくなる。熱源が極端に強ければ（太陽のように）、遠くの熱源から届く赤外光でも感知できるが、そうでなければ、特殊な感知器が必要だ。ナガヒラタタマムシ属の甲虫には、まさに、そんな特殊な感知器が備わっている。

この甲虫の羽の下、ちょうど中脚の裏側辺りには、左右に一つずつ「孔器」と呼ばれる凹みがある。その凹みには、約七〇個の球体が一塊りに集まって収まっていて、形の歪んだラズベリーのように見える。動物学者のヘルムート・シュミッツがこの球体を顕微鏡下で調べたところ、各球体の中は液体で満たされていて、圧受容性神経末端が内包されていた(29)。赤外線がこの球体に当たると、内部の液体が温められて膨張するが、球体の外郭が硬くて膨らまないので、内部の圧が高まって神経末端を圧迫し、ニューロンの発火が生じる。これは、この章の前半で私たちが見てきたのとは異なる種類の熱感知機構となっている。冬眠する地リスや、激しく進路を変えるショウジョウバエとは異なり、ナガヒラタタマムシ属の甲虫は、周囲の気温を測定するのではなく、暖炉の熱を浴びているときの人間と同じように、熱源から赤外光として伝わってくる放射熱を感知しているのだ。

甲虫たちは何十マイルも離れた場所から燃えている森や火事場まで頻繁に移動するので、甲虫に備わっているこの球形の感知器の感度は、並外れて高いに違いない。一九二五年に稲妻に撃たれたコーリンガの町の給油所は、樹木の生えない乾燥した地域にぽつんと建っていたので、その場に飛来した甲虫の大半は、そこから東へ八〇マイル（約一三〇キロメートル）のところにある森から移動してきた可能性

＊赤外光に含まれる波長の範囲はかなり広く、あなたの腕の長さが赤外領域の幅だとしたら、可視光の領域の幅は髪の毛一本の太さにも満たない。赤外領域のうち最も波長の短い領域は「近赤外」と呼ばれ、1章でちらっと登場した回遊魚のサケや、暗視ゴーグルを装着した人間など、一部の動物には見えている。中波長赤外線になると、そのようなセンサーでは見えなくなるが、赤外線誘導式ミサイルが追尾するのも、山火事から放出されるのも、ナガヒラタタマムシ属の甲虫が追いかけるのも、この波長領域の光だ。「遠赤外」は、温かい体から放出され、赤外線サーモグラフィカメラやガラガラヘビによって感知される。

が高い。シュミッツは、この距離に基づいて一九二五年の火事の事例をシミュレーションし、甲虫の孔器の感度が市販されているほとんどの赤外線検出器よりも優れていて、液体窒素による冷却が必要な最新鋭の量子検出器と同等の感度であることを算出した(30)。だが、これほど優れた感度を孔器だけで実現するのは不可能だとシュミッツは考えている。甲虫には、孔器の反応性を高める仕組みが何か備わっているに違いない。

飛行中、甲虫の羽は振動を生み、その振動は羽のすぐ下の孔器へと伝わり、球形の感知器を揺さぶり、感覚ニューロンを発火寸前の状態に追い込む(31)。この状態であれば、感覚ニューロンを発火させるために必要となる赤外放射量はかなり少なくなる。この考え方を別の表現で喩《たと》えてみよう。床に置いてあるレンガにハエがぶつかっても、レンガはびくともしないが、このレンガの平らな側面ではなく角を床につけてバランスをとって立たせた場合、そこにハエがぶつかれば、レンガは倒れるだろう。角で立たせた状態のレンガは、あとほんのちょっとエネルギーを加えただけで反応する状態にある。シュミッツは、このレンガと同じように甲虫の熱感知器も、羽が生み出す振動によって、反応寸前の状態に保たれ、通常なら弱すぎて感知できないような赤外光源も感知できるように準備されているのだと主張する。木に止まっている甲虫の感度は比較的低いが、火を求めて飛び立った途端、甲虫の体は感知器の探索エリアを自動的に拡大し、遠くの熱源の微かな痕跡さえも明るい標識に変えてしまうのだ*。

この甲虫の体は、他の面でもよくできている。他のすべての昆虫と同様に、この甲虫の体表面は、火から放出される種類の赤外放射をとてもよく吸収する。火を追いかけることに、元から効率よく適合していたのだ。彼らの先祖は、自分の体が元から自然に吸収していた赤外光の意味を解するためだけに、感知器を発達させる必要があった。そして、ナガヒラタタマムシ属の二種がそれを成し遂げ、五大陸全土に広がることに成功した[32]。彼らがオーストラリア大陸に到達することはなかったが、オーストラリア大陸でも、別の種類の三種の昆虫が、独自の進化の中で赤外感知器を獲得し、焼け焦げた森という静かな楽園の恩恵を享受している。火を追いかけるという芸当はとても有用で、少なくとも四回以上は進化の中で獲得されている。また、動物が追いかけたくなる熱源は、火だけではない。体温を探知して追跡する種もいる。

「ここからは立ち入らないでください」とアストラ・ブライアントに言われた私は、従順に聞き入れ、ブライアントが冷蔵庫の中を捜索するあいだ、外で佇(たたず)んでいた。数分後、彼女はピペットをもって現れた。ピペットの先のチップの中には、五マイクロリットルの透明な液体が入っていた。ほとんど見えないほど少量である。ましてや、その液体の中を泳ぐ数千匹の線虫の姿など、見えるわけもなかった。

線虫は、動物の中でもとくに多様性に富み、膨大な数のグループに分類されている。そのうちの数万種は、人間にとってほぼ無害だが、なかには例外もあり、今、ブライアントが運んでいる種——糞線虫 *Strongyloides stercoralis*——も例外に含まれる[33]。糞線虫の幼虫は、糞便で汚染された土壌や水の中に多く存在する。運の悪い人物がそのような場所に立ったり歩き回ったりすると、幼虫たちが泳いで寄ってきて、皮膚に侵入する。糞線虫は、鉤虫などの皮膚に侵入する他の線虫と同じく、ベトナムからアラバ

＊この考えは、現時点では推論にすぎず、もそれも、孔器から熱をまったく奪うことなく実行しなければならないからだ。さらに、ヘルムート・シュミッツの羽ばたき理論が正しいとしたら、飛行中の昆虫で検証しなければならない。「それはとても困難です」と、彼はドイツ人らしい控えめな表現でいう。

213 ｜ 第5章 寒暑を生き延びる——熱

ままで、世界中の約八億人に感染している。治療もきわめて難しい。ブライアントと、彼女を指導する立場のエリッサ・ハレムは、ときには死に至る。治療もきわめて難しい。ブライアントと、彼女を指導する立場のエリッサ・ハレムは、新たな感染予防策を生み出すために、糞線虫が最初の感染時に宿主をどうやって見つけているのかを解明しようとしている。匂いがこの難問にかかわっているのは間違いない。そして、熱もかかわっている[34]。

ブライアントは、そんな怪物が入ったピペットを、扉にバイオハザードマークが表示されたスチール製の実験箱へ運んだ。箱の内部には、半透明の板状のゲルがあり、右側が室温、左側が人間の体温になるように非対照的に加熱されている。ブライアントがそのゲル板の中央辺りにピペットの液体を絞り出すと、すぐ横のモニターに糞線虫の幼虫の姿がリング状の白い点々として映し出された。そして、恐ろしいほど即座に、その点々が動きはじめた。リングはすぐに雲状に広がり、その雲は左へ――熱に向かって――漂流していった。いや、漂流というより疾走だ。一匹ずつの体長はわずか一ミリメートルか二ミリメートルほどだが、その何百倍もの距離をあっという間に移動した。私はこれを見て、なぜ何億人もの人々が感染しているのかを理解しはじめた。三分もたたないうちに、すべての幼虫が左端に集まり、感知できているのに見つからない熱源を探していた。「最初に見たときは、私も衝撃を受けました」とブライアントは言う。数時間かけて移動するものと予想していた距離を、ほんの数分で進んでいったからだ。「私がこの映像を講演で流すと、たいていの場合、会場がどよめききます」。

寄生という言葉は不気味に聞こえるかもしれないが、自然界では、ごくありふれた生活様式である。動物種の大多数が寄生動物である可能性もあり、他の生き物の体を利用して生存している[35]。そのような「居候」の多くは、宿主を選ぶ際の好みがうるさく、理想の標的を見つけるための手段を必要としている。匂いはよい手がかりになる。だが、数億年前に、もう一つの可能性が浮上した。

214

鳥類と哺乳類の祖先たちは、外気温とは切り離して自分で熱を産生して体温を調節する能力を、それぞれ独自に進化させた。専門用語では「内温性」、一般的には「温血」として知られるこの能力のおかげで、鳥類と哺乳類はスピード（速度）とスタミナ（持久力）、耐久力と可能性に恵まれ、そのおかげで、極端な環境でも生存でき、長期間でも長距離でも活動的でいられるようになった。しかし、その一方で、追跡されやすくもなった。揺るぎない体温は、絶えず派手な標識のように存在を顕示し、なかでもとくに血管などは、寄生動物が宿主を見つける際の手がかりとして利用される。結局のところ、血液は最高に豪華な食料源だ――栄養豊富で、バランスがよく、通常は無菌状態である。少なくとも一万四〇〇〇種が血液を主食として進化してきたことも、そのような種の多く――トコジラミ、蚊、ツェツェバエ、サシガメ――が熱に適合していることも、何ら不思議ではない(36)。

哺乳類で血液のみを餌とするのは、三種の吸血コウモリだけである。そのうちの二種はもっぱら鳥類の血を飲むが、ナミチスイコウモリは哺乳類を標的とし、なかでもウシやブタのような大型の哺乳動物の血を好む。ナミチスイコウモリは鼻先から尻尾の先まで三インチ（約七・六センチメートル）ほどの小型の動物で、ブタのような扁平な顔をしている。地上では、翼を背中側に折り畳み、四本の脚を不格好に広げた姿勢をとっている。標的に接近するときは、背中に直接舞い降りることもあれば、標的のすぐそばに着地してからコウモリらしからぬ動きで標的の背中までよじ登ることもある。ひとたび接近すると、刃物のような門歯で痛みを感じさせずに小さな切れ目を入れ、流れ出る血液を舐《な》める。唾液に含まれる「ドラキュリン」という成分が血液の凝固を抑制するため、最長で一時間も血を舐め続けることができる。自分自身の体重と同量の血液を飲むことができるが、生きていくために毎夜一回はそれだけの量を飲まなければならない。遠く離れた場所から標的を追跡する際には他の感覚の助けも借りるが、六インチ（約一五センチメートル）以内まで接近すると、温度感覚を使って吸血に適した部位を選定する。

ナミチスイコウモリの熱感知器は鼻にあり、鼻はぷにっとした半円部と、それを覆うハート形のひだで構成されている(37)。そして、このひだとひだに挟まれた窪みに、幅一ミリメートルのピット器官（小さな窪み状の器官）が三つあり、いずれも熱を感知するニューロンで満たされている。この吸血コウモリは、赤外線を感知する動物の中では珍しい独自の問題を抱えている。彼ら自身も温血動物であるため、ピット器官内のニューロンは、自身の体温によって撹乱される宿命にあるのだ。しかし、高密度の網状組織がそのような撹乱を遮断し、ピット器官は顔の他の部分よりも九℃ほど低温に保たれている。

前述のとおり、エレナ・グラチョーワは、可愛らしい地リスの研究をはじめる前はこのニューロンの研究をしていた(38)。ベネズエラにいる彼女の研究仲間が、ウマに乗って吸血コウモリのねぐらになっている洞窟に乗り込み、そのウマを餌にしてコウモリをおびき出し、解剖してピット器官のニューロンを摘出し、その組織サンプルを米国にいるグラチョーワのもとに送ってくれていた。彼女はそのサンプルを分析することによって、ピット器官のニューロンには特殊バージョンのＴＲＰＶ１――本章の前半で登場した温度感知器と同じもので、通常は痛みを伴う熱や刺すような辛味を感知する――が搭載されていることを明らかにした。ＴＲＰＶ１は、その動物が痛烈な熱さとして認識すべきものが何であるかに基づいて、さまざまな温度設定で調整されている。冷血動物であるゼブラフィッシュでは三三℃、温血動物であるマウスや人間では四二℃、といった具合だ。吸血コウモリのＴＲＰＶ１も、典型的な哺乳類の設定に合わせて調整されているが、ピット器官のニューロンのＴＲＰＶ１だけは例外だ。典型的な温度よりかなり低い三一℃で調整されている。そのように感知器の設定を再調整することによって、極度の高温ではなく、体温を感知できるようにしたのだ。

ダニも血を吸うが、ダニの熱感知器は一対目の脚の先端にある。脚を大きく揺らすダニの姿——宿主探索行動の探求段階として知られている——は、何かをつかみとるのを待っているかのように見える。いや実際に、彼らは待っているのだが、同時に、感知もしている。「環世界」という概念の考案者であるヤーコプ・フォン・ユクスキュルの著書には、ダニは匂いを通じて宿主を追跡し、素肌の上に着地したかどうかの確認のみに温度を利用すると書かれている。だが、これは真実ではない。アン・カーとヴィンセント・サルガドによる最近の研究で、ダニは一三フィート（約四メートル）も離れた場所から体温を感知できることが明らかにされたのだ[39]。さらに驚くべきことに、ＤＥＥＴやシトロネラのように虫よけとして広く使用されている防虫剤には、ダニの嗅覚を撹乱する効果はないが、ダニによる熱の追跡を止める効果はあることも、この二人によって明らかにされた。この発見は、ダニによる咬傷の新たな予防法につながる可能性がある。同時に、科学者たちはダニに関する大量の先行研究の再評価を迫られることになりそうだ。研究者はこれまで、ダニの環世界について不正確なイメージを思い描いてきたことになる。そのイメージのせいで誤って解釈された実験が、過去にどれほどあったのかを再検討する必要があるだろう。

あとから考えれば、ダニの温度感覚については、もっと早くに明らかにされているはずだった。探求する脚の先端にある器官については、ほとんどの研究者が匂い感知器だと考えていた。しかし、その構造——小さな球形の窪みの基底部にニューロンがある——は、吸血コウモリの顔にある感覚器とそっくりだ。種明かしをしてしまうと、実は、この窪みは小さな孔の開いた薄いシートで覆われている。ほとんどの匂い物質がそのシートに阻まれて基底部のニューロンに到達できないのだから、鼻として機能するには最悪のデザインだ。しかし、赤外線感知器としては、とても優れたデザインだ。遠くの宿主の血液から放出された赤外放射の大部分は、そのシートによって遮断されるが、一部はシートの孔を通り抜け、窪みの底を部分的に照らすことになる。基底部のどのビットが照らされているのかを解析すれば、赤外放射の方向と熱源のおおよその位置が割り出せる。この考え方は、まだこれから立証する必要があるものの、筋は通っている。結局のところ、自然界で最も洗練された熱感知器も、このような仕組みになっているのだから。さあ、それでは、その熱感知器の持ち主を探しにいこう。用意すべきものは、ほんの少しの勇気と、脚に装着する保護パッドと、長いポールだけだ。

私たちは「ジュリア」を探したが、見つからなかった。私たちの真正面にいることはわかっている。目の前には、「棘《とげ》のある梨」と呼ばれるサボテンの茂みがあり、彼女はこの茂みの中にあるネズミの巣に身を潜めているのだ。姿は見えなくても、ビープ音は激しく鳴っている。私たちが手にしているアンテナが、彼女の体内に埋め込まれた送信器からの無線信号を捉えている証拠だ。それでも、彼女自身は静かだった。ガラガラという音さえ出さない。私たちは彼女を諦め、他のヘビを探すためにその場をあとにした。

私と妻のリズ・ニーリーは、カリフォルニア州の低木地にあるフェンスで囲まれた米国海兵隊の広い所有地に、ガラガラヘビを探しにきている。私たちを指導するのは、子どものころからヘビやトカゲを追い回し、今もまだ追い続けているルーロン・クラークと、彼の学生であるネイト・レデツキーだ。レデツキーは、民家の近くにヘビが現れるたびにヘビを移動させなければならないらしく、一部のヘビには無線追跡装置を埋め込んであるそうだ。私たちは「ガラガラヘビ渓谷道」と名づけられた泥だらけの細道に車を止めると、ケブラー製の保護パッドを脚に装着し、ヤマヨモギを踏みしめ、ウイキョウが香る空気を吸い、ウルシに触れないように素早く身をかわしながら、岩場を登っていった。

「爬虫類を扱う仕事をしていると、温度と天候に敏感になりますよ」とクラークは言う。彼はこの日の探索の出発時刻を早朝に定めた。天気予報どおりなら、「一〇月にしては季節外れの陽気」に誘われて日光浴をしているガラガラヘビに遭遇できるかもしれないからだ。しかし、予報は外れた。実際は肌寒く、雲に覆われていた。それでも私たちは外出したが、ヘビは外に出ていなかった。「パワーズ」はサボテンの茂みの奥深く、「トルーマン」は山積みの岩の隙間のどこか、「ジュリア」は人目につかない場所にいる(レデツキーはすべてのヘビに歴代の大統領と大統領夫人の名前をつけている)。私たちがそろそろ諦めようとしていたそのとき、大きなビープ音が鳴った。それを聞いたレデツキーは急に活気づき、丘の中腹辺りを飛び跳ねて回り、次の瞬間、「マーガレットを発見!」と叫んだ。低木の枝を持ち上げると、茂みの奥にトングを突っ込み、一匹のアカダイヤガラガラヘビを引きずり出した。体長三フィート(約九〇センチメートル)の赤褐色のヘビだ。アカダイヤガラガラヘビはおとなしい性格だと言われているが、彼らの我慢にも限界がある。捕獲袋の中に落とされたマーガレットは、袋を激しく攻撃し、布地に黄色い毒液の染みをつけた。袋の中に収まったあとも、ガラガラと音を鳴らしていたが、寒かったせいか、その音は鈍かった。

その後、レデツキーはマーガレットを軽くつついて、彼女の体よりも一回り幅広いプラスチック製の筒へと追いやった。彼女の尾を筒の片端でそっと保持しながら、私は筒の反対側から彼女の顔を眺めた。彼女の瞳は垂直に細長く開いていた。口は真ん中で上向きに曲線を描いているため、しかめっ面のようにも見える。瞼《まぶた》のない眼の上には、大きな鱗がひさしのように水平に突き出していて、私が「休息中のクサリヘビの顔」と呼んでいる表情――永遠の怒りの表情――を生み出している。通常なら見た者が恐怖心を抱くであろう顔立ちなのだが、私は彼女を美しいと思った。彼女が私のことをどう思っているかは誰にもわからないが、この距離なら間違いなく、彼女にも私の顔が見えているはずだ。しかも、眼で見えるだけでなく、鼻孔の後ろに位置する一対のピット（小さな窪み）でも、私の温かい顔から溢れ出る赤外放射を感知できているはずである。程度は劣るものの、衣服を着た体からも赤外線は放射されている。冷たい朝の空を背にした私の姿は、さぞかし輝いて見えたに違いない。

熱を感知するピット器官は、ヘビの三つの分類群でそれぞれ独自に進化してきた(40)。そのうちの二つ、ニシキヘビ属（パイソン属）とボア属は、無毒で、螺旋状《らせん》に巻きついて獲物を絞め殺す。[*1] 三つ目は、マムシ属――ヌママムシ、アメリカマムシ、ニホンマムシ、ガラガラヘビなど――で、猛毒をもつ。[*2] ガラガラヘビは温かい物体を攻撃し、死んでから時間がたったマウスよりも殺されたばかりのマウスを好み、完全な暗闇でも標的への攻撃を命中させることができる(43)。生まれたときから眼がなくて先天的に目の見えないガラガラヘビでも、目の見えているガラガラヘビと同等の効率でマウスを殺すことができる(44)。ピット器官のおかげで命中率が高まり、げっ歯類にただ命中させるのではなく、頭部を狙って命中できるほどだ。

マムシの温度感受性は、このピット器官の構造によってもたらされる（ダニの脚の先端にあるピットと似た構造をしている）。その形状を大まかに把握したければ、金魚鉢の底に小さなトランポリンを設置した状態で、金魚鉢ごと横向きにしたところをイメージするといい。開口部は狭く、奥が開けた空間になっていて、その空間を区切るように薄膜が張られている。入り口を通過した赤外放射は、膜を照らして加熱する。この膜は外部環境に晒《さら》されていて、中空に張られた状態にあり、この本のページの六倍ほどの厚みがあるため、赤外放射に照らされて加熱される事象は簡単に起こる。そして、この膜にはごくわずかな温度上昇も感知する神経末端が七〇〇〇本ほど集結している。この神経には、エレナ・グラチョーワが発見したとおり、熱感知器であるTRPA1が備わっていて、ヘビの体の他の部位に比べて四〇〇倍の数のニューロンが接続している。このニューロンは、膜の温度がわずか〇・〇〇一℃でも上昇すれば反応する(45)。この驚異的な感受性のおかげで、マムシは最長一メートル先を走り抜けるげっ歯類の体温を感知できる(46)。あなたの頭の上に置かれたマムシは、目隠しされた状態でも、腕をまっすぐ伸ばしたあなたの指先に置かれたネズミの体温を感知できるということだ。*3

ピット器官は、構造的には眼と類似している。赤外光を感知する膜は、網膜に相当する。赤外光を取り込む入り口は、瞳孔に相当する。そして、瞳孔もそうだが、ピット器官の入り口も狭くなっているため、膜の一部は入射した赤外光によって加熱されるが、他の陰になっている部分は冷たいままだ。ヘビはこの温冷パターンを使って付近の熱源の位置をマッピングする。ちょうど、網膜に入射する光のパタ

*1 ボア属とニシキヘビ属のピット器官は、どういうわけか、マムシ属のものとはだいぶ異なる。膜が吊るされておらず、感度も低いようなのだ。頭部の前面に一対ではなく、頭部の両側面に数対のピットが並んでいる（ジョージ・バッケンはこのパターンを昆虫の複眼と比較している）。それでも、この三つの分類群は同じ熱感知器——TRPA1——に依存していることを、エレナ・グラチョーワが発見した(41)。

*2 西洋の科学者によるヘビのピット器官についての記述を遡ると、最初に記述されたのは一六八三年で、感覚器官であることは正しく推測されていたが、耳ではないかという誤った推定がなされていた。他にも鼻孔や涙管、あるいは、匂い、音、振動の感知器といった誤った推定が重ねられてきた。ようやく正解にたどり着いたのは、一九三五年、マーガレット・ロス——ヘビの「マーガレット」とは何の関係もない——が、ペットとして飼っていたニシキヘビのピットにワセリンを塗って塞ぐと、温かい物に向かって滑るように進んでいくヘビの行動が見られなくなることに気づいたときだった(42)。彼女は、ヘビが獲物の体温を感知するためにピット器官を用いていることに思い至ったのだ。

*3 これについては、私の言葉を信用し、どうかご家庭で検証しようとしないでいただきたい。

ーンを使って周囲の光景画像を構築するのと同じである。この類似性は、単なる隠喩ではない。ピット器官は事実上、視覚の主役である一対の眼では見ることができない赤外波長の光に合わせて調整された「第二の眼」である、と考える科学者もいる。眼とピットという二つの器官から送られたシグナルは、最初に脳ではない部位で処理され、最終的には「視蓋」と呼ばれる同一の領域に送り込まれる。そこで両器官からの流れが統合され、可視スペクトルと赤外スペクトルの入力情報が、両方に応答するニューロンによって一つに融合される[47]。実のところ、ヘビには赤外光が見えていて、単純にもう一つの色として扱っている可能性もある。「ピット器官を独立した第六の感覚とみなすのは誤りである」と、かつて神経科学者のリチャード・ゴリスも書いていた[48]。「ピット器官は、持ち主の視覚を向上させている」と言うのだ。夜間でも詳細まで見えるようになったり、下草の陰に隠れてよく見えない温かい物体の姿が見えるようになったり、ヘビの注意を走り回る獲物に向けることができるようになったりするわけだ*。

だが、ピット器官は眼にしてはあまりに単純すぎて、不鮮明な視界しか得られない。典型的な網膜に数百万もの感知器が備わっているのに比べて、ピット器官には数千しかないうえに、入射した赤外光を集束させるレンズも存在しない。ネイチャードキュメンタリーなどで、ガラガラヘビが見ている風景を再現するためにサーマルカメラで撮影した映像が使われることも多いが、そのような映像は、この点を誤って伝えてしまっている。青や紫の背景の中を白や赤で表示されたげっ歯類がうろうろと歩き回る映像は、いつも非現実的なほど細部まで詳細に映している。一九八七年公開の映画『プレデター』では、アーノルド・シュワルツェネッガーが人間を狩る地球外生命体に遭遇するが、その地球外生命体が見ている光景として登場する不鮮明な赤外線映像のほうが、より現実的な描写だといえる（プレデターの描写が現実的であることを誰かが非難するのは、おそらくこれが最初で最後だろう）。

最近では、物理学者のジョージ・バッケンが、マウスが丸太を横切って走り抜けるときにピット器官ではどんな映像が取得されるのかをシミュレーションした。その結果として得られた画像は、画質が粗く、大きな冷たい塊の上を小さくて温かな物体が動いているだけのものだった(50)。あなたの指の上にいるマウスは、あなたの頭の上にいる目隠しをされたガラガラヘビにとって感知可能かもしれないが、マウスが二頭筋辺りまで近づいてこないと、その輪郭までは見分けられないだろう。マムシ属のヘビは、待ち伏せ場所を慎重に選ぶことによって、この欠点を補っている。ヨコバイガラガラヘビは、周囲の環境の中で高温になったり低温になったりを高速で繰り返す温度境界に狙いを定める傾向にあるため、動き回る温血動物のほうが見分けやすくなる(51)。中国の蛇島（ショーダオ）に在来するマムシは、春になると鳥を旺盛に食べるのだが、渡り鳥をより感知しやすいように、頭上が開けた場所で顔を空に向けて待ち伏せる(52)。

こうしたヘビたちは、実際にはどのように熱を知覚しているのだろうか？　中国の爬虫両生類学者である唐業忠《タン・イエジョン》は、尾の短いタンビマムシの研究によって、その手がかりを得た(53)。片眼と、同じ側の片ピ

＊地リスはガラガラヘビの赤外感覚を欺くことができると主張している科学者もいる。ヘビと対峙すると、地リスは尻尾を高く上げ、温かな血液を送り込むことによって温度を高める(49)。そうすることで、サーマルイメージで見たときに体の輪郭が大きく見え、熱を感知できる捕食者に対して、より強く威嚇することができるのだ。実際には、地リスがこのような行動をとるのはガラガラヘビに対してだけである。赤外を感知できない無害なインディゴヘビに対してはしない。ガラガラヘビに対する地リスのこの行動は、二つの種のあいだで交わされる赤外コミュニケーションの最初の事例としてたびたび引き合いに出されてきた。しかし、クラークを含め、これに納得していない科学者もいる。地リスはただ尻尾を高く上げているだけで、血液が送り込まれるのは危機感を覚えているからかもしれない。ガラガラヘビに対してはこのような行動を見せるのに、インディゴヘビに対しては見せないのは、前者のほうがより警戒すべき相手だからかもしれない。

ットを塞いでも、ヘビは八六パーセントの確率で獲物を仕留めた。両眼または両ピットを塞ぐと、確率は七五パーセントまでやや低下した。ところが、片眼と、反対側の片ピットを塞ぐと、命中率はわずか五〇パーセントまで低下したのだ。この予想外の結果は、ヘビが視覚情報と赤外情報を組み合わせていることを示唆している。だが、こんなにも分解能の異なる二つの感覚を、いったいどのように処理しているのだろうか？　バッケンは、ピット器官から得た精度の粗い情報を、眼から得た遥かに精度の高い情報を用いて、より正確に解釈する方法を脳が習得したのではないかと考えている。結局のところ、人間も、人工知能をプログラミングし、十分に膨大な数の画像を用いて学習させることによって、画像を分類させたり隠れたパターンを見分けさせたりすることができる。もしかしたら、ヘビの場合も、ピット器官から得られる不鮮明な情報を解釈するために脳が必要とする学習用の画像セットを、眼が提供しているのかもしれない。

　ピット器官によってどんな利点がもたらされるにせよ、それは大きな影響を与える重要な利点に違いない。ピット器官の膜内の神経に搭載されている「ミトコンドリア」と呼ばれる微小なバッテリーの数は、典型的な感覚器官に存在する数よりも遥かに多い(54)。これは、赤外感覚が大量のエネルギーを必要とすることを示唆しており、ということは、そのコストに見合う恩恵がもたらされているに違いないのだ。確かに、マムシ属のヘビのほうがピット器官のないヘビよりも優位であるように思える。[*1] だが、私が赤外感覚についてクラークに質問すればするほど、答えが得られないまま残される問いが増えていった。[*2] ほとんどのヘビには優れた暗視能力も備わっているのに、なぜマムシは赤外感覚を進化させたのか？　赤外感覚によって視力が増強されるのであれば、なぜ他の夜行性のクサリヘビでは進化しなかったのか？　ニシキヘビ属とボア属は、マムシ属とは九〇〇〇万年ほど前に別の進化の道を歩むようになり、狩りの方法もだいぶ異なるのに、なぜ、コブラやガーターヘビのような近縁種が進化させていない中、マムシ属と同じ策略を進化させたのか？　なかでもとくに不可解なのは、ピット器官はどうやら、寒いときのほうが性能が高まるらしいことだ。[*3]「私たちは何かを見落としているようです」とクラークは私に語った。「もしかしたら、赤外感覚はただ単に獲物を狙うためだけのものかもしれませんが、それでも、私たちには理解できない方法でも活用されているのではないかと、私は考えています」。

他の動物の環世界を理解するためには、その動物の行動を観察する必要がある。だが、マムシの行動はほとんどが待機である。彼らは自分で体温を生み出すことができないので、数か月間は食べなくてもやっていけるし、絶好の機会が訪れるまでじっと待ち伏せることができる。勇敢にもマムシについて研

＊1　イスラエルを拠点とする生態学者のバート・コトラーは、ピット器官のあるヨコバイガラガラヘビと、中東のツノクサリヘビ――赤外感覚がない点を除いては、ガラガラヘビにとてもよく似ている――を対決させることによって、これを実証した(55)。野外の広い囲いの中に両者を放すと、ピット器官のないツノクサリヘビは、月のない夜には活動量が減り、暗闇でも熱を利用して狩りができるヨコバイガラガラヘビに主導権を譲った。同じ囲いの中にいるイスラエルのげっ歯類もまた、外来種であるヨコバイガラガラヘビを、在来種のツノクサリヘビよりも大きな脅威として扱うようになった。コトラーは、ピット器官のことを「制約を打ち破る適応」と表現している――ごくわずかな光さえあれば狩りができるようにヘビの捕食効率を次のレベルへと押し上げたのだから、まさに革新である。

＊2　ルーロン・クラークの学生の一人、ハネス・シュラフトが野生のマムシを研究しようとした際にも、困惑するような結果がいくつか得られた。夜になると、ヨコバイガラガラヘビは低木の茂みの中で待機するが、そのような茂みは周囲の砂よりもわずかに温かいため、光を発してランドマークのような働きをするはずだ。しかし、目隠しをされたヨコバイガラガラヘビは、茂みを見つけることができず、迷走しつづけて狩りを成功させることができないことをシュラフトは明らかにした(56)。また彼は、体温が比較的低い標的のほうが動きが緩慢で捕まえやすいはずだと考え、ヘビは獲物の体温を測定するためにも赤外視覚を使用しているのではないか、と予測したが、実験の結果はその予測を否定するものだった。温水の入ったボトルで温めたトカゲの死骸をヘビに見せても、彼らは見向きもしなかった(57)。

究しようとする数少ない研究者たちも、結局は、マムシがあまりにも何もせずにほとんどじっとしているので、実験のために躾《しつ》けるのも——理解するのも——きわめて難しいと結論づけて終わる。だが実ところ、私たちがすでに理解し、躾け方を心得ている動物も、どうやら熱を感知できるようなのだが、どのような方法で感知しているのかを説明するのはとても難しい。

動物学者のロナルド・クローガーは、犬——「ケビン」という名前のゴールデン・レトリーバー——を飼いはじめてから、犬の鼻についてあれこれ考えるようになった。眠っている犬の鼻は温かい傾向にある。しかし、目覚めるとすぐに鼻先は湿って冷たくなる。クローガーは、温かい部屋では犬の鼻は室温より五℃ほど低くい温度に保たれていて、同じ空間にいるウシやブタの鼻よりも九℃から一七℃も低温であることに気づいた(60)。なぜだろうか？　吸血コウモリとガラガラヘビは、熱を感知するピット器官を冷却しているようだ。犬も同じことをしているのだろうか？　犬の鼻は匂いだけでなく、赤外線も感知できるのだろうか？

クローガーは、「できる」と考えている。彼の研究チームは三匹の犬——ケビン、デルフィ、チャーリー——を訓練し、見た目も匂いも同じだが一一℃の温度差がある二枚のパネルの違いを見分けられるようにしつけた(61)。無意識のうちに犬に影響を与えることがないように、調教師にも正解を知らせない二重盲検試験を実施したが、それでも三匹の犬は六八〜八〇パーセントの確率で正解を選んだ。彼の研究チームは、飼い犬の祖先であるオオカミにとって、大きな獲物が放つ赤外放射を感知することが有利に働いていたのではないかという仮説を提唱している。しかし、そのような赤外放射は距離とともに急速に弱まるのに、すでに鋭い聴覚と嗅覚を持ち合わせている動物にとって、いったいどのような恩恵があるというのか？　オオカミは、その鼻で温もりの存在をはっきりと感知できるようになるより優に早く、食餌の匂いを嗅ぎつけることができるはずだ。接近してからも、赤外を感知する鼻の助けを借りなくても、眼と耳で走り回る標的を追跡できるはずだ。「実際にどのように役立っているのか、想像もつきません」と、この研究に携わっているアンナ・バリントは言う。「きっと、既存の枠組みにとらわれず、まったく別の考え方をする必要があるのでしょう」。

さて、他の環世界について考えるとき、距離の問題はつねに重要である。理想的な条件下では、匂いと視力は大きなスケールで働く。赤外感覚は、燃え盛る山火事を感知できるように研ぎ澄まされているのでない限り、もう少し短い距離で働く。次章では、もっと親密な距離感で働く感覚について見ていこう。

＊3　二〇一三年、ヴィヴィアナ・カデナは、ガラガラヘビが息の吐き方を調節してピット器官を能動的に冷却し、自分の体温よりも数℃低い状態に保っていることを明らかにした(58)。その数年後、ルーロン・クラークとジョージ・バッケンは、ガラガラヘビをさまざまな温度に保ち、比較的低温の背景の前で動く温かい振り子を見分ける能力を測定した。驚いたことに、低温のヘビほど、振り子をうまく追跡できた。「ものすごく驚きました」とバッケンは言う。主要な熱感知器がTRPA1であるなら、高温であるほど働きがよくなるはずなのに、このような傾向が見られるのは、道理に合わない。冷血動物は体温が上がるほど効率よく動けるようになるはずなのに、これでは筋が通らない。ガラガラヘビは、体温が上がるほど、動きの速い活動的なハンターになるのに……狩りに必要となる主な感覚の一つが鈍くなっていくなんて。「流れが逆ですし、何が起きているのか私にはまだわかりません」とクラークは言う。他の研究者との率直な意見交換によって気分を一新しようと、クラークとバッケンは「冷たいヘビほど赤外刺激に強く反応するが、理由がまったくわからない」という表題でこの結果を発表した(59)。

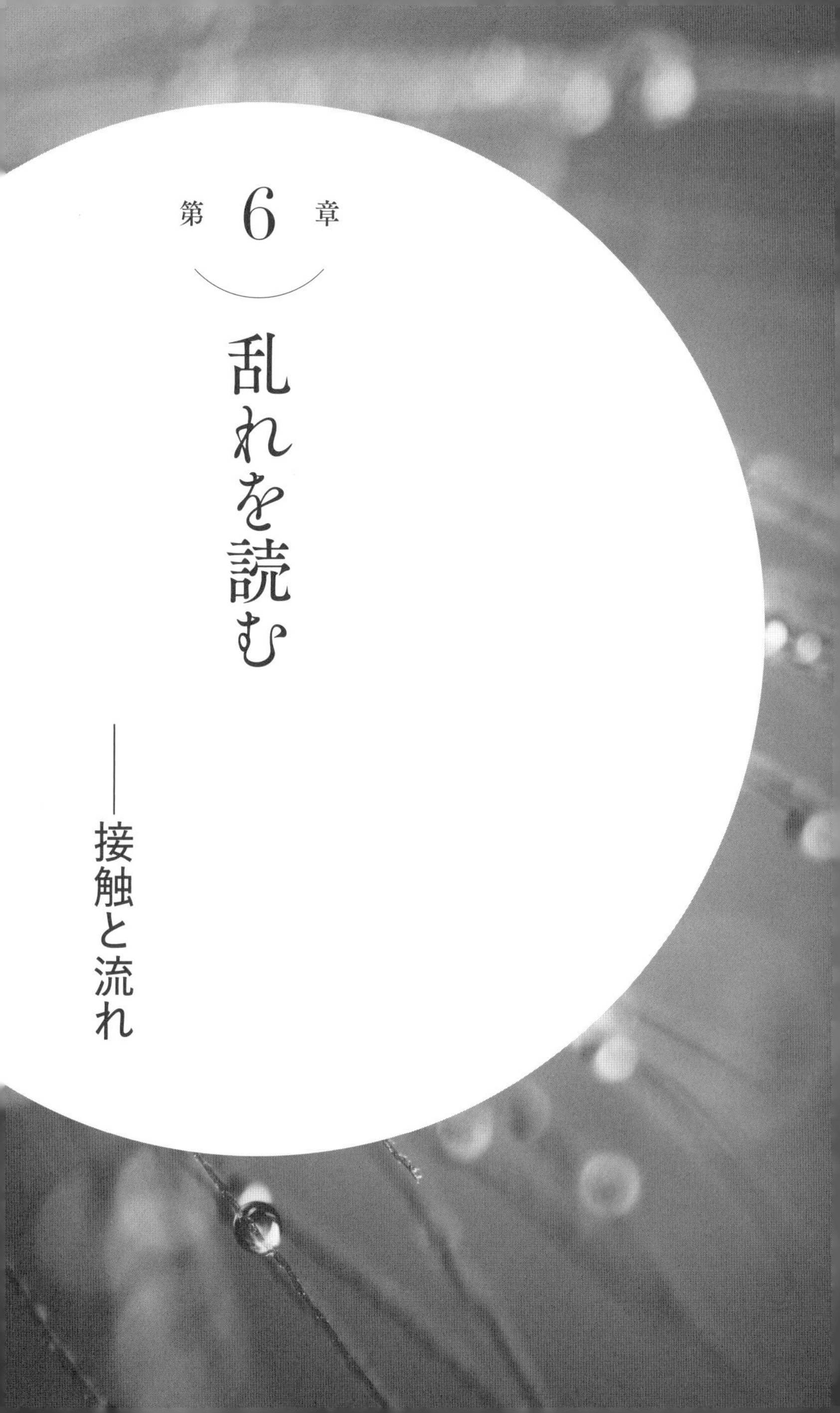

第6章

乱れを読む

――接触と流れ

ゼルカは眠っているのだ、と最初は誰もが思っていた。思春期のラッコであるゼルカは、サンタクルーズにあるロング海洋研究所の、プールつきの囲いの中で暮らしている。彼女は水面に設置されたガラス繊維製のテーブルの下を泳ぎながら、テーブル下にできる狭い空間に鼻先を押しつけた体勢でうたた寝――をしているように見える――をするのが気に入ったようだった。だが、あとからわかったことだが、彼女は実は、うたた寝とうたた寝の合間に、テーブルの脚を固定している留めねじをゆっくりと回して弛めていたようだ。ある日、このラッコの研究をしている感覚生物学者のサラ・シュトローベルは、テーブル全体が傾いていることに気づく。ゼルカは、外れたテーブルの脚を抱えて揺らしながら泳ぎ回っていた。脚を留めていたはずのナットとボルトは排水溝に詰まっていた。

ラッコの写真といえば、背を下にして水面に浮かんだまま眠っていたり手を組んでいたりすることがほとんどだ。それが、ラッコは物静かな怠け者であるという大きな誤解を生んでいる。実際は、「とにかく落ち着きがありません」とシュトローベルは私に語った。「彼らは絶えず何かしています。何かをいじって遊んだり、何かを触ろうとしたり」。この忙しなさは、ラッコだけでなく他のイタチ科――イタチ、フェレット、アナグマ、ラーテル、クズリなどが属する哺乳動物の分類群――の動物にも共通する性質のようだ。しかしラッコは、シュトローベルが「一般的なイタチ科の魅力」と呼ぶ愛らしさに、大きな体――イタチ科の中で最大の体長三〜五フィート（約九〇〜一五〇センチメートル）――と器用な手を持ち合わせている。おかげで、彼らは飼育が難しいことで有名だ。* 「彼らはとんでもなく破壊的なんです」とシュトローベルは言う。「とにかく好奇心旺盛で、何かに興味をもつと、どうやって壊そうか、どうやって中を見ようかと、それぱっかりになるんです」。

知的好奇心旺盛で、器用で、分解好き――このような形質は、彼らの生息環境である北米の西海岸沿いでは大いに役立つ。頻繁に流れ込む寒流は、イタチ科にしては大きいとはいえ、海洋哺乳類にしては著しく小さい生き物にとって、過酷な挑戦である。ラッコには、アザラシやクジラやマナティのような熱を保持する大きな体も断熱性の脂肪もない。ラッコの毛皮は、動物界で最も密度が高く、一平方センチメートル辺りの毛数は人間の頭髪よりも多いが、それでも体中の血の気が急速に引くのを防ぐには不十分だ(2)。体温を保つには、自分の体重の四分の一の量の食料を毎日食べる必要がある。彼らが絶えず忙しなく動き回るのはそのためだ(3)。昼夜を問わず絶えず潜っているし(4)、何でも食べるし、何でも手でつかむ。明かりが不十分でよく見えないときも、手探りで餌までたどり着く。テーブルを解体したときにゼルカが披露したのと同じ手の器用さで、野生のラッコは魚を捕らえ、ウニをつかみ、二枚貝を掘り出す。小さな温血哺乳類である彼らが、冷たい大海で生き延びられるのは、繊細な触覚のおかげなのだ。

ラッコの手の敏感さは、彼らの脳にはっきりと現れている(5)。他の種の場合と同じく、「体性感覚皮質」と呼ばれる脳領域が触覚を司っている。体性感覚皮質ではセクションごとに異なる身体部位からの入力を受け取っており、各セクションの相対的な大きさから、その動物の主要な触覚器官をうかがい知

＊ゼルカは生後一週で孤児になり動けなくなっていたところを二〇一二年に救出され、モントレーベイ水族館に輸送されて、そこで飼育されていたラッコのうちの一匹に育てられた(1)。数か月かけてラッコとして学ぶべきことを学んだあと、彼女は野生に帰されたが、わずか八週間後にサメに残忍に襲われた。再びモントレーベイ水族館に引き取られた彼女は、傷の手当てを受けたあと、再び野生に放たれた。しかし、貝毒に当たったり、人間に慣れ過ぎている兆候が見られたりしたため、米国魚類野生生物局は彼女について「人間との関わりが深すぎて野生では安全に生きられない」と判断した。彼女は、ロング海洋研究所で二年を過ごしたあと、最終的にモントレーベイ水族館に戻り、現在は孤児となった他の幼いラッコたちの代理母親として活躍している。

ることができる(6)。人間の場合は、手、唇、生殖器のセクションが相対的に大きい。マウスの場合は頬ひげ、カモノハシの場合はくちばし、ハダカデバネズミの場合は歯である。ラッコの場合は、手からのシグナルを受容するセクションが他のイタチ科と比べても、近縁のカワウソと比べても、極端に大きい。

だが、ラッコの手の外見は、敏感そうには見えない。それどころか、手らしくも見えない。皮膚の質感はカリフラワーの頭部のようで、指もはっきりとは分かれていない。ラッコの手を握れば、皮膚の下で機敏に動く指を感じられるが、見ただけでは、「凸凹としたミトンのようにしか見えません」とシュトローベルは語った。このミトンで何ができるのかを測定するために、彼女はゼルカを対象として実験を行った(7)。まず、間隔の細かい畝《うね》模様のあるプラスチック板の質感を認識できるようにゼルカを訓練した。そのうえで、その板と、その板よりも畝の間隔がわずかに狭い板や広い板を区別するように指示した。すると、ゼルカは区別できた。間隔の差がわずか四分の一ミリであっても、何度でも確実に正解したのだ。彼女の手は、彼女の脳が示唆しているとおりの感度を本当に備えていたのだ。

しかし、感覚を判定する測定基準は感度だけではない。1章で見たとおり、人間も犬もチョコレートの匂いがする糸を追跡できるが、この同じタスクを人間は苦労してゆっくり達成するのに対し、犬はあっという間に確実に達成してみせる。同様に、人間の手もラッコと同等の感度で質感を区別できるものの、ラッコのほうが圧倒的に判断が速いことを、シュトローベルは実験で明らかにした(8)*。二枚の板の区別がつくまで指先で撫《な》でてもらったところ、有志の被験者は何度も繰り返し撫でたが、ゼルカは手を置いた瞬間に正解の板を選択した。最初に触れた板が正解の場合には、ゼルカはもう一枚に触れもせず正解を選んだ。しかも、判定にかかる時間はわずか五分の一秒で、人間の被験者の三〇倍の速さだった。最も時間をかけて判定した場合でも、人間の最速よりも遥かに速かった。「彼らは何をするときも確信をもってしています」とシュトローベルは言う。
　想像してみよう。今まさに、ラッコが餌を探しにいこうとしている。海面に仰向けで浮かんでいたかと思うと、くるっと体を回転させて潜る。海中にいられるのはわずか一分間——あなたがこのパラグラフを読むのにかかる程度の時間だろうか(9)。下降していくだけで貴重な時間を何秒も食うことになるので、望ましい深さまで到達したら迷っている暇はない。すさまじい勢いでミトンのような手を海底に押し当て、何かないか調べて回る。水中は暗いが、何の問題もない。世界最高感度の手にかかれば、海洋は感じ取るべき形と質感に溢れた明るい場所だ。ラッコは矢継ぎ早にその手でつかんだり、押しつついたり、強打したり、撫でたり、手荒く転がしたりしていく。硬い殻をもつ獲物がよく似た見た目の硬い岩の隙間に身を潜めていても、ラッコは一瞬で両者の違いを感じ取り、岩の隙間から獲物を引っ張り出す。この触覚と器用な手とイタチ科特有の迷いのなさで、二枚貝をかっさらい、アワビを引っ張り出し、ウニをつかみ、最後はそうやって集めた餌を食べるために上昇していって、このパラグラフの終わりと同時に海面に顔を出す。

　触覚は機械的感覚の一種で、振動、流れ、質感、圧などの物理的刺激を扱う(10)。多くの動物で、触覚は少し離れた場所からでも作動する。この章で後述するとおり、魚、クモ、マナティなど多岐にわたる生き物がみな、水や空気の流れや揺らぎとして伝わってくる隠されたシグナルを感じ取っている。微小

＊かつてアリストテレスは「人間は、他の感覚では多くの動物よりも優れているが、触覚の鋭さだけは、他の動物よりもだいぶ劣っている」と書いた。彼はラッコについて何も知らなかっただろうが、それでも、彼の主張は大きく外れてはいなかった。

な毛などの感覚器を用いて、遠くにいる他の動物の存在を示唆するシグナルを感じることができる。ワニは水面のほんのわずかなさざ波を感知し、コオロギは帯電したクモが生み出す微風を感知し、アザラシは魚が泳いだあとに残る眼に見えない流れを追跡できる。だが、そのようなシグナルのほとんどは、私たち人間には感知できない。天井の扇風機が生み出す強い空気の流れは私にも感じられるが、他にはほとんど感じられない。人間(やラッコ)の場合は、触覚といえば、もっぱら直接的な接触による感覚である。

私たち人間の指先も、触覚器官として自然界で最高感度の部類に入る。そのおかげで私たちは、繊細な精密さで道具を扱うことができ、視力を失っても点字を読むことができ、タップ、スワイプ、タッチで画面を操作することができる。こうした指先の感度は、機械受容器――軽微な触覚刺激に応答する細胞――によるものだ。機械受容細胞にはいくつかのバリエーションがあり、それぞれに異なる種類の刺激に応答する(11)。メルケル神経終末は持続性の圧に応答する。おかげで、あなたはこの本のページをめくりながら、紙の形状や材料特性を測定できる。ルフィニ神経終末は皮膚の伸長や張力に応答する。おかげで、あなたは握力を調整したり、物が手から滑り落ちたことを認識したりできる。マイスナー小体は遅い振動に応答する。おかげで、あなたは指で物の表面をなぞりながら、指の滑りや上下の動きを感じ取ることができるし、視覚障害者が点字を解読できるのもこのおかげだ。パチーニ小体は、より速い振動に応答するため、より詳細な質感を評価するときや、ピンセットで毛をつまんだり鋤《すき》で土を掘り起こしたときの手ごたえのように道具を介して物体を感じるときに役立つ。このような受容器のほとんどは、ラッコの手にも、カモノハシのくちばしにも存在する。これらの受容器が集合的に私たちの「触覚」を生み出している。甘味、酸味、苦味、塩味、うま味の受容器が集合的に私たちの「味覚」を決定づけているのと同じである。

こうした機械受容器が働く仕組みについて、私たちは大まかには理解している。多様なバリエーションがあるにもかかわらず、機械受容器はすべて、接触に感応するある種のカプセルに内包された神経末端で構成されている。触覚刺激によってこのカプセルが屈曲、もしくは変形すると、カプセル内部の神経が発火する。だが、触覚は最も研究が進んでいない感覚の一つであるため、この一連の事象が正確にはどのように引き起こされるのかは不明である(12)。視覚、聴覚、嗅覚に比べると、触覚にインスパイアされて生まれた芸術は少なく、触覚の科学的解明に尽力する研究者の数も少ない。ごく最近になるまで、触覚を経験するために必要となる分子――視覚におけるオプシンや嗅覚における匂い受容器に相当するもの――も完全な謎のままだった。私たちは素材表面の粗さを感じ取る感覚について、粗削りな認識しか持ち合わせていないのだ。

しかし、触覚を無視することはできない。親密性と即時性のある感覚であり、しかも嗅覚や視覚と同じくらい多様性に富んでいる。触覚器官がどれくらい敏感であるか、何を感知するために触覚器官を用いているのか、触覚器官が体のどの部位についているのかは、動物ごとに幅広く異なる。多種多様な生き物の環世界に触覚がどのように寄与しているのかを考察すれば、砂浜、地下トンネル、内臓器官の見え方もこれまでとは違ってくるだろう。私たち自身の触覚能力がどの程度のものかも、真実が明るみに出たのはごく最近のことだ。ある実験で被験者たちは、表面を指で撫でたときのごくわずかな違いだけで、最上層の分子のみが異なる二枚のシリコンウエハを区別することができた(13)。別の実験でも有志の被験者たちは、わずか一〇ナノメートルしか高さの違わない畝模様のある二種類の表面の違いを区別できた――これは巨大分子ほどの大きさの砥粒《とりゅう》の紙やすり二枚を触って、どちらのほうが粗いか言い当てるようなものだ(14)。

このような信じられない芸当は、動きを通して可能になる(15)。表面に指を置くだけでは、特性について得られる情報は限られる。だが、指を動かすことができれば、すべてが一変する。指で一押しすれば、硬さが明らかになる。指で一撫ですれば、質感を分析できる。表面に沿って指を滑らせれば、目に見えない小さな凸凹に何度もぶつかり、指先にある機械受容器から振動が伝達される。そうやってあなたは、わずかナノスケールというきわめて繊細なレベルであっても特性を感知できるのだ。[*1] 動きが加わることで、触覚は粗削りな感覚から精緻な感覚に変わる。だからこそ、自然界の触覚のスペシャリストの多くは、信じられないほどのスピードで反応することができるのだ。

多くの科学者は、一生をかけて同じ動物を研究する。だが、ケネス・カタニアは例外だ。彼はここ三〇年で、電気ウナギ、ハダカデバネズミ、ワニ、ヒゲミズヘビ、エメラルドゴキブリバチ、そして人間の感覚を調べてきた。彼は奇妙さに興味を惹かれる。そして、奇妙な生き物に対する彼の関心は、たいてい相応の成果を生む。「奇妙な動物が実は何の面白みもなかったなんてことは、たいてい起こりませんからね」と彼は語った。「たいてい動物たちは、私が想像していたよりも一〇倍はすごい能力をもっています」と。その中でも最も強烈な学びを彼に与えたのは、彼が最初に研究した動物――ホシバナモグラだった。

ホシバナモグラは、シルクのような毛、ラットのような尻尾、シャベルのような手をもつ、ハムスターほどの大きさの動物である(17)。北米の人口密度の高い東部地域の至る所に生息しているが、湿地や沼地に棲み、大半の時間を地下で過ごすため、見たことのある人ほとんどいない。だが、遭遇すればすぐにそれとわかるだろう。鼻先に一一対の毛のないピンク色の指を広げたのような付属器が鼻孔を取り囲むように並んでいる。これが星のように見えて見間違えようがなく、「ホシバナ」モグラという名前の由来にもなっている。モグラの顔から多肉質の花が咲き出ているようにも、鼻先にイソギンチャクがくっついているようにも見える。

科学者たちは長年、この「星」が何のためのものなのか推測してきたが、その答えが明らかになったのは、一九九〇年代にカタニアが初めて顕微鏡下で観察したときのことだった(18)。彼としては、さまざまな感覚器からなる世界が見えることを期待していたのだが、実際に見つかったのはたった一種類だった――「アイマー器官」と呼ばれるドーム型の隆起がラズベリーの表面のようにいくつもいくつも並んでいたのだ。各隆起には、圧や振動に応答する機械受容器と、感知された感覚を脳に伝達する神経線維が内包されている。これは明らかに触覚感知器であり、星全体がこの触覚感知器で構成されていた。つまり、星全体が一つの触覚器官であり、触覚のためだけの器官になっている。遠目で見れば、外の世界に手を伸ばしているかのように見間違えそうだが、それも「当たらずとも遠からず」である。[*2]

目を閉じ、身近にある物の表面に手を当ててみよう。あなたが座っている席または床、あなた自身の胸または頭など、次々に手を当てていこう。手を当てるたびに、手を当てた範囲の形状や質感があなたの思考の中で分析される。手を当てるのは一瞬で十分なことが多く、その瞬間からあなたは周囲の環境

---

*1 一〇ナノメートルしか高さの違わない二種類の畝模様を被験者に区別させた研究の実行者であるマーク・ラトランドは、「あなたの指が地球ほどの大きさだとしたら、家と車の大きさの違いを感じ取れるということです」と言った(16)。確かにそのとおりだが、ただし、それはあなたが地球ほどの大きさの指を道路に沿って動かした場合だけだ――残念ながら、その行動自体が心ない無神経な行動のように思えるが。

の三次元モデルを構築しはじめる。ホシバナモグラが鼻先の星でやっていることは、これとほぼ同じである。暗い地下の世界を走り回りながら、鼻先の星を一秒間に十数回の頻度でトンネルの壁に絶えず押し当てている。押し当てるたびに、その範囲の質感に焦点を合わせる形で環境が取り込まれる。点描画に点が一つずつ描き加えられるたびに絵が浮かび上がってくるのと同じように、鼻先を押し当てるたびに、モグラの脳内で構築される連続的なトンネルのモデルに情報が追加されていくのだろうと、私は想像する。

ホシバナモグラの体性感覚皮質――脳内の触覚中枢――は、極端なほど鼻先の星に占有されていて、ちょうど、人間の触覚中枢が手に偏っているのと同じような感じである(20)。私たちの体性感覚皮質が各指に対応したニューロンの束の集まりで構成されているのと同じように、ホシバナモグラの体性感覚皮質でも星を構成する各花びらに対応したニューロンが縞模様を作っている。「実質的にあなたは脳内に星を見ているようなものです」とカタニアは言う。[*3] だが、最初に彼がこのマッピングを発見したときには、納得のいかない点が一つあった。他の花びらよりも小さい一一対目の花びらに対応するニューロンの塊がやけに大きく、星全体に対応する脳領域の四分の一を占めているのだ(22)。なぜこのモグラは、最も小さな触覚感知器に最大の処理能力を割いているのだろうか?

高速カメラでホシバナモグラを撮影したカタニアと彼の同僚のジョン・カースは、餌を探しているモグラが、最初に他の星の花びらで触れた場合でも、最終的には必ず一一対目の最小の花びらで餌の小片を調べることに気づいた(23)。何かを見つけると、連続して何度も花びらで軽く触れながら、対象物を移動させて一一対目の花びらに近づけていく。これは、私たちが目でしていることにとてもよく似ている。私たちは、網膜上で最も視力の鋭い部分である中心窩に対象物の像が結ばれるように、微細な焦点調整を行っている。同様に、このモグラの一一対目の花びらは、その動物にとって触覚が最も鋭くなるゾーン――カタニアはそれを「触覚の中心窩」と呼んでいる――なのだ。このゾーンがモグラの口の真正面にあるのは、偶然の一致ではない。対象物が餌だと判断した瞬間に、一一対目の花びらをさっと開き、ピンセットのような門歯で齧りつけるようになっているのだ。

ホシバナモグラは星の花びらで撫でたり擦《こす》ったり触診したりはしない。何をするにも、押し当てて持ち上げるという単純な動作のみで行う。その際に、隣接するアイマー器官の凹み具合や歪み具合を比較することによって、形を把握し、獲物を認識しているものと考えられる。このモグラが質感を区別できるのは間違いない。なぜなら、死んだミミズの欠片は食べるが、同様の大きさにちぎったゴムやシリコンは無視するからだ。しかも、その判断をラッコも顔負けのスピードで行うことができる。

カタニアは私にある動画を見せてくれた。虫の欠片を入れたスライドガラスをホシバナモグラが調べている様子を下から撮影したものだ。再生速度五〇分の一のスロー再生にすると、鼻先の星でガラスを軽く触れ、餌を感知し、より詳細に調べるために「触覚の中心窩」を餌に寄せ、最終的に餌を飲み込むところまで見ることができた。しかし、標準速度で再生すると、何が起きているのかわからない。ただ

＊2 ホシバナモグラの「星」を構成する指のような「花びら」は鼻から生えてくると考える人がいるかもしれないが、実際はそうではない。胚の段階ですでに鼻孔の横に小さな膨らみが存在し、その膨らみが徐々に長く伸びて筒状になる(19)。これがやがては、星を構成する花びらになるわけだ。ホシバナモグラが生まれたときには、筒状の膨らみはまだ顔にくっついている。やがて皮膚がゆっくりと膨らみの下側へ潜り込むように成長していき、下部組織から膨らみが分離しはじめ、およそ一週間後には花びらのように前方に芽吹き、星が誕生する。

＊3 ホシバナモグラの約五パーセントは、花びらが一〇対もしくは一二対の変異型の星をもつ(21)。彼らの脳にある縞模様の本数も、花びらの数に応じた数になっている。

モグラが登場し、虫が消えるだけだ。カタニアと彼の同僚のフィオナ・レンプルは、このような記録動画を解析し、ホシバナモグラが餌を確認し、飲み込み、次の餌を探索しはじめるまでにかかる時間が、平均で二三〇ミリ秒、最短で一二〇ミリ秒であることを明らかにした[24]。人間が一回瞬きするあいだにすべてが終わるほどの速さだ。モグラが鼻先の星で餌になる昆虫に最初に接触した瞬間にあなたが目を閉じはじめたとすると、あなたのまつ毛が目の中心を横切る前に、モグラの脳は自分が何に触れたのかをすでに認識し、鼻先の星の配置を変える動作の指令を送っている。あなたの目が完全に閉じるころには、モグラは超高感度の一一対目の花びらで昆虫に二回目の接触をし、あなたの目が半開きになるころには、モグラは二回目の接触で得た情報を処理してその後の行動を決断し、あなたの目が完全に開くころには昆虫の姿は消えていて、モグラは次の餌を探しはじめている。

　ホシバナモグラは、神経系が許す限りの速さで動いているように見える。制約になっているのは、鼻先の星と脳のあいだの情報伝達速度だけで、それにかかる時間はわずか一〇ミリ秒である。たったそれだけの時間では、視覚情報であれば網膜にすら到達できず、ましてや、脳に到達することも往復を完了することも不可能だ。光は宇宙最速だが、光感知器には限界があり、ホシバナモグラの触覚が抜き去っていくことになる。「ホシバナモグラの動きはあまりに速く、自分の脳ですら追いつけないほどです」と言って、カタニアは先ほどとは別の動画を私に見せた。その動画に映るモグラは、虫の欠片に触れたあと、一度その場を離れようとして餌を見失い、慌てて向きを変えて餌をすくい上げていた。「このモグラは、自分が何に触れたのかを認識する前に次の行動に移ってしまったんです」と彼は言う。目の見える人々であれば、これと似た状況を知っているはずだ。歩いているときに予想外のものに遭遇し、通り過ぎたあとで振り返って二度見した経験があなたにもあるだろう。だが、二度見は私たちにとって箇げさな動きになる。

単な動き——頭の向きを変えるだけ——だが、ホシバナモグラの場合は、視覚ではなく触覚を通じて世界を感知し、手足ではなく顔で触れなければならないので、二度見ならぬ二度触れは、全身を使った大げさな動きになる。

スピードと感度は関連している。ホシバナモグラは、その奇妙な鼻で、昆虫の幼虫のような小さな獲物を感知して捕獲できる。しかし、そのような小さな餌を常食として生きるには、できる限り迅速に大量の幼虫をすくい上げなければならない。「まるで小さな掃除機のようです。彼らが餌にする虫はあまりに小さいので、なぜ、そんなにちまちまと手間のかかることをするのかと、あなたは疑問に思うかもしれません」とカタニアは言う。彼らがその手間を惜しまないのは、競争がないからだ。鼻先の星が手指のように働き、眼のように探索してくれるおかげで、地下の世界は細部まで輝いて見えるし、競争相手が気づきすらしていない餌が豊富に存在する。彼らの地下トンネルは、他の種のモグラには空っぽの通路にしか見えないかもしれないが、星型の触覚器官を通して見れば、美味しいごちそうがあちらこちらで煌《きら》めている。

ホシバナモグラのように、触覚に特化した動物の多くが、視覚に制約のある状況で活動している。彼らはたいてい、隠された物や見つけにくい物を探していて、そのために徹底的に調べたり、押し当てたり、探査したりできるような体の部位を用いて探し回ることを余儀なくされている。ラッコの手であろうと、人間の指であろうと、ゾウの鼻であろうと、タコの腕であろうと、動物たちは意図的に触覚器官を動かして対象物に触れることによって、世界を発見している。そして、ホシバナモグラの例が示しているとおり、触覚器官は必ずしも手でなくてもよいのだ。

鳥のくちばしは骨でできていて、表面は私たちの爪と同じ成分である硬いケラチンで覆われている。つまんだりつついたりするために顔に取りつけられた硬い道具——といった感じで、生気が感じられず感覚もなさそうに見える。だが実際には、多くの種で、数少ないながらもくちばしに振動や動きを感知する機械受容器が見つかっている。ニワトリは、餌探しをほとんど視覚に頼っていて、機械受容器はそれほど多くないが、それでも下くちばしにのみ、希少な機械受容器が集中的に存在する[25]。一方で、アヒル、マガモ、ハシビロガモなどでは、くちばし全体に——上も下も、中も外も——機械受容器が広まっている[26]。所々、私たちの指のように、機械受容器が密に集まっている場所もある。マガモのくちばしは、人間の指の爪と同じ成分で覆われているが、比べ物にならないほど敏感なのだ。アヒルはこの感覚を使って濁った水の中にいる餌を探し出す。頭を水中に突っ込むと同時にお尻を高く持ち上げ、その状態のまま旋回し、神経を研ぎ澄まし、さっとついばむと、くちばしを素早く開け閉めする。彼らは泳ぐのが速いオタマジャクシでも暗がりで捕獲し、食べられる餌と食べられない泥を濾《こ》し分けることができる。「朝食用のシリアルと牛乳が入った深皿を渡され、そこに一握りの細かな砂利が加えられたとしたら、あなたは食べられるものだけを飲み込むことができるだろうか？　私にはとてもできそうにないが、アヒルはそれを正確に実行できるのだ*」と、ティム・バークヘッドは著書『鳥たちの驚異的な感覚世界』（河出書房新社）で書いている[27]。

　他の多くの鳥たちは、暗くて中が見えない穴にくちばしを突っ込んで餌を探す。そのような行動は、とくに水際で多く見られる。どんなに荒れ果てて見える浜でも、掘り起こせばたくさんのお宝——砂の中に隠れている蠕虫、貝類、甲殻類——が溢れている。この隠れたビュッフェを楽しむために、シャクシギ、ミヤコドリ、イソシギ、オバシギなどの浜鳥は、くちばしを使って砂粒の中をつぶさに調べる。

顕微鏡下で観察すると、くちばしの先端は孔だらけで、粒をすべてかじって食べたあとのトウモロコシの芯のようだ。この孔いっぱいに、私たちの手にあるのと同様の機械受容器があり、そのおかげで鳥たちは砂に埋もれた餌を感知できる。

しかし浜鳥は、くちばしを最初にどこに突っ込めばいいのかをどうやって知るのだろうか？　砂の中の獲物は表面からはわからないので、ただやみくもに調べて回りながら最善を願っているのではないかと推測する人もいることだろう。だが、一九九五年、テウニス・ピアースマは、無作為な探索の場合に予測される回数よりも最大八倍という高い頻度でコオバシギが貝類を見つけていることを示した[29]。何らかのテクニックがあるはずだ。それを見つけ出すために、ピアースマはコオバシギを訓練し、砂でいっぱいのバケツの中に何か埋めてある物があるかどうかを調べて何か見つけた場合には、餌をもらうために指定の飼育員に近づいていくように躾けた。この単純な実験によって、コオバシギはくちばしの届く範囲外に埋められた二枚貝も感知できることが明らかになった[30]。彼らは石でさえも感知できたことから、匂い、音、味、振動、熱、電場に頼っているわけではないのは明らかだ。彼らは、離れた場所からでも機能する特殊な触覚を使っているのだと、ピアースマは考えている。

＊これをとりわけ得意とするアヒルがいる。エレナ・グラチョーワ（前述のジュウサンセンジリスを研究している科学者）と彼女の夫であるスラブ・バグリャンツェフは、野生のマガモから家畜化され、もっぱら食用として飼育されているペキンアヒルが、触覚のスペシャリストであることを明らかにした。他のアヒルと比べて、くちばしの幅が広く、機械受容器の数もニューロンの数も多く、より多くのシグナルが脳に送られる[28]。さらに驚いたことに、痛みと温度を感知するためのニューロンの数は他のアヒルよりも少ない。感覚器の能力は代償なしで手に入るものではないため、繊細な触覚を獲得するために、マガモは他の種類の触覚を犠牲にしてきたのだ。

シギのくちばしが砂の中に入っていくと、砂粒の隙間を流れる細い水の流れに圧がかかり、水圧の波が放射状に広がっていく。その途中に何か硬い物――二枚貝や岩など――があると、水は迂回することになり、水圧のパターンに歪みが生じる。シギのくちばしの先端にある孔は、この歪みを感じ取ることができ、直接的に触れることなく周囲にある物を感知できるというわけだ。ピアースマが「遠隔触覚」と呼ぶこの能力は、それだけでも十分に印象的だが、シギはこの能力の感度をさらに高めるために、くちばしを一秒間に数回上下させて同じ区画を繰り返し入念に調べる。このように砂粒を揺らすと、砂粒の配置が変化し、より高い密度で詰まっていき、くちばしから四方に広がる水圧はより高まり、周囲に物が隠れている場合のパターンの歪みがより明白になる。シギがくちばしを突っ込むたびに、聴覚ではなく触覚に基づく探知器を使っているかのように、周囲の餌がはっきりと感じられるようになるのだ。[*1]

エメラルドゴキブリバチも、先端に触覚感知器のある長い探査器官をもつが、その目的と手段はコオバシギより遥かに不気味だ。金属光沢のある青緑色の体に中肢と後肢の腿節の赤橙色が映える体長一インチ（約二・五センチメートル）ほどの美しい寄生バチで、幼虫の餌となるゴキブリの体に卵を産みつける。エメラルドゴキブリバチの雌は、ゴキブリを見つけると二回刺す――一回目で胸部を刺して一時的に脚を麻痺させ、二回目で脳を刺す。二回目の刺撃は、特定の二つの神経節を標的とし、動きたいという欲求を無力化する毒を注入して、ゴキブリを従順なゾンビに変える。こうなると、人間が犬を散歩させるのと同じように、エメラルドゴキブリバチの雌はゴキブリの触角を操作して巣まで移動させることができる。巣に到着すると、彼女はゴキブリの体に卵を産みつける。寄生されたゴキブリは、やがて生まれてくる幼虫の成長を支える無抵抗な生肉の供給源となる。このようなマインドコントロールの成否は、二回目の刺撃にかかっているため、寄生バチはこの刺撃を正確な場所にしなければならない。コオバシギが砂中に隠れた二枚貝を見つけなければならないのと同様に、エメラルドゴキブリバチの雌は込み入った筋肉と臓器の内側に隠されたゴキブリの脳を見つけなければならない。

幸いなことに、彼女の毒針はドリルであり、毒注入器であり、産卵管であるだけでなく、感覚器官でもある。ラム・ガルとフレデリック・リバーサットは、この毒針の先端が匂いと接触の両方を感受する小さな突起と孔に覆われていることを明らかにした(32)。この突起と孔のおかげで、雌バチはゴキブリの脳特有の感触を感知できるのだ。ガルとリバーサットが脳を除去したゴキブリを与えると、エメラルドゴキブリバチは何度も針を刺し、あるはずのない脳を無駄に探し続けた。除去した脳の代わりに同じ粘稠度のペレットを詰めると、寄生バチは本来の精度で針を刺した。脳と置き換えたペレットが通常の脳よりも柔らかい場合は、寄生バチは困惑したような様子で、毒針で辺りを探り続ける。彼らは脳の感触を知っているのだ。

ほとんどの昆虫と同じく、寄生バチも、彼らに寄生されるゴキブリも、逃げ道を探るために触覚を使う。[*2] 弧を描く長い触覚器官はナビゲーションとしてとても便利であるため、多くの種が独自のバージョンを個別に進化させてきた。[*3] 道具の使い手である人間も、目の前の地面を杖で叩く。海底に生息するラ

---

*1 ピアースマの発見に感銘を受けたスーザン・カニングハムは、遠縁の鳥も遠隔触覚を用いていることを明らかにした。トキは、長い鎌状のくちばしで泥だらけの湿地帯を念入りに探索する際に、そのテクニックを用いる(31)。ニュージーランドのキーウィも、落葉を通して同じことをしている。

*2 昆虫は、体節が多くて各体節に一対ずつ脚がある先祖から進化した。やがて、前方の複数の体節が融合して頭部になり、各体節の脚は変形して口器または触角になった。触角は本質的には別用途で使われるようになった脚であり、感覚肢といってもいいだろう。

ウンドハゼは、超高感度の胸びれを使う(34)。ツノメドリに似た海鳥であるシラヒゲウミスズメには、前方にカーブした大きな黒い冠羽が頭部にあり、その冠羽を使って巣作りに適した岩の割れ目の壁を感じている(35)。*4

他の鳥では頭部や顔に剛毛が生えていることが多い。この剛毛は飛んでいる昆虫を引っかける網の役割をしているのだと誤って紹介されることもよくある。だが、これは触覚感覚器である可能性のほうが高く、鳥たちは、獲物を扱うときや、ひな鳥に餌を与えるときや、暗い中で巣のまわりを移動するときにこの毛を利用している(37)。そのような用途は、そもそもなぜ鳥に羽毛があるのかという説明にもなりうる。鳥類が恐竜から進化したのは明らかであり、多くの恐竜は羽毛の前身である「恐毛」とでも呼ぶべき剛毛に覆われていた(38)。この構造物は飛ぶためのものにしては単純すぎるため、他の何らかの理由で進化したに違いない。最も広く受け入れられている説明は、断熱性を備えるためというものだが、その説明が真実味を帯びるのは、羽毛が突然大量に現れた場合だけだ。他に考えられる中で、おそらく最も信憑性が高いのは、最初は触覚情報を得るために進化したという説だ。シラヒゲウミスズメを見ればわかるように、動物がわずか数本の剛毛だけを必要とするのは、触覚を拡張することで便利になる場合くらいだろう。おそらく羽毛は、最初は恐竜の頭や腕に部分的に密生する形で現れ、当初は触覚の拡張のために役立っていたが、後々になって飛ぶためにも利用されるようになったのだろう。

哺乳類の毛も同様のはじまり方をした可能性がある。つまり、最初は触覚感覚器として現れ、あとから断熱性に優れた毛皮へと変化していったものと考えられる(39)。一部の毛は今も、当初の触覚機能を維持している。たとえば、「振動する（vibrate）」という意味のラテン語を語源とする「触毛（vibrissae）」がそうだ。より平たく言えば、「ひげ」である(40)。典型的なひげは、哺乳類の顔に生えていて、体の他の部位に生える毛よりも長くて太い。機械受容器と神経で満たされた杯状組織から一本ずつ生えている。ひげの毛幹が屈曲すると、ひげの根元が機械受容器に当たり、脳へシグナルが送られる（この仕組みの感触をつかむ〈駄洒落ではないですよ〉には、ペンの先を包むように手をすぼめてから、ペンを横に倒してみるといい）。

哺乳類の中には、ひげ〔訳注：英語ではウィスカー（whisker）〕を一秒間に数回の速度で絶えず前後に揺らしながら移動するものもいる。「ウィスキング（whisking）」と呼ばれるこの動作で、頭の正面や周囲を探索しているのだ(41)。ウィスキングについて初めて聞いたとき、私はその能力を見くびっていた。当初は、暗い廊下をよろめきながら進むときに人間がする行動——壁に衝突しないように手を前に伸ばし、手探りで電灯のスイッチを探す——と似たようなものだろうと思っていた。しかし、感覚生物学者のロビン・グラントから話を聞いた私は、その認識を改めた。マウスやラットがウィスキングの振動を使ってしていることは、手探りよりもむしろ、私が眼を使ってしていることのほうが近い。げっ歯類は顔の前方の探索を絶えず繰り返すことによって、前方の光景を脳内で構築しているのだ(42)。鼻先から長く伸びたよく動くひげで何かを感知すると、ニューロン数がより多く、感度もより高い、顎と唇から伸びる短めの動かないひげで、さらに詳しく調べる(43)。この行動は、鼻先を押し当てながらトンネルを進んでいくホシバナモグラの行動——鼻先の星で物を感知し、感度が最も高い小さな花びらで最終確認を

＊3　触覚器官は、長くなくても、弧を描いていなくてもよい。コバンザメは、背びれを吸盤に変形させ、大きな魚の下側にくっつくために用いている(33)。この吸盤には機械受容器がたくさんあり、宿主とうまく接触できたことを知らせてくれる。
＊4　サンパス・セネヴィラトネは、シラヒゲウミスズメを暗い迷路に入れ、冠羽と頬ひげをテープで留めた状態にすると、頻繁に頭をぶつけることを明らかにした(36)。

行う——にそっくりだ。あるいは、目の前の光景をざっと眺めて、周辺視野で何かを感知すると、解像度の高い網膜中心窩に焦点を合わせて注視する人間の行動にも似ている。

視覚との類似性は、これだけに留まらない。私たちは、頭の向きを変えるときに、まず眼を動かす。それと同じように、マウスは頭の向きを変えるときに先にひげを動かす(44)。私たちが網膜に差し込む光のパターンを通して世界をマッピングするのと同じように、マウスは頬に並んで生えているひげの接触パターンを介して世界をマッピングできる。ひげの一本一本がそれぞれ体性感覚皮質の異なる部位に接続しているため、マウスはどのひげが対象物と接触したのかを把握できるし、どのひげがどの方向に位置しているのかもわかっているので、「接触を通してマップを作成できる」のだと、グラントは語った。マップの構築に使用される情報は、ひげの先端が動くたびに明滅するに違いない。だが、おそらくマウスの脳はこの不連続な接触をまるで途切れていないかのように解釈しているはずだとグラントは言う。彼らにとってのウィスキングが、私たちにとっての視力のようなものだとすれば、私たちが眼を介して途切れなく感じている経験もまた、絶えず揺らぎ瞬いているということではないかと、私は思い至った。

哺乳類は、哺乳類が誕生してまもないころからひげを活用してきた(45)*。ラットとフクロネズミはいずれも、夜間によじ登ったり走り回ったりする小動物だった祖先の習性を現在も受け継いでおり、今なお、ひげを動かしてウィスキングしている。モルモットも、なかば上の空で、ウィスキングしている。猫と犬はウィスキングをまったくしないが、今もひげを動かすことはできる。人間や類人猿は長いひげを完全に失ったが、代わりに繊細な感覚をもつ手を発達させた。クジラとイルカは、生まれたときにはひげがあるが、その後すぐに、唇と噴気孔のまわりを除いてすべて抜け落ちる。まあ確かに、水中でウィスキングを行うのは難しすぎる。とはいえ、ウィスキングは今も有効活用されているわけだ。

フロリダ州サラソタにあるモート海洋研究所に、二頭のフロリダマナティが暮らしている。彼らを見つめながら、あそこにいるヒュー（絵本に登場するヒュー・マナティにちなんで名づけられた）は過剰なほど活動的で、もう一頭のバフェット（投資家のウォーレン・バフェットではなく歌手のジミー・バフェットにちなんで名づけられた）は動きが緩慢でちょっと太りすぎだ、とゴードン・バウアーは語った。正直なところ、私にはどっちがどっちか見分けがつかなかった。どちらも体長三メートルほどで、どちらも同じように丸々としていて、どちらも同じくらいのんびりとした気質に見える。だが、しばらくすると、一頭がゆっくりと水槽内を回遊しはじめた。まるで、マナティ版のズーミー〔訳注：飼い猫や飼い犬がエネルギーを発散させるかのように突然家の中を激しく走り回る行動〕だ。そしてそれが、ヒューだった。

野生のマナティは、沿岸部の浅瀬の海底を転がるように移動しながら水中の植物を食べて大半の時間を過ごす。水族館で飼育されているヒューとバフェットは、毎日約八〇個のロメインレタスを貪り食う。ヒューは今、そのうちの一個をもてあそびながらゆっくりと引き裂いている。レタスをひれ足のあいだに挟んだり、顔を使って押さえたりしながら、とくに上唇と鼻孔のあいだの部分を押しつけている。「オーラルディスク」として知られる、このやけに広い鼻の下のせいで、マナティの顔はおびえているような困り顔に見え、親しみやすい印象を与える。だがしかし、そうは見えないかもしれないが、この

＊ ロビン・グラントは、フクロネズミ――有袋類――もウィスキングを行い、マウスがウィスキングに使用している筋肉とそっくりの筋肉を用いて触毛の動きを調節していることを明らかにした(46)。有袋類は哺乳類の遠縁種に属し、進化系統樹上に哺乳類が登場した直後あたりで分岐している。このことから、最初期の哺乳類もウィスキングを介して活発に世界を探索していたことがうかがえる。

部分もまた、並外れた感度をもつ触覚器官なのだ。

オーラルディスクは、唇というより、むしろゾウの鼻のように、筋肉質で物をつかむことができる(47)。マナティはオーラルディスクを曲げたり広げたりして、手と同様の器用さと敏感さで物を扱ったり調べたりすることができる。手で操作する「マニピュレーション（マニュアル操作）」をもじって、口で操作するこの動作は「オリピュレーション（オーラル操作）」と呼ばれている。マナティは身の回りにある物は何でも――錨と船をつなぐロープでも人間の脚でも――オリピュレーションする。そのせいでトラブルに巻き込まれることもある。フロリダマナティは、何にでも顔を突っ込んで探索する習性のせいで、ロープやカニ捕りの仕掛けに引っかかりやすく、絶滅の危機に瀕している。だがそれ以上に、オリピュレーションにはマナティ同士の結びつきを強める働きがある。「彼らは出会うたびに互いの顔、ひれ足、胴体をオリピュレーションし合いますからね」とバウアーは言う。

そして実は、私もヒューにオリピュレーションされた。バフェットが実験に参加している傍らで、ヒューは同じ囲いの中の離れた場所で仰向けになってくつろいでいた。まずトレーナーが、ヒューのひれ足をつかみながら口にビートを放り込んだ。私が身をかがめて顔を近づけると、甘い香りのするヒューの吐息が私の顔にかかった。私が彼の正面で水中に手を入れると、彼はすぐにオーラルディスクで私の手を調べはじめた。奇妙な感触だった。私の手とヒューのオーラルディスク――二つの触覚器官の遭遇である。互いにまったく異なるが、どちらも同じ種類の感覚に特化している。彼がどう感じたのかは想像することしかできないが、おそらく、いつも食べている野菜よりも柔らかく、仲間であるバフェットの皮膚よりも滑らか、といったところか。私が体感したオリピュレーションは、犬に舐《な》められているときの感触に近かったが、舌はなく、物をつかむような動きをする唇だけが、手のひらの上で踊っていた。

まもなく指先に紙やすりのようなざらつきを感じたのは、ヒューのひげの多くが短くて硬いからだ。

このひげ——触毛——こそが、オーラルディスクの感度を決める重要な鍵になっている。その数、約二〇〇〇本(48)。細く長い剛毛も何本か生えているが、それ以外は折れたつまようじのように短く尖っている。オーラルディスクが弛緩しているときには、短いひげは肉厚な皮膚のひだに埋もれている。だが、餌を食べるときや探索するときには、オーラルディスクは広げられて平らになり、短いひげも外に突き出される(49)。オーラルディスクをうまく曲げて、ひげが互いに擦れ合うように動かすことによって、マナティは水草を刈り取ったりレタスを裂いたりしている。「彼らは餌をつかんで口の中に運ぶこともできますが、小石などを吐き出すこともできます」とバウアーは言う。彼の同僚であるロジャー・リープがかつて撮影した動画には、マナティが口の片端で植物を食べながら、反対側から飲み込みたくないものを吐き出している様子が記録されている。マナティは触毛を押し当てることによって、げっ歯類のウィスキングよりもだいぶゆっくりではあるが同じように、物の質感と形を測っているのだ。二〇一二年、バウアーは、ヒューとバフェットが間隔の異なる畝模様のあるプラスチック板を区別できるかどうか検証した（のちにサラ・シュトローベルがラッコのゼルカと何人もの有志の被験者を対象に実施した試験と同じである）(50)。二頭のマナティが残した成績は、他の二種（ラッコと人間）と同等だった*。彼らの顔は、人間の指先に匹敵していたのだ。

既知の哺乳類の中で、他の種類の毛がなく、触毛のみをもつのはマナティだけだ。オーラルディスク

* バフェットのほうがわずかに成績がよかったが、ヒューのほうが集中力の持続時間が短いからだろうとバウアーは考えている。

のひげの他にも、約三〇〇〇本の触毛が彼らの巨体の至る所に散在している。ごく細い毛がかなり広い間隔で生えているため、最初はなかなか見えなかったが、最終的には、日光を浴びてきらっと光るヒューの体毛をどうにか見ることができた。「光の当たり具合がよければ、ときおり、太陽に照らされた麦畑のように光って見えますね」とバウアー*は言う。マナティは、この全身に散在するひげを別の目的で使っている――身の回りの水流を感知するためだ(52)。

触毛は、さまざまな用途に使える構造体である。ラットのウィスキングやマナティのオリピュレーションのように、能動的に物の表面に押し当てることによって触感を発生させることもできるが、受動的に曲げられることによって空気や水の流れを感知することもできる。そのような外圧に応答することで、遠くにある物体によって生み出された流れを感知することもできるし、直接的に接触しなくても離れた場所から触覚によって物を把握することもできる。現に、マナティはこれをやってのけている。バウアーと彼の同僚たちは、水中の離れた場所で球体を微小振動させる実験によって、ヒューとバフェットがその振動を水の揺れとして体表のひげで感知できることを明らかにした(53)。二頭のマナティに目隠しをし、顔のひげも覆った状態で、彼らの脇腹から一メートル離れた場所に球体を置いたところ、水の振動幅は一メートルの一〇〇万分の一（一マイクロメートル）未満であるにもかかわらず、二頭ともそれを感知したのだ。

野生のマナティはおそらく、この「流体力学的」な感覚を用いて水流の向きを判断したり、他のマナティが何をしているのかを理解したり、他の動物の接近を感知したりしているのだろう。マナティは視力が悪いことで有名だが、それでも、シュノーケリング中のダイバーと距離をとることに成功している。潮が満ちはじめた途端、河口から上流に向かって泳ぐことも多い。海底で休んでいるときも、群れの中の一頭が息継ぎに上がると、みな一斉にあとに続く。彼らの眼は小さいし、周囲の水も濁っているかもしれないが、それでも彼らは、分散型かつ遠隔型の触覚を介して自分の置かれた環境を把握している。本章の最初のほうで軽く予告したとおり、彼らもまた、隠されたシグナル——私たちのまわりを流れている眼に見えない流れの情報——を利用できるし、そのシグナルを感知するのに適した感覚器官を備えているというわけだ。

サラ・シュトローベルがラッコのゼルカと働いていたロング海洋研究所には、スプラウツという名のゼニガタアザラシがいる。コリーン・ライヒムスが名前を呼ぶと、仰向けでプールに浮かんでいたスプラウツが、灰色のまだら模様の体を引きずるようにしてプールから出てきた。ライヒムスが「話して」と頼むと、彼は驚くほど大きな音を放った。唸り声と霧笛を足して二で割ったような響きで、「ブーワーワーワーワーワーワォォォアァァアー」と言っているように聞こえる。彼の胸に手を置いてみると、腕全体でその轟音が感じられた。彼の歌声は水中で聞くとさらに大音量になり、殴られたような感覚に陥る。

アザラシやアシカやセイウチ——ひれ足類と総称される分類群の動物——は、クジラやイルカのように人気の高い海洋哺乳類を好む科学者から無視されることも少なくない。だが、ライヒムスはずっと彼

＊ 全身にひげのある哺乳類は、ハダカデバネズミやハイラックス（見た目はマーモットに似ているが実際はゾウやマナティの近縁にあたる小動物）など、少数ながら他にもいる(51)。ハダカデバネズミとハイラックスはおそらく、シラヒゲウミスズメと同じように、狭いトンネルや岩の割れ目の壁を感知するためにその毛を使っているものと思われる。

らに魅了されてきた。それはおそらく彼らが、彼女と同じく、陸と海の両方で生活しているからだろう。「私は泳ぎながら成長し、ずっと水中にいたいと思っていました」と彼女は言う。「陸上生活と水中生活を行き来して暮らす生き物に、私は強く惹かれたんです」。ライヒムスは、一九九〇年にロング海洋研究所に着任して以来、ずっとここで研究してきた。そして、着任当初からスプラウツのことを知っていた。彼はシーワールド・サンディエゴで生まれ、生後すぐに、彼女より一年早くこの施設にやってきた。私が対面したときには、彼の三一歳の誕生日が近づいていて、野生の雄ゼニガタアザラシの寿命を優に超えていた。年老いた彼の目は白内障を患い、ほとんど見えていない。だが、何の問題もなかった。ゼニガタアザラシは、目が見えなくても、触毛のおかげで生存できる。野生のゼニガタアザラシであっても同じことだ。

スプラウツの顔には、鼻まわりと眉の辺りから約百本のひげが生えている(54)。彼が私の顔をじっと見るとき、顔ひげは顔まわりを取り囲む硬いレーダーパラボラアンテナと化す。スプラウツはこのパラボラアンテナを用いて、形状や質感を見分けたり、水中で振動を感知したり、障害物を回避したりすることができる(55)。彼は再び水中に潜ると、ブラシをかけるかのように水槽の壁にひげを沿わせた。そうすることで、カーブを描く壁に衝突することなく、壁にかなり接近した状態で、壁に沿って進むことができる。「でも、私たちが水槽に魚を一匹投げ入れた場合、彼はその魚を見つけるのにかなり苦労することになります」と言ったライヒムスは、「その魚が泳ぎはじめない限りはね」と言い添えた。

魚が泳ぐと、後ろに流体力学的な「伴流」――動物が通り過ぎたあとに長く続く渦流の痕跡――が残る。繊細なひげをもつアザラシは、この痕跡を感知し、その意味を解釈することができる*。この能力は二〇〇一年に、ドイツのロストクを拠点とするグイド・デンハルトと彼の研究チームによって発見された[57]。彼らは、ヘンリーとニックという二頭のゼニガタアザラシが小型潜水艦の水中経路を追跡できることを示したのだ。ヘンリーとニックは、目隠しをされても、ヘッドフォンで耳を塞がれても、痕跡をしつこく追跡した。ストッキングでひげを覆ったときだけは、潜水艦を見失った。当時、ほとんどの研究者は、流体力学的な感覚は短距離でしか機能しないものと信じていた。水中を移動する物体によって生み出される撹乱は、数インチ（十数センチメートル）ほど波及するだけですぐに衰退してしまって検出できない、と考えられていたのだ。しかし、流体力学的な伴流は、実際には数分間は持続しうる。デンハルトの推定では、ゼニガタアザラシは、遊泳中のニシンが残した痕跡を二〇〇ヤード（約一八〇メートル）ほど離れた後方からでも追跡できる。

スプラウツも年を重ね、もういい年齢ではあるが、彼の流体力学的感覚は今なお鋭い。ライヒムスは、長いポールの先端に取り付けられたボールを使って彼の流体力学的感覚を試すことにした。まず、彼女がポールをもってプールの縁を歩き、曲がりくねった一本の軌跡を描くように水中のボールを動かす。その数秒後、辛抱強く待機していたスプライツに、ゴーサインが出される。彼は、ひげで水を掃くように左右に弧を描きながら探し回り、ボールの伴流に接触した途端、向きを変え、追跡しはじめた。おおよその方向へ大まかに進んだわけではない。ボールが通過した正確な経路を、上下左右の揺れまで緻密

＊アザラシは、凍りそうなほど冷たい水に潜るときでも、ひげを積極的に保温している[56]。組織の硬化を防いで、ひげが自由に動けるようにしている。そのために高い代償を支払っている。通常、感覚器官は、内臓器官のようには断熱できない。感覚器官は体の表面近くに存在しなければならず、そのせいで熱が漏出しやすい。氷のように冷たい水の中で感覚器官を温かく保つのは、戸口に置かれた暖房機にエネルギーを供給するようなものだ。この事実は、この感覚器官が彼らにとっていかに有益であるかを雄弁に物語っている。

にたどった。まるで彼自身が目に見えないロープで引っ張られているかのように。彼が視覚に頼っている可能性はない――彼の眼がこんなにも老いていなかったとしても、特注の目隠しを装着しているのだから。それどころか、彼は、一時的に水中に刻まれた目に見えない渦流の痕跡まできっちり拾っていた。痕跡から外れはじめると、彼は頭を左右に動かして痕跡の縁を見つけ出す。ヘビが二股の舌でしていたのと同じ要領だ。痕跡が水の流れ出るパイプと交差する場所では一時的に見失ったが、パイプの向こう側ですぐに見つけ出した。[*1] 痕跡が後戻りしている場所では、彼も後戻りした。スプラウツを見ているうちに、私は犬のフィンが匂いの痕跡に沿って嗅ぎ回り、過去にそこを通った人の残り香を追跡していたことを思い出した。私たちにとって触覚は、「現在」すなわち感覚器が何かの表面と接触した「瞬間」に根差している。しかし、スプラウツにとって触覚は、フィンにとっての嗅覚と同様に、「最近の過去」にまで及ぶ。スプラウツのひげは、「何が存在するのか」ではなく「何が存在したのか」を感じ取ることができるのだ。

デンハルトがこの能力を最初に発見したとき、当初はそんなことは不可能であるように思われた。アザラシが泳ぐと、ひげ自体が渦流を生み、その渦流がひげを振動させるため、遠くの魚の伴流によって生み出される微かなシグナルなどかき消されてしまうはずだからだ。しかし、ゼニガタアザラシはこの課題に答えを出していた。スプラウツが水面に顔を突き出したときに彼のひげを綿密に調べると、刀のようにわずかに扁平になって角度がついていることが見て取れる。刀の刃でつねに水を切るような形になっていたのだ。しかも、この刃は滑らかではない。一見すると、水滴に覆われているように見えるが、指でなぞってみると、濡れていない。水滴のように見えるものは、ひげの構造の一部だ。ひげの表面には起伏があり、全長を通して広くなったり狭くなったりを繰り返している。ロストクを拠点とする彼の研究チームは、この起伏のおかげで、ひげ自体による渦流の発生が劇的に抑制されることを示した(58)。この特異な生体構造によって、アザラシは自分自身の体が出すシグナルを抑制し、獲物が出すシグナルを増強することができる。このように扁平で起伏のあるひげは、多数の触毛で砂に埋もれた甲殻類を感知するセイウチや、視覚に強く誘導されるアシカでは見つかっていない。アザラシ特有のものであり、そのおかげで、他のひれ足類よりも流体力学的な伴流の追跡に秀でる結果となった。*2

そのスキルをさんざん見せつけたあと、スプラウツは水槽の底に沈んで寝そべり、待ちの姿勢に入った。野生のゼニガタアザラシも同じことをする。大きな海藻の森の暗がりに身を潜め、ピンと張ったひげが形作るレーダーパラボラアンテナを用いて、通り過ぎる魚の伴流を感知する。そのアンテナから得られた感覚だけで、アザラシには、どの方向で魚が泳いでいるかがわかる(59)。その伴流を残した物体の大きさや形の違いまで判別できるので、最も大きくて最も栄養が豊富な個体だけを追うことだってできるかもしれない(60)。いや、そもそも伴流である必要すらないのかもしれない。ロストクで行われた実験では、ヘンリーや他のアザラシたちは、海底の砂地に埋もれているヒラメやカレイの鰓《えら》が生み出す微かな上昇水流も感知できた(61)。海底に潜む平らな魚は、全身を擬態し、微動もしなかったことだろう。そ

＊1 理由は明らかだが、米軍は、水中を動き回るレーダーで検知できない物体でも追跡可能な機器が生み出されることを期待して、このような研究に資金を提供する。コリーン・ライヒムスはスプラウツを指差しながら「このような動物の生物学的能力を模倣した機器を構築できると思いますか？　現在のところ、その答えはノーです」と言った。

＊2 アゴヒゲアザラシはアザラシの中でも例外だが、それがかえって原則の意義を際立たせている。アゴヒゲアザラシに生えている多数のひげは、単純な円筒形をしているが、これは、彼らがセイウチと同じく海底で獲物を探す暮らしをしているからだ。彼らには、特別に秀でた流体力学的な感覚など必要ない。

れでも、アザラシの顔面は彼らの呼吸を感じ取ることができるのだ。アザラシの触覚世界は、流れや動きに適合している。一方、彼らの獲物は動かずにはいられない。これではあまりに不公平だ——ただし、獲物の側にも驚くべき流体力学的な力が備わっているとしたら、話は違ってくる。

アザラシなど、水中の捕食動物の襲撃を受けると、魚の群れは一体となって動く。散り散りになって逃げたりはしない。魚同士でぶつかることもない。まるで水と一体化して襲撃者の周囲を流れているように見える。この奇跡のような協調性の妙技には、視覚もある程度は関与しているが、「側線」と呼ばれる感覚システムが大きくかかわっている。

側線は、すべての魚（と一部の両生類）にある[62]。通常は、魚の頭と脇腹の皮膚下を走る液体の充満した管と、その管に沿って点在する少数の目に見える細孔からなる。科学者たちは一七世紀には細孔について記述していたが、それ以来、二〇〇年間、この細孔はもっぱら粘液を分泌するものと考えられていた[63]。しかし、綿密な調査が行われたことで、ゼラチン質の半球体に覆われた洋ナシ形の細胞の小集団の存在がわかった。現在では「感丘」と呼ばれているこの構造体は、見るからに感覚器だった。一九三〇年代には生物学者のスベン・ダイクラーフが、目の見えない魚でも側線を用いて、近くで動く物体が生み出した水流を感知できることを[*1]示した[64]。さらに印象深いことに、動かない物体についても魚たちは自分自身が生み出す水流を分析して感知していることを彼は示した。

泳いでいる魚は前方の水を押しのけながら進むので、体を包み込むような「流れの場」が生まれる。障害物があれば、その場に乱れが生じ、その乱れを側線で感知できるので、魚は流体力学的に周囲を認識することになる。魚が水槽の壁に向かって泳いでいくと、壁のせいで「水分子は何も遮るものがないときのように自由に動いて道を開けることができず」、「魚は予期せぬ水の抵抗の高まりを経験する」ことになるとダイクラーフは書いている(66)。これは、コオバシギが砂に埋もれた二枚貝の位置を特定するために用いた技法によく似ているし、マナティが周囲の濁った水の中にあるものを何でも把握するために用いた方法にも似ている。ただし、魚はマナティやコオバシギが登場した時期より数億年前から、側線を使って離れた場所から感知してきたし、水の動きに対する感度も遥かに高い。*2

魚は側線を使って、文字どおり周囲を流れゆく豊かな情報源を感じることができる。この認知力は、ほぼ全方向に、体長の一倍から二倍の範囲にまで広がっており、ダイクラーフはこれを「遠くから触れる」能力だと表現した(68)。人間も、肌の上を流れる強い水流を感じることができる。しかし、「魚が側線を通して認知しているような豊かな知覚にはほど遠いことでしょう」と、何十年間もこのシステムの研究をしてきたシェリル・クームスは言う。大通りを歩いていくと、多様な色彩と明度のパターンが目まぐるしく網膜上に映り、私たちは周囲を流れ過ぎていく環境を知覚する。おそらく魚たちも、側線上を流れる水のパターンから同様の経験を得ていることだろう。彼らがそのようなパターンを用いて流水

*1 一九〇八年、魚類学者のブルーノ・ホーファーは、あと少しで側線の役割を解明するところまできていた(65)。彼は、目の見えないカワカマスでも、側線が無傷であれば、衝突を回避することも水流に反応することもできることに気づいた。そして、この器官のおかげでカワカマスは水流を感知することによって「離れた場所からでも感じる」ことができるのではないかと、正しく推測していた。だが不運なことに、彼がその推論を発表したのは彼自身が創刊した無名の学術誌で、まもなく廃刊になったため、ほとんど誰にも読まれずに終わった。

*2 一九六三年、スベン・ダイクラーフは自分の研究を独創性に富む論文にまとめ、側線は哺乳類の触毛に類似する「触覚に特化された器官」であると主張した(67)。逆転の発想で、マナティの体の触毛に備わる流体力学的な能力が最初に明らかにされたときには、哺乳類版の側線のようなものだと言われた。

に順応し、獲物を見つけ、捕食動物から逃げ、互いを把握しているのは間違いない。群れで泳ぐ魚は、側線を使って近隣の仲間たちと泳ぐ速度と方向を一致させている(69)。捕食動物が突進してくると、急激に水が押し寄せ、側線を刺激された最寄りの魚たちは身を翻す。この突然の動きが近隣の仲間の側線を刺激し、そのまた近隣の仲間を刺激し、刺激の連鎖が起きる。パニックの波は外向きに広がっていき、魚の群れは捕食動物を包み込むように途切れなく二手に分かれる。個々の魚は自分を取り巻く少量の水の動きに注意を払っているだけだが、触覚が群れの全員をつなぎ、協調された全体としての動きを可能にしている。目の見えない魚でも群れることができる(70)。

感丘の基本構造はすべての魚に共通しているが、その多くは独自の方法で拡張され、側線を微調整している(71)。水面の餌を食べる魚は、平らな頭に感丘を搭載し、水面に落ちた昆虫の振動を感知する(72)。サヨリは針のように長く突き出た下顎をもち、その下顎に沿って感丘が並んでいるため、口の延長線上を獲物が泳いでいるかどうかがわかる(73)。洞窟魚のブラインドケーブフィッシュ〔訳注：かつてはメクラウオとも呼ばれた〕は、目は退化しているが、異様に大きくて感度の高い多数の感丘を使ってうまく切り抜けている(74)。だが意外なことに、魚の中には側線をほぼ完全に失っているものもいる。*1

二〇一二年、洞窟と珍しい動物を愛してやまないダフネ・ソアレスは、たった一つの洞窟にしか生息しておらず、無名すぎて一般名もなく、目の見えない、アストロブレプス・フォーレター（*Astroblepus phoeleter*）という学名のナマズを見るために、エクアドルまで出向いた。そして、洞窟暮らしで視力を失った魚の多くで見られるような、素晴らしく感度の高い大きな感丘が見つかるものと期待しながら、顕微鏡で観察した(76)。そして、驚愕した。感丘はほとんど見当たらなかったのだ。代わりに、このナマズの皮膚は、彼女がそれまでに見たこともないような、小さな操縦桿のような形をしたもので覆われていた。「驚きましたよ。これはいったい何なのか、とにかく知りたくて――これだから、科学はやめられません」と彼女は言う。

ソアレスは、この操縦桿が機械受容器であることを明らかにした(77)。さらに意外なことに、それが歯であることもわかった。とても歯のようには見えない――だが、その構造体は間違いなく歯だ。エナメル質と象牙質でできていて、根元から神経が出ている。ナマズの仲間の大半は味蕾を拡張させて全身を覆っているが、この洞窟種はそれと同じように歯を拡張させ、全身を覆う流れ感知器に変化させていたのだ。すでに十分に機能する側線を有する祖先をもつ動物としては、奇妙な革新のように思える。しかし、この洞窟ナマズはほぼ毎日のように集中豪雨による洪水を経験していることにソアレスは気づいた。その激流が側線を圧倒し、より強固な感覚器の進化を推し進めたのではないかと、彼女は考えている。全身を覆う歯を使って流れの穏やかな区域を見つけ出し、吸盤のような口で岩にくっついて激流が去るのを待つ。現在、ソアレスは他の洞窟魚についても、見たことのない触覚器をもつものがいないか研究中である。[*2]「奇妙な動物が好きなんです。極端すぎたり、古代のままだったり、ユニークであればあるほど、ぞくぞくします」と彼女は私に語った。

一九九九年の夏、洞窟魚が人生に入り込んでくる前のこと、ソアレスは軽トラックの荷台に座ってい

＊1 ブラインドケーブフィッシュの中には、独特の泳ぎ方を進化させたものもいる。彼らは、急発進と滑べるような静かな前進を交互に繰り返す(75)。急発進中は、推進力は得られるが、側線は無力になる。滑べるように進むあいだは、動きは遅いが、安定した流れの場が生み出され、周囲の物体を識別しやすくなる。

た。隣には、米国魚類野生生物局によって捕獲された巨大なワニがいる。長旅のあいだ中、彼女はテープでぐるぐる巻きにされた同乗者の口をじっくり観察した。それが、彼女がその突起物の存在に最初に気づいたきっかけだった。

ワニ——アリゲーター——の顎の縁には、濃色の半球状の隆起が並んでいる。まるで黒にきびでできた顎ひげを生やしているかのようだ。この突起物の存在は一九世紀には科学誌に報告されていたのだが、何のためのものかは誰にもわからなかった。「これは何らかの感覚器に違いない、と思ったんです」とソアレスは言う。研究室に戻った彼女は、この突起物に神経末端が含まれることを明らかにした。しかし、毛や孔など、その神経を刺激するような明らかな感覚器構造は見当たらなかった。ソアレスは、鎮静剤を打って水中に横たえたワニを相手に、例の突起物に光を当ててみたり、電場に曝してみたり、多少臭うが美味しそうな魚を近づけてみたりした。だが、どれにも反応しなかった。そんな中、ある日、彼女は水中に落とした道具を拾うために手を伸ばした。指先が水に触れた途端、水面に波紋が広がった。そして、その波紋がワニの顔に当たった瞬間、ついに、突起物内の神経が発火しはじめた。「夢じゃないかと思って、友だちを呼んで確認してもらいましたよ」と彼女は私に語った。

こうして彼女は、その突起物が水面の振動を感知できる圧受容器であることを発見した(78)。モグラのアイマー器官と同じく、小さなボタンのように働くものと思われる。その感度はきわめて高く、ソアレスが水槽に水を一滴垂らしただけで、(鎮静剤を打たれていない)ワニは体の向きを変え、水面の乱れをめがけて突進した。目と耳を覆っても同じだった。しかし、口をビニールシートで覆うと、水滴をいくら垂らしてもワニは気づかなかった。ワニは、空気と水が出合う水平線の薄い層を口まわりの突起物で探査しながら、何かが水面に着水したり水辺に水を飲みにきたりするのを待っているのだ。この戦略には静寂が必要だ。そのため、ワニはモグラやネズミやマナティのように慌ただしく探索することはできない。じっと動かず、触覚器を使って他のすべての動きをモニタリングしている。[*3]

ワニの突起物で感知するのは、獲物のさざ波だけではないようだ。ワニの雄は、交尾相手を惹き寄せるために、喉の奥を震わせて唸り声を上げる。すると、その声で背中の上の水が振動し、熱いフライパンの上の油のように弾けて跳ねる。その振動を、どうやら他のワニが繊細な顔で感じ取るようだ。また、顔の突起物は歯のまわりや口の中にも見つかっていることから、餌の吟味や噛む力の調節にも使われている可能性がある。水中を顎で攫《さら》うようにして餌をかき集めるときも、食べ物に行き当たれば突起物で感じ取ることができる。もうすぐ孵化する幼ワニの声を聞いた母ワニも、その突起物を使えば、ちょうどいい力加減で卵の殻を割ってやることができる。孵化したての幼ワニを顎に乗せて運ぶときも、繊細な触覚のおかげで、噛みつくべき獲物と噛みついてはいけないわが子を区別することができる。

＊2 その一例が、シノシクロカイラス（*Sinocyclocheilus*）という中国の魚である。上向きに反り返った長い鼻のようでもあり、前方に突き出た不思議な背中のこぶのようでもあり、魚のようにも鉄のようにも見える。シノシクロカイラスには標準的な側線もあるが、ひょっとして、この前方に突き出た角がこの魚の舳先となって船首波を生み出し、何らかの方法で感丘の感度を高めているのではないかとダフネ・ソアレスは考えている。この考えを裏付けるには、さらなる研究が必要になるが、ソアレスはすぐにでもその研究をはじめる勢いだ。

＊3 ワニ類――アリゲータ、クロコダイル、その他の類縁種――はずっと水中で生活していたわけではない(79)。ワニ類はおよそ二億三〇〇〇万年前から存在し、すでに絶滅した類縁種もいる。彼らの祖先の多くは陸生動物で、猫のように徘徊し、馬のように疾走した。そのような先史時代の動物たちにどのような感覚が備わっていたのかを知るのは難しいが、彼らの頭蓋骨から手がかりを得ることはできる。現代のワニ類と同じようにさざ波を感知できる突起物があったなら、祖先の頭蓋骨の顎にも神経を通す穴がはっきりと開いていたはずだ。実際に、一部の頭蓋骨には穴があった――しかし、全部ではなかった。ワニ類は、水中生活に移行しはじめるまでは、圧を感知できる突起物を進化させていなかったようだ。

これは、凶暴で冷酷な動物であるという、ワニに関するよくある固定概念のすべてに反する。強靭な顎で骨でも骨板で重装備された分厚い皮膚でもかみ砕くことができる彼らは、繊細さとは対照的な存在のように思えるが、ケネス・カタニアと彼の学生であるダンカン・リーチが明らかにしたとおり、彼らの体は、圧変動に対して人間の指先の一〇倍の感度をもつ感覚器で、頭から尻尾まで覆われている(80)。

鈍感そうな生き物の体に存在するがゆえに見落とされてきた触覚器官は、他にもある。ヘビの多くは、頭を覆う鱗の表面に接触を感知する数千もの突起物を備えている(81)。この突起物は、なかでも海ヘビに多く見られ、しかも目立っていて、ワニの突起物と同じように流体力学的な感覚器として機能している可能性がある。スピノサウルスという、背中にまるで船の帆のような大きな突起をもつ巨大恐竜には、尖った口の先端にワニの頭蓋骨にあるのと似た小さな孔があり、これもまた圧を感知する突起物につながる神経を通すための孔だと考えられる(82)。スピノサウルスはワニのような顔をもち、魚を餌とする半水生動物として描かれることが多い。もしかしたら、スピノサウルスもさざ波を立てる獲物を触覚器で感知していたのかもしれない。ティラノサウルスの近縁種であるダスプレトサウルスも、顎にはっきりとした孔が並んでいることから、感覚器突起に覆われていた可能性がある(83)。ダスプレトサウルスは水生ではなかったが、求愛中に顔を擦りつけたり、幼い恐竜を傷つけずに口で運ぶために用いたりしていたのではないか。そのような臆測は、ありえない話のように聞こえるかもしれないが、ワニの突起物、魚の側線、アザラシのひげのことを思えば、ありえないとも言い切れない。科学は、こと接触と流れの感覚器に関しては――その姿が丸見えの感覚器も含めて――長年にわたる過小評価や見落としの実績があるのだから。

クジャクほど派手で認識されやすい鳥はそうそういない。だが、もし可能なら、あの飾り立てられた煌びやかな尾のことは忘れてほしい。そして、頭の上で冠羽を形作るへらのような形の硬い羽毛に注目しよう。クジャクの冠羽は、はっきり目立つのに、無視されることが多い。冠羽に何か役目があるのかどうかを解明するために、スザンヌ・アマドール・ケインは飼鳥園や育種家から数羽のクジャクと、不幸にもホッキョクグマの檻の中に舞い降りた動物園のクジャク一羽を入手した(84)。それから、彼女の学生であるダニエル・ファン・ベーフェレンが冠羽に機械的攪拌器を取り付け、冠羽が前後に揺れるのを観察した。正確に二六ヘルツ(二六回/秒)で攪拌したときに、異様に力強く揺れた。これが共鳴振動数だ。求愛中のクジャクの雄が尾羽を揺らす振動数とまったく同じである。「偶然の一致なんてことはありえません」とケインは私に語った。ファン・ベーフェレンは攪拌器を取り付けたクジャクの冠羽に向けて、さまざまな音源を再生した。本物のクジャクが尾羽をガサガサと揺らす音を再生したときには、冠羽が共鳴して揺れた。英国の歌手グループ「ビージーズ」の楽曲「ステイン・アライブ」など、他の音源を再生したときには、そのような共鳴は見られなかった。

この結果は、求愛中の雄のクジャクが尾羽を揺らして生み出す空気の乱れを、雄の前に立つ雌のクジャクが感知している可能性を示している(85)。彼女は、彼の努力を見ているだけでなく、感じているのだ(これは逆にも働く。雌が雄にディスプレイ行動を返すこともあるからだ)。現在、ケインはこのアイデアを証明するために、求愛中の生きたクジャクの冠羽を撮影して、実際に同じ振動数で揺れているかどうかを確かめようとしている。[*1] 同じ振動数で揺れていれば、クジャクの求愛行動には、見た目の華々しさの陰で、観察する人間にはわかりにくい密やかな要素がつねにあったことになる。といっても、ただ単に、私たち人間にその要素を十分に鑑賞するのに適した器官が備わっていないだけなのだが。動物界で最も華麗な見世物の一つであるクジャクの舞いに見落としがあったのだから、私たちは他にも何か見落としているのではないだろうか？

その手がかりは、クジャクの冠羽の根元にもある。冠羽の根元には、「毛状羽」と呼ばれる小さな羽毛が生えている。毛幹の先に房があるだけの単純なもので、機械受容器として機能しているようだ。空気の動きが冠羽を揺らすと、冠羽が毛状羽をつつき、毛状羽が神経を刺激する。毛状羽はほとんどの鳥に見られ、たいていもう一本の羽を伴っている。鳥たちは、毛状羽を使って羽毛の位置をモニタリングし、滑らかな羽毛が逆立って羽繕いが必要になるとそれを感知するようだ。しかし、毛状羽がとりわけ重要になるのは、飛行中である(86)。

鳥はいとも簡単に飛んでいるように見える。そのせいで、空を飛ぶのがどれほど大変なことかを忘れてしまいそうだ。しかし、鳥たちは、空中に留まるために絶えず翼の形と角度を調節している。万事順調なら、気流は両翼の輪郭に沿うように滑らかに流れ、揚力を生む。だが、翼の角度が急すぎれば、滑らかな気流に乱れが生じて渦を巻き、揚力は消失する。これを失速と呼ぶ。失速を回避も修正もできなければ、鳥は空から落ちる。そんなことがめったに起こらないのは、翼を迅速に調節して空中に留まるために必要な情報を毛状羽が与えてくれるからでもある(87)。率直に言って、信じられない芸当だ。そういえば、かつて私は、ボートの上に立ち、すぐ横を並行して飛ぶカモメを見ていた。風の強い日で、私たち――ボートとカモメ――は高速で進んでいた。空中に手を伸ばすと指のあいだを吹き抜ける風の圧が感じられ、私はカモメの翼がこれと同じ気流を形成し、それを空中で保っていることに驚いたものだ。しかし、そのときの私は、カモメがしていることのすべてに気づいていたわけではなかった。カモメは、毛状羽を使って周囲の空気を読み、飛行の微調整まで行っていたのだ。フランス人眼科医のアンドレ・

ロション＝デュヴィニョーはかつて、鳥は「眼を使って翼を誘導している」と書いたが、彼は間違っていた——翼で翼を誘導しているのだ。

同じことがコウモリにも言える。コウモリの膜のような翼は、鳥の羽毛に覆われた翼とはずいぶん異なるが、負けず劣らず感度は高い。コウモリの翼膜は、接触に敏感な毛でまばらに覆われており、この毛の根元には小さな半球があり、半球内で機械受容器に接続している[*2](88)。スザンヌ・スタービングは、この毛のほとんどが翼の後ろから前へ流れる気流のみに反応することを明らかにした。失速しそうなときに典型的に発生する気流である。コウモリも、鳥と同様に、失速の瞬間を感知して矯正することができるのだ。触毛のおかげで、翼に角度をつけ、空中を浮遊し、急転回して追尾中の昆虫を捕獲し、上下逆さでも着地することができる。スタービングは、コウモリの翼を除毛クリームで処理してから、そのコウモリを障害物の多いコースに投げ入れたが、その影響は明らかだった(89)。衝突こそしなかったが、周囲の障害物との距離を広く保ち、向きを変えるときも小回りが利かずぎこちなかった。対照的に、翼の毛が無傷のときは、障害物とすれすれの距離を飛び、急角度のヘアピンターンを繰り返した。彼らにとって気流感知器は、単なる飛行を曲芸飛行に変えるほどの違いを生む存在なのだ。

＊1 雌の冠羽は緑色で、たいてい緑色の枝葉の前にいるので、「言うはやすし、行うは難し」である。だが、スザンヌ・アマドール・ケインは白いクジャクを飼っている育種家を何人か知っていて、話し合いが進んでいる。

＊2 この毛は裸眼では見えないほど細くて短いので、断熱のためのものではない。一九一二年、科学者たちは、この毛がコウモリの暗闇での飛行を可能にする気流感知器である可能性を提唱した。しかしその後、コウモリがある種の超音波を使って飛行の舵取りをしていると知った人々は、二〇一一年にスザンヌ・スタービングが再び興味を掻き立てるまで、コウモリの触覚への興味を失っていた。

だが、他の動物では、このような感知器が生死を分ける場合もある。おそらくそれは、その動物の触覚器が世界で最も繊細な器官へと進化してきたからだろう。

一九六〇年、ドイツのミュンヘンの市場に船荷のバナナが到着した[90]。中南米のどこかから出荷されたもので、ちょっとした同乗者も一緒に運ばれてきた――三匹の巨大クモで、いずれも手のひらほどの大きさだった。このクモはミュンヘン大学に送られ、メヒトルド・メルヒャーズという名の科学者によって研究と飼育が開始された。それ以来、この種は世界で最も詳しく研究されているクモとなり、現在では、黒色とオレンジ色の縞模様の脚にちなんだ「タイガーワンダリングスパイダー」の名で知られている。

タイガーワンダリングスパイダーは、餌を捕獲するための網状の巣を作らない。ただじっと、獲物を待つ。その脚は、一平方ミリメートル辺り四〇〇本の高密度で生える数十万本の毛でびっしりと覆われている[91]。そのほとんどが根元で神経に接続していて、接触に敏感である。一本の脚をほんの数回つつくと、その脚を引っ込めるか、探査のために体の向きを変える。走っているときに脚の毛が物――たとえば、好奇心旺盛な科学者が経路を横切るように張っておいたワイヤーなど――に擦れると、クモは体をアーチ状に曲げ、その障害物を乗り越えて走っていく[92]。求愛中の雄は、雌に食べられるのを防ぐために適切な方法で雌の毛を刺激する。

この毛の大半は直接的な接触にしか反応しないが、一部の毛は風にもなびくほど長くて感度が高い。そのような毛は、ドイツ語で「毛」を意味する「トリコス（trichos）」と「カップ」を意味する「ボトリウム（bothrium）」に由来して、「トリコボトリア（trichobothria）」と呼ばれている。鳥の毛状羽や魚の感丘と同じく、クモのトリコボトリアも流れを感じ取る感知器である——ただし、並外れて感度の高い感知器だ。一分間に一インチ（約二・五センチメートル）しか動かないほど緩い空気の流れ——そよ風とも呼べないほどの超微風——にも、トリコボトリアはなびく(93)。顕微鏡で観察すると、周囲の何もかもが静止している中、知覚できないほど微かな空気の流れの影響でトリコボトリアだけが揺れているのが見える。各脚に一〇〇本ほどあるトリコボトリアを用いて、タイガーワンダリングスパイダーは体のまわりの、あらゆる方向の、気流を敏感に察知する。そしてこの鋭敏さを、死をもたらす瞬間のために使うのだ。

原産地の熱帯雨林では、タイガーワンダリングスパイダーは昼間は落ち葉の下に隠れて過ごし、日暮れの一時間半後にようやく姿を現す。落ち葉の上まで歩き、それから待つ。暗闇が濃くなるにつれ、突風は吹かなくなり、安定した環境気流は、クモが無視するような低周波で占められる。クモのトリコボトリアは、飛び回るハエの羽音のように、飛行中の昆虫が発する比較的高い周波数の振動に合わせて調整されている。ハエはごく小さいが、それでも前方の空気を押しのけながら飛ぶ。最初のうちは、クモもその空気の動きを背景の気流と区別できない。しかし、ハエが一・五インチ（約四センチメートル）ほどの距離まで接近すると、霧の中から現れる人影のように、空気のシグナルは顕著になる。ハエに最も近い脚のトリコボトリアが、他の七本の脚のトリコボトリアより先に揺れはじめ、その差を感知したクモは、近づいてくる獲物に体の正面を向ける。ハエがクモの脚のどれか一本の上空を通過する瞬間、直立状態だったトリコボトリアが屈曲し、クモはジャンプする。空中のハエを前脚でつかみ、地面に引きずり落とし、噛みついて毒を送り込む(94)。「このクモはジャンプしながらでも、その軌道を修正できるんですよ」と、一九六三年からこのクモを研究し続け、幾度となくそのジャンプを観察してきたフリードリヒ・バルトは言う。「そんな芸当ができるロボットを構築するのがどれほど難しいか、私はそのことばかり考えてきました」。

だが、昆虫も無力ではない。多くの場合、昆虫にも気流感知器があるのだ[95]。森林コオロギには、お尻の先から突出した一対の棘《とげ》があり、「尾角」と呼ばれている。この尾角は、クモのトリコボトリアに優るほどではないが同じくらいの感度を備えた数百本の毛で覆われている。このいわゆる「糸状毛」で、スズメバチの羽ばたきが生み出す気流を感知することができる。また、ジェローム・カサスによって明らかにされたとおり、帯電したクモが生み出す微弱な風もこの毛で感知できる。

コモリグモは、森林コオロギの主要な捕食者であり、獲物を追いかけて捕える。落ち葉が積もった起伏に富む森林の底で、標的と同じ落ち葉の上に立って攻撃を繰り出さなければならない。その動きは速いが、コオロギの毛は、コモリグモが走りはじめた瞬間からその動きを感知していることを、カサスは明らかにした[96]。実のところ、クモの動きが速いほど、感知しやすくなる。クモとしては、コオロギにこっそり忍び寄りたいところだろう。正面の空気をほとんど乱さないほどゆっくりとした動きでぎりぎりまで接近し、最後の瞬間だけ突進してとどめを刺すのが、残された唯一の望みとなる。だがそれでも、成功する見込みは五〇に一つほどしかない。「たいていはコオロギの勝ちです」とカサスは語った。「コオロギがジャンプして他の場所に着地した途端、ゲーム終了。コオロギはもう別世界にいますから」[*1]。

コオロギの糸状毛とクモのトリコボトリアは、信じられないほど敏感だ。いずれも、光子一個分——可視光の最小量——より少ないエネルギーでも揺れ動く。既存の視覚受容器や存在可能な視覚受容器の一〇〇倍の感度だ[98]。コオロギの毛を実際に動かすのに必要なエネルギー量は、熱雑音——小刻みに揺れる分子の運動エネルギー——に限りなく近い。別の言い方をすれば、物理法則を破らずにこれより高感度の毛を作るのはほぼ不可能だ。

だとしたら、なぜ、この世のすべての物によって刺激されないのか？　なぜ、クモは想像上の昆虫をめがけて絶えず飛び跳ねていないのか？　なぜ、コオロギはクモの幻影から絶えず逃げ回っていないのか？　一つには、彼らの毛は生物学的に意味のある振動数——環境ではなく捕食者もしくは獲物によって生み出される種類の振動数——にしか応答しないからだ。また、毛の根元にある機械受容器の感度は、毛自体の感度よりも低く、発火するにはより強い刺激を必要とする。そしてもう一つ、たった一本の毛で行動を起こさせることはできないからだ。動物がたった一個の機械受容器の励起に応答するのはまれである。彼らは全体の声に耳を傾けているのだ。

ではなぜ、一本一本の毛はこんなにも敏感なのか？　これにははっきりと説明がつく。捕食者と獲物のあいだで繰り広げられてきた長きにわたる軍拡競争が、可能な限り微弱なシグナルまで感知できる感覚器の進化をもたらしたのだ。「この答えはちょっと安直すぎますし、私も確信があるわけではありません」とカサスは言う。生物学者として、彼はつねづね「最適化」について語ってきた。動物たちは直面する多くの制約の中で最良の選択をする、という説だ。しかし、コオロギの毛は、めったにない「最大化」の例なのだと彼は言う。「驚くほど磨き上げられて、もうこれ以上は改良の余地がないほどです。なぜこうなったのか、本当の理由は誰にもわかりません」[*2]。

＊1　この能力は、スパイダーマンにいち早く危険を知らせる「スパイダー感覚」に似ている。映画『スパイダーマン』シリーズでは、スパイダー感覚は主人公ピーター・パーカーの腕に生えた小さな直毛で表現されている。だが、ロジャー・ディ・シルベストロが全米野生生物連盟のブログに投稿した記事には「クモは迫ってくる危険を眼と呼ばれる早期警告システムで感知できる」と書かれていた(97)。

ほとんどの節足動物――昆虫、クモ、甲殻類を含む多様な分類群――には、水流または気流のいずれかを感知する毛が備わっている。この広く普及した感覚がもつ意味合いは深遠で、きちんと取り組もうにも、そのとっかかりさえなかなか見つからないほどだ。たとえば、一九七八年、ユルゲン・タウツは、毛虫が胴体中央部の毛で飛行中の寄生バチが生む空気の動きを感知できることを明らかにした(99)。感知したあとの毛虫の反応は、動きを完全に止めるか、嘔吐するか、地面に落ちるかだ。その三〇年後、タウツは、飛行中のミツバチでも同様の反応が引き起こされることを示した(100)。ミツバチは、訪れた植物の周囲の空気を動かすだけで、腹ぺこの毛虫が植物に与える損傷の量を軽減することができるわけだ。植物にとって、ミツバチと毛虫ほど重要な昆虫は他にないといってもいい。だが、まだ誰も、この二つの分類群――授粉媒介者と略奪者――が微弱な突風と毛の微かな屈曲でつながっていることをきちんと認識できていない。私たちのまわりの空気には、私たちには感知できないシグナルが溢れているのだ。同じことが、私たちの足元の、地面の下でも起きている。

＊2　このような気流感覚は、遠隔接触として記述されることが多いが、本当にそうだろうか？　同じく空気の動きに応答する毛に依存する聴覚のバージョンの一つとも考えられるのではないか？　意見の分かれるところだ。カサスの考えでは、両方の要素を併せもっている。バルトは、これ自体が独自の感覚だと感じている。私は個人的に、感覚の持ち主が実際に何を経験しているのかをより深く知らなければ、分類するのは難しいと思っている。クモにとって、遠くを飛ぶハエが生み出す気流の感触は、脚に直接擦れたワイヤーの感触と比べてどう違うのか？　その違いは、私たちにとっての「熱い」か「冷たい」かのようにはっきり区別できるものなのか、それとも同じ触感スペクトルの両端のようなものなのか？

第7章

波打つ地面

——表面振動

一九九一年、カレン・ワルケンティンの夢が実現しようとしていた。大好きなカエルとヘビがたくさんいる場所――コスタリカのコルコバード国立公園――に新入りの博士課程の学生として配属されたのだ。池の畔《ほとり》に座り、大量に生息するアカメアマガエル――ライムグリーン（黄緑色）の体、オレンジ（橙色）の足先、エレクトリックブルー（青紫色）の腿、黄色の縞模様の脇腹、トマトのような赤色の突出した眼――を観察する日々がはじまったのだ。ある日の夕方、アカメアマガエルの雌たちは、たった一日のうちにそれぞれ一〇〇個ほどの卵を産んだ。卵はゼリーに包まれた状態で池の水の上に垂れ下がった葉にくっついている。だが、その約半分は、ネコメヘビの餌食となった。残りは六、七日後に孵化し、オタマジャクシになって水中に――もしくは、場合によってはワルケンティンの手元に――放たれる。「この園内では、髪の毛の中や手帳の上にオタマジャクシが落ちてくるのは日常茶飯事ですよ」とワルケンティンは語った。「私も卵の塊りに衝突して、胚があっという間に孵化するのを見た経験があります」。

それは異様な光景だったそうだ。オタマジャクシは、ワルケンティンが壊してしまった卵塊から受動的にこぼれ出たわけではなかった。むしろ、自分から積極的に這《は》い出てきていたのだ。ワルケンティンがぶつかったときにそれができるなら、ヘビの襲撃からも逃げられるのではないか？　ヘビの噛みつこうとする顎の動きを感知し、一か八かで水中に逃げる決断ができるのではないか？　ワルケンティンはこのアイデアを科学学会で発表したが、懐疑的な反応を受けた。カエルの胚は、時がくれば自動的に孵化する受動的な存在で、自分たちの置かれた環境には無頓着だと思われていたからだ。「バカげた考えだと思う人もいたようです」とワルケンティンは言う。「でも私は、このアイデアは検証可能だと考えました」。

ワルケンティンは大量の卵を集め、ネコメヘビと一緒に屋外ケージに入れた(1)。ネコメヘビは夜行性なので、ワルケンティンは夜通しで様子を確認しなければならず、隣接する建物の長椅子で眠り、大量の蚊に悩まされながら、一五分おきに目覚め、朦朧としたまま卵の様子を観察した。粗削りな研究だったが、ワルケンティンの読みは正しかった。オタマジャクシの胚は、襲撃を受けると早々に孵化することができたのだ。ヘビの口に咥《くわ》えられた卵からオタマジャクシが溢れ出てくる様子も見られた。

それ以来、ワルケンティンはこの行動について研究している。幸いにも、今では徹夜の観察は減り、赤外線カメラでの撮影が増えた。私が見せてもらった最近の動画には、ネコメヘビがアマガエルの卵の集合体に突進し、数個の卵を顎で咥える様子が映っていた。ヘビが口いっぱいに頬ばってゼリーの塊りから顔を引き離そうとするころには、周辺の胚は激しく身をくねらせながら、卵を急速に分解する酵素を顔面から放出している。そのうちの一匹がポチャンと水に落ちると、すぐに別の一匹があとに続き、まもなく、カウントできないほどの勢いでオタマジャクシが水中に崩れ落ちていく。まだ最初の一口を咀嚼中のヘビの前には、空っぽのゼリーだけが残される。「飽きることなく、いくらでも見ていられます」とワルケンティンは私に語った。

ワルケンティンの実験は、カエルの胚が一般に考えれているほど無力でもなければ無頓着でもないことを明らかにした(2)。カエルの胚の「感覚バブル」は、実際に胚を閉じ込めているゼリーの泡よりも広い範囲にまで及んでいるのだ。光は透明な卵を透過できるし、化学物質も卵の内部まで拡散可能である。だが、本当に重要な意味をもつのは振動だ。振動は卵の内部にも胚の内部にも伝わっていく。そして胚は、経験したことがなくても悪い振動とよい振動を区別できる。ヘビの一噛みは孵化のきっかけになるが、雨、風、足音はきっかけにならない。弱い地震で池が揺れたときも、胚は反応しなかった。さまざまな振動を記録し、卵に向けて再生することにより、ワルケンティンはカエルの胚がピッチとリズムに反応していることを明らかにした(3)。雨粒はパラパラと安定した短い高周波数の振動を生む。ヘビの襲撃は、もっと低周波数で、もっと複雑なパターンの振動を生み、あとに続く長い咀嚼時間はときどき静寂によって中断される。雨音の録音を編集して合間に静寂を入れると、ヘビの音に近い感じになり、オタマジャクシはより怖がるようになり、孵化する確率が高まった。カエルの胚は明らかに、外の世界に飛び出す前から外の様子を感知できているし、その情報を用いて自分の身を守っている(4)。彼らには主体性があり、独自の環世界をもっている。

「彼らは発達するにつれ、より多くの感覚を獲得し、より多くの情報を得るようになります」とワルケンティンは言う。カエルの胚は、受精後二日で周囲の酸素濃度を感知できるようになり、卵が誤って水中に落下した場合にすぐにわかるようになる。しかし受精後四日までは、ワルケンティンの学生のジュリー・ユングが発見したとおり、内耳の振動感知器に配線がつながっていないため、ヘビの襲撃に反応できない(5)。それ以前も彼らは危険から逃れることはできるが、危険を感知する術はない[*1]。ヘビはまだ彼らの環世界の一部にはなっていない。それでも、数時間のうちに何もかもが変わる。新しい感覚が獲得され、それまで感じてさえいなかった振動領域が彼らの生活を一変させる。

　オタマジャクシがカエルに変態し、次世代のオタマジャクシを作る準備が整うと、雄は交尾の機会を得るために競い合う。ワルケンティンと同僚のマイケル・コルドウェルは、赤外線カメラを使った観察で、雄たちが枝に沿って並んで身構え、体を膨らませ、精力的にお尻を震わせるのを見た(7)。このようなディスプレイ行動には、視覚的に注意を惹きつける意味もあるが、雄たちは視線が遮られているときもこの行動をとる。互いの姿を見ることができないとしても、ライバルがお尻を震わせて生み出す振動は感じることができ、その振動から相手の大きさや意欲を評価することもできる。この競い合いではつねに、より長く体を震わせ、より長く持続する振動を生み出した雄が勝者となる。*2

　おそらく、他の多くの動物も、この方法で情報を交換している。シオマネキの雄は、大きなハサミで砂を叩きつけることによって、交尾相手を惹きつける[8]。兵隊アリは盛り土の壁に頭を打ちつけることで、振動による警報を発して、より多くの兵隊アリを引き寄せる[9]。アメンボ――池や湖の水面を滑るように進む昆虫――は、振動に敏感な捕食動物を呼び集めるさざ波を立てることによってパートナーに交尾を強要することができる[10]。これらの生き物はすべて、枝の上だろうと砂浜だろうと、周囲の物の表面に沿って伝わる振動を生み出したり、振動に応答したりしている。科学者はこれを「基質振動」と呼ぶ[11]。科学者以外の人々は単に「振動」と呼ぶほか、「震え」、「揺れ」、「表面波」と呼ぶこともある。*3

　このような表面振動（とタイガーワンダリングスパイダーのような徘徊性のクモやコオロギを刺激する気流

---

*1 オタマジャクシの体が揺れると、内耳の中の小さな結晶が接触を感知する有毛細胞に押し当たり、シグナルが脳へと送られる。と同時に、同じ内耳システムが、頭の動きと反対の方向に目を動かす反射も調節する。この反射がオタマジャクシの注視を安定させるのだ。そこで、ジュリー・ユングは急ごしらえのオタマジャクシ回転装置を組み立てた[6]。オタマジャクシを試験管に入れ、その試験管を穏やかに回転させ、オタマジャクシの眼が旋回しているかどうかを観察することによって、彼女はオタマジャクシの内耳が振動に敏感になる時期を正確に解明することができた。

*2 マイケル・コルドウェルは、電動振動装置を搭載したカエルの模型で雄を刺激した。このロボガエルが振動すると、他の雄はそれぞれに攻撃的シグナルで応戦した。視覚的シグナルのみで振動を伴わないときは、他の雄は気にかけていない様子だった。

*3 科学者にとっても、このあたりの語彙は少々難しい。厳密に言えば、「振動」には「音」も含まれるが、科学者でも口語では「基質振動」の意味で「振動」と言う人が多く、私もそうしようと思う。ご不快に思われる専門家もいらっしゃるかもしれないが、ご容赦願いたい。

パターン）を「音」に分類する人々もいる。その論理で言えば、前章の後半で紹介した内容と本章でこれから紹介する内容は、すべて「聴覚」の範疇に入る。私はこの件で論争するつもりはないし、誰かの肩をもつ気もない。大きなくくりで捉えたい方は、これらを一つの連続した章として読んでいただいて問題ないし、細かく分けて理解したい方は、気流、表面振動、音を三つの異なる分類として考えればよい。いずれにしても、これらの刺激には重複する部分も多いが、物理的性質に重大な違いがあり、その違いによって、どの動物がどの刺激に注意を払うのか、その種がその情報を用いて何をするのかが決まってくる。

たとえば、空気中を伝播する音は、進行方向と並行に振動する波である——ちょうど、バネの玩具「スリンキー」を伸び縮みさせるイメージだ。対照的に、表面波は進行方向と垂直に振動する——スリンキーを揺らして波打たせるイメージになる(12)。これらの振動は、水面を伝わっていくときは、さざ波としてはっきり見える。だが、同様の振動は、目で見てはっきりわかるほどではないにせよ、固い地面でも発生する。岩を地面に投げつければ、微小な波がさざ波のように地面を伝わっていく。十分に敏感な動物であれば、足元の地面が上下するのを感じ取ることができるだろう。多くの動物は、十分に敏感だが、ほとんどの人間はそこまで敏感ではない。スピーカーの重低音や携帯電話の振動を別にすれば、私たちの多くは、他の種が密かに精通している豊かな振動の風景を逃している。表面振動を空気中の音と分離するのが難しいかもしれないなんてことは、もはやどうでもよい。動物たちはたいてい、表面振動と音を同時に発生させ、地面と空気を同時に揺らす。そして、たいていは両方の種類の波を、有毛細胞や内耳など、同じ受容器や器官で感知する。現に私たちは、両者について共通の語彙を用いて話す。人間の耳には聞こえない場合でも、生き物が振動を「聴いて」いる、という言い方をする。

おそらく、表面振動と音の最も重要な違いは、前者はほとんど無視されていて、感覚を研究している科学者からもほとんど顧みられていない点であろう。研究者はずいぶん長らく、あらゆる種類の叩く、ぶつかる、揺さぶる、震わせる行動を見ては、それを視覚または聴覚のシグナルとして解釈してきた。その動きによって生み出される表面波のことは無視してきたのだ。すべてのアカメアマガエルは、生後四日半でこの感覚世界に向けて合図を送るようになるが、科学者たちは何世代にもわたって、それを無視してきた。生態学者のペギー・ヒルは、「すでに遭遇していたのに、私たちはそれを探していなかった」と書いている[13]。感覚生物学者にとっても、他の人々にとっても、心に留めるべき教訓がある——先入観に惑わされて、私たちは目の前の正解を見逃す。そして、見逃していたものが息をのむほど素晴らしいものであることも少なくない。

私は今、ミズーリ州コロンビアにある研究室で、ヌスビトハギという植物を見つめている。まるで殺し屋に狙われているかのように、赤い光の点が葉の上でチラチラと光っている。その光の点はレーザー振動計と呼ばれる装置から発せられたものだ。この装置は、葉の表面を音もなく伝わる振動を、私たちが耳で聞くことのできる音に変換してくれる。私がテーブルに触れると、植物全体が揺れ、唸るような大きな音が聞こえる。私が話すと、私の口から発せられた音波が葉の表面波を引き起こし、それがスピーカーによって再び音波に変換される。私は植物を経由した自分の声を聞くことになる。だが、私の声が変換された音などどうでもいい。レックス・コクロフトと彼の学生であるサブリナ・マイケルが強く興味を惹かれているのは、葉の上の微小な生き物——樹液を吸う昆虫の一種であるツノゼミ——の歌だ。オレンジ色の大きな眼をもち、頭部の下に密にしまい込んだ脚はまるで顎ひげのようであり、黒白模様の体は貝殻のような質感をしている。このツノゼミは、*Tylopelta gibbera* という学名で知られる種だが、正式な一般名がないため、コクロフトはヌスビトハギツノゼミと呼んでいる。

コクロフトは本書の「はじめに」にも登場し、ツノゼミを探すために彼の師であるマイク・ライアンを連れてパナマの熱帯雨林に行ったときのことを語ってくれた。それはもう二〇年以上前の出来事だったが、コクロフトは今もなお、ツノゼミにも、彼らが交換するメッセージにも魅了されたままだ。彼らが腹部の筋肉を急速に収縮させて生み出す振動は、足元の植物を伝わって他のツノゼミの脚まで到達する(14)。この振動は通常は無音だが、振動計を使えば耳で聞こえる音に変換できる。コクロフトとマイケルと私は全員、滑稽なほど期待に胸を膨らませて、小さなヌスビトハギツノゼミのほうに身を乗り出した。次の瞬間、私たちはゴロゴロと響く音を耳にした。昆虫が生み出したとは到底思えないような音だ。猫が喉を鳴らすような音だが、びっくりするほど低音で、飼い猫というよりライオンのようだ。

「はじまったぞ」と言って、コクロフトが顔を輝かせる。

「その調子、その調子」とマイケルが言う。

植物は強くてしなやかで弾力があるため、表面波の優れた運び屋になる＊。昆虫たちはその特性を活かし、振動の歌で植物を満たす(15)。ツノゼミ、ヨコバイ、セミ、コオロギ、キリギリスなど、コクロフトの推定では、およそ二〇万種の昆虫たちが表面振動を介して情報を交換している。彼らの歌は、通常は人間の耳には聞こえないため、ほとんどの人がその存在にまったく気づいていない。そして、その存在に気づいた人は、たいてい夢中になる。

コクロフトは、初めて彼らの歌を聞いたときのことを話してくれた。若き学生だった彼は、動物のコミュニケーションに興味をもち、地味であまり研究されていなかったツノゼミにテーマを絞った。そして、ニューヨーク州イサカの野原で、アキノキリンソウという植物をツノゼミの一種である *Publilia concava* がびっしりと覆っているを見つけた。アキノキリンソウの茎に接触型マイクロフォンをクリップで取り付け、ヘッドフォンを装着して耳を澄ますと、「すぐにウーーウーーウーーという音が聞こえました」と言って、彼は哀れなウシガエルのような声で鳴き真似をした。「誰も聞いたことのないような風変りな歌が、こんなにも身近な場所で聞けるなんて、感激でした。こんな振動の世界を知ってしまったら、誰もが魅了されずにはいられないでしょうし、実際に外に出て、より多くの種の歌を記録しなければと思うほど感銘を受ける人も一定数はいるでしょう。実際、そのような歌が至る所に溢れていますから。本当に、無限に溢れているんです」。

コクロフトは、今ではツノゼミの歌の録音ライブラリを所有している(16)。彼がそれを再生して聞かせてくれたとき、私は唖然とした。その歌は心に沁みわたり、聞く人を魅了する、驚きに満ちたものだった。普段耳にするセミやコオロギの甲高い鳴き声のようなよそよそしい冷たさはどこにも感じられず、どちらかというと鳥や類人猿の声、あるいは機械音か楽器のような響きだ。低い旋律で昆虫が自分自身に語りかけているようだった。*Stictocephala lutea* の歌は、オーストラリアの先住民アボリジニが吹くディジェリドゥという楽器の音色に似ている。*Cyrtolobus gramatanus* の歌は、サルのホウホウという鳴き声にカチカチという機械音を織り交ぜたようなサウンドだ。*Atymna* 属のツノゼミの歌は、トラックがバ

＊ここで「表面波」という言葉を用いるのは、厳密には正確でない。植物の茎やクモの巣の糸のように細長い構造に沿って波が伝播する場合は、表面が波打つわけではない。構造体そのものがしなるように曲がるので、厳密には「屈曲波」と言うべきだ。とはいえ、用語におぼれることのないように、私はこれを脚注に留めることにした。

ックするときの警告音に太鼓の音を合わせたようだ。*Potnia* 属の歌は、ガタンゴトンと列車に揺られているかのような不思議な安心感を抱かせたあと、モーというウシの鳴き声と悲鳴を半分ずつ混ぜたような音で終わる。コクロフトは最初にこれを聞いたときのことを次のように語った。「椅子に深く座って思いましたよ、おいおい、これが本当に昆虫の歌なのかって」。

このような振動の歌は、空気中の音に影響するような物理的制約の影響を受けないため、何だか奇妙に感じられる。動物が空気中に放つ音の高さは、通常は体の大きさと関連するため、ネズミが低音で鳴くことはなく、ゾウが甲高い声で鳴くこともない。だが、表面波にはそのような制約が存在しないため、小動物でも、まるで巨体から発せられたかのような低周波数の振動を発することができる。ツノゼミでも、体重が数百万倍も重いワニと同じくらい低い周波数で交尾相手を誘うことができるのだ(17)。

空気中の音には、他にも制約がある。音波は三次元で外向きに放射されるため、エネルギーを急速に失う。昆虫はこのエネルギー消失を補うために、周波数の範囲を狭めることに注力し、単純で甲高い鳴き声を発する。だが、表面波は平面内のみを伝播すればよいため、エネルギーが比較的保たれ、より遠くまで届く。そのぶんだけ、表面波でシグナルを伝える昆虫には、より創造的な振動を生み出す余裕ができる。音階を上下させて旋律を生み、複数の音色を重ね、打楽器のような伴奏をつけることができるのはそのおかげだ。彼らの振動の歌が鳥の歌声のように聞こえるのも、これが理由である。

ツノゼミは三〇〇〇種以上いて、表面波の使い方も多様だ。*1 捕食動物の襲来を感知したときに、振動を同調させて母ツノゼミを呼ぶツノゼミもいる(18)。動揺した幼ツノゼミたちの震えが新たな捕食動物を引き寄せることがないように、振動を発して幼ツノゼミたちを静める母ツノゼミもいる(19)。コクロフトの研究室で見たヌスビトハギツノゼミのように、表面波を用いて集合して群れるツノゼミもいる。一匹がゴロゴロと響かせれば、その振動の射程範囲内にいる別の一匹がカチカチと鋭く応じる。ゴロゴロとカチカチを繰り返しながら、二匹は互いに近づいていく。まるで「マルコ」と叫べば「ポーロ」と返す子どもの遊びのように、最終的に出合うまで呼応を繰り返す。求愛メッセージもこれと似た方法で交わされる(20)。雄は、クンクンとすすり泣くように振わせたあと、高ピッチの振動を連続で発する。彼の歌を聞きつけた雌は、求愛を受け入れるつもりがあれば、雄の歌が途切れてすぐにフンフンとハミングのような振動を返す。そのハミングを頼りに、雄は雌のいる方向を推測して少し近づき、再びクンクンと発する。すると雌がフンフンと返す。そうやってデュエットしながら両者はゆっくりと接近し、やがて出合う。ただし、同じ植物の上に第二の雄がいた場合、第一の雄の振動が途切れた瞬間に第二の雄がクンクンと発しはじめる。そうやって雌の応答をくじくのだ。もちろん、第一の雄も黙ってはいない。第二の雄の振動を自分の振動で遮り、そうやって二匹の雄は妨害合戦を繰り返しながら一進一退を続ける。「雄がさらにもう一匹いれば、雌に出合うまでにかなりの時間がかかります」とコクロフトは言う。[*2]

ツノゼミは、一本の植物に数百単位で集まることがあり、その多くが同時に振動を発することもありうる。一本の茎が、助けを求める悲鳴、静粛を求める命令、たまり場への招待、交尾のお誘いに溢れ、

＊1 レックス・コクロフトは幾度となく多様な振動を記録し、それをツノゼミに向けて再生し、その人工的なノイズにツノゼミがどのように反応するかを観察して、それぞれの振動の目的を解明しようとしている。彼の姉妹がそのことを友人に話したところ、その友人は「虫に嘘をつくってこと？」と言ったそうだ。

＊2 デュエット中の昆虫の多くは、互いのシグナルでジャムセッションを繰り広げるため、科学者はこの行動を利用して農業病害虫を管理することができる(21)。ブドウ園に張り巡らせたワイヤー伝いに適切な振動を再生させることで、病気を蔓延させるヨコバイの交尾活動を停止させることができる。

往来の激しい通りのような喧騒に包まれることもある。今までツノゼミの歌を聞いたことがない人でも、野外で時間を過ごせば、彼らはあなたのすぐ隣で歌っているはずである。ただ、あなたが彼らの奏でる振動のセレナーデに無関心なだけだ。それにこれは、多くの動物が参加する振動のフルコーラスのほんの一部にすぎない。カギバガ科の蛾《ガ》の幼虫であるマスクト・バーチ・キャタピラーは、葉の上で他の幼虫を社交の集まりに招待するために互いの肛門を擦《こす》りつけ合う[22]。アカシアアリは、木を食い荒らす哺乳類のもぐもぐと咀嚼する口から発せられる振動を感知すると、自分たちが拠点とする木を精力的に防御する[23]。私たち人間にも聞こえる呼び声をもつ種でさえも、私たちには聞こえない振動シグナルを送り合っていることが多い。コクロフトは、さらに多くの振動記録を再生しては、植物の茎に伝わらせた。鳴いているセミの振動はウシのように響き、キリギリスはチェーンソーの空吹かしのようにとどろく。「そうでなくとも十分に豊かに見える自然界が、まさかこれほどまでの豊かさを秘めていたとは、にわかには信じられないほど驚いています」と彼は言う。

　そのようなさらなる豊かさは、レーザー振動計がなくても驚くほど簡単に体感できる。一九四九年、そのような計測器が考案されるより三〇年も前のこと、先駆的なスウェーデン人昆虫学者のフレジ・オシアンニルソンが、ヨコバイを刃物の上に止まらせ、その刃物を試験管に接着させ、その試験管に耳を当てて、ヨコバイの振動を聴いていた[24]。訓練を重ねたバイオリン奏者のように、彼は自分が聴いた音階を楽譜に書き起こした。現在は、ヨコバイの歌を聞こうと思ったら、コクロフトがしているように、安いスピーカーとデジタルレコーダーをギタリストが使うようなクリップ式マイクロフォンに接続するだけでいい。この簡単なキットを使って、コクロフトは暇さえあれば、近所の公園や自宅の裏庭で茎や葉や枝に無作為にマイクを向けて振動を探査している。そして、その大半の時間は、何か新しい音を聴いて過ごすことになる。私は彼に、自分にも体験させてほしいとお願いした。

　私たちは彼の研究室から車で数分のところにある公園に向かった。背の高い草が壁のように生い茂る場所の脇に陽だまりを見つけると、コクロフトと彼の学生たちはひざまずき、おのおの、クリップ式マイクロフォンを植物に取り付けた。しばらくは何も聞こえない。九月も後半に入り、振動の歌の季節は終わりが近づいていた。激しい突風が他のすべてをかき消す。着実に進むイモムシの足音や葉の上に着地した甲虫の重い足音は聞こえたが、私が実際に体験してみたいと望んでいた心に沁みる旋律のようなものは何も聞こえなかった。そのまま半時間が過ぎ、コクロフトは詫びの言葉を口にしはじめた。だが、いよいよ切り上げようとしたそのとき、学生の一人、ブランディ・ウィリアムズがみんなを呼び止め、「何かすごく面白いものが聞こえます」と言った。

　私たちが歩み寄ると、彼女のスピーカーからは、なんというか……せせら笑うかのような、「え、へ、へ、へ、へ」というような音が聞こえていた。昆虫というより、ハイエナを思わせる音だ。「え、へ、へ、へ、へ」。ウィリアムズはマイクロフォンのクリップを四方八方に伸びる草の根元に取り付けていたが、その草の上に昆虫の姿は見当たらない。それでも、何か昆虫がいるのは間違いない。「え、へ、へ、へ、へ」。ツノゼミにせよ他の昆虫にせよ、彼らの振動の世界を聞いたことがある人間はまだ限られているため、他の誰も聞いたことがない歌を聞くという経験をするチャンスはつねに転がっている。私はコクロフトに、この不思議なせせら笑いをこれまでに聞いたことがあるか尋ねてみた。「似たようなものを聞いたことはありますが、同じかどうか……本当のところはわかりません。何しろこの辺りには相当な数の種がいますからね」と彼は答えた。

　私たちは、満足して車に向かった。そのときになって、ふいに私は、自分たちが通り過ぎるときにすべての植物が生み出しているであろう振動のコーラスの存在に気づいた。私たち自身が一歩踏み出すごとに生まれる振動——足を着地させるたびに波紋のように広がる地震のような表面波——について考えてみた。足で踏まれた枝の折れる音や靴が泥に沈んでぬかるむ音は聞こえても、その一歩一歩が生み出す振動は、私たちには感知できない。でもそれを、他の生き物は感知しているのだ。

モハビ砂漠に夜が訪れ、静けさに包まれる。ときおり聞こえるコヨーテの遠吠えや遥か上空の飛行機の音を除けば、空気は静まり返っている。だが、砂丘は振動で弾んでいた。昆虫たちが餌を探すために次々に姿を現すと、その小さな足が生む微かな振動が砂を伝わっていく。その波動はきわめて弱く、短命だ。しかし、砂サソリにとっては十分に感知できる強度である。

砂サソリはモハビ砂漠に生息する生き物としては最もよく見られ、捕まえて刺すことができたものなら、他の砂サソリであろうと何でも食べる。一九七〇年代、フィリップ・ブラウネルとロジャー・ファーリーは、サソリが半径二〇インチ（約五〇センチメートル）以内に歩いたり着地したりするものがあれば何でもすぐに攻撃することに気づいた。「小枝で砂をほんの少し動かすだけでも、激しい攻撃のきっかけになる……しかし、サソリから数センチメートル離れた空中で蛾をばたつかせても、サソリの気を惹くことはなかった」と、のちにブラウネルは一般向け科学雑誌『サイエンティフィック・アメリカン』に書いている(25)。サソリは表面波を使って獲物を追跡しているようだ。

ブラウネルとファーリーは、この考えを検証するために、巧妙にデザインしたサソリ用の円形闘技場を用意した(26)。その表面は途切れなく滑らかに見えるが、二つの半円のあいだに振動を遮断する空気層が埋め込まれている。片方の半円の上にサソリを置いた状態で、他方の半円を研究者が棒で突くと、わずか一インチの距離でも、サソリはまったく気づかない。ただし、サソリの脚が一本でもその空気層をまたげば、闘技場のどこを突いても、気づいて体の正面を向けるようになる。

サソリの感知器は足にある(27)。大ざっぱに言えば「足首」に当たる関節に、まるで外骨格に鋭い刃物で刻まれたかのように、八本のスリットが集まって存在している。これはすべてのクモ類に共通してみられる振動を感知する器官で、「スリット感覚子」と呼ばれている。各スリットには膜が張られていて、神経細胞に接続している。表面波がサソリに到達すると、浮き上がった砂がサソリの足を下から押す。するとスリットが、ごくわずかながら、それでも膜に十分に圧がかかる程度に圧迫され、神経の発火が引き起こされる。自分自身の外骨格に生じるきわめて微細な変化を感知することによって、サソリは通り過ぎる獲物の歩みを感じ取っているのだ。

そうやって獲物の歩みを感じるやいなや、サソリは狩猟体勢に入る(28)。体を持ち上げ、ハサミを広げ、八本の足をほぼ完璧な円状に配置する。この足の配置なら、各足に波が達したタイミングから表面波が伝わってきた方向を解明できる。サソリはすぐに体の向きを変えて走り、停止して次の波を待つ。表面波がくるたびに向きを変えて走る。それを連続的に繰り返すことで、少しずつ標的に近づいていく。ハサミが何かに衝突したら、捕まえて刺す。振動波の発生源で何も見つからなければ、地下にいると判断して獲物を掘り出す。

この発見は、(振動にまつわる発見にふさわしく)世界を揺るがした。この発見がなされたのは、カレン・ワルケンティンがカエルの池で徹夜し、レックス・コクロフトがツノゼミの歌を聴くより、一〇年以上も前のことだ。当時、表面振動の研究は今よりさらにニッチだった。動物が振動を感知できることは知られていたが、人間も装置がなければ地震の震源地を突き止められないのと同じように、動物たちも振動の発生源までは追跡できないと考える科学者がほとんどだった。[*1] なかでも、さらさらと流動する砂粒は振動を伝えるどころか弱めて吸収するはずであり、そんな砂の上に立つ動物が振動の震源を突き止めるなんてことは、ありえないことだと思われていた。だが、ブラウネルとファーリーの用意周到な実験によって、そのような思い込みは間違いであることが示された。砂、土、固体地球は、表面波を驚くほど効率よく伝播することがわかったのだ。地面を伝わる振動は、動物にとって十分に感知できるほど強く、十分に利用できるほどの情報量をもつ。そして、科学者にとっては研究するに値するほど興味深かった。他の研究者も、相次いで他の動物の地震感覚を探りはじめた——といっても、そんなに遠くを探す必要はなかった。

ウスバカゲロウの幼虫であるアリジゴクもまた、砂を伝わる表面波を使って狩りをする。ただし、獲物を追い詰めるのではなく、獲物を自分のところまで運んでくる。乾いた砂地にすり鉢状の穴を掘り、その底にでっぷりした体を埋め、大きな顎を開いた状態で待ち伏せる。この穴は、精密に構築された罠《わな》だ。その斜面は自然に崩れ落ちることがない程度に緩やかだが、入り込んだアリが滑り落ちる程度の急勾配になっている。アリの足取りは、もがき苦しむアリであっても、ほとんど重みはないが、アリジゴクの体は一ナノメートル未満の振動でも感知できる剛毛に覆われている(30)。そのため、アリが穴の外を歩いているのも感知できるし、そのアリが穴の中に入り込んだときも確実に把握できる。そして、のたうち回る生き物をめがけて砂を投げかけ、斜面になだれを起こし、もともと下方に流れやすい地面をさらに滑りやすくする(31)。アリがついに下まで落ちると、アリジゴクが顎で捉え、下に引っ張り、毒を注入する。そして、アリの振動が止まる。

他の捕食動物の中には、獲物の地震感覚を利用して狩りをするものもいる。毎年四月になると、フロリダ州ソップチョピーの町では、虫の蠢《うごめ》きを誘う伝統の祭りが開催される。一九六〇年代にはじまったこの行事では、地元の数軒の家族が危険を冒して森へ分け入り、地面に杭を打ち込み、その杭を鉄で叩いて強い振動を響かせる。するとまもなく、何百匹もの大きなミミズが地表に這い出てきて、バケツいっぱいのミミズを簡単に集めることができる。それを釣りの餌として売るのだ。このような虫出しの祭りの主催者の中には、この振動は地面を打つ雨の音を模していると考える者もいる。だが、実際にはそうではないことを、ケネス・カタニア――ホシバナモグラの研究で登場したのと同じ男性――が証明した(32)。二〇〇八年にソップチョピーの虫出しの祭りに参加したカタニアは、ミミズが雨垂れのパターンにはほとんど反応しないが、モグラがトンネルを掘るときの振動やその録音再生を感知したときには急いで地表に向かうことを明らかにした。モグラは獲物を地上まで追ってこないので、これは通常であれば良識的な戦略だ。しかし、地表の捕食動物の中にも、意図的に地面を振動させればミミズを地表に集められると学習した種が存在する。たとえば、セグロカモメとモリイシガメがそうだ。もちろん、フロリダ人も。数十年のあいだ、虫出しの祭りの主催者たちは知らないうちにモグラの振動を真似していたのである。*2

＊1 動物たちは、地震が起こる前に感知しているのか(29)? 多くの種がこれから起こる地震波を感知できているように見えるが、彼らがその情報を解析して適切な回避行動をとれるのかどうかは、明らかでない。この千年のあいだにも、地震の前に生き物の異常行動が見られたという逸話や事例は数多く報告されてきたが、そのような行動には一貫性がなく、後から思えばいつもと違っていた、というような人間のこじつけである可能性を排除できない。あらかじめ追跡用の機器を装着されていたゾウや他の動物で、地震発生前と後の動きに違いがまったく見られなかったという報告も数例ある。

動物は、海から陸へ上がった時点から地震振動を感知できていた可能性が高い。地震振動を感知しようと動いた最初の脊椎動物――初期の両生類と爬虫類――は、おそらく、その大きな頭を地面に着けて、表面波を顎の骨から内耳へと伝わらせたものと思われる。哺乳類の祖先は、空気中の音の伝播用に顎骨のうちの三つの骨を転用した。その三つが収縮して移動し、中耳の小骨――ツチ骨、キヌタ骨、アブミ骨――に変化した。現在では、地面から顎を経由して表面振動を伝える代わりに、空気中から外耳と鼓膜を経由して音を伝えている。

しかし、古代の骨伝導経路は今も機能する。振動は頭蓋骨経由で、外耳も鼓膜もすっ飛ばして、内耳に直接伝播できるのだ。そのおかげで、骨伝導式のヘッドフォンを使えば、自転車に乗ったり走ったりしているときも、耳を塞ぐことなく音楽を聴くことができる。聴覚に障害がある人々も骨伝導補聴器を使えるし、振動する特殊ダンスフロアを使用すれば耳が聴こえない人でも踊れる。そして、耳の聴こえる人も全員が、部分的には骨伝導を通して聞いている。録音された音がしばしば生の音と違って聞こえるのも、それが理由である。録音から再生されるのは、私たちの声のうち、空気中の音を構成する部分だけであり、頭蓋骨経由で伝わる振動は再生されないからだ。

哺乳類の中には、骨格に微調整を加えることで、骨伝導を介した振動をより高感度で感知できるようになり、祖先に備わっていた地震感覚を取り戻したものもいる。南西アフリカの砂漠に生息するナミブ砂漠キンモグラだ。内耳がきわめて小さく、毛皮に埋もれているため、空気中の音にはほとんど反応を示さない。しかし、内耳にあるツチ骨のおかげで、振動には高い感度を示す(34)。彼らのツチ骨は、比較的大きい。この砂漠キンモグラの体重はわずか一オンス(約二八グラム)ほどで、あなたの手のひらに収まる大きさだが、彼らのツチ骨はあなたのツチ骨より大きい。*3

キンモグラは夜に、ナミブ砂漠の砂丘の上を転がるように、もしくはさらさらと流れる砂の中をひれのような足で泳ぐように移動して餌を探す(35)。彼らは、わずかしかない草の生えた砂丘を探し求める。そこには、美味しいシロアリが巣を作っている可能性がある。ピーター・ナリンズは、そのような砂丘の上を風が吹き抜けるときに、砂を伝わる穏やかな低周波振動が生まれ、その振動をキンモグラは定期的に砂を掘って頭から肩までうずめることによって感知しているのではないか、と提唱している(36)。キンモグラが砂に頭をうずめるたびに、振動は大きなツチ骨を経由して内耳に伝播され、砂漠の草から生まれたハミングのような合図が周囲に響くわけだ。[*4] キンモグラは、目は見えないが、地震感覚がきわめて鋭いため、遠く離れた砂丘草原から砂丘草原へと、ほぼ一直線に歩くことができる。

キンモグラ、砂サソリ、アリジゴク、ミミズは、いずれも視力が乏しく、地表か地中に生息している。そのため、彼らが地面の振動に適合しているのは、妥当でもあり、後知恵で考えれば当然のようにすら思える。たとえば、猫の腹部の筋肉には、振動を感知する機械受容器がたくさんある。獲物に忍び寄りながら身をかがめるとき、猫はただ身を低くしているだけだろうか？　身を低くすると同時に、獲物候

＊2　一八八一年にチャールズ・ダーウィンは「地面が叩かれるか、そうでなくても揺り動かされれば、地中の虫はモグラに追われていると思って穴から出る」と書いている(33)。それから一世紀以上がたち、ケネス・カタニアが彼の記述を裏付けたわけだ。

＊3　キンモグラは、その名前と外見にもかかわらず、モグラではない。キンモグラは独自の進化を経て、モグラに似た体格と生活様式を確立してきたが、どちらかと言えば、マナティ、ツチブタ、ゾウなどの哺乳類の雑種のほうが近縁である。

＊4　ツチ骨は通常、鼓膜から音の振動を拾い、動いてその振動をキヌタ骨に伝播する。だが、キンモグラのツチ骨はあまりにも大きいため、少し違う方法で機能する(37)。地震波がキンモグラの頭に到達すると、ツチ骨は同じ場所からほとんど動かず、周囲にあるキヌタ骨などの頭蓋骨の残りの部分が振動する。

補の振動を感じ取っているのではないか？　ライオンは遠く離れたカモシカの群れの位置を正確に特定できるのだろうか？「ライオンがごろごろと寝そべっているのは、ネイチャードキュメンタリー番組では生まれつきの怠惰な性格によるものとされているが、本当は鋭い探査を行っているのかもしれない」と、ペギー・ヒルは動物の振動コミュニケーションに関する自著に書いている(38)。ヒル自身も、そのようなアイデアは「称賛か冷笑で迎えられる」類のものだと認めているが、彼女の主旨は、そのような疑問をもつことに価値があるということだ。地震感覚は長らく無視されてきた。生物学者はいつだって、最も慣れ親しんだ生き物を観察しているときでさえ、まだ見えていない側面を明らかにすることから目をそらしているように思える。

一九九〇年代前半、ケイトリン・オコンネルは一度に何週間も、地中に半分埋もれてじめじめした窮屈なセメントの箱の中に座り、細い隙間から水場を見つめて過ごした(39)。彼女は、ゾウを研究して農耕地に入らせせない方法を見つけ出すために、ナミビアのエトーシャ国立公園にきていた。セメントの箱という限られた瞑想的な空間で、地元の群れを知るようになり、ある特定の行動が目につきはじめた。ゾウがときどき、遠くの何かを感知したような様子で、踏み出しかけた足を途中で止め、爪先を地面に着けて前傾姿勢になることに気づいたのだ。オコンネルにとって、それは妙に見覚えのあるポーズだった。修士課程の学生だったころ、彼女はツノゼミの類縁種であるウンカの振動コミュニケーションについて研究していたのだが、ウンカも互いのシグナルを感知しようとするときに前傾姿勢で足を押し下げていた。ゾウたちもそれと同じことをしているのだろうか？　一頭がこのポーズをとると、必ずすぐに別のゾウが遠くに姿を現すのだから、偶然の一致ではないのは確かだ。ゾウたちは足で聴いているように見えたが、そのことに誰も気づいていないようだった[40]。

二〇〇二年、オコンネルはこのアイデアを検証するために、再び水場に戻った[41]。事前に、ライオンに脅かされた地元のゾウの警戒の声を録音しておいた。もともとの鳴き声は耳で聞こえるが、オコンネルは高域周波数をカットすることによってほぼ地震シグナルの状態に変換し、それを地中に埋められた振動器を通して再生した。実際に再生してみると、群れ全体が動きを止めた。完全に静まり返り、用心深くなり、一か所に集まって防衛の編成を組んだ。暗視ゴーグルを装着して観察していたオコンネルは感動に打ち震えた。「この数年間ずっと、計画を立てながら、この瞬間を願い、夢見てきた[42]。私たちはついに、もうずいぶん前に抱いた私の最初の直感が正しかったことを示すことができたのだ」、「ゾウたちは私たちが再生した地震合図を感知し、反応していた」と彼女は自著『ゾウの秘密の感覚（The Elephant's Secret Sense）』（未邦訳）に書いている。

数年後、彼女はケニアで録音した捕食者から身を守るために発せられる振動音を用いて、この実験を繰り返した[43]。すると、エトーシャのゾウたちは、馴染みの地元の警戒振動には反応したが、馴染みのないケニアの警戒振動には反応しなかった。彼らは振動に注意を払うだけでなく、それが既知のゾウから発せられた振動かどうかも識別できるのだ。さらに最近になって、オコンネルはゾウが他の種類の地震シグナルにも反応できることを明らかにした。ある記録映像には、ベッカムと名づけられた性的に活発な雄が、隠された振動器から発せられた繁殖力のある雌の振動音を聴いたあと、その雌を虚しく探し回る様子が映っていた*。

マンモスやマストドンのように、かつてこの惑星を歩き回っていたゾウに似た生き物たちは、どうだったのか？　メガテリウム（オオナマケモノ）は？　現代のグリズリーベア（ハイイログマ）よりも背が高かったであろうアルクトドゥス（ショートフェイスベア）は？　車ほどの大きさのアルマジロは？　サイの仲間だが角がなく、体重が現代のサイの一〇倍はあったパラケラテリウムは？　これら巨大動物はすべて今はもう絶滅しており、その責任は人類や先史時代の人類の近縁種にある。私たち人間が地球全体に広がるにつれ、最大級の動物たちが姿を消していった(45)。その傾向は今も続いている。現存する三種のゾウ——アフリカの二種とアジアの一種——はいずれも絶滅の危機に瀕している。ゾウに次ぐ巨大な陸上動物——シロサイ、クロサイ、キリン、カバ——も苦境に陥っている。大規模な群れも減少している。かつては三千万〜六千万頭のバイソンが数千頭規模の群れを作って北米を歩き回っていたが、狩猟生活者である先住民の壊滅を謀ったヨーロッパからの入植者によって大量殺戮された(46)。現存するバイソンはわずか五〇万頭ほどで、そのほとんどは私有地に囲われている。かつて大地を踏み鳴らした蹄《ひづめ》や前脚がすべてなくなった今、地面がどれほど静かになったかを想像してみてほしい。かつては巨大動物の足音がとどろいていた六大陸も、今は喉を鳴らす音がまばらに鳴り響くばかりだ。

地鳴りを静める原因となった人間も、その消失を感じ取れるのだろうか？　西洋社会は、靴や椅子や床によって足元の地面との接触を大きく削減してきた。地面の上に立っている時間が短くなり、代わりに椅子に座っている時間が長くなった今、何を感知できるだろうか？　オグララ・ラコタ族の首長であり著者でもあるルーサー・スタンディング・ベアの言葉の中に手がかりが残されている。彼は一九三三年に「ラコタ族の人々は……地球を愛し、地球上のすべてのものを愛し、その愛着は年齢を重ねるごとに増していく」と書いている(47)。「昔の人々は、文字どおり、土を愛するようになり、地面に座ったり横たわったりして、母なる大地の力を身近に感じていた……だからこそ、年老いたインディアンは今も、命を与える力から離れた生活をせず、地べたに座る。彼は、地面に座り、横たわることで、思考を深め、感覚を研ぎ澄ますことができる。生命の神秘をよりはっきりと見ることができ、身の回りの他の命をより身近に感じられるようになる」。

自然の振動世界との直接的なつながりは減る一方かもしれないが、異なる振動風景がすでに登場している。現代の携帯電話は、私たちの皮膚や指先に振動を伝え、最新のニュースや直近のイベント、メールやＳＮＳの新着などを知らせてくれる。私たちが生み出した機器は、振動を利用して私たちと体の外の世界を接続し、私たちの生体構造で届く範囲の外まで環世界を広げてくれている。だが、ご多分に漏れず、これと同じことを私たちよりも先に成し遂げていた動物群が存在する。

「先にお伝えしておきますが、かなり不気味ですよ」とベス・モーティマーから警告を受けた。でもまだ覚悟はできていない。

ジョロウグモのコロニーを見せてほしいと彼女に頼んだのは私だが、ずらりと並んだケージに一匹ずつ入れられているものと想定してのことだった。しかし、重い扉と樹脂製のカーテンをくぐって広い部屋に入っていくと、かつては鳥小屋だった場所で、今は数十匹のクモが放し飼いにされていた。モーテ

＊　1章で見たとおり、ゾウのように大きくて力のある知的な動物で実験を行うのは簡単ではなく、彼らの地震感覚は、今もほとんどが謎に包まれている。オコンネルは、ゾウが鳴き声を発したり歩いたりするときに表面波を生むことを明らかにしたが、それは意図的なものなのか、それとも偶発的に付随するものなのか？　そのような振動は数マイル先まで伝わることから、ゾウはそれを用いて遠く離れた仲間と協調して社会的グループを形成することも可能だが、はたして、彼らはそうしているのか(44)？　彼らはその情報を用いて、どのゾウが近くにいるのか、そのゾウが動揺しているのか攻撃的なのかを判別できるのだろうか？　地震シグナルは彼らの環世界の一部である可能性が高いが、それが重要な部分であるかどうかは、まだ明らかでない。

ィマーと私は、メートル単位の幅をもつクモの巣にうっかり引っかからないように、このクモ小屋の中央に立った。巣の糸は見えにくいが、中心にいるはずの巨大なクモを探せば、巣の場所は容易に感知できる。クモの個体は人間の耳ほどの大きさだ。野外では、ジョロウグモの巣はコウモリを捕まえられるほどの大きさと強度になることもある。このクモ小屋では、同じく放し飼いにされているハエを餌としている。これも少々気味が悪い。ハエは、部屋の角にある腐ったバナナと粉乳でいっぱいの堆肥箱で繁殖している。モーティマーがそういったことを私に説明し、クモの糸に関する彼女の研究について語るあいだ、私は髪やメモ帳やペンに止まった大きなクロバエを無視するよう努めた。「学部生たちをここに連れてくると、彼らはこちらががっかりするほど気持ち悪がります」と彼女は言う。

風景全体をざっと眺めることができ、クモの糸を見分けられるほど鋭い視力をもつ人間にとって、このクモ小屋はハエがかかるのを待つ死の罠が張り巡らされた迷宮である。だが、視力の弱いクモにとっては、この部屋は存在しないも同然だ。クモの巣と、それを振動させるものだけが存在する。ハエにとっては、クモの巣の細い糸は、自分が引っかかるまで感知できない。私は彼らを気の毒に思ったが、「私はそうは思いません。私はハエが嫌いですから」とモーティマーは言う。彼女はクモを熱愛しているが、なかでもジョロウグモは別格だ。彼女は他にも、アメンボ、ウンカ、ゾウなど、振動を感知する動物を研究している。しかし、ジョロウグモは、彼女が科学者としてのキャリアをスタートさせたときに研究対象とした最初の生き物であり、「今後もずっと最愛の存在であり続けるでしょう」と彼女は言う。「私はゾウのことを心の底から尊敬しています。でも、クモのことは愛しているんです。あまりにも多くの人にこんなにも誤解されているという事実がかえって、クモの素晴らしさをもっと褒めたたえたい、褒めたたえる歌を歌いたい、という私の気持ちを掻き立てるんです*」。

クモは四億年近く前に登場し、当初からずっと糸を産生していた可能性が高い[48]。クモの糸の技術は驚異的である。軽くて伸縮性があるのに、場合によっては、鋼よりも強く、ケブラー繊維よりも丈夫だ[49]。クモはそれを使って卵を包み、シェルターを構築し、空中にぶら下がり、空高く舞い上がる（詳しくは10章で後述）。そして、広く知られているとおり、多くの種が平面的な円形の網――円網――を編み上げる。

この円網は、飛行中の昆虫の行く手を遮って捕らえ、動けなくする罠である[50]。と同時に、監視システムでもあり、クモの体が届く範囲を優に超えて感覚の及ぶ領域を拡張している。クモの体は数千本のスリット感覚子――砂サソリが獲物の活動による地震を感知するために用いるスリット感覚子と同様の、振動を感知する割れ目――で覆われている。クモの場合も、このスリットは関節のまわりに集中してクラスターを形成しており、「竪琴形器官」と呼ばれている。この精巧な感覚器官のおかげで、すべてのクモは足元の表面から伝わってくる振動を感知できる。前の章で登場したタイガーワンダリングスパイダーの場合は、足元にあるのは地面だった。ジョロウグモのような円網の編み手の場合は、足元にあるのは円網だ。このタイプのクモは、感知すべき表面振動の媒体として、足元の表面を自分で構築するのだ。そういう意味で、円網は土や砂や植物の茎のような他の振動媒体とは異なる。クモによって作られた円網は、クモの一部なのだ。

＊ 振動感覚を研究する科学者の多くが音楽家でもあることは、私にとって印象的だった。この分野の先駆者であるフレジ・オシアンニルソンは、バイオリン奏者だった。レックス・コクロフトはもともと、生物学に魅了される前は、ピアノを専攻するつもりだった。ベス・モーティマーは歌手で、フレンチホルンとピアノも演奏できる。

モーティマーのクモ小屋にいるジョロウグモのように、円網を編むクモのほとんどは、網の中央に鎮座し、中央から放射状に張られて周囲から振動を集める役割をするスポーク部の上に八本の脚を置いている。このポジションであれば、木々を揺らす風や落ち葉による振動と、もがき苦しむ獲物による振動を区別できる(51)。おそらく、各脚で感知された振動の強さを比較することによって、網にかかった獲物の振動がどの方向からくるのかもわかる(52)。捕らわれた獲物の大きさを評価することもでき、一番大きな獲物をめがけて、より慎重に、もしくは思い切り大胆に、近づいていく(53)。獲物が動きを止めても、わざと糸を弾いて、戻ってくる振動のエコーを「聴く」ことで、獲物を見つけることができる(54)。獲物を捕獲するとなれば、振動は他の刺激に取って代わられる。円網のすぐそばで美味しそうなハエが羽音を響かせていれば、クモは脚で網を揺らして波打たせる。ハエの羽音が網を振動させた瞬間から、そのハエは餌として認識可能になるのだ。

このように、彼らの振動への依存はあまりにも絶対的であるため、自分の足音をカモフラージュして円網の主をうまく利用する動物も多い。小さな露ほどの大きさのイソウロウグモは、盗賊だ。ジョロウグモのような大型のクモの円網をハッキングして獲物を盗む(55)。近くに身を隠し、そこから走り出て、ジョロウグモの糸を数本たどって走り、網の中心部まできて、スポークに脚を置く。大型のクモの感覚システムに自分の感覚システムを効率よく接続するのだ。イソウロウグモは、ジョロウグモが獲物を貯蔵のために糸でぐるぐる巻きにしたときを狙う。貯蔵された獲物のところまで走り寄り、網の主に感知されないように網の本体と貯蔵場所を切り離してから、中の昆虫をいただく。イソウロウグモは、自身の存在を露呈する振動を発生させないように、慎重に動く。ジョロウグモが動いているときにしか走らず、ジョロウグモが静止しているときはゆっくり歩く。糸につかまるときは、糸の張力が突然解放されることのないように、あらかじめ切断しておく。そのような策略のおかげで、この盗賊が捕まることはほぼない。ジョロウグモの網一枚に、四〇匹ものイソウロウグモが居候《いそうろう》することもある。

餌の略奪よりも甚大な被害をもたらす生き物もいる。網の主に気づかれることなく忍び寄り、主を殺す、暗殺者だ(56)。他のクモを食べるハエトリグモの一種、ケアシハエトリグモ属は、網を乱暴に弾いて小枝がぶつかった衝撃を模倣し、その振動を煙幕のように使って獲物である主に突撃する(57)。ケアシハエトリグモ属のクモも他の暗殺者も、網を弾いて網にかかった獲物による振動を模倣し、餌となるクモをおびき寄せることもできる。このような捕食者は、みな派手な見た目をしているが、その振動が昆虫や小枝や風の振動のように感じられる限り、円網の主にはその違いがわからない。まさに、フリードリヒ・バルトの言う「振動に満ちた小さな織り上げられた世界」で生きているのだ(58)。

円網を編むクモは、自分で振動風景を構築するだけでなく、それを楽器のチューニングのように調整することもできる。しかも、この楽器の音域は、計り知れない。モーティマーは、ガス銃を使ってシルク繊維を一本ずつ発射し、その糸を高速カメラとレーザーで解析することによって、クモの糸は既存のどの物質よりも広い範囲の速度で振動を伝播できると結論づけた(59)。理論上、クモは繊維の硬さ、糸の張り、網全体の形状を変化させることによって、振動の伝播速度と強度を変えることができる。新しい網を構築するたびに、体からシルク繊維を引き出す速度をさまざまに変え、さまざまな太さの繊維を作り出し、新たな糸に張力を加えることによって、そのような調整ができるのだ(60)。すでに紡がれた網も、特定の糸を加えたり、取り除いたり、引っ張ったりして調整することができる。湿度が高いと収縮する糸の特性を活かしたうえで、絞めつけられた糸をちょうどいい加減まで引き伸ばすこともできる。そのような調整を行う決断がいつ下されるのかは定かではないが、必要に応じて自分の感覚をチューニングし、自分の環世界を決定づけるという選択肢が与えられているのは間違いない。

動物学者の渡部健は、日本のカタハリウズグモという円網を編むクモが空腹時に網の構造を変化させることを明らかにした(61)。スポークの張力を増す渦型の装飾を追加することによって、より小さな獲物によるより弱い振動を伝播する能力を高めることもわかった。腹ぺこのときには、どんな小さな餌も重要になる。そのような小さな獲物を捕まえるために、円網の性質を変化させ、感覚の範囲を拡張するのだ。

しかし、渡部の研究で明らかになった本当に重要な点は、満腹のクモであっても、空腹のクモによって構築された張り詰めた網の上に置かれると、小さなハエを追いかけるということだ。クモは、どの獲物を攻撃すべきかの決断を、事実上、円網に外部委託している。その選択を、ニューロンやホルモンのような体内のものだけでなく、体外のもの——自分で作り上げて調整できるもの——にも頼っているということだ。竪琴形器官で振動を感知する前から、どの振動を脚に到達させるかは円網によって決定づけられている。クモは、気づいたものは何でも食べる。その気づきの境界——自分の環世界の範囲——を、多種多様な網を紡ぐことによって自ら設定している。*それはつまり、クモの網が単なる感覚の拡張ではなく、認識の拡張でもあるということだ(63)。クモは円網を使って、とても現実的な方法で考えている。自分の思考をチューニングするかのように、糸をチューニングしているのだ。

クモは、自分の体を調整することもできる。生物物理学者のナターシャ・マートルは、悪名高いクロゴケグモが、関節の竪琴形器官の配置を変えることによってさまざまな振動周波数に適合するよう調整できることを明らかにした(64)。クロゴケグモは乱雑な水平の網を紡ぎ、通常は背中を下にした姿勢で脚を大きく広げて網にぶら下がっている。だが、空腹時には、脚を引っ込めてしゃがみ込む——より高い周波数に適合するように関節を調整する「感覚強化の構え」だ。渡部が明らかにしたカタハリウズグモの張り詰めた網と同様に、この構えは、クロゴケグモの環世界をより小さな獲物の動きに合うようにシフトするものと思われる。と同時に、風による低周波振動を無視する助けにもなるのだろう。この姿勢をとることで、まるで目を細めて見るかのように、意識を集中させることができる。といっても、この喩《たと》えは正確ではない。なぜなら、私たちは目を細めることによって空間の特定の部分に集中するが、クロゴケグモのこの構えは「情報空間」のさまざまな部分に集中するからだ。人間に置き換えれば、身をかがめると視界の赤い部分が強調されるとか、ヨガのダウンドッグ（下向きの犬）のポーズをすると高音を聴き分けられる、といったところだろうか。

クロゴケグモのしゃがみ込んだ姿勢は、私に砂サソリの狩猟体勢や、砂を掘って頭をうずめるキンモグラや、ゾウの地震感覚についてケイトリン・オコンネルに手がかりを与えた爪先を地面に着ける前傾姿勢のことを思い出させた。足元で動く振動を解析する動物であれば、何の上に立っていようと、足元の基質表面と相互作用する特別な方法をもっているのは当然のことのように思える。私たちの場合は、座るだけで十分だ。

子犬を飼うようになってからというもの、私は以前よりも床で過ごす時間が増えた。その姿勢だと、以前は気づかなかった表面振動を感じることができる。ご近所さんが出入りする際の足音が振動として感じられる。家の前を通過するごみ収集車のゴトゴトという振動も感じられる。これは、私にとっては

＊円網性のクモは、獲物が繰り返しかかるエリアに至るスポークを強く張ることによって、餌がもっともかかりやすい部分に注意を集中させることもできる(62)。

身を低くすることで感じられる世界だが、愛犬のタイポにとってはいつも暮らしている世界だ。コーギー犬である彼は普段から、波打つ地面に対して私より五フィート（約一五〇センチメートル）も近くにいる。彼には何が感じられるのだろうか。何が聞こえているのだろうか。タイポは休息中にふいに耳をそばだてることがよくある。映画スター・ウォーズのヨーダにそっくりな耳が、私には聞こえなかった何かを拾っているのだ。彼は私が見落としたり聞き逃したりしているものを思い出させてくれる。足元の床を伝わる表面波だけではない。身の回りの空気を伝わる動き——圧力波——もだ。

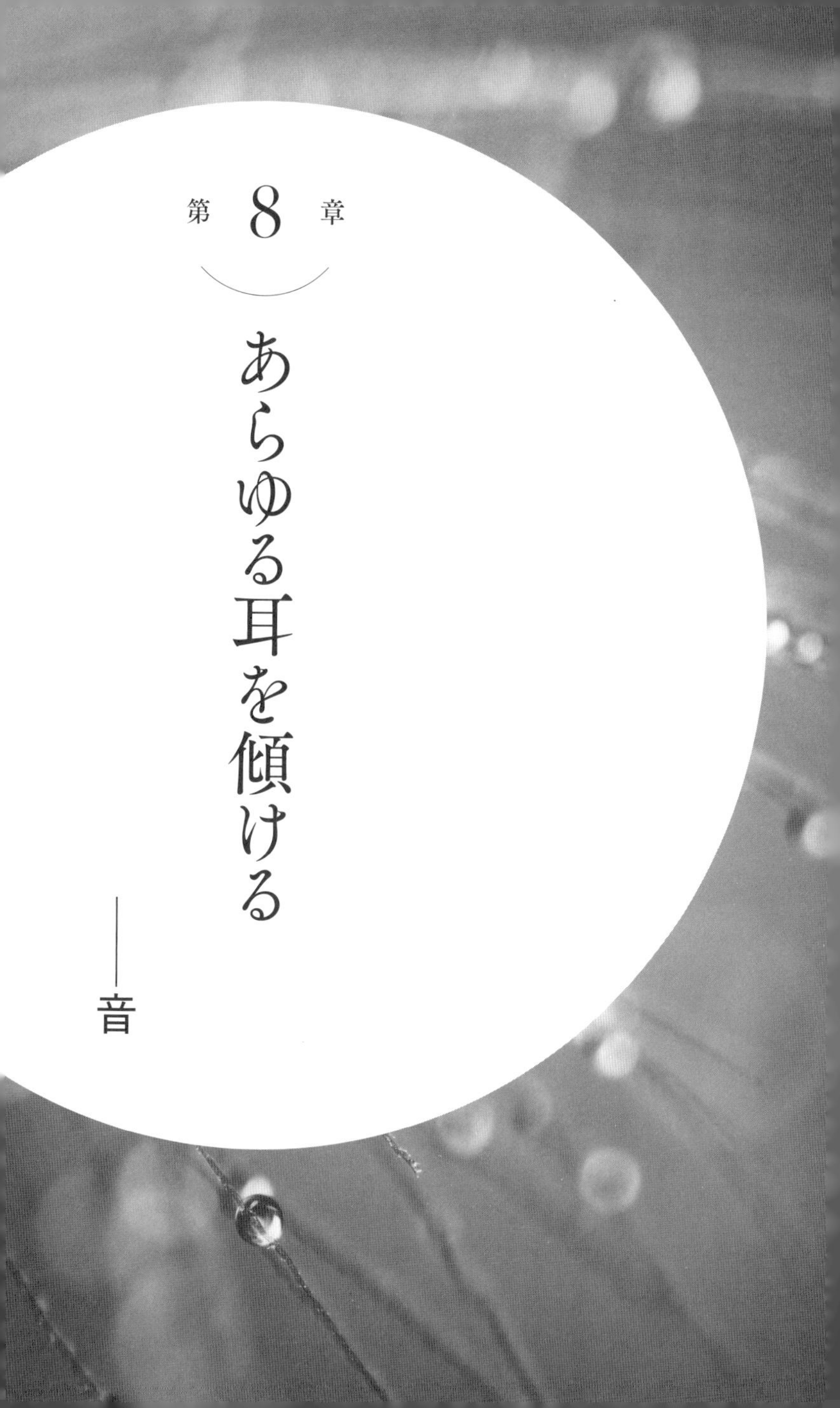

第8章 あらゆる耳を傾ける

——音

かつて、ロジャー・ペインは暗闇が怖かった。高校生のときに、この恐怖症を克服しようと、夜間に近所の自然保護区に長めの散歩に出るようになった。独りで散策していると、近くの建物に棲むフクロウの声がしばしば聞こえた（姿を見ることもあった）。そして、夜への恐怖が薄れるにつれ、フクロウへの興味が膨らんでいった。一九五六年、学部生としてフクロウを研究できる機会が訪れたとき、彼はその機会に飛びついた。

フクロウは、大きな眼をしているが、それでも見えないほどの完全な暗闇でも、獲物を捕まえることができる。彼らは耳を使っているのではないか、とペインは考えた。そこで、このアイデアを検証するために、広いガレージの窓に黒いビニールシートを貼りつけ、床に乾いた落ち葉を深く敷き詰めた。部屋の角に設けた止まり木には、『クマのプーさん』のフクロウ（owl）のキャラクターにちなんでウォル（Wol）と名づけられた人工飼育のメンフクロウを止まらせた[1]。それから、暗闇の中に座り、ネズミを放した。「僕には何も見えませんでしたが、ネズミが動き出せば、カサカサと音が聞こえました」と彼は私に語った。もちろん、ウォルにも聞こえていたはずだ。この実験の最初の三日間は、何も起きなかった。だが、四日目の夜、ペインは襲撃の音を聞いた。灯りを点けると、爪でネズミを捕らえたウォルの姿があった。

その後の四年間、ペインはウォルや他のメンフクロウを用いてさらに実験を重ねたが、すべての実験で、フクロウが音を使って巧みに獲物を見つけ出していることが確認された[2]。ネズミもその脅威には気づいているようで、落ち葉を敷き詰めた部屋に放たれると、氷河のようにゆっくりとしたスピードで忍び歩いた。それでも、枯れ葉が音を立てた途端に、終わりである。赤外線メガネ越しに観察していたペインは、最初のカサッという音に反応してフクロウが前傾姿勢をとるのを見た。次の瞬間には、ネズミに向かって頭から突っ込むように急降下し、最後の瞬間に体を一八〇度回転させて爪から突っ込む形で襲撃する。その攻撃は恐ろしいほど正確で、ネズミの真上に着地するのはもちろんのこと、ネズミの体の長軸を爪でしっかり鷲づかむ。ペインがネズミの大きさの紙袋に詰め物をして枯れ葉のあいだを引きずったときも、フクロウは同じように攻撃した。ネズミの尻尾に枯れ葉を紐で結びつけた状態で発泡材の床の上を駆け回らせると、フクロウは枯れ葉を攻撃した。このような実験により、フクロウが嗅覚や視覚など、他の感覚を使っていないことが確認できた。聴覚を頼って襲撃しているのは疑いようがない。ペインがフクロウにの耳に綿を詰めると、失敗知らずだったフクロウが、一フィート（約三〇センチメートル）以上の誤差で標的を外すようになった。「こんなにも明らかなエビデンスが得られて、大興奮しましたよ」と彼は語った。

ネズミが落ち葉をカサカサ鳴らしたり、犬が吠えたり、森の木が倒れたりすると、圧力波が生じ、放射状に外に広がっていく(3)。圧力波が伝播するとき、その通り道にある空気中の分子は密集と拡散を繰り返す。波の進行方向と同じ向きを軸として生じるこの動きを、私たちは「音」と呼んでいる。分子が一秒間に圧縮と分散を繰り返す回数によって、音の周波数——ヘルツ（Hz）単位で測定される音のピッチ（音高）——が決まる。また、分子が動く程度によって、音の振幅——デシベル（dB）単位で測定される音の大きさ（音圧）——が決まる。聴覚とは、このような分子の動きを感知する感覚である。

あなたの耳は、外耳、中耳、内耳という三つの部位で構成されている。まずは外耳が、外から入ってくる音波を出迎え、多肉質の皮弁で音波を集めて外耳道へ送り込む。外耳道の突き当りで、音波はぴんと張られた「鼓膜」と呼ばれる薄膜を振動させる。この振動が、中耳の三つの小骨——前章にも登場したツチ骨、キヌタ骨、アブミ骨——によって増幅され、内耳へと伝達される。具体的には、内耳の蝸《か》牛《ぎゅう》」と呼ばれる、液で満たされた長い管に伝わり、その振動が最終的には、動きを感知する有毛細胞によって感知され、シグナルが脳に送られる。そして、「音が聞こえる」わけだ。[*1]

　メンフクロウの耳の基本構造も同じである。外耳で集め、中耳で増幅して伝達し、内耳で感知する(4)。ただし、あなたの外耳は顔の左右にある一対の多肉質な皮弁だが、フクロウの場合は、事実上、顔全体が外耳の役割を果たす。[*2] フクロウの顔には、太くて硬い羽毛が円盤状に密集して生えていて、森の賢者とも言われるフクロウらしい見た目を作っている。この円盤状の羽毛が、まるで衛星通信のパラボラアンテナのように、空気中を伝わってくる音波を集めて耳の穴へ送り込む働きをする。その耳の穴がどこにあるかと言えば、フクロウの眼の後ろに、羽毛に覆われて隠れている。フクロウの耳の穴はとても大きく、入り口があまりに広いため、フクロウの種によっては、羽毛をかきわけて耳の中をのぞき見ると、眼球の裏側まで見えるほどだ。このような外耳の特徴と、この大きさの鳥類としては予想以上の大きさの鼓膜と蝸牛のおかげで、フクロウの聴覚は並外れた感度に恵まれている。

　フクロウは、音を感知する能力に秀でているだけでなく、その音がどこからきたのかを正確に割り出す能力にも優れている。[*3] 視覚の章（2章）で紹介したとおり、あなたが片腕を前に伸ばし、親指を上に向けたとき、その親指の爪は、あなたの周囲三六〇度に広がっている空間のうちの約一度に相当する。メンフクロウが音源の位置を聞き分けるとき、誤差があったとしてもせいぜい二度以内であることが、小西正一とエリック・クヌードセンによって明らかにされている(6)。その精度は、陸上で生活する大半の動物よりも優れいている。メンフクロウの聴覚と同等の感度をもつ猫の耳でも、音源を特定できる精度の範囲は三～五度以内までだ。

　水平方向に関しては、人間もフクロウとほぼ同程度の精度で音源の位置を特定できるが、垂直方向となるとフクロウよりかなり低く、三〜六度の精度となる。なぜなら、私たちの耳は左右ともに同じ高さにあるため、音が上方からきても下方からきてもほぼ同時に両耳に届くからだ。[*4] 一方、フクロウの耳の位置は独特で、左右非対称になっていて、左耳のほうが右耳よりも高い位置にある(7)。フクロウの顔を時計に見立てると、左耳は二時の方向、右耳は八時の方向にある。上または左からくる音は、右下の耳よりも左上の耳にわずかに早く大きく聞こえる。下または右からくる音は、その逆となる。フクロウの

＊1 この有毛細胞は、魚の側線にある有毛細胞に似ている。耳も側線も同じ祖先の感覚システムから進化した可能性が高い。

＊2 他にもいくつか違いがある。フクロウの蝸牛はバナナのように曲がっているが、あなたの蝸牛はカタツムリのように渦を巻いている。また、フクロウの中耳は三つの小骨ではなく一つの骨で構成されている。さらに、哺乳類とは異なり、メンフクロウや他の鳥類の耳は老化しない。有毛細胞が再生するので、年齢を重ねても聴力がほとんど衰えないのだ(5)。紛らわしいことに、長い耳羽をもつトラフズクや短い耳羽をもつコミミズクなど、その近縁種のフクロウの特徴となっている耳羽は、実は単なる装飾であり、耳の一部でもなければ、聴覚に関与もしていない。

＊3 メンフクロウと言えども、何でもすべて聴こえるわけではない。人間や他のすべての動物と同じく、特定の範囲内の周波数やピッチ（音高）の音しか感知できない。その範囲は、蝸牛内にある有毛細胞で決まる。有毛細胞は、細長い「基底膜」の上に配置されていて、その膜の基部は比較的低い周波数で振動し、その膜の上部は比較的高い周波数で振動する。メンフクロウの脳は、基底膜のどの部分が振動しているか——すなわち、どの有毛細胞が刺激されるのか——によって、どの周波数が耳に届いているのかを割り出している。聴こえる範囲の上限と下限は、基底膜の長さ、厚み、形状、硬さで決まる。人間の耳で聴こえる音の範囲は、平均で二〇ヘルツ（Hz）から二〇キロヘルツ（kHz）である。フクロウの耳で聴こえる音の範囲の平均は、人間よりわずかに狭く、二〇〇ヘルツから一二キロヘルツであるが、この範囲の中でもとくに四キロヘルツから八キロヘルツの音に対する感度が高く、ちょうどネズミが落ち葉の中を走るときに立てる音の周波数とも重なっているのは、偶然の一致ではない。

＊4 私たちは普段、意識的に考えることなく音の位置を特定しているため、それがどれほど難しいタスクであるかに気づいていない。眼は、元より空間を把握するための感覚である。世界の異なる部分からきた光は、網膜の異なる部分に当たるのだから。しかし耳は、周波数や音量のような、空間要素をもたない性質を把握するようにできている。そのような情報を取り込み、それを世界の地図に落とし込むためには、脳を酷使する必要がある。

脳は、このタイミングと音量の差を利用することで、垂直方向と水平方向の両方について、音源の位置を割り出すことができるのだ(8)。私も、ハイキング中に近くでカサカサと落ち葉の音がすれば、大まかに当たりをつけてその方向に顔を向け、音源を注視することができる。だが、頭上に止まっているフクロウは、その音の発生源を耳だけで正確に把握することができるのだ。灰色の大きなフクロウは、地面の下から聞こえてくる餌を噛む音や走り回る音を聞くだけで、雪に覆われたトンネル内にいるタビネズミを引きずり出すことも、地リスの巣穴の天井を正確にぶち抜くこともできる。彼らの芸当は卓越しており、聴覚がこんなにも有用な感覚でありえる理由を物語っている。

いわゆる「五感」の中で、聴覚と最も関係が近いのは触覚である——と言われても、後者は触れることのできる固体表面に関するもので、前者はつかみどころのない空気中の音に関するものなので、直感的には理解しにくいことだろう。しかし、聴覚も触覚も機械的感覚であり、いずれも曲げられたり、押されたり、歪められたりしたときに電気シグナルを送る受容器を用いて、外界の動きを感知する。触覚の場合、そうした動きが生じるのは指先（または頬ひげ、くちばしの先、アイマー器官）で表面を押したり撫《な》でたりしたときだ。聴覚の場合は、動きが生じるのは音波が耳に届いて中の小さな有毛細胞を歪めたときだ。

ただし聴覚は、触覚とは異なり、遥か遠くまで影響を及ぼすことができる。視覚とは異なり、暗闇でも、不透明な固い障壁に遮られていても、機能する。前章の振動感覚とは異なり、表面を必要とせず、空気や水のように何でも包み込むような媒体を介して機能することができる。さらに、分子のゆっくりとした拡散が制約となる嗅覚とは異なり、音速というかなりの速さで機能する。このような特性のうちのいくつかをもつ感覚は他にもあるが、聴覚はこのすべての特性を持ち合わせている。だからこそ、こんなにも聴覚に偏重して頼る動物が存在するのだ。かつて、これをうまく簡潔に言い表したのが、ウィリアム・ステビンスだ。「(音は) 他の刺激とはまったく異なり、見えないほど遠くの場所で進行中の出来事に関する情報を伝えることができる」と記している(9)。

フクロウとガラガラヘビを比べてみよう。どちらも夜行性であり、どちらもげっ歯類を狩る。ガラガラヘビはあまり頻繁に食べる必要がなく、待ち伏せ型のハンターだ。嗅覚を用いて長時間の張り込みに適した場所を見つけ出し、赤外線感覚の及ぶ狭い範囲内を獲物が走るのを待つ。フクロウには、そのような贅沢な余裕はない。高い代謝を維持するために頻繁に獲物を見つけ出さなければならず、森の広い範囲を探索し、姿は見えなくてもすばしっこく動き回るカサカサという音で位置を精確に特定する必要がある。となれば、おのずと聴覚――広範囲、高速、高解像度の感覚――が主要な感覚となる。

だが、音による狩猟には大きな欠点がある――干渉だ。ワシのような視覚頼みの捕食動物は、自分が動くときに光を発したりしないが、フクロウは、自分が羽ばたくときに音を立ててしまう。自分の耳のすぐそばで発生する雑音のせいで、獲物が立てる微かな音や遠くの音がかき消される可能性があるわけだ。しかし幸いにも、フクロウは全身を柔らかな羽毛で覆われ、翼の縁が鋸歯状になっているおかげで、ほとんど感知できないほど静かに飛ぶことができる(10)。フクロウ自身が立てる音の大部分は、フクロウの耳が最も敏感に反応する音域よりも低く、かつ、小さなげっ歯類に聴こえる音域の下限よりも低い(11)。つまり、フクロウにはネズミの音がはっきり聴こえるのに、ネズミにはフクロウの接近する音がほとんど聴こえないのだ。

しかし、カンガルーネズミには聴こえる。忙しなく跳ね回るこの小さなげっ歯類には、比較的大きな

——自分の脳よりも大きな——中耳がある[12]。中耳の大きな空間がフクロウの翼から生じる低周波数の音を特異的に増幅するおかげで、カンガルーネズミには、他の大半のげっ歯類であれば気づけない迫りくる危険が聴こえるのだ。そのため、カンガルーネズミには、メンフクロウにとって、とくに捕まえにくい獲物となっている[13]。カンガルーネズミはガラガラヘビの襲撃の音も聴こえるため、とっさに飛び跳ねて襲撃をかわし、空中で体を回転させ、突進してくるヘビの顔を蹴ることさえできる[14](熱の章[5章]で出会ったヘビの専門家であるルーロン・クラークは、カンガルーネズミのことを「とくに憎たらしい獲物」だと言っていた)。

このような生き物はすべて、音でつながっている。彼らの生死は、聴き取れる周波数の範囲と、その周波数に対する感度と、音源の位置を特定する技能で決まる。すべての種に、特有の強みと弱みがある。フクロウは、走り回るネズミが生む周波数に対して最大の感度を発揮し、その音源の位置を比類なき精確さで特定できるが、人間の耳で感知できる音域の最高音も最低音も聴こえない。ネズミは、フクロウの羽ばたきが生む低音を聴き取れないが、フクロウには聴こえない甲高い警告音を発することができる。他の感覚と同じく、動物の聴覚も、その動物のニーズに適合している。なかには、まったく聴く必要のない動物もいる。

人間の丸い耳は、フェネックギツネの先の尖った三角形の耳や、ゾウのはためく巨大な耳や、穴だけの単純なイルカの耳とはだいぶ見た目が異なるが、このような違いは表面的なものだ。ほとんどの哺乳類に優れた聴覚が備わっていて、ほとんどの哺乳類の耳はよく似ている。どこがどう似ているかと言えば、まず何より、耳が存在すること。それから、耳が二つあること。耳が頭部にあることだ。人間にとって当たり前であるこれらの原則は、どれも昆虫には当てはまらない。昆虫も耳を進化させてきたが、彼らの耳はまばゆいほどの多様性に富んでいる。私たちはそこから、そもそもなぜ動物には音が聴こえるのか、という問いに対する重要な三つの気づきを得ることができる(15)。

第一に、聴覚は有用だが、触覚や痛覚のように普遍的に有用というわけではない。結局のところ、最初期の昆虫には耳がなかった(16)。彼らは耳を進化させなければならなず、およそ考えうるすべての身体部位から耳を進化させた(18)。蚊は触角で聴く(19)。オオカバマダラの幼虫は、胴体中央部にある一対の毛で聴く(20)。膀胱バッタには腹部に六対の耳が並んで存在し、カマキリには胸部に一つの大きな耳がある(21)。[*1]昆虫の耳がこんなにも多様に異なるのは、その大半が昆虫の体の至る所に存在して動作を感知する「弦音器官」と呼ばれる構造体から進化したからだ(23)。この器官は、硬い外側の角質のすぐ下にある感覚細胞で構成され、振動と伸長動作に応答する。この器官のおかげで、昆虫は自身の体の各部位のポジション——羽の羽ばたき、脚の動き、内臓の膨らみ——を把握できる。一方で、弦音器官は空気中の大きな音にも反応できる。そのため、耳になる素因は大いにある。弦音器官から耳に進化するためには感度を高める必要があるが、それは感覚細胞を覆う角質を薄くして鼓膜を生み出せば簡単に実現できる。[*2]そのような進化は全身のどこでも起こりうるので、昆虫は思いも寄らない場所に耳を生み出すことができる。

*1　一九六八年、動物学者のデビッド・パイは、自然界の昆虫の耳について詠んだ素晴らしい五行の詩を、世界トップクラスの科学誌で発表した。二〇〇四年までには、パイが追加で一二行の続編を発表せずにはいられないほど、昆虫の耳についてさらなる新事実が発見されていた。「その後の年月の中で、他の形態の耳がさらに見つかった。耳の実態を知れば知るほど、耳には標準など存在しないことがわかった」と彼は書いている(22)。

体表全体がいつでも耳になれる状態と言ってもいいだろう。

ところが、そのような進化的利点を有効活用してこなかった昆虫も多い。知られている限りでは、カゲロウとトンボに耳はない。大多数の甲虫にもない。実のところ、ほとんどの昆虫が耳をもたず、音のない世界で生きている。昆虫は他の動物種を数で凌駕しているので、ほとんどの動物がそうだと言い換えてもよいだろう。聴こえる者にとっては、音はどこにでも存在するものなので、奇妙に思えるかもしれないが、聴覚に障害のある数百万人は音が聴こえなくても問題なく暮らしているし、多くの動物が音に煩わされることなく生きている。仲間の哺乳類や他の脊椎動物に注目すれば、聴覚のことをかけがえのない感覚だと考えるのも無理はない。しかし、昆虫に注目すれば、聴覚は選択的に追加されるオプションにすぎないことがわかる。

視覚のときと同じで、動物が音をどのように聴いているのかを考えるには、動物が耳をどのように使っているのかを理解する必要がある。聴覚は、広範囲の情報を速く正確に、一日二四時間提供できる点でとくに有用であり、そのおかげで動物は、素早く動く獲物と急速に接近する脅威の両方を感知することができる。その流れに従えば、多くの昆虫は、捕食動物に耳を傾けるために耳を進化させてきたことになる(24)。目を見張るほど美しいブルーモルフォチョウなど、多くのチョウは、羽に耳がある(25)。これらの種はとても静かなので、仲間の音を聞いているわけではないはずだ。案の定、彼らの羽にある耳は、捕食者となる鳥類の出す音の周波数に合わせて調整されていることを、ジェイン・ヤックが明らかにしている(26)。チョウたちには、数フィート離れた場所からでも、鳥の羽ばたきや縄張りを主張する鳴き声だけでなく、おそらく、飾り羽が草と擦《こす》れる音や枝の上で飛び跳ねる足音のように鳥に関連する他の音も聴こえている。カンガルーネズミと同じ耳の使い方で、チョウたちも耳を使っている可能性が高い[*3]。

捕食動物の感知に活かされた聴覚の性質は、コミュニケーションにも適している。音を生み出し、その音に耳を傾けることによって、表面振動で交信可能な距離より遠く離れた場所からでも、視覚的な合図を邪魔する暗闇や雑然とした空間でも、フェロモンが到達するより遥かに速いスピードで、シグナルを送り合うことができる。数百万年前にコオロギとキリギリスが歌いはじめた理由も、これで説明がつく。

その歌い手は、雄たちだ。一枚の羽に畝《うね》模様があり、もう一枚の羽に櫛《くし》のような歯が並んでいる。この二枚の羽を擦り合わせると、「チロリリリン」という音が生み出され、その音を雌たちが前脚の鼓膜で聞くことになる。化石化した昆虫の羽にも同じ畝模様と櫛模様があることから、少なくとも一億六五〇〇万年前から、虫の歌が空気中に満ち溢れていたことがわかるし、実際はさらに昔から続いていた可能性が高い(27)。ところが、約四〇〇〇万年前から、別の昆虫類がその歌を盗み聞きするようになった。寄生性のヤドリバエだ。大半のヤドリバエは視覚または嗅覚を使って犠牲者を追跡するが、ヤドリバエの一種であるオルミア・オクラセア(*Ormia ochracea*)——北米に生息する全長一センチメートル強の黄色い種——は、音を使う。コオロギの雌と同じように、コオロギの雄の歌に耳を傾ける。「チロリリリ

＊2 すべての昆虫の耳に鼓膜があるわけではない。蚊の触角やオオカバマダラの幼虫の毛は、どちらかというと、6章に登場したクモやコオロギに備わっている気流を感知する毛に似た働きをする。

＊3 捕食動物を感知するという耳の適性は、一部の昆虫類が耳をわざわざ進化させなかった理由の説明にもなりえる。カゲロウに耳がないのは、おそらく、大量発生して群れて飛ぶので、いち早く捕食動物の接近を察知する仕組みがなくても安全でいられるからだろう。トンボに耳がないのも、卓越した視野で迫りくる危険を見分けることができ、優れた飛行能力で近距離の攻撃も回避できるからではないだろうか。

ン」という美しい旋律に狙いを定め、歌い手の背中の上かすぐそばに着地し、幼虫を託す。幼虫たちはコオロギの体内に潜り込み、内側からゆっくりとコオロギの雄を貪り食う。

オルミア・オクラセアの耳は、見つけやすい耳ではない。だが、ダニエル・ロバートは昆虫の耳を見慣れていたため、一九九〇年代前半に初めて顕微鏡でこのハエを見たときも、すぐに一対の鼓膜――頸部のすぐ下にある二枚の楕円形の薄膜――を見つけることができた(28)(「たぶん、僕がマニアすぎるんです」とロバートは語った)。この耳は、他の多くのハエとずいぶん違っていた。ふつうのハエは、羽毛のように柔らかな器官が触角にあるが、このハエの耳は、むしろコオロギの雌の耳のほうに遥かに似ていて、コオロギの雌の耳と同じように、コオロギの雄の歌の周波数に適合している。オルミア・オクラセアはコオロギの雌の聴覚環世界に入り込み、その環世界を利用して同じゴールを目指す。つまり、目に見えない雄の居場所を離れた場所から精確に突き止めるのだ。家のどこかに入り込んだコオロギの鳴き声に悩まされたことがある読者なら、その悪魔のような甲高い鳴き声の出所を突き止めるのがどれほど難しいかご存じだろう。だが、オルミア・オクラセアはそれを難なくやってのける。誤差一度の精度――人間よりも、メンフクロウよりも、これまでに試験された他のほぼすべての動物よりも優れた精度――で、コオロギの歌声が聞こえる方向に体の向きを変えることができる(29)。*1

このような最上級の鋭敏さを備えていながら、オルミア・オクラセアの耳によって制御されるのは、コオロギを見つけるという、ごく単純な行動である。他の多くの昆虫の耳についても同じことが言えるし、このことも、昆虫がこんなにも全身の多様な部位に耳を進化させてきた理由の説明になりうると、ジェイン・ヤックは考える。耳は、耳が進化する理由となった行動を制御する神経の近くに出現する傾向にあると、彼女は言う。コオロギの雌は、雄の歌が聞こえてくる方向に体を向けて歩いていくので、彼女たちの耳は脚についている。カマキリと蛾《ガ》は、捕食動物の音が聞こえると身を投げ出して回転することによって危険を回避するので、彼らの耳は羽の上か近くに存在する（耳をもつ蛾のそばで犬笛を吹くと、蛾は大きく身を翻し、くるくると螺旋状に飛びはじめる）。

これが、昆虫の耳が教えてくれる第二の気づきである。聴覚は、驚くほど単純になりえるのだ。音に耳を傾けているコオロギは、自分が聞いている音の「心的表象」を思い描き、自分のうちにある理想的な雄の歌のテンプレートと照らし合わせている、と考える人もいるかもしれないが、そんなことをする必要はまったくないのだ。入念な研究を重ねることによって、バーバラ・ウェブは、コオロギの雌の耳とその耳に接続している神経が、雄の歌を自動的に認識して体の向きを自動的に変えるように配線されていることを明らかにした(31)。雌の行動は、感覚システムに組み込まれているのだ。[*2]私たち人間にとって聴覚は、音楽と言語のほとんどを下支えしている感覚であり、洗練された思考や情動や創造性と切り

*1 動物は両耳に音が到達したタイミングを比較することによって音源の方向を割り出せるということを、メンフクロウは私たちに教えてくれた。だが、動物の体が小さくなるほど、両耳の距離が近くなり、音が両耳にほぼ同時に到達するようになる。オルミア・オクラセアの両耳の間隔は〇・五ミリメートルにも満たない——「i」の点ほどの幅しかないのだ。そんなに小さな距離では、コオロギの歌が二枚の鼓膜に当たるタイミングは一・五ミリ秒も違わないはずである——その程度の時間差では、あまりにも短すぎて存在しないも同然だ（ちなみに、人間の耳で音源の位置を精確に特定するには、少なくとも五〇〇マイクロ秒の間隔が必要である）。だが、ダニエル・ロバートと彼の指導教官だったロン・ホイは、オルミア・オクラセアの両耳が、私たち人間の耳とは異なり、つながっていることを明らかにした(30)。このハエの両耳は、小さな頭の内部で、洋服を掛けるハンガーのようなしなやかなレバーでつながっているのだ。音が片方の鼓膜を振動させると、その振動がレバーを通して他方の鼓膜に伝わるが、このとき、約五〇マイクロ秒のわずかな遅れが生じる。このわずかな遅れが、両耳の時間差を大きく引き延ばし、コオロギの声をただ聞いているだけのオルミア・オクラセアと、「あそこで鳴いているコオロギ」の声を聴くオルミア・オクラセアの違いを生むのである。

覚が反射的行動を生むこともあるのだ。しかし、膝をハンマーで軽く叩くと足が前に蹴り上がる人間の反応と同じように、聴覚が反射的行動を生むこともあるのだ。

単純な行動でも、大きな結末を生むことがある。オルミア・オクラセアの優れた音響能力はあまりにも精度が高すぎて、かつてハワイでは、コオロギの雄の三分の一が寄生され、雄の数が深刻なほど減少した。これに対して、コオロギは、羽の表面の櫛状構造を歪めて歌声を弱めるような変異を獲得した。死を避けるために、死んだように静かになったのだ。そのような変異が起きてから二〇世代も経ないうちに、「平らな羽」のコオロギは、これまでに報告されている野生の事例の中でも最速の進化を遂げた(33)。新たに登場した静かな雄たちは、オルミア・オクラセアに感知されなくなったが、雌にも感知されなくなり、まだ歌える数少ない雄のまわりを徘徊して、近づいてくる雌とこっそり交尾できる機会を伺うようになった。そんな彼らも、歌う動作は続けている。まるで、今もかつてのように「チロリリリ」という音を出せるかのように、羽を擦り合わせているのだ。

ここに、昆虫の耳から教わる第三の気づきがある。すなわち、動物の聴覚は、動物の鳴き声を進化させる原動力になりえるし、その逆もある。眼が自然界の色彩を決定づけるのと同じように、耳が自然界の声を決定づける。

一九七八年の夏、まだ大学院生だった若き日のマイク・ライアンは、カエルを研究するために、長時間の空の旅から電車とボートを乗り継いで、ようやくパナマのバロ・コロラド島に到着した。彼は、年上の生物学者が鳴き声だけでカエルの種を特定するのを目撃して以来、両生類に夢中だった。そんな彼の耳にも、カエルの声は雑然とした不協和音のように聞こえるのだから、他の人間にとってはなおさらだろう。そこで、ふと、ライアンは疑問に思った――では、カエルたち自身にはどのように聞こえているのだろうか？　雄の鳴き声が雌を惹きつけることは彼も知っていたが、それにしても、雄の歌のどの部分に雌は耳を傾けているのか？　カエルの耳に美しく聞こえるのはどんな音なのか？

当初のライアンの計画では、パナマのアカメアマガエルを研究する予定だった。彼の未来の教え子であるカレン・ワルケンティンが二〇年後に注目することになる種と同じである。[*3] だが、このカエルは森林の上層部の枝葉にくっついていて、どちらかというと無口だった。ライアンが鳴き声を録音しようとしても、彼の足元で大音量で鳴く他の種――トゥンガラガエル――の声ばかり拾ってしまっていた(34)。「トゥンガラガエルを黙らせようと、僕は蹴り続けました。でも、気づいたんです。こいつらを研究すればいいんじゃないかって。大量に、しかも目の前にいるのだから」と彼は語った。

ごく標準的なカエルを、頭の中で思い描いてみよう。トゥンガラガエルの見た目は、まさにそんな感じだ。大きさは二五セント硬貨ほど〔訳注：一〇円玉ほど〕で、皮膚は苔生したような淡褐色でごつごつしている。視覚的な華やかさには欠けるが、音響的な才能がそれを補っている。日が暮れると、雄は鳴嚢を大きく膨らませ、脳よりも大きな喉頭部の発声器に空気を送り込む。すると、「トゥン」という、遠ざかっていくサイレンのように音高が下がる小さな短い声が出る。そのあとに、「ガッ」という短いスタッカートの装飾音が一つ、二つ加わる。この組み合わせが、一部の人間の耳には「トゥン、ガッ、

＊2　バーバラ・ウェブは、コオロギの雌と同じように振る舞う単純なロボットまで作製した。そのロボットは、コオロギの雄の歌の「観念」に相当するようなものは何も内蔵されていないのに、歌っている雄を追跡できた(32)。
＊3　前章（7章）で出会った熱狂的なツノゼミ愛好家のレックス・コクロフトも、マイク・ライアンの教え子の一人である。

ラッ」のように聞こえるので、トゥンガラガエルと呼ばれている。ライアンの耳には、昔のビデオゲームの効果音のように聞こえるそうだ。[*1] カエルの雌の耳には「口説き文句」に聞こえる。雌はさまざまな雄の前に座り、「トゥンガラ」を聞き比べ、最も魅力的な声で鳴く雄を選んで、自分が産んだ卵への受精を許す。求愛中の雄は、雌に選ばれるまで、一晩のうちに五〇〇〇回ほど鳴く。なぜそれをライアンが知っているかというと、バロ・コロラド島に一八六日間連続で泊まり込み、日暮れから夜明けまで、個別に標識づけした一〇〇〇匹のトゥンガラガエルのセレナーデ（小夜曲）からはじまるお戯れを録音して過ごしたからだ(35)。そして、この「のぞき聴きマラソン」から、彼は決定的な事実を学んだ――「ガッ」の音はすごくセクシーなのだ。

雌はほぼ必ず、「トゥン」と鳴くだけの雄よりも、「トゥン」のあとに「ガッガッ」と装飾音をつけて鳴く雄を選ぶ(36)。「ガッ」の音は、雌にとってはたまらなく魅力的なようで、雄がその音をなかなか出さずにいると、出すまで雄の体を殴打し続ける雌がいるほどだ。ライアンは雄の歌を録音し、「トゥン」の音と「ガッ」の音を切り貼りしてさまざまな組み合わせのリミックス版を作ると、それを防音室で個別のスピーカーを通して雌に聞かせ、雌がどの組み合わせの歌に向かって跳び寄ったかを記録した。そしてわかったのは、「トゥン」の音はそのままでも魅力的だが、「ガッ」の音がつくとその魅力が五倍に跳ね上がるということだ。「ガッ」の数が多いほど、性的魅力は増す。「ガッ」の音が低ければなお一層、性的魅力は増す。このように、好みの傾向は明快でわかりやすいのだが、その理由は明快ではない。

ライアンは、トゥンガラガエルの内耳が周波数二一三〇ヘルツの音――平均的な「ガッ」の音の優位周波数のすぐ下――にとくに高い感度を示すことを明らかにした(37)。[*2] 数種のカエルが同時に鳴いている騒がしい池でも、雌が自分好みの雄を容易に見つけられるのは、他のカエルの声よりも敏感にその声を聞き取ることができるからだ。体が大きい雄の声ほど、とくにはっきり聞こえるのは、「ガッ」が低音であるほど、雌の内耳のストライクゾーンの周波数に近づくからだ。おそらく、トゥンガラガエルの耳がそのような特殊な適合の仕方をしているのもこのためだろう、とライアンは結論づけた。また、体の大きな雄は、より多くの卵を受精させることができる。そのため過去の数世代では、より低い周波数を好む雌ほど、より多くの子孫を提供できる雄に惹きつけられてきた。彼女たちのこのような偏愛ぶりは徐々に普及し、やがてこの種のカエルの耳は、雄の声に適合したものになった。この筋書きにはなかなかの説得力がある。だが実は、この筋書きは完全に間違っていた。

ライアンは、トゥンガラガエルの近縁種を研究することによって、真相を明らかにした(38)。トゥンガラガエル以外の近縁種の鳴き声は「トゥン」ばかりで、「ガッ」はほんのわずかだ。それでも、すべての近縁種の内耳が、トゥンガラガエルの「ガッ」に近い同じ周波数に適合している。実際にはほとんど聞いたことがないのに、「ガッ」の音に魅力を感じる素養はあるのだ。ライアンはこれを実証するために、エクアドルまで赴き、コロラド・ドワーフ・フロッグ——トゥンガラガエルの親類の一種で「ガッ」と鳴かないカエル——を研究した。このドワーフ・フロッグの雄の「トゥン」を録音し、そのあとにトゥンガラガエルの「ガッ」をつけたリミックス版を再生して雌に聞かせた。「きっと死ぬほど驚いてパニックになるものと思っていました」と彼は語った。だが実際には、雌たちはこの馴染みのないリ

＊1 マイク・ライアンはトゥンガラガエルの声真似が素晴らしく上手い。しかし残念ながら、その声真似で実際に雌をたぶらかすことができるかどうか、スピーカーを通した実演で試したことはないそうだ。「試すべきですね」と彼は私に語った。

＊2 正確に言えば、このカエルの内耳には、「両生類乳頭」と「基底乳頭」という二つの聴覚器官がある。両生類乳頭は、「トゥン」の音高——七〇〇ヘルツ——に最高感度を示す。基底乳頭は、「ガッ」の周波数に適合している。

ミックス音声に向かって跳び寄った。「ガッ」の音には、抗《あらが》えない魅力があることが証明された。過去に聞いたことがなくても、雌が元から持ち合わせている「感覚の偏り」をうまく刺激するからだ。

この発見は、ライアンが思い描いていた筋書きを根底からひっくり返した[39]。トゥンガラガエルの聴覚が鳴き声に適合するように変化したわけではなかった。その逆だったのだ。トゥンガラガエルの祖先はもともと二一三〇ヘルツに適合した耳をもっていて、そのような偏重をうまく利用するために「ガッ」という鳴き声を進化させたのだ。祖先の耳が元から適合していた理由はまだ明らかにされていないが、おそらく、捕食動物が動き回るときに立てる音の高さか、あるいは、祖先が生息していた環境の他の何か重要な側面に適合していたのだろう。どういう理由にせよ、とにかく、雌の音響上の好みが先に存在し、彼女たちの美の観念に合わせて、雄の鳴き声が変化したわけだ。このように感覚のバイアスを利用する現象は「感覚便乗」と呼ばれており[*1]、動物界の至る所で広く見られる現象であることが、ライアンによっても、他の科学者によっても示されている[40]。自然界の耳が、本当に、自然界の声を決定づけているのだ。

トゥンガラガエルの雄にしてみれば、雌の気を惹く簡単な方法を得たことになる。「ガッ」と鳴くだけで、大した労力をかけずに魅力を五倍に増やせる。「僕たち人間が自分の魅力を高めるためにしている努力を思えば――大サービスですよ」とライアンは言う。となれば、できるだけたくさん「ガッ」を繰り返したほうがいいはずだが、奇妙なことに、彼らはなかなかそうしたがらない。「トゥン」のあとに「ガッ」を七回繰り返した雄もいたけれど、ほとんどの雄は一回か二回だ。多くの雄は頑《かたく》なに、一回もつけない。その寡黙さはなんとも不可解だった――だがそれも、雄の鳴き声に耳を傾けているのは雌だけではないことにライアンが気づくまでのことだった。

ライアンがバロ・コロラド島に到着する一年前に、彼の同僚のマーリン・タトルは、半分食いちぎられた状態のトゥンガラガエルを口にくわえたコウモリを捕まえた。この種のコウモリは、食欲旺盛にカエルを食べることがわかり、「カエルクイコウモリ」と呼ばれている。タトルとライアンは、このコウモリが――オルミア・オクラセアがコオロギの雄にしていたのと同じように――獲物の求愛の歌を盗聴して追跡していることを突き止めた(42)。しかも、このコウモリは、トゥンガラガエルの雌とまったく同じで、「トゥン」のあとに「ガッ」をつける雄にとくに惹かれるのだ。雌が聴くのは交尾相手の声であり、コウモリが聴くのは餌の声だが、どちらも同じ特性に耳を傾けている。この事実が、トゥンガラガエルの雄の選択を気の毒なものにしている。「ガッ」と鳴けば、雌と死の両方を引き寄せる。頑なに「トゥン」としか鳴かない雄がいるのもうなずける話だ。*2

これらの生き物たちが感覚を通じて結びついてきたことを思うと、驚かずにはいられない。理由はどうあれ、カエルの祖先は、二一三〇ヘルツの周波数を偏愛する耳をもっていた。トゥンガラガエルは、「トゥン」という鳴き声のあとに「ガッ」という音をつけ足すことで、そのような感覚の偏重をうまく利用した。カエルクイコウモリは、通常ならコウモリには聴こえない低周波数が聴こえるように音響機能を追加拡張することで、トゥンガラガエルの「ガッ」という鳴き声を利用した。カエルの環世界がカ

＊1 感覚便乗は、聴覚以外の感覚にも見られる。ソードテール（別名ツルギメダカ）は、通常、雄の尾びれの下半分が長い。このソード（剣）の部分が長い雄ほど、雌には魅力的に映る。ところが、長い尾びれをもたない近縁種のプラティーにもこれと同じ選好性が見られることが、アレクサンドラ・バソロによって明らかにされた(41)。プラティーの雄の尾に人工的な長い尾を接着剤で付けると、雌に対するその雄の魅力が高まった。つまり、ソードテールのソードは、トゥンガラガエルの「ガッ」と同じく、もとから存在する選好性をうまく利用するために進化した形質なのだ。

エルの鳴き声を形作り、カエルの鳴き声がコウモリの環世界を形作ったのだ。動物が何を美しいと思うかは感覚で決まり、それが、自然界の美のあり方に影響する。

動物が生み出す音の中で、鳥の歌声ほど人間の耳に美しく響く音はほとんどない。そして、鳥の歌声の中でもキンカチョウの歌声ほど盛んに研究されてきたものもほとんどない。オーストラリアに生息するキンカチョウは、灰色の頭、白い胸、オレンジ色の頬、赤いくちばし、マスカラが涙で流れたかのような目の下の黒い縞模様を特徴とする華麗な見た目をしている。雄の歌声も見た目と同じくらい際立っていて、複雑な旋律で騒々しく鳴く。私の耳には、プリンターがメロディーを奏でているように聞こえるが、ここでふと、私は疑問に思った。他のキンカチョウにも私に聞こえているのと同じように聞こえているのだろうか？　音高に関していえば、答えはイエスだ。鳥の聴覚の周波数範囲は、だいたい人間の聴覚と同じくらいなので、たいていの場合、鳥たちは私たちに聞こえているのと同じ音域を聞いている。ただし、彼らは信じられないほどの高速で歌うことができる。キンカチョウのくちばしから流れ出る音符はあまりにも速く細かいため、私にはほとんど聴き取れない。たまに聴き取れる旋律があっても、実際にはもっと細かな装飾や技巧が施されているようで、私が識別できる限界を超えているため聴き取ることができない。だが、私には聴き取れなくても、鳥たちは聴き取れているに違いないのだ。

鳥の愛好家たちのあいだでは、ずいぶん前から、鳥の聴覚は人間の聴覚よりも速い時間尺度に調整されているのではないかと言われてきた(45)。実際に一部の鳥たちは、見事に同調したデュエットを歌うことで、その優れた時間感覚を実証してみせている。相手の旋律の隙間に素晴らしい精密さで自分の旋律をはめ込むので、二つの歌声がまるで一つの歌のように聞こえる。キンカチョウなどの他の鳥たちは、互いの歌声に耳を傾けることで自分たちの歌を覚えるので、同じように歌うためには細部の音まで聴き取れなければならない。マネシツグミのように聴いた音を真似る場合も同じことだ。私たち人間の耳には、ホイッパーウィルヨタカの鳴き声は「ホイッ」「パー」「ウィル」の三音で構成されているように聞こえるが、スロー再生してみると、実際には五音で構成されていることがわかる。一方、マネシツグミには、スロー再生など必要ない。ホイッパーウィルヨタカの鳴き声を真似るときには、きっちり五音で鳴いてみせる(46)。

一九六〇年代、まだメンフクロウを研究していなかったころ、小西正一は、鳥の聴覚の処理速度が並外れて速いことを示す直接的な証拠を見つけた(47)。彼は、弦楽器を高速でつま弾いた演奏をスズメに聞かせながら、スズメの脳の聴覚中枢のニューロンの電気的活性を記録した。すると、わずか一・三〜二・〇ミリ秒の間隔で演奏されているときも、スズメのニューロンは一音ごとに発火していた。これほ

＊2 マイク・ライアンは、このコウモリに関する知見をセミナーで初めて発表したとき、セミナー後に大先輩の研究者から「きみは間違っている」と言われたことを覚えている。その大物教授は、コウモリの耳は自分たちの並外れて高い周波数の鳴き声に適合しているので、トゥンガラガエルの「ガッ」という低い音は聴こえないはずだと言った。だが、その言葉にくじかれることなく、ライアンはコウモリにその音が聴こえることを証明した。カエルクイコウモリの内耳には、他のどんな哺乳類の内耳よりも多く——コウモリの中でも比類ないほど多く——の神経が配線されていて、その一部の神経群が、カエルの鳴き声に含まれる低周波数の音に高い感度を示す。まるで、カエルを感知するための専用モジュールを後から追加したかのように、その部分以外は通常の基本的なコウモリと同じような作りになっている。ライアンの教え子の一人であるレイチェル・ペイジはのちに、ある状況下では、このコウモリは「トゥンガッ」と鳴いているカエルの位置をより簡単に特定できることを明らかにした(43)。さらに、盗聴しているのは彼らだけではないこともわかった。吸血性の小さな昆虫も、カエルの鳴き声に——とくに「ガッ」という鳴き声に——引き寄せられることが、同じくライアンの教え子であるヒメナ・ベルナルによって明らかにされた(44)。

どの高速――一秒間に五〇〇～七七〇回――だと、猫の聴覚ニューロンが同じテンポを刻めるのは全演奏時間のわずか一〇パーセントほどである。それを、スズメのニューロンは同じテンポで完璧に刻んだ。鳴き声に高速の音を含まないハトも、この速度についていける解像度を備えているようだった。

ところが、その後の研究では、はっきりとした結果は得られなかった。一九七〇年代以降、ロバート・ドゥーリングが何度も実験を繰り返したが、鳥類と人間の音の時間的性質の知覚の仕方に違いを見出すことはできなかった(48)。たとえば、連続的な雑音に差し挟まれた短い静寂を聞き分ける実験で、人間は最短二ミリ秒まで知覚できたが、驚くべきことに、鳥類が知覚できるのも同程度までだった。実験に実験を重ねても「違いは出ませんでした」とドゥーリングは語る。「何年もかけて、何億、何兆とおりもの方法で測定しましたが、鳥類の聴覚と人間の聴覚はいつも似たようなものでした」。だが彼は、何年も費やしたすえに、ようやく問題点に気づいた。それまでの実験で用いていたのはすべて、純音〔訳注：単一の周波数成分だけで構成される音〕のような単純な音で、実際の鳥たちの豊かで複雑な歌声とはほど遠いものだった。純音を視覚的に表すなら、時間の経過に伴う音圧の増減を、上下に波打つ滑らかな曲線として描くことができる。一方、鳥の歌声を同じように視覚化すると、都会の空とビルの境界線や山脈の稜線のようにギザギザとした複雑な線を描く。これは、一音のあいだにも超高速で音圧が変化していることを表す。このような細やかな変化は、「音の時間微細構造」として知られている。聴覚の研究に一般的に用いられる純音には、この時間微細構造がない。そして、あろうことか、美しい声で歌う鳴き鳥たちが耳を傾けているのは、この時間微細構造だったのだ。

ドゥーリングはこれを、よく考えられた実験で見事に立証した。多種多様な鳴き鳥に時間微細構造のみが異なる音を区別させる実験だった(49)。直感的には伝えにくいので、視覚的な比喩を使おう。想像してみてほしい。映画を構成する映像の順番を三コマごとに逆順に並べ変えた状態で上映するとどうなるだろうか。画面の色彩は変わらず、場面の構成も同じままで、筋もまだ理解できる。でも、何かがおかしい。あなたはその違いに気づくことだろう。ドゥーリングが鳥にやらせたことも、これに近い。彼は鳥たちに機械が唸るような音を何対も聞かせた。片方は、数ミリ秒かけて音高が上がったあとにすぐ下がるような抑揚が繰り返される。他方は、先ほどと同じ時間枠で同じ周波数幅だけ音高が下がるような抑揚が繰り返される。処理速度の遅い耳には、どちらの音も同じ音高に平均化され、まったく同じに聞こえるが、処理速度の速い耳には、まったく違って聞こえる。ドゥーリングは、人間の耳で聴き分けられるのは繰り返される抑揚の長さが三〜四ミリ秒より長い場合だけであることを示した。カナリアとセキセイインコが聴き分けられる抑揚の長さの下限は、一ミリ秒と二ミリ秒のあいだだった。キンカチョウは、最短一ミリ秒の抑揚の繰り返しにも少しも騙されなかった。この実験によって、人間の耳では知覚できないほど速い複雑な音も、鳥たちには聴こえていることが明確に示された。この結果は、ドゥーリングのそれ以前の研究を完全に否定するもので、「それはもう、震え上がりましたよ」と彼は言う。実のところ、さらなる実験によって「このような微細な音の違いは、鳥たちには聴き分けられても、人間の電子技術では処理しきれない」ことも示された。だが、これはほんの序章にすぎなかった。この先にも多くの驚きが待っていたのだ。

　キンカチョウの歌は、いつも同じ順序——A－B－C－D－E——で歌われるいくつかの音節で構成されている。ベス・ベルナレオとドゥーリングの学生チームがこの音節の一つを反転させて——A－B－Ɔ－D－E——再生したところ、キンカチョウはその違いにほぼ毎回気づいた[50]。人間の被験者は何度も聞いて練習したあとでも、この違いに気づけなかった。ところが、音節と音節の間隔を二倍にしたところ、人間は容易に違いに気づけるように——まるで録音機器の不調のように聞こえるように——なり、逆にキンカチョウはまったく気づかなくなった。人間の耳には明らかに違って聞こえる二つの歌の違いが、キンカチョウには聴き分けられなかったのだ。

シェルビー・ローソンとアダム・フィッシュバインという二人の学生が、さらに詳しい実験を行った。先ほどの音節の順序を完全に並び替えたのだ——C－E－D－A－B(51)。それでもやはり、キンカチョウは違いを聴き分けられなかった。元の順序とは明らかに異なるのに、キンカチョウにとって重要なところはまったく違わないということだ。キンカチョウは自分たち特有の音節の順序を若年期に学習したあと、死ぬまで同じ順序のまま変えずに歌うが、「彼らにとって順序はどうでもいいんです」とドゥーリングは言う。「彼らにとっては、個々の音にどんな装飾が含まれるかが重要なんです」。それはちょうど、対話中の人間が互いに、相手が話す単語の順序には無頓着なまま、相手が発する母音の微妙な違いに注意を払うようなものである。

私が抱いた疑問の答えは、今や明らかだ。キンカチョウの歌は、他のキンカチョウに対しては、私たち人間に聞こえているのとはまったく違う聞こえ方をしているに違いない(52)。彼らが音節の順序を気にかけていないことは、とくに予想外で、鳥の歌声についての私たちの直観に大いに反する。鳥の歌声の順序は、人間の耳に美しく響くだけでなく、有用である。野鳥観察者は鳥の歌声を聴いて種を特定する。神経科学者は、人間の言語との類似性に着目したからこそ、鳥の歌声を研究している。それなのに、歌っている鳥たちにとっては、順序はまったく意味をもたない可能性がある。だが、すべての種がこのように振る舞うわけではない。セキセイインコは、音の微細構造だけでなく音の順序にも敏感なようだ(53)。しかし、コシジロキンパラやカナリアなど、他の多くの種はもっぱら微細構造を気にかける。彼らにとって、歌声の美しさも重要性も細部に宿るものなのだ。彼らは音響学的絵画の全体像を無視し、細部を重視する。木を聞いて森を聞かず――聞こえないのではなく、聴く気がないのかもしれない。

一方で、人間はこれとは逆の傾向にある。私たちの耳には、キンカチョウの歌は毎回同じように聞こえるのだから、毎回同じ情報を伝えているものと考えるのも無理はなかった。だが、ドゥーリングの同僚のノラ・プライヤーは、同一のように聞こえる演奏の微細構造がキンカチョウにはずいぶん違って聞こえることを明らかにした(54)。ある録音のB音節を別の録音のB音節と入れ替えたものを聞かせると、キンカチョウはその変化に気づくことができた。彼らの歌声は、私たちには感知できない微細なニュアンスに溢れているに違いない。私たちの耳には揺るぎない同じ旋律の繰り返しのように聞こえていても、彼らはその歌声から交尾、健康、身元、意図などについての情報を聴き取っているのかもしれない。キンカチョウは、パートナーと生涯の絆を結ぶため、離れ離れになったときに互いを見つけ出すため、移動中も一緒にいるため、親としての責任を連係して果たすために歌う。もしかしたら、このすべてを、歌の微細構造にコードされた情報を通じて成し遂げているのかもしれない。

動物の声に耳を傾けることの面白さは、一つには、動物たちが互いに何を言っているのか不思議に思うところからはじまる。作家たちは、他の種のさえずり、鳴き声、威嚇音の意味を理解できるドリトル先生のような登場人物を生み出してきた。無邪気にも、これを単なる語彙の問題だと――単語と鳴き声を対応させる辞書さえあれば、すぐにでも鳥と話せるようになると――空想する人もいるかもしれない。だが、そんな辞書は存在しないし、存在しない理由についてはドゥーリングの研究が教えてくれている。すなわち、種と種のコミュケーション障壁は、感覚と感覚の障壁でもあるからだ。鳥たちは、人間の耳では聴き取れず、人間の脳が注意を払わないような細部に意味を込めて歌っている。「今や私は、鳥の歌を聞くたびに、その複雑さの大部分を私は聞き逃しているのだということ、それほどまでに鳥の歌声は複雑なのだということに、驚嘆しています」とドゥーリングは語った。「私には知覚できなくても、他の鳥には理解できる意味が、そこにはたくさん込められているのです」。

二〇〇〇年代前半、ロバート・ドゥーリングが微細構造に関する最初の実験に取り組んでいたころ、ジェフリー・ルーカスが、鳥の聴覚について別の予期せぬ側面に偶然出くわしていた。彼と同僚たちは、北米に生息する六種の鳥類の頭皮に電極を装着し、さまざまな音に対する聴覚ニューロンの反応の仕方を記録した(55)。この単純な手法は、聴覚誘発電位(AEP)法と呼ばれている。医療現場では、患者の聴力レベルの確認に使用されている。生物学分野では、動物に何が聴こえるのかを判別するために使用されている。ルーカスはこれを、複雑な歌を歌う種と単純な旋律で歌う種で聴こえ方に違いがあるかどうかを調べるために使用した。当初の計画よりもアクシデントが多発したことで、彼は偶然にも、第一期と第二期に分けて鳥類を検査することになった。第一期は冬季、第二期は春季に実施され、両期間の記録を比較したところ、彼は両者がまったく異なることに気づいた。鳥の聴覚が季節ごとに異なることに、ルーカスは気づいたのだ。

鳥の聴覚が変化するのは、すべての耳に生まれつき備わっている重大なトレードオフが原因である。たとえば、あなたに二つの音を聞かせたとしよう。一つは周波数一〇〇〇ヘルツの音で、もう一つは周波数一〇五〇ヘルツの音だ。大まかに言えば、ピアノの鍵盤の右端(最高音部)に隣り合って並ぶ二つの音階に相当し、簡単に聴き分けることができる。だが、この二つの音を一〇ミリ秒の短さで演奏すると、区別できない。なぜだろうか?　それは、その短い時間枠内では、どちらの音も一〇回しか振動できず、同じに聞こえるからだ。演奏の長さを一〇〇ミリ秒にすれば、二つの音はそれぞれ一〇〇回と一〇五回振動するので、異なる音に聞こえる。このような理由から、動物の耳は、より長い時間枠で聴覚ニューロンが音の情報を統合するほど、似たような周波数の識別に熟達することになる。しかし、それと引き換えに、その時間枠内に生じる高速の変化に対する感度は下がる。これとよく似たトレードオフは、視覚の章にも登場した。眼は、解像度と感度のどちらか一方を極端に高めることはできても、両方を同時に高めることはできない。同様に耳も、音に対する時間解像度と音高に対する感度のどちらか一方を極端に高めることはできても、両方を同時に高めることはできない(56)。「速さに特化した聴覚システムと周波数に特化した聴覚システムは完全に異なります」とルーカスは語る。そのうえで彼は、鳥たちがどちらか一方に照準を固定する必要がないことを明らかにした。彼らは状況に応じて、この二つのシステムを切り替えることができるのだ。

カロライナコガラについて考えてみよう。アメリカ東部の広域で美声を響かせる好奇心旺盛な小鳥だ。キンカチョウの歌声と同様に、チッカ・ディィー・ディィー・ディィーという特徴的な鳴き声を、音高と音量を変化させながら繰り返す。この鳴き声は年中いつでも聞こえるが、社交的なカロライナコガラが大きな群を形成する秋には、とりわけ重要な意味をもつ。その時期のカロライナコガラは、自分たちの鳴き声の微細構造にコードされた情報をすべて構文解析する必要があるため、彼らの聴覚処理能力は可能な限り高速でなければならず、実際にそうなっている。音に対する時間解像度は高まっていて、音高に対する感度は低下していることを、ルーカスは明らかにしたのだ(57)。やがて春になると、すべてが変わる。雌と雄がつがいを組んで群れを離れるようになり、繁殖のための縄張りを確保するようになる。交尾相手を魅了するために、カロライナコガラの雄は求愛の歌を歌いはじめる。その歌は、年中聞こえる鳴き声よりもずっとシンプルだ。四つの音——フィー・ビー・フィー・ベイ——で構成され、いずれも純音に近い。雄の魅力は、この四音をどれだけ一貫して歌えるか、とくに、フィーからビーへ移るときの音程の下がり方の正確さを維持できるかどうかで決まる。そのために必要なのは、歌の周波数をできる限り鋭く正確に聴き分ける力だ——そして現に、この季節の彼らの聴覚はそうなっている。秋はスピードがすべてで、春は音高が何より重要となる。

ムナジロゴジュウカラの聴覚は、逆方向に変化する(58)。彼らの求愛の歌——鼻にかかったような声でファ・ファ・ファと高速で鳴く——には高速の音量変化を含む微細構造がある。そのため、カロライナコガラとは異なり、繁殖シーズンには聴覚の処理速度が速くなり、音高に対する感度が低くなる。どちらの鳥も、季節の移り目には、次の季節に最も重要となる情報を処理できるように聴覚を完全に再調律する。彼らの声とニーズは暦とともに変化し、彼らの耳も一緒に変化するわけだ。

このような変化は、エストロゲンのような性ホルモンによって駆動され、性ホルモンは鳴き鳥の耳の有毛細胞に直接的に影響する。一部の種で雄と雌の聴覚の変化の仕方が異なる理由も、これで説明できる可能性がある(59)。ルーカスは同僚のミーガン・ガルと共同で、イエスズメの雌の聴覚がムナジロゴジュウカラと同様に季節ごとに変化することを明らかにした。春には処理速度よりも音高の処理のほうが優先されるのだ(60)。ところが、雄の聴覚は一年を通して速度優先のままだ。つまり、ロバート・ドゥーリングが鳥の歌声の聞こえ方が人間と鳥とでは異なることを示しているあいだに、ルーカスは鳴いている鳥自身も性別と季節によって自分たちの歌の聞こえ方が異なることを示したわけだ。秋には、すべてのイエスズメに同じように聞こえているが、春には、同じ旋律でも雄と雌では聞こえ方が異なる。彼らの環世界は、一年を通して収束し、分化する。

このサイクルの影響は、彼らの美的感覚への影響に留まらない。フクロウとオルミア・オクラセアの両方で見てきたように、動物は一方の耳に他方の耳より少しでも遅く音が到達すれば、その遅れに留意することによって音源の位置を割り出すことができる。わずかな時間差を感知する耳の力が低下すれば、その耳の持ち主が音をマッピングする能力も低下する。ということは、春になり、イエスズメの雌の音のタイミングに対する感覚がわずかに遅くなると、雌の音空間もわずかに不鮮明になるということだ。

この季節性のサイクルを二〇〇二年に初めて発見したとき、ルーカスは衝撃を受けた。他の研究者たちも、彼の初期の実験結果を信じなかった。当時、聴覚はほとんど変化しないものだと考えられていたからだ。一部の種では——とりわけ人間では——加齢とともに聴覚は鈍るかもしれないが、もっと短い時間尺度で変化するとは考えられていなかった(61)。しかし、すでに何度も見てきたとおり、動物の感覚は、環境に合わせて細やかに調整されており、重要な意味をもつ情報であれば何でもその情報を引き出すために進化してきた。その環境が季節ごとに変動するなら、重要な意味をもつ情報も変化する。*北米に生息する鳥にとっては、春は交尾の季節であることが多い。求愛の歌が大気中に満ち溢れるが、その歌は春だけのものであり、かつ、慎重に判定されなければならないものだ。秋になると、視界の見通しがよくなる。枝から葉が落ち、小鳥の姿は捕食動物にとって見えやすくなる。迫りくる危険の位置を音で特定する能力が最重要となるが、この能力は聴覚の速度と密接に関連している。動物の生きている世

＊ イサリビガマアンコウの雄は、超低音の鼻歌のような長い音を発して雌を惹きつけ、雌の耳は、繁殖シーズンになると雄の鼻歌の主要周波数に対する感度が数倍に高まる(62)。アマガエルの一種のグリーン・ツリー・フロッグは、同種の群れの合唱を聞いた二週間後に、自分たちの鳴き声に対する感度が高まる(63)。

界が不変ではないのだから、動物の環世界が不変であるはずがない。

鳥の歌声は、シャコ類の円偏光模様やツノゼミの振動の歌のように人間の感覚の及ばないところに存在するわけではない。鳥の歌声は、私たちにもしっかり聞こえている。コガラのフィー・ビー・フィー・ベイという鳴き声もゴジュウカラのファ・ファ・ファという鼻声も、文字に起こせるほどはっきりと聴き取れる。それでも、私たちはこのシグナルを鳥たちが意図している聞き手と同じように理解しているわけではない。私たちには、コガラの歌は一〇月に聞いても三月に聞いても同じように聞こえる。だが、コガラにとっては同じではない。私たちにも聞こえている音の中にこれほど多くの謎が隠されていたのであれば、私たちには聞こえない音の中には、私たちが気づいていない謎がいったいどれほど隠されていることか。


一九六〇年代、メンフクロウに関する独創的な研究を終えたあと、ロジャー・ペインの興味はクジラに移った(64)。一九七一年には、彼は歴史的に重要な二本の論文を発表した。一本目は、ペインが妻のケイティ・ペインとともに解析した録音に基づくもので、ザトウクジラが切なげに歌うことを最初に明らかにした論文である(65)。この論文は、その後の数十年の研究を促し、クジラの歌を文化的現象に変え、ベストセラーのアルバムを生み出し、クジラ保護の運動の火付け役にもなった。二本目の論文は、ナガスクジラ——シロナガスクジラに次いで二番目に大きな動物——が海洋全体に聞こえる極低音の声を発していることを明らかにしたものだった(66)。この論文は、あやうくペインのキャリアをぶち壊すところだった。

物議を醸したこの論文は、冷戦の最中に生まれた。ソビエトの潜水艦の音を聴くために、米国海軍は太平洋と大西洋の水中に聴音哨をいくつも連ねて設置していた。音響監視システム（SOSUS）として知られるこのネットワークは、おびただしい数の海中の雑音を拾っていた。一部は、明らかに生物が発する音だったが、謎に包まれている音もあった。なかでも不可解だったのが、単調に繰り返される周波数二〇ヘルツの低音――標準的なピアノの最低音より一オクターブ低い音――だった。*1 この鼻歌のような低音は、動物が発しているとは思えないほど大音量だった。軍事関連の音だろうか？ 水中の地殻活動の音だろうか？ 遠方の海岸線に当たって砕ける波の音だろうか？ 実際の音源が明らかになったのは、海軍所属の科学者らが発生源までこの音を追跡しはじめ、かなりの頻度でナガスクジラに行き当たるようになってからだ(67)。

人間の聴覚は通常、二〇ヘルツ辺りが下限となる。この周波数より低い音は超低周波として知られており、大音量でない限りは、人間の耳にはほとんど聴こえない(68)。超低周波は、とくに水中では、信じられないほど長い距離を伝わる。*2 ナガスクジラも超低周波を発すると知ったペインは、自ら計算し、彼らの声がおそらく一万三〇〇〇マイル（約二万一〇〇〇キロメートル）離れた場所まで届くことに衝撃を受けた(69)。そんなに広い海洋は存在しない。海洋学者のダグラス・ウェブと一緒に、ペインはその計算結果を発表し、最大級のクジラは「比較的膨大な容積の海洋の全域と弱い音で連絡を取り合っている可能性がある」と推測した。この論文への反響は容赦のない酷評だった。世界有数のクジラ研究者たちか

---

*1 聴覚の範囲に明確な境界はない。特定の音量の音が徐々に聴こえにくくなっていく。人間の場合は、音が十分に大きければ超低周波数の一部まで聴こえる。

*2 この特性を人類は第二次世界大戦中に利用した。航空機に爆薬を搭載しておき、その航空機が沈没したら爆発する仕掛けになっていた。その爆発音が聴音哨で感知されて位置が特定されると、救助隊が派遣される。

らは、単なる空想にすぎないと言われた。それどころか、陰で彼の精神健康状態を疑問視する批評家もいたようだ。「現にこんなにも遠くまで届くのに、それが真実であることを誰も受け入れようとしないんです」とペインは私に語った。

一方で、ペインのこの研究から前向きな影響を受けた人物もいた。クリス・クラークという若き音響学者だ。かつては少年聖歌隊員だったクラークは、ロジャー・ペインとケイティ・ペインによって音響技術者として採用され、セミクジラの研究のためにアルゼンチンに出向いた一九七二年の研究旅行に同行した。刺激と感動に溢れたその時間は、彼を成長させた。南十字星の下の砂浜でキャンプし、傍らをペンギンがよろめきながら通り過ぎ、アホウドリが頭上を旋回する中で、クラークはクジラの声を聴きはじめた。クジラの歌を盗聴するために水中に聴音装置を設置し、特定の録音記録を個々のクジラに割り当てる方法を見出した。それから、アルゼンチンから北極まで、世界中で録音されたクジラの声のライブラリの編集にとりかかった。その間ずっと、巨大なクジラたちは海洋をまたいで会話しているというペインの考えが、クラークの脳裏から離れなかった。

一九九〇年代に冷戦が終結し、ソビエトの潜水艦の脅威が弱まると、米国海軍はSOSUSの水中聴音装置のリアルタイム録音を観察する機会を研究者に与え、クラークもその機会を得た。そしてクラークは、音響スペクトログラム——SOSUSが拾った音を視覚的に表示したもの——の中に、歌っているシロナガスクジラの間違えようのないシグナルを見たのだ(70)。彼は初日から、SOSUSのセンサー一台分の録音に記録されたシロナガスクジラの発声回数が、それまでの全科学文献に記述されている回数よりも多いことに気づいた(71)。海洋はクジラの声で溢れているし、その声は遥か遠くから聞こえてくる。クラークの計算では、センサーで記録された声の主のうちの一頭は、一五〇〇マイル(約二四〇〇キロメートル）離れた場所にいた。アイルランド沖で歌っているクジラの声を、バミューダ沖のマイクロホンで聴くことができたのだ。「ロジャーの主張は正しい、と僕は確信しました。海盆をまたいでシロナガスクジラの歌を感知することは、物理的に可能です」と彼は言う。海軍の音響解析者にとってこの音は、勤務日の日常の一部になっていて、スペクトログラム上に現れていても目を引くことはなく、無視されていた。しかし、クラークにとっては、ひらめきを生む衝撃的な発見だった。

シロナガスクジラの歌もナガスクジラの歌も海洋を横断できるが、それほどの広域でクジラが実際にコミュニケーションしているのかどうかは、誰も知らない。すぐそばの個体に向かって大音量で歌っているだけで、それがたまたま遥か遠くまで拡散されたという可能性もある。しかしクラークは、彼らが同じ旋律をとても精密な間隔で何度も何度も繰り返している点を指摘する。歌っているクジラは、空気を吸うために海面に上がったときには歌をやめ、水中に潜ると再び歌を刻みはじめる。「偶然や気まぐれではありません」と彼は言う。これは、火星探査機が地球にデータを送信するために用いる冗長な反復シグナルを思い出させる。海洋をまたいだコミュニケーションのために使用できるシグナルをデザインしようと思ったら、シロナガスクジラの歌に似た何かを考案することになるだろう。

この歌の用途は他にもありそうだ。クジラは、フットボール場ほどの波長の音を数秒間持続させることができる。クラークは以前、海軍の友人にそのような声を利用して何かできることはあるかと尋ねた。すると友人は「海洋を照らすことができる」と答えた。つまり、遠方まで到達する超低周波の反響音を処理することによって、水面下の山々から海底そのものまで、水中の離れた場所の地形を地図に描くことができるというのだ。確かに、地球物理学者なら、海底地殻の密度マップの作成にナガスクジラの歌を利用できる[72]。クジラたちにも、それができるのだろうか？

クラークは、クジラの動きにそのエビデンスを見ている。彼はＳＯＳＵＳを通して、アイスランドとグリーンランドのあいだの北極の海に現れたシロナガスクジラがずっと歌いながら最短ルートで熱帯のバミューダまで移動するのを目の当たりにしたことがある。何百マイルも離れた地点から地点へ移動するために、水面下の山岳領地帯のあいだを縫うようにジグザグとスムーズに進むのを目撃したのだ。「こうした動きを見ると、海洋の音響地図をもっているかのようです」と彼は言う。また、クジラは長い生涯の中で、彼らの心の耳に残っている音の記憶を積み重ねながら、そのような脳内マップを築き上げているのではないか、とも推測している(73)。それから彼は、熟練の音波探知機専門家が、海は領域ごとに特有の音をもつと言っていたのを思い出し、こう言った。「彼らは、探知機のヘッドフォンを装着すれば、ラブラドル海峡の近くなのかビスケー湾沖なのか言い当てられると言っていました。人間が三〇年でそこまでできるようになるなら、クジラは一〇〇〇万年で何をどこまでできるようになったのでしょうか?」

クジラの聴力を測定するのは難しい。広大な空間を要するのはもちろんだが、時間の広がりも問題になる。水中では、音波は一分以内に五〇マイル（約八〇キロメートル）先まで広がる。クジラが一五〇〇マイル（約二五〇〇キロメートル）離れた場所にいる別のクジラの歌を聞いたとしても、それは実際には約三〇分前の声を聞いていることになる。天文学者が見つめる星の光が、実際には遠くの星の古代の光であるのと同じだ。五〇〇マイル（約八〇〇キロメートル）離れた場所の山を感知しようと思ったら、自分が発した声と、二〇分後に到着する反響音を何らかの方法で紐づけなければならない。途方もないように思えるが、シロナガスクジラの心拍数が、海面では一分間に約三〇回だが、潜水中は一分間にわずか二回にまで低下しうることを考えてみてほしい(74)。私たちとはまったく異なる時間の尺度で動いているのは確かだ。キンカチョウがたった一音の数ミリ秒に美を聞き取るのなら、シロナガスクジラは、何秒も何分もかけて同じことをしているのかもしれない。[*] 彼らの暮らしを想像するためには、「完全にレベルの異なる次元まで発想を広げる必要があります」とクラークは語る。彼はそれを、おもちゃの望遠鏡で夜空を見つめたあとに、NASAのハッブル宇宙望遠鏡で全空の偉大さを目撃する経験に喩《たと》える。彼がクジラについて考えるとき、世界は、空間も時間も広がって、より大きく感じられる。

クジラは最初から大きかったわけではない。小さくて蹄《ひづめ》をもつシカのような動物から進化し、約五〇〇〇万年前に陸から海へ戻った。クジラの祖先に当たる生き物の聴覚は、おそらく、ふつうの哺乳類並みであった。ところが、水中生活に適応していくうちに、一部のクジラ――シロナガスクジラ、ナガスクジラ、ザトウクジラなどの濾過摂食性のヒゲクジラ類――の聴こえる範囲が超低周波数へと移行した(75)。それと同時に、彼らの体も地球史上最大級の大きさまで増大した。この二つの変化はおそらくつながっている。ヒゲクジラ類は、オキアミと呼ばれる微小な甲殻類を常食として生きていけるような独特な摂食方法を進化させることによって、現在のような巨大な体を獲得した(76)。シロナガスクジラは、加速しながら口を大きく広げてオキアミの群れに突っ込んでいき、自分の体と同じくらいの体積の水を飲み込み、一回の取り込みで五〇万カロリーを吸収する。ただし、この戦略にはコストがかかる。オキアミは海洋中に均等に分布しているわけではないため、巨体を維持するためには、長距離を移動しなけ

＊ ピクサー映画の『ファインディング・ニモ』に、いつ見ても笑ってしまうシーンがある。親友のドリーが「クジラ語」でクジラに話しかけるシーンなのだが、ふつうの台詞を大きな声でゆっくり話すだけなのだ。私はクリス・クラークと話しながら、あれはあれで正しかったのだろうかと少し驚いた。

ればならない。巨体ゆえに長旅を強いられるが、同時に、巨体だからこそ長旅に必要な手段が彼らには備わっている——他の動物の声よりも低く、大きく、遠くまで届く声を発し、それを聴き取る能力だ。

ロジャー・ペインは一九七一年の時点ですでに、採餌のために長距離移動するクジラたちはこの音を使って遠方と連絡を取り合っているのではないかと推測していた。もし単純に、餌を見つけたときに歌い、空腹のときに黙るのだとすれば、彼らは共同で海盆をくまなく探索し、何頭かが運よく見つけた豊かな餌場に集まることができる。クジラの群れは、広く分散した個体同士を音響でつないだ大規模ネットワークになっている可能性があり、単独で泳いでいるように見えても実際は一緒に泳いでいるのだと、ペインは提唱していた。そして、実は地上最大の動物も同じように超低周波を使っている可能性があることを、ペインの妻であるケイティがのちに明らかにした。

ロジャー・ペインとともにザトウクジラについて学んでから一六年後の一九八四年五月、ケイティ・ペインは、オレゴン州ポートランドのワシントンパーク動物園で、数頭のアジアゾウと一緒にいた(77)。彼女は新たに研究対象とする種を探していた。クジラと同じく知性と社会性をもつゾウは、よい候補のように思えた。ゾウを観察しながら、彼女はときどき、体の深部に響くような震えを覚えた。「落雷のような感覚だったが、雷が落ちた様子はまったくなかった」と彼女はのちに回顧録『静かな雷（*SILENT THUNDER*）』に書いている(78)。「大きな音はまったくせず、ただ振動し、その後は何もなかった」とも書かれている。その感覚は、彼女がチャペルの聖歌隊で歌っていた一〇代のころに、パイプオルガンの一番低い音が弾かれるたびに体で感じた振動の記憶を呼び覚ました。もしかしたら、オルガンと同じ理屈でゾウが彼女の体に影響を及ぼしているのかもしれない、とペインは推論した。なぜなら、ゾウも私たちには感知できない重低音を発するからだ。クジラが超低周波で会話しているのなら、ゾウだって同じことをしている可能性があった。

ペインは録音装置を携えて、二人の同僚とともに一〇月に動物園に戻った。そして、録音を作動させたまま、二四時間体制でゾウの行動を記録した。そうやって録りためた録音テープを、感謝祭の前夜にいよいよ聞く段になり、まずは、とくに記憶に残る出来事があったときの録音から聞くことにした。彼女は、二頭のゾウ――群れのリーダーである雌のロージーと、雄のタンガ――がコンクリートの壁を挟んで向かい合っているときに、例の静かな振動を感じたのだ。あのとき、彼らは沈黙しているように見えた。しかし、録音の再生速度を上げ、音高を三オクターブ高めて聞いてみると、モーというウシの鳴き声のような音が聞こえた(79)。ロージーとタンガは、コンクリートの壁越しに、近くにいる人間に気づかれることなく、快活におしゃべりをしていたのだ。その夜、彼女は夢を見た。ゾウの群れがやってきて、雌リーダーから「私たちはあなたにこのことを明かしていなかったので、あなたは他の人々に言うでしょうね」と言われる夢だった。彼女はこれを、秘密にしてほしいと頼まれたのではなく、お誘いを受けたのだと解釈した。つまり、「私たちがあなたに明かしたのは、あなたを有名にするためではなく、私たちの会話にあなたが参加できるようにするためですよ」という意味に捉えたのだ。

ペインはこの発見を一九八四年に発表した。この発見は、ケニアのアンボセリ国立公園でアフリカゾウの研究をしていたジョイス・プールとシンシア・モスにとって、完全に納得のいくものだった。彼らは、ゾウの家族が互いに数マイル離れた場所にいても何週間も同時に同じ方向に移動することに気づいていた。夕方には、別の群れもさまざまな方向から同時に同じ水場に集まる。超低周波は空気中でも遠方まで届くので、ゾウのコミュニケーションに使われているとすれば、サバンナを横断するゾウたちが同調して動ける理由を説明できる。プールとモスは、ペインに共同研究をもちかけた。彼女はその誘いを受け入れ、一九八六年には、アフリカゾウもアジアゾウと同じように——しかも、考えうるすべての状況で——超低周波のランブル音〔訳注：ゴロゴロと低音で響く音〕を使っていることを明らかにした(80)。個体間で互いを見つけるための連絡音もあれば、離れていた相手と再会したときに交わす挨拶音もある。雄が発情期に発するランブル音もあるし、雌がそれに応えるランブル音もある。「一緒にどお？」というお誘いのランブル音も、「今したばかりなの」というお返事のランブル音もあるわけだ。近距離の場合には、このようなランブル音のほとんどは人間にも聴こえる周波数の音を含んでいるが、なかには、録音の再生速度を上げたときや音波を可視化したときにしか現れない音もある(81)。

このような超低周波のランブル音は、空気中を伝わる音なので、前章（7章）のケイトリン・オコンネルによってこれよりあとに同定された表面を伝わるシグナルとは部分的に異なる。超低周波と表面振動はいずれも、私たち人間にはほとんど感知できないが、他のゾウたちはかなり遠くにいても感知できる。このランブル音に含まれる低周波は一四〜三五ヘルツで、巨大なクジラが発する超低周波とほぼ同じである。こうした声は、空気中では水中ほど遠くまでは届かず、どれほど遠くまで届くかは大気の状態に左右される。空気がより冷たく、より澄んでいて、風が穏やかであるほど、到達範囲は広くなる。ゾウの音響世界は、真昼の熱い時間帯には収縮するが、日没の数時間後には一〇倍に拡張され、理論上、数マイル離れていてもお互いの声を聴くことができる*(82)。「しかし実際にどれほど遠くまでお互いの声を聴き合っているのか、この声の何に注意を向けているのか、本当のところはわかりません」とペインは言う。「これはとても重要な問いですが、まだ誰も答えられないんです」。

同じことが、クジラにも当てはまる。ロジャー・ペインやクリス・クラークや他の研究者が理論化してきたことの大部分は、まだ推測の域を出ない。クジラの行動のほんの一部と、クジラに備わっているであろう能力についての知識や経験から推測したものだ。現存する動物や過去に存在した動物の中で最大級のものとなると、実データを入手するのは難しく、実験もほぼ不可能だ。それに比べると、鳥はかごの中で簡単に飼うことができるため、鳥の歌声は何世紀も前から解析されてきた。それでも、鳥類の一部の種が、人間の耳で聴き分けられるような音の特性をまったく意に介さず、歌声の時間微細構造に耳を傾けていることをロバート・ドゥーリングが発見したのは、ようやく二〇〇二年になってのことだった。鳥の環世界を理解するのでさえ、それほど難しいのだから、巨大なクジラが互いの鳴き声の何に耳を傾けているのかを科学者がほとんど解明できずにいるのは、無理もないことだ。あの歌声は求愛のディスプレイ行動なのか？　縄張りを主張する声なのか？　食餌の合図なのか？　個体識別のための表明なのか？　これらの問いに答えられる者はいない。シロナガスクジラを見つけて、録音された歌を再生して聞かせることができたとしても、あなたはそのクジラにどんな行動を期待するのか？

ヒゲクジラ類の聴覚範囲すら、誰にも確かなことはわからない。聴覚誘発電位（ＡＥＰ）法は、対象動物に録音の再生を聞かせ、頭皮に装着した電極を通して神経の応答を記録する手法なので、自由に泳ぎ回るシロナガスクジラに用いるのは不可能だ。研究者らは、浅瀬に打ち上げられたり捕獲されたりした小型のクジラやイルカにＡＥＰ法をどうにか適用しようとしてきたが、ヒゲクジラ類が浅瀬に打ち上

＊他の陸上動物も同じような拡張と収縮を経験している。鳴き鳥が夜明けに歌うのも、オオカミが夜に遠吠えするのも、これが理由だ。夕暮れには、捕食動物に声を拾われる可能性のある範囲も広がる。ゾウが夕方前によく鳴くのもそれが理由かもしれない。ランブル音がそこそこ遠くまで届き、ライオンはまだ昼寝している時間帯だからだ。

げられることはめったになく、捕獲されて飼育されることはまったくない。直接的な測定の代わりに、医療用スキャナーで耳を解析することによって、巨大クジラに何が聴こえているのかを推定したダーリーン・ケッテンのような科学者もいる。彼女の研究は、クジラたちには彼らの声に含まれるのと同じ超低周波が聴こえていることを強く示唆している(83)。だが、その感覚を何に使っているのかは、また別の問題だ。

ペインとクラークのアイデアには、まだ穴がある。シロナガスクジラは雄だけが歌うようなのだが、本当に声で進路を探ったりコミュニケーションしたりしているなら、雌は何をしているのか？　また、比率の問題もある。二〇ヘルツの音の波長は七五メートルで、それはつまり、音圧のピークとピークのあいだの距離が最長のシロナガスクジラやナガスクジラの二倍から三倍の長さに相当するということだ。このとんでもなく大きな動物たちは、ものすごく小さなヤドリバエ――オルミア・オクラセア――と同じ問題を抱えている。彼らの声は、両耳に同じように聴こえるはずなので、音源の位置を特定できないはずなのだ(84)。「不可能なのかもしれませんが、でもほら、あのハエをよく観察してみてください！」とクラークは言う。「僕は、霊の存在や占星術は信じていませんが、進化の力は侮《あなど》れないと思っています。決して証明できないこのような不合理なことを提唱したので、学会ではさんざん非難されてきました。でも、先入観をもたずに臨んだほうがいいと思うんです。だから僕は、動物の空間に自分の身を置くように絶えず努めています」。

ゾウとクジラは人間の聴覚の範囲よりも低い声を出すが、人間の聴覚の範囲よりも高い声を出す種もいる。一八七七年の冬、ジョセフ・サイドボサムがフランスのマントンのホテルに滞在していたときに、カナリアが歌っているかのような音がバルコニーから聞こえてきた[85]。すぐに、声の主が実際にはネズミであることがわかった。彼がビスケットを与えると、お礼に暖炉のそばで何時間も歌ってくれた。鳥の歌声に負けず劣らず美しい旋律が次から次へ溢れ出てくる。本当はすべてのネズミが人間には聞こえないほどの高音で似たようなメロディーを歌っているのではないか、と息子が言い出したとき、彼は賛同しなかった。科学誌『ネイチャー』に宛てた手紙にも、「私はどちらかというと、このネズミの歌の才能はきわめて珍しいものだと考えている」と書いている。

だが、彼は間違っていた。およそ一世紀の時を経て、科学者たちは、マウスやラットや他の多くのげっ歯類が実際に幅広いレパートリーで「超音波」の声を出していることに気づいた[86]。周波数があまりにも高くて、人間には聞こえていなかったのだ。げっ歯類は、遊んでいるときや交尾をするとき、ストレスを感じているときや寒いとき、攻撃的になっているときや相手に服従するときに、このような音を出す。巣から隔離された子ネズミは、母ネズミを呼ぶために超音波で「寂しい」と鳴く[87]。人間にくすぐられたラットは、笑い声に相当すると思われる超音波の甲高い音を出す[88]。リチャードソンジリスは、捕食動物（または、科学者が投げた捕食動物を模した黄褐色のフェルト帽）を感知したときに超音波の警告音を発する[89]。雄マウスは、雌マウスのホルモンを嗅ぎながら超音波で歌うが、その歌声は鳥の歌声にとてもよく似ていて、特徴的な音節と楽節をもつ[90]。雄が歌うセレナーデに惹かれた雌は、選ばれしパートナーの歌に合わせて超音波のデュエットを歌う[91]。げっ歯類は世界中の哺乳類の中でも最も多く見られ、最も盛んに研究されていて、一七世紀以降、実験室の常連であり続けている。彼らはその間ずっと、人間に気づかれることなく活発におしゃべりし、まわりをうろつく無頓着な研究者や技術者の感覚をすり抜けてメッセージを交わしていたのだ。

「超低周波」という用語と同じく、「超音波」も人間中心の表現で、平均的な人間の耳で聴こえる範囲の上限である二〇キロヘルツ（kHz）よりも高い周波数の音波を意味する(92)。人間には聴こえないので特別感があり、「超」などと呼ばれているが、実際には、この範囲の音は哺乳類の大多数にはよく聴こえていて、人間を含む動物群の祖先にも聴こえていた可能性が高い。私たちの近縁種であるチンパンジーも、三〇キロヘルツ近くまで聴こえる。犬は四五キロヘルツ、猫は八五キロヘルツ、マウスは一〇〇キロヘルツ、バンドウイルカは一五〇キロヘルツまで聴こえる(93)。これらすべての生き物にとって、超音波はただの音にすぎない。多くの科学者が、超音波のおかげで動物たちは他の動物に盗聴されない秘密のコミュケーションができると提唱してきた——紫外線について主張されてきたことと同じである。私たち人間には聴こえない音なので、私たちは「秘密の」などと飾り立てるが、他の多くの種にとっては秘密でも何でもなく、ふつうに聴こえているのだ。

リッキー・ヘフナーとヘンリー・ヘフナーの夫婦は、こんなにも多くの哺乳類に超音波が聴こえる理由について、別の観点から説明している。超音波は、音源の位置の特定に役立つ(94)。メンフクロウと同じく、哺乳類も二つの耳に音が到達するタイミングを比較して音源の位置を割り出す。しかし、両耳の間隔が狭くなるほど、そのような比較ができるのは、より短い波長をもつ、より高い周波数の音のみになる。一般論として、哺乳類の頭が小さいほど、より高い音域まで聴こえる。私たち人間の音響世界の境界は、私たちの頭に当たる音の物理学によって規定される*。

周波数の高い音は、位置を特定しやすいかもしれないが、重大な制約がある。エネルギーの消失が速く、草木や葉や枝のような障害物によって散乱したり反射されたりしやすいのだ。これはつまり、超音波の声は狭い範囲までしか広がらないということだ(96)。シロナガスクジラの歌は海洋を越えて聞こえる可能性があるが、ネズミの歌はごく近隣にしか聞こえない。聞こえる範囲が狭いという制約は、超音波が聴こえるにもかかわらず、超音波を使ってコミュニケーションをとる哺乳類——げっ歯類、ハクジラ〔訳注：歯のある小型のクジラの総称〕、小型のコウモリ、イエネコなど——が少数派である理由になりうる。超音波はあまりにも急速に消失する（これは超音波の力で不快な害虫を寄せ付けないと宣伝されている装置が実際には機能しない理由でもある。実践で使用するには有効範囲が狭すぎるのだ）(97)。

だが、範囲が限られていることは、聞き手を限定したい場合には好都合だ。孤立した無防備な子ネズミの「寂しい」という呼び声は、近くにいる親ネズミには届くが、離れた場所にいる捕食動物には届かない。このように、超音波は実際に秘密のコミュニケーション手段になりえるが、それは聴き取れない周波数で交わされるからではなく、あまり遠くまでは届かないからだ。厄介なことに、このような聞こえる範囲の制約が、超音波の研究をより一層困難にしている。私たちには聴こえず、聴こえるとしても、十分に聞こえるほど近くにいる可能性は低い。げっ歯類が彼らの社会生活の中で超音波を幅広く利用していることを知るのにどれほど長い時間を要したかを考えれば、そのようなコミュニケーションは私たちが現在認識しているよりも遥かに豊かに動物たちのあいだで交わされている可能性が大いにある。

超音波コミュニケーションの例はたくさんあるが、動物が静かに叫んでいるように見える——鳴き声を出すときと同じ動作をしているのに実際には何の音も発せられていない——ことに科学者が気づいた

＊ ただし、地下に生息する動物たちの例外ぶりには目を見張るものがある(95)。彼らの聴覚範囲は、頭の大きさから予測できる音域よりも遥かに低い。おそらく、彼らは表面振動を使って振動の発信源の位置を特定するので、音源を特定する必要がないからだろう。

ときにしか発見されていない。マリッサ・ラムシャーがフィリピンターシャー――グレムリンに似た姿をしている拳ほどの大きさのメガネザル――を観察していて気づいたのも、まさにそのような状況だった(98)。口を開けているのに何の音も発していないのだ。ラムシャーに聞こえたのは、メガネザルの前に置かれた超音波検知器の音だけだった。彼らの鳴き声の周波数は七〇キロヘルツである――超音波の境界より上で、コウモリやクジラ類を除く哺乳類の聴覚範囲より高い――ことを彼女は知った。彼らは何を言っているのか？　彼らは互いの声以外に、何に耳を傾けているのか？

ハチドリはさらに謎が多い。ラムシャーがメガネザルで経験したように、多くの観察者が、くちばしを開いて胸を震わせているのに声を発していないハチドリに気づいていた。北米のルリノドシロメジリハチドリの複雑な歌は、私たち人間にも部分的に聞こえるが、高音部分は三〇キロヘルツ――超音波の音域――まで達している(99)。だが驚くべきことに、二〇〇四年にキャロリン・ピットが明らかにしたとおり、このハチドリには七キロヘルツ以上の音が聴こえない。それより低い音域の部分は知覚できるが、自分の歌声の大半は自分の耳では聴こえないのだ。クロハチドリやムラサキフタオハチドリなど、他の数種のハチドリは、大半の鳥の聴覚の範囲外の音域で鳴き、その歌声の一部は人間にはコオロギの鳴き声のように聞こえる(100)。エクアドルヤマハチドリはさらにその上を行く。フレーズ全体を超音波の音域で歌うのだ。鳥類は聴覚範囲はだいたい似ていて、一〇キロヘルツ辺りが上限であることが多い。ということは、前述のハチドリたちは、非凡な耳を持ち合わせているか、自分たちの歌が聴こえていないかの、いずれかである。[*1]もし後者であれば、彼らはなぜ、そんな高音で歌うのか？　歌には聞き手が必要である。ハチドリの旋律が彼ら自身の環世界の枠外にあるなら、聞き手はいったい誰なのか？

ひょっとして、昆虫だろうか？　音がまったく聴こえない昆虫が大半ではあるが、耳をもつ昆虫の多くは超音波を聴くことができる。蛾《ガ》とチョウを合わせた一六万種のうちの半分以上に、そのような聴覚が備わっている(102)。ハチノスツヅリガは、三〇〇キロヘルツ近い周波数——あらゆる動物の聴覚の最上限——まで聴くことができる(103)。ハチドリは花蜜だけでなく昆虫も食べるので、おそらく、超音波を聴くことができる昆虫を洗い出すために、自分には聴こえなくても超音波を発するのかもしれない。

ではなぜ、昆虫の大半には聴覚がまったく備わっていない中で、こんなにも多くの昆虫が超音波の聴こえる耳を進化させたのか？　ハチドリの声を聴くためではないのは確かだ。ハチドリの声が進化して超音波に達したのは比較的最近である。昆虫間で互いの声を聴くためでもないだろう。昆虫の多くは鳴かないのだから。*2 最も可能性の高い答えは、約六五〇〇万年前に現れた彼らの天敵——コウモリ——が発する音を聴き分けるために、自分たちの耳を超高音に適合させたというものだ(105)。コウモリは超音波を発する能力と聴く能力の両方を進化させ、その二つの特性を組み合わせることで、すべての動物の感覚の中でも突出した非凡な能力を獲得した。*3

＊1　動物が自分自身の鳴き声を聴くことができない、などと考えるのは馬鹿げているように思えるかもしれないが、明白にそうだと言える例が少なくとも一例は存在する——ブラジルに生息するカボチャヒキガエルだ。このオレンジ色のカエルは、自分の鳴き声の周波数に対して無反応だが、それでもいつも同じように鳴くのは、おそらく、鳴くときに膨らむ鳴嚢の見た目が交尾相手を惹きつけるからだろう(101)。

＊2　一部の蛾は、超音波で求愛の声を発する(104)。雄は、雌のフェロモンの痕跡を追跡し、雌の隣に着地し、羽を震わせて超音波を連発する。この求愛の歌はとても静かで、囁いているようなものだ。おそらく蛾たちも、他の超音波コミュニケーションと同じく、超音波の届く範囲が限られていることをうまく利用して、すぐ隣りにいる交尾相手候補には聞こえるが、頭上を飛んでいる空腹のコウモリには聞こえないようにしているのだろう。ただしこの声は、超音波であるかどうかはさておき、ほとんどの求愛の歌とは異なり、雌を魅了するためではなく、雌に危険を感じさせるために発せられている。雄は、コウモリの声を模倣することによって雌が動きを止めるように促し、交尾をしやすくしているのだ。

＊3 もう何年も前から、何百冊もの教科書や何百本もの科学論文で、コウモリの反響定位が蛾や他の昆虫の耳を進化させる原動力になってきたと主張されている。しかし、本書の執筆途中で、私は（いやもっと広く、科学界は）この主張が虚偽であることを知った。蛾の耳は、コウモリの超音波よりも前、少なくとも二八〇〇万年前、長くて四二〇〇万年前から絶えず進化していたのだ(106)。そこにコウモリが登場し、聴覚範囲をより高周波へと移行しただけのことだった。感覚生物学者のジェシー・バーバーは「僕がこれまでに書いてきた論文の序論は、ほとんどが間違いです」と私に語ったが、まさにそのとおりなのである。

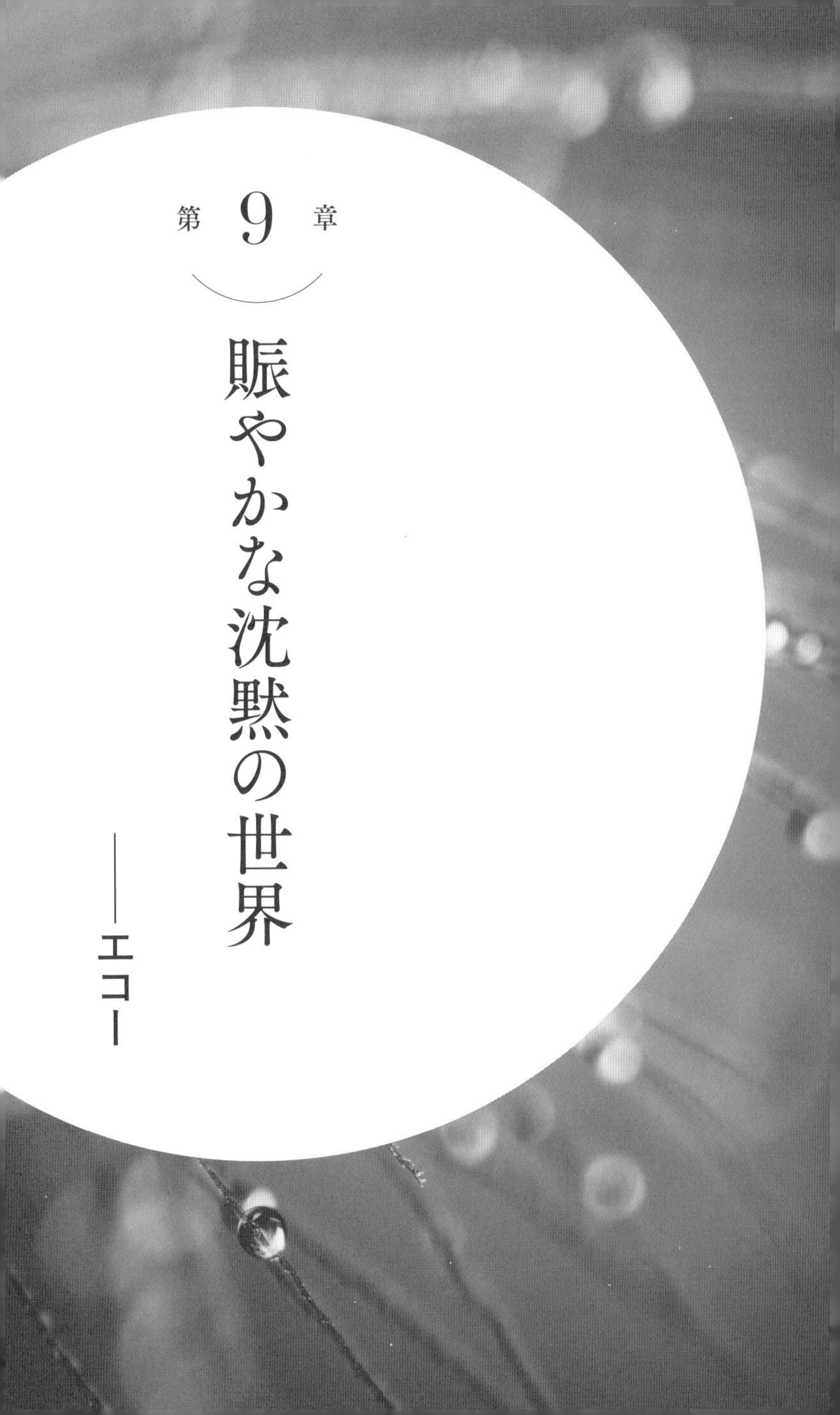

第9章 賑やかな沈黙の世界

——エコー

重い扉の小窓から中をのぞくと、向かい側からグローブをはめた手が伸びていて、その手の中に、耳の長いチワワのような顔をした褐色の毛皮の生き物が丸まっていた。名前はジッパー。雌のオオクビワコウモリで、ジェシー・バーバーの世話を受けながらボイシ州立大学でその夏を過ごす七匹のうちの一匹だ。ビッグ・ブラウンという英名をもつオオクビワコウモリは、その名のとおり褐色だが、大きさは小型コウモリにしては大きいだけで、マウスほどの重さしかない。全米各地の屋根裏で繁栄しているが、夜行性で静かなため、人目に留まることはめったになく、ましてや、こんな近距離で見る機会はまずない。彼らは夕暮れどきに姿を現し、蛾《ガ》などの夜間に飛ぶ昆虫を追いかける。ジッパーの名前の由来は、獲物を追う彼女の動きがとくに機敏だったからだ。彼女と同室で飼育されているコウモリには、ラーメン、ピクルス、テイター（方言でジャガイモのこと）のように食べ物にちなんだ名や、キャスパー（テレビアニメ『出てこいキャスパー』の人懐っこいお化け）、ベニー（ミュージカル『レント』の口うるさい登場人物）のように性格にちなんだ名がつけられているものもいる。ここにいるコウモリはすべて、冬眠に間に合うように一〇月には放たれるが、それまではジューシーなチャイロコメノゴミムシダマシを餌として与えられ、暖かな飼育ケージの中で身を寄せ合い、定期的に「お散歩飛行」に行き、快適な夏を過ごす。「運動させるためにケージから連れ出すんです。犬を一六匹くらい飼っているような気分ですよ」とバーバーは私に語った。

窓越しにジッパーを観察していると、彼女が口を開け、驚くほど長い歯をむき出しにした。でもこれは攻撃のディスプレイ行動ではない。自分の置かれた状況を理解しようとしているだけだ。短い超音波パルスを口から連発している。返ってくるエコーに耳を傾けることで、周囲の物体を感知して位置を特定できる――生体ソナーの一種である(1)。このような技能をもつ動物はごく少数しかおらず、この技能を完璧に使いこなしている動物群は二つ――ハクジラ類（イルカ、オルカ、マッコウクジラなど）とコウモリ類――だけだ。今、ジッパーの眼には、正面に立つ大きな生き物が見えている（「コウモリのように盲目（as blind as a bat）」という英語の慣用句に反して、コウモリは目が見える）が、ジッパーのソナーは、その生き物の手前に固体の障壁があることを告げている。だが、余計な話かもしれないが、公平を期すために言うと、ジッパーの能力は窓を感知するために進化したわけではない。視力が限られる夜間に小さな昆虫を見つけるために進化したのだ。昼間は鳥類のように鋭い視力をもつ捕食動物が虫を巧みについばむが、夜になると、虫はコウモリのものになる(2)。私たちはコウモリをめったに見かけないので、ともするとコウモリのことを、夜間に鳥たちの食べ残しを餌とするB級スターのように扱いがちだが、それは誤りだ。実際は、その逆である。どこぞの熱帯雨林のコウモリは、鳥の二倍量の昆虫を貪り食う(3)。なぜそんなにも大量に食べられるのか。その理由は、飼育係がジッパーを隣りの飛行部屋に連れて行き、空中に蛾を放したあとの出来事を見れば、一目瞭然だった。

飛行部屋は完全な暗闇で、三台の赤外線カメラで監視されている。部屋に入った飼育係には、コウモリの羽ばたく音が聞こえるだけだが、室外にいる者――バーバーと彼の学生のジュリエット・ルビンと私――は全員、何が起きているのかをモニター越しに見ることができる。私たちは、ジッパーが暗闇をものともせず、空中を切るように飛行し、蛾を次々に捕獲していく姿を目の当たりにした。部屋の外では、ルビンとバーバーがまるでスポーツ観戦のように盛り上がり、歓声を上げて応援する。

ルビン：捕まえた？　いや、触れただけか。

バーバー：行け！　そこだ……おおおおお。

ルビン：二度目の挑戦、三度目。彼女ならできる。名手だからね。
バーバー：あの蛾もなかなかやるな……
ルビン：よし、捕まえた！　さすが！
飼育係（トランシーバー越しに）：捕まえたの？
ルビン：ああ、見事な腕前だよ。
バーバー（私に向かって）：このあと、食べるのに一分ほどかかります。
ルビン：ルナモスを二匹、ハチミツガを数匹、それとチャイロコメノゴミムシダマシを食べましたね。腹ペコだったようです。
［研究チームはジッパーに休憩を与え、入れ替わりで別のコウモリ――ポピー――を入室させ、追加の蛾を放った。］
ルビン：よし、交代だ。おおおお！　すごい。わぉ！　すごすぎる。彼女はね……ほら、加速した！　見えましたか？
全員（私も）：わあああああ！

モニターの映像は画質の粗い白黒だったが、バーバーは高性能カメラで撮影した動画をいくつか手元のノートパソコンで見せてくれた。高解像度の動画が次々とスロー再生されていく。アカコウモリが二回転後方宙返りを決めながら尾部で蛾を捕え、弾いて口に投げ入れる。ヘラコウモリが蛾に体当たりし、鱗粉《りんぷん》が撒《ま》き散らされる。サバクコウモリがドラゴンのようにサソリを襲う。コウモリたちはそれぞれに本領を発揮している――その姿は、とても華々しい。だが、「自分の研究について人に話すと、どうしてそんなものを研究する気なったのかと尋ねられます。最初のリアクションはいつもそんな感じです」とルビンは言う。「ほとんどの人がコウモリを気持ち悪がっていることを、僕はすぐに忘れてしまうんです。だって、それくらい彼らの動きは素晴らしいし、その姿は最高にかっこいいですから」。コウモリは誤解されすぎている。悪の象徴のように描かれることも多い。人目につかない高所にいることが多く、活動する時間帯も人間とは異なるため、「ごく基本的な生態すら知られていないこともある」のだと、バーバーが補足した。「コウモリは、深海生物のようなものですね。超音波を使っていることは有名ですが、それ以外の側面はほとんど知られていませんから」。

いや、その超音波についても、私たちは長らく知らずにいた。一七九〇年代、イタリアの司祭でもあり生物学者でもあったラザロ・スパランツァーニは、彼が飼育していたフクロウにとっては暗すぎて飛べないような空間でも、コウモリはうまく飛べることに気づいた(4)。そして、コウモリは目が見えなくても障害物を避けて飛行できるが、耳が聴こえなかったり耳栓で塞がれたりすると障害物に衝突することを、残酷な実験を重ねることで明らかにした。しかし、この興味深い知見がもつ意味を、彼は完全には理解していなかったようだ。彼の記録には「コウモリは目よりも耳で見ているようで、少なくとも距離の測定については目よりも耳のほうがよく働く」としか書かれていない。彼と同時代の人々は、このアイデアを冷笑した。ある哲学者は、「耳で見ているということは、目で聴いているのですか？」と尋ねてあざ笑った。

この観察結果が何を意味するのかは、長らく不明なままだったが、一世紀以上もの時を経てようやく、ドナルド・グリフィンという名の若い学部生が[*1]妙案を思いついた(5)。グリフィンは何時間も費やして移動中のコウモリを研究し、暗い洞窟の中を鍾乳石に顔からぶつかることなくすり抜けて飛ぶ様子に驚かされていた。そんなときに、コウモリは高周波数の音の反響を聴いているという未検証の仮説を耳にしたのだった。しかも、地元の物理学者が超音波を検知して可聴域の周波数に変換できる装置を開発したことを彼は知っていた。一九三八年、グリフィンがトビイロホオヒゲコウモリを入れたケージをもって訪問すると、その物理学者はそれを超音波検知器の前に置いた。「スピーカーから騒々しい雑音が連続して聞こえてきたことに、私たちは驚き、喜んだ」と、グリフィンの古典的著書『コウモリと超音波‥エコー・サウンディング』（河出書房新社）に書かれている[7]。

一年後、グリフィンと彼の同期生のロバート・ガランボスは、コウモリが飛行中にもこれと同じ超音波の鳴き声を発していること、コウモリの耳がその周波数を感知できること、障害物を避けて飛行するにはこの二つの能力が両方とも必要であることを確かめた[8]。口と耳がどちらも塞がれていない状態のコウモリは、細いワイヤーで天井から吊るされた迷路の中をやすやすと通り抜けることができた。耳または口を塞がれた状態では、なかなか飛び立とうとせず、すぐに壁や家具に衝突し、ときにはグリフィンやガランボスにぶつかることもあった。コウモリが自分の鳴き声の反響を聴きながら飛行進路を探っているのは明らかだった。だが、まわりはこれをバカげた説だと考えたようだ。のちにグリフィンは、「ある著名な生理学者が、学会でわれわれの発表を聴講した際に、憤慨のあまりボブ（ガランボス）の肩をつかんで揺さぶり、本気で言っているのかとまくしたて、考えを改めさせようとした」と書いている。もちろん二人は本気だった。一九四四年、グリフィンはこのコウモリの驚くべき能力に「反響定位」という名前[*2]を与え[9]た。

実はグリフィンでさえ、当初は反響定位を過小評価していた。単に衝突の可能性を通知するだけの警告システムだと思っていたのだ。しかし、一九五一年の夏に、その見方は一変した。イサカ近郊の池の畔《ほとり》に座り、初めて野生のコウモリの反響定位を記録しはじめたときのことだ(10)。マイクロフォンを空に向けた彼は、大いに驚いた。聞こえてくる超音波の鳴き声があまりにも多く、またそれが、閉ざされた空間でこれまでに遭遇してきた声とあまりにもかけ離れていたからだ。昆虫の後ろを追って急襲するときは、より長く、より鈍い音だった。広い空を巡回しているときにコウモリが発する超音波パルスは、より長く、より鈍い音だった。昆虫の後ろを追って急襲するときは、プープープーという一定の音の繰り返しが徐々に速まり、ブンブンと唸るようなスタッカートに変容していく。グリフィンは、スリングショット（Y字型のパチンコ）を使って小石をコウモリの正面に打ち上げることによって、コウモリが空中の物体を追跡するたびに、同じ配列のパルスが速い間隔で戻ってくることを確認した。彼自身もなかなか気づけずにいたが、反響定位は、単なる衝突検知器ではなかった。コウモリにとっては狩猟の手段でもあるのだ(11)。「ごく単純に、われわれの科学的想像力が至らなかっただけのことだ。われわれはこの可能性について熟慮するどころか、推論さえできていなかった」と、のちに彼は書いている(12)。

野生のコウモリを研究するために、グリフィンはマイクロフォン、三脚、パラボラ反射鏡、ラジオ送

＊1 学者たちは一世紀以上ものあいだ、コウモリは翼で気流を感じ取ることによって夜間の飛行進路を感知していると主張していた(6)。一九一二年には、ハイラム・マキシム（全自動式機関銃のマキシム機関銃を発明したばかりだった）がこの仮説を改良し、コウモリは翼を羽ばたかせて低周波数の音を発生させ、その反射音を感知していると提唱した。生理学者のハミルトン・ハートリッジが、コウモリは高周波数の音の反響を聴いているのではないかと正しく推測したのは、一九二〇年になってからのことだ。ドナルド・グリフィンが耳にしたのはこのハートリッジの仮説だった。

＊2 オランダの科学者スベン・ダイクラーフも同様の研究を続けていた。しかし、ドイツによってオランダが占領され、戦争によって大西洋を横断した科学コミュニケーションが妨害されていたため、ダイクラーフはドナルド・グリフィンとロバート・ガランボスの動向をまったく知らず、超音波検知器の情報も入手できていなかった。

受信機（無線機）、車のマフラーを溶接した発電機、ガソリンタンク、約二〇〇フィート（約六〇メートル）の延長コードをステーションワゴンに詰め込まなければならなかった。その後、テクノロジーは進展し、反響定位の研究も進展した。一九三八年の時点でグリフィンが最初に使用した超音波検知器は、当時、唯一無二のものだった（それを一時的に故障させてしまったときには、グリフィンもガランボスも愕然とした）。それから八〇年後、私がボルティモアにあるシンディー・モスの最先端の研究所を訪れると、二つあるコウモリの飛行部屋のうちの一部屋だけでも、壁に点在する超音波マクロフォンの数は二一個もあった。赤外線カメラが飛行中のコウモリを撮影している。ノートパソコンの画面には、コウモリが発する不可聴音を可視化したスペクトログラムが表示されていて、その精度は、熟練の研究者であれば、どのコウモリの声なのかを個体ごとに特定できるほどだ。口ごもりがちなコウモリもいれば、バリトン歌手並みに声の低いコウモリもいる。

このような最新装置のおかげで、かつて人間の耳では検知できず、人間の思考ではすぐには信じがたい存在であったコウモリの反響定位は、今ではすべての感覚の中で最も観察しやすい感覚となっている。もちろん、「コウモリが実際に何を知覚しているのかは、まだわかっていません。そこがとても重要なのですが」とモスは語る。それを聞いて私は、トマス・ネーゲルが古典的エッセイ「コウモリであるとはどのようなことか」〔訳注：『コウモリであるとはどのようなことか』（勁草書房）に収録〕の中で考察した哲学的ジレンマ——他の動物の意識経験を想像するのは本質的に難しい——と同じではないかと尋ねた。

「そのとおりです」とモスは言ったが、すぐに苦笑いを浮かべ、「でも私たちは、決してわからない、とは思っていませんけどね」と言い添えた。

世の中には、一四〇〇種以上のコウモリがいる。そのすべてが飛ぶ。その大半が反響定位を行う*。反響定位は、本書でこれまでに紹介してきたどの感覚とも異なる。なぜなら、この感覚には、環境へのエネルギー投入が関与しているからだ。眼は見回し、鼻は匂いを嗅ぎ、頬ひげは素早く動き、指は圧するが、これらの感覚器官はつねに、この広い世界にすでに存在する刺激を拾う。対照的に、反響定位中のコウモリは、自分で刺激を生み出し、それをあとで感知する。声を発しなければ、反響は存在しない。コウモリ研究家のジェームズ・シモンズから私が聞いた説明によると、反響定位とは、周囲に巧みに働きかけて、その姿を露わにさせるための手段である。コウモリが「マルコ」と呼べば、周囲は「ポーロ」と返事をせずにはいられない。コウモリが話しかければ、静かな世界は反響を返す。

基本過程は単純明快なように思える(14)。コウモリの鳴き声が散乱し、周囲のあらゆる物によって反射

* 反響定位の起源はまだ不明だが、それは、コウモリ自体の起源が不明だからだ(13)。コウモリの骨格は、どちらかというと小さくて華奢なので、彼らの祖先を探るヒントになりそうな化石はあまり残されていない。現代のコウモリは、その多様性にもかかわらず、身体的にはどちらかというと類似していて、異なる群同士の関連の解明を難しくしている。このような理由から、コウモリが最初に反響定位を開始したのはいつごろなのか、その時点ですでに飛ぶことはできたのか、当初はその能力を障害物を回避するために使っていたのか、それとも獲物を見つけるために使っていたのか、その能力は何回くらい進化したのか、いまだに活発な議論がなされている。従来のコウモリの系統樹は、大きく二本の枝に分かれている――片方には反響定位を行う比較的小さな種が含まれ、他方には(一種を除いて)反響定位を行わない比較的大きなフルーツコウモリ(果実を好むオオコウモリ)が含まれる。しかし現在では、この系統樹は間違っていることがわかっている。遺伝子データまで含めた最新の系統樹では、キクガシラコウモリやアラコウモリなどの数種の比較的小さなコウモリがフルーツコウモリの枝に移動している。これは、コウモリ学界の大ニュースだ。この系統樹が正しければ、反響定位はすべてのコウモリに共通する祖先で一度進化してからフルーツコウモリで失われたか、二つの別々の機会に進化したかのいずれかになる。

され、その反響の一部をコウモリが感知し、解釈する。しかし、これをうまく実行するためには、コウモリは多くの問題に対処しなければならない。問題は、少なくとも一〇項目はある。

一つ目は、距離の問題だ。コウモリの鳴き声は、標的まで到達してから耳まで戻ってこれるくらいの十分な強さでなければならない。しかし音のエネルギーは空気中を伝わるうちに急速に減衰し、周波数が高い場合はなおさらであるため、反響定位が機能するのは狭い範囲のみだ。平均的なコウモリが小さな蛾を感知できるのは約六〜九ヤード（約五・五〜八・二メートル）、比較的大きな蛾であれば約一一〜一三ヤード（約一〇〜一二メートル）の距離範囲である[15]。それより広い範囲では、建物や樹木のようにかなり大きな物でなければ、おそらく感知不可能だ[16]。感知可能な範囲内でも、周辺部の物体は不鮮明になる。なぜなら、コウモリは、声のエネルギーをヘッドライトの光のように頭から広がる円錐内に集中させているからだ。でもそのおかげで、発せられた音は減衰する前により遠くまで届く[*1][17]。

音量も一役買っている。アンヌマリー・シュルリッケは、オオクビワコウモリの超音波音声が、口から出るときには一三八デシベル――サイレンやジェット機のエンジンに匹敵する大音量――にもなることを明らかにした[19]。いわゆる「ささやき声を発する」コウモリでさえ、静かだと言われながらも、チェーンソーやリーフブロワー（落ち葉掃除機）に匹敵する一一〇デシベルの金切り声を発する[20]。陸上動物の中でも最大音量の部類に入る。私たちの耳には高音すぎて聴こえないことを感謝せずにはいられない。もし超音波を感知できたとしたら、私はジッパーの声に耳を傾けるどころか痛みであとずさりしていたことだろうし、ドナルド・グリフィンもイサカの池の騒音に耐えかねて逃げ出していただろう。

だが、コウモリ自身には自分の声が聴こえるわけで、これが二つ目の問題となるのは明らかだ。自分の叫び声のせいで耳が聴こえなくなる事態を回避しなければならない。彼らは、叫ぶタイミングに合わせて中耳の筋肉を収縮させることで回避している。叫んでいるあいだは自分の聴覚を鈍らせ、エコーが返ってくるタイミングで聴覚を回復させる(21)。さらに絶妙なことに、コウモリは標的に近づいていきながら、エコーが実際にはどれほどの音量であっても一定の音量で知覚できるように、自分の耳の感度を調節することができる。「音響利得制御」と呼ばれるこの能力によって、コウモリは標的に対する知覚を安定化させているものと考えられる(22)。

三つ目は、スピードの問題だ。エコーが返ってくるたびに、スナップショットが得られるわけだが、飛行中のコウモリの動きは速いので、急速に接近する障害物や高速で逃げ回る獲物を感知するには、そのスナップショットを絶えず更新しなければならない。ジョン・ラトクリフは、コウモリが一秒間に二〇〇回――哺乳類のあらゆる筋肉の中で最速――も収縮させることができる声帯筋を使って、それを実現していることを明らかにした(23)。*2 コウモリの声帯筋は、いつもそれほど高速で収縮しているわけではない。標的に襲いかかる狩猟の最後の瞬間には、身を翻したり飛び跳ねたりする標的の動きをすべて感知する必要があるため、コウモリは超高速の筋肉で可能な限り多くのパルスを発生させるのだ。コウモ

---

*1 オオクビワコウモリは、実際には二つの角状突起――一つは前方、もう一つは下方を向いている――を用いて二股に分かれたソナービームを生み出している(18)。コウモリは、前方を向いた突起を用いて昆虫と障害物を探索し、下方を向いた突起を用いて自分の飛行高度を把握している可能性がある。これは、二つの中心窩をもち、一方の中心窩で水平方向を探索し、もう一方の中心窩で獲物を追跡する猛禽類の眼を連想させる。

*2 一方で、前方を探索するためのヘッドライトのようなパルスは、一秒間に数回ほど発せられ、断続的に撮影されたストロボ写真のようなスナップショットが得られる。この細切れのスナップショットをもとに、コウモリの脳内で連続的な滑らかな動きが編み上げられるのだろう。ちょうど私たちが映画を見ているときに――映画フィルムを回して静止画を高速で次々に見せたときに――私たちの脳内で起きていることと同じである。

リの「終期採餌音」と呼ばれているこの音こそが、グリフィンがイサカの池で最初に聞いた音だった。コウモリが可能な限り鋭敏に獲物を感知するときに発する音であり、昆虫が今まさに命を落とそうとしている瞬間の音でもある。

　高速パルスは、三つ目の問題に対処する一方で、四つ目の問題を生む。反響定位をうまく機能させるには、コウモリは発した声と返ってきたエコーをすべて対応させなければならない。超高速で声を発すると、声とエコーが重なり合って入り乱れ、個別に聴き分けられず、解釈もできなくなる。ほとんどのコウモリはこの問題を回避するために、発する音を極端に短くしている――オオクビワコウモリの場合は数ミリ秒だ。また、間隔を空けて声を発することで、先に発した声のエコーが戻ってきてから次の声が出ていくようにしている。オオクビワコウモリと標的のあいだの空気は声かエコーのどちらか一方で満たされ、決して両方で満たされることがない。コウモリの調整力はとても細やかで、高速の終期採餌音を発しているときでさえ重なることはない。

　エコーを受け取ったら、コウモリはその意味を解明しなければならない。これが五つ目の問題であり、最も難しい問題だ。オオクビワコウモリが一匹の蛾を反響定位するという単純なシナリオを考えてみよう。まず、声を発したときに自分の声が聞こえる。少し遅れてエコーが聞こえる。その遅れの長さから、蛾までの距離がわかる。ジェームズ・シモンズとシンディー・モスが明らかにしたとおり、コウモリの神経システムはとても感度が高く、エコーの遅れがわずか一〇〇万分の一秒か二秒違うだけでもその差――物理的距離に換算すると一ミリメートル未満の差――を感知できる[24]。コウモリはソナーを通じて、人間の鋭い眼よりも遥かに精密に、標的との距離を推測する。*

反響定位によって明らかにされるのは距離だけではない。蛾は複雑な形をしていて、頭、体、羽がそれぞれに返すエコーの遅れはわずかに異なる。さらに、狩猟中のオオクビワコウモリが発する声の周波数帯域は広く、一オクターブか二オクターブの帯域をなぞるように連続的に変化することも、問題を一層複雑にしている。この周波数帯全体が蛾の体の各部位でわずかに異なる跳ね返り方で反射され、種々に異なる情報の欠片をコウモリにもたらす(25)。低域の周波数が大まかな特徴を伝え、高域の周波数が細部を埋める。コウモリの聴覚システムはこの情報のすべてを——発声から多様なエコーまでの時間差を、周波数帯を構成する各周波数ごとに——何らかの方法で解析することによって、蛾の音響描写をより鮮明に、より豊かに構築する。そうしてコウモリは、蛾の位置だけでなく、おそらく、大きさや形、質感、姿勢まで知ることになる(26)。

これだけのことを全部しようと思ったら、コウモリと蛾が静止していたとしても十分に難しいのに、コウモリも蛾もたいてい動いている。だからこそ、六番目の問題が生じる。コウモリは絶えずソナーを調整し続けなければならないのだ(27)。そもそも最初に蛾を見つけるためにも、コウモリは開けた空中の広範囲を探索しなければならない。この段階では、できるだけ遠くまで届く声を——狭い周波数帯にエネルギーを集中させ、振幅の大きくて長いパルスを低頻度で——発する。見込みありのエコーが聞こえたら、その標的と思しきものに接近しながら、戦術を変える。標的についてより詳細を把握し、その距離をより正確に推定するために、発声の周波数帯を広げる。標的の位置情報をより迅速に更新するために、発声の頻度を上げる。声とエコーの重なりを回避するために、発声を短くする。そして、いよいよ

＊ これは、コウモリが発声を短く保つもう一つの理由になっている。時間から距離を計算するので、発声が短いほど、より精密に推定距離の範囲を絞ることができる。

仕留めにかかる段階に入ると、できるだけ多くの情報をできるだけ素早く得るために、終期採餌音を発する。場合によっては、横に逃げようとする蛾をより確実に捕らえるために、この時点でソナービームの幅を広げて感知できる範囲を広げるコウモリもいる。

このような狩猟の流れは、最初の探索から終期採餌音まで、数秒のうちにすべてが終わる。コウモリは自分の知覚を戦略的に調節するために、何度でも発声の長さ、数、強さ、周波数を調整する。便利なことに、これはつまり、コウモリの声からその意図を汲み取れるということだ。鳴き声が長く大きいときは、遠くの何かに焦点を当てている。鳴き声が弱くて短いときは、近くの何かに狙いを定めている。高速でパルスを発しているときは、標的に意識を集中している。このような鳴き声をリアルタイムで測定すれば、コウモリの思考をほぼ読み取ることができるわけだ。

この手法は、コウモリが七番目の問題――雑然とした環境――にどのように対処しているのかを説明する助けとなった。コウモリは起伏に富んだ洞窟内も、入り組んだ枝も、天井から吊るされた鎖の迷路さえも、すり抜けて高速で飛ぶことができる(28)。このような乱雑な空間は、視覚には生じないような特殊な問題をソナーに突きつける(29)。コウモリが等距離にある二本の枝に向かって飛んでいるところを想像してみよう。前方の枝を目視できたなら、それぞれの枝から反射した光は網膜の異なる部分に像を結ぶので、簡単に二本を分けて識別できる。眼の場合は、その解剖学的構造に空間感覚が織り込まれているのだ。しかし、耳の場合はそうなっていない。コウモリはエコーのタイミングから空間を算出しなくてはならず、二つの等距離にある枝から返ってくるエコーの遅れは同じになるため、同じ物体からの反響として認識される可能性がある。

この問題をコウモリがどのように解決しているのかを、シンディー・モスは、網に開いた穴を通り抜けるようにオオクビワコウモリを調教することによって明らかにした。彼女は、コウモリがソナービームの中心を穴の縁に向け、穴に突入する前に穴の周縁を走査していることに気づいた。「私たちが部屋の中にある多様な物体を眼で見渡すのと同じように、コウモリもソナービームを向けることによって見渡すことができるんです」とモスは私に語った。また、障害物の周辺を飛ぶときや、不規則な動きをする標的を追いかけるときなど、何か要求の厳しいことをするときには、コウモリが発声を短くし、周波数帯を広げて、できるだけ多くのことを詳細にエコーから取得しようとしていることにも、彼女は気づいた(30)。さらに、コウモリは鳴き声を何回かずつまとめた特徴的な発声をする傾向にあり(ブーブーブーブー……ブーブーブー……ブーブーブーブー)、このまとまりをモスは「ソナー・ストロボ・グループ」と呼んでいる(31)。どうやらコウモリは、このストロボ・グループを一単位として処理することで、構成要素となっているすべてのエコーから得た内容を総括し、自分の周囲の描写をより鮮明に築き上げているようだ*。

反響定位は、視覚にはない、もう一つの問題を抱えている——これが八番目の問題だ。眼は、物体がカモフラージュされていなければ、その物体を背景の中から難なく見つけ出すことができる。しかし、ソナーの場合は、大きな背景の手前にある小さな物体は自動的にカモフラージュされる。蛾が葉の前を飛んでいたり、葉の上に止まっていたりすると、葉から返ってくる強いエコーによって、蛾から返って

* 周囲の状況がとくに複雑な場合には、オオクビワコウモリはストロボ・グループ内の個々の発声の周波数を変化させ、段階的に下げることによって、より詳細な情報を得ることができる。このような「周波数ホッピング」を行う種は他にも数種ある。ワグナーサシオコウモリは、段階的に周波数が上がる三連音を発することから、ドレミのコウモリとしても知られている(32)。

くる弱々しいエコーはかき消されてしまうのだ。コウモリが編み出したこの問題の解決策はいくつかあるが、なかでもコミミナガヘラコウモリの解決策が最も印象的である。このコウモリは、トンボや他の昆虫が葉の上で静止していても、ソナーだけを使って捕まえることができる――科学者のあいだでは長らく、そのような芸当は不可能だとみなされてきた。だがインガ・カイペルは、このコウモリが驚くべき妙技を成し遂げていることを明らかにした――標的に対してかなりの鋭角軌道で接近することによって、昆虫に反射したエコーは自分に返ってくるが、葉に反射したエコーは遠方に散るような状況を作っているのだ(33)。頭を上にした姿勢のまま昆虫の前で上下にホバリングし、この効果が際立つ角度を見極める。最初はおそらく、獲物の存在が微かに感じられる程度の曖昧な反響が聞こえる。しかし上下に移動し、さまざまな角度から情報を集めるうちに、餌の形状が鮮明になり、昆虫には気の毒だが、不可能に思えた芸当が余裕で可能になるのだ。

九番目の問題は、コウモリが群れで飛んでいるときに生じる。実のところ、コウモリは群れで飛ぶことが多い。となると、自分の声のエコーと他のコウモリのエコーを何らかの方法で区別しなければならない。オオクビワコウモリはこれを、他のコウモリがいない方向を狙って発声したり、他のコウモリの声と重複しないように自分の声の周波数を変えたり、代わる代わる黙って飛んだりすることによって実現している(34)。だが、そのような戦略は、数百万匹が集まるメキシコオヒキコウモリの役には立たない。[*1]一つの洞窟に二〇〇〇万匹ものコウモリが溢れかえっているときに、いったいどうすれば、自分の声を選別できるのか？　研究者はこれを「カクテルパーティーの悪夢」と呼んできたが、コウモリがこの悪夢からどうやって目覚めるのかは定かでない(37)。特定の時間枠内に到着したエコーのみを処理しているのかもしれないし、特定の方向から返ってきたエコーのみを処理しているのかもしれない。反響定位を完全に無視し、その代わりに他の感覚や記憶に頼っている可能性もある。メキシコオヒキコウモリは、おそらく、自分の洞窟を出入りする経路を知っているだろうし、エコーを頼る必要などなく正しい軌道をたどれるだろう。そう考えれば、安全のために人々が洞窟の入り口を塞ぐと、しばらくして洞窟の扉に衝突したコウモリの惨状が発見されるという、歴史の中で繰り返し報告されてきた事件の説明もつく(38)。

この痛ましい不幸は、反響定位の一〇番目の問題を如実に表している。他の九つの問題の解決には多大な労力を要する、という問題だ。反響定位は脳への負担が大きい。しかも、すべてを高速で行うのだから、なおさらだ。単純に時間が足りなくてソナーの性能をフル活用できないことも多く、そのせいでコウモリらしからぬ愚かしい失敗を犯すことも多々ある。*2 彼らは粒径が〇・五ミリメートルしか違わない二種類の粗さの紙やすりを区別できるのに、新たに設置された洞窟の扉に頭から突っ込む(40)。飛行中の昆虫を形で識別できるのに、空中に発射された小石のあとを追う。そのような誤りを回避する能力は

*1 コウモリは、互いにコミュニケーションをとるときには、ソナーとして用いるのとはまったく異なる種類の鳴き声を出す傾向にある。とはいえ、コミュニケーションと反響定位の違いは、はっきりと線引きされているわけではない。なかには、親しい個体のソナー音を認識でき、互いの採餌音を盗み聞きするコウモリもいる(35)。ウオクイコウモリは、ソナー音に装飾を加えてメッセージに変えることもできる。他のコウモリに衝突しそうになると、パルスの終わりに低い警告音を加えるのだ(36)。

*2 ドナルド・グリフィンは、著書『暗闇に耳を傾ける（Listening in the Dark）』（未邦訳）の一節を丸ごと「失敗ばかりするコウモリ」に割いている(39)。そこには、細いワイヤーで作られた障壁をすり抜けて飛ぶような驚異的な技能について熱狂的に語られることの多いコウモリであっても、そのような技能を発揮するのは「最も用心深く、最も覚醒した状態」にある個体だけだと書かれている。状況によっては、コウモリは「きわめて不器用で、普段なら難なく身をかわせるような障害物に頭から突っ込むような大失態を見せることもある」とも書かれている。

十分にあるはずなのに、単純に、注意を払っていないのだ。そして、記憶と直感に頼る。人間の行動と同じである。自動車事故のほとんどが自宅付近で起きるのも、慣れた道を行くときは油断しやすいからだ。コウモリの場合も人間の場合も、認知力に影響するのは、感覚器からの情報だけではない。その情報を用いて脳が下す決定にも左右される。コウモリの脳とその機能については、まだ謎に包まれている。反響定位についてこれまでわかったことをすべて考え合わせても、今のところまだ、トマス・ネーゲルの言葉は正しかったと言える——われわれが「コウモリであるとはどのようなことか」を完全には知る日はこないのかもしれない。それでも、あえて知識と経験に基づいて推測するなら、きっとこんな感じだろう。

想像してみよう。辺りは真っ暗だ。あなたはオオクビワコウモリで、お腹を空かせている。木々や大きな障害物を容易に感知し、その合間を高速で飛び回りながら、空気中に狭い音域の声を断続的に強く発して昆虫を探索する。その声の大半は遠くへ消えていくが、一部はエコーが返ってきて、一時の方向に何か飛行物が存在するとわかる。蛾だろうか？　あなたはそちらに頭を向け、さらに体も向けて、ソナーの発射角内に標的を収める。すると、その標的までの精確な距離がわかる。とはいえ、知覚できる輪郭はまだ不鮮明だ。標的に近づくにつれ、得られる情報は刻々と変化する。音域を広げ、より短く速く声を発すると、標的をより鮮明に知覚できた——蛾だ。大きい蛾が飛び去ろうとしている。あなたは襲いかかる、と同時に、あなたの驚異的なのどの筋肉ができる限りの最速でソナーパルスを連射し、蛾の姿を鮮明に捉えた。頭、体、羽、すべての豊かな詳細が浮かび上がり、それを丸ごと尾ですくい上げて口に投げ入れた。この一連の動きをすべて終えるまでにかかる時間は、あなたが「ここ」から……「ここ」まで読むのにかかる時間と同じくらいだ。

なるほど、コウモリが繁栄するのは当然だ。彼らは南極大陸を除くすべての大陸に生息し、その数は全哺乳類の五分の一を占めている。空中で昆虫を捕まえるコウモリもいれば、木の実を食べるコウモリもいる。カエルを捕まえるコウモリもいれば、血を吸うコウモリもいるし、自分の体の二倍の長さの舌で花の蜜をすするコウモリもいる。コウモリを食べるコウモリもいる。反響定位で水面のさざ波を捉えて魚を獲るコウモリもいる。ソナーパルスを反射するように適応した皿状の葉を反響定位で見つけて植物に授粉するコウモリもいる。そして、私たちがここまでにすでに見てきた方法とは根本的に異なる方法で反響定位の問題点を解決し、世界で最も特殊化されたソナーを発達させたコウモリもいる。

ほとんどのコウモリは、典型的なオオクビワコウモリとおおむね同様の方法で反響定位を行っている。一〜二〇ミリ秒間の短いソナーパルスを比較的長めの沈黙を挟んで断続的に発する。その際に、広い周波数帯をなぞるように連続的に周波数を変化させたパルスを発することから、周波数変調（ＦＭ）コウモリとしても知られている。そんな中、約一六〇種のコウモリ──キクガシラコウモリ類、カグラコウモリ類、パーネルケナシコウモリ──はまったく異なる方法で反響定位を行っている[41]。彼らの鳴き声はもっと長く、なかには数十ミリ秒間も発し続ける種もあり、間隔はもっと短い。そして、広い周波数帯をカバーする代わりに、特定の音高が保たれる。そのため、定周波（ＣＦ）コウモリと呼ばれている。そして彼らは、ある特殊なエコーに耳を傾け、聴き分けているのだ。

飛翔中の昆虫の羽にソナーのパルスが当たると、返ってくるエコーの強さは上下する羽の動きに合わせて変動するが、到達した音に対して羽がちょうど垂直になる瞬間にはとくに音量が大きくはっきりとしたエコーがコウモリに向かってまっすぐ跳ね返ってくる。「音の煌《きら》めき」と呼ばれるこの現象は、昆

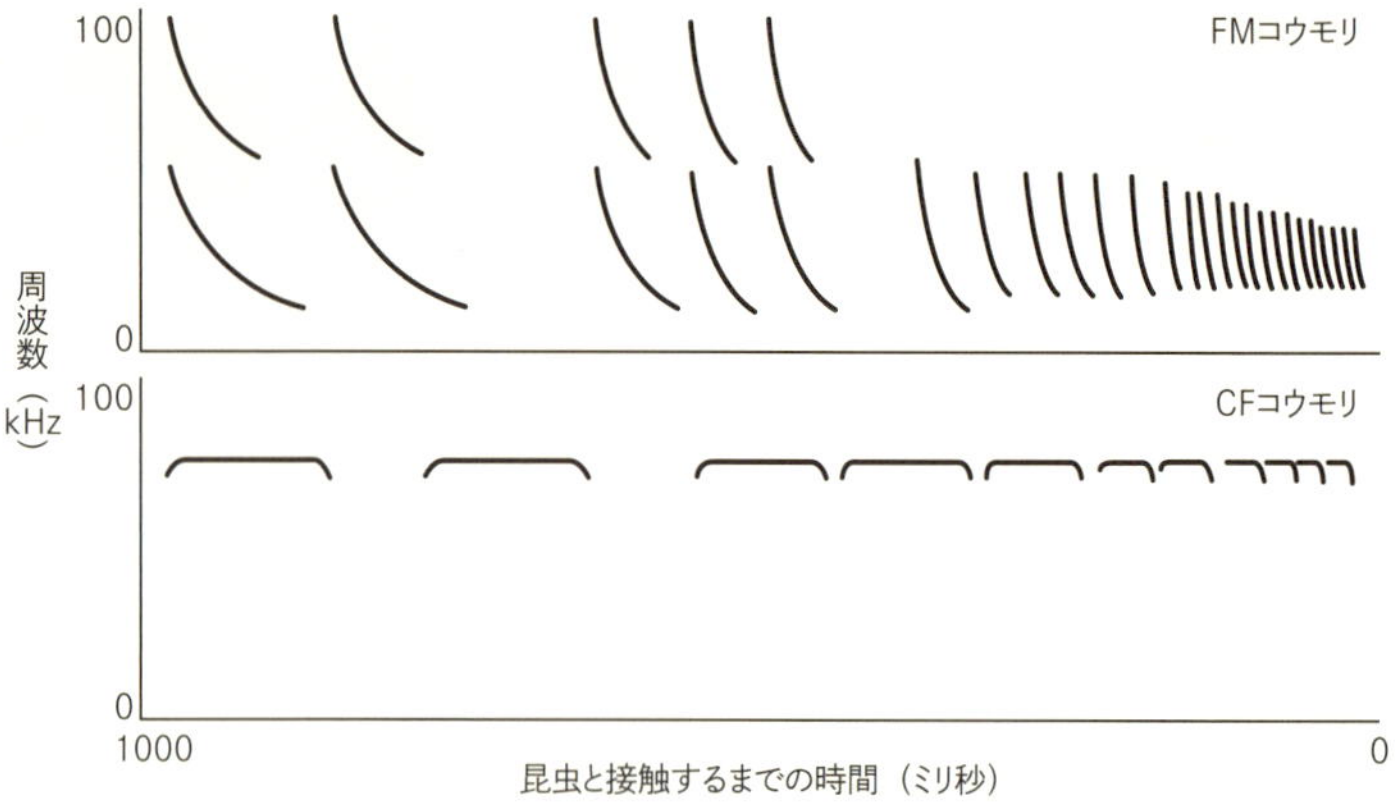

このスペクトログラムは、昆虫に接近する際に2種のコウモリが反響定位のために発する声の周波数を示している。FMコウモリの声は幅広い周波数帯をカバーしているのに対し、CFコウモリの声はおおむね同じ音高を保っていることが見て取れる。両者が発する声はいずれも、獲物に接近するにつれ、より短く、より高速になっていく。

虫がすぐそばを飛んでいることを示す決定的証拠となる。理論上は、FMコウモリもこの煌めきを感知できるが、実際には感知していないようだ。彼らの短いソナーパルスは長い間隔を空けて発せられるため、かなり運がよくなければ、昆虫の羽が音の煌めきを返す瞬間にきっちりパルスを当てることなどできない。だが、CFコウモリのパルスなら、昆虫の羽ばたきの一往復分の長さを十分にカバーできる。彼らは音の煌めきを何度も捉える。木の葉やその他の背景には、昆虫の羽ばたきと同じリズムで揺れ動くものはない。おかげで、CFコウモリは音の煌めきを使うことで、騒がしく揺れる木の葉と飛翔中の昆虫を区別できる。彼らにとっては、音の閃光を何度も向けられているようなものなのだ。

一九六〇年代からCFコウモリの研究をしてきたハンス・ウルリッヒ・シュニッツラーは、コウモリが羽ばたきのリズムで多様な昆虫の種を識別できることを明らかにしている(42)。飛翔中の昆虫が自分に近づいてくるのか遠ざかっているのかも判別できる。さらには、標的が生きているのが無生物なのかも確実に判別できる。オオクビワコウモリとは異なり、CFコウモリは空中に発射された小石を追いかけたりはしないのだ。[*1]

CFコウモリの耳も、鳴き声に負けず劣らず特殊である。たとえば、キクガシラコウモリは、約八三キロヘルツの定周波で発声し、完全にこの音高のみに特化した聴覚ニューロンを不釣り合いなほど多く有している(43)。[*2] 他の何よりも高感度で自分の声のエコーを聴いている。他の種にもそれぞれに特有の特徴的な周波数がある。まるで、音の世界全体を薄く切り分け、CFコウモリの種ごとにどのスライスが自分の領域であるかを主張しているかのようだ(44)。しかし、この戦略には大きな問題が伴う――FMコウモリにはない、一一番目の問題である。

音は、音源に近づくにつれて音高が高まっていくように聞こえる――救急車が近づいてくるときのサイレンの聞こえ方を思い出せばわかるだろう。この現象は「ドップラー効果」と呼ばれている。CFコウモリが昆虫に向かって飛んでいるときも、コウモリに聞こえるエコーの周波数は高まっていき、最終的にはそのコウモリの聴力が最も鋭くなる「聴覚中心窩」の周波数帯からはみ出しかねない。しかし、

＊1 実際には、多くのコウモリがCF音とFM音を混合して用いている。オオクビワコウモリのようなFMコウモリも、空中で広く探索する際には、CF音に似たパルスを発する。一方、CFコウモリも、獲物までの距離をより正確に判定するために、長い定周波パルスの終わりに短く周波数掃引〔訳注：周波数を連続的に変化させること〕を加えている。

＊2 研究者はこの高感度帯を、網膜の中で最も視力が鋭くなる部分である中心窩になぞらえて「聴覚中心窩」と呼ぶ。これは適切な喩えではあるが、少しずれてもいる。網膜の中心窩は視力が最も鋭くなる身体的空間領域であるが、聴覚中心窩はコウモリの聴力が最も鋭くなる情報空間領域を言い表している。特定の色合いの緑色だけ並外れてよく見える眼をもち合わせて散歩するようなものだ。

一九六七年にシュニッツラーは、CFコウモリがこのドップラー効果による周波数変化を補正できることを発見した(45)。標的に接近していくときには、彼らは通常の静止周波数よりも低い声を発することで、自分の耳に返ってくるときに高くなるエコーの音高がちょうど理想の高さに聞こえるように調整しているのだ。しかも、彼らはこれを飛ぶような速さで(文字どおり)飛びながらやってのける。自分の発声を絶えず微調整し、前方の標的から返ってくるエコーの周波数と理想的な周波数のずれを〇・二パーセント以内に留めている(46)。こんなにも巧みな驚くべき運動制御能力は、動物界でも他に類をみない。

想像してみよう。調律が不十分で、あなたが出したいと思う音よりもいつも三音階ほど高い音を出すピアノが目の前にある。ミドルC(真ん中のド)の音を出すには、そのCの鍵盤より左寄りのAの鍵盤を押さなければならない。あなたはすぐにコツをつかむだろう。だが、もしこのピアノの音階のずれが絶えず変動するとしたらどうだろうか。粗悪なピアノから聞こえてくる音楽に耳を傾け、音階のずれの大きさを絶えず判断し、演奏しながら指の位置を調整しなければならない。CFコウモリはそれと同じようなことを、一秒間に何度も、ほとんど誤ることなく、やってのけている。しかも、同時に複数の標的に対してこれをやってのけることもできる。キクガシラコウモリは、さまざまな距離にあるさまざまな障害物に注意を向けながら、それぞれの障害物に対してドップラー効果を正しく補正することができる(47)。*

夜行性の昆虫にとって、コウモリから身を守れる安全な環境などない。空中を飛べば、オオクビワコウモリに捕まる。木の葉が密集した茂みに向かっても、キクガシラコウモリに追跡される。葉の表面に止まってじっとしていても、コミミナガヘラコウモリに見つかる。ソナーは、どんな生息環境にも適合できる無敵の武器のように思える。だが、確かに万能ではあるが、無敵ではない。コウモリは、驚くべき感覚を進化させたがゆえに、とんでもない思い違いをする羽目になった。

　ジェシー・バーバーの研究室内に、静かに雪が降っている。いや、降っているように見える。研究チームのメンバーがジッパーや他のコウモリの飛び交う飛行部屋に蛾を運び入れたときに、白い鱗粉が撒き散らされ、それが雲のように室内に漂っているのだ。鱗粉があまりにも充満しているので、バーバーもジュリエット・ルビンも酷い鱗粉アレルギーになり、今もフェイスマスクを装着している。二人が言うには、鱗翅類——蛾やチョウ類——の研究者の多くが抱える職業病だそうだ。一部の鱗翅類研究家（lepidoprerist）のあいだでは、「鱗肺（lep lung）」と呼ばれている。

　科学者の気道に炎症を引き起こしているときは別として、鱗粉は本来、コウモリが発する音を吸収してエコーを弱めることで、蛾の身を守っている[48]。この音響装甲は、コウモリに対するいくつかの防衛策の一つにすぎない[49]。前章で紹介したとおり、半数以上の種の蛾には耳があり、コウモリのソナーを聴くことができる。この耳は、かなり有利に働く。コウモリが聴いているのは、蛾に反射されて往復してきた音だが、蛾はそれと同じ音を、往路が終わった時点で、音量が弱まる前に聴く。そのため、コウモリが小さな蛾から届くエコーを聴ける範囲はせいぜい九ヤード（約八メートル）以内だが、蛾は一五

＊　このように、ＣＦコウモリはドップラー効果に潜んでいた問題を逆手にとって利用している。ＦＭコウモリは自分の声とエコーが重ならないように発声を短くしなければならない。だが、ＣＦコウモリは自分たちの声とエコーを時間ではなく周波数で分けている。ドップラー効果のおかげで、エコーの音高は自分が発した声よりもつねに高くなり、精密に調整されたコウモリの耳にはエコーのほうがはっきり聞こえるのだ。彼らが長めの発声——音の煌めきが得られ、飛翔中の獲物の存在を知るのに十分な長さ——の恩恵を受けられるのも、このおかげである。

371　第9章　賑やかな沈黙の世界——エコー

〜三三ヤード（約一四〜三〇メートル）離れたところからコウモリの声を聴くことができる[50]。蛾の多くはこの差を活かし、コウモリの声が聞こえた瞬間に素早く身をかわし、弧を描き、急降下する。これができない蛾は、エコーを返してしまう[51]。

一万一〇〇〇種の多種多様な蛾が属するヒトリガ類には、脇腹にドラムのような器官が一対ある。これが振動して超音波のクリック音を発し、コウモリを困惑させ、コウモリが蛾を取り逃がす原因になっているようだ。[*1] ときには、このクリック音が警告色の音響バージョンにもなる。ヒトリガ類の蛾の多くは不快な味の化学物質を豊富に含み、クリック音を発することで、食べる価値がないことをコウモリに伝えている[53]。このクリック音は、コウモリのソナーを妨害することもできる。二〇〇九年、アーロン・コーコランとジェシー・バーバーは、米国に生息する燃え盛る薪のような派手な色のベルソルディア・トリゴナ（*Bertholdia trigona*）というヒトリガの一種とオオクビワコウモリを対戦させ、そのような妨害が起きている明白な証拠を示した[54]。このヒトリガは化学物質による防衛策をもたず、コウモリにとってはできれば食べたい相手だ。しかし、対戦したオオクビワコウモリは、クリック音を発するベルソルディアに接近し、攻撃し、たびたび失敗した。蛾が紐でつなぎ留められても、結果は同じだった。クリック音がコウモリのエコーに重なり、距離を測る能力がかき乱される[55]。コウモリにしてみれば、一度は鮮明に輪郭を捉え、精確に位置を捉えたはずの標的が、急にぼんやりと不鮮明になり、位置も曖昧になるのだ。[*2]

呪文を唱えることなくイリュージョンを起こせる蛾もいる。バーバーとルビンは、ルナモスという夜行性の蛾を飼育してきた。手のひらサイズで、白い体に血のような赤い脚と黄色い触角をもち、ライムグリーン（黄緑色）の羽の先端を長い尾のようになびかせて飛ぶ、見間違えようのない美しい昆虫である。私がバーバーとルビンの研究室で戸棚を開けたとき、戸棚の扉に止まっていた数匹のルナモスは、ただ静かに扉にぶら下がっていた。「彼らは交尾するときとコウモリから逃げるときしか動きません」とバーバーは言う。ルナモスには有害な化学物質は含まれていない。コウモリを惑わすクリック音を発することもできない。耳がないので、接近するコウモリの音を聴くこともできない。その代わり、飛翔する彼らの背後では、後翅から長く伸びる尾がひらひらと揺れ、くるくると回転し、エコーを生んで反響定位中のコウモリを惑わす。そうやって、体の不要な部位ばかりを攻撃させる。平均すると、羽に尾がないルナモスは、無傷の尾をもつルナモスに比べて、コウモリに食べられる可能性が九倍に高まる(58)。「この事実を発見したとき、私は、まさかそんなことがあるはずない、と思いました」とバーバーは言う。「反響定位は、並外れて素晴らしい感覚です。ひらひらと回転する薄膜だけでコウモリを欺けるものでしょうか? でも実際に一貫してコウモリが欺かれるのを、私たちは見ています」。

＊1 これを最初に実証したのはドロシー・ダニングとケニス・ローダーで、一九六五年に、蛾のクリック音がトビイロホオヒゲコウモリの狩りの妨げになることを示した(52)。二人は、餌となるチャイロコメノゴミムシダマシを空中に発射し、それを捕まえるようにコウモリを訓練した。このタスクをコウモリたちはほぼ完璧に達成した。しかし、ヒトリガのクリック音の録音を聞かせると、いつも失敗した。

＊2 約一五〇〇種の蛾が属するスズメガ類でも、約半数がコウモリを妨害できる。ただし、ヒトリガ類とは異なり、スズメガ類は自分の交尾器を擦り合わせることによって、コウモリを困惑させるクリック音を発する(56)。彼らはこの能力を三つの別々の機会に進化させてきたようで、本来の用途とは別に「コウモリを混乱させる楽器」として使われる生殖器官の部位が、三つのグループごとに異なる。一方で、コウモリも、蛾の防衛策に対抗する手段を進化させてきた。少なくとも二種のコウモリ——欧州に生息するチチブコウモリと北米に生息するタウンゼンドオオミミオオコウモリ——は、蛾に気づかれることなく忍び寄れるように、とても静かな声を発する。彼らはヒソヒソと囁きながら、身をかわす時間もクリック音を発する時間も獲物に与えないほど近くまで接近する(57)。

そして私も、バーバーのモニターを通して見た。一匹のルナモスが飛行部屋に放たれると、コウモリのジッパーが襲いかかり、失敗した。ジッパーは方向転換して再び襲いかかり、ルナモスの羽の尾をひとかじり引きちぎり、すぐに吐き出した。まずそうな切れ端ばかりが床に吹きたまっていく。バーバーが私を見てニヤリと笑い、「ほらね」と言った。襲われていた蛾を飼育係が部屋から連れ出すと、長い羽の尾は失われていたが、それ以外は無傷だった。次に、事前に羽の尾を除去した別のルナモスを室内に放った。今度は、あっという間にジッパーに捕まった。*1

初めてルナモスの姿を見たとき、私は、この長い羽の尾はクジャクの羽のようなものだろうかと考えた。だがそれは、またしても、視覚バイアスによる誤った解釈だった。ルナモスは交尾相手を匂いで探す。長い羽の尾がルナモスをより魅力的に見せることを示すエビデンスはない。ルナモスの羽の尾は、交尾相手になりそうな異性の眼を楽しませるためのものではなく、自分を食べようとする敵の耳を惑わせ欺くためのものだ。

ドナルド・グリフィンはかつて、コウモリの反響定位のことを「魔法の泉」のようだと記した。反響定位の発見を皮切りに、驚くべき発見があとを絶たなくなったからだ(60)。私たちは、コウモリに何ができるのかを理解することによって、コウモリをただ不気味がるのではなく、彼らの驚異的な能力を生物学的に正当に評価できるようになった。コウモリが標的とする生き物についても、より深く理解できた。次は、グリフィンのあとに続いた多くの科学者がしたように、エコーを通じて世界を知覚している他の生き物を探してみよう。

コウモリとイルカは、同じ哺乳類に属する動物群としては、これ以上ないほど異なっている。コウモリの前脚は広く引き伸ばされて翼となり、イルカの前脚は平らな胸びれになった。コウモリの体はほっそりとして軽く、イルカの体はでっぷりとした流線形だ。コウモリは空中を切るように飛び、イルカは広い海を切るように泳ぐ。だが、どちらも暗いことの多い三次元空間を移動しながら餌を探さなければならない点は共通している。どちらもそれを、反響定位を進化させることによって成し遂げている点も同じだ(61)。そして、そんな彼らの秘密――反響定位――が科学によって暴かれた経緯も、だいたい同じだった。研究者らはまず、イルカが暗闇でも、目隠しをされた状態でも、障害物を避けて泳げることに気づき、その後、イルカが超音波のクリック音を発して聴いていることに気づいた。[*2] グリフィンらの先駆的研究のおかげで反響定位の存在がすでに知られていたため、このような観察結果の意味を解釈するのはコウモリのときより容易だった。イルカの研究者たちは、わずか二〇年前には想像もされなかった

＊1　ルナモスの羽の尾がどのように役立っているのかは、まだ不明である。羽の尾が生み出すエコーが蛾の体からのエコーと融合し、コウモリを惑わせ、実際よりもかなり大きな獲物が実際よりも顎に近い位置にいるように勘違いさせるのかもしれない。あるいは、体と完全に切り離された別の標的のように聞こえるのかもしれないし、体よりも目立つ標的として聞こえるのかもしれない。いずれにしても、うまくいっている。蛾がこのような長い羽の尾を進化させたタイミングは、少なくとも四回あったようで、とくに尾の長い種では、残りの種の二倍の長さになることもある(59)。

＊2　一九五〇年代、アーサー・マクブライドは、イルカやネズミイルカなどのハクジラ類にも同じ能力が備わっているのではないかと考えた。暗闇で漁網を逃れるネズミイルカを観察した彼は、コウモリを思い出した(62)。一九五九年には、ケン・ノーリスが素晴らしく明快な実験を行った。キャシーと名づけられたバンドウイルカを訓練し、彼女の眼をラテックス素材の吸着カップで覆ったのだ(63)。キャシーは視覚を失っても、クリック音を高速連射することによって浮遊する魚の断片を見つけることができたし、コウモリがワイヤーカーテンをすり抜けて飛べたのと同じように、垂直に立てられたパイプの迷路をすり抜けて泳ぐこともできた。それどころか、彼女はもっと機敏だった。ドナルド・グリフィンのコウモリたちは翼の先がワイヤーによく擦れていたが、キャシーが二か月の検証期間中にパイプにぶつかったのは一度だけで、それもわざとぶつかったように見えた。

ようなスキルについて、すぐに検証することができた。

そのように有利であったにもかかわらず、イルカのソナーに関する研究の進捗は、むしろ遅かった。イルカを扱うのはそう簡単ではなかったからだ。まず、大きさだけでも厄介だ。最小のイルカでも、最大のコウモリの約四〇倍の重量があり、小部屋ではなく大きな海水タンクが必要だ。また、イルカはコウモリよりも賢く、訓練するのが難しく、強情だ。その後の研究に影響する初期の実験に参加したバンドウイルカのキャシーは、目隠しカップの装着には同意してくれたが、額と顎を覆う遮音マスクの装着は頑《かたく》なに拒んだ。さらに、コウモリは建物や森の中で簡単に見つかるが、イルカの生息域に入り込むのは難しく、たいていの人間は海面近くで出会うことしかできない。そのため、イルカの研究者たちはもっぱら、水族館か海軍施設のいずれかで暮らすイルカを相手にするしかなかった(64)。

米国海軍は、遭難したダイバーの救出、沈没した機材の探索、埋設されている機雷の検知を目的として、一九六〇年代にイルカの訓練を開始した。一九七〇年代には反響定位の研究に巨額を投じたが、イルカが世界をどのように知覚しているかを理解するためではなく、イルカの優れた能力のリバースエンジニアリング〔訳注：既製品の動作を観察したり、分解・解析したりして、その構造や仕組みを調査すること〕によって軍用ソナーを改良するためだった。ハワイのカネオヘ湾にある軍事基地を重要な研究拠点とし、心理学者のポール・ナハティガルと電気技師のウィトロー・オーが率いた(65)。「イルカはブラックボックスでした。私の興味は、そのボックスのパラメータを定義することにありました」とオーは私に語った。「私がイルカを抱きしめたがるので、わが家の子どもたちはよく腹を立てていました。そんなとき私はいつも、イルカは単なる実験対象でしかないと言い聞かせていましたが」（何十年もイルカの研究をしてきたあとでも単なる実験対象としか思っていないのかと私が尋ねると、彼は少し間を置いてから、

「今では、より複雑な実験対象として見ています」と答えた）。

カネオヘ湾では、バンドウイルカのヘプトゥナ、スヴェン、エヒク、エカヒが海中の大きな囲いの中で泳いでいた。そしてオーと同僚たちは、イルカのソナーの性能が誰も予測していなかったほど素晴らしいことに気づいた(66)。イルカは形状、大きさ、材質に基づいて多様な物体を識別できた(67)。水、アルコール、グリセリンが入ったシリンダーを区別することもできた。たった一回のソナーパルスで得た情報から、遠く離れた場所の標的を特定することもできた。数フィートの深さの堆積物の下に埋められた品物を確実に見つけ出すこともできたし、それが真鍮製か鋼鉄製かも判別できた――そこまでできるテクノロジーはまだない。現在のところ、「海軍が所有するソナーの中で、港湾内の埋設された機雷を検知できるのはイルカだけです」とオーは言う。

イルカは、ハクジラとして知られるクジラの分類群に属す*。同じ分類群に属するネズミイルカ、シロイルカ、イッカク、マッコウクジラ、シャチも反響定位を行い、多くはお馴染みのバンドウイルカとちょうど同じくらいの性能をもつ。一九八七年、ナハティガルの研究チームはオキゴンドウ（別名シャチモドキ）というクジラの一種――全長一八フィート（約五・五メートル）、皮膚は黒く、利口で社交的な

＊専門用語についてのメモ：イルカとクジラとその近縁種はすべて、「クジラ目」という分類群に属するが、一般的には「クジラ類」として知られている。クジラ目は大きく二つに分類される。ヒゲクジラ（ヒゲクジラ亜目）とハクジラ（ハクジラ亜目）だ。イルカはシャチやゴンドウクジラと同じハクジラ亜目に分類される。イルカとネズミイルカはハクジラ亜目に属する別々の下目に分類されるが、イルカとネズミイルカという二つの用語はしばしば混同されて使われてきた。反響定位に関する初期の論文には「バンドウネズミイルカ」という表現が見られる。つまり、総括すると、イルカはクジラの一種であり、シャチはイルカの同類であり、ネズミイルカは――実はイルカのことを誤ってそう呼んでいるとき以外は――イルカではない。

ことで知られるイルカの仲間――を研究しはじめた。キナと名づけられた雌のオキゴンドウはソナーを使って、人間の眼にはまったく同じように見えるが厚みが髪の毛一本の幅ほど異なる中空の金属シリンダーの違いを判別できた(68)。それは記憶に残る出来事だった。ナハティガルのチームは、同じ仕様で製造された二本のシリンダーを用いて、キナを試した。すると、誰もが困惑したことに、キナはこの二本のシリンダーが異なることを繰り返し指摘した。そこで、シリンダーを測定し直すと、片方のシリンダーがごくわずかに先細りしていて、両端の幅を比べると〇・六ミリメートルの差があった。「信じられませんでした」とナハティガルは当時を思い出しながら言った。「私たちは同じ仕様で注文したし、機械工たちも同じだと言っているのに、キナは『同じではない』と主張したんです。そして、彼女が正しかった」。

イルカは、隠された物体を反響定位したあとに、それと同じ物体を視覚的に認識することもできる――テレビの画面に映し出されたものの中から選び出すことさえできた(69)。これは明らかな妙技のように思えるかもしれないが、それが何にかかわる技能なのかを考えるのは、今はやめておこう。イルカは物体の位置を割り出すだけでなく、その物体の像を脳内で構築し、その像を別の感覚の像に変換することもできるのだ。しかも、もともと豊かな三次元情報を含まない刺激である「音」を用いて、それを成し遂げている。サックスの音が聞こえたら、あなたはその楽器を認識し、その音楽がどこから聞こえてくるのかを割り出すが、その楽器の形を音だけで予測できるかといえば、どうだろうか。しかし、あなたはサックスに触れ、その固い感触から、それがどんな見た目のものか思い浮かべることができる。反響定位でしていることと同じだ。反響定位という感覚は、「音で見る」と表現されることも多いが、「音で触れる」と表現したほうが想像しやすい。イルカは、幻の手を伸ばし、その手で周囲を抱きしめているようなものだ。

音についてこのように考えることに、私もまだ慣れていない。窓の外では、犬が吠え、ムクドリが歌い、セミが鳴いているのが聞こえるが、いずれも情報を聞き手に伝えるために音を使っている。だが、この惑星の大気と水は、動物たちが情報を得るために用いる音で溢れている。コミュニケーションのためではなく、探査のために発せられた音だ。他の感覚をこのように探査のために使うこともできるが、反響定位は本質的に探査に向いている。イルカと同じくらい好奇心旺盛な動物が反響定位を展開すれば、間違いなくそう感じるだろう。「彼らはつねに反響定位を行っているわけではありませんが、何か新しい物体が登場すれば必ず、反響定位のための音を徹底的に浴びせます」と、一九九〇年代にオアフ島でイルカの研究をはじめたブライアン・ブランステッターは語る。「イルカたちと泳いでいると、彼らが発するクリック音を聞くこともできます。今まさに自分がチェックされているのだとわかりますよ」。

イルカのソナーについては直観に反する点が多い。ソナーの発生方法もその一つだ。イルカの頭頂部には噴気孔があり、あなたの鼻孔に相当する役割を果たしている(70)。その噴気孔のすぐ下、イルカの鼻腔の中に、「フォニックリップ（音唇）」と呼ばれる二対の器官がある。イルカは、そこに勢いよく空気を通して音唇を振動させることによってクリック音を生み出す。その音が前方に伝わり、「メロン」と呼ばれる脂肪質の器官によって集束される。イルカの額が膨らんでいるのはこのメロンがあるからだ。コウモリの声は喉で生み出され、口または鼻から発せられるが、イルカのクリック音は、鼻で生み出され、前頭部から発せられる。

イルカと同じハクジラ亜目の中で最大であるマッコウクジラは、さらに奇妙な方法を用いる(71)。巨大な容量をもつマッコウクジラの鼻は、全長五二フィート(約一六メートル)の体の三分の一を占め、音唇はその最前方にある。音唇が振動すると、発生した音の大半は頭部を後方に伝わり、脂肪で満たされた「スパーマセティ(脳油)」と呼ばれる器官(脳油から抽出される鯨蠟はかつて捕鯨者たちに珍重された)を通過し、後頭部にある空気嚢で跳ね返され、「ジャンク」と呼ばれる別の脂肪質の器官(捕鯨者からは無価値とみなされていた)を通して前方に伝わる。この大掛かりな回り道から生まれた音は、動物界最大の音量となる。二三六デシベルの爆音だ(72)。科学者たちは、マッコウクジラのクリック音を録音する前には、チェリーボム〔訳注:爆発物の一種〕を水中に投げ込んでハイドロフォン(水中聴音器)を較正するほどだ。また、マッコウクジラのクリック音は角度約四度の幅のきわめて細いビームに集束される。海洋を知覚するためにバンドウイルカが用いるソナーが懐中電灯だとしたら、マッコウクジラのソナーはレーザー砲だ。*1

ハクジラは、自分たちのエコーを変わった方法で傍受もしている(73)。一九六〇年代、ケン・ノーリスはメキシコの海辺でイルカの骸骨を見つけ、下顎の一部が透けて見えるほど薄いことに気づいた。薄く引き伸ばされたこの骨は、中が空洞になっていて、前頭部のメロンと同じ脂肪で満たされている。この「音響脂肪」は、イルカがどれほど飢えても、エネルギー源として燃焼されることはない。音を内耳へ伝導するために存在している。イルカは、鼻でクリック音を発し、顎で反響を聴くことによって、反響定位を行っているのだ。

このような変わった特性をもちながらも、ハクジラの反響定位には、コウモリと共通する技が数多く見られる。より多くの情報を得る必要がある場合には、(コウモリの「終期採餌音」と同じように)クッリク音の発声ペースを速めることもできるし、(「ストロボ・グループ」のように) クリック音を何回かずつまとめてパケット化することもできる(74)。自分が発したノイズを減弱させ、返ってきたエコーを一定の音量で知覚できるように、自分の耳の感度を調整することもできる(75)。さらに、コウモリにはできないようなソナーの妙技を引き出すこともできる。音は、水中と空気中では振る舞いが異なる。水中のほうが、より速く、より遠くまで伝わるので、イルカのソナーの威力は、コウモリでは扱えない範囲にまで及ぶ。[*2] オーは初期の実験で、目隠しされたイルカが一一〇ヤード (約一〇〇メートル) 離れた場所にあるスチール球を感知できることを明らかにした(76)。本当にその場所に標的があることを確かめるために研究チームが双眼鏡を使うほどの距離だったが、イルカにそのような道具の助けは必要なかった。しかも、あとでわかったことだが、そのような芸当をイルカは難しい条件下でやってのけていた。そのときは誰も気づかずにいたのだが、カネオへ湾にはテッポウエビが豊富に生息していて、その大きなハサミが立てる耳障りな音が水中に充満していた。つまり、イルカはロックコンサート会場にも匹敵する騒々しい水中で、フットボール場を縦断するほどの距離にあるテニスボールの位置を音で特定したわけだ。のちの研究では、イルカの反響定位は七五〇ヤード (約六九〇メートル) 以上離れた場所からでも標的を感知できることが示された(77)。

＊1 マッコウクジラはなぜ、そんな馬鹿でかい音量で鳴くのか? 獲物を追って潜るときに海床を感知するためかもしれない。最高時速九マイル (約一四・五キロメートル) で進む体重四〇トンの巨体は、すぐには止まれないのだ。あるいは、彼らが主食とするイカは体が軟らかく、ソナーで感知しにくいからかもしれない。

＊2 コウモリに比べて、イルカのソナーパルスがより短く、より大音量で、より細く集束されることも功を奏している。バンドウイルカのクリック音に含まれるエネルギーは、オオクビワコウモリの鳴き声の四万倍にもなりえる。

水中では、障害物による音への干渉の仕方も異なる(78)。一般的に、音波は密度の変化に遭遇すると反射される。空気中では、音波は固体表面で跳ね返るが、水中では、生物の肉（水の密度とほぼ同じ）を突き抜け、体内の骨や気泡のような内部構造に跳ね返される。つまり、コウモリは標的の輪郭や質感しか感知できないが、イルカは標的の内部を透視できる。イルカがあなたを反響定位すると、あなたの肺や骨格が知覚されることになる(79)。おそらく、退役軍人の体内に残る銃弾や妊婦の体内にいる胎児も感知できるだろう。イルカの主な獲物である魚が浮力の調節に使う空気で満たされた浮袋も、感知*できる(80)。浮袋の形状をもとに、魚の種もほぼ確実に識別できる。金属製の釣り針などの異物が魚の体内にあれば、それもわかる。ハワイでは、オキゴンドウがマグロを釣り糸から引きちぎることも多いが、「彼らはマグロの体内のどこに釣り針があるかわかるんです」と、オキゴンドウを研究しているオード・パチーニは私に語った。「われわれがX線検査かMRI検査でもしない限り存在に気づけないものを、彼らは見ることができるんです」。

このように内部まで見通す知覚力は、きわめてまれであるため、科学者はその意味合いを近年ようやく考察しはじめたばかりだ。たとえば、ハクジラ亜目のオオギハクジラ属は、外見はイルカ風だが、体内は頭蓋骨に波打つような奇妙な凸凹があり、その多くは雄だけに見られる。パベル・ゴルディンは、この構造はシカの枝角に相当するもの――交尾相手の気を惹くための目立った装飾――なのではないかと提唱している(82)。そのような装飾は通常、視覚的にはっきり見えるように体から突出しているが、生きた医療スキャナーともいえるクジラにとっては、視覚的に見える必要はない。オオギハクジラ属は、体表の滑らかな流線形を乱すことなく、「体内の装飾」を使って交尾相手に自分を売り込んでいるのかもしれない。

この考えを検証するのは難しい。オオギハクジラ属は逃げるのがうまくて、なかなか捕まえられないからだ。彼らは飼育されたことがなく、一回の息継ぎで数時間は潜っていられるので、多くの種はめったに目撃されない。そのように希少な存在であるにもかかわらず、思いがけないことに、彼らはハクジラのソナーにまつわる最大の謎――この能力を野生でどのように使っているのか――を解明する一助となった(83)。スチール球までの距離も、真鍮シリンダーの太さも、彼らが意に介していないのは確かだ。では、彼らは何なら気にかけるだろうか？　彼らは方向を判断したり、獲物を捕えたり、問題を解決したりするために、ソナーをどのように使うのか？　潜水中のマッコウクジラは、文字どおり海底の岩に衝突するのを回避するために海床を反響定位しているのか？　シロイルカやイッカクは遠方の北極氷原にある息継ぎの穴を探査しているのか？　イルカは、イワシの群れの中に突入していくとき、特定の一匹に絞って知覚しているのか群れ全体を知覚しているのか？　飛翔中の昆虫の羽ばたきを感知するＣＦコウモリのように、特殊な戦略を考案したハクジラはいるのか？

解明する手段の一つが、音響タグ――吸着カップに水中用マイクロフォンを取り付けたもの――を使った手法だ(84)。ハクジラが息を吸うために水面に浮上したときに、小舟でそっと近づき、長い棒を使って音響タグの吸盤をクジラの脇腹に押しつける。クジラが再び潜って視界から消えても、あとはこの装置がクリック音とエコーの両方を録音する。クジラの潜水中の詳細な記録――聞こえたすべての音、聴

＊　ほとんどの魚には超高周波は聞こえないが、例外もいる。北米大西洋岸に生息するニシンダマシ、ガルフ・メンハーデン、その他数種の魚は、コウモリの鳴き声を聴き取れる一部の蛾と同じように、イルカのソナー音を聴き取れる耳を進化させてきた(81)。

こうとしたすべての音——を捉えることができる。二〇〇三年以降、ある研究チームがカナリア諸島近海のコブハクジラに音響タグを装着させてきた(85)。彼らは潜水を開始してしばらくは、シャチのような捕食動物に傍受されて引き寄せるのを避けるためか、静かにしている。やがて水深四〇〇メートルに達すると、クリック音を発するようになり、たいていは数分のうちに餌を見つける。どうやらこの暗い深海には、コブハクジラが選り好みできるほど豊富に魚や甲殻類やイカがいるようだ。おそらく何千もの生き物に超音波を当てていながら、追いかけるのは数十だけだ。捕獲されたイルカやクジラを対象とした実験でオーとナハティガルが目の当たりにした、あの優れた識別能力を使って、コブハクジラは一番美味しいところだけを選んでいるのだろう。クジラたちの採食活動はとても効率がよく、あの巨体を維持するための採食にわずか四時間しか要しないほどだ。

コブハクジラのこのような採食スタイルは、水中ソナーが遠くまで届くからこそ可能になる。飛行中のコウモリのソナーが届く範囲はもっと狭いため、その範囲内に入り込んだ昆虫サイズの標的に対してどう行動するのかをわずか一秒で決めなければならないが、遊泳中のハクジラはその決断に約一〇秒かけることができる。コウモリはつねに即決しなければならないが、クジラは計画を練ることができる。私は本書の「はじめに」のところで、動物が水中から陸に上がったときに、視野がぐんと広がったことで、より高度な認知力の進化が可能になり、先のことを計画できるようになった、という神経科学者マルコム・マッキーバーによる仮説について書いた。それと同じ仮説が反響定位では逆方向で働いたのではないかと私は思う。

水中ソナーはハクジラに熟考の機会を与えただけでなく、連携を可能にした。夜になると、ハシナガイルカ——とくに曲芸が上手な小型種——は二八頭ほどのチームで協力して獲物を捕まえる。ケリー・

ベノワ＝バードとウィトロー・オーは、こうした狩猟がいくつかの特徴的な段階を経て行われることを明らかにした(86)。まず、ハシナガイルカは大きく間隔を空けて一列に並んでパトロールする。次に、魚やイカの群れを見つけたら、横列に並んで密に集まり、ブルドーザーのように獲物を追いかける。追い立てられた獲物が折り重なると、ハシナガイルカは獲物の行く手を遮るように回り込んで取り囲む。それから、取り囲んだ円の両側から一頭ずつ、二頭のイルカが円の中に切り込んでいき、閉じ込められた獲物を摘み取る。これを順に交替しながら全頭が行うと、そのまま円滑に同時に動いて陣形を切り替える。各段階の移行時には、とくに頻繁にクリック音を発しているようだ。彼らは互いに指令を叫び合っているのだろうか？　チームの仲間の配置を追跡するために反響定位をしているのだろうか？　互いのエコーを利用して自分たちの知覚を拡張できるのだろうか？　いずれにせよ、彼らの統率のとれた知的な行動を可能にしたのは、ソナー――イルカ一頭の全長よりも遠い距離まで届く感覚――である。この群れは、水中で四〇メートルもの間隔を空けていることもあるが、それでも、音でつながることによって、一体として行動できるのだ。

ダニエル・キッシュは彼らを羨《うらや》んでいる。「水中でソナーを使うなんて、カンニングしているようなものですよ」と彼は言う。「水という媒体は、かなり有利に働きます。ソナーは空気中でも伝わりますが、その伝導率は高いとは言えませんからね」。私にそう語ってくれた彼は、実は、コウモリの研究者でも、イルカの研究者でもない。それどころか、動物の反響定位を研究しているわけでもない。彼自身が反響定位を行っている。

私が舌を鳴らしてクリック音を出そうとしても、池に石を投げ入れたときのような湿ってくぐもった音しか出ない。だが、ダニエル・キッシュのクリック音は、乾いた鋭い音で、音量も遥かに大きい(87)。指を鳴らしたときのような、誰もがハッとして振り返るような弾ける音だ。キッシュは生まれてまもないころからこの音を練習してきた。

一九六六年、キッシュは悪性の眼がんを患った状態で生まれ、生後七か月で右眼を切除し、生後一三か月で左眼も失った。それからまもなくして、彼はクリック音を発するようになった。二歳になると、ベビーベッドの柵をよじ登って抜け出し、家の中を探索するのが日課になった。ある晩、彼は寝室の窓から抜け出し、花壇に落ち、クリック音を鳴らしながら裏庭をよちよちと歩き回った。音響的には透明な金網のフェンス、そしてその向こう側に大きな家を感知できたことを、彼は今も覚えている。彼はフェンスによじ登り、それから他の同じような障害物も乗り越えていったが、近所の人に警察を呼ばれ、自宅に連れ戻された。キッシュが「反響定位」について知ることになるのはだいぶあとのことで、それまで彼は、自分が歩きながらずっとしていたことが「反響定位」であることを知らなかった。

現在五〇代のキッシュは、今も、クリック音を発し、返ってくるエコーを利用して世界を知覚している(88)。私は、カリフォルニア州ロングビーチで一人暮らしをしている彼の家を訪ねた。家の中では彼は反響定位を必要としない。どこに何があるか、すべてわかっているからだ。しかし、外に散歩に出るときは、クリック音の出番だ。キッシュは、長い杖を使って地面の障害物を感知し、それ以外のすべてを反響定位で感知しながら、快活に確信をもって歩いていく。住宅街を進みながら、彼は通り過ぎていくすべてのものを正確に言い当てた。各家がどこからはじまり、どこで終わるかもわかる。玄関ポーチや植え込みの位置もわかる。車が路上駐車されている場所もわかる。剪定されていない庭木から伸びた大きな枝が歩道を遮っていて、私は思わずキッシュに注意しようとしたが、その必要はなかった。彼はごく自然に身をかがめた。そして「反響定位をしていなかったら、私は間違いなくあの枝にぶつかっていましたね」と私に言った。

コウモリとハクジラの他にも、もっと単純な方式の反響定位を利用している動物が数種はいる。多様なトガリネズミ類や、カリブ海キューバ島のソレノドン（見た目がトガリネズミに似ている）や、マダガスカル島のテンレック（見た目がハリネズミに似ている）などの小型の哺乳類は、歩き回るときに超音波のクリック音を発して進路を探る(89)。特定のオオコウモリ（フルーツコウモリ）は、反響定位をしないと推定されているが、翼でクリック音を生み出し、それを用いて異なる質感を区別することができる(90)。南米に生息する果食性のアブラヨタカは、ねぐらにしている洞窟の中を飛行するために人間にも聴こえるクリック音を発する(91)。昆虫食性の小型の鳥類であるアナツバメも、同じ理由でクリック音を発しているものと思われる(92)。キッシュや他の多くの人々が実証しているとおり、人間もエコーを使って進路を探って歩き回ることができる(93)。*

人間の反響定位は、コウモリやイルカのものほど洗練されていないが、キッシュが好んで指摘すると

---

* フクロウも反響定位をしているのではないかとドナルド・グリフィンは予測したが、フクロウは反響定位をしていない。イルカの反響定位が発見されたあと、アザラシも同じ技能を有するのではないかと考える科学者もいたが、アザラシは反響定位をしていない。なぜ、アザラシはしていないのか(94)？　理由の一つは、彼らが水陸両生だからかもしれない。イルカは完全に水生動物だが、アシカやアザラシやトドは陸に上がらなければならない。水陸両方の世界で通用するソナーシステムを発達させるのはきわめて困難だ。彼らはソナーではなく、眼と耳、そして6章で登場した、伴流を感知する優れた「ひげ」に頼っている。注目すべきことに、反響定位を行うことが知られている種はすべて温血動物であり、無数にいる無脊椎動物で反響定位をしていることが知られている種は一つもない。これには何か理由があるのだろうか？　それとも、ただ科学者の観察が足りていないだけなのか？

おり、コウモリとイルカは数百年も先にスタートを切っている。それに、キッシュには、コウモリのジッパーやオキゴンドウのキナにはない技能がある――言語だ。彼は自分の経験を言葉にできる。これが、ネーゲルの哲学的ジレンマを巧妙に解決することになる。「コウモリであるとはどのようなことか」は私たちにはわからなくても、「キッシュであるとはどのようなことか」はキッシュに説明してもらうことができる。しかも彼は、明らかに非視覚的である自分の経験を、主に視覚的な用語を使って説明してくれる。彼自身には、それがどのように見えるものなのかという視覚的な記憶が一切ないにもかかわらずだ。鋭いエコーを返す窓ガラスや石塀は「輝くように明るい」。木の葉や表面の粗い石は、粗い乱雑なエコーを返すので「暗い」。キッシュがクリック音を発すると、暗闇でマッチを何度も擦《す》ったときのように「フラッシュ」が連続して光り、そのたびに彼のまわりの空間が瞬間的に照らされる。「私が生きているこの惑星には、七五億人の目が見える人々が暮らしているため、あなたは、人々が自分の経験を言葉にした表現をそのまま受け取る傾向にある。彼はそれがどのように見えるのかを知らないし、私はソナーを介した彼の経験を完全には把握できないので、私と彼のあいだには依然として、言葉では完全には越えられない壁がある。私たちは、相手が経験したことのない自分の経験を、共通の語彙を使って説明しようと試みることによって、互いの環世界を推測し合っている。

フィクションの世界の登場人物――映画『アバター：伝説の少年アン』のトフ・ベイフォンやマーベル・コミック社のデアデビル[*1]――が反響定位をするとき、彼らの能力はたいてい、黒い背景の中を拡散していく同心円の白い線として描かれ、物体の輪郭を浮かび上がらせる。そのような表現は、考え方としては一理ある。現にキッシュは、周囲の三次元空間を感知しているのだから。しかし、コウモリのようには超音波周波数を使えないため、キッシュのソナーの分解能はコウモリほど高くなく、輪郭もはっきりしない。そのため、彼は物体の正体を輪郭よりも密度や質感で捉える。物体のそのような特性は「反響定位における色のようなもの」だとキッシュは語る。私が彼の感覚世界について考えるときにイメージするのは、クリック音を鳴らすたびに瞬間的に脳裏に浮かび上がる水彩の彫刻だ。物体は輪郭のはっきりしない滲んだ染みのように立ち現れ、その「色彩」はさまざまな質感や密度を表している。[*2] たとえば、木は垂直に立った固い棒の上に大きくて柔らかな染みが乗っかっているように聞こえるのだと、キッシュは散歩中に私に語った。木の柵は錬鉄製の柵よりも柔らかく聞こえるが、どちらの音も金網のフェンスより固い。自宅前を通る道を歩いているときに、生垣のぼやけた音に挟まれて歯切れよく硬い木戸の音が聞こえたら、家の前に着いたのだとわかる。ときには、予想外の質感の組み合わせに困惑することもある。私たちは散歩の途中で、完全には舗装されていない私道に停められた車の横を通りがかった。車のタイヤの下はコンクリートだが、車台の下は芝土だった。キッシュは立ち止まり、誰かが芝生の上に車を停めているのかと私に尋ねた。

キッシュは、反響定位のおかげで自由を手に入れた。彼は都市を歩き回り、二輪車に乗り、独りで野山を散策する。彼が特別なわけではない。少なくとも一七四九年以降には、目の見えない人々が助けを

---

*1 トフの技能はどちらかというとツノゼミの地震感覚に似ているし、デアデビルは自分の「レーダーセンサー」を使うのに音を発する必要がないため、どちらも本当の意味での反響定位ではない。また、キッシュのように反響定位を行う人間は「実在のバットマン」だと評されることも多いが、確かにコウモリは反響定位をするので適切な比喩だと言えなくもないが、バットマンは反響定位をしないので誤った比喩とも言える。

*2 ネットフリックス版のデアデビルシリーズでは、登場人物のレーダーセンサーの描かれ方がマーベル・コミック社版とは異なる。比較的冷たい背景の前に滲んだ赤い染みのように登場人物が姿を現す「燃え盛る世界」として描かれている。私に言わせれば、このほうが実際の人間の反響定位の細やかな質感の捉え方に少しは近いように思う。

借りずに大通りの人混みの中を歩いていたという逸話が存在し、（さらに時代が進むと）自転車で障害物のあいだを通り抜けたり混雑したリンクの上をスケートで滑ったりもしていたそうだ[95]。人間は、「反響定位」という概念が認知されるようになるより数百年も前から、反響定位をしてきた。その能力は、長い歴史の中で「顔面視覚」や「障害物感覚」などと表現されたこともあった。そのような感覚の実践者はコウモリと同じように空気中の微かな変化を皮膚で感じ取っているのだろうと、研究者たちは考えていた。一方で、当の実践者たちの多くは、もって生まれた自分の知覚に戸惑っていた[*1]。

マイケル・スパの例を紹介しよう。心理学の学生だったスパは、幼少期から目が見えなかった。やがて日々の暮らしの中で日常的に遠方の障害物を感知できるようになったが、どうやって感知しているのかは説明できなかった。それでも、指を鳴らしたり、かかとを鳴らしたりして進む道を探すことが多かったので、聴覚が関係しているのではないかと考えた。そして一九四〇年代、スパはこの考えを検証した[96]。彼と、もう一人の目の見えない学生と、目は見えるが目隠しをした学生二人で大ホールに集まり、聴覚を使ってメゾナイト社製の大型スクリーンを感知できることを示した。この感知能力は、硬い木の床の上で靴を履いているときに最も鋭く働き、カーペットの上でソックスを履いているときにはあまり働かず、耳栓をするとまったく感知できなかった。より一層わかりやすく結果を示すために、目隠しで参加していた学生にマイクをもたせ、スクリーンに向かって歩いてもらった。スパは隣りの防音室でイヤホン越しに聴いていたが、どこにスクリーンがあるか手に取るようにわかったし、マイクをもって歩いている実験仲間にスクリーン直前でストップをかけることもできた。

偶然にも、これと同じような実験をほぼ同時期に、グリフィンとガランボスがコウモリで行っていた。スパは、一九四四年前半に実験結果を発表した際に、そのコウモリの研究を参考文献にあげている。グリフィンは、その年の後半に「反響定位」という造語を提唱した際に、コウモリだけでなく、目の見えない人々にも備わった技能であると説明し、スパの研究を引用した(97)。しかし、コウモリのソナーは知識として広く知られるようになったが、人間の反響定位の話は広まらなかった。キッシュは今でも、反響定位を研究していながら「人間にも反響定位ができるなんて考えたこともなかった」という研究者に出会うことがあるそうだ。「人間の生体ソナーは、研究対象とするには粗削りすぎると一蹴されてきました」とスパは言う。それは、盲目に対する偏見が今も強く残っているからではないかと私は思う。「目に入らない」という表現は、「関心がない」ことを意味する。「盲点となる」といえば、「意外に気づかないこと」や「まったく知らない領域」を意味する。「ビジョンがない」のは、「創造力の欠如」と同義である。身体障害者を差別するこのような言い回しは、視力の欠如と認知力の欠如を同一視するものだ。しかし実際には、目の見えない人々は周囲のことをかなり詳細に把握している。[*2]

＊1 自分のクリック音がどのように機能しているのかを言葉で説明できるようになるまでに、ずいぶん時間がかかったと、ダニエル・キッシュは私に語った。仕組みがわからなくても、とにかく機能していたからだ。

＊2 目の見えない人の大半が、少なくとも初歩レベルの反響定位を行っているので、壁を避けたり廊下を歩いたりするくらいのことはできるのだと、キッシュは言う。彼はこれを「モノクロの」反響定位と表現した。周囲に対する基本的な認知力があるということだ。目が見える人々も、このレベルならすぐに習得できる。反響定位の熟達者になると、より詳細を、より遠くから、より少ない労力で聞き取れるようになる。私たち人間の聴覚は、他のすべての感覚と同じく、ノイズの中からシグナルを抽出できるように構築されている。騒がしい場所でもスピーチは聞こえるし、カクテルパーティー会場でも自分の名前は聞き取れるし、往来の激しい通りでもサイレンは耳に届く。その過程の一環として、エコーのような環境音の体感音量は下げられる。「反響定位をするようになれば、そのフィルターがほぼ反転します。なぜなら、そのような環境音と反響——通常は背景として片づけられる音——こそが識別すべき要素になるからです」とキッシュは語る。彼にとってのシグナルは、他の大勢の耳にはノイズとして聞こえる音の中に埋もれている。だからこそ、習得するにはかなりの練習を要する。

キッシュは反響定位を使って、目の見える人々にはできないこともできる。自分の後ろにある物や、角を曲がった先にある物や、壁の向こう側にある物を知覚できるのだ。一方で、目が見えれば簡単にできることでも、ソナーではかなり難しいこともある。大きな物の手前に小さめの物があると、小さめの物のエコーが埋もれてしまう。ちょうど、コウモリが木の葉の上の昆虫をなかなか感知できないのと同じように、キッシュや他の反響定位の使い手にとって、テーブルの上に置かれた物を感知するのは至難の業なのだが、厄介なことに、これは人から気軽に頼まれることの多い作業なので困る。「大きな標的の上に置かれたティッシュの箱やホッチキスみたいな小さな物を識別しようとするのは、白い紙に書かれた白い文字を読もうとするようなものなんです」と彼は言う。同様に、壁際に人が立っていると、キッシュはクリック音を発していても、音の当たる角度によっては、その人の存在をまったく把握できない。また、上り坂のほうが下り坂よりも感知しやすく、角のある物体のほうが丸みを帯びた物体よりも識別しやすく、硬い物のほうが軟らかい物より見つけやすい。ドイツのテレビ番組でも放送された印象的な検証実験がある。その実験でキッシュは、反響定位ではシャンパンのボトルとぬいぐるみを識別できないことを改めて自覚した。曲面だらけで先が細くなる形状のボトルは、クリック音の反射される方向が散らばりすぎているし、ぬいぐるみはクリック音を吸収してしまう。要するに、どちらも形や質感をはっきり感じ取れるほどのエネルギーを返してこないのだ。「だから、私の脳にとってはこの二つは同じでした。私はボトルとぬいぐるみを区別できなかったんです」。

だが現実問題としては、実はそれほど困らない。なぜなら、反響定位だけに頼ることはめったにないからだ。家の中を動き回るときは、どこに何があるか記憶している。近所を歩き回るときも、通りの配置を記憶している。自然に聞こえてくる音や触覚など、他の感覚も使っている。道を歩いていれば、近づいてくる車の音は、反響定位で確かめるより早く、聞こえてくる。歩道に立っているとき、縁石の位置はソナーではわからないが、杖で簡単にわかる。何年か前、キッシュがもう少し若かったころ、他の目の見えない友人たちとマウンテンバイクでサイクリングに行ったそうだ。目の見える友人にリードしてもらうことにして、各自のバイクの後ろに結束バンドを取り付け、プラスチックが金属に当たる音を頼りに前のバイクのあとを追尾できるようにした。また、地形を感じ取りやすいように、路面から車体に伝わる振動を制御するサスペンションが硬めのバイクを選んだ。「そのうえで、もちろん、クリック音をたくさん鳴らしましたよ」とキッシュは教えてくれた。

二〇〇〇年、キッシュは他の目の見えない人々に反響定位を教えるために、「ワールド・アクセス・フォー・ザ・ブラインド（World Access for the Blind）」という非営利（NPO）団体を設立した。彼と、同じく目の見えない仲間がインストラクターとなり、数十か国で何千人もの学生を訓練してきた。反響定位はまだニッチなスキルであり、社会的に不適切であるとか、伝統に反するとか、難しすぎて万人向けではなく、数少ない並外れた人しか習得できないという理由で、視覚障害者コミュニティの一部からひんしゅくを買っている。だが、キッシュはこうした意見には賛同していない。反響定位は、教える人が増えさえすれば、もっと広く普及する可能性を秘めている。キッシュは自ら、米国で視覚障害歩行訓練専門職——目の見えない人々の歩行訓練を支援する職——の国家資格を取得した最初の全盲者となった。「視覚障害者が他の視覚障害者に視覚障害者としてのスキルを教えることに対して、強い抵抗を示す人たちがいますが、これはある意味、保護主義を助長する態度だと言えます」とキッシュは語る。目の見えない子どもの多くが、そのうちに自然と、ノイズの中を探索しようとするものだ。舌を鳴らしていなくても、指を鳴らしたり、足を踏み鳴らしたりしている。多くの親は、子どものそのような行動を異様に感じ、非社交的だと考え、洗練されたソナー感覚が育つ前にやめさせてしまう。だが、キッシュの両親はそうしなかった。彼がクッリク音を発するのをやめさせたりせず、彼に自転車を買い与えた。「両親は、私の目が見えないことを私の特性の一つとみなし、私が自由に動き、発見し、自分を取り巻く環境との付き合い方を学べるように支えてくれました」と彼は言う。その自由は、最終的に彼の脳の性質を変えた。

神経科学者のロア・セイラーは、二〇〇九年からキッシュとともに研究している(98)。彼女は、キッシュや反響定位を行う他の人々がエコーを聴いているときに、視覚野――通常は視覚を司る領域――の一部が高度に活性化していることを、脳スキャナーを用いて明らかにした。目の見える人が同じ音刺激を聞いているときには、その領域は休止状態にある。だがこれは、キッシュがエコーを「見て」いるという意味ではない。エコーから得た情報を体系化し、自分を取り巻く環境の空間マップを構築していることを意味する。これは本来、視覚が得意とするタスクだ。視覚を失っても、「視覚」野の用途を「エコー処理」野に変えることによって、脳は同様のマップを構築できる(99)。だから、キッシュは物と自分の位置関係を聞き取れるだけでなく、物と物の位置関係もわかるのだ。それどころか、彼はハイキングやサイクリングのような目覚ましい活動もしているが、その多くも、このマップを構築する能力で説明できる可能性が高い。もちろん彼は、記憶や杖や他の感覚からも情報を得ているが、クリック音を発することで、それらの情報を空間に配置しているのだ(100)。「彼の空間把握力は、幼いころに視覚を失った人の大半よりも根本的に優れています」とセイラーは語る。そして、その能力は、生涯にわたる練習と積極的な探査活動の賜物である。

本章でイルカについて述べる中で、私は反響定位について「音で触れる」という表現を使ったが、キッシュもだいたい同じ考えのようだ。「触覚が拡張されたような感じです」と彼は言う。意図的に詮索するための感覚だ。コウモリと同じようにキッシュも、世界がその姿を明かすように能動的に働きかける。もちろん考えようによっては、すべての感覚がそうであるとも言える。猛禽類は眼で見回し、ヘビは舌をちろちろと出して匂いを集め、ホシバナモグラは鼻先の星を巣穴の壁に押しつけ、ラットはひげをウィスキングさせ、山火事を探し求める甲虫は羽を羽ばたかせることによって赤外感知器の感度を高めることができる。しかし、反響定位を行うコウモリやイルカや人間は、何もないときも絶えず探査している。ここまでに登場した感覚の中で、そのように恒久的に能動的に働く感覚は、反響定位だけだった。

だが実は、そのような感覚がもう一つある。

＊ そもそも「視覚野」という命名は的確なのだろうか。通常は目と接続しているが、必ず接続しているとは限らないのだから、「空間マッピング野」と呼ぶべきではないかと疑問に思う人もいることだろう。

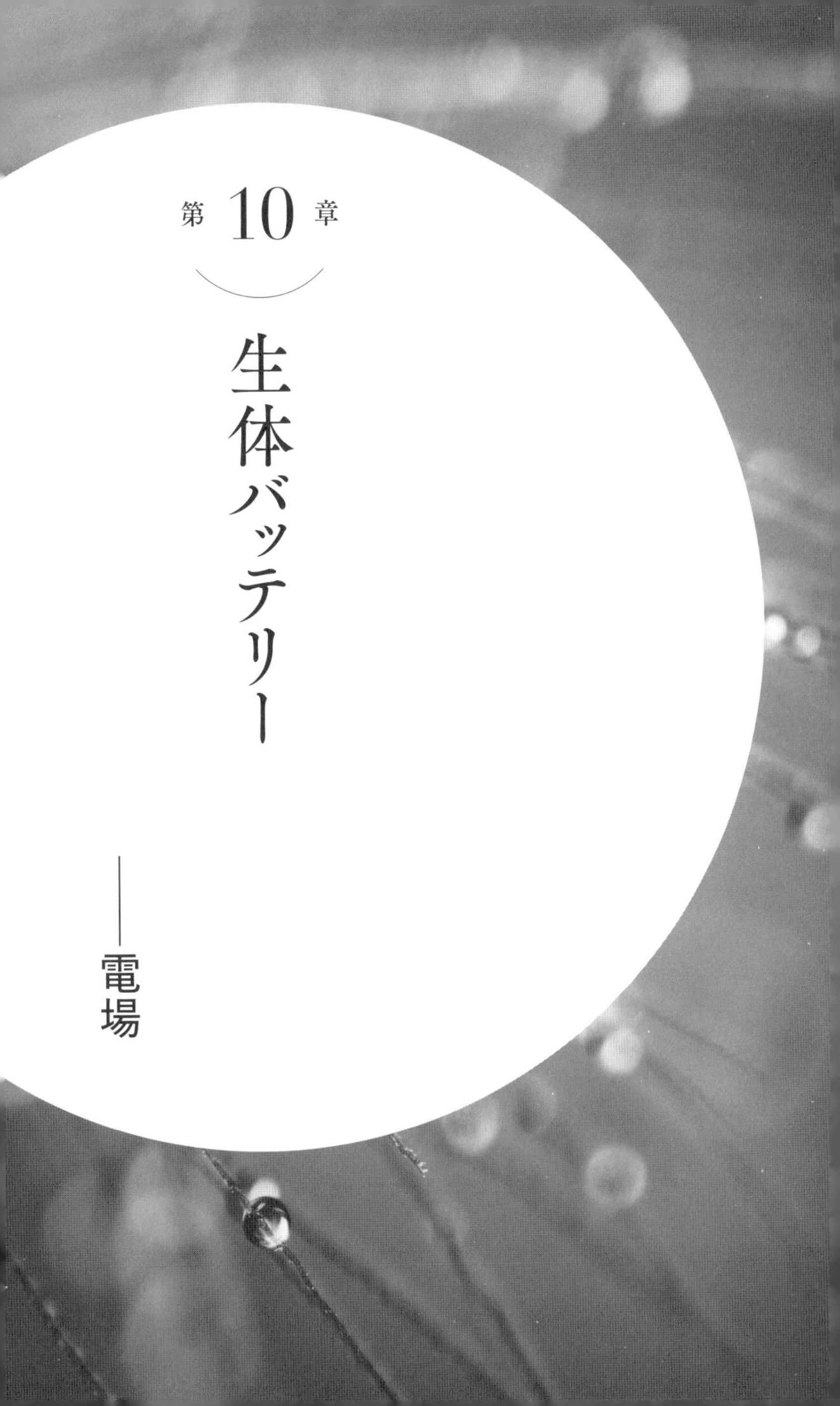

第10章 生体バッテリー

——電場

ニュージャージー州ニューアークにあるエリック・フォーチュンの研究室で、私は水槽の中のデンキナマズを見つめている。デンキナマズは、電気を生み出せる多くの魚のうちの一種だ。朽葉色のでっぷりとした体で、スイートポテトにひれをつけたような姿をしている。フォーチュンはこのナマズをブラビーと名づけた。ブラビーの電気ショックはパンチが効いているが、電池を舐《な》めるよりはましだと、彼は断言した。「感電死したければ、できますよ」とも言った。ジャーナリストの訪問客をからかっているのだとわかっていても、少し不安になる。それでも、私は水槽に手を突っ込んだ。ブラビーは身じろぎもしなかったが、私はそうはいかない。すぐに魚の放電が私の筋肉を収縮させた。反射的に腕を引っ込めたせいで、水しぶきが飛び、メモ帳がびしょ濡れだ。私の指はその後一時間ほどピリピリとうずいた。「およそ九〇ボルトです。あなたが体験してくれて、嬉しく思います」とフォーチュンは言った。

　体内で電気を生み出すことのできる魚は三五〇種ほどいて、人間は電気というものを知るよりだいぶ前から、そのような魚の能力について知っていた(1)。約五〇〇〇年前には、エジプト人がブラビーの祖先の姿を埋葬室に彫刻していた(2)。ギリシア人とローマ人も、シビレエイの「麻痺させる」力について書いている――小魚[*1]を死に至らせる不思議な力が、釣り人の腕から体へ走り抜け、頭痛でも痔でも何でも治してしまうそうだ。この放電の本当の性質がもう少し明らかになるのは一七世紀、一八世紀のことで、そのころにようやく科学者は物理的実体として電気を定義し、動物が電気を生み出せることに気づいた。

　電気魚の研究はその後、電気そのものの研究と複雑に絡んでいくことになる。世界初の合成電池のデザインは、電気魚からヒントを得たものだった。すべての動物の筋肉と神経が微小電流によって作動することが発見されたのも、電気魚の研究あってのことだった。実は電気魚も、自身の筋肉と神経を特殊な「発電器官」に改変することによって、独自の発電力を進化させてきた。この発電器官は、「発電細胞」と呼ばれる細胞で構成されており、横倒しになったパンケーキタワーのように発電細胞が重なって並んでいる。発電細胞を通り抜ける「イオン」と呼ばれる荷電粒子の流れを調節することによって、発電細胞の両側に小さな電位差を生み出すことができる。発電細胞を整列させ、一斉に始動させると、この小さな電位差が積み重なって大きな電位差を生むことになる。

この仕組みを他のどの生き物よりも巧みにやってのけるのが、デンキウナギだ[4]。デンキウナギの発電器官は、全長七フィート（二メートル強）の体の大部分を占めていて、約一〇〇層に重なった五〇〇〇～一万個の発電細胞で構成されている。三種のデンキウナギの中でも最強の種は、八六〇ボルトで放電できる――ウマ一頭を再起不能にできるほどの電圧である。[*2] 彼らはその残虐な力を、意地の悪い巧妙さで用いる。小さな魚や無脊椎動物を仕留める際には、電気パルスを放って獲物の筋肉を引きつらせたうえで、いったん解放する。次により強いパルスを放つと、先ほどと同じ筋肉が今度は動かなくなり、獲物は麻痺を起こして餌食となる。発電器官はリモコン装置にもテーザー銃にもなり、そうやってデン

＊1 ギリシア人はシビレエイのことを、現代の「麻酔薬（narcotic）」の語源である「ナルケー（nárkē）」と呼んでいた。電気魚とその科学への貢献の歴史は実に興味深く、私はその記述にわずかな段落しか充てられないが、実際の魅力はそれどころではなく遥かに豊かである。より詳しく知りたい読者は、スタンレー・フィンガーとマルコ・ピッコリーノの共著『電気魚の衝撃の歴史（The Shocking History of Electric Fishes）』（未邦訳）に当たってみてほしい[3]。

＊2 これは大げさな作り話ではない。一八〇〇年、南米のチャイマの漁師たちは、三〇頭のウマとラバを水たまりへ駆り立て、博物学者のアレクサンダー・フォン・フンボルトのデンキウナギ採集を手伝った[5]。デンキウナギは水から跳ね上がり、ウマに自身の体を押しつけ、ウマを感電死させた。その大混乱が収まるころには、ウナギは疲れ果てていて簡単にすくい上げることができた。その過程で、二頭のウマが亡くなった。

キウナギは他の動物の体を離れた場所から乗っ取るのだ。[*1]

電気魚のほとんどは、もっと無害で安全な存在で、放電も人間にはほとんど感じられないほど微弱だ[7]。弱電気魚として知られる魚は大きく二つのグループ――アフリカ原産のエレファントフィッシュ（モルミルス科）と南米原産のナイフフィッシュ（ナギナタナマズ科）――に分かれる（デンキウナギは、その名に反して実際にはナイフフィッシュの仲間であり、ナギナタナマズ科に属する種の中で唯一、強い放電を生む）。弱電気魚は、チャールズ・ダーウィンも含めた一九世紀の科学者たちを当惑させた。ダーウィンは、デンキウナギとシビレエイの強発電器官は通常の筋肉から、弱めの中間段階を経て、強発電器官へと進化したに違いないと理論立て、実際にこの理論は正しかったのだが、そもそも、弱めの発電器官にも何か使い道がなければ、そのような進化は起こらなかったはずである。しかし、弱発電器官の放電はあまりに弱すぎて、攻撃にも防御にも役立たない。では、いったい何の役に立っていたのだろうか？　ダーウィンは、一八五九年に出版された歴史的名著『種の起源』の中で、次のように書いている。「この驚くべき器官がどのような段階を経て生み出されたのかを想像するのは不可能である[8]」。「だが、それも当然である。私たちには、この器官が何の役に立っているのかさえ、わからないのだから」。

一六〇年の研究のすえに、ナイフフィッシュとエレファントフィッシュが自ら生み出す電場を使って、周囲の様子を感知し、さらには、仲間と互いにコミュニケーションをとっていることが明らかになった。ダーウィンもこれで安眠できることだろう。彼らにとって電気は、コウモリにとってのエコー、犬にとっての匂い、人間にとっての光に相当する――つまり、彼らの環世界の中核をなすものなのだ。

マルコム・マッキーバーは私に、まず聞き耳を立ててから、電極を小さなタンクに浸すようにと言った。その装置は一秒に九〇〇回振動する電場を検知し、その電場を音に変換する。すぐ横にあるスピーカーから、耳に長く残るようなミドルCよりも二オクターブほど高いソプラノの音が聞こえてきた。そうやって私たちは、タンクに棲む静かな生き物――ブラックゴーストナイフフィッシュ――の沈黙の音を聞くことができる。[*2]

ブラックゴーストナイフフィッシュの全長は、私の手と同じくらいだ。皮膚はダークチョコレート色で、剣のような体は、幅広い頭部から尾に向かうほど細くなっている。体の下側にはリボンのようなひれが一本あり、絶えず波打っている。この魚はこのひれを使って異様なほどの敏捷性であらゆる方向に体を推進させることができる。タンクの底にあるシリンダーの中央に浮かんでいたと思ったら、ふいにシリンダーから飛び出し、またすぐ、飛び出したときと同じくらい難なく、シリンダーの中央に戻る。身をひねって上下逆さになる。勢いよく後退し、後方の壁に衝突する前に体を曲げ、尾を先にして壁に沿って滑り上がっていく。「ハンス・リスマンもこうやって、何が起きているのかを解明したんですよ」

＊1 デンキウナギの存在は数世紀前から知られていたが、デンキウナギについて私たちが知っていることの大部分は、最近になってようやく発見されたことばかりだ。ホシバナモグラ、ミミズ、クロコダイル（ワニ）の熱狂的な愛好者であるケネス・カタニアは、デンキウナギが獲物をリモート操作できることを明らかにした。カルロス・ダミド・デ・サンタナが率いる研究チームは、電気魚を象徴する存在であるデンキウナギが実際には三種に分類され、そのうちの一種がこれまでに測定されたどの種よりも遥かに強力な電位をため込むことを明らかにした(6)。

＊2 マルコム・マッキーバーは以前、それぞれに別のタンクで飼育されている、種の異なる一二匹の電気魚で「楽器」を構成した。一二匹すべてがそれぞれに異なる周波数の電場を生み、各タンクに差し込まれた電極がその電場を楽音に変換する仕組みだった。訪問者はミキサーの操作盤の前に立ち、各タンクの音量を上げ下げして、電気オーケストラを指揮することができる。「私は、電気魚を正当に評価しない人々に少々うんざりしていたので、電気魚が人々に驚異の念を抱かせることのできる素晴らしい動物であることを強調したかったのです」とマッキーバーは言う。

とマッキーバーは私に語った。

ハンス・リスマンはウクライナ生まれの動物学者で、環世界という概念の生みの親であるヤーコプ・フォン・ユクスキュルとともに研究していた(9)。二つの世界大戦を生き抜いたあと、リスマンは英国に行き着く。そして、ロンドン動物園を訪れた際に、運命的な瞬間を迎えた。アフリカナイフフィッシュが障害物を巧みに回避しながら水槽内を逆走する様子を目撃したのだ(10)。そして、隣接する展示水槽内では、デンキウナギが同じ芸当をやってのけていた。それを見た彼は、両者とも、何らかの方法で電気を用いて周囲の障害物を感知しているのではないかと考えた。まもなく、彼はその発想を検証する機会に恵まれた。結婚のお祝いとして友人からナイフフィッシュを贈られたのだ*。

一九五一年、リスマンは電極を用いて、そのナイフフィッシュが尾部にある器官で連続的に電場を発生させていることを確かめた(11)。そして、水よりも電気伝導性が高いか低いかのいずれかである物質が電場内に存在すると場が乱れることに気づいた。おそらくナイフフィッシュは、電場の乱れを感知することによって、その乱れを生み出した物体を検出しているのだろう(12)。リスマンと彼の同僚のケン・マシンは、この能力の限界を精査し、驚愕した。いくらかトレーニングするだけで、ナイフフィッシュは絶縁性のガラス棒が入った陶器と、何も入っていないまったく同じ型の陶器を判別できた。純度のみが異なる混合水の違いも識別できた。彼らには明らかに、人間に備わっているどの感覚とも異なる「電気感覚」が備わっている。リスマンとマシンはこの結果を一九五八年に発表した。この二〇年のあいだに、人間には馴染みのない新たな感覚が正式に報告されたのは、二回目だった(13)。ちょうど一四年前に、ドナルド・グリフィンが「反響定位」という造語を用いてコウモリのソナーを報告していた。それと同じくらい奇妙な電気魚の能力は、能動的な「電気定位」として知られるようになった。なんともぴったりな呼び名である（「能動的な」という修飾語がつく理由はあとでわかる）。

ナイフフィッシュの尾部にある発電器官は、小さな電池のようなものだ。スイッチが入ると電場が生み出されて体を包み込む。発電器官の片端からもう一方の端まで水中を電流が流れる。近くに電極があると、（本質的には塩水が入った袋である細胞で構成されている）動物と同じように、その電流量が増える。絶縁体があると、岩と同じように、電流量は抑制される。そのような変化はナイフフィッシュの皮膚のさまざまな部位の電圧に影響し、ナイフフィッシュはその差異を「電気受容細胞」と呼ばれる感覚細胞で感知することができる(14)。ブラックゴーストナイフフィッシュは、体表に散在する約一万四〇〇〇個の電気受容細胞を用いて、周囲にある物体の位置、大きさ、形状、距離を割り出している(15)。目の見える人々が網膜に差し込む光のパターンから世界の像を生み出すのと同じように、電気魚は皮膚表面で縦横無尽に揺らめく電圧パターンから周囲の電気的な像を生み出す。その像の中で、伝導体は光り輝き、絶縁体は電気的な影を落とす。

このような異質で馴染みのない感覚について説明するときには、「像」や「影」などの視覚用語が便利だ。しかし、電気定位は視覚とは大きく異なる。この感覚を備えた魚は、他の多くの生き物がまったく気づかずにいる物理的性質を気にかける一方で、視覚的にはっきりと（文字どおり）見えている特色は無視する。電気魚を野生地から採取する際には、懐中電灯で魚を照らしても何の影響もないが、水中

＊ややこしいことに、ハンス・リスマンが研究していた種はアフリカナイフフィッシュと呼ばれているが、生粋のナイフフィッシュ（すべて南米原産）よりもエレファントフィッシュとのほうが近縁であった。でも安心してほしい。ブラックゴーストナイフフィッシュは間違いなくナイフフィッシュだ。名前のとおり黒くて、そこはかとなく幽霊っぽい。

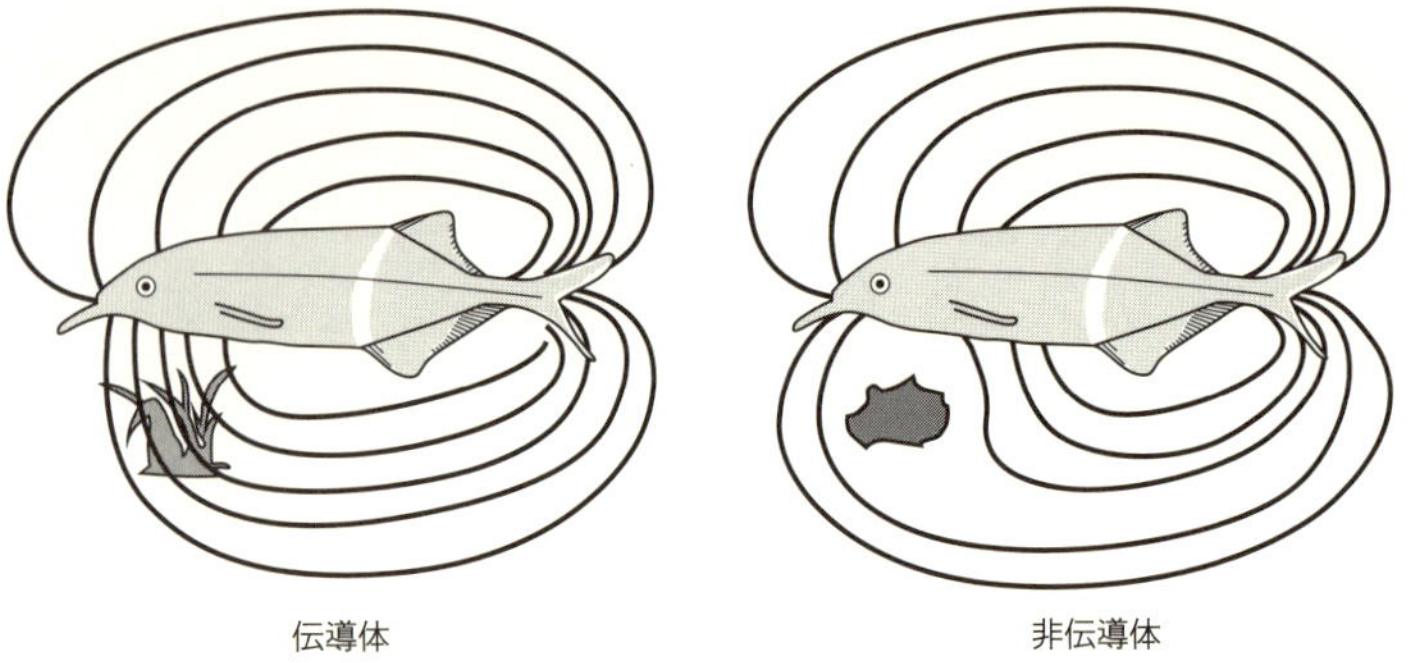

エレファントフィッシュは自分で電場を生み出し、その電場は周囲にある伝導体や非伝導体によって乱される。

に網を入れたときに「金属が少しでも露出している部分があれば、採取は不可能です」とエリック・フォーチュンは私に語った。伝導性の金属は彼らにとって実際の光以上に明るく輝く存在なのだ。

彼らは塩分濃度にも敏感に反応する。ナイフフィッシュが多く生息するアマゾン川流域では、定期的に降る豪雨がイオンを水中から流出させる。この脱塩された背景の中では、塩分豊富で伝導性である動物の体は、電気定位できる魚にとってより一層際立つ存在となる。だが、比較的イオンの豊富な北米の水道水の中では、同じ動物でも背景に紛れてしまう。マッキーバーの研究室はイリノイ州エバンストンにあるが、飼育しているブラックゴーストナイフフィッシュを地元の川に放流したとしたら、おそらく餌を感知するのに苦労して死滅するだろうと、彼は語った。そのような事情もあって、彼は自然界の生息環境を模倣するために、電気魚の研究者のあいだで代々受け継がれている手書きのレシピを用いて飼育タンク内のイオン濃度を調整している。[*1] ブラックゴーストナイフフィッシュはアマゾンから遠く離れた場所にいるが、少なくともタンクの水だけは故郷のように感じられることだろう。[*2]

能動的な電気定位は、つねに労力を要する反響定位に似ている。他の感覚の場合は、感覚を働かせるかどうか選択の余地がある——鼻をクンクン鳴らして匂いを嗅ぎ回ったり、眼を素早く動かして見回したり、手で撫《な》で回したりできる一方で、これらの感覚器は刺激が届くまで待機させることもできる。反響定位を行うコウモリと電気定位を行う魚は、待機できない。どちらも感知すべき刺激を自ら生み出さなければならない。しかし、この二つの感覚には、一つ重要な違いがある。電場は移動しないのだ。他の感覚は、ほぼすべて、移動する刺激に依存している。匂い分子も、音波も、表面振動も、光さえも、発生源から受信者までの道のりを移動しなければならない。しかし、ナイフフィッシュの電場は、発電器官を発火させればすぐに周囲に出現する。コウモリはエコーが返ってくるのを待たなければならないが、電場の出現は待つ必要がない。電気定位は即効性のある感覚なのだ。

また、電気定位は全方向に働く(17)。電気魚の電場はすべての方向に広がるので、すべての方向を認識できる。だから、私が見たブラックゴーストナイフフィッシュも、ハンス・リスマンを魅了したアフリカナイフフィッシュも、背後の障害物を回避できたのだ。どちらのナイフフィッシュも、一気に数メートルをあとずさりで泳ぐ様子が撮影されている。「想像してみてください。あなたは後ろ向きで五メートル歩けますか？　歩けないでしょう？　でも電気魚にはそれができるんです」とフォーチュンは語った。

＊1　このレシピはこの分野の先駆的研究者レオナール・メイラーにちなんで、「メイラーのムック（泥）」と呼ばれている。

＊2　電気魚の中には、ごく狭い塩分濃度範囲内で電気感覚を最大限に発揮できるように進化した種もある。「その結果としてきわめて興味深いことに、そのような種の魚は、水の伝導度が異なる水系の川へ分散しようとすると、目に見えない壁に直面することになる」のだと、カール・ホプキンスが二〇〇九年に書いている(16)。

電気魚を包み込むこの感知能力には、一つ重大な欠点がある。電場は発生源から遠のくと急速に弱まるため、電気定位が働くのはごく狭い範囲だけだ。ブラックゴーストナイフフィッシュは、全長がほんの数ミリメートルのミジンコを餌にしているが、そのような小さな餌でも、体から約一インチ（約二・五センチメートル）の範囲内であれば感知できる。しかし、その範囲外のミジンコは感知できず、もっと大きな物体であっても不明瞭になる。「電気魚はつねに深い霧の中にいるようなものです」とマッキーバーは語る。ブラックゴーストナイフフィッシュは、より強い電場を生み出すことによって、認知できる範囲を拡大でき、実際に毎晩、餌探しを開始するときにはそうしている。しかし、そのような特別な努力には限界がある。電気感覚の及ぶ範囲を二倍にするには、八倍のエネルギーを費やさなければならない――しかも、通常の電場を生み出すためにすでに総カロリーの四分の一を使っている[18]*。

このような制約は、電気魚の多くがあんなにも敏捷である理由の説明にもなる。彼らの認知力は小さな感覚バブルの中に閉じ込められていると言ってもいいため、何か感知したらすぐに反応しなければならない。障害物を感知するころには、急停止するか素早く方向転換するしかない状況にある。何か食べられるものを感知したときに、すでに通り過ぎていれば、後退しなければならない。マッキーバーは私に、ブラックゴーストナイフフィッシュがまさにそうやって後退する様子を捉えた映像を見せてくれた。最初は泳ぎながらミジンコの横を通り過ぎ、すぐに後退して、頭部がそのミジンコに十分に近づくまで後退したところで、パクっと食べる。もしUターンしていたら、ミジンコは電気感覚の範囲から外れてしまい、見失っていたことだろう。縦列駐車の手順のようにそのままバックしたからこそ、獲物を感覚バブルの内側に留めておくことができたのだ。これもまた、動物の体とその感覚系が密接につながっている例である。ブラックゴーストナイフフィッシュの機敏性は、体を包み込むような電気感覚がなければあまり役に立たなかっただろうし、これほどの機敏性がなければ、電気感覚があってもほとんど役に立たなかったことだろう。

電気定位が全方位に働くということは、私たちがこれまでに出合ってきた感覚の中で最も似ているのは、おそらく触覚だろう(20)。「私たちは体中のどこを触られても感知できますが、そのことを不思議だとは思いませんよね？　その感覚が少しだけ拡張された感じを想像してみてください。電気感覚とはそのようなものだと思うんです。ただし、魚たちがそれをどう感じているかは誰にもわかりませんけどね」とマッキーバーは言う。同じく電気魚の研究者であるブルース・カールソンは、電気魚は皮膚に圧のようなものを感じているのではないかと想像している。伝導体と絶縁体の感じられ方の違いは、私たちが指で熱いものと冷たいものに触れたときや、粗いものと滑らかなものを撫でたときの違いみたいなものではないだろうか。「想像するに、僕が泳いでいるときに金属球のそばを通り過ぎたとしたら、体の側面を氷で撫でられたかのようなちょっとした冷たさを感じると思うんです」とカールソンは語った。もちろん、これは推測にすぎないが、電気魚は実際に、まるで離れた場所から周囲の物に触れているかのように振る舞う。私たちが物体の表面に指を走らせるのと同じように、彼らは物体のすぐ横で前後に泳いで調査する。私たちが見慣れないものを手でつかむのと同じように、彼らは謎の品の形状を知るた

＊もちろん、電気魚が自在に使える感覚は他にもある。視覚のように、もっと広い範囲に及ぶ感覚もある。エレファントフィッシュの眼は、遠くを高速で動く大きな物体の感知に適合しているようで、理論上は、電気感覚が及ぶ範囲内まで接近する前に捕食者を感知するのに役立つ可能性がある(19)。とはいえ、電気魚の多くは濁った水の中に生息していて、遠くまで見通すのは不可能だ。しかも、野生のナイフフィッシュの多くは、眼の中に寄生虫がいてもまったく問題なく暮らしている——なんともぞっとする話だが、視覚なしでも生存できる証拠である。

めの手がかりを求めて、その品を自分の体で包み込む[21]。ダニエル・キッシュは反響定位について、「触覚が拡張されたような感じ」だと言っていた。彼は音を使って自分の触覚を拡張し、意図的に周囲の世界を探索している。それと同じように、電気魚は電場を使っているのだ。[*1]

　似たような話をどこかで聞いたような気がするが思い出せないという読者は、水中を泳ぐ魚の体を包み込むように生み出される「流れの場」の話を思い出してほしい。水中に何か物体があると、「流れの場」が乱れ、魚は側線を使ってその乱れを感知できる。スベン・ダイクラーフはこれを「遠くから触れる」能力だと表現したが、電気定位を行う魚がしているのもまさにこれである。水流の代わりに電流を使っているだけだ。この類似性は偶然ではない。電気感覚は、側線から進化したのだから[23]。電気受容器は、側線を生み出すのと同じ胚組織から発生し、どちらの感覚器官にも同じ種類の感覚有毛細胞がある[24]（あなたの内耳にもある）。[*2] 電気感覚は実際に、水流ではなく電場を感知するという別の目的で使えるように改変された、触覚の変形型なのだ。[*3]

　しかし、すでに側線が存在したのに、そのうえで、なぜ電気定位が進化したのか？　それは、電場が他のどんな刺激よりもたいてい信頼できるからかもしれない。電場は乱流に乱されることがないため、急流や渦に側線が翻弄される流れの速い川でも電気魚は繁栄できる。また、電場は暗さや濁りで薄れることもないため、電気魚は夜間でも、濁水の中でも、活動的でいられる。電場は光や匂いのように障壁によって遮られることもないため、電気魚は固体の向こう側に隠れたお宝も感知できる[25]。実際に、電気魚から身を隠すのはとても難しい。彼らは電気の流れやすさを表す「透過性」だけでなく、電荷を蓄える力を表す「電気容量」も感知できる[26]。自然環境では、「電気容量は生きている証」なのだとマッキーバーは言う。獲物となる動物は、視覚と聴覚に頼る捕食動物を欺くために、動きを止め、身を隠し、静まりかえる。しかし、静止も潜伏も沈黙も、電気定位を欺くことはできない。電気魚にとって、生物の存在はすべて無生物の背景の中で目立つ。なかでも際立つのが、他の電気魚の存在だ。

九・一一米国同時多発テロ事件の直後、エリック・フォーチュンは大学の学部長から電話を受けた。フォーチュンの同僚の一人が空軍予備役に属していて、任務に招集された。その男性はエクアドルへ現地調査に赴く予定だったので、そこに空きができてしまった。もしよければ彼の代わりをフォーチュンに務めてもらいたい、とのことだった。彼は引き受けた。

こうして、フォーチュンはアマゾンの熱帯雨林の奥地の、三日月湖を見渡せるロッジに行き着いた。ある夕方、コウモリが湖面上空で昆虫を採集し、巨大なクモが湖畔で魚を獲る中、フォーチュンは桟橋へと歩いていき、電極を増幅器に接続し、水中に差し入れた。その途端、馴染みの音が聞こえた――アイゲンマニア属のグラスナイフフィッシュに特有のハミングである。この魚は電気魚の中でもとくに広く研究されている種で、フォーチュンも以前、研究対象としていたことがある。だが、彼が聞いたことがあるのは研究室で飼育されている数十匹の音だけだった。桟橋の上で聞いたのは、何百匹もの音に違いない。姿はまったく見えなかったが、彼の足下には騒がしい電気の世界が広がっているのだとわかる。

＊1 エンジェル・カプーティは、電気魚の場合、電気感覚が側線感覚および固有感覚（自己受容感覚）――動物が自分の体の状態を認知するための感覚――と結びついて一つの統合された触覚を形成している可能性が高いと主張している(22)。

＊2 同じ基本センサー――有毛細胞――が音にも、水流にも、電場にも適合しているとは、率直に言って、信じがたいことだ。

＊3 これは、思っているほど大きな拡張ではない。側線に並んでいる感丘はもとより電気を感知できる。ただし、電気魚の電気受容器に比べると、その感度は一〇〇分の一から一〇〇〇分の一程度である。

「今も目を閉じればその瞬間に戻れます」と彼は私に語った。「それまで経験したことがないほど驚きに満ちた瞬間でした。今この瞬間にあそこにいられないことが残念でしかたありません」。

何十年も前から科学者は研究室で電気魚を研究してきた(27)。電気魚は、録音も、微調整も、放電の再生も容易にでき、神経科学や動物行動学の研究の主役となっている。たとえば、魚の体に対して、何か動くものを模倣したシグナルを再生し、魚がどう反応するかを観察できる。一九六〇年代からそのような研究がなされ、電気魚のバーチャルリアリティの世界が生み出されてきた。だが、野生での研究は難しいため、電気魚の現実世界はまだ謎に包まれている(28)。アフリカのエレファントフィッシュも南米のナイフフィッシュも、熱帯雨林の濁った川で、複雑に絡んだ水中植物に囲まれて生息する傾向にある。場所によっては、周辺一帯で最も多く見られる魚にもなっている。だが、フォーチュンがしたように、電極を水中に差し入れて彼らの電気コーラスを可聴音に変換しない限り、あなたには何もわからない。

電極も、地元のお店[*1]で購入できるような単純なものから、魚群の中の全個体の位置を特定できるような複雑なグリッドへ、時代とともに改良されてきた(29)。このような装置によって、魚が電場を用いるのは環境を感知するためだけでなく、互いにコミュニケーションをとるためでもあることが明らかにされてきた。他の動物が色彩や歌を使っているのと同じように、電気シグナルを使って交尾相手に求愛し、縄張りを主張し、争いに決着をつける(30)。

電場はコミュニケーションにはもってこいだ。なぜなら、音のように歪むことがないからだ。障害物に吸収されることもない。反響することもない。移動することさえない。電場を生み出す魚と、電場を感知する魚のあいだの空間に即座に現れる。[*2]これはつまり、電気魚は情報を放電の細やかな特性としてコード化することができ、しかもそのメッセージが破損されるリスクを伴わないということだ。聴覚の章（8章）で、私たちはキンカチョウが歌声の時間微細構造――一〇〇〇分の一秒レベルの音の変化――に注意を払っていることを知った。電気魚も放電を使って同じことをしている。しかも彼らは、数百万分の一秒レベルで感知できる。単純なシグナルに情報を詰め込むことができるのだ。

電気魚の中には、ドラムの音のような強いスタッカートのパルスを生み出すために、電場をオン／オフできる種もある。そのようなパルスの形状――パルスの長さや経時的な電位変化――には、発生元である電気魚の種、性別、状態、ときには個体識別に関する情報まで含まれる(31)。短い時間尺度でみれば、どの個体も同じパルスばかりを何度も発生させている。「人間でいえば、声のようなものだと私は考えています」とブルース・カールソンは言う。一方で、パルスのタイミングは大きく変動する。パルスの形状が個体識別情報を伝えているのだとすれば、パルスのタイミングは意味を伝えている。あるリズムは鳥の歌声のように魅力的で、別のリズムは怒鳴り声のように威嚇的、という具合だ(32)。

他には、ブラックゴーストナイフフィッシュやグラスナイフフィッシュのように、細かく連続的にパルスを発生させることによって、延々と続くバイオリンの音のような単一の連続波を生み出す種もある。この波の周波数は種によって（ときには性別によっても）異なり、電気魚は信じられないほどの精密さでタイミングを調節している。かつて神経科学者のテッド・ブロックは、ブラックゴーストナイフフィッ

＊1「家電販売チェーン店のラジオシャックの倒産は、われわれの分野に起こった最悪の出来事の一つでした」とエリック・フォーチュンは語ってくれた。

＊2 環境雑音に煩わされることもほぼないが、一つ例外がある――遠方の雷雨によって生み出された電磁波は数千マイルの距離を伝わってきて電極で確実に検知できるようなクリック音を発生させるのだが、そのクリック音を電気魚も感知できている可能性がある。

シュの電場がわずか〇・〇〇〇〇〇〇一四秒の誤差で〇・〇〇一秒ごとに絶えず振動していることを明らかにした(33)。自然界で最高レベルの精度を誇る時計の一つであり、ブロックの装置で測定するには精密すぎるほどだった。[*1] このように注意深く調節されたシグナルの周波数を細かく変化させることによって、波型の電気魚はメッセージを送ることができる(35)。シグナルの周波数を短期間で急速に高めることで、彼らは甲高い「チャープ音」を発することできる。チャープ音は、「攻撃的な場面では短く突発的に発せられるが、求愛中には、そこまで鋭くはなく、どちらかというとギシギシときしむような質感で発せられるものと推測される」と、かつてメアリー・ハゲドンとウォルター・ハイリゲンベルクは書い[*2]ている(36)。

そのようなメッセージは遠くまでは届かないが、それでも、電気コミュニケーションは能動的電気定位よりは範囲の制約が少ない。電気定位を行う場合、電気魚はより強い電場を生み出すことでしか感知できる範囲を広げることができず、かなりのエネルギーを消費することになる。しかし、他の電気魚の電気シグナルを「聴く」ときには、電場を生み出す必要がない。ただ、電気受容器の感度を上げる必要があるだけで、そのように進化するのはそれほど難しくない。電気魚は身の回りの一インチ（約二・五センチメートル）以内にいる獲物しか感知できないが、他の魚からのシグナルは数フィート以上離れた場所まで感知できる。知覚の霧の中で、同種の存在は輝いて見えるのだと、マルコム・マッキーバーは想像している。

電気コミュニケーションは、エレファントフィッシュの中でも「モルミルス」と呼ばれる一群にとってはとくに重要で、彼らのコミュニケーションスキルはきわめて高い。そもそもエレファントフィッシュは、すべての種がそれぞれに特有の「クノレン器官」と呼ばれる超高感度電気受容器を備えていて、電気定位には用いず、他の魚からの電気シグナルのみに適合している。モルミルスは、その特殊な受容器をさらに改変し、他のエレファントフィッシュが気づけないような電気シグナルの微細な特徴まで感知できるように装備を一新させてきた(38)。そのような違いの発見者であるブルース・カールソンによれば、他のエレファントフィッシュが電気的なモノクロの世界に留まっている中で、モルミルスは電気的にカラフルな世界を見ているわけだ。

カールソンは、電気魚の社会生活の移り変わりがこのような変化を引き起こしたのではないかと考えている(39)。比較的単純なクノレン器官をもつエレファントフィッシュは、大きな群れを作って広々とした水中で暮らしている。彼らが知る必要があるのは、まわりに他の魚がいるかどうかと、どこにいるのかだけである。一方、モルミルスはたいてい濁った川の底にいて、単独で縄張りをもつ。「彼らが他の魚を感知したときに知りたいのは、その正確な位置と、その魚の正体です。ライバルになりうるのか？　交尾相手か？　気にかける必要のない別種なのか？」とカールソンは言う。このように他の魚について知る必要性があるがゆえに、彼らの電気感覚は変化を遂げたのだ。そしてこの変化は、少なくとも二通りの方法で、彼らの進化の過程にも変化を与えた。

第一に、モルミルスは実に多様である。互いの電気シグナルのごくわずかな違いも感知できるので、

＊1　ハワード・C・ヒューズの著書『エキゾチックな感覚世界（*Sensory Exotica*）』（未邦訳）には、ブラックゴーストナイフフィッシュの電場を用いて時計をセットすれば、毎年わずか一時間のずれしか生じないと書かれている(34)。

＊2　二匹のグラスナイフフィッシュが出合い、両者の放電の周波数が近い場合には、互いに周波数が離れるようにシグナルを調節する(37)。これは「混信回避応答」と呼ばれていて、脊椎動物の行動の中でもとくに徹底的に研究されているテーマの一つである。

ちょっと癖のある個性を好むような性的嗜好を発達させることができる。そのような嗜好の違いは、変わった電気的好みをもつ個体とその好みにマッチするシグナルを発する個体を結びつけ、単一だった集団を二分する推進力となる。この過程は「性淘汰」と呼ばれ、モルミルスの集団内で急速に展開した。彼らの電気シグナルは、他のエレファントフィッシュの一〇倍速で多様化し、新種が発見されるペースも他の場所の三、四倍に上る。現在、他のエレファントフィッシュが三〇種そこそこであるのに対し、モルミルスは少なくとも一七五種は存在する。感覚の精密さが、形態の多様性を生んだのだ。

第二に、モルミルスはより複雑な脳を進化させた。おそらくその一因は、高性能化したクノレン器官によって感知された情報を処理する必要があったためだろう。ウバンギエレファントフィッシュ（別名ピーターズエレファントノーズ）という種は、脳が体重の三パーセントを占め、全消費量の六〇パーセントの酸素を消費する[*1](40)。「それだけの脳があれば、城を築いたり交響曲を作曲したりできそうだと思いませんか」と、この電気魚を研究しているネイト・ソーテルは語る。「今のところそのような様子は観察されていませんが、よくよく観察すれば、金魚とは違うのだとはっきりわかります。彼らは抜け目がなく慎重で、さまざまなことを認識しています」。

彼は私をニューヨークにある研究室に招き、そこで飼育しているウバンギエレファントフィッシュの群れを見せることで、それを実証してみせた。ウバンギエレファントフィッシュの体は長くて平べったくて褐色で、尾は二股に分かれ、顔の先端部には「シュナウゼノルガン」と呼ばれる可動性の付属器官が備わっている。彼らが「エレファントフィッシュ」と呼ばれている理由はこの付属器官の長い形状にあるが、この器官は鼻ではなく顎である――ピノキオではなくファラオなのだ。私がこれまでに見てきた他の電気魚は穏やかで優美な印象だったが、目の前にいる電気魚は酷く神経質で狂乱状態のように見えた。[*2] 彼らはソーテルが水中に差し入れた電極を入念に調べる。タンクの底に敷き詰められた砂も、電気受容器がとくに豊富に存在するシュナウゼノルガンで探査する(42)。ときおり、二匹の個体が互いに自分の尾部にある発電器官と相手の頭部にある電気受容器が隣接するように体を添わせたかと思うと、まるで互いの耳元でシャウトしてデュエットを歌うかのように、激しく電気パルスを交わす。それから、互いのあとを追いかけ回す。まるで遊んでいるかのように。[*3]

彼らを観察しているうちに私は、電気シグナルに支配される社会生活とはどんなものだろうかと思いを馳せた。彼らは互いに自分の身を隠すことができない。周囲の環境を感知するために放電すれば、範囲内にいる他の電気魚に自分の存在と正体を否応なく知らせることになる。川いっぱいに電気魚がいれば、口いっぱいに何かを頬ばっているときでさえ誰も黙ることのないカクテルパーティーのような様相

＊1 ちなみに、人間の脳は体重の二〜二・五パーセントを占め、全消費量の二〇パーセントの酸素を消費する。大きさの異なる動物間でこの比率をそのまま比較することはできないし、温血動物か冷血動物かでもさまざまに異なる。また、知性は脳の大きさだけで測れるものではない。とはいえ、エレファントフィッシュの脳が異常に大きいことに変わりはない。

＊2 ブルース・カールソンは、コーニッシュジャックというモルミルスが群れをなして獲物を追うことを明らかにしている(41)。「研究室でこの種を同じタンクに二匹入れると、少なくとも一匹は死にますし、かなりの確率で両方とも死にます」と彼は私に語った。なぜなら、彼らは死ぬまで闘うからだ。しかし、マラウイ湖（見通せるほど水が透明で数種の電気魚が生息している湖の一つ）では、コーニッシュジャックは夜に出てきて、同種の仲間と殺し合うのではなく群れをなし、自分たちより小さな魚を追い回す。再集結する際に頻繁に電気パルスを炸裂させるのは、相互承認——群れを保つためのシグナル——として機能しているのかもしれない。

＊3 カールソンは、大きなエレファントフィッシュがタンク内のチューブで遊ぶ様子についても私に語ってくれた。「彼らは泳いでチューブの中に入り、そのチューブを水面まで運び上げ、その場でできるだけ長くバランスをとる遊びをしていました」と彼は言う。「バランスを崩して沈んでも、何度でも繰り返し水面に上がっていきました」。

を呈するに違いない。

そして、ここが私を心の底から困惑させるところなのだが、電気魚はナビゲーションとコミュニケーションに同じ放電を用いる。他の魚にシグナルを送るために彼らが生み出す電場は、そのまま電気定位にも用いられる。この単純な事実は、メッセージを伝達するために電場を変化させれば、その魚の航海能力や餌探し能力も変わらざるを得ないことを意味する。たとえば、闘いに敗れた電気魚は、降伏の合図として一時的に電気パルスを停止することがよくある――しかし、これはつまり、一時的に周囲の認知を停止することでもある。あなたが鳥の歌声に耳を傾けているとき、あなたにはその鳥が何を言っているのかさっぱりわからないだろうが、何か言っているということだけは確信できる。しかし、すぐそばで電場を発生させている電気魚に耳を傾けても、メッセージを送ろうとしているのか、他の動物の位置を割り出そうとしているのか、それともその両方を同時にしようとしているのか、わからない。そもそもナビゲーションとコミュニケーションの識別は、電気魚にとって重要なのだろうか？

「電気魚の生活のより豊かな側面、認識力に関する側面について私たちは、ペットの猫や犬について知っているほどには、あまり知りません」とソーテルは私に語った。何十年もの研究を経て、科学者は電気魚の神経系については、他のほとんどの動物の神経系よりも詳しく知るようになった。電気感覚を駆動する神経回路の詳細な図面は描けても、電気感覚は別世界のことのようだ。それでも、その別世界は驚くほど身近に溢れている。

一六七八年、イタリアの医師ステファノ・ロレンチーニは、シビレエイの顔に小さな孔が点在していることに気づいた――数千もの小孔は、いずれもジェルに満たされたチューブの開口部だった。他のエイにも似たような小孔とチューブがあり、近縁種であるサメにも同様のものが見つかった。この構造体はのちに、「ロレンチーニ器官」として知られるようになるが、当時は彼も、彼の同時代の人々も、それが何のためのものなのかわからなかった。手がかりは数世紀かけてゆっくりともたらされた。性能が改善された顕微鏡によって、各チューブの奥に球根状の膨大部があり、一本の神経に接続していることが明らかになった。ちょうど、ひょうたん形の冬カボチャの底から紐が一本伸びているようなイメージである。ということは、これは感覚器官に違いない。だが、いったい何を感知しているのか？　一九六〇年にようやく、この器官が電場に反応することを生物学者のR・W・マーレーが明らかにした(43)。さらに、その数年後、スベン・ダイクラーフと彼の学生だったアドリアヌス・カルミンが、マーレーの考えを実験で裏付けた(44)。この二人は、サメは電場に曝されると反射的に瞬きするが、ロレンチーニ器官の神経を切断しておくと瞬きしないことを示した。つまり、このカボチャ形の構造体は電気受容器だったのだ。*

この三世紀にわたる謎の答えは、さらなる謎を生んだ。一九六〇年代には、すでにハンス・リスマンが、弱電気魚が自分で発生させた電場を感知することによって周囲の様子を感知していることを明らかにしていた。だが、サメと、シビレエイ以外のエイは、自身で発電できないので、おそらく電気定位はできない。それなのに、なぜ彼らには電気受容器が備わっているのか？

＊ロレンチーニ器官の内部を満たすジェルは、伝導性がきわめて高い(45)。まるでケーブルのように、周囲の水中の電場をロレンチーニ器官の底部まで伝達し、感覚細胞の層によってその電場が感知される。感覚細胞は伝達されてきた電場とそのサメ自身の体の電場の特性を比較し、その情報を脳へ中継する。数千のロレンチーニ器官の感覚細胞から送られてきたシグナルを統合することによって、サメは周囲の電場の感覚を構築することができる。

その後、すべての生き物が水中では電場を生むことが判明した(46)。思い出してほしい。動物の細胞は塩水の入った袋だ。その塩分濃度は、周囲の水の塩分濃度とは異なるため、細胞膜を挟んで電位が生じる。荷電イオンが細胞膜を横断すれば、電流が生まれる。これは、電池の原理——障壁によって隔絶された二種類の塩水のあいだを荷電粒子が移動することによって電流を生む——と同じである。つまり、動物の体は生きたバッテリーであり、ただ存在するだけで、生体電場を生んでいる。この電場は、弱電気魚が生み出す電場の数千分の一程度の微弱なもので、皮膚や貝殻のような絶縁体で覆われるとさらに減衰する(47)。しかし、口、えら、肛門、(サメにとって重要な)傷口のように外部に曝された体の特定の部位では、その電場の強度は十分に感知できるほど強い。サメやエイは、他の感覚器では獲物を見つけられないときでも、獲物が発する電場を頼りに獲物のもとまでたどり着くことができる。*1

そのことを、カルミンも一九七一年に証明した(48)。ハナカケトラザメは餌となるヒラメが海底に埋もれていようが匂いや機械的刺激を遮断する寒天培地にあらかじめ入れられていようが必ず感知できることを、彼は明らかにした。サメが感知できなかったのは、ヒラメが絶縁性のプラスチックシートに覆われていたときだけだった。カルミンがヒラメをすべて除去し、代わりに電極を埋めてヒラメの弱電場を再現したときには、サメは「電場の発生源をしつこく掘り返し、電極を見つけたときも何度も繰り返し反応を示した」と彼は書いている。野生のサメも埋められていた電極に噛みつく(49)。生後すぐにそのような行動をみせるサメもいる(50)。

サメの電気感覚は「受動的電気受容」として知られており、私たちがこれまでに見てきた電気受容とは異なる(51)。サメとエイは、周囲の物体の位置を特定するために自分で能動的に電場を生み出すことはないが、他の動物——主に獲物——の電場を受動的に感知する。*2 彼らのその能力は並外れて高く、おそらく他のどの動物群にも勝る。[*3] スティーブン・カジウラは、シュモクザメの小型種が水中で一センチメートルの距離からわずか一ナノボルト――一〇億分の一ボルト――の電場も感知できることを明らかにした。[*4] とはいえ、サメの電気感覚はごく短い距離でしか働かない。海洋を横断する距離どころかプールを横断する距離でさえ、海底に埋もれた魚（や電極）を感知することはできない。腕の長さの範囲内にいる標的しか感知できないのだ。一マイル（一・六キロメートル）を超える距離の場合、サメは匂いで餌を嗅ぎ分ける。距離が近づくにつれ、視覚を使うようになる(55)。さらに近づくと、側線も力を発揮しはじめる。電気感覚が参戦するのは狩りが終わるときのみで、獲物の正確な位置を突き止めて一撃を導くために使われる。ロレンチーニ器官がたいてい口周辺に集中しているのもそのためだ。[*5]

受動的な電気受容は、隠れた獲物を見つけるのにとくに役立つ。結局のところ、動物は自分の自然な

＊1 サメとエイは筋肉の動きによって生成される電場を感知している、と言われることもある。しかし、そのような動きは確かに電場を生むものの、通常は、電気受容器の感知範囲を下回る。

＊2 とはいえ、例外もある。一部のアカエイは、海底に埋もれた交尾相手を見つけ出すために電場を用いる(52)。一部のサメの胎児は、近くを通り過ぎる捕食動物の電場を感知すると動きを止める――この芸当は、私にカレン・ワルケンティンのアマガエルを思い出させる(53)。

＊3 厳密に言えば、十分に強ければ人間も電気を感知できる。人間の場合は単に、電気を感知するタスクに特化した感覚器官がないだけである。そのかわり、強い電流は人間の神経を無差別に刺激し、ピリピリとした疼きや痛み、筋肉の収縮を生じさせる。その場合も、私たちが感じ取れるのはセンチメートル当たり〇・一〜一ボルトの電場のみである。サメは約一〇億倍も感度が高く、彼らの体感は不快ではない。

＊4 通常の単三電池でそのような微かな電場を作り出すには、その両端を大西洋を挟んだ両岸に埋めた電極に接続する必要がある、という話をよく聞く。この暗喩は、なかなか刺激的ではあるが、まったく不適切な尺度感覚を呼び起こす。実際には、サメは電池による電場よりもかなり微弱な電場を追いかけるし、電場は距離とともに弱まるので、サメの電気感覚が短い範囲でしか働かない理由にもなっている(54)。

電場を消すことができない。[*6] しかし、サメがもし他の感覚に頼れないとしたら——たとえば、カルミンの実験のように獲物が埋もれている場合——ロレンチーニ器官が標的に十分に近づくまで辺りを泳ぎ回らなければならない。頭部を肥大化させることによって、この探索を効率化した種もある。シュモクザメ（英名ハンマーヘッド）は、円錐形の尖った鼻先の代わりに、車のスポイラーのような広く平らな頭部を有している[58]。「撞木《シュモク》」（もしくはハンマー）のような部分の下側に備わったロレンチーニ器官を用いて、金属探知機を使うときのように海底を撫でるようにして、埋もれた（食べられる）お宝を探す。電気感度は他のサメと同程度だが、彼らの頭部は一度に広い範囲をスキャンできる。

ノコギリエイも同じことができる。彼らは実際にエイなのだが、彼らの体はどちらかというとサメのような見た目で、頭部は中世の兵器のように見える。突き出した口鼻の先はそのまま体の両側から前方に突き出し、ギザギザの歯がついた長くて平らな刃物のようになっている。この「ノコギリ」のような部分は、全体長の三分の一を占めており、上部にも底部にもロレンチーニ器官が詰め込まれている。ノコギリエイの電気認識力は、このノコギリ状の頭部の前方まで大きく拡張されている——濁った水の中では有用な特質である[59]。「ボートのプロペラさえ見えないような川でも、ノコギリエイを見かけますよ」と、ノコギリエイを研究しているバーバラ・ウーリンガーは言う。彼女は、彼らのノコギリがセンサーでもあり武器でもあることを明らかにした[60]。ノコギリの上を魚が泳いでいると、ノコギリを左右に振ってギザギザの歯で突き刺し、気絶させ、両断にする。傷ついた魚が川底に沈むと、ノコギリの下面を使って見つけ出し、押さえつける。「彼らを見るたびに、これはどういうことなのかと、考えてしまいます」とウーリンガーは私に語った。[*7]

電場を感知できるのはサメとエイだけではない(62)。脊椎動物では、六種に一種がこの感覚を備えている(63)。その中には、顎の代わりに吸盤状の口と歯をもつ長くしなやかなヤツメウナギや、一九三〇年代に生きて見つかるまで絶滅したと思われていた古代魚のシーラカンス、ノコギリエイがノコギリ部を使うのと同じように電気受容器の豊富な長い口鼻先を使って獲物を見つけるヘラチョウザメなどの古代魚類、自分の電場だけでなく他の生き物の電場も感知できるナイフフィッシュやエレファントフィッシュ、電気魚を狩る種を多く含む数千種のナマズのほか、サンショウウオ、線虫のような形状のアシナシイモリなどの一部の両生類も含まれる。

哺乳類にも電気感覚をもつものがいる。*8 少なくとも一種のイルカ——南米のギアナコビトイルカ——には、電気感覚が備わっている。ただ、すでに反響定位を自在に使える状況で、わずか八〜一四個の電

---

*5 そしてこれは、スベン・ダイクラーフとアドリアヌス・カルミンが見た「瞬き反射」を電場が引き起こす理由でもある。サメは突進を予測して目を保護しているのだ。

*6 消すことはできなくても、弱めることはできる。コウイカは、迫りくるサメの姿を見ると、動くのをやめ、息を止め、鰓《さい》室《しつ》（えらが収まっている窪み）を覆う(57)。このような行動によって電場の電位を九〇パーセント近く弱めることができ、サメに噛みつかれるリスクが半減することを、クリスティン・ベドアが明らかにした。コウイカは、電場を感知できないカニに脅かされたときにはこのような行動をとらない。

*7 バーバラ・ウーリンガーは、ノコギリエイとその近縁種を保護するために、「シャークス・アンド・レイズ・オーストラリア（サメとエイ豪州）」という団体を創設した(61)。彼らを電気受容の達人にしているノコギリは、しかし同時に、印象的な戦利品にもなり、網で捕獲するのも容易だ。五種すべてが絶滅の危機に瀕しており、そのうち三種はとくに、絶滅危惧種IA類（上から三番目のカテゴリー）に指定されている。

*8 ホシバナモグラにも電気感覚があると主張する論文があるが、ケネス・カタニアは、ホシバナモグラを研究しはじめてすぐにそのような感覚を探したが、それらしい証拠は見つからなかったと私に語った。

気受容器が何の役に立つのかを想像するのは難しい[64]。同様に、ハリモグラ――ずんぐりとしたハリネズミに似たオーストラリアの卵生哺乳類――も、尖った鼻先の電気受容器をどのように使っているのか不明である[65]。おそらく、湿った土壌中を動き回る小さな昆虫を感知しているのだろう。彼らの近縁種であるカモノハシも、有名なアヒル風のくちばしに五万個を超える電気受容器を有している[66]。カモノハシは餌を求めて水中に潜ると、シュモクザメのハンマーと同じように、そのくちばしを左右に激しく振り動かす。水中ではカモノハシの眼、耳、鼻孔は閉じられているため、触覚と電気感覚だけが頼りだ。

　電気受容生物の秘密結社がこんなにも広まっている事実は、三つの重要なことを私たちに教えてくれている[67]。第一に、これは太古の感覚である。電気受容器が最初に側線から進化したのはかなり昔のことで、現生するすべての脊椎動物に共通の祖先も電場を感知していた可能性がある。あなたには電気感覚は備わっていないが、あなたの家系図を六億年ほどさかのぼれば、あなたのご先祖様にはほぼ確実に備わっていた。第二に、脊椎動物は進化の歴史上、少なくとも四つの時点でその電気感覚を失っており、それが理由で、ヌタウナギ、カエル、爬虫類、鳥類、ほぼすべての哺乳類、大多数の魚類には電気感覚がない。[*1] 第三に、カモノハシ、ハリモグラ、ギアナコビトイルカ、電気魚など、脊椎動物のいくつかのグループは、電気感覚をいったん失ったあとで、祖先はもっていたが類縁種はもっていないその能力を取り戻した。[*2] ナイフフィッシュとエレファントフィッシュは特殊な例である[68]。彼らは世界の反対側で、それぞれ独自に、相次いで三種類の電気受容器を進化させた。まず、他の魚の電場を受動的に感知するためのもの。次に、自分で生み出す電場を能動的に感知するためのもの。そして最後に、他の電気魚の電場を感知するためのもの。[*3] ナイフフィッシュとエレファントフィッシュのこのような進化の歴史は、二つの異なる生物群が偶然にも同じ服を着て生命のパーティーに出席するようなもので、収束進化の中でも注目に値する例である。
電気感覚の複雑な歴史もまた、電気受容器の特殊さを表している。脳の言語は電気であり、すでに見てきたように、動物は光、音、匂い、その他の刺激をあの手この手で電気シグナルに変換する方法を進化させてきた。しかし、電気受容器はただ、電気をそのまま電気へ変換するだけだ。それは私たちの思考を司る電気そのものを感知する唯一の感覚器官なのだ。おそらく、電気受容器を進化させることはそれほど難しくはないだろうし、だからこそ電気受容器は脊椎動物の進化の系統樹の中で何度も出現したり消滅したりするのだろう。
電気受容器には一つ重大な限界があるように思われる。伝導性の媒体に浸されている状態でしか機能しないのだ。もちろん、水は伝導体であり、これまでに登場した電気受容性をもつ動物のほぼすべてが水生動物なのも偶然ではない。*4 対照的に、空気は絶縁体であり、水の二〇〇〇億倍の電気抵抗を示す(70)。

*1 とくに水中では隠れた獲物を見つけるのにこんなにも役立つというのに、なぜ、こんなにも多くの生き物が電気受容を失ったのか、本当のところは誰にもわからない。ブルース・カールソンは、それらしい仮説すら聞いたことがないと私に語った。「いわゆる、謎ってやつですね」と彼は言う。

*2 これらのグループはいずれも、最終的に独自の特徴的な電気受容器に行き着いた(そして、サメとエイの電気受容器だけがロレンチーニ器官と呼ばれている)。しかし、そのような多様性にもかかわらず、基本構造は共通している。ほぼ必ず体表に孔があり、その奥にジェルに満たされた膨らみがあり、その膨らみの底部に感覚細胞が並んでいる。多くの場合、このような構造は側線から派生したものだ。ただし、ギアナコビトイルカの電気受容器は頬ひげの生える毛穴から進化したもので、今は毛がなく、伝導性のジェルに満たされている。

*3 しかも、これらの出来事は、ほぼ同時期に起きた(69)。どちらの電気魚類も、受動的電気受容器を進化させたのは一億一〇〇〇万年前から一億二〇〇〇万年前までのあいだであり、能動的電気受容器を進化させたのはそれから一五〇〇万〜二〇〇〇万年後のことだ。

科学者が長年、電気感覚は陸上では機能しないものと単純に推測してきたのも、正当な理由があってのことだった。

そんな状況の中で、ダニエル・ロバートはハナバチを使って信じ難い実験を行った。


毎日、世界中で約四万回は激しい雷雨が発生している。それらは集合的に、地球の大気を巨大な電気回路に変える。稲妻が地上に落ちるたびに、電荷は地上から天空へ流れる。つまり、上層大気は正電荷を帯び、地表は負電荷を帯びている。これを「大気電位傾度」という――空から地上へ伸びる強力な電場である(71)。穏やかな晴れた日でさえ、大気は地上から一メートルごとに約一〇〇ボルトの電圧がかかっている。私がそう書くたびに、誰かが必ず、誤植ではないかと指摘してくるのだが、誤植ではない。本当に、屋外では一メートルにつき少なくとも一〇〇ボルトの電位勾配が存在するのだ。

生命は、この地球規模の電場の中に存在し、その影響を受けている。水分で満たされた花々は、電気的に接地《アース》された状態で、根元の土壌と同じ負電荷を帯びている。一方で、ハナバチは、おそらく塵やその他の小さな粒子と衝突したときに体表から電子が引き剥がされるので、飛行中に正電荷を蓄積していく。正に帯電したハナバチが、負に帯電した花に接近すると、火花は飛ばないが、花粉が飛ぶ。逆の電荷同士が引き付け合い、ハナバチが花に着地する前に、花粉粒が花からハナバチへ飛び移るのだ(72)。この現象はもう何十年も前に報告されていた。だが、それを読んだダニエル・ロバートは、ハナバチと花の電気世界はもっと奥深いに違いないと気づいた(ロバートは聴覚の章［8章］でも、ヤドリバエの一種であるオルミア・オクラセアの研究者として登場した)。

花は、負に帯電した状態で、正に帯電した大気の中へ伸びていく。花の存在自体が、花の周囲の電場を大いに強め、その効果は葉先、花びらの縁、雄しべの柱頭など、尖った部分や角度の鋭い縁の部分でとくに顕著となる。その形状と大きさに基づき、すべての花が独自の特色をもつ電場に囲まれている。ロバートは、このような電場について深く考えるうちに、ある疑問を抱いた。「突然ふと、思ったんです――ハナバチもこのことを知っているのではないか？　と。そして、その答えはイエスでした」と彼は語った。

二〇一三年、ロバートと彼の同僚たちは、電場を調節できる人工的な「e－フラワー」を用いてマルハナバチで検証した(73)。電荷を帯びたe－フラワーには甘い花蜜を塗布し、電荷を帯びていないe－フラワーには苦い液体を塗布した。この偽物の花は、それ以外の部分はまったく同じだったが、マルハナバチはすぐに学習し、電気的な手がかりのみで区別できるようになった。さらには、異なる形状の電場をもつe－フラワー――花びらの上に電圧が一様に広がるものと、中心円を描くように電場が広がるもの――の識別もできるようになった。*5 このような電場パターンはもちろん人工的に作ったものだが、実際の花も似たような電場をもつ。ロバートの研究チームは、帯電させた色素パウダーをキツネノテブクロ、ペチュニア、ガーベラに噴霧することによって、これらの花の電場を可視化した。パウダーは花びらの縁を取り巻くように付着し、通常であれば目に見えないパターンを描き出した。花々は、私たちの目に見える鮮やかな色（と私たちには見えない紫外色）だけでなく、目に見えない電気的な後光にも取り囲まれているのだ。そしてそれを、マルハナバチは感知できる。「ハチたちが何を私たちに教えてくれ

＊4　ハリモグラは例外だが、とはいえ、彼らは湿った土壌を電気受容器で掘り返す必要がある。
＊5　マルハナバチは、電気的な手がかりがあれば、似たような色の花もすぐに識別できるようになった(74)。

ているのかが見えたとき、私たちはもう、天井に届くほど飛び跳ねましたよ」とロバートは私に語った。[*1]

マルハナバチにはロレンチーニ器官はない。彼らの電気受容器はとても細かな毛で、愛らしい綿毛のように見える[75]。その毛で空気の流れを敏感に感じ取り、気流になびいて曲がったときに神経シグナルを引き起こす。だが、花のまわりの電場も、その綿毛を十分に動かせるほど強い。電気魚やサメとはずいぶん異なるが、ハナバチもまた、拡張された触覚で電場を感知しているようだ。そうやって電場を感知している陸上動物がハナバチだけではないのは、ほぼ間違いない。6章で見てきたとおり、多くの昆虫、クモ、その他の節足動物が、全身を触覚に敏感な毛で覆われている。これらの毛は電場によっても曲げられるのではないかとロバートは考えているが、もしそうなら、電気感覚は水中よりも陸上でこそ広く普及している可能性がある。

空気中でも電気受容が広く普及している可能性がわずかでもあるということは、驚くべき意味合いをもつ[76]。授粉について考えてみよう。花は、より魅力的な電気パターンを生み出すような形状へと進化を重ねてきたのだろうか？　ミツバチは、餌の供給源について有名な尻振りダンスで互いに情報を伝え合い、同じ巣の仲間の尻振りによって生み出される電場を感知することができる。では、この電場は尻振りダンスに何らかの意味を追加しているのだろうか？　花を訪れたハナバチは一時的に花の電場を変化させる。では、この変化から、最近この花に訪問者がいたことや蜜が吸い尽くされた可能性があることを他のハナバチは察知できるのか？　それとも、花はすぐに電場をリセットし、さも営業中であるかのようにハナバチを欺くことができるのか？　雨や霧の中では、大気電位傾度が晴天下より一〇倍も強まるが、花はその違いを感じているのだろうか？　「私たちには感じ取れませんが、彼らはどうなんでしょうね？」とロバートは言う。

他の節足動物はどうだろうか？　大気電場は植物の先端によって最も強く歪められるが、植物の上で暮らす多くの昆虫にも、鋭い棘、毛、奇妙な突起がある。これらは迫りくる脅威の電荷を感知するためのアンテナになりうるのか？　あるいは、ルナモスの長い尾のような役目——電気的感受性のある捕食動物に対するこの昆虫の見え方を変化させる囮《おとり》役——を担っているのか？　これらすべての疑問に対する答えは、おそらくノーだろうが、もし仮に、ほんのいくつかの疑問に対する答えだけでもイエスだとしたら？　私たちはすでに、昆虫の世界が私たちの想像を根底から覆すほど豊かであるに違いなく、繊細な気流や振動シグナルなど、私たちには気づけないような刺激に溢れていることを見てきた。そして今、私たちはその融合体に新たに電場を加えなければならない。ロバートは、マルハナバチの実験からわずか五年後に、別の節足動物群でも電気受容の証拠を見つけた。クモが地球の電場を感知し、電場を乗りこなせることを明らかにしたのだ。

多くのクモが、糸を吹き流しのように棚引かせて空中を飛ぶ「バルーニング」によって、長距離を移動する。彼らは爪先立ち、腹部を空に向けて持ち上げ、クモの糸を押し出し、離陸する。空高く運ばれ、何マイルも漂うことができる。クモの糸が風をつかみ、クモを引っ張り上げているのだと言われることも多いが、クモは風のない穏やかな日にもバルーニングでうまく移動できる。[*2]　二〇一八年、ロバートの

＊1　ゴキブリ、ハエ、その他の昆虫が電場に反応を示すことは、他の科学者らによってすでに明らかにされていたが、彼らは通常、自然界の電場よりもはるかに強い電場を用いて実験を行っていた。それではあまり有益な実験とは言えない。人間でさえ、極端に強い電場であれば、毛が逆立つので感知できる。ダニエル・ロバートの研究が重要だったのは、マルハナバチが生物学的に意味をもつ強度の電場を感知すること、その情報を実際に、花蜜を飲む場所の選択のような意味のある行動を誘導するために用いていること、そして、中心円パターンのような微かな手がかりを感知していることを示したからだ。

同僚のエリカ・モーリーが、より説得力のある説明を見出した(77)。クモの糸は、クモの体を離れると負電荷を拾い、足元の負に帯電した植物と反発し合う。その反発力は、微弱ながらも、クモを空中へ放出するには十分な強さだ。植物の周囲の電場は先端や縁でとくに強くなっているので、クモは草の枝葉からバルーニングによって確実に、勢いよく離陸できる。モーリーは、彼女の実験室で草の代わりにボール紙をクモに与えた。それから、外の世界を模倣した人工的な電場にクモを曝露させた。電場がクモの脚の感覚毛を逆立てると、クモはその特徴的な爪先立ちの姿勢をとり、糸を放出しはじめた。周囲にほんのわずかな微風すらなくても、どうにか離陸に成功するクモもいる。「クモの空中浮遊を私は見ることができました」と彼女は語る。「私が電場のスイッチを入れたり切ったりすると、彼らは上下に浮遊します」

このような実験を通してモーリーが証明してみせたのは、実はかなり昔のアイデアだった。遡ること一八二八年、クモは静電気力に乗っているのではないかと考えた科学者がもう一人いた。しかし、そのアイデアは、風に乗る説を支持していた(そして自説についてとても長ったらしいレターを書いた)ライバルによって退けられた(78)。ライバルが勝利し、静電気力説は二世紀ものあいだ、支持を得られずにいた(79)。「風は実感できますからね」とロバートは語った。「人々は風を感じることができます。それに比べて、電気は捉えどころがありませんから」。

それは今も変わらない。電気感覚は今なお研究が難しい。それでも、ロバートは挑み続けている。マルハナバチとクモに関する彼の研究は、昆虫とクモ形類動物の世界についての彼の考え方を変えた。彼は自分の庭で、テントウムシの幼虫に帯電したアクリル棒を近づけると、テントウムシが地面に落ちることに気づいた。テントウムシの幼虫の背中には微小な毛の房があり、その毛で接近してくる捕食動物の電荷を感知できるのではないかと、ロバートは考えている。これが今、彼がしていることだ——新しい振動の歌を探査していたレックス・コクロフトを彷彿とさせる方法で、彼は自宅の裏庭をイメージし直しているのだ。ただし、コクロフトは振動を可聴領域の音に簡単に変換できるが、ロバートは電場について同じようにはできない。電場を撮影できるカメラは存在しない。電場を描写するための豊富な語彙も存在しない。電流、電圧、電位という用語には、甘い、赤い、柔らかいといった言葉にあるような刺激的な魅力が含まれていない。「自ら［昆虫の］表皮の中に入り込むことも、そこで何か起きているかを想像することも、なかなかできそうにありません」と彼は語る。「この分野は科学としてまだ未熟です。でも私は、私たちがこの分野を無視できるとは思えません」。

電気感覚は、彼の想像力を拡大させてくれるかもしれない。だが、少なくとも彼は、一部の昆虫に電気感覚があることを知っている。他の昆虫がどう処理しているのかを推測することも、その反応を検証するための実験をデザインすることもできる。そして、電気受容器がどのような見た目である可能性が高いのかも、それがどのように機能する可能性があるのかも、彼は知っている。それはいずれも重要な朗報であり、当然のことではない。次の章では、そのような朗報に恵まれない、学者泣かせの感覚が登場する。

＊2　ほとんどのクモが糸を腹部から発射するわけではないことからも、風に乗るという説明は理屈に合わない。糸は引き出さなければ出てこないのだ。クモは通常、脚を使うか、最初に糸を葉の表面にくっつけて、糸を引き出す。しかし、バルーニングするクモはどちらもしていない。優しい微風では、糸を引き出すには力不足である可能性が高いが、静電気力の強さなら十分に糸を引き出せる。

第11章

方向がわかる

——磁場

陽が沈み、ハイキング客も旅行者も姿を消したころ、エリック・ワラントと私はオーストラリアのスノーウィー山地内の保護区であるコジオスコ国立公園へと車で入っていった。カンガルーとウォンバットを見かけたが、彼らには目もくれなかった。私たちはもっと小さな動物相を探しにきたのだ。海抜一六〇〇メートルの静かな場所に車を停めた。私が紅茶のカップで手を温めているあいだに、ワラントは二本の木のあいだに縦長の白いシートを吊るし、「サウロンの眼」と呼んでいる巨大なライトでシートを下から照らした。シートの角に吊るした二つの小さなランプが発する紫外光は、昆虫を惹きつけるように色相が調整されている。頭上から狩猟中のコウモリが発する反響定位の鳴き声が聞こえていたので、昆虫が大量にいることはわかっていた。まもなく、大きめの昆虫がシートにぶつかる鈍い大きな音も聞こえてきた。草むらに昆虫が落ちると、ワラントも草むらに身を沈め、昆虫を拾い集めた。「よしよし、こいつは間違いなくボゴンモスだ」そう言って、彼はプラスチック容器を掲げた。中には淡褐色の体に濃い色の羽をもつ体長一インチ（約二・五センチメートル）ほどの蛾《ガ》が入っている。外見上は、なぜこの生き物がこんなにもワラントを喜ばせるのか、よくわからない。

「見た目は大したことないですね」と私が言うと

「そのとおりです」とワラントは含み笑いし、「でも、こいつには隠れた才能があるんですよ」と言った。

彼の言う「才能」をほのめかすように、容器の中の蛾は激しく羽ばたいていた。採集された昆虫は容器の中でじっとしていることが多いが、この蛾は何か病的なエネルギーにとりつかれ、ここではないどこかへ行こうとする強い衝動に駆られているように見えた。「とにかく移り気で、つねにどこかに行こうとしています」とワラントは言う。

毎年、春になると、オーストラリア南東部の乾燥した平原で数十億匹ものボゴンモスが蛹《さなぎ》から羽化する(1)。そして、焼けつくような夏の到来を見越して、より涼しい地域へと避難する。彼らは生まれて初めての飛行であるにもかかわらず、どういうわけか進むべき方向を知っている。六〇〇マイル（約九六五キロメートル）もの距離を飛び、数少ない選ばれし高山の洞窟に到着する。洞窟内の壁には、一平方メートルあたり約一万七〇〇〇匹ものボゴンモスが張りつき、重なり合った羽が魚の鱗のように見える。この涼しくて安全な場所で休眠しながら夏を乗り越え、秋には帰路につく。そして、ワラントがサウロンの眼を携えてボゴンモス採集に出かけるような夜には、「文字どおり数千匹の蛾が押し寄せる」そうだ。

これほど長い距離を、同じように特定の目的地に向かって移動する昆虫としては、唯一、北米のオオカバマダラ（英名モナークバタフライ）が知られている。ただし、シロオオカバマダラは昼間に太陽をコンパス（羅針盤）として飛行するが、ボゴンモスが飛ぶのは夜だけだ。ボゴンモスはどうやって正しい方向を知るのだろうか？　スノーウィー山地で育ち、幼少期から地元の昆虫を愛してきたワラントは、ずっとその謎を解き明かそうとしてきた。当初は、高感度の眼で星を観察しているのではないかと考えた。しかし賢明にも、捕獲したボゴンモスを観察した最初の夜に、空が見えなくても正しい方向に飛べることに気づいた。そして、地球の磁場を感知できるに違いないと思い至ったのだ(2)。

地球の核は、球状の鉄の固体と、それを取り囲む溶けた鉄とニッケルで構成されている。この液状金属の対流運動が、地球全体を巨大な棒磁石に変える。その磁場を教科書のように描くと、南極付近から出現し、地球を包み込むようにカーブし、北極付近へ再突入する複数の線（磁力線）で描くことができる。この地球磁場（地磁気）はつねに存在する。一日を通して変化することなく、季節ごとに変わるこ

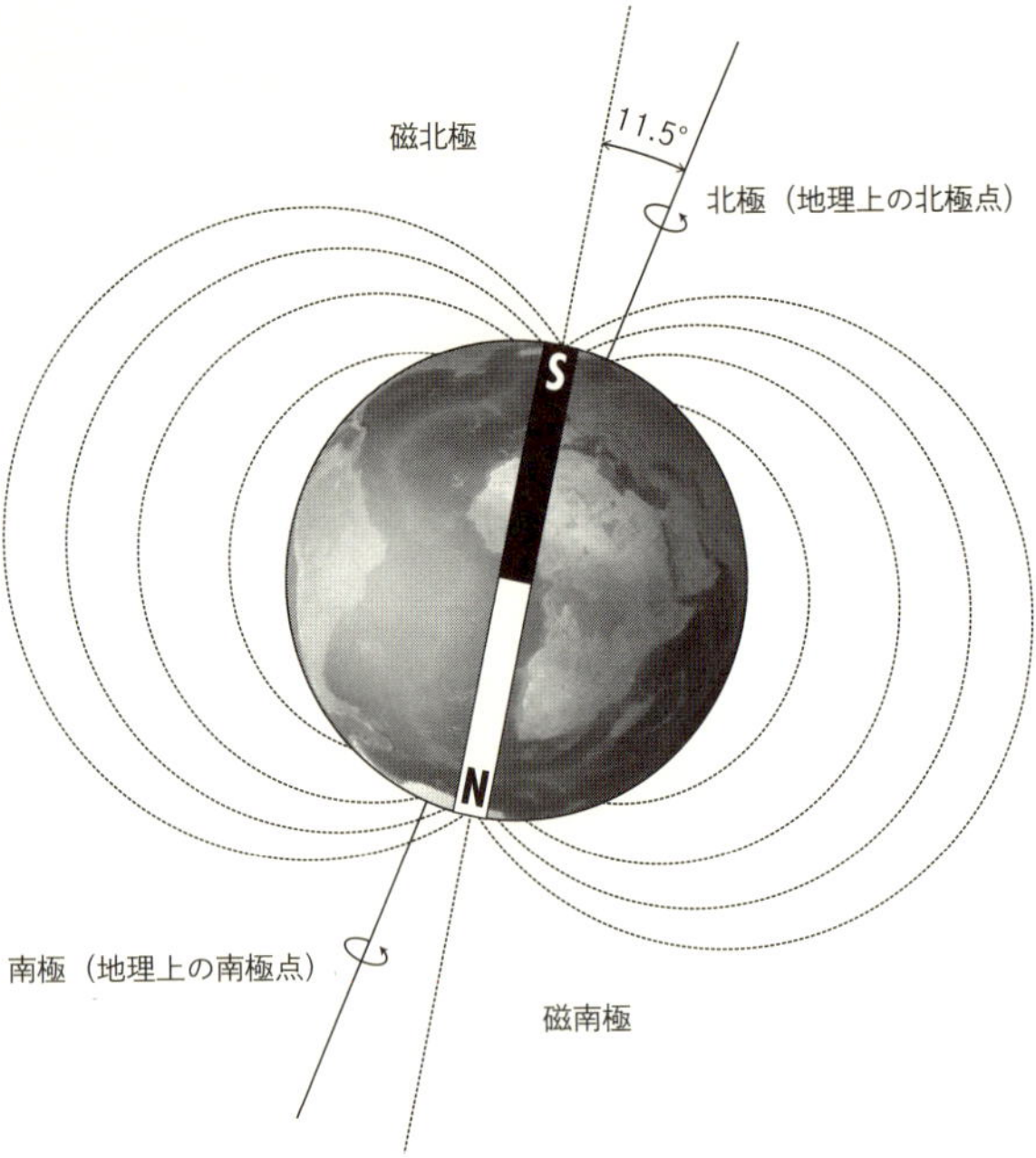

ともない。天候や障害物に影響されることもない。おかげで、旅人は地球磁場を利用して方角を確かめることができる。人間はコンパス（方位磁針）を使って、千年以上も前からそうしてきたし、他の動物たち——ウミガメ、イセエビ、鳴き鳥（鳴禽類）、その他多種——は道具の助けを借りることなく、数百万年以上も前からそうしてきた。

彼らは「磁覚（磁気受容）」として知られるこの能力のおかげで、雲や暗闇によって天体が覆い隠されているときも、大きな目印が霧や霞に包まれているときも、空と海に特徴的な匂いが欠けているときも、正しい経路を進んでいくことができる。貴重なボゴンモスが「磁覚クラブ」の一員であることを知っていたワラントは、そのような幻想的な感覚を研究することになり、さぞ興奮したことだろうとあなたは考えるかもしれない。しかし彼は、興奮の色を見せるかわりに、「磁覚がボゴンモスにとって重要であることに気づいたときには、ウソでしょ！　と思いましたよ」と冗談めかして言うばかりだった。

　磁覚の研究は、熾烈な競争や混乱を招く思い違いに汚染されてきたし、そもそも磁覚自体が研究するのも理解するのも難しいことで有名である。どの感覚にも未解決の問題は存在するが、少なくとも視覚、嗅覚、さらには電気受容でさえも、研究者はその仕組みや関与する感覚器官について大まかに知っている。ところが、磁覚については仕組みも感覚器官も知られていない。磁覚というものが存在することは数十年前に確認されたが、私たちは磁覚についてほとんど何も知らないままである。

　地球磁場は、地球全体を包み込んでいて、大陸をまたいで移動するような動物たちを導いている。だが、どんなに壮大な旅も、最初はあやふやな数歩からはじまるものだ。磁覚も最初はそのような不確かな歩みの中で発見された。

　渡り鳥は、移動の時季がくると見るからに落ち着きがなくなる。飼育されている鳥でさえ、飛び跳ね、動き回り、羽をばたつかせる。そのような忙しない動きは「渡りの衝動」として知られている。鳥たちには、渡りの時がきたことがわかる。そして、すぐにでも出発しようとする。しかも、一九五〇年代にドイツ人鳥類学者のフリードリヒ・メルケルが気づいたとおり、彼らは進むべき方向も知っている。メルケルは、彼の学生だったハンス・フロムとヴォルフガング・ヴィルチコとともに、秋にヨーロッパコマドリを捕獲し、渡りの衝動が無作為に起こるものではない[*1]ことに気づいた[4]。夜になると、南西に向かって飛び跳ねる傾向にあった——それは、鳥かごさえなければ、陽光の降り注ぐスペインに正確に到達できる方角だった。ヨーロッパコマドリがそのような行動をとったのは、野外で夜空が見えるときだった。しかし、閉鎖された室内で、天空の目印が視界から隠された状態でも、彼らの方向感覚は維持された。これは、ワラントが半世紀後にボゴンモスで観察することになるパターンと同じだった。そして、一九五〇年代に、メルケルの研究チームも同じ発想に行き着いた――鳥たちは、何か別の手がかりを利用しているに違いない。もしかしたら、地球磁場を利用しているのではないか?

　磁覚という発想は、新しいものではなかった。一八五九年に、動物学者のアレグザンダー・フォン・ミッデンドルフが、「空の船乗り」である鳥には「内なる磁気感覚がある」のではないかと提唱している[5]。だが、一世紀にわたって、彼自身も他の誰も、この突拍子もないように思える考えを裏付けるデータを得られなかった。そのような証拠の欠如ゆえに、珍しい動物の感覚に精通しているはずのドナルド・グリフィンでさえ、懐疑的だった。一九四四年、グリフィンは、「反響定位」という造語を生み出したのと同じ年に、磁覚について「きわめてあり得ない」と書いている[6]。この概念を真剣に受けとめる価値があるとすれば、それはひとえに、渡り鳥が飛んで行くべき方角を知る方法について、他に適切な説明がないからだった。磁覚という発想は、よりよい説明が見つからないまま生き残った。あくまで仮説であり、証拠はなかったのだ。

　その証拠を提示したのが、メルケルとヴィルチコ[*2]だった[7]。彼らはまず、八方の壁それぞれに止まり木のある八角形の部屋にヨーロッパコマドリを入れ、飛び跳ねる方角を記録した。止まり木に跳び乗るたびに、重量に反応するスイッチが作動し、その動きの記録が紙テープに刻印される。その後、この研究チームはより単純だがより効率的な方法を採用した。底部にインクパッド、側面に吸い取り紙を備えた漏斗型の部屋にヨーロッパコマドリを入れたのだ。これなら、部屋から跳び出そうと試みたときに残されたインクの足跡を数えればいい。[*3] このような実験は、一年に一度、鳥たちが「渡りの衝動」を経験するごく短い期間にしか実施できない退屈な実験だった。しかし、この実験によって、ヨーロッパコマドリが秋になると南西に向かうことを示す明白な定量的証拠が得られた。鳥たちが磁覚に頼っていることを確かめるために、ヴィルチコはヨーロッパコマドリの周囲の磁場を反転させた。一九六〇年代、彼は鳥かごをヘルムホルツコイル——一対のループ状のワイヤーのあいだに人工的な磁場を生成することができる——の中央に置くようになった。ヴィルチコがこのコイルを用いて周囲の磁場を回転させると、ヨーロッパコマドリの飛び跳ねる方角もそれに応じて回転した。彼らの内部には生体コンパスが備わっているのだ。

これらの実験もまだ懐疑的な目を向けられたが、それもまっとうな理由があってのことだった。地球の磁場はきわめて弱いのだ(9)。あまりにも微弱なため、動物の体内で無作為に揺れ動く分子がもつエネルギーのほうが二〇〇〇億倍も大きいくらいである。こんなにも極端に弱い刺激を感知できる生き物などいるはずがない。それなのに、ヨーロッパコマドリは明らかに感知できていた。[*4] しかも彼ら特有の能

＊1 ヨーロッパコマドリは、米国人がコマドリと呼んでいる鳥とはまったく異なる。どちらも胸は赤いが、前者はヒタキ科の小鳥で、後者は前者にちなんで名づけられた中程度の大きさのツグミである。
＊2 ほぼ同じころに、他の研究者が扁形動物やタニシのような単純な動物も磁場に反応できることを明らかにした(8)。
＊3 この実験装置は、その考案者の名にちなんで「エムレン漏斗」と呼ばれている。安価で使いやすく、渡り鳥の移動の研究に大変革をもたらした。現在もまだ使用されているが、インクパッドと吸い取り紙は、ティペックス(修正テープ)や加熱されると色の変わる感熱紙で置き換えられている。
＊4 研究室での実験では、ヨーロッパコマドリは体感している磁場の方角の五度の変化も感知できた。野生地では、閉じ込められることによるストレスがないため、おそらくより精密に感知できるだろう。

力というわけでもない。ヴィルチコと彼の妻ロスウィタを含めた多くの科学者が、最初のヨーロッパコマドリの実験と同じ内容の実験を、ニワムシクイやルリノジコ、ノドジロムシクイやズグロムシクイ、キクイタダキやメジロなど、他の数種の鳥で繰り返し行ってきた(10)。ミッデンドルフが想像した「内なる磁気感覚」は、実在するだけでなく、遍在するのだ。

メルケルのヨーロッパコマドリ実験が先駆的な足跡を残して以来、科学者は磁覚の証拠を動物界の至る所に見出してきた(11)。私たちがこれまでに見てきた他のほぼすべての感覚と違って、磁覚はコミュニケーションには使われていない。動物は磁場を生み出さず、彼らが進化の中で感知できるようになった磁場は、地球磁場だけである。彼らが地球磁場を感知するのはもっぱら、遠方にせよ近場にせよ、離れた場所まで移動する経路をナビゲートするためである。オオクビワコウモリは、忙しない夜の昆虫採集を終えると、ねぐらに戻るためにコンパス感覚を用いる(12)。テンジクダイの幼魚は、自分が生まれたサンゴ礁まで泳いで戻るためにコンパス感覚を用いる(13)。デバネズミは、暗い地下トンネル内で進むべき道を探すためにコンパス感覚を用いる(14)。そしてボゴンモスは、ワラントが明らかにしたとおり、オーストラリア大陸横断飛行の方向を定めるために、コンパス感覚を用いる(15)。

このような動物のほとんどは、ヴィルチコ夫妻の古典的実験を多少アレンジした実験によって検証されてきた。つまり、実験の舞台に対象動物を置き、周囲の磁場を変化させ、動物の動く方角が変化するかどうかを観察する。それはコマドリや蛾のような大きさの動物であれば可能だ。「クジラの大きさになると、この方法では検証できません」と、生物物理学者のジェシー・グレンジャーは言う。「しかしクジラこそが、地球上のどの動物よりも並外れて移動する動物です。中には、赤道付近から南極や北極まで、驚異的な精度で毎年正確に同じ地域へ移動するものもいます」。彼らにも磁覚が備わっているであろうことは、容易に想像できる。

　本当にクジラに磁覚が備わっているかどうかを確認するために、グレンジャーは太陽に関心を向けた。太陽は周期的に表面爆発を起こし、太陽風――太陽から放射線と荷電粒子が噴き出し、地球磁場に影響する――を発生させる(16)。太陽風が吹き荒れると、クジラの磁覚のコンパスも乱れるだろうし、海岸線に近いところにいる場合は、方向感覚が少し狂うだけでも座礁するのではないかと考えたのだ。この考えを検証するために、グレンジャーは傷を負っていない健康なコククジラの不可解な座礁について過去三三年分の記録を照合し、その記録の発生時期を、彼女の同僚である天文学者のルシアンヌ・ワルコヴィッツに集めてもらった太陽活動に関するデータと比較した。すると、顕著なパターンが現れた。太陽風がとくに強い日には、コククジラの座礁数が四倍に増えていたのだ。*

　このような相関は、クジラにコンパス感覚が備わっていることを証明するものではないが、備わっていることを強く示唆している。さらには、磁覚という自然の力の壮大さをも物語っている。磁覚という感覚を介して、地球内部の融解金属層が生み出した力と激しく吹き荒れる恒星から解き放たれた力が衝突し、回遊する動物の思考を揺さぶり、その動物が目的地に到達できるか、永遠に到達できないかを決定づけることになるのだ。

　ウミガメの回遊ほど危なっかしい長旅は他にあまりないだろう(18)。砂浜に埋められた卵から孵化したウミガメの赤ちゃんは、海に向かって不格好に這《は》い進みながら、次々に降りかかるカニのハサミや鳥の

* コマドリも、太陽風の影響を模倣した人工的磁場によって、渡りのコースから外れることがある(17)。

くちばしの攻撃を乗り越えていかなければならない。海に入ったあとも、上空の海鳥や海底の捕食魚に捕まりやすい浅瀬から逃れなければならない。少しでも安全を確保するためには、できるだけ迅速に外洋に到達しなければならない。それはつまり、フロリダ州で孵化するウミガメの場合は、北大西洋旋回――北米と欧州のあいだの海をめぐる時計回りの海流――に到達するまで真東に向かって泳ぐことを意味する。孵化したてのウミガメの幼生は、どういうわけか、この海流の輪の中に五年間から一〇年間は留まり、群生して浮遊する海藻に身を隠しながら、ゆっくりと大きく成長していく。(じっくり時間をかけて)大西洋を一周めぐり終えて北米の海に戻るころには、最大級のサメを除けば、無敵の存在になっている。*1

一九九〇年代までは、未経験のウミガメがこんなにも壮大な回遊をどうやって成し遂げているのか、誰も解明できていなかった――故アーチー・カー博士はこのような無知の状態は「科学に対する侮辱」であると嘆き悲しんでいた(19)。当初、ケネス・ローマンはカー博士が何を騒いでいるのか理解できなかった。新たに取得した博士号と若さゆえの尊大さを備えた彼は、答えは自明だ――ウミガメは磁気コンパスを使っているに違いない――と考えていた。当時すでに古典的実験と化していたヨーロッパコマドリの実験と同じ要領で、彼独自の磁気コイルを構築してウミガメの幼生の動きを検証すればいいだけの問題だと思っていたのだ。彼は二年契約でプロジェクトに参加していたが、「二年目は何をしようかと、それしか心配していませんでした」と彼は私に語った。「かれこれ三〇年以上も前のことです。私の予想が当たっていたのは、彼らには磁覚があるという部分だけでした」。まさか、彼らに磁覚が二つあるとは思ってもいなかったのだ。

ローマンが推測し、そして、一九九一年に明らかにしたとおり、ウミガメにはコンパスが備わっている。だが、彼らにはもう一つ、より一層素晴らしい磁覚が備わっていることが判明した(20)。その磁覚は、地球磁場の二つの特性に左右される。一つ目の特性は「傾斜度」——地球磁場の磁力線が地球表面と交わる角度——である。赤道では、磁力線は地面と平行に走る。磁極では、地面と垂直に交わる。二つ目の特性は「強度」——磁場の強さの差——である。傾斜度も強度も世界中で異なり、海洋のほとんどの地点において、この二つの特性の組み合わせは唯一無二となる。要するに、この二つは座標のような、いや、緯度と経度のような働きをする。そのおかげで、地球磁場は海洋地図として機能する。そして、ローマンが明らかにしたとおり、ウミガメはその地図を読むことができるのだ。

一九九〇年代半ば、彼は妻のキャサリンとともに、大西洋を磁気周遊中のアカウミガメの幼生を捕獲した(21)。そして、長旅の経路上にある多様な地点で彼らが経験することになるのと同じ傾斜度と強度に彼らを曝した。すると驚いたことに、ウミガメは各地点で何をすべきか知っていた。北大西洋旋回の輪の中に留まるような方角に向かって泳いだのだ。そのような芸当は、進むべき道を示すコンパスと自分のいる場所を示す地図の両方を備えていなければできない。適切な場所で方向変換できるのは、両方の感覚を備えている場合だけだ。*2

ウミガメのこの能力がことさら印象的なのは、それが先天的な能力だからだ。ローマンは孵化したばかりの個体を採集し、一晩だけ飼育し、一度だけ検証した(23)。ウミガメの幼生たちは、磁気シグナルの

---

*1 ここまで成長できる幼生は、一万匹にわずか一匹と推定されている。

*2 過去八三〇〇万年間に、地球磁場は一八三回も反転している。磁北が磁南になり、磁南が磁北になるのだ。このような反転はおそらく数千年かけて起きるため、個々のウミガメの針路を狂わせる可能性は低い。だが、ウミガメの種としては、進化の歴史の中で何度も磁気反転を経験してきたに違いない——そして、彼らの磁気地図もそれに適合してきたに違いない(22)。

解釈の仕方を他のウミガメから学ぶことはできなかった。それどころか、海に入ったことすらなかった。彼らの磁気地図は遺伝学的にコード化されているに違いない。ローマンは、ウミガメたちが感じ取った磁気測定値を照合する大西洋全体の完成された脳内地図を生まれながらに備えている可能性は低いと考えている。むしろ、道標として機能する特定の磁気傾斜度と磁気強度の組み合わせによって起動される数少ない本能に依存しているのではないか。磁場がAのように感じられるときは東に向かい、Bのように感じられるときは南に向かう、という具合である。「ウミガメには、自分が実際にどこにいるのかという概念は必要ありません。そんなにたくさんの情報がなくても、かなり複雑に入り組んだ回遊経路に沿って泳ぐことができるんです」とローマンは言う。「といっても、もちろん、ウミガメの脳内で何が進行しているのかを知る術はありませんけどね」。

北大西洋の回遊を生き抜いたアカウミガメは、最後にはフロリダ州に戻り、そこに定住する(24)。年齢を重ねるにつれ、学習し、彼らの回遊地図は充実していく。ローマンがそのような高齢のウミガメを捕獲し、フロリダの海岸線とは異なる地域の磁場に曝すと、彼らはつねに生まれ故郷のある方角に向けて泳いだ。孵化したての幼生のころに利用したわずかな標識を頼りにしているだけではなかった。故郷の海の磁気地勢図をより詳細に知っているようだった。

磁気地図には重大な制約がある。ウミガメは、どこにいても「ここ」の磁場の特性を即座に感知できるが、「あそこ」の磁場がどのようなものかはわからない。知りたければ「あそこ」まで移動する必要がある。短距離移動では磁気情報はあまり当てにならないため、磁気情報を使うには長距離移動でなければならない可能性が高い。ヨーロッパからアフリカまで旅するために磁覚を使うことはできても、寝室を出てトイレを探す役には立たない。このような理由から、地図感覚をもつとされる種のほとんどは、その感覚を長距離移動のために使っている。*

鳴き鳥の中にも、ウミガメの幼生と同じように、渡りの移動経路の磁気を標識として認識する種がある。毎年、冬になると、ヨナキツグミ（別名ヤブサヨナキドリ、スラッシュナイチンゲール）はヨーロッパから南アフリカへ渡る道中に、広大なサハラ砂漠を縦断しなければならない(26)。彼らは北エジプトの磁場を感知すると、行く手の厳しい砂漠縦断を見越して体内に脂肪を貯め込む。別の鳴き鳥は、渡りの途中で強風に流されて——あるいは、好奇心旺盛な科学者によって飛行機で運ばれて——経路から外れても、磁気地図を用いて方向感覚を調整できる。たとえばヨーロッパヨシキリは、通常は春に北東へ移動するが、ニキータ・チェルネツォフによって飛行機で東へ数百マイル運ばれたヨーロッパヨシキリは北西へ向かった(27)。

また、サケ、ウミガメ、マンクスミズナギドリ（海鳥の一種）などの多くの動物は、成長後に同じ場所に戻ってこられるように、生まれ故郷の磁気特性を記憶の奥深くに刻み込む「刷り込み」ができる(28)。ウミガメはこの刷り込みを利用して、自分が孵化したのと同じ浜辺に産卵する(29)。その正確さは尋常で

* 一見したところ単純な動物でさえ、磁気地図を利用している。カリビアンロブスターはサンゴ礁の突起の中に棲んでいるが、餌を探して遠くまで徘徊する。そして、レストランの皿に載ることにならない限り、たいてい自分の棲み処に戻る。ケネス・ローマンは、これを実証するために、フロリダキーズ〔訳注：フロリダ半島南端沖に連なる列島〕でロブスターを捕獲し、二三マイル（約三七キロメートル）離れた海洋研究所まで車で運び、道中で彼らを混乱させるためにできることはすべて行った(25)。ロブスターの眼を覆い、プラスチック容器の中の暗闇に閉じ込め、その上に揺れ動く磁石を吊るした。車も不規則にフラフラと走らせた。それでも、海に放すと、ロブスターは自分の棲み処がある方角へ正確に歩いていった。

はない。アセンション島に巣を作るアオウミガメは、ブラジルまで往復する一二〇〇マイル（約一九三〇キロメートル）の旅のあとで、大西洋の真ん中に浮かぶ小さな孤島を間違えることなく見つけ出す(30)。この「帰巣本能」はきわめて強く、すぐそばに他に理想的な産卵地があったとしても、自分が生まれた浜まで数百マイルを泳いで戻るほどである。*1 それはおそらく、巣作りに適した場所を見つけるのが難しいからだろう。海にアクセスしやすく、酸素を十分に通す程度に砂粒が大きくなければならない。さらに、ウミガメは卵の温度によって雌雄が決まるので、完璧に理想的な温度でなければならない。「きっとウミガメはこう言うでしょうね。そのような条件が揃っていると確実に言える場所は、自分が生まれた浜辺くらいなものです」とローマンは言う。そして、そのような信頼のおける保育環境へ数年越しで海から帰還できるのは、彼らに備わった磁気地図のおかげである。

ローマンのウミガメ研究は、当初は推定二年のプロジェクトだったが、その後、数十年がたった今もまだ続いている。*2 ウミガメのナビゲーションスキルについて多くのことがわかったものの、わからないこともまだ多く残されている。ウミガメは一連の磁気座標をどれほど素早く学習できるのか？ 磁気の傾斜度と強度を脳内でどのように描写しているのか？ そもそも、ウミガメ（や他の動物）は磁場をどのように感知しているのか？ こうした最後まで残る厄介な疑問について、何か考えがあるのかと私はローマンに尋ねた。すると彼は、腹の底から笑った。「考えていることはたくさんありますが、証拠はほとんどありません」と答えた。「いずれは解明されるものと楽観視していますが、私が生きているうちに解明されるかどうかは、何とも言えませんね」

感覚器官を見つけるのは、必ずしも難しくはない。感覚器官の仕事は動物の周囲からの刺激を集めることであり、刺激のほとんどは動物の体組織によって歪曲されるため、感覚器官はたいてい周囲の環境に露出されているか、瞳孔や鼻孔のように裂け目や穴で外部に直接つながっている。そのような開口部は大きな手がかりになりうる。科学者は、ガラガラヘビのピット器官、サメのロレンチーニ器官、魚の側線が感覚器官であることを、それが何を感知しているのかを解明する遥かに前から認識していた。だが、磁覚の研究者らには、そのようなヒントがない。磁場は生体物質に妨げられることなく通り抜けることができるため、磁場を感知する細胞――磁気受容細胞――はどこにあってもおかしくない。鼻孔やピット器官のような開口部も水晶体や耳介のように刺激を集束させる構造も必要ない。頭の中でも足先でも、頭のてっぺんから爪先までどこにでも存在しうる。肉の奥に埋もれている可能性もある。感覚器官内に集中しているのではなく、体中の至る所に散在している可能性すらある。周辺組織と区別できない可能性もある。そんな磁気受容細胞を見つけ出そうとすることは、感覚生物学者のソンケ・ジョンセンの言葉を借りれば、「(干し草の山ではなく)針の山から針を探す」ようなものだろう(32)。

これを書いている時点で、磁覚は唯一、いまだにセンサーの存在が知られていない感覚である(33)。磁

＊1 地球磁場は年々少しずつ変化し、ウミガメが巣を作る浜の磁気特性に影響する(31)。隣接する浜の磁気特性が互いに近似している収束期には、毎年、ウミガメが巣を作る場所は密集し、隣接する浜の磁気特性が互いに異なる分散期には巣を作る場所も広く分散することが、ケネス・ローマンによって明らかにされた。とはいえ、そのようなわずかな変動では、ウミガメが移動経路を大きく外れることはない。

＊2 私がノースカロライナ州ローリーにあるローマンの研究室を訪れると、彼は九月に採集して翌年六月に放流予定の一六匹のアカウミガメの赤ちゃんの世話していた。毎年テーマを設けて放流コホートごとに名前がつけられるのだが、今年のテーマはパスタだ。ラザニア、ジーティ、ボウタイ、そして――私のお気に入りはこれ、タートルテッリーニならぬ――トルテツリーニと名づけられたコホート集団が、それぞれ別の水槽で泳ぎ回っていた。

気受容細胞は「感覚生物学の聖杯（究極の探求対象）」なのだと語ってくれたエリック・ワラントは、「見つければ、きっとノーベル賞ものですよ」と言う。研究者たちは、磁気受容細胞を識別できるようなアイデンティティと所在について多くの重要な手がかりを集積してきたが、なかには誤った手がかりもいくつか含まれている。受容細胞がどんなもので、どこにあるのかを確実に知っておかなければ、どのような仕組みで機能するのかを知るのは恐ろしく難しくなる。とはいえ、説得力のある説が三つある。

一つ目の説には、マグネタイト（磁鉄鉱）として知られる磁気を帯びた鉄鋼物が関与する(34)。一九七〇年代に科学者らは、一部の細菌が細胞内でマグネタイトの結晶鎖を成長させることによって自身を「生きたコンパスの針（磁針）」へと転身させていることを発見した(35)。このような微生物を揺さぶると、北か南に向かって泳ぐ傾向にある。理論上は、動物も独自のマグネタイトコンパスを作ることができる。感覚細胞とつながっているマグネタイト磁針を想像してみてほしい。動物が体の向きを変えると、磁針がそのつながりをグイっと引っぱる。すると感覚細胞がその張力を記録し、神経シグナルを引き起こす。このようにして、細胞は磁気という抽象的な刺激をより具体的な刺激――身体的な引っ張る力――に変換することができる。「実にまっとうなアイデアだと思いますよ。でも、そのような細胞がどこにあるのかは、誰にもわかりません」とワラントは語る。いくつか手がかりがあったにもかかわらず、腹立たしいことに誤った手がかりであったため、これまで誰もそのような細胞を見つけていないのだ。*1

磁気受容細胞の働く仕組みに関する二つ目の説には、電磁誘導と呼ばれる現象が関与して、主にサメとエイの磁気受容の説明になっている。サメが泳ぐと、周囲の水中に弱い電流が誘導され、その電流強度はサメと地球磁場の相対角度によって変化する(40)。もしかしたら、その微弱な変動を前章に登場した電気受容細胞で感知することによって、サメは進む方位を決定しているのではないか。これまた、実際にそのようなことが起きているのかどうかは誰にもわからないが、理屈は通る。サメの電気感覚は、磁覚も兼ねている可能性がある。

この電磁誘導説は、水のような導電性流体に浸されていない鳥類のような動物では機能する仕組みが想像し難いため、無視されることが多い。しかし、鳥類にも電磁誘導説を適用できるような方法がある。それを、一八八二年、磁気受容が確認されるよりもずいぶん前に、フランスの動物学者カミーユ・ヴィギエが予見していた(41)。彼は、鳥の内耳にある三つの管が導電性流体に満たされていることに気づいた。つまり鳥が飛ぶと、理論上、その流体内では感知可能な電圧が地球磁場によって誘導されるのだ。それからおよそ一三〇年後に、彼が正しかったことをデビッド・キースが確認した(42)。さらには、そのような鳥類の内耳にはサメが電場を感知するために用いているのと同じタンパク質が存在することも明らかにした。「電磁誘導は鳥類が磁場を感知できるようにする現実的な機構だと私は考えていますし、今この瞬間も、私たちはそれをより詳細に検証しています」とキースは私に語った。*2

*1 ハトや他の鳥類のくしばしの中からマグネタイトの詰まった神経が発見された、と多くの科学者が何十年間も確信していた(36)。デビッド・キースが磁気受容細胞について研究しはじめたとき、計画では、受容細胞につながる神経を研究するつもりだった。しかし、「考えつく限りの手法」を用いたにもかかわらず、何も見つからなかったそうだ。二〇一二年、キースは他の研究者が発見したと主張しているマグネタイト神経が実際にはニューロン（神経細胞）ではないことを示す衝撃的な研究を発表した(37)。その正体は、白血球の一種であるマクロファージだった。マクロファージには鉄が含まれているが、マグネタイトにはなっていない。同年、別の研究チームがマグネタイトに基づく受容細胞を同定する確実な方法のように思えるものを考案した(38)。彼らは、回転磁場の中に置かれたサケ科の淡水魚の鼻の細胞の一部が回転する様子を顕微鏡下で観察した。この回転する細胞は磁性をもつに違いないし、マグネタイトの沈殿物も含まれているように思われた。しかしキースはこの発見の誤りも暴いた(39)。回転する細胞の表面に鉄片が貼りついていただけであることを明らかにしたのだ。磁気受容細胞ではなく、ただ汚れていただけだった。

磁気受容に関する三つ目の説は、最も複雑であるが、同時に最も勢いがある。この機構には「ラジカル対」として知られる二つの分子が関与しており、その化学反応は磁場による影響を受ける可能性がある(44)。この説を深く理解するためには、量子物理学の奇妙な領域を掘り下げて考えなければならない。とはいえ、十分に理解するためには、対をなす二つの分子がダンスしているところを想像するだけでいい。光がそのダンスを引き起こし、ダンスのパートナーと互いに手を取り合うように合図を送る。ひとたびこの「励起状態」になると、磁場の影響を受けるようになり、ダンスのテンポが変わり、それによって最終段階に進む。ラジカル対の最終ポジションは、それまでの分子の動きを形作った磁場を記録している。そのダンスを介して、ラジカル対は検出しにくい磁気刺激を評価しやすい化学刺激へと転換する。[*3]

一九七〇年代には、化学者はもっぱら試験管内でラジカル対反応を研究していた。そんな中、一九七八年、ドイツ人化学者のクラウス・シュルテンは、この謎めいた化学反応が鳥の細胞内でも起きているとしたら、鳥の細胞が磁場に対して示すコンパスのような反応の説明になるのではないかと提唱した。彼はこのアイデアについて詳述した論文を権威ある科学誌『サイエンス』に投稿し、忘れがたい掲載拒否を受けた。彼のような打たれ強い科学者でなければ、このアイデアはゴミ箱行きになっていたことだろう(45)。彼は引き下がることなく、とにかくこの論文を発表した。ただ残念なことに、彼が論文を発表したのはドイツの無名の科学誌で、その書き方も、すでに量子物理学を十分に熟知している生物学者でなければ理解し難い――つまりほぼ誰も理解できないような――書き方だった(46)。だが、あとから振り返ると、シュルテンは時代のかなり先を行っていた。ラジカル対についての彼の洞察は、時代を切り拓いたいくつかの大きなひらめきのうちの、最初の一つだった。[*4]

次の重大なひらめきは、シュルテンが講義中にこのアイデアについて話したときに、その場に出席していたノーベル賞受賞者が発した質問がきっかけで舞い降りた——ラジカル対反応が光によって引き起こされるのだとしたら、鳥の体内のどこにその光はあるのか？　これを聞いて、シュルテンは気づいた。磁気受容細胞がラジカル対に依存しているのだとしたら、そのような細胞が動物の体内で見つかるはずがない。いやむしろ、見つかるとすれば、おそらく、光を集めるのに最適な器官で見つかるはずだ。彼は、鳴き鳥のコンパスは眼の中にあると提唱した。そしてこのアイデアは、一九九八年、シュルテンがある新発見について読んだときに、長い休眠から目覚めた。動物の脳内のみに存在すると考えられていた「クリプトクロム」と呼ばれる分子群が、鳥の眼の中にも見つかったのだ。「私は椅子から落ちましたよ」とシュルテンは語った。なぜなら、クリプトクロムが「フラビン」と呼ばれるパートナー分子とラジカル対を形成できることを、彼は記憶していたからだ。彼が提唱する理論から欠けていた最後のピ

＊2　二〇一一年、ルーチン・ウー（呉楽清）とデビッド・ディックマンは、磁場に反応し、内耳と接続されているニューロンをハトの脳内で同定した(43)。

＊3　より詳しく説明しよう。対をなす二つの分子に光が当たると、一方の分子から他方の分子へ電子が供与され、双方に不対電子が残る。不対電子をもつ分子は「ラジカル」と呼ばれる。こうして、ラジカル対が生まれる。電子には「スピン」と呼ばれる特性があるが、その正確な性質については量子物理学者にお任せしよう。生物学者にとって重要なのは、スピンの向きは上向きか下向きのどちらかであること、ラジカル対は二つとも同じ向きか反対向きのスピンをもつこと、二つの向きのスピン間を一秒間に数百万回反転すること、そして、その反転頻度が磁場によって変化しうるということだ。つまり、二つの分子が最終的にどちらの状態になるかは、磁場によって左右され、その最終的な状態が二つの分子の化学反応性の高さに影響する。

＊4　私は、この本の構想を思いつくよりもずいぶん前、二〇一〇年に、クラウス・シュルテンにインタビューしていた。シュルテンは二〇一六年に亡くなった。

ース——彼が思い描くダンスを踊ることができ、そのダンスを踊るのに最適な場所にちょうど存在する分子——が見つかったのだ。

二〇〇〇年、シュルテンと彼の学生であるトルステン・リッツは、鳴き鳥のコンパスは眼の中のクリプトクロムに依存すると主張する論文を発表した(47)。これで流れは大きく変わった。リッツのおかげで、最終的には生物学者にも理解しやすい内容になった。それだけではない。この論文を読むことで、生物学者は研究対象として扱うべき具体的な実体——実在する分子——を把握することができた。研究者らは実験に実験を重ね、シュルテンによる予想の多くを裏付けた。たとえば、ヴィルチコ夫妻は鳴き鳥のコンパスが実際に光——とくに青色または緑色の光——に依存していることを発見した*1。

野鳥観察家から生物学者に転身し、今では磁気受容の第一人者*2の一人となっているデンマーク人のヘンリック・モーリツェンも、光が重要であることを立証した。彼はコマドリとニワムシクイを月明かりに照らされた部屋に置き、赤外線カメラで撮影した。この鳥たちが「渡りの衝動」を見せはじめると、モーリツェンは鳥の脳内にとくに活性化している領域がないか調べた。そして見つけたのだ。前頭葉の中でも最前部に位置する「クラスターN」として知られる領域である(48)。その領域は、渡りを行う鳴き鳥が夜間の移動中に自身のコンパスを用いて方向づけ(定位)を行うときに、いや、行うときのみに活性化する。渡りを行わない鳴き鳥では活性化しないし、コンパスを用いない日中にも活性化しない。クラスターNはどうやら鳥の脳における磁気処理の中枢のようだ。しかも実は、脳の視覚中枢の一部でもある。クラスターNは網膜から情報を得て、鳥の眼が覆われておらず、かつ周囲にいくらかでも光がある場合にのみ稼働する*3(49)。「これは、光に依存するラジカル対のアイデアを裏付ける既存の証拠の中でも最強のピースの一つだと私は考えています」と、モーリツェンは私に語った。

こうした一連の証拠は、驚くべき結論を示唆している。鳴き鳥には地球の磁場が見えている可能性があるのだ。おそらく、通常の視界と重ね合わせて何らかの視覚的な表示として見えているのだろう。「これが最も可能性の高いシナリオではありますが、鳥に尋ねることはできないので、本当のところはわかりません」とモーリツェンは言う。もしかしたら、飛行中のコマドリには、北の方角を示す明るい点がつねに見えているのかもしれない。あるいは、視界全体に塗り重ねるようにグラデーションの色調が重なって見えているのかもしれない。「そうやっていくつか青写真は描けています。どれもすべて誤りである可能性もありますが、鳥たちに何が見えているのかを想像する足がかりにはなりますからね」。

このラジカル対に基づくアイデアが最も有力であるように思えるが、[*4] とはいえ、三つの仮説——マグネタイト、電磁誘導、ラジカル対——はどれもすべて正しい可能性がある。「磁覚の機構は複数あるに違いないと私は考えています」とキースは私に語った。それでも、多くの科学者は多種多様な仮説をめぐって派閥を作り、正しい答えは一つしかないかのように対立している。磁覚の研究はただでさえ難し

---

*1 これらの波長がもつエネルギー量は、クリプトクロムとフラビンをラジカル対に変換するのにちょうどいい量なのだ。赤色光のみでは、鳥のコンパスは働かない。

*2 ヘンリック・モーリツェンは一〇歳のときから野鳥観察をしていて、これまでに四〇〇〇種を超える鳥を観察してきた。もともとは、休暇が長くて長期の野鳥観察の旅に出かけられるからという理由で高校教師になりたいと思っていた。結局は生物学教授になったが、「時間さえあれば、今も野鳥観察に行っています」と彼は言う。「コロナ禍で一番恋しかったのがこれですね。どこにも行けませんでしたから」とも言っていた。それが巡り巡って、大陸をまたいで移動する動物を研究する者に転機をもたらしたのだから、なんとも皮肉なことである。

*3 コマドリは夜行性の渡り鳥なので、光で活性化するコンパスに頼るのは妙だ。しかし、夜であっても、常にわずかな光は存在する。理論計算では、月の出ていない少し曇った夜でも、渡り鳥のコンパスを活性化するのに十分な光が存在する。

いのに、さらなる困難を与えるべく、有害な確執が生まれている。ある学会での議論は、不名誉な茶番に成り下がった。いい歳した大人が立ち上がって互いを罵り合った。「誰もがみな、磁気受容細胞の第一発見者になりたがっている。そのせいで競争に拍車がかかり、他人への礼儀を忘れてしまっているんです」とワラントは私に語った。

そのような態度は、ずさんな研究を生むことにもなる。

本書の至る所で私たちは、動物の感覚について最終的に正しいことが証明されることになるアイデアを冷笑されたり退けられたりした科学者の物語にいくつも遭遇してきた。しかし実は逆の現象も、それ以上にとは言わないが、同じくらい頻繁に起きている。正しいと思われた発見が、のちに反証されることもあるのだ。磁気受容の分野には、そのような事例があふれている。

一九九七年、ミツバチは磁場を感知できると主張する研究が発表された[52]。ところがその二〇年後、別の研究グループが、元の研究チームは大きな統計学的誤りを犯していて、ミツバチではなく乱数発生器を研究していたようなものであることを明らかにした[53]。一九九九年、アメリカの研究チームがオオカバマダラ（英名モナークバタフライ）にはコンパス感覚があると主張したが、その後、彼らはオオカバマダラが実際には研究者の衣服に反射した光に向かって飛んでいたことに気づいて、その論文を撤回した[54]。二〇〇二年、ヴィルチコ夫妻は、コマドリは右眼のみにコンパスがあり、左眼だけでは方向がわからないと主張する有名な論文を発表した[55]。その一〇年後、ヘンリック・モーリツェンと彼の同僚たちは、慎重な実験を重ね、コマドリの両眼にコンパスがあることを示した[56]。二〇一五年には、アメリカの研究チームが線虫で磁気受容細胞を発見したと主張し、中国の研究グループがショウジョウバエで発見したと主張した(57)。しかし、どちらの研究も他の研究者による再現ができず、ショウジョウバエの研究は「物理学の基本法則」に矛盾するとも言われた(58)。

ある程度までは、科学とはこのように進展するものだと言えなくもない。科学者は互いに実験を再現し合い、互いの発見をチェックし合うことで、再現可能なものを積み上げていき、再現できないものの誤りを暴いていくものだ。しかし、磁気受容の分野は、大々的に発表されながら、のちに誤りであることが示されるような研究の数があまりにも多い。磁覚をもつと思われている動物の中にも、そうでないものが含まれている可能性が高い。[*6]「私たちはとても忍耐強く、かなりの時間を費やして、他の人々の主張を追いかけています。それなのに、虚偽にすぎない研究があまりにも多いんです」と、デビッド・キースはげんなりした様子で私に語った。科学は自己修正されるものだが、磁覚の分野では、他のどの

＊4 仮に、ラジカル対の仮説が唯一の正しい説だとしても、多くの疑問が残る。鳥類にはいくつかのクリプトクロムが存在するが、コンパスに関与しているのはどれなのか（Cry4と呼ばれるものが最有力候補に浮上している。渡りの季節にコマドリのとくに網膜の錐体細胞で大量に産生されるからだ）(50)？　ラジカル対のダンスの最終段階でどのように神経シグナルに変換されるのか？　鳥類は通常の視覚情報と磁覚情報をどのように分離しているのか？　そして、ヘンリック・モーリツェンによって明らかにされたのだが、鳥のコンパスはなぜ、ある特定の電気機器が発生させたり、AMラジオに使われるような極端に弱い高周波電磁場によって妨害されるのか(51)？　そのような電磁場には有用な情報は含まれず、前世紀の人間の活動で普及しただけである。鳥類がそのような周波数の電磁場を感知する能力を進化させたはずがない――だとすれば、なぜ影響を受けるのか？「鳥類のセンサーを私たちの想定よりも遥かに高感度にさせる何か重大なことを、私たちは見落としているに違いありません」と物理学者のピーター・ホアは言う。「これはつまり、私たちの理論は十分には成熟していないということです。私たちが考案してきた実験はまだ最終段階には行き着いていないのです」。とはいえ、ホアもモーリツェンも努力を続けている。彼らはすでに意欲的なプロジェクトを立ち上げており、ホアはその詳細について、本書に書くことを固く禁じたうえで、私に語ってくれた。

＊5 この実験の不備はさておき、ミツバチが磁場を感知できることを示す十分な証拠は別に存在する。

分野よりも多くの修正が必要とされているようだ。磁覚に関する主張の多くは誤りである。本書の至る所で私たちは、動物の環世界を正しく認識することの難しさを目の当たりにしてきた。なぜなら、環世界はもともと主観的なものであり、正しく認識するためには想像の力で飛躍する必要があるが、飛躍しようにも私たち人間に備わる感覚によって引き戻されてしまうからだ。しかし実際には、私たちが他の環世界を適切に理解するのを妨げる、もっと単純な障壁が存在する。誤った理解へと導くような方法で動物の感覚を研究しがちであるという事実こそが、障壁なのだ。

動物の行動に関する研究もまた、人間の行動に悩まされてきた。人間は、自分が見たいと思うパターンを見る傾向にある。壁をひっかいた鳥の足跡は、本当に南西の角に集中していたのか、それとも、その鳥が南西に向かうと予測していたあなたがそのように解釈しただけなのか？[*7] 科学者も世間一般の人と同様にそのようなバイアスに陥りやすいものだが、そのようなバイアスが彼らの研究に干渉するのを防ぐ方法はいくつかある。たとえば、「ブラインド（盲検）試験」といって、試験の最後の瞬間まで重要な情報を試験当事者に伏せておく方法がある。この方法は、すべての実験で標準的に実施されるべきだが、現状はそうなっていない。

さらに悪いことに、捉えどころのない磁気受容細胞を探求する旅は、競争になっていった。この競争の勝者に約束されている栄光と数々の賞が、慎重に行われる体系的な研究よりも、スピード勝負で派手な結果を主張する研究へ流れるインセンティブになっている。ほんの数匹の動物で実験を行い、ただの偶然かもしれない結果を生み出している研究者もいるかもしれない。刺激的な結果を得るために、実験計画をその時々で微調整する――いわゆる「p値ハッキング」によってデータを操作する――研究者もいるかもしれない(61)。自分の考えに沿った都合のいいデータのみを採用し、都合の悪いデータは使わない研究者もいるかもしれない。

科学者が何もかも正しく行ったとしても、研究は難航することだろう。なぜなら、磁場は感知できないからだ。視覚や聴覚の研究者は、実験中に備品や装置が誤って閃光を発したり、甲高い音を発生させたりしても、すぐに気づくことができる。だが、磁覚の研究者は「何かやらかしても、気づかないんです」とモーリツェンは語った。一貫性のない磁場や不自然な磁場に動物を曝していたとしても、高性能装置で絶えず確認していない限り、そのことに気づけない。地元の商店で買えるような装置を使えば、電気魚やツノゼミの環世界に浸ることはできる。しかし、磁覚の場合は「安価な装置では役に立ちませ

＊6 人間に磁覚があるかどうかについてさえ、議論になっている。一九八〇年代、英国人動物学者のロビン・ベイカーは、目隠しした学部生を車に乗せ、曲がりくねった道を走ったあとで、家のある方向を指差すように学生に指示した。すると、予測以上の頻度で正しい方向を指差したが、頭に磁石を装着していると正解の頻度は低かった。ベイカーはこの結果を、世界のトップクラスの科学誌であるサイエンス誌で発表した(59)。彼は何度も同じ結果を再現したが、他の研究者は再現できなかった。「存在を実証するのがこんなにも難しいとなると、磁覚の生態学的重要性について、考えを巡らさないわけにはいきません」と、ある二人組は書いている。もっと最近では、ベイカーの実験を声高に批難した地球物理学者のジョセフ・キルシュヴィンクが、有志の人間の周囲で人工的な磁場を回転させると、ある特定の脳波に変化がみられることを明らかにした(60)。キルシュヴィンクはこの結果を、人間に磁覚があることを意味すると解釈しているが、他の人々は納得していない。「私が思うに、私は自分自身についてしか言えませんが、私は絶対に磁場を感知できません」と語ってくれたデビッド・キースは、「私のアイフォンには優れたコンパスアプリが搭載されていますからね。それが私の磁気受容器です」とも言っていた。キルシュヴィンクは、人間も無意識のうちに磁気刺激を認知していると主張してきたが、彼はまだ、そのような磁気の認知が何らかの方法で役立っていることを示す必要がある。でなければ、磁覚があると言われても、それが何だというのか？　私たちが気づきもせず、何の役にも立たない感覚であれば、あってもなくても私たちにとって何の問題にもならないのでは？
＊7 誤解のないようにはっきりさせておくと、一九五〇年代から一九六〇年代に鳴き鳥を用いて行われ、鳴き鳥に磁気コンパスがあることを確認した初期の実験は、堅実なものだった。多くの研究室が多様な種を用いて同様の研究を行い、同様の結果が繰り返し再現されている。

ん」とモーリツェンは言う。「磁気を適正に測るためには、とても高価な装置が必要です」。

また、磁場は直感に強く反する。過激な音楽活動で知られるインセイン・クラウン・ポッシーも「磁石のやろう、どんな仕掛けなんだ?」と歌っている。あるいは、ワラントが私に言ったように、「磁気という刺激について理解するだけでも十分に厄介なのだから、動物が磁気から何を感受しているのかを理解しようなんて気は起こさないほうがいい」のだ。反響定位や電気受容など、人間に馴染みのない他の感覚は、少なくとも聴覚や触覚のようにもっと馴染みのある感覚になぞらえることができる。だが、アカウミガメの環世界については、どこから考えはじめればよいのか見当もつかない。

これも、ラジカル対による説明がこんなにも牽引力をもつ理由の一つなのではないかと、私は考える。複雑ではあるが、ラジカル対の仮説は磁覚を私たちがすでに理解できる視覚の領域に持ち込む。同様に、私たちがコンパスについて話すのは、抽象的な磁気の世界へと足を踏み入れるお馴染みの入り口となるからだ。しかし、コンパスの喩えは誤解を招く元にもなる。コンパスは正確で、信頼できる。コンパスは必ず北を指し、変動しない。一方、生体コンパスは本質的にノイズを含むものだと、ソンケ・ジョンセン、ケネス・ローマン、エリック・ワラントは考えている(62)。地球磁場はあまりに弱いので、生体コンパスで即座に高い精度で正確に地球磁場を読み取れるとは考えにくいのだ。動物たちは長期にわたって磁気受容細胞から受け取るシグナルの移動平均を割り出す必要がある。そのような制約があるため、磁覚は緩慢で煩雑なものにならざるを得ず、大いなる矛盾を抱えている。地球上で最も広く行き渡っている信頼性の高い刺激の一つ——地球磁場——を、本質的にあまり信頼のおけない方法で感知しているのだ。再現の難しい磁気研究がこんなにも多いのも、この矛盾が原因かもしれない。「よく考え抜かれたデザインの実験でも、同じ実験を繰り返して一貫性のある結果を出すのは、本質的に難しいのかもしれません」とワラントは私に語った。*

仮に、動物たちが不安定に揺れ動くコンパスから十分な情報を得て正しい方角を決定するのに五分かかるとしよう。実験者が動物を磁場に曝露させ、一分後にその反応を記録すると、その結果は定まらずにばらけるだろう。私はこの時間枠を任意で選択するわけだが、重要なのは、正解となる時間枠を私たちは知らないということだ。私たちは視覚や聴覚のようにほぼ即座に情報を得られる感覚に慣れている。磁覚はおそらくそのように即座には機能しないが、どの程度の時間尺度で機能するのかわからない。それを知らずに、あるいは、それを解明する必要があることにすら気づかないままでは、優れた実験をデザインできるはずがない。本書の「はじめに」で書いたとおり、科学者のデータは、その科学者がどのような問いを立てたかに影響される。科学者が立てる問いを導くのは、その科学者の想像力であり、想像力の限界を定めるのは、科学者の感覚である。私たちは、私たち自身の環世界の境界線の内側でしか、他の動物の環世界を理解することができない。

磁覚のノイズの多さと不安定さもまた、磁覚のみに頼る動物がいない理由の一つかもしれない。動物たちは、視覚のような信頼性のより高い感覚が機能しない場合のバックアップとして磁覚を利用しているように思われる(63)。「あなたが移動性の動物だとしたら、あなたが完全に迷子にならない限り、磁覚はおそらく最も重要度の低い感覚だと言えるでしょう」とキースは言う。磁気の手がかりがなくても、ボゴンモスは夜空の星のパターンを見て進むべき方向を決めることができる。ウミガメの幼生も、初め

＊反響定位と電気受容もほぼ同時期に発見されたが、いずれも磁覚ほどには再現不能な結果や議論を呼ぶ結果に悩まされていない。

て海に入り、波に導かれて外洋に出るときには、磁場を無視する。

動物たちは、ただ一つの感覚のみに頼ることはない。「彼らは手に入る情報の欠片をすべて活用します」とワラントは私に語った。「使える感覚はすべて使う。マルチ感覚で臨んでいるんです」。

第12章

同時にすべての窓を見る

——感覚の統合

本当は痒くなんかないんだ、と私は自分に言い聞かせていた。数万匹の蚊に取り囲まれた状態だった。すべてヤブカ属（*Aedes*）の同種の蚊――ジカ熱、デング熱、黄熱の病原ウイルスを媒介するネッタイシマカ（*Aedes aegypti*）――である。私は密封された小さな部屋の中に立っているが、幸いにも、蚊はすべて白いメッシュのケージの中に閉じ込められている。神経科学者のクリシカ・ベンカタラマンは、ケージの一つを棚から引っぱり出して私たちのすぐ横のテーブルの上に置くと、蚊がどのように宿主を追跡するのかを語ってくれた。数分間、彼女と話したあとで、私はふとテーブルの上のケージに視線を向け、ぞっとした。ケージ内のほぼすべての蚊が、私たちに近い側のメッシュにとまっていることに気づいたからだ。彼らが吸血のための口吻をメッシュ越しに突き出して探査する様子は、黒い毛がそよぐ草原のように見えた。それを見て、私の痒みは増した。ベンカタラマンの説明によれば、蚊は私たちの呼気に含まれる二酸化炭素と、私たちの皮膚から放出される匂いに引き寄せられる(1)。彼らは私たちの匂いを嗅ぎ分けることができるのだ。これを実証するために、彼女は別のケージを持ち上げた。私が側面から息を吹きかけると、数分以内にほぼすべての蚊がその側面に移動し、口吻を突き出して探査しはじめた。

ベンカタラマンが働く研究室の運営者であるレスリー・ヴォスホールは、蚊の嗅覚を混乱させることによってネッタイシマカから人々を守ろうと、何年も努力を重ねている。当初、彼女は蚊の嗅覚全体の基礎をなすと思われる *orco* という遺伝子を無効化しようとした。実はこの手法は、1章で紹介したとおり、ヴォスホールの研究室から廊下をそのまま進んだ先で研究しているダニエル・クロナウアーがクローン性侵略アリで試したときには、うまくいった。しかし、ヴォスホールが蚊で試したときには失敗した。*orco* を欠損させると、蚊は人間の体臭を無視したが、二酸化炭素には引き寄せられた(2)。そこで、ヴォスホールの研究チームは戦術を切り替え、二酸化炭素を嗅ぎ分けられない変異蚊を生み出そうとした(3)。しかしそれもうまくいかなかった。それでも蚊は人間の体表に容易に着地できたからだ。「この結果には、ある意味、引き込まれました」とヴォスホールは語った。

蚊はどれか一つの感覚に頼っているわけではない。むしろ複雑に相互作用し合うたくさんのシグナルを利用している。そのため、何か一つの戦略で蚊を混乱させることはできない。宿主になる温血動物の熱に引き寄せられるが、それは、先に二酸化炭素を嗅ぎつけたときだけだ。ヴォスホールの研究室に所属する学生のモーリー・リューは、蚊を容器の中に入れ、容器の壁のどれか一面のみをゆっくりと加熱した。すると、ほとんどの蚊は、その壁の温度が人間の体温に達するまでに壁表面から姿を消した(4)。ところが、その容器の中に二酸化炭素を一吹き噴霧したところ、蚊は温かい壁に群がり留まった。二酸化炭素がない場合には熱は不快であり、危険の合図となる。二酸化炭素が存在する場合には熱は魅力的であり、ご馳走の合図となる。[*1] ヴォスホールは今もなお、人類を蚊から防御する方法を見つけられると信じているが、そのためには、一度にたくさんの感覚――嗅覚、視覚、温覚、味覚、その他――を考慮しなければならない。ネッタイシマカは「あらゆる状況でプランBを用意している」のだと彼女は私に語った。[*2]

蚊の感覚は、数千年にわたる進化の中で磨かれてきた。ネッタイシマカはもともと、サハラ砂漠以南のアフリカの森に生息し、多種多様な動物の血を吸っていた。ところが数千年前、人間が密集して定住するようになったころ、ある特定の系列のネッタイシマカが人間の血の味を覚えた(6)。人間の集まる場

*1 私たち人間の感覚も同様に反転する。汚れた靴下の絵を見せられながらイソ吉草酸の匂いを嗅ぐと嫌悪感を覚えるが、高級なエポワスチーズの絵とイソ吉草酸を組み合わせると、美味しそうな匂いになる。

所に惹きつけられたネッタイシマカは、森よりも町を好む都市特有の動物へと変貌を遂げ、他の何より人体が発する独特なシグナルに適応した環世界を有する寄生生物になった。この種の蚊は、現在、地球上で最も効率よく人間を捉えるハンターであり、他の何より人間の血を極端に選り好みする。そのため、ベンカタラマンのように蚊を飼育している科学者は、飼育ケージの中に自分の腕を突っ込むだけで餌やりを終わらせることも少なくない。「一〇分ほどで終わりますよ。いつもしているわけではないので、いまだに噛まれると反応してしまいますが、掻かなければ大丈夫です」と彼女は言うが、掻かずにいるなんて、想像するのさえ難しそうだ。

代わりに、自分が蚊になったところを想像してみよう。濃厚なスープのように重い熱帯の空気の中、方々で立ち昇る匂い物質の噴煙を触角で切るように飛んでいく。やがて、二酸化炭素の微かな匂いをキャッチしたあなたは、その匂いに誘引されて方向転換するが、そのはずみで匂いを見失った。慌ててジグザグに飛び、棚引く匂いを再び見つけると、そのまま突進する。匂いの先に暗い輪郭を捉えると、上空を飛びながら精査する。そして、乳酸、アンモニア、スルカトン——人間の皮膚から放出される分子——の雲の中へ飛び込み、ついに探し求めていた決定的要因——ほとばしるような放熱——を捉える。あなたは着地した。すると、あなたの足は、溢れんばかりの塩分、脂質、その他の味を感じ取る。あなたは持てるすべての感覚を駆使して、人間にたどり着いたのだ。そして血管を探り当てたあなたは、満腹になるまで血を飲んだ。

本書の「はじめに」で紹介したとおり、環世界という概念の提唱者であるヤーコプ・フォン・ユクスキュルは、かつて動物の体を家に喩え、その家には外の庭を見渡せるたくさんの「感覚の窓」があると説明していた。あとに続く一一の章で、私たちはそのような「感覚の窓」を一つずつ順にのぞき見ることで、各感覚の特性について理解を深めてきた。多くの感覚生物学者がこれと同じことをしている。生涯のキャリアを通して、ただ一つの窓から外を眺める。だが、動物たちはそうではない。ヤブカ属（*Aedes*）の蚊のように、持てるすべての感覚から同時に情報を得て、その情報を組み合わせたり相互参照したりしているのだ。ならば、私たちもそうすべきだ。動物たちの環世界を真に理解するためには、そして、いくつもの感覚を渡り歩く私たちの旅を終わらせるには、ユクスキュルが喩えた「家」全体を丸ごと考慮しなければならない。動物の全身の形体がその動物の環世界の性質を決定づけていることを理解するには、「家」そのものの構造を研究しなければならない。動物が外界から得た感覚情報と体内から得た感覚情報をどのように組み合わせるのかを理解するには、「家」の内部を見なければならない。そして、動物が持てる感覚のすべてをどのようにまとめて用いているのかを理解するには、すべての「窓」を同時に注視しなければならない。

どの感覚にも長所と短所があり、どの刺激も状況によって有益にも無益にもなる。だからこそ動物たちは、神経系で扱える限り、できるだけ多くの情報経路を活用し、ある感覚の短所を別の感覚の長所で

＊2 結局、それを成し遂げているのがＤＥＥＴだろう(5)。一九四四年に米国農務省によって開発されたＤＥＥＴは、最初は熱帯の国々で軍隊を保護し、その後、世界中の民間人を保護してきた長い歴史がある。ＤＥＥＴは確かに効く――しかし、なぜ効くのか、本当のところは誰にもわからない。レスリー・ヴォスホールは当初、ＤＥＥＴは *orco* を遮断するのではないかと考えていたが、現在は、ＤＥＥＴはもっと複雑な方法で蚊の嗅覚（と味覚）を混乱させると考えている。その作用を複製できれば、ＤＥＥＴよりも有効性が高く、持続性に優れ、幼児にも安全に使用できる物質を見つけられるのではないかと彼女は期待している。

補完する。他の感覚を除外してただ一つの感覚のみに頼る種は存在しない。何か一つの感覚の代表格とされるような動物であっても、自在に活用できる感覚をいくつか備えているものだ。

犬といえば嗅覚の印象が強いが、長い耳にも留意すべきだろう。フクロウは聴覚に優れているが、眼も大きい。ハエトリグモは大きな眼を頼りにしているが、足から伝わってくる表面振動にも敏感に反応し、体表全体に生えている繊細な毛の揺れで空気中の音を聴くこともできる(7)。アザラシは魚が泳いだ後に残る「伴流」を顔ひげで追跡するが、魚を狩るときには眼と耳も使っている。ホシバナモグラは長いトンネル内で触覚を頼りに餌を狩るが、水中でも、鼻先の星から泡を吹き出し、それを再吸入して獲物の匂いを感知することによって餌を見つけることができる(8)。アリの生活も匂いに支配されているが、音も重要な役割を果たしており、女王アリが立てる音を模倣してアリの巣に入り込む寄生虫がいるほどだ(9)。匂いは、サメが何マイルも離れた場所から獲物を追跡する際の案内役を務めるが、獲物に接近するにつれ、その役割は視覚と側線に引き継がれ、最後の一撃の瞬間には電気感覚が取って代わる(10)。ウバンギエレファントフィッシュ（別名ピーターズエレファントノーズ）は、電場を生み出すことによって体表付近の小さな物体を感知するが、捕食動物のように電気感覚の及ぶ範囲外にいる動きの速い大きな物体を見分けるのには、眼が適している(11)。鳴き鳥やボゴンモスは、渡りの季節になると、地球の磁場を利用して移動すべき方角を知るが、天空の景色にも頼っている(12)。ダニエル・キッシュは、近所を歩き回るときに反響定位を用いるが、長い杖も併用する。

複数の感覚が、互いを補完し合うに留まらず、組み合わされることもある。場合によっては、異なる感覚同士が血を通わせたかのような「共感覚」を経験する人もいる(13)。音に質感や色があるように感じられたり、言葉に味があるように感じられたりするのだ。そのように知覚の境界がぼやける現象は、人間では特殊だが、他の生き物ではふつうのことだ。たとえば、カモノハシのアヒルみたいなくちばしには、電場を感知する受容細胞と接触を感知する受容細胞が含まれる(14)。ところが、カモノハシの脳内では、電場を感知する受容細胞からシグナルを受け取るニューロンが、接触を感知する受容細胞からのシグナルも受け取る。カモノハシにとっては、電気接触感覚とでもいうべき単一の感覚なのかもしれない。水中に潜って餌を探す際に、カモノハシはザリガニが巻き起こす水流を感知するより先に、ザリガニが生み出す電場を感知している可能性がある。カモノハシはこの二つのシグナルのタイムラグを利用してザリガニまでの距離を把握すると提唱している研究者もいる。ちょうど私たちが稲光と雷鳴の時間差を利用して雷雲までの距離を推測するのと同じである。

一方、蚊には温度と化学物質の両方に反応しているようにみえるニューロンがある。これはつまり、蚊は体温を「味わえる」ということかと、私はレスリー・ヴォスホールに尋ねた。すると彼女は「この世界を感知する最も単純な手段は、いくつかの感覚をそれぞれ分離した状態でもつことです――味覚は味覚ニューロン、嗅覚は嗅覚ニューロン、視覚は視覚ニューロンといった具合に。そうすれば、すべてが整然とすることでしょう。でも、この世界をよくよく見れば、一個の細胞でさえ、同時に複数のことをこなしています」と言って肩をすくめた。たとえば、アリなどの昆虫の触角は、嗅覚器官でもあり、触覚器官でもある。アリの脳内では「おそらく、この二つの感覚は融合して一つの知覚を生み出している」のだと、昆虫学者のウィリアム・モートン・ホイーラーは一九一〇年に書いている(15)。彼は、私たち人間の指先に繊細な鼻がある状態を想像してみるように、とも提案している。「あちこち歩き回りながら、道すがら左右両側にある物体に触れていくと、あなたの周囲の環境は、形のある匂いで構成された世界として浮かび上がり、あなたは球状の匂い、三角形の匂い、鋭く尖った匂いについて話すことになる。そして、あなたの思考プロセスはもっぱら化学的構造からなる世界によって規定されるようになる。ちょうど、今の私たちの思考プロセスが視覚的（すなわち、色のある）形状からなる世界によって規定されるのと同じである」。

感覚は、融合はせずに、集束することもある。9章で紹介したとおり、イルカは事前に反響定位で探査済みの隠された物体を視覚的に認識することができる。備わっている感覚のうちの一つを用いて築き上げた脳内表象に、他の感覚でアクセスすることができるのだ。このような芸当は、「クロスモダール な（異種感覚間の相互作用による）」物体認識と呼ばれており、イルカや人間のように大きな脳をもつ種に限った話ではない。十字形と球形の違いを視覚的に学習した電気魚は、その二つの形状を電気感覚を用いて区別することもできる（逆も可能性だ）(16)。マルハナバチでさえ、二つの物体の違いを視覚的に学習したあとに、触覚を用いて区別することができる(17)。

感覚の中には内向きのものもあり、体内の状態についての情報を動物に知らせる働きをする。まず、体の位置や動きを認識する「固有感覚」がある(18)。バランスを感知する「平衡感覚」もある*。このような内部感覚は、議論されることがめったにない。アリストテレスが提唱した「五感」の分類からも外されていたし、私自身も本書で自然界の環世界を旅する中で、「内部感覚」にはほとんど触れてこなかった。しかしそれは、内部感覚が重要でないからではない。むしろ、あまりにも重要すぎて当たり前のように考えているからだ。私たちは視覚や聴覚を失っても何とか生きていけるが、内部感覚を失うとそうはいかない。替えがきかないのだ。動物たちは、自分自身について知りながら、その情報に助けられて他のすべてを理解する。内部感覚がとりわけ重要なのは、ユクスキュルが喩えた「家」がしないことを、動物の体がするからだ。

そう、動物の体は動くのだ。

動物が動くとき、感覚器官からは二種類の情報が提供される。一つは、外界の刺激によって生み出されたシグナルから得られる「外因性求心情報」である[20]。そしてもう一つが、動物自身の活動によって生み出されたシグナルから得られる「再帰性求心情報」だ。私はいまだにこの二つの違いをなかなか覚えられずにいるが、あなたも同じなら、他者によって生成された情報と自己によって生成された情報だと思えばいい。たとえば、私の机からは風に揺れる木の枝が見える。これは他者が生成した外因性求心情報だ。一方で、窓の外の枝を見るには、私は左方を見なければならない――唐突なその動きによって、私の網膜に差し込む光のパターンは走馬灯のように通りすぎる。これは自己が生成した再帰性求心情報だ。すべての動物は、備わっている感覚のそれぞれについて、この二種類のシグナルを区別しなければならないわけだが、さて、そこで問題が起きる。感覚器官の立場から見ると、この二種類のシグナルはまったく同じなのだ。

単純なミミズの例で考えてみよう[21]。ミミズが土壌中を掘り進んでいくとき、頭部の触覚受容細胞が

＊大勢の人が、視覚、嗅覚、あるいは聴覚を失ってもまったく問題なく暮らしている。だが、固有感覚を失えば、活力を失うどころではない。一九七一年、イーアン・ウォーターマンという名の一九歳の肉屋が感染症で寝込み、自己免疫発作に見舞われ、固有感覚を奪われた[19]。手足からのフィードバックがなく、もはや自分の動きを協調させることができなかった。麻痺状態ではないのに、立つことも歩くこともできない。自分の体を見なければ、自分の体がどこにあるかもわからない。一七か月間の集中トレーニングのすえにようやく、視覚的にコントロールすることによって、彼は自分の体を動かす方法を再び習得したのだった。

圧を記録している。あなたがミミズの頭を突いても、同じ触覚受容細胞が同じ種類の圧として記録する。となると、ミミズは知覚したシグナルが自己の動きによるもの（再帰性求心情報）なのか、他者によるもの（外因性求心情報）なのかをどうやって知るのか？　何かに触れたのか、触れられたのかをどうやって知るのか？　同様に、魚は側線で水の流れを感知したとき、何かが泳いで近づいてくるのか、自分が泳いでいるのかをどうやって知るのか？　あなたは、何かが動いているように見えるとき、まわりの物が動いているからなのか、自分の眼が動いているからなのかをどうやって見分けるのか？　他者が生成したシグナルなのか自己が生成したシグナルなのかを動物が区別できないとしたら、その動物の環世界は理解不能なほど混乱したものになるだろう。

これはきわめて根本的な問題であるため、多種多様な生き物が同じ方法で解決してきた。[*1]　動物が「動く」と決めると、神経系から運動指令――筋肉に何をすべきかを告げる一連の神経シグナル――が発せられる。ただし、この指令は筋肉に達する途中で複製される。複製された指令は感覚系へ向かい、指示された動きによって生じる結果のシミュレーションに使用される。実際にその動きが実行されたときには、感覚系はこれから経験することになる自己生成シグナルをすでに予測している。その予測と実際のシグナルを比較することによって、外界からのシグナルを割り出し、適切に応答することができるのだ。[*2]これはすべて無意識下で進行する。これを私たちは直観として認識していないが、私たちが外界を経験するための根幹である。感覚によって感知される情報はつねに、自己が生成した再帰性求心情報と他者が生成した外因性求心情報の混合であり、動物がこの二つを区別できるのは、神経系が絶えず前者をシミュレーションしているからだ。

この処理過程については、数世紀にわたって哲学者や学者が推測を重ねてきた。一六一三年には、べルギー人物理学者のフランソワ・ダギロンが「内なる魂の力で眼の動きを知覚する」と書いている(23)。一八一一年には、ドイツ人医師のヨハン・ゲオルク・シュタインブーフが「動きのアイデア」とも言うべき脳シグナルが「動きを制御し、かつ、感覚情報と相互作用する」と書いている。一八五四年、ドイツ人医師のヘルマン・フォン・ヘルムホルツは、この「動きのアイデア」を「意志による努力」であると表現した。そして、一九五〇年の時点では、複製された運動指令は「遠心性コピー」もしくは「随伴発射」と呼ばれるようになっていた(24)。[*3]この二つの用語はわずかに意味が異なるが、根底にある概念は同じである——動物が動くときには必ず、動こうとする意志の「鏡像」が無意識下で生み出され、その動きがどのような感覚を生み出すことになるかを予測するために用いられている。動物の感覚は、すべての動作について、これから何が起きるのかを前もって予測し、状況に応じて対処できるようにしているのだ。

科学者は随伴発射について、エレファントフィッシュの研究から多くを学んできた。エレファントフ

---

*1 厳密に言えば、これは動く動物だけに共通する問題である。完全に運動不能状態であれば、感覚器官から送られてくる情報はすべて外界由来のもので、自己の活動によって生成される情報は含まれないはずだ。しかし、完全に運動不能な動物など存在しない。神経系をもたず岩肌に固着している海綿動物でさえ、廃棄物を体外に排出するために「くしゃみ」をする(22)。

*2 率直に言って、これは驚くべき仕組みである。あなたが左を見るとき、眼球周辺の一部の筋肉を収縮させる単純なシグナルが脳から送り出される。そのとき、あなたの神経系はそのシグナルを利用して、周囲の景色がこれからどう変化するのかを予測する。いったいどうやって予測するのだろうか？　神経系がそのような芸当をやってのけているのは確かだが、実際にどのように算出しているのかは、いまだに謎である。電気魚の研究者であるネイト・ソーテルは、「運動指令からどうやって感覚系の構造体で利用できるようなシグナルを導き出すのか？」と私に問いかけたうえで、「そこが問題の核心です」と言った。

*3 これらの用語の歴史や背景にある概念については、オットー・ヨアヒム・グルーサーの論文に詳述されている(25)。

イッシュは自身の電気感覚を調整するために随伴発射を使用しているのだ(26)。10章で見たとおり、彼らには三種類の電気受容細胞が備わっている。一つ目は、自身が発する電気パルスを感知する。二つ目は、他のエレファントフィッシュがコミュニケーションのために発するシグナルを感知する。三つ目は、獲物候補が生み出す比較的弱い電場を感知するためのものだ。[*1] 二つ目と三つ目のグループが機能するためには、自身の電気パルスを無視する必要があり、そのために随伴発射が利用される。発電器官が発火するたびに随伴発射が生み出され、二つ目と三つ目のグループの受容細胞からシグナルを受け取る脳領域に先回りし、自身が発したパルスを無視するように準備する。この仕組みのおかげで、エレファントフィッシュは獲物候補によって受動的に生み出されたシグナルと、他の電気魚によって能動的に生み出されたシグナルと、自身が能動的に生み出したシグナルを区別できるのだ。

電気魚は特殊な生き物ではあるが、「ほぼすべての動物に多かれ少なかれこのような機構が備わっています」とブルース・カールソンは語る。あなたが自分で自分をくすぐることができないのは、随伴発射があるからだ。指をこちょこちょと動かすことで生じることになるこそばい感覚をあなたは無意識のうちに予測し、実際に感じるこそばさを打ち消している。また、あなたの眼が忙しなく動いているときでもあなたの視野は安定しているが、それも随伴発射があるからだ。[*2] 鳴いているコオロギが自分の鳴き声を遮断できるのも、随伴発射があるからだ(27)。泳いでいる魚が自分の動きで生み出される水流と混同することなく他の魚が生み出した水流を感知できるのも、ミミズが反射的に身を引くことなく前進していけるのも、随伴発射があるからだ。[*3]

こうした技能はあまりに深遠すぎて、卓越した技能だと感じないほどである。私たちが自分の体を所有していることも、私たちが世界の内側に存在することも、私たちが前者と後者を区別できることも、証明するまでもなく当然のように感じられる。だが、これらのことはけっして自明のことではない。自己と他者の識別は、できて当たり前のことではなく、神経系にとって解決の難しい問題なのだ。「これはもっぱら、感覚があるとはどういうことかという問題だと言えます」と神経科学者のマイケル・ヘンドリックスは語る。「もしかしたらそれは、なぜそのような感覚があるのかという問題でもあるかもしれません。その本質は、知覚された経験を自己が生成したものと他者によって生成されたものに分類するプロセスなのかもしれません」

そのような識別プロセスは、意識的に遂行される必要はないし、高度な思考能力も要さない。「鑑識眼をもって判断するようなものではないし、進化の過程で後から加えられたものでもありません」とヘンドリックスは言う。数百個のニューロンをもつ神経系にも、数百億個のニューロンをもつ神経系にも、このプロセスは存在する。動物という存在の基本的条件であり、もとは「感知して動く」という最も単純な行為から生じたものだ。動物は、まず自分自身を把握しなければ、自分を取り巻くものを把握でき

＊1 膨大部の電気受容器とクノレン器官にとっては、他の大半の感覚器官と同じく、再帰性求心情報はノイズであり、外因性求心情報はシグナルである。しかし、自身のシグナルを感知する結節状の電気受容器にとっては逆である。つまり、再帰性求心情報はシグナルであり、外因性求心情報はノイズである。

＊2 随伴発射は他の感覚にも適用される。あなたの横隔膜の動きを制御する脳領域は、嗅球——脳内の嗅覚中枢——へシグナルを送る。息を吸っているのか吐いているのかで、嗅球によるシグナルの処理の仕方は異なる。

＊3 一部の科学者は、統合失調症の本質は随伴発射の異常であると提唱している(28)。統合失調症の患者が幻覚や妄想を経験するのは、自分の内なる声と外からの声を区別できなくなるからだと考えられる。統合失調症には、自分で自分をくすぐってこそばゆく感じるなどの奇妙な症状がみられるが、それも他者と自己を選別できないからだと考えられる。エレファントフィッシュも、統合失調症を患って自分の放電と他の魚の放電を区別できなくなったりするのだろうか？「もちろん、その可能性はあります。きっと激しく混乱した行動をとることでしょう」とブルース・カールソンは語った。

ない。それはつまり、動物の環世界はその動物の感覚器官のみが生み出すものではなく、協調して活動する神経系全体によって作り上げられるものだということだ。感覚器官が単独で作動するのだとしたら、何も把握できないだろう。本書を通して私たちは、感覚を個別の部品のように探査してきた。しかし、本当に理解するためには、統合された全体の中の一部としての感覚について考える必要がある。

二〇一九年六月に開催された世界最大級の科学イベント「ワールド・サイエンス・フェスティバル（WSF）」にて、心理学者のフランク・グラッソは「クオリア」と名づけられた雌のツースポットタコを連れて、動物の知性に関するパネルディスカッションに登壇した。そして壇上で、そのタコに黒い蓋の瓶に入った美味しいカニを提供した。彼は、クオリアが蓋を回して開け、瓶の中からカニを引っ張り出すことを望んでいた――多くのタコが身につけている隠し芸であり、タコの知性を示す証拠として提示されることも多い。クオリアも全盛期にはたくさんの瓶の蓋を開けてきたが、グラッソは聴衆に対して「もしかした彼女は不機嫌に口をすぼめて水槽の隅っこに引っ込んでしまうかもしれません」と予防線を張った。そして実際に、そのとおりになった。その一か月後、私がニューヨークにあるグラッソの研究室を訪れたときも、クオリアはまだ水槽の隅に引っ込んだままだった。

かつてのクオリアは、知らない人が部屋に入ってくると、泳いで水槽の前面まで出てきたそうだ。しかし高齢になってからは、水槽の隅で身を丸めている。今では「ラー」という別の雌のツースポットタコがクオリアに取って代わって研究室の注目を集めている。ラーは水槽のガラス面に吸盤を押しつけ、活発に水槽内を横切って動き回る。グラッソの研究室に所属する二人の学部生がカニの入った瓶をラーの水槽内に落とすと、ラーは素早く下に移動し、瓶に覆いかぶさった。八本の腕で蓋を包み込むと、彼女の皮膚の色が暗くなり、そして……何も起こらなかった。彼女は興味を失ったようで、勢いよく離れた。その後、彼女は一本の腕を伸ばして瓶に触れたが、すぐに腕を引っ込めた。蓋は開けられたままだが、カニは食べられていない。「クオリアもラーも、夢中になって瓶の蓋を開けていた時期がありました」とグラッソは語った。しかし今は気にかけていないようだ。自由に動き回るカニがいれば、すぐにでも襲いかかるだろうし、瓶に入ったカニであっても確実に手に入れられるはずなのに、そうしないのだ。現在グラッソは、そもそもタコたちに瓶詰のカニは見えているのだろうかと疑問に思っている。「私たちがこれまでに見てきた瓶の蓋を開けるタコの芸当は、どれもみな、見慣れない新しい物体に好奇心を抱いた結果にすぎないのかもしれません」と彼は私に語った。「タコはガラス曲面を通して中を見ることができないので、中にカニが入っているかどうかなんて、知るよしもありません」。

　タコがなぜ瓶の蓋を開けるのか、そしてなぜ途中でやめるのかを解明するには、彼らの環世界を理解する必要がある。そのために私たちは、彼らの眼と、吸盤と、その他の感覚器官を順に調べるところから着手することもできるわけだが、そのうえで、タコの神経系全体がどのように働いているのか、あの自由に動く柔軟な体をどのように制御しているのかを理解すべきだ。そして、環世界を生み出すために――それも一つの環世界ではなく、ほぼ間違いなく二つあるであろう環世界を生み出すために――彼らが脳と体をどのように連携させているのかも、私たちは理解しなければならない。

　タコの中枢神経系は、約五億個のニューロン――他のどの無脊椎動物よりも多く、小型哺乳類に匹敵する数[*1]――からなる[29]。ただし、タコの頭部――眼からの情報を受け取る左右の「視葉」とそのあいだにある「中央脳」――に存在するニューロンの数は、総数のわずか三分の一だ。残りの三億二〇〇〇万個は腕の中にある。各腕に「比較的完成された大きな神経系が独立して存在し、他の腕とはほとんど連携していないようだ」と、かつてロビン・クルークは書いている。「タコには事実上、九個の脳があり、それぞれに独自の意図をもって」いるのだ(30)。

しかも、各腕に三〇〇個ある吸盤もそれぞれに独立して動く。タコの吸盤は、何かに接触すると自身の形を変えて密閉状態を作り出してから吸いつき、その何かに接着する。と同時に、吸盤の縁にある一万個の機械受容体と化学受容体を用いて触覚と味覚を働かせる(31)。私たち人間の舌は風味と触感を別々の性質として認識するが、吸盤の配線を考慮すると、タコはこの二つを区別していない可能性が高い。タコの味覚と触覚は共感覚に似た様式で「おそらく分離できないほど融合している」のだと、グラッソは私に語った。タコは触れた風味もしくは味わった質感に応じて、吸盤で吸い続けるか放すかを判断する。しかも、その判断は吸盤が独自に行う。それぞれの吸盤に小さな脳――「吸盤神経節」と呼ばれる専用のニューロンの集団――があるからだ。この吸盤の独立性は、本体から切り離された腕を観察するとはっきりわかる。切り離された腕の吸盤は、魚には吸いつくが、同じタコから伸びる他の腕にはけっして吸いつかない(32)。

吸盤神経節はそれぞれ、腕の中心を走る「腕神経節」と呼ばれるもう一つのニューロン集団に接続している。腕神経節はちょうど、豆電球飾りのひものように各腕の根元から先端まで走っていて、そこに吸盤神経節が豆電球のように接続する形だ。吸盤神経節同士は互いに連携していないが、腕神経節とは連携している。*2 腕神経節が個々の吸盤を協調させ、腕全体を一つの組織として機能させているのだ。腕神経節もまた、中枢の脳とは独立して多くのことを成し遂げる。腕を伸ばし、物体をつかみ、引き寄せるために必要な回路はすべて腕に備わっている。たとえば神経生物学者のビンヤミン・ホフナーは、タコの腕が物体に触れると、二つの神経シグナルの波が、一方は接触点から、もう一方は腕の根元から伝達されることを明らかにした(34)。そして、この二つの波が出合った位置に一時的にその腕の肘が形成されて屈曲し、物体を抱き込むように引き寄せ、口へと引っ張り込むのだ。「タコの腕にはとんでもなく多くの情報と行動が詰まっています」とグラッソは私に語った。*3

中央脳は、腕をコントロールできるが、かなりのんびり屋の司令官だ。細部まで管理するのではなく、八つの部隊を必要に応じて調整する。タコは、体の残りの部分から情報をもらわなくても、一本の腕だけで味触覚を用いて不透明な迷路の正しい道筋を探って通り抜けることができる。だが、個々の腕では手に負えない問題もタコは解決できることを、ホフナーの同僚のタマル・ゴティックが明らかにした(35)。彼女は、正しい道筋を進むには腕を水中から出さなくてはならず、その間は化学的な手がかりを得られなくなるような透明な迷路を設置した。それでもタコは、眼を使って腕を誘導することによって正しい道筋を見つけ出すことができた。ただし、それはタコにとって容易なことではなく、どうすればいいか学習するまでにしばらく時間がかかり、七匹のタコのうち一匹はとうとう習得できなかった。

同じくホフナーの研究チームのメンバーであるレティシア・ズッロは、中央脳を組織化する方法で、タコの腕の自律性を示すさらなる証拠を見出した(36)。人間の脳内には大まかな人体マップがある。各指

*1 人間の場合は、脳内と脊椎内の神経はすべて中枢神経系に含まれ、四肢、器官、その他の体の部位の神経は末梢神経系に含まれる。しかし、タコの場合は、このような区別の仕方は通用しない。腕と吸盤の神経節内にある神経は、腕に存在するにもかかわらず、紛れもなく中枢神経系の一部である。

*2 各吸盤神経節と、それに対応する腕神経節のあいだには、約一万個のニューロンが含まれる(33)。これは、ヒルもしくはウミウシの全身の神経細胞数に匹敵する数である。タコの腕一本には、ロブスター一匹分に相当する数のニューロンが含まれる。

*3 一九五〇年代から一九六〇年代にかけて、マーティン・ウェルズは、タコから脳の大部分を除去し、タコが除脳されても吸盤を使って物体を巧みに操り、二枚貝を開けて食べられることを示した。

先など、体のさまざまな部位から伝わってきた触覚刺激は、個々に独立したニューロン集団によって処理される。逆に、個々の脳部位はそれぞれに特異的な動きを駆動する。つまり、右腕に対応する脳部位を刺激すれば右腕が伸び、左手に対応する脳部位を刺激すれば左手が開く、といった感じだ。しかし、タコにはそのような身体マップがないことを、ズッロは明らかにした。どれか一本の腕を伸ばさせるべく脳部位を刺激するたびに、残りの腕も伸びた。私は自分の右手の人差し指がキーボードのYを押せば、そのことを認識できるが、それと同じように、タコは第一の腕の一二番目の吸盤がカニに触れたときに、そのことを認識しているのだろうか？　おそらく答えはノーだ。タコの腕には、間違いなく、固有受容器（自己受容器）が備わっていて、腕の動きを調整する助けをしているが、そのような調整の範囲はおそらく完全に局所的である。タコ研究の先駆者だった故マーティン・ウェルズは、タコには自分の腕の位置についての感覚や腕の形状についての内部イメージが備わっていないのだと確信していた。

おそらく、それで事が足りるのだろう。人間の体をコントロールするのは、人間の脳にとって比較的単純なことだ。なぜなら、人間の動きは骨と関節によって制約されているからだ。たとえば、マグカップを持ち上げるとき、その動きのバリエーションは限られている。だが、哲学者のピーター・ゴドフリー＝スミスは、著書『タコの心身問題』（みすず書房）の中で、タコの体について「可能性の塊である」と書いている(37)。硬い口を除けば、タコの体は軟らかく、いくらでも形を変えたり身をよじったりできる。気まぐれに皮膚の色や質感を変化させることもできる。タコの腕は、腕のどの位置からでも伸ばしたり、捻じったり、曲げたり、回転させたりできるため、単純な動きでさえも、その動かし方はほぼ無限にある。脳は、大きいとはいえ、どうやってそのような際限のない選択肢を把握しているのだろうか？　だが、この問いは見当外れであることがわかる。脳は、把握しなくていいのだ。動きの選択は腕自身にほぼ任せておくことができ、脳は大事な場面でときおり軽く誘導するだけだ。*

ということは、タコはほぼ間違いなく、二つの異なる環世界をもつことになる[39]。タコの腕は、味覚と触覚の世界を生きている。タコの頭は、視覚に支配されている。この二つのあいだに何らかのクロストーク（対話）があるのは疑いようがないが、グラッソは、頭と腕のあいだで交わされる情報は単純化されているものと考えている。動物の体は感覚の窓のある家のようなものだというユクスキュルの比喩で言えば、タコの体は、建築様式のまったく異なる二つの家が小さな扉でつながっている二世帯住宅のようなものだ。ネーゲルは「コウモリであるとはどのようなことか」と思案したが、そのようなことは気にしなくていい。タコであるとはどのようなことかなんて、私たちに理解できようはずがない。タコ特有の感覚ですら、私たち人間が想像するのは難しいのに、それらの感覚を統合する方法を想像するなんて、とてもできそうにない。タコの感覚を紡ぐ糸は私たち人間には馴染みがなく、紡ぎ出される模様は異国情緒に溢れ、織り上がったタペストリーはまったくの外来品である。

感知するという行為は、皮肉にも錯覚を生み、感覚の働き方を正当に評価するのを難しくする。ツースポットタコの「クオリア」と「ラー」を見ていたとき、私は自分の眼の中で光受容細胞が刺激されていることをまったく意識していなかった。私はただ見ていただけだ。彼らの胴体に触れたとき、私は自分の指先の機械受容細胞が圧に応答しているのをまったく感じていなかった。ただ手触りを感じていた

＊ ゴドフリー＝スミスは、中央脳が指揮者ならタコの腕は「ジャズ奏者」であり、「指揮者の指示はごく限られていて、ほとんどが即興で演奏される」と、見事な喩えで説明している[38]。

だけだ。私たち人間が経験する世界の感触は、その感触を生み出す感覚器そのものとは切り離されている。そのため、物理的現実から切り離された純粋な「心理的構築物」として捉えやすくなる。物語や神話に、登場人物の意識が動物の体に乗り移る話が溢れているのもそのためだろう。例えば、北欧神話の主神オーディンや、かつて人気を博したファンタジー小説原作のテレビドラマシリーズ『ゲーム・オブ・スローンズ』に登場するブランがそうだ。そういった物語の中では、人間が他の動物の感覚世界に文字どおり入り込み、その動物が感じるままに感じ、彼らの環世界を究極の形で理解する。だが、こうした物語も、この概念について根本的なところで誤解している。動物の感覚世界は、実体のある組織が現実の刺激を感知して電気シグナルの連鎖を生み出した結果として生じたものだ。体に属しているもので、体から切り離すことなどできない。コウモリやタコの体に人間の心が宿って機能する、なんて話は単純に想像できるものではない。なぜなら、人間の心は他の動物の体内では機能しえないのだから。

　クオリアとラーが、カニの詰まった瓶の蓋を開けはじめたとき、彼らは目的を果たすために意図的に問題を解決しているかに見えた。しかし、その行動に彼らの中央脳は関与していたのだろうか？　彼らの腕はただ目新しい物体を探査していただけではないか？　仮に後者であった場合、知性的に見えた彼らの行動は実はそれほど知性的ではないのか、それとも、タコの腕の自律的な好奇心こそがタコの知性の表れなのか（そもそもタコの腕が好奇心を抱くことなどあるのか）？　クオリアとラーが瓶の蓋を開けるのをやめたとき、興味を失ったのは彼らなのか、彼らの腕なのか（そもそもタコの腕が興味を失うなんてことがあるのだろうか）？　そして、彼らがもつ二つの環世界――眼で見えた世界と腕で味わい感じた世界――のあいだに何らかの矛盾が生じることはあるのだろうか？

　このような疑問に答えるのはただでさえ恐ろしく難しいのに、タコの各部位を別々に見ていては、永遠に答えられない。タコの吸盤や眼の仕組みをいくら調べても、タコ全体で何がどのように知覚されているのかはわからない。タコの神経系の構造を知らずにタコの体の動きを見るばかりでは、その解釈を容易に間違ってしまう。ネーゲルが他の生き物の意識経験を想像しようとして苦戦した理由もここにある。「他の動物であるとはどのようなことか」を知る機会を得るには、その動物についてほぼすべてのことを知る必要がある。その動物に備わった感覚、神経系、体の残りの部分、その動物に必要なものや、その動物を取り巻く環境、進化的に歩んできた道のり、現在の生態学的な位置づけについて、すべてを知る必要がある。私たちはこのような研究に謙虚に臨まなければならない。私たちの直観がいかに間違いやすいものかを認識すべきだ。とはいえ、たとえ部分的な小さな成功であっても、これまで隠されていた自然界の謎を明らかにしていけるのだから、希望をもって前進していくべきだ。私たちに与えられた時間には限りがある。さあ、今すぐ行動に移そう。

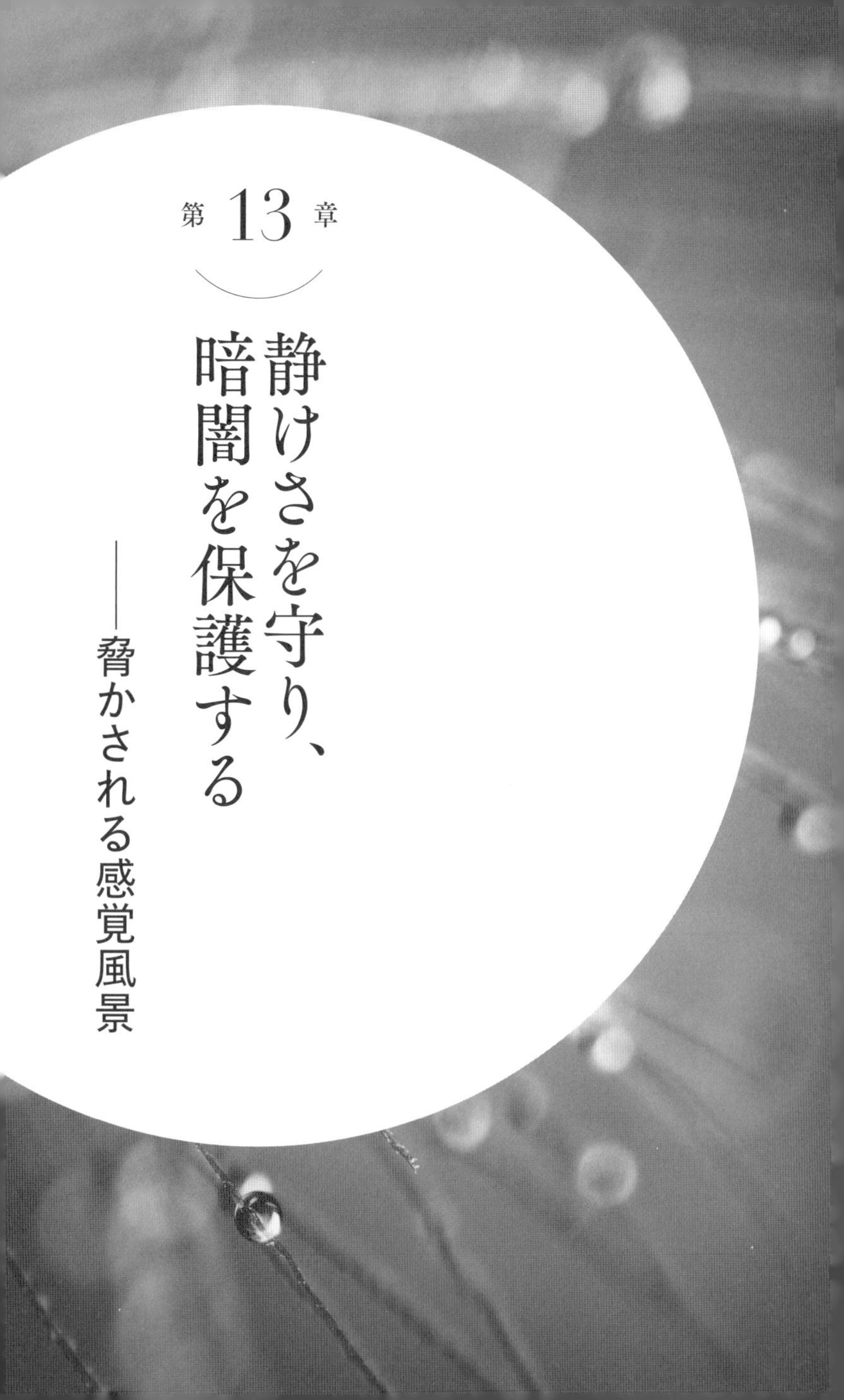

第13章

静けさを守り、暗闇を保護する

——脅かされる感覚風景

ワイオミング州にあるグランド・ティトン国立公園。その広大な三一万エーカーの敷地内に作られた人工的な施設の中で最大の面積を占めるのが、コルター・ベイ・ビレッジの駐車場である。駐車場の奥、木々の向こう側には、悪臭を放つ下水処理施設があり、ジェシー・バーバーはこれを「便臭装置」だと言った。その金属製のひさしの下の隙間に、バーバーの懐中電灯に照らされて、小さな茶色いコウモリが静かにとまっている。そのコウモリの背中には、米粒ほどの大きさの白い機器が装着されている。「あれはラジオタグです」とバーバーは説明してくれた。このコウモリの動きを追跡できるように、彼が以前に取り付けたものだ。さらにいくつかタグを追加するために、彼は今夜ここに戻ってきた。

便臭装置の内部から、ねぐらにいる他のコウモリの甲高い鳴き声が聞こえていた。そして、太陽が沈むと姿を見せはじめた。反響定位よりも記憶を頼りに飛行しているせいか、彼らはバーバーが二本の木のあいだに張っておいたかすみ網に気づかず、何匹か網にかかった。バーバーが網から外すと、彼の学生のハンター・コールとアビー・クラーリングが一匹ずつ注意深く健康状態と体重を調べ、タグを装着できそうか確認する。一匹のコウモリが口を開けた。私には聞こえないが、超音波パルスを連射しているにちがいない。コールが外科用セメントをコウモリの肩甲骨のあいだにちょんと塗りつけ、そこに小さなタグを置き、セメントが乾くのを待つ。「コウモリのタグ付けは、ちょっとした技を要するプロジェクトです」とバーバーは語った。数分後、コールがコウモリをすぐそばの木の幹に置くと、コウモリは幹をよじ登り、飛び立ち、一七五ドルのラジオ装置を森の中へ運んでいった。

時間がたつにつれ、暗闇が濃くなっていく。だが、反響定位を行うコウモリはまったく気にかけない。鋭い耳をもつフクロウも平気で頭上を舞っている。二酸化炭素を追跡する蚊も、暗さを気にすることなくシャツ越しに私の血を吸っている。だが、バーバーと彼の学生たちは、ヘッドランプを使用しなければ作業を続行できず、その光に引き寄せられて昆虫が雲のように群がっている。皮肉にもそれが、バーバーがここにきた理由だった。昨今、人間は光を多用しすぎて世界を害し、他の種に被害を与えているのではないかと懸念する感覚生物学者が増えており、バーバーもその一人だ。国立公園のど真ん中のこの場所でさえ、照明が暗闇を侵害している。通り過ぎる車のヘッドライトからも、観光案内所の蛍光灯からも、駐車中の車を取り囲む街灯からも、光が照射されている。「この駐車場はまるでウォルマートのようにライトアップされています。その光が野生生物に及ぼす影響について、誰も何も考えていないからです」

私たち人間は何世紀も努力を重ね、他の種の感覚世界について多くのことを学んできた。それなのに、あっという間に彼らの感覚世界を一変させてしまった。私たちは今、アントロポセン（人新世）――人類の活動が地球環境に多大な影響を与えるようになった時代として定義される地質年代――を生きている。人類は、膨大な量の地球温暖化ガスを放出することにより、気候を変動させ、海水を酸性化させた。野生動物を大陸から大陸へ移動させることにより、侵襲的な外来種を蔓延《はびこ》らせ、原産種の存在を脅かした。そして、一部の科学者が「生物学的全滅」の時代と呼ぶような、先史時代に起きた五回の大量絶滅にも匹敵する事態を巻き起こしている(1)。人類が犯したそのようないくつもの生態学的罪の中でも、とりわけ容易に認識できるにもかかわらず無視されがちなのが、「感覚汚染」である。私たちは、他の動物の環世界に入り込むのではなく、私たち自身が作り出した刺激を彼らに浴びせ、私たち自身の環世界の中に彼らを住まわせようとしてきた(2)。夜の闇を光で照らし、静寂を騒音で溢れかえらせ、土と水を馴染みのない分子で満たした。私たちがかき乱したせいで、動物たちは本来感じ取るべき刺激を感じ取れず、生きていくうえで頼りにしていたシグナルの氾濫に圧倒され、おびき寄せられ、飛んで火にいる虫のように、感覚の罠《わな》にはまる。

飛行する昆虫の多くは天空の光と間違えて、否応なく街灯に誘引され、その光の下で静止飛行して滞留し、やがて疲れ果てる。その混乱に乗じて、ある種のコウモリは、方向感覚を失った虫の群れをご馳走にして宴会を開いている。バーバーがタグを取り付けているトビイロホオヒゲコウモリのように動きの遅い種のコウモリは、フクロウの襲撃を恐れて街灯の光には近づかない(3)。光は、動物たちを取り巻くコミュニティの在り方を作り変え、新顔を引き込んだり、古株を追い払ったりしているが、最終的にどうなるのかは予測がつかない。光を嫌がるコウモリにとってはとんだ災難なのでは？　生存可能圏は狭くなる一方だし、餌となる昆虫は圏外へ離れていく。光に引き寄せられるコウモリも、一時的には恩恵を受けるが、最終的には地元の昆虫数の激減に苦しむことになるのではないか？　その実態を解明する目的で異例の実験をさせてもらえるように、バーバーは米国立公園局を説得した。

二〇一九年、彼はコルター・ベイ・ビレッジの駐車場にある三二本の街灯すべての電球を、色を変化させることのできる特殊な電球に取り換えた。昆虫とコウモリの行動に強く影響する白色光と、あまり影響しないように思われる赤色光のいずれかの色で光らせることができる電球だ*。バーバーの研究チームは、三日おきに電球の色を切り替えた。街灯の下にぶら下げた漏斗型の罠で光に群がった昆虫を採集しつつ、タグを装着されたコウモリからの信号を無線自動応答装置で拾う。こうして集めたデータを解析すれば、通常の白色光が地元の動物にどのような影響を与えているのか、赤色光に変えることで野生の夜空を取り戻す一助になりえるのかどうかが明らかになるはずだ。

コールは、照明を赤色に切り換えて、ちょっとしたデモンストレーションを私に見せてくれた。目が慣れるまで、駐車場はホラー映画のワンシーンのように禍々《まがまが》しく不穏な様相を呈していたが、目が慣れてくると赤い色相の不気味さは薄らぎ、むしろ心地よく感じられた。赤い光の中でもこんなにもはっきり見えるものかと驚いた。車も街路樹の葉もはっきり見える。見上げると、街灯の照明の下に集まる昆虫の数は減っているように見えた。さらに目を凝らすと、夜空を横切る天の川まで見えた。それは、私が北半球では見たことがないほど心に染み入る美しい光景だった。

二〇〇一年、世界初の光害世界地図を作成した天文学者のピエラントニオ・チンツァーノらは、世界人口の三分の二が光に汚染された地域――夜間も自然な暗闇より一〇パーセント以上明るい地域――に暮らしていると試算した(5)。その試算によれば、人類の約四〇パーセントは月明りと同等の光を恒久的に浴び続けており、約二五パーセントは満月を上回る人工的な薄明りを絶えず経験している。「彼らには、本当の意味では、夜は訪れない」とも書かれている。同研究チームが二〇一六年に光害世界地図を更新したときには、問題はより深刻化していた(6)。人類の約八三パーセント――欧米人の九九パーセント以上――が光に汚染された空の下で暮らしていることがわかったのだ。毎年、人工的な光に覆われた地域が地球に占める割合は二パーセントずつ拡大し、二パーセントずつ明るくなっている(7)。光の霧が地球表面の四分の一を覆い、その霧は多くの場所で星々を覆い隠すほど濃くなっている。人類の三分の一以上、北米人のほぼ八〇パーセントは、天の川を見ることができない。「数億光年の彼方にある遠い銀河系から届いた光が、最後の最後の数億分の一秒で、最寄りの小さなショッピングモールが放つ光によってかき消されているのだと思うと、ひどく落ち込まずにはいられない」と視覚科学者のソンケ・ジ

＊ カミエル・スポールストラが率いるオランダの科学者チームが二〇一七年にこのパターンを発見した(4)。この発見を受けて、オランダのニーウコープの町では、自然保護区に隣接する区域の街灯をコウモリへの害の少ない赤色ＬＥＤに取り換えた。

ヨンセンも書いている(8)。

コルター・ベイ・ビレッジの駐車場で、コールが照明を白色光に戻したとたん、私はビクッとした。照明が強すぎて不快に感じられた。夜空の天の川はうっすらとしか見えず、世界が小さくなったように感じられた。感覚汚染は、断絶をもたらす公害である。私たちを宇宙から切り離す。動物たちを周囲の環境や同種の仲間と結びつけている刺激をかき消す。私たちは、地球をより明るく騒々しい惑星にしていくと同時に、地球を分断してしまった。熱帯雨林を破壊し、サンゴ礁を白化させると同時に、感覚環境を絶滅の危機に追いやってしまった。その流れを、今、変えなければならない。私たちの手で静けさを守り、暗闇を保護しなければならない。

毎年九月一一日には、ニューヨーク上空を二本の青い光線が垂直に貫く。この年に一度のアート・インスタレーション〔訳注：空間全体を作品として表現する現代アート〕は「トリビュート・イン・ライト（追悼の光）」として知られ、二〇〇一年の同時多発テロ事件で倒壊したツインタワーを象徴している。光の柱はそれぞれ、七〇〇〇ワット強度のキセノン電球を四四個ずつ用いて照射されており、その光は六〇マイル（約九七キロメートル）離れた場所からも見える。近くから見上げると、光線の中で小さな黒点がふわふわと雪のように舞っているのがわかる。その黒点の正体は鳥だ――無数の鳥だ。

この毎年恒例の式典は、不運にも、秋の渡りの季節――膨大な数の小さな鳴禽類が長旅の途中で北米の空を通る時季――に行われる。暗闇の中を進む彼らは、レーダーで捉えられるほどの大群で飛ぶ。ベンジャミン・ヴァン・ドーレンは、レーダーの画像を解析し、七夜にわたって約一一〇万羽の鳴き鳥がトリビュート・イン・ライトに迷い込んでいたことを明らかにした(9)。光線は数マイル上空まで到達し、そばを通過する鳥たちは次々にその光に惹き込まれる。ムシクイのような小さな種は、光の柱の中で普段の一五〇倍の密度で密集し、実体のない鳥かごのなかに囚われたかのように、ゆっくりと輪を描いて飛ぶ。頻繁に鋭い声が聞こえる。ときおり、近くの高層ビルに激突する。

渡りは過酷だ。小さな鳥を生理学的限界にまで追いやる。たった一晩でも、夜通しで旋回すれば、エネルギーの蓄えが無駄に奪われ、命取りになりかねない。そのため、トリビュート・イン・ライトに千羽以上の鳥が集まるたびに、囚われた鳥たちが本来の進路に戻れるように、光のタワーは二〇分間、消灯される。だが、これは数ある光源のうちの一つにすぎない。垂直の強い光ではあるが、照射されるのは年に一度だけだ。普段からスポーツスタジアムや観光名所、石油掘削場や商業ビルからは光が溢れている。そして、闇を押しやり、渡り鳥を引き寄せる。一八八六年、エジソンが電球を商品化してからまもなく、イリノイ州のジケーターでは、一〇〇〇羽近い鳥が電気の光に照らされたタワーに衝突して死んだ(10)。それから一世紀以上が過ぎ、環境科学者のトラヴィス・ロングコアらは、米国とカナダで毎年七〇〇〇万羽近い鳥が通信塔に飛び込んで死んでいると算出した(11)。通信塔の赤い光は、航空機のパイロットに警告するためのものだが、同時に、空飛ぶ夜行性の鳥類の方向感覚をかき乱し、進路から逸脱させ、電線や他の鳥との衝突を招く。そのような鳥たちの死の多くは、点灯し続ける光を点滅に切り換えるだけで回避できたはずのものだ。

＊すでに見てきたとおり、渡り鳥は多様な感覚を用いて自分たちの進む方向を導き出している。通信塔との衝突は、そのような彼らの感覚がすべて一斉に乱されたとき——悪天候のせいで目印となる視覚的景観が見えにくいときや、赤い光によって彼らの体内の方位磁石が機能しなくなったとき——に起きるようだ。

「私たちは、他の種と同じように世界を知覚することなどできないということをすぐに忘れ、結果的に、無視すべきでない影響を無視しています」とロングコアは語る。私たち人間の視力は、動物界の中でずば抜けて鋭いが、解像度の高さと引き換えに否応なく、感度は低めである。他の多くの動物は夜間も視力が働くが、人間の眼は暗闇では役に立たず、人間の文化には昼行性の環世界が反映されている。光は安全、発展、知識、希望、善の象徴となり、闇は危険、低迷、無知、絶望、悪の象徴となった。キャンプの焚《た》き火からコンピュータ画面に至るまで、私たちはより強い光を求めるばかりで、光を弱めようとはしてこなかった[*1]。光で「汚染」されるなどという考えは、私たちにとって不快きわまりないことだが、本来あるべきでない場所と時間に侵入したとき、光は「害」になる。

人類が地球にもたらした他の変化の多くは、人間の手を借りなくても同様の変化が自然に起こるような類《たぐい》のものだ。たとえば、現代の気候変動は、疑いようもなく人間の活動が影響して引き起こされたものだが、そもそも地球の気候は自然にゆっくりと時間をかけて変動するものだ。しかし、夜間の光は違う。完全に人為的な力によるものだ(13)。日周期や季節ごとの明暗リズムは、進化の歴史を通して破られたことのない神聖なリズムである。四〇億年間も脈々と続いてきたそのリズムが、一九世紀に入って揺らぎはじめた。光汚染について最初に語りはじめたのは天文学者や物理学者だった。光汚染のせいで夜空の星が見えにくくなったからだ。一方、生物学者が光汚染に真剣に注意を払うようになったのは二〇〇〇年代に入ってからだった、とロングコアは語る[*2]。これは夜更かしをする生物学者が少ないことも一因だろう(14)。夜、生物学者が眠っているあいだに周囲では、観察されることのないまま劇的な変化が進行していた。そして「ひとたび目を開いて観察すれば、すぐ目の前で問題が起きていたわけだ」とロングコアは言う。

孵化したばかりの海ガメは、巣から出ると、砂丘植物の暗い影から離れ、より明るい海の水平線を目指す(15)。しかし、街灯に照らされた道路やビーチリゾートが近くにあると、幼ガメはその光に誘導されて誤った方向に進み、そうなると捕食動物の餌食になったり車に轢《ひ》かれたりする危険も高まる。フロリダ州だけでも、人工光によって命を奪われる幼ガメの数は毎年数千匹に及ぶ。試合中の野球場に迷い込むこともあれば、浜辺に放置された焚き火に入り込む悲劇も起きている。たった一本の水銀灯でも、その下で数百匹の幼ガメの死骸が折り重なっているのが発見されたこともある。

人工光に引き寄せられた昆虫はそのまま死に至ることも多く、地球規模でその種を激減させるような憂慮すべき事態にもなっている(16)。たった一本の街灯でも二五ヤード（約二三メートル）離れた場所から蛾《ガ》を誘き寄せるし、明るく照らされた道路はもはや監獄である(17)。街灯の周囲に集まる昆虫の多くは、日の出までに捕食されるか疲れきって命を落とす可能性が高い。車のヘッドライトに向かって飛び込んでいく昆虫の寿命もそう長くはないだろう。そのような自殺行為の影響は、生態系全体に波及し、昼の生態系にも及ぶ。二〇一四年、ある実験の一環として、生態学者のエヴァ・ノップはスイスの七つの牧草地に街灯を設置した(18)。日没後、彼女は暗視ゴーグルを装着して牧草地を巡回し、蛾や他の花粉媒介

＊1 光汚染（光害）に関する科学研究分野では、「夜間の人工光（artificial light at night）」を「ＡＬＡＮ」という頭字語で表記することが多い。残念なことにそのせいで、光汚染の論文の多くは、独力で野生動物の生態をかき乱すアラン（Ａｌａｎ）という名の男を責め立てているかのように読める。「ＡＬＡＮは夜行性動物の多様性に影響しかねない」、「ＡＬＡＮの威力が弱い場合でも、生物学的影響がないとは言い切れない」などと書かれている。

＊2 明るいビルに鳥が激突したり、孵化したばかりの幼ガメが明るい都市へ向かったりする事象はもっと早くから報告されていたが、トラヴィス・ロングコアによれば、こうした事態を懸念する少人数の研究者がこの問題を一つの分野として扱いはじめる転機となったのは、二〇〇二年の国際会議だった。

昆虫を探して花々を覗き込んだ。暗さを保った他の牧草地に比べて、明るく照らされた花では、花粉媒介昆虫の訪問が六二パーセント減少していた。昼行性のミツバチやチョウも訪れるような植物であっても、実を結んだ数は一三パーセント減少していた。

光の存在だけが問題なのではなく、光の性質も問題になる。カゲロウやトンボのように幼虫時代を水中で過ごす昆虫は、水面と同じように偏光を水平に反射する湿った道路、窓、車のルーフに誤って産卵してしまうことがある(19)。点滅する電球は、点滅速度が速すぎて通常は人間の眼では感知できないにもかかわらず、人間にとって頭痛やその他の神経症状の原因になりうる。だとしたら、昆虫や小鳥など、人間よりも俊敏な視覚をもつ動物はいったいどんな影響を受けているのか(20)?

光の色も重要である。赤色光は渡り鳥を混乱させる可能性があるが、コウモリや昆虫にはさほど問題にならない。* 黄色光は昆虫やカメの邪魔はしないが、サンショウウオを混乱させる可能性がある。まったく問題のない波長など存在しない、とロングコアは言うが、なかでも最悪なのが青色光と白色光だ。青色光は体内時計を乱し、昆虫を強く惹きつける。しかも散乱しやすいので、光汚染が拡散しやすい。にもかかわらず、安価で生産効率が高い。エネルギー効率のよい新世代の白色ＬＥＤにも青色光がたくさん含まれているため、世界中にある従来の暖色のナトリウムランプが白色ＬＥＤに置き換えられると、地球全体の光汚染量は二倍三倍に膨れ上がる(21)。「よりよい選択をするには、光の波長を意識的に調整するだけでもいいんです」とロングコアは言う。「夜間にフルスペクトルの光を使用すべきではありません。〈昼間である〉というシグナルを全生物に昼夜を問わず与え続けるようなことはすべきではありません」。

ロサンゼルスにあるロングコアの研究室で彼と話したあと、私は夜行便で帰路に着いた。離陸する飛行機の窓から、明るく照らされた街を見下ろす。瞬く光の格子を眺めていると、星空や月に照らされた海を眺めたときに感じるのと同じ原始的な畏敬の念が湧き起こる。人間にとって、光は知恵と同義である。私たちは、アイデアの象徴として電球を描く。頭の回転の速い人のことを英語では「bright spark（明るい輝き）」と表現する〔訳注：日本語にも「賢明」「英明」「聡明」などの表現がある〕。暗黒時代から脱する道は明るく照らされてきた。しかし、ロサンゼルスの街が眼下に小さく消えていくにつれ、その慣れ親しんだ畏敬の念に不安が入り込んできた。光汚染はもはや都市だけの問題ではない。光は遠くまで移動し、本来であれば人間の影響を受けることのない保護された場所にまで届く。ロサンゼルスの光は、二〇〇マイル（約三二〇キロメートル）離れた場所にある米国最大の国立公園、カリフォルニア州のデスヴァレー国立公園にまで到達する。本当の「暗闇」を見つけるのは、ますます困難になっている。

そして、本当の「静けさ」についても、同じことが起きている。

四月のよく晴れた朝、私はコロラド州ボールダーにある海抜六〇〇〇フィート（約一八〇〇メートル）ほどの丘の中腹の岩場までハイキングにきていた。ここでは世界が広く感じられる。針葉樹の森が見渡す限り広がる景観のせいだけではない。この上なく静かだからだ。都会の喧騒から遠く離れると、普段は聞こえないような微かな音が聞こえるようになり、遥か遠くの音まで聞こえてくる。丘の斜面で、シマリスがカサカサと音を立てている。バッタが羽をばたつかせて飛び立つ。キツツキがすぐ近くの木の

＊ジェシー・バーバーがグランド・ティトン国立公園で用いた赤色光は、渡り鳥を惹き寄せるには設置場所が低すぎるので、問題ない。

幹をくちばしで激しく突いている。風がさっと吹き抜ける。長く座っているほどに、より多くの音が聞こえるように感じられた。

そんな静けさを、二人の男性が破った。彼らの姿は見えないが、ハイキング道の下のほうのどこかにいるらしく、コロラド州全域に自分たちの意見を広めたいようだ。さらに離れた場所からは、ハイウェイをこちらに向かってくる車の音が木々を越えて聞こえてきた。実はずっと意識的に遮断していたのだが、背景の環境音として聞こえる遥か遠くの州都デンバーのうなり音も気になりだした。頭上を飛ぶ航空機のエンジン音にも気づいた。ハイキングのあとで、私はクルト・フリストルップに会いに行った。

「私は六〇代半ばからバックパックの旅をしていますが、この間に航空機の数は六、七倍に増えました。友人が訪ねてきたときには、ハイキングの終わりに、ところで飛行機の音を聞いた覚えがあるかと尋ねるのが、私のお気に入りの余興になっています」と彼は言う。「たいていの人は、一機か二機は覚えています。でも実際は、ジェット機が二三機とヘリコプターが二機だったりするんです」。

フリストルップは当時、米国立公園局（NPS）の「自然音と夜空」部門で（主に）米国の自然のままの音風景を保護する取り組みに従事していた。音風景を保護するために、まずは音風景の地図を作成する必要があったが、光とは異なり、音は人工衛星では検知できない(22)。フリストルップらは数年間、録音機材を携えて全米の約五〇〇か所をめぐり、およそ一五〇万時間分の音響を集めた。そして、人間の活動によって保護地区の六三パーセントで背景雑音の音量が二倍に高まっていること、保護地区の二一パーセントでは一〇倍に高まっていることを明らかにした。これはつまり、後者の地区では「以前は一〇〇フィート（約三〇メートル）離れた場所の音が聞こえていたのに、今は一〇フィート（約三メートル）離れた場所までの音しか聞こえないということです」と、NPSのレイチェル・バクストンは語った。その主な原因は航空機と道路だが、石油やガスの採取、鉱石の採掘、森林管理のような産業も原因になっている。最も厳重に保護されている地区でさえ、音の包囲攻撃を受けている状況だ(23)。

町や都市になると、問題はより深刻だ。しかもこれは米国だけの問題ではない。欧州人の三人に二人は、降りやまない雨に匹敵する環境雑音に浸された状態にある(24)。そのような状況では、たいていの動物は鳴き声や歌声でコミュニケーションをとるのが困難になる。二〇〇三年、ハンス・スラベコーンとマーグリット・ペートは、オランダのライデンの騒々しい地域に生息するシジュウカラが、都会の低音域の騒音にかき消されないように通常より高い周波数で歌うことを余儀なくされていることを明らかにした(25)。その一年後、ヘンリック・ブルムは、ドイツのベルリンに生息するナイチンゲールが、都会の騒音の中でも聞こえるように自分たちの旋律を通常より大音量で歌い上げていることを明らかにした(26)。このような影響力の大きい研究に後押しされて、騒音汚染（騒音公害）に関する研究の波が高まり、都会や工場の騒音が鳥のコーラスのタイミングを変え、鳥の歌声の複雑さを失わせ、交尾相手を見つけ出すのを難しくしている可能性もあることがわかった。実のところ、元から都市に棲む鳥でさえも、騒音に害されている(27)。

騒音汚染は、動物たちが意図的に発する音だけでなく、コミュニティを一つに結びつける「意図しない音のネットワーク」をもかき消すのだと、フリストルップは語る。彼が言及しているのは、フクロウに獲物の居場所を知らせる落ち葉のカサカサいう音や、ネズミに差し迫る死を告げる静かな羽ばたきの音のことだ。「そういった音こそが、音風景の中でもとくに騒音に邪魔されやすい部分であり、私たちはそのようなつながりを断ち切ってしまっているのです」とフリストルップは言う。音の大きさはデシベルという単位で測定され、そっとささやく程度でだいたい三〇デシベル、通常の会話がおよそ六〇デシベル、ロックコンサート会場が約一一〇デシベルである。音量が三デシベル高まるごとに、自然音が聞こえる範囲は半減する(28)。騒音は、動物の知覚世界を縮小させる。シジュウカラやナイチンゲールのように従来の場所に留まって最善を尽くす種もいるが、その場を去る種もいる。

二〇一二年、ジェシー・バーバーとハイディ・ウェアとクリストファー・マクルーアは、幻の車道を作った(29)。渡り鳥の中継地となるアイダホ州の山脈の尾根に、スピーカーを備えた半マイルほどの回廊を作り、通り過ぎる車の音の録音を延々と流したのだ。この実体を伴わない騒音のせいで、通常なら羽を休めにくるはずの渡り鳥の三分の一がこの地を避けた。そして、この地に滞在した渡り鳥の多くは、後にまで響く代償を払うことになった。捕食動物の音がタイヤやクラクションの音にかき消されるので、鳥たちは危険への警戒に通常より時間を割き、餌探しに割ける時間は短くなる。そのため、この地での体重増加量が通常より少なく、過酷な渡りを続けるために必要な体力を十分に補充できなかった。この幻の車道実験は、騒音――車が走る光景や排気ガスの悪臭とは切り離された騒音のみ――によって野生動物の営みが阻害されうることを示す、きわめて重要な実験となった。その後、何百件もの研究が重ねられ、同様の結果が導かれた。[*1] 騒音下では、プレーリードッグはより長い時間を地下で過ごす(31)。フクロウは狩りをしくじる(32)。寄生性のハエであるオルミア・オクラセアは宿主となるコオロギを探すのに手こずる(33)。キジオライチョウは従来の繁殖地を放棄する（放棄せずに残ったライチョウは強いストレスを受ける）(34)。

音は、昼夜を問わず、固体の障害物も通り抜けて、遠方まで移動できる。音の質によっては動物にとって優れた刺激にもなるが、汚染因子として卓越することもある。「汚染」というと、煙突から噴き出す化学物質や川の水面に浮き出た化学物質など、目に見える劣化の兆候がイメージとして浮かび上がる。

だが騒音は、素朴な美しい風景を退化させ、暮らしやすい場所を暮らせない場所に変えかねない。目に見えないブルドーザーとなり、本来なら動物が生息できるはずの場所から彼らを追い出すことになる。[*2]そうなったとき、彼らはどこに行けばいいのか？　米国本土の八三パーセント以上は道路から一キロメートル以内にあるというのに(36)。

海でさえ、沈黙することはない(37)。かつて、海洋学者のジャック・クストーは海を『沈黙の世界』〔訳注：一九五六年に公開された海洋記録映画の金字塔〕と表現したが、実際はそれとは程遠い。もとより砕け散る波や吹き抜ける風の音、泡立つ熱水噴出孔や崩壊する氷山の音で満ち溢れ、そのような音のすべてが水中では空気中よりも速く、遠くまで伝わる。海洋動物も騒々しい。クジラは歌い、フグはハミングし、タラは鼻を鳴らし、アゴヒゲアザラシは声を震わせてさえずる。近くを通り過ぎる魚を驚かせるためにテッポウエビの大群が大きなハサミで衝撃波を発生させると、サンゴ礁一帯はベーコンが焼けたときのような音、もしくはライスクリスピー〔訳注：朝食用シリアル〕がミルクの中で弾けたような音に包まれる。そのような音風景の一部は、人間が海の住人たちを網や、釣り針や、銛《もり》で漁獲するたび

＊1 ある実験では、都会の騒音を聞かせた場合も、AC／DCの音楽を聞かせた場合も、テントウムシによるアブラムシ摂食量が減少し、「ロックンロールは騒音公害ではない」と主張するバンドの仮説の誤りを証明する結果となった(30)。

＊2 二〇一七年、生態学者のジャスティン・スラシは、サンタクルーズ山脈に設置したスピーカーを通して人間の声（スピーチ）を再生することによって、ジェシー・バーバーが人工光で行った実験の音バージョンを実行した(35)。詩を朗読するスラシ自身の声であろうと、過激な発言で知られるラジオパーソナリティのラッシュ・リンボの怒号であろうと、声が聞こえはじめると、マウンテン・ライオンやボブキャットなどの捕食動物は離れていった。しかしこれは、古典的な意味の騒音汚染にはあたらないだろう。むしろ、最強の捕食動物でさえ人間を恐れるということ、人間の声だけで他の捕食者を怖気づかせることができるということを示している。

に失われてきた。人間が加えた音――底引き網を引きずる音や、石油や天然ガスの探査に使用される反射法地震探査のリズムカルな振動、軍事ソナーが発する超音波の甲高い音、そして、こうした騒音の背後にいつでもどこでも聞こえる船の音――によってかき消されている自然音もある。

「あなたの靴がどこで作られたのか、考えてみてください」と、海洋哺乳類の専門家であるジョン・ヒルデブランドのオフィスで話しているときに、彼が言った。靴の表示を確認すると、思ったとおり中国だった。この靴を運んできたタンカーは、太平洋を横断しながら伴流のように音を吐き出し、その音は放射状に何マイルも広まっていく。第二次世界大戦から二〇〇八年までのあいだに、世界の海運船舶数は三倍以上に増え、一度に一〇倍以上の貨物をより高速で輸送できるようになった(40)。つまり、海運業によって海中の低周波数の騒音レベルは三二倍に増幅されたのだ。ヒルデブランドの推定では、プロペラが登場する前の原始の海よりもすでに一五デシベルほど騒々しかった海が、さらに一五デシベルほど騒々しくなったことになる。巨大なクジラは一〇〇年以上生きられるので、現在生きているクジラの中には、水中の騒音が騒がしさを増していく様子を実際に経験してきた個体もいる可能性が高く、そのような個体は現在ではかつての一〇分の一の範囲の音しか拾えていないことになる(41)。船が夜間に通り過ぎるとき、ザトウクジラは歌うのをやめ、シャチは餌を探すのをやめ、セミクジラはストレスを感じる(42)。カニは餌を食べるのをやめ、コウイカは体の色を変え、スズメダイは捕まりやすくなる(43)。「うちのオフィス内の騒音レベルを三〇デシベル上げると私が言ったなら、労働安全衛生局(OSHA)がやってきて、耳栓を装着する必要があると通告されることでしょう」とヒルデブランドは語る。「私たちは、海洋動物を対象として高レベルの騒音に曝す実験を行っていますが、私たち人間を対象にした実験を行うことは許されませんから(44)」。

前章までの一二の章には、何世紀もの努力のすえに得られた他の種の感覚世界に関する知識が記述されている。だが、その知識を蓄積しているあいだにも、私たちは彼らの感覚世界を根底から作り変えてきたのだ。他の動物であるとはどのようなことか――私たちはその理解にこれまで以上に近づいているが、一方で、他の動物がその動物らしくあることを、これまで以上に難しくしてしまっている。

数百万年間も主人のために働いてきた「感覚」が、今は重荷になっている。自然界には存在しない滑らかな垂直面は、そこに何もないかのようなエコーを返す。コウモリがガラス窓に頻繁に衝突するのは、おそらくそれが原因だろう(45)。硫化ジメチル（DMS）という、海藻のような匂いのする化学物質は、かつては海鳥を餌場に確実に導いてくれたが、今は人間が海に廃棄した数百万トンのプラスチックごみのたまり場に導くことも多い。推定九〇パーセントの海鳥がいずれはプラスチックを飲み込むのも、おそらくそれが理由である(46)。マナティーは全身の毛で、水中を動く物体によって生み出される水流を感知できるが、高速で移動するモーターボートを回避するには不十分だ。フロリダのマナティーの死因の少なくとも四分の一は、ボートとの衝突である(47)。サケは、川の水に含まれる匂い物質に導かれて生ま

＊オオギハクジラは海軍のソナーへの曝露後に何度も集団で陸に打ち上げられていて、調査と訴訟が繰り返されている。海軍のソナーとクジラの座礁を結びつけた事象とその後の法廷闘争については、ジョシュア・ホルウィッツの著書『鯨たちの戦い（*War of the Whales*）』（未邦訳）で見事に説明されている(38)。「議論の余地なく、ソナーを使えばオオギハクジラを座礁させることができます。彼らがなぜそうなるのかは謎のままです」とジョン・ヒルデブランドは語る。ソナーの超音波が物理的にクジラを傷つけるのか、クジラを不規則に泳がせて蛇行させるのかは、不明である。いずれにしても、ソナーがクジラを混乱させるのは明らかだ(39)。

れ故郷の川に戻ることができるが、その川の水に含まれる殺虫剤によって嗅覚が損なわれると、戻ることができない(48)。海底の弱い電場のおかげで、サメは砂に埋もれた獲物にたどりつけるが、誤って高圧ケーブルに行き着くこともある(49)。

現代の景色と音に耐性をもつようになった動物もいる。それどころか、そのような状況下で繁栄している動物もいる。都会に生息する蛾の一部は、光にあまり引き寄せられないように進化した(50)。都会に生息するクモの一部は、むしろそれを逆手にとって、光に引き寄せられた虫を食べるために街灯の下に巣を張るようになった(51)。パナマの町では、夜間の光によってカエルを食べるコウモリが追い払われたおかげで、雄のトゥンガラガエルは捕食動物を呼び寄せるリスクを負うことなく、求愛の歌をよりセクシーに歌い上げられるようになった(52)。動物は適応できるのだ。一生のあいだに自分の行動を変化させることもあれば、何世代もかけて新たな行動を進化させることもある。

しかし、常に適応できるわけではない。一つの世代が長く、ゆっくりと生きる種の場合には、数十年ごとに倍増する光汚染や騒音汚染に対応できるほど素早く進化することはできない。生息可能な地域が縮小され、すでに片隅に追いやられた生き物は、そこから逃げ出すことができない。特殊化された感覚に頼って生きてきた種は、今さら自分たちの環世界全体を再調整することなどできない。感覚汚染対策は、単なる慣れや馴化の問題ではない。「聞こえなかった音が、突然、聞こえるようになりはしないということを、人々は完全には理解できていないように思います」とクリントン・フランシスは語る。「あなたの感覚器官がシグナルを知覚できないとき、あなたはその状況に慣れたりはしないでしょう」。

私たちが及ぼす影響は、本質的には破壊をもたらすものではなく、均質化をもたらすことが多い。人間による激しい感覚攻撃を許容できない感受性の高い種を隅に押しやることで、私たちはコミュニティの幅を狭め、多様性を低下させている。動物の環世界に驚くほどの多様性を生み出してきた起伏に富む感覚風景を、私たちは平坦化している。東アフリカのビクトリア湖の例を考えてみよう。かつては五〇〇種を超えるカワスズメ科の魚が生息し、そのほぼ全種がこの湖でしか見られない固有種だった。この並外れた多様性が生まれた原因の一つは、光だ(53)。湖の深い部分では、光は黄色かオレンジ色になりやすく、浅い部分では、青色の光が豊富になる。このような違いがそこに生息する魚の眼に影響し、交尾相手の選択にも影響した。進化生物学者のオーレ・ゼーハウゼンは、深水部の雌カワスズメは赤い雄を好み、浅水部の雌カワスズメは青い雄を好むことを明らかにした。このような好みの分化は、物理的障壁のように作用し、カワスズメの色を広範囲のさまざまな色へと分散させた。光の多様性が視覚の多様性を生み、色の多様性を生み、種の多様性を生んだのだ。しかし、過去一世紀のあいだに、農園や鉱山や下水からの流出物が湖を栄養素で満たし、藻が繁殖し、湖水を息苦しく濁らせた。かつての光の勾配は平坦化され、カワスズメの色も視覚的嗜好も重要ではなくなり、種の数は激減した。人間は、湖水中の光を消すことによって、多様性を生む原動力となっていた感覚のスイッチをオフにし、ゼーハウゼンが「観察史上最速の大規模な絶滅」と呼ぶ事態*を引き起こした(54)。

湖に棲む近縁種の数が減ることの何が問題なのかと、斜に構えた質問をする人もいるかもしれない。森に生息する鳥の種が三二種ではなく二一種だからといって何を取り乱しているのか、と。二〇二〇年、

＊ビクトリア湖のカワスズメは、乱獲と、外来種であるナイルパーチの爆発的増加にも苦しめられていた(55)。しかし、ナイルパーチが減少し、カワスズメの数が回復しても、濁った湖水の中では、カワスズメの種の多様性は激減したままだった。ただし、光の条件は、ビクトリア湖のカワスズメの驚くべき多様性を説明するいくつかの要因の一つにすぎないことに、留意すべきである。

科学作家のマヤ・カプールは、広範囲でよく見られるアメリカナマズの類縁種であり米国西部原産の絶滅危惧種であるヤキナマズに関する物語の中で、これらの問いについて熟考している(56)。「地球上で最もよく見られる魚種の一つとよく似た種が消滅することの、いったい何が問題なのだろうかと私は思った」とカプールは書いている。「だがのちに、私は……そこに互換性があるように思えたのは、その種間の差が限られていたからではなく、私の理解が限られていたからであることに思い至った」。彼女のこのひらめきは、そのままカワスズメにも当てはまるし、近縁種同士がまったく異なる感覚をもつような他の多くの動物群にも当てはまる。そのような種が絶滅するとき、彼らの環世界も消滅する。生き物が消滅するたびに、私たちは世界を理解する方法を一つ失う。私たちを包み込む「感覚バブル」は、そのような喪失に関する知識から私たちを遮断している。だが、そのような喪失の結果から私たちを保護してくれているわけではない。

ニューメキシコ州の森林地帯では、ウッドハウスカケスが天然ガスの採取に使用される圧縮機の騒音から逃げることを、クリントン・フランシスとキャサリン・オルテガが明らかにした(57)。ウッドハウスカケスはピニョンマツの種《たね》を拡散し、一羽あたり年間で三〇〇〇～四〇〇〇個の種を地中に埋めることもある。彼らの果たす役割は森にとってきわめて重要であり、カケスが今も多くいる静かな森では、カケスが姿を消した騒々しい地域に比べて、マツの苗木が四倍も多く見られる。ピニョンマツは周囲の生態系の基盤であり、たった一種で他の何百もの種に食物と棲み処を提供しており、アメリカ先住民もその恩恵を受けている。そんなピニョンマツの四分の三を失うとなれば、大惨事である。ピニョンマツの成長は遅いため、「騒音が生態系全体に及ぼす影響は百年以上続く可能性があります」とフランシスは語る。

感覚についてより深く理解することで、私たちがいかに自然界を汚染しているのかがわかる。同時に、自然界を守る方法も見えてくる。二〇一六年、海洋生物学者のティム・ゴードンは、博士課程の研究をはじめるために、オーストラリアのグレートバリアリーフへ赴いた(58)。彼はサンゴの色鮮やかな輝きの中で泳ぐ日々を何か月も過ごすはずだった。ところが、「私は恐怖を感じながら、自分の研究現場が完全に消滅するのを見ていました」と彼は語る。熱波が押し寄せたため、サンゴは栄養素と色を与えてくれていた共生藻を排出せざるをえなかった。共生パートナーを失ったサンゴは、栄養不足になり、史上最悪の白化現象を起こしたが、これが最後ではなく、その後、同様の現象が幾度も繰り返されることになった。ゴードンはサンゴ礁の残骸のあいだをシュノーケリングで泳ぐうちに、サンゴ礁が白化しているだけでなく、静まり返っていることに気づいた。テッポウエビがハサミを弾く音も、ブダイがサンゴをかじる音も聞こえない。そうした音は、通常、初めてサンゴ礁から海に出て数か月間の脆弱な時期を経た稚魚たちがサンゴ礁に戻る際の誘導になる。魚が荒廃したサンゴ礁を避ければ、通常であれば魚に食べられるはずの海藻が大繁殖し、白化したサンゴを覆うように生い茂り、サンゴ礁の回復を妨げることになるのではないかと、ゴードンは恐れた。しかし二〇一七年、「私たちは戻り、考えました。この状況をひっくり返すことはできないものか?」と彼は言う。

ゴードンの研究チームは、サンゴ礁の残骸が散在する辺りに拡声器を設置し、健康なサンゴ礁で録音した音を絶えず再生した。ゴードンらは数日おきに潜水してその範囲の魚を調査した。「三〇日目のことでした。潜水仲間たちと一緒にぶらつきながら、『はっきりとしたパターンが見て取れるよね?』と言い合ったのを覚えています」とゴードンは言う。四〇日後、彼が海洋動物の数を数えると、録音が流れているサンゴ礁には、静かなサンゴ礁と比べて、二倍の数の幼魚が見られ、種の数も五〇パーセント多かった。魚たちは音に引き寄せられただけでなく、そこに留まり、コミュニティを形成していた。「やってよかったと思える素敵な実験でした」とゴードンは言う。この結果は、自然保護活動家が「保護しようとする対象動物の知覚を通して世界を見る」ことで何を達成できるようになるのかを示していた。*1

現実的には、この解決法の規模は小さい。拡声器は高価であり、サンゴ礁は広大だ。この解決法がどれほど魅力的に思えても、炭素排出量を減らして気候変動を食い止めなければ、サンゴ礁は厳しい未来に直面することになる。グレートバリアリーフの半分はすでに死んでいるが、それでもサンゴは、得られる助けはすべて必要としている。サンゴ礁の自然な音を復元できれば、闘う機会を得て、とんでもない困難を少しでも減らすという課題を達成できるかもしれない。

ゴードンの実験が可能だったのは、まだ健康で白化していないサンゴ礁を見つけてその音を録音できたからだ。自然な感覚風景は、まだ存在している。最後のサンゴ礁からの最後の反響が記憶の彼方へ消えていってしまう前に、サンゴ礁を保護して復元する時間は、まだある。その場合たいていは、私たちが排除してしまった刺激を加えるのではなく、私たちが加えた刺激をただ取り除くだけでもいい——これは大半の汚染物質には当てはまらない贅沢な選択肢だ。放射性廃棄物は分解されるまでに千年かかることもある。殺虫剤のＤＤＴのような難分解性化学物質は、禁止されたあとも長く動物の体の中を縫うように通り抜けることがある。プラスチックも、すべてのプラスチック製品が明日廃止されたとしても、数世紀にわたって海を損ない続ける。だが、光汚染は照明を消せばすぐに止まる。騒音汚染はひとたびエンジンやプロペラを弱めれば減少する。感覚汚染は生態系にとってありがたい例——地球規模の問題としてはすぐに効率よく取り組める珍しい例――である。二〇二〇年の春、世界は知らないうちにこの問題に取り組んでいた。

新型コロナウイルス感染症（COVID‐19）が広まると、公共の場所は閉鎖された。車は駐車場に停められたままだった。クルーズ船は波止場に停泊したままになった。四五億人――世界人口のおよそ五分の三――が自宅にこもるように通告されるか奨励された。結果的に、多くの場所がずいぶん暗くなり、静かになった。飛んでいる航空機も走っている車も減り、ドイツのベルリン周辺の夜空の明度は通常の半分になった(60)。世界中の地震振動の強度が数か月にわたって半分になった――そのような減少は記録上最長である(61)。ザトウクジラの保護区域であるアラスカ州のグレイシャーベイでも、カリフォルニア州、ニューヨーク州、フロリダ州、テキサス州の都市と同様に、音量が前年の半分になった(62)。[*2]通常であればくぐもって聞こえにくい音も、よりはっきりと聞こえるようになった。世界中の都会の住人が、突如として鳥の歌声に気づいた。「人々は、感知できるようになる前からどの動物も身のまわりにいたことを実感しました」とフランシスは語る。「裏庭に広がる人々の感覚世界は、COVID以前よりも広がりました」[*3]。

新型コロナの流行は、社会が許容するようになった問題と社会が実際に成し遂げる準備のできていた

---

*1　逆に、さまざまに異なる環世界を理解できていない場合には、保護しようとする試みも逆効果になることがある。アライグマやキツネからカメの巣を保護するために設置されることのある金網のケージは、巣のまわりの磁場を歪め、孵化したばかりの幼ガメが故郷の浜の磁場の特徴を学ぶ能力を邪魔していた可能性がある(59)。

*2　行動生態学者のエリザベス・デリーベリーは、二〇二〇年の春、対処すべき都会の喧騒が減ったロックダウン期間中に、サンフランシスコ湾岸地帯のミヤマシトドの歌声が三分の一の静けさになったことを明らかにした(63)。

変化を、さまざまな方法で明らかにした。人々を十分に動機づければ感覚汚染は軽減できる、ということが示された。そのような軽減は、地球規模のロックダウンによる衰退を伴わなくても、可能なものである。二〇〇七年の夏、クルト・フリストルップらは、カリフォルニア州のミューア・ウッズ国定公園で単純な実験を行った(64)。公園の最も人気の区域の一つに、ランダムなスケジュールで、その区域が「静寂ゾーン」であることを告げる標識を掲げ、訪問客に電話の音を消し、小声で話すように呼びかける掲示をしたのだ。強制執行力のないこの簡単な措置によって、公園内の騒音レベルは三デシベル減少した。これは訪問客一二〇〇人の減少に相当する。

しかし、個人の責任能力で社会の無責任のツケを払うことなどできない。感覚汚染を本当に少しでも減らすには、もっと踏み込んだ対策が必要である(65)。たとえば、ビルや道路を使用していないときに照明を弱めたり消したりすることができる。地平線より上空に光が漏れないように光を遮蔽することもできる。LEDの光を青色や白色から赤色に変えることもできる。道路の表面を多孔質舗装すれば、通り過ぎる車の騒音を吸収して静かな道路を実現できる。地上に土手を築いたり、水中に泡の網を発生させたりすれば、吸音性の防壁となって交通や産業が生む騒音を和らげることができる。自然保護区域内の重要なエリアへの車の侵入を禁止したり、徐行運転を義務づけたりすることもできる。二〇〇七年、地中海を航行する商業船の速度をわずか一二パーセント減速させるだけで、船から発生する騒音が半減した。このような大型船舶に、静音型軍用船にすでに使用されているような、より静かな船体やプロペラを採用することもできるだろう（そうすれば、商用船の燃料効率も改善できる）。有用なテクノロジーはすでに数多く存在するが、それをより安く広く配備するには、経済的インセンティブが欠けている。感覚汚染の原因となる産業を規制することはできても、社会的な意思形成が不十分なのだ。「海のプラスチック汚染は見るからに不気味で忌まわしく、誰もが心配しますが、海の騒音汚染を私たちは経験していないため、声をあげる人がいないんです」とゴードンは語る。

私たち人間は、異常な状態を常態化し、受け入れがたい状況を受け入れる。実際に、八〇パーセント以上の人々が光に汚染された空の下で暮らし、欧州人の三分の二は降りやまない雨に匹敵する騒音にどっぷり浸かっている。多くの人にとって、本当の暗闇がどんなものか、本当の静寂がどんな感じなのか、想像もつかないほどだ。本当の暗闇や静寂を経験していないからこそ、悪循環がはじまる。感覚環境を汚し、汚染された感覚環境に慣れていく。動物たちを追いやり、動物たちのいない環境に慣れていく。感覚汚染の問題は大きくなる一方だが、この問題に対処しようとする私たちの意欲は低下していく。問題が存在していることにさえ気づいていないのに、どうやって解決するのだろうか。

一九九五年、環境歴史学者のウィリアム・クロノンは「野生について考え直すべきときがきている」と書いた(66)。その痛烈なエッセーの中で、「野生」という概念、とりわけ米国において認識されている概念が、「雄大さ」と不当に同義化されしまっていると主張した。一八世紀の思想家たちは、広大かつ壮大な風景がいずれ死に至る自分の運命を人々に思い出させ、神の存在を垣間見る状況に人々を近づけると信じていた。「山頂、地の割れ目、滝、雷雲、虹、夕日の中に、神は存在した」とクロノンは書い

＊3 同じような騒音汚染の減少は、近年の他の災害のあとにもあった。二〇〇八年の金融崩壊後のカリフォルニア沖でも、二〇〇一年九月一一日のテロ攻撃後のカナダのファンデー湾でも、海洋騒音は減少した。とくに後者の変化は、セミクジラのストレスを軽減させたようだ。

ている。そして、「米国人が国立公園として最初に選んだ場所――イエローストーン国立公園、ヨセミテ国立公園、グランドキャニオン国立公園、マウントレーニア国立公園、ザイオン国立公園――を思い浮かべれば、すべての国立公園がこうした地形や自然現象の一つ以上に当てはまることに気づくだろう。ごく単純に、荘厳さに劣る風景は国立公園のように保護するには値しないと考えられていたのだ。一九四〇年代になってようやく、エバーグレイズ国立公園内の湿原地帯が湿地として初めて保護の対象となったが、草地を保護する国立公園は今日に至るまで一つも存在しない」と続けている。

この世のものとは思えないほどの壮麗さを「野生」とする考え方は、遠方まで旅する探検家だけが到達できる特別なものとして「野生」を扱っている。人間も自然の一部である、とは考えず、人間とは切り離されたものとして自然をイメージしている。「遠くの野生を理想化することで、私たちが実際に暮らしている環境――私たちがよくも悪くも故郷と呼ぶ風景――を理想とは思わずにいることがあまりにも多い」とクロノンは書いている。

まったく同感だ。自然の荘厳さは、なにも渓谷や山脈にだけ見られるものではない。知覚の原野――私たちの環世界の外側や他の動物の環世界の内側に広がる感覚空間――にも自然の荘厳さは存在する。他の感覚を通して世界を知覚できれば、お馴染みの風景の中に輝きを見出し、平凡な日常の中に神聖さを見出すことができる。ミツバチが花々の電場を見極め、ヨコバイが草花の茎を伝わせて振動のメロディーを送り、鳥たちが人間には見えない紫――ラープルやグラープル――の模様を注視する裏庭にも、自然の驚異は存在する。本書を執筆するにあたり、私はパンデミックで自宅に閉じこもりながらも、四色型色覚のムクドリが窓の外の木々に集まるのを眺めたり、愛犬タイポと匂いを嗅ぐ遊びに興じたりしながら、そのような荘厳さを見出してきた。野生は、遠いものではない。私たちはつねに、野生の中に浸っている。野生はつねにそこにあり、私たちが思いを馳せ、享受し、保護するのを待っている。

一九三四年、ダニ、犬、コクマルガラス、寄生バチの感覚について考察したあと、ヤーコプ・フォン・ユクスキュルは天文学者の環世界について書いた(67)。この類なき生き物は「巨大な光学的補助器具を通して、遠くの宇宙空間を貫いて最も遠い星々まで見通す眼をもつ。その〈環世界〉では、いくつもの太陽と惑星が厳粛なペースで周回している」のだと、彼は書いている。天文学のツールは、他のどの動物も生まれもった感覚では感知できない刺激――X線、電波、衝突するブラックホールからの重力波――を捉えることができる。宇宙の拡大を越え、宇宙のはじまりまでさかのぼって、人間の環世界を拡張する。

生物学者のツールも、規模こそ控えめだが、無限に広がる世界を垣間見ることができる。エリザベス・ジェイコブは、視線追跡装置を用いてハエトリグモの視線を観察した。アルムート・ケルバーは、蛾の一種であるベニスズメが暗闇で花蜜を飲むのを観察するために暗視ゴーグルを用いた。パロマ・ゴンザレス゠ベリードは、キラーバエの視覚の反応速度を測定するために高速カメラを使用し、ケネス・カタニアは、ホシバナモグラが触覚によって獲物を捕える方法を解明するために高速カメラを使用した。カート・シュベンクは、ヘビが舌をちろちろと動かすときに二股に分かれた舌先で生み出される空気の渦を可視化するために、レーザーを用いた。ドナルド・グリフィンは、超音波検知器を用いてコウモリのソナーを発見した。レックス・コクロフトがヨコバイの歌を盗聴できたのは、レーザー振動計とクリップ式マイクロフォンのおかげである。クリス・クラークは、米国海軍の音響監視システム(SOSUS)の水中聴音装置のおかげで、シロナガスクジラの歌声がどれほど遠くまで届くかを確認できた。エリック・フォーチュンをはじめとする電気魚の研究者たちは、単純な電極を用いることで、ナイフフィッシュとエレファントフィッシュの電気パルスに聞き耳を立てることができる。顕微鏡、カメラ、スピーカー、人工衛星、録音装置、さらには、紙で内側を覆って底にインクパッドを敷いた飼育ケージまで用いて、人々は他の感覚世界を探索してきた。見えないものを見るために、聞こえないものを聴くために、テクノロジーを用いてきたのだ。

このように他の環世界へ入り込む能力は、私たち人間がもつ最も偉大な感覚スキルである。本書の冒頭で思い描いた仮想の空間を思い出してほしい。ゾウ、ネズミ、コマドリ、フクロウ、コウモリ、ガラガラヘビなど、他にもいろんな動物がいた、あの部屋だ。空想の動物部屋の中で、人間——レベッカ——は、紫外線が見えず、磁気を受容できず、反響定位ができず、赤外線を感知できずにいる。それでも彼女は、他の動物たちが何を感知しているのかを知ることができる唯一の存在である。そして、他の動物たちが何を感知しているのかを気づかうことができるのも、おそらく彼女だけだろう。

ボゴンモスはキンカチョウが仲間の歌声の何を聞いているのかを知ることはないし、キンカチョウはブラックゴーストナイフフィッシュが発生させている電場を感じ取ることはないし、ナイフフィッシュはシャコの眼を通して見ることはないし、シャコは犬のように匂いを嗅ぐことはないし、犬はコウモリであるとはどのようなことかを理解することはない。私たち人間は、ここにあげたことは何一つ完全にはできないが、そこに近づくことができる唯一の動物である。タコであるとはどのようなことかを知ることはできないかもしれないが、少なくとも、タコが存在することは知っているし、タコの経験している世界が私たちの経験している世界とは異なることも知っている。辛抱強い観察と、自在に使えるテクノロジーと、科学的手法と、そして何より好奇心と想像力で、私たちは彼らの世界に入り込もうと努力することができる。私たちはそうすることを選ぶに違いないし、そのような選択肢があることは、私たちにとって贈り物である。それは、私たちが獲得した恩恵ではないが、私たちはその恩恵を大切にしなければならない。

謝辞

二〇一八年末、ロンドンのカフェにて、私は妻のリズ・ニーリーに、二冊目の本を執筆したいけれどアイデアが枯渇してしまったと打ち明けた。リズは根気強く話を聞いてくれたあとで、動物たちが世界をどのように知覚しているのかについて書いてみてはどうかと、そっと提案した。こういうことは、本当によくある。

このアイデアは、私たち夫婦が共通して抱く自然への興味から生まれた。私たちのこれまでのキャリアを考えれば、これは自然な流れだった。リズは、海洋生物学の博士号を取得する際に、サンゴ礁に棲む魚の視覚系について研究をはじめていたし、私は、一〇年以上にわたって感覚生物学について執筆してきた。普段、見落とされがちであまり耳を傾けてもらえないような動物たちの暮らしに関する物語を一人でも多くの人に伝えたい、という私たちの願望をうまく反映したテーマだった。アイデアの種を授け、執筆中もずっと支えてくれただけでなく、この本を書く意義を具現化し、私の中に息づかせてくれたリズには、心の底から深く感謝している。彼女は、どんなときも喜びに溢れ、好奇心旺盛で、相手の気持ちに寄り添ってくれる。彼女と知り合う幸運に恵まれた人々も、彼女といると、彼女と同じような気持ちになれる。リズと一緒に過ごしていると、世界の見方が変わり、そこに棲む生き物に対する見方も変わる――まさにその感覚を、本書を手にした読者の皆様にもぜひ味わっていただきたい。

本書を構想から完成まで導いてくださった方々に、最大限の感謝の意を表したい。最初からこのアイデアに可能性を見出し、アイデアを育てて命を吹き込む手助けをしてくれた、英国人エージェントであり友人でもあるウィル・フランシス。米国人エージェントのP・J・マーク。初期の原稿を編集して形にしてくれた、米国人出版者であり聡明な共謀者でもあるヒラリー・レドモン。英国人出版者であり、原稿に鋭い指摘も入れてくれた、スチュアート・ウィリアムズ。以上の四名は、私の最初の著書『世界は細菌にあふれ、人は細菌によって生かされる』（柏書房）でもお世話になった。再び一緒に仕事ができて、わが家に帰ったような思いだった。

アトランティック誌の担当編集者であるサラ・ラスコウとロス・アンダーセンが長年にわたって執筆業についてあれこれ私に教えてくれたことは、大きな称賛に値する。彼らは本書に直接かかわったわけではないが、彼らから受けた影響は本書の随所に深く息づいている。彼らだけでなく、ロバート・ブレナー、ミーハン・クリスト、トム・カンリフ、ローズ・エヴェレス、ナタリー・オムンセン、サラ・レイミー、レベッカ・スクルート、ベック・スミス、マディ・ソフィア、マリアム・ザリングラムも、私の注意が、喜びに満ちた動物の感覚の領域を離れ、COVID-19による辛く痛ましい世界に向きがちだった厳しい時期を支えてくれた。

本書の執筆にあたっては、お名前を掲載しきれないほど多くの科学者からお話をうかがった。そして大半の人が、惜しげもなく貴重な時間を割いてくれた。なかでも、さまざまな章について重大なフィードバックと深い考察を与えてくれたジェシー・バーバー、レックス・コクロフト、ロビン・クルーク、ヘザー・アイゼン、ケネス・ローマン、コリーン・ライヒムス、キャシー・ストダード、エリック・ワラントには深く感謝申し上げる。また、彼らの多くと同様に、ウィトロー・オー、ゴードン・バウアー、アドリアナ・ブリスコー、アストラ・ブライアント、ルーロン・クラーク、トム・クローニン、モーリー・カミングス、エレナ・グラチョーワ、フランク・グラッソ、アレクサンドラ・ホロウィッツ、マーティン・ハウ、エリザベス・ジェイコブ、ソンケ・ジョンセン、スザンヌ・アマドール・ケイン、ダニエル・キッシュ、ニエル・クロナウアー、トラヴィス・ロングコア、マルコム・マッキーバー、ジャスティン・マーシャル、ベス・モーティマー、シンディー・モス、ポール・ナハティガル、ダン＝エリック・ニルソン、トマス・パーク、ダニエル・ロバート、ニコラス・ロバーツ、マイク・ライアン、ネイト・ソーテル、カート・シュベンク、ジム・シモンズ、ダフネ・ソアレス、エイミー・ストリーツ、レスリー・ヴォスホール、カレン・ワルケンティン、ジョージ・ウィットマイヤーにも、さまざまな形で研究室や動物や生活を見せてくれたことに感謝申し上げる。早々に励ましの言葉ときわめて有用なスライド一式を提供してくれたマシュー・コブ、痛みに関する章について考えをまとめるうえで早い段階から力を貸してくれたキャサリン・ウィリアムズ、感覚の統合に関する章の構想を練る手助けをしてくれたマイケル・ヘンドリックス、自身の鋭い研究に基づく図表を準備してくれたエレナー・ケイブスには、とくに感謝している。とりわけ有用な議論を重ねてくれたブライアン・ブランステッター、ケネス・カタニア、クルト・フリストルップ、アマンダ・メリン、ネイト・モアハウス、オード・パチーニにも心よりお礼申し上げる。

また、テクノロジーと身体障害の関係に関する優れた思想家であるアシュリー・シューには、感覚について書く中で障害者差別につながる言葉や考えを知らず知らずのうちに書いてしまうことがないよう、センシティブな表現について原稿チェックをお願いしたが、その徹底したご指摘の数々に深くお礼申し上げたい（それでもなお、本文中に何らかの落ち度があったとしたら、それは私の、私のみの責任である）。

最後に、犬の「フィン」、ガラガラヘビの「マーガレット」、ゼニガタアザラシの「スプラウツ」、マナティの「ヒュー」と「バフェット」、オオクビワコウモリの「ジッパー」、デンキナマズの「ブラビー」、タコの「クオリア」と「ラー」、そして、私の指に鋭いパンチを食らわせた名もなきシャコに出会えたことを嬉しく思っている。同じく、モロ、エラーズ、アテナ、ルビー、ミッジ、エズラ、ビンゴ、ネリー、ベネット、マルゴー、カネラ、ドリー、ティム、ジャネット、クラレンス、ザコ、ウィスキー、カレブ、ポジー、テスラ、クロスビー、ビング、ベア、バディ、ミッキー、そして、愛してやまない私の愛犬タイポにも感謝している。頭の中だけでなく心の中に、わが家に、動物がいるとはどういうことかを教えてくれた。そして、本当に申し訳ないが、出会ったことを忘れてしまっているに違いない他の多くの素晴らしい犬（と猫）にも感謝している。君たちがこれを読めなくてよかった。

訳者あとがき

匂い、味、光、色、痛み、熱、感触、圧、振動、音、超音波、電場、磁場――あなたは今日、自分を取り巻く環境から発せられる刺激をどれだけキャッチしただろうか？　感覚を研ぎ澄まして生活していただろうか？　そもそも、あなたに備わっている「感覚」はいくつあるのだろうか？　五感？　いやいや、嗅覚、味覚、視覚、色覚、痛覚、温覚、冷覚、触覚、圧覚、聴覚、平衡感覚……数え方によっては五つではとても足りない。

いつもと違う場所や身の危険を感じる場所――人類未踏の無人島など――を探索するときには、私たちは否応なしに感覚をフル活用する。どこに何があるのか風景を記憶し、暗がりを手探りで進み、近くに誰か（何か）いないか耳を澄ませ、ようやく見つけた食物が食べても問題のない状態かどうかを判断するために匂いを嗅ぎ、味見をする。もてるすべての感覚を駆使して、得られる限りの情報を得ようとするだろう。慣れ親しんだ感覚――たとえば視覚――を奪われたときにはなおさら、残された限りある感覚で補うべく、他の感覚がより一層鋭くなることもある。自分が置かれた環境について知りたい、手がかりが欲しいという欲求が強ければ強いほど、感覚は研ぎ澄まされる。

しかし、感覚というのは普段はあまりにも当たり前すぎて、私たちはろくに意識しないままその恩恵を受けていることも多い。朝、家を出て、考えごとをしながら歩くうちに、いつの間にかいつもの電車に乗り、いつもの駅で降り、青信号を見もせずに周りにつられて横断歩道を渡り、気づいたときにはいつもの場所に着いていたりする。そんなとき、あなたの意識は狭い世界に閉じこもっているが、あなたの体は何が起きるかわからない広い外界のなかを——限られた手がかりを頼りに——進んでいく。よくよく考えればとんでもない芸当だ。

ここでぜひ注目したいのは、いずれにしても私たちは「限られた手がかり」のみを頼りに、この世界を動き回っているという事実だ。私たち人間がもてるすべての感覚を最大限に研ぎ澄ましたところで、感知できる情報の種類にも、感度にも、精度にも限界がある。あなたは、その限界の枠の外側にどんな世界が広がっているのか、思いを馳せたことがあるだろうか？ 人間の感覚が及ぶ領域の外側を旅してみたいと思ったことがあるだろうか？ 実は、あなたの身近にいる昆虫、魚、鳥、爬虫類、両生類、げっ歯類、哺乳類などの動物たちは、みんな外側にいる。人間と同じ空間で生活しながらも、人間とは異なる感覚世界を生きている。それがどんな世界なのか、想像したことがあるだろうか？ そんな異次元の感覚世界の旅へと私たちを誘ってくれるのが、この本だ。

本書はエド・ヨン著 *An Immense World: How Animal Senses Reveal the Hidden Realms Around Us*（2022）の全訳である。エド・ヨンは、初の著書となった前著『世界は細菌にあふれ、人は細菌によって生かされる』（柏書房）と同じく、本書でも多くの研究者に直接会って取材を重ね、執拗なまでの綿密さで読者を目くるめく世界に引き込み、わかりやすい説明で読者の好奇心を満たすことに成功している。事実の羅列はともすると退屈になりがちだが、誠実で優秀なジャーナリストである彼のガイドで読み進めていけば、退屈する暇などない。彼が取材を通して味わった驚きを味わい、研究者の心をつかんで離さない興奮の瞬間の数々を疑似体験することができる。

他の動物たちが知覚している感覚世界——かつてドイツの生物学者ヤーコプ・フォン・ユクスキュル

が「環世界（Umwelt）」と呼んだ概念的世界——は、どんな世界なのか。残念ながら、それを簡潔に描写できる言葉を人間はもっていない。なぜなら、誰も体験したことがなく、そんな世界があることすら知らず、描写しようと思うことすらなかったからだ。それでも人間には優れた想像力がある。動物の感覚を研究する科学者たちは、人間が体感できない他の動物の感覚がどんなものなのかを知るために、観察を重ね、テクノロジーを駆使して実験し、データを積み重ねている。動物たちが何を感知し、どのように知覚し、その情報を何のために使っているのかを考察したうえで、想像力を発揮して動物たちの環世界に入り込もうとしている。簡潔な言葉では表現できないからこそ、エド・ヨンは本一冊を費やし、多種多様な動物の感覚システムについて圧倒的な量の事実を積み重ねた。そのおかげで、私たちは別世界を垣間見ることができる。私たちの皮膚のすぐ外側には、私たちが感じ取れていない広大な未知の領域が広がっているのだ——そう思うと、恐ろしいような、わくわくするような、不思議な気分になる。

この本を訳し、読み終えた今、他の生き物に対する私の見方はすっかり変わってしまった。たとえば先日、友人と出かけたときのこと。友人宅では愛犬が大人しく留守番をしている。その様子を、部屋に設置してある見守りカメラを使ってスマートフォン越しにリアルタイムで見せてもらった。くつろいだ姿でうとうとする様子が何とも愛らしい。ところが、友人がカメラの通話機能を使って話しかけると、愛犬はびくっと頭を上げ、声の主を探して部屋中を走り回り、嗅ぎ回った。飼い主にとって、自分の声に反応して探し回る姿は愛おしいに違いない。以前の私なら、一緒に微笑ましく眺めたことだろう。しかし、犬は人間と違って主に嗅覚に頼って環世界を構築している。飼い主の匂いが存在しないのに声だけが聞こえる状況は、犬にとっては人間が思う以上に奇怪な現象だ。その状況を愛犬はどのように受け止めているのだろうかと、思わず心配してしまった。他にも、キャンプ場でテントを立てるときにＬＥ

Dライトの色を何色にすれば他の生き物に迷惑をかけずに済むのか、などと以前は考えもしなかったことを考えるようになった。バードストライクが原因の痛ましい航空機事故も、鳥の感覚世界について深く知れば、鳥のほうで回避してくれるような対策も生まれるのではないか。

無限に広がる「感覚の原野」のなかで、人間が感じ取れる領域はほんの一部だ。原野全体を感じることのできる動物はおそらくいない。すべての動物がそれぞれに原野の異なる部分を感じている。まずはその多様性を正当に認識するだけでも、世界の見方が変わるだろう。そのような認識は、同じ地球環境を共有しながら別の感覚風景のなかを生きている動物たちと安全に共生していくためにも、欠かせないものだ。

最後に、本書を訳すにあたり、長期にわたって忍耐強く支えてくださった柏書房編集者の二宮恵一氏に心よりお礼申し上げる。

久保尚子

二〇二五年一月

26 ページ：（コウモリ）：Jesse Barber
27 ページ：（イルカ）：J. D. Ebberly
28 ページ：上（ブラックゴーストナイフフィッシュ）：blickwinkel / Alamy Stock Photo；中右（デンキウナギ）：chrisbb@prodigy.net；中左（グラスナイフフィッシュ）：Charles & Clint；下（ゾウギンザメ）：Imagebroker / Alamy Stock Photo
29 ページ：上（サメのロレンチーニ器官）：Albert kok；中（ノコギリエイ）：Simon Fraser University；下（シュモクザメ）：Numinosity by Gary J. Wood
30 ページ：上（カモノハシ）：Klaus；下（マルハナバチ）：wwarby
31 ページ：上（蛾）：CSIRO；中（コマドリ）：tallpomlin；下（カメ）：Dionysisa303
32 ページ：（タコ）：Joe Parks

口絵クレジット

1 ページ：上（犬の鼻）：Gunn Shots !；下（アリ）：Daniel Kronauer
2 ページ：上（ゾウ）：sheilapic76；center（アホウドリ）：Seabird NZ；下（ヘビ）：Lisa Zins
3 ページ：上（チョウ）：Tambako the Jaguar；下（ナマズ）：Mathias Appel
4 ページ：上（ハエトリグモ）：Artur Rydzewski；下（ハエ）：janetgraham84
5 ページ：上（ホタテガイの眼）：Sonke Johnsen；下（クモヒトデ）：Ophiocoma wendtii（Müller & Troschel，1842），Kent Miller によるプエルトリコでの観察
6 ページ：上（カゲロウ）：treegrow；中（カメレオン）：VVillamon；下（カクホソメズキン）：E. A. Lazo-Wasem，イェール・ピーボディ自然史博物館
7 ページ：上（コハナバチ）：Eric Warrant；下（スズメガ）：Nick Goodrum Photography
8 ページ：Ed Yong；下は András Péter による Dog Vision Tool で作製
9 ページ：上（アラゲハンゴンソウ）：adrian davies / Alamy Stock Photo；下（スズメダイ）：Ulrike Siebeck
10 ページ：上（ハチドリ）：Larry Lamsa；下（チョウ）：berniedup
11 ページ：上と下（シャコと眼）：prilfish
12 ページ：上（ハダカデバネズミ）：John Brighenti；下（ジリス）：Ed Yong
13 ページ：上（ビートル）：Helmut Schmitz；中（コウモリ）：英語版ウィキペディアで Acatenazzi；下（ガラガラヘビ）：bamyers4az
14 ページ：上（ラッコ）：Colleen Reichmuth；下（コオバシギ）：米国魚類野生生物局— Northeast Region
15 ページ：上（ホシバナモグラ）：gordonramsaysubmissions；中（エメラルドゴキブリバチ）：Ken Catania；下左（エトロフウミスズメ）：米国魚類野生生物局—Headquarters；下右（ハツカネズミ）：JohannPiber
16 ページ：上（マナティー）：米国魚類野生生物局—絶滅危機種；下（ワニ）：JustinJensen
17 ページ：上（アザラシ）：Colleen Reichmuth；下（アザラシ）：Ed Yong
18 ページ：上（クジャク）：onecog2many；下（tiger wandering spider）：Hakan Soderholm / Alamy Stock Photo
19 ページ：（ツノゼミ）：米国地質調査所 Bee Inventory and Monitoring Lab
20 ページ：上（サソリ）：Xbuzzi；中（キンモグラ）：Galen Rathbun，カリフォルニア科学アカデミー提供；下（ヘビ）：Karen Warkentin
21 ページ：上（ジョロウグモ）：srikaanth.srikar；下（イソウロウグモ）：spiderman（Frank）
22 ページ：上（メンフクロウ）：AHisgett；下（ハエ）：treegrow
23 ページ：上（カエル）：brian.gratwicke；下（フィンチ）：archer10（Dennis）
24 ページ：上（クジラ）：greyloch；下（ゾウ）：Kumaravel
25 ページ：上（メガネザル）：berniedup；中（コハチノスツヅリガ）：Andy Reago & Chrissy McClarren；下（ハチドリ）：Bettina Arrigoni

19 Horváth et al., 2009
20 Inger et al., 2014
21 Falchi et al., 2016; Longcore, 2018
22 Buxton et al., 2017
23 騒音汚染とその影響についてレビュー：Barber, Crooks, and Fristrup, 2010; Shannon et al., 2016
24 Swaddle et al., 2015
25 Slabbekoorn and Peet, 2003
26 Brumm, 2004
27 Leonard and Horn, 2008; Gross, Pasinelli, and Kunc, 2010; Montague, Danek-Gontard, and Kunc, 2013; Gil et al., 2015
28 Francis et al., 2017
29 Ware et al., 2015
30 Barton et al., 2018
31 Shannon et al., 2014
32 Senzaki et al., 2016
33 Phillips et al., 2019
34 Blickley et al., 2012
35 Suraci et al., 2019
36 Riitters and Wickham, 2003
37 海洋中の自然騒音と人為的騒音についてレビュー：Duarte et al., 2021
38 Horwitz, 2015
39 DeRuiter et al., 2013; Miller, Kvadsheim, et al., 2015
40 Frisk, 2012
41 Payne and Webb, 1971
42 Rolland et al., 2012; Erbe, Dunlop, and Dolman, 2018; Tsujii et al., 2018; Erbe et al., 2019
43 Kunc et al., 2014; Simpson et al., 2016; Murchy et al., 2019
44 海運業による騒音について詳しくは以下を参照：Hildebrand, 2005; Malakoff, 2010
45 Greif et al., 2017
46 Wilcox, Van Sebille, and Hardesty, 2015; Savoca et al., 2016
47 Rycyk et al., 2018
48 Tierney et al., 2008
49 Gill et al., 2014
50 Altermatt and Ebert, 2016
51 Czaczkes et al., 2018
52 Halfwerk et al., 2019
53 Seehausen et al., 2008
54 Seehausen, van Alphen, and Witte, 1997
55 Witte et al., 2013
56 Kapoor, 2020
57 Francis et al., 2012
58 Gordon et al., 2018, 2019
59 Irwin, Horner, and Lohmann, 2004
60 Jechow and Hölker, 2020
61 Lecocq et al., 2020
62 Calma, 2020; Smith et al., 2020
63 Derryberry et al., 2020
64 Stack et al., 2011
65 感覚汚染の削減方法についてレビュー：Longcore and Rich, 2016; Duarte et al., 2021
66 Cronon, 1996
67 Uexküll, 2010, p. 133

2015
62 Johnsen, Lohmann, and Warrant, 2020
63 磁覚と動物のその他のナビゲーション方法についてレビュー：Mouritsen, 2018

第12章　同時にすべての窓を見る——感覚の統合

1 蚊が宿主を見つけるために用いる感覚的な手がかりについてレビュー：Wolff and Riffell, 2018
2 DeGennaro et al., 2013
3 McMeniman et al., 2014
4 Liu and Vosshall, 2019
5 Dennis, Goldman, and Vosshall, 2019
6 McBride et al., 2014; McBride, 2016
7 Shamble et al., 2016
8 Catania, 2006
9 Barbero et al., 2009
10 Gardiner et al., 2014
11 von der Emde and Ruhl, 2016
12 Dreyer et al., 2018; Mouritsen, 2018
13 Ward, 2013
14 Pettigrew, Manger, and Fine, 1998
15 Wheeler, 1910, p. 510
16 Schumacher et al., 2016
17 Solvi, Gutierrez Al-Khudhairy, and Chittka, 2020
18 固有感覚についてレビュー：Tuthill and Azim, 2018
19 Cole, 2016
20 外因性求心情報、再帰性求心情報、随伴発射という概念についてレビュー：Cullen, 2004; Crapse and Sommer, 2008
21 Merker, 2005
22 Ludeman et al., 2014
23 この考え方に関する詳しい歴史は以下を参照：Grüsser, 1994
24 von Holst and Mittelstaedt, 1950; Sperry, 1950
25 Grüsser, 1994
26 電気魚の随伴発射についてレビュー：Sawtell, 2017; Fukutomi and Carlson, 2020
27 Poulet and Hedwig, 2003
28 Pynn and DeSouza, 2013
29 タコの神経生物学についてレビュー：Grasso, 2014; Levy and Hochner, 2017
30 Crook and Walters, 2014
31 Graziadei and Gagne, 1976
32 Nesher et al., 2014
33 Grasso, 2014
34 Sumbre et al., 2006
35 Gutnick et al., 2011
36 Zullo et al., 2009; Hochner, 2013
37 Godfrey-Smith, 2016, p. 48
38 Godfrey-Smith, 2016, p. 105
39 Grasso, 2014

第13章　静けさを守り、暗闇を保護する—脅かされる感覚風景

1 6度目の野生生物の大絶滅について記述：Kolbert, 2014; Ceballos, Ehrlich, and Dirzo, 2017
2 環世界の感覚汚染についてレビュー：Swaddle et al., 2015; Dominoni et al., 2020
3 Spoelstra et al., 2017
4 D'Estries, 2019
5 Cinzano, Falchi, and Elvidge, 2001
6 Falchi et al., 2016
7 Kyba et al., 2017
8 Johnsen, 2012, p. 57
9 Van Doren et al., 2017
10 Longcore and Rich, 2016
11 Longcore et al., 2012
12 Gehring, Kerlinger, and Manville, 2009
13 光汚染と野生生物への影響についてレビュー：Sanders et al., 2021
14 Gaston, 2019
15 Witherington and Martin, 2003
16 Owens et al., 2020
17 Degen et al., 2016
18 Knop et al., 2017

77 Morley and Robert, 2018
78 Blackwall, 1830
79 静電気力説を復活させた論文：Gorham, 2013

第 11 章　方向がわかる――磁場

1 Warrant et al., 2016
2 Dreyer et al., 2018
3 磁覚（磁気受容）に関するレビューは以下を参照：Johnsen and Lohmann, 2005; Mouritsen, 2018
4 Merkel and Fromme, 1958; Pollack, 2012
5 Middendorff, 1855
6 Griffin, 1944b
7 Wiltschko and Merkel, 1965; Wiltschko, 1968
8 Brown, 1962; Brown, Webb, and Barnwell, 1964
9 Johnsen and Lohmann, 2005
10 Wiltschko and Wiltschko, 2019
11 Lohmann et al., 1995; Deutschlander, Borland, and Phillips, 1999; Sumner-Rooney et al., 2014; Scanlan et al., 2018
12 Holland et al., 2006
13 Bottesch et al., 2016
14 Kimchi, Etienne, and Terkel, 2004
15 Dreyer et al., 2018
16 Granger et al., 2020
17 Bianco, Ilieva, and Åkesson, 2019
18 ウミガメの回遊に関するレビュー：Lohmann and Lohmann, 2019
19 Carr, 1995
20 Lohmann, 1991
21 Lohmann and Lohmann, 1994, 1996
22 Lohmann, Putman, and Lohmann, 2008
23 Lohmann et al., 2001
24 Lohmann et al., 2004
25 Boles and Lohmann, 2003
26 Fransson et al., 2001
27 Chernetsov, Kishkinev, and Mouritsen, 2008
28 Putman et al., 2013; Wynn et al., 2020
29 Lohmann, Putman, and Lohmann, 2008
30 Mortimer and Portier, 1989
31 Brothers and Lohmann, 2018
32 Johnsen, 2017
33 Nordmann, Hochstoeger, and Keays, 2017
34 Wiltschko and Wiltschko, 2013; Shaw et al., 2015
35 Blakemore, 1975
36 Fleissner et al., 2003, 2007
37 Treiber et al., 2012
38 Eder et al., 2012
39 Edelman et al., 2015
40 Paulin, 1995
41 Viguier, 1882
42 Nimpf et al., 2019
43 Wu and Dickman, 2012
44 ラジカル対仮説に関する優れたレビュー：Hore and Mouritsen, 2016
45 Schulten との個人的な会話 , 2010
46 Schulten, Swenberg, and Weller, 1978
47 Ritz, Adem, and Schulten, 2000
48 Mouritsen et al., 2005
49 Heyers et al., 2007; Zapka et al., 2009
50 Einwich et al., 2020; Hochstoeger et al., 2020
51 Engels et al., 2014
52 Kirschvink et al., 1997
53 Baltzley and Nabity, 2018
54 Etheredge et al., 1999
55 Wiltschko et al., 2002
56 Hein et al., 2011; Engels et al., 2012
57 Vidal-Gadea et al., 2015; Qin et al., 2016
58 Meister, 2016; Winklhofer and Mouritsen, 2016; Friis, Sjulstok, and Solov'yov, 2017; Landler et al., 2018
59 Baker, 1980
60 Wang et al., 2019
61 再現不能な科学に伴う多くの問題点に関するレビュー：Aschwanden,

9 リスマンの波乱万丈の人生について詳しい記載あり：Alexander, 1996
10 Turkel, 2013
11 Lissmann, 1951
12 Lissmann, 1958
13 Lissmann and Machin, 1958
14 能動的な電気定位に関する優れたレビュー：Lewis, 2014; Caputi, 2017
15 von der Emde, 1990, 1999; von der Emde et al., 1998; Snyder et al., 2007
16 Hopkins, 2009
17 Snyder et al., 2007
18 Salazar, Krahe, and Lewis, 2013
19 von der Emde and Ruhl, 2016
20 Caputi et al., 2013
21 Caputi, Aguilera, and Pereira, 2011
22 Caputi et al., 2013
23 Baker, 2019
24 Modrell et al., 2011; Baker, Modrell, and Gillis, 2013
25 Lewis, 2014
26 von der Emde, 1990
27 Carlson and Sisneros, 2019
28 現地調査の課題については以下を参照：Hagedorn, 2004
29 Henninger et al., 2018; Madhav et al., 2018
30 電気コミュニケーションについて詳しくは以下を参照：Zupanc and Bullock, 2005; Baker and Carlson, 2019
31 Hopkins, 1981; McGregor and Westby, 1992; Carlson, 2002
32 Hopkins and Bass, 1981
33 Bullock, Behrend, and Heiligenberg, 1975
34 Hughes, 2001
35 Bullock, 1969
36 Hagedorn and Heiligenberg, 1985
37 Bullock, Behrend, and Heiligenberg, 1975
38 Carlson and Arnegard, 2011; Vélez, Ryoo, and Carlson, 2018
39 Baker, Huck, and Carlson, 2015
40 Nilsson, 1996; Sukhum et al., 2016
41 Arnegard and Carlson, 2005
42 Amey-Özel et al., 2015
43 Murray, 1960
44 Dijkgraaf and Kalmijn, 1962
45 Josberger et al., 2016
46 Kalmijn, 1974
47 Kalmijn, 1974; Bedore and Kajiura, 2013
48 Kalmijn, 1971
49 Kalmijn, 1982
50 Kajiura, 2003
51 受動的電気受容に関するレビューは以下を参照：Hopkins, 2005, 2009
52 Tricas, Michael, and Sisneros, 1995
53 Kempster, Hart, and Collin, 2013
54 Kajiura and Holland, 2002
55 Gardiner et al., 2014
56 Dijkgraaf and Kalmijn, 1962
57 Bedore, Kajiura, and Johnsen, 2015
58 Kajiura, 2001
59 Wueringer, Squire, et al., 2012a
60 Wueringer, Squire, et al., 2012b
61 Wueringer, 2012
62 電気受容についてレビュー：Collin, 2019; Crampton, 2019
63 Albert and Crampton, 2006
64 Czech-Damal et al., 2012
65 Gregory et al., 1989
66 Pettigrew, Manger, and Fine, 1998; Proske and Gregory, 2003
67 Baker, Modrell, and Gillis, 2013
68 Lavoué et al., 2012
69 Lavoué et al., 2012
70 Czech-Damal et al., 2013
71 Feynman, 1964
72 Corbet, Beament, and Eisikowitch, 1982; Vaknin et al., 2000
73 Clarke et al., 2013
74 Clarke et al., 2013
75 Sutton et al., 2016
76 空気中の電気受容についてレビュー：Clarke, Morley, and Robert, 2017

43 Schuller and Pollak, 1979; Schnitzler and Denzinger, 2011
44 Grinnell, 1966; Schuller and Pollak, 1979
45 Schnitzler, 1967
46 quite literallySchnitzler, 1973
47 Hiryu et al., 2005
48 Ntelezos, Guarato, and Windmill, 2016; Neil et al., 2020
49 Conner and Corcoran, 2012
50 Surlykke and Kalko, 2008
51 Dunning and Roeder, 1965
52 Dunning and Roeder, 1965
53 Barber and Conner, 2007
54 Corcoran, Barber, and Conner, 2009
55 Corcoran et al., 2011
56 Barber and Kawahara, 2013
57 Goerlitz et al., 2010; ter Hofstede and Ratcliffe, 2016
58 Barber et al., 2015
59 Rubin et al., 2018
60 Griffin, 2001
61 クジラとコウモリの反響定位を比較：Au and Simmons2007; Surlykke et al., 2014
62 Schevill and McBride, 1956
63 Norris et al., 1961
64 イルカの反響定位の研究についてレビュー：Au, 2011; Nachtigall, 2016
65 イルカのソナーに関するウィトロー・オーの重要な研究：Au, 1993
66 Au, 1993
67 Au and Turl, 1983
68 Brill et al., 1992
69 Pack and Herman, 1995; Harley, Roitblat, and Nachtigall, 1996
70 Cranford, Amundin, and Norris, 1996
71 Madsen et al., 2002
72 Møhl et al., 2003
73 Mooney, Yamato, and Branstetter, 2012
74 Finneran, 2013
75 Nachtigall and Supin, 2008
76 Au, 1993
77 Ivanov, 2004; Finneran, 2013
78 Madsen and Surlykke, 2014
79 Au, 1996
80 Au et al., 2009
81 Popper et al., 2004
82 Gol'din, 2014
83 Tyack, 1997; Tyack and Clark, 2000
84 Johnson, Aguilar de Soto, and Madsen, 2009
85 Johnson et al., 2004; Arranz et al., 2011; Madsen et al., 2013
86 Benoit-Bird and Au, 2009a, 2009b
87 Thaler et al., 2017
88 Kish, 2015
89 Gould, 1965; Eisenberg and Gould, 1966; Siemers et al., 2009
90 Boonman, Bumrungsri, and Yovel, 2014
91 Brinkløv and Warrant, 2017; Brinkløv, Elemans, and Ratcliffe, 2017
92 Brinkløv, Fenton, and Ratcliffe, 2013
93 Thaler and Goodale, 2016
94 Schusterman et al., 2000
95 Diderot, 1749; Supa, Cotzin, and Dallenbach, 1944; Kish, 1995
96 Supa, Cotzin, and Dallenbach, 1944
97 Griffin, 1944a
98 Thaler, Arnott, and Goodale, 2011
99 Norman and Thaler, 2019
100 Thaler et al., 2020

第10章　生体バッテリー——電場

1 電気魚に関する入門には以下を参照：Hopkins, 2009; Carlson et al., 2019
2 電気魚の歴史については以下を参照：Wu, 1984; Zupanc and Bullock, 2005; Carlson and Sisneros, 2019
3 Finger and Piccolino, 2011
4 Catania, 2019
5 Catania, 2016
6 de Santana et al., 2019
7 Hopkins, 2009
8 Darwin, 1958, p. 178

2010
87 Sewell, 1970
88 Panksepp and Burgdorf, 2000
89 Wilson and Hare, 2004
90 Holy and Guo, 2005
91 Neunuebel et al., 2015
92 超音波コミュニケーションに関するレビュー：Arch and Narins, 2008
93 Heffner, 1983; Heffner and Heffner, 1985, 2018; Kojima, 1990; Ridgway and Au, 2009; Reynolds et al., 2010
94 Heffner and Heffner, 2018
95 Heffner and Heffner, 2018
96 Arch and Narins, 2008
97 Aflitto and DeGomez, 2014
98 Ramsier et al., 2012
99 Pytte, Ficken, and Moiseff, 2004
100 Olson et al., 2018
101 Goutte et al., 2017
102 昆虫とコウモリの戦いについてレビュー：Conner and Corcoran, 2012
103 Moir, Jackson, and Windmill, 2013
104 Nakano et al., 2009, 2010
105 Kawahara et al., 2019
106 Kawahara et al., 2019

第９章　賑やかな沈黙の世界——エコー

1 反響定位について徹底したレビュー：Surlykke et al., 2014
2 Boonman et al., 2013
3 Kalka, Smith, and Kalko, 2008
4 反響定位研究の歴史についてレビュー：Griffin, 1974; Grinnell, Gould, and Fenton, 2016
5 ドナルド・グリフィンの反響定位と彼の研究に関する古典的自著：Griffin, 1974
6 Griffin, 1974
7 Griffin, 1974, p. 67
8 Griffin and Galambos, 1941; Galambos and Griffin, 1942
9 Griffin, 1944a
10 Griffin, 1953
11 Griffin, Webster, and Michael, 1960
12 Griffin, 2001
13 Jones and Teeling, 2006
14 Schnitzler and Kalko, 2001; Fenton et al., 2016; Moss, 2018
15 Surlykke and Kalko, 2008
16 Holderied and von Helversen, 2003
17 Jakobsen, Ratcliffe, and Surlykke, 2013
18 Ghose, Moss, and Horiuchi, 2007
19 Hulgard et al., 2016
20 Brinkløv, Kalko, and Surlykke, 2009
21 Henson, 1965; Suga and Schlegel, 1972
22 Kick and Simmons, 1984
23 Elemans et al., 2011; Ratcliffe et al., 2013
24 Simmons, Ferragamo, and Moss, 1998
25 Simmons and Stein, 1980; Moss and Schnitzler, 1995
26 Zagaeski and Moss, 1994
27 Moss and Surlykke, 2010; Moss, Chiu, and Surlykke, 2011
28 Grinnell and Griffin, 1958
29 Surlykke, Simmons, and Moss, 2016
30 Chiu, Xian, and Moss, 2009
31 Moss et al., 2006; Kothari et al., 2014
32 Jung, Kalko, and von Helversen, 2007
33 Geipel, Jung, and Kalko, 2013; Geipel et al., 2019
34 Chiu and Moss, 2008; Chiu, Xian, and Moss, 2008
35 Yovel et al., 2009
36 Suthers, 1967
37 Ulanovsky and Moss, 2008; Corcoran and Moss, 2017
38 Griffin, 1974
39 Griffin, 1974, p. 160
40 Zagaeski and Moss, 1994
41 Schnitzler and Denzinger, 2011; Fenton, Faure, and Ratcliffe, 2012
42 Kober and Schnitzler, 1990; von der Emde and Schnitzler, 1990; Koselj, Schnitzler, and Siemers, 2011

12 Webster and Webster, 1980
13 Webster, 1962; Stangl et al., 2005
14 Webster and Webster, 1971
15 昆虫の耳についてレビュー：Fullard and Yack, 1993; Göpfert and Hennig, 2016
16 Göpfert and Hennig, 2016
17 Robert, Mhatre, and McDonagh, 2010
18 Göpfert, Surlykke, and Wasserthal, 2002; Montealegre-Z et al., 2012
19 Menda et al., 2019
20 Taylor and Yack, 2019
21 Yager and Hoy, 1986; Van Staaden et al., 2003
22 Pye, 2004
23 Fullard and Yack, 1993
24 Strauß and Stumpner, 2015
25 Lane, Lucas, and Yack, 2008
26 Fournier et al., 2013
27 Gu et al., 2012
28 Robert, Amoroso, and Hoy, 1992
29 Mason, Oshinsky, and Hoy, 2001; Müller and Robert, 2002
30 Miles, Robert, and Hoy, 1995
31 Webb, 1996
32 Webb, 1996
33 Zuk, Rotenberry, and Tinghitella, 2006; Schneider et al., 2018
34 Ryan, 1980
35 Ryan, 1980
36 Ryan et al., 1990
37 Ryan and Rand, 1993
38 Ryan and Rand, 1993
39 Ryan and Rand, 1993
40 ライアンのトゥンガラガエル研究に関する自著：Ryan, 2018
41 Basolo, 1990
42 Tuttle and Ryan, 1981
43 Page and Ryan, 2008
44 Bernal, Rand, and Ryan, 2006
45 鳥の聴覚についてレビュー：Dooling and Prior, 2017
46 Birkhead, 2013
47 Konishi, 1969
48 Dooling, Lohr, and Dent, 2000
49 Dooling et al., 2002
50 Vernaleo and Dooling, 2011
51 Lawson et al., 2018
52 Dooling and Prior, 2017
53 Fishbein et al., 2020
54 Prior et al., 2018
55 Lucas et al., 2002
56 Henry et al., 2011
57 Lucas et al., 2007
58 Lucas et al., 2007
59 Noirot et al., 2009
60 Gall, Salameh, and Lucas, 2013
61 Caras, 2013
62 Sisneros, 2009
63 Gall and Wilczynski, 2015
64 Kwon, 2019
65 Payne and McVay, 1971
66 Payne and Webb, 1971
67 Schevill, Watkins, and Backus, 1964
68 Narins, Stoeger, and O'Connell-Rodwell, 2016
69 Payne and Webb, 1971
70 Clark and Gagnon, 2004
71 Costa, 1993
72 Kuna and Nábělek, 2021
73 Tyack and Clark, 2000
74 Goldbogen et al., 2019
75 Mourlam and Orliac, 2017
76 Shadwick, Potvin, and Goldbogen, 2019
77 ペインのゾウ研究に関する自著：Payne, 1999
78 Payne, 1999, p. 20
79 Payne, Langbauer, and Thomas, 1986
80 Poole et al., 1988
81 Poole et al., 1988
82 Garstang et al., 1995
83 Ketten, 1997
84 Miles, Robert, and Hoy, 1995
85 Sidebotham, 1877
86 Noirot, 1966; Zippelius, 1974; Sales,

ヒルの重要な書籍：Hill, 2008（引用部は 2 ページに登場）
14 Cocroft and Rodríguez, 2005; Cocroft, 2011
15 Cokl and Virant-Doberlet, 2003
16 以下で視聴可：treehoppers.insectmuseum.org
17 Cocroft and Rodríguez, 2005
18 Cocroft, 1999
19 Hamel and Cocroft, 2012
20 Legendre, Marting, and Cocroft, 2012
21 Eriksson et al., 2012; Polajnar et al., 2015
22 Yadav, 2017
23 Hager and Krausa, 2019
24 Ossiannilsson, 1949
25 Brownell, 1984
26 Brownell and Farley, 1979c
27 Brownell and Farley, 1979a
28 Brownell and Farley, 1979b
29 Woith et al., 2018
30 Fertin and Casas, 2007; Martinez et al., 2020
31 Mencinger-Vračko and Devetak, 2008
32 Catania, 2008; Mitra et al., 2009
33 Darwin, 1890
34 Mason, 2003
35 Lewis et al., 2006
36 Narins and Lewis, 1984; Mason and Narins, 2002
37 Mason, 2003
38 Hill, 2008, p. 120
39 オコンネルのゾウ研究に関する自著：O'Connell, 2008
40 O'Connell-Rodwell, Hart, and Arnason, 2001
41 O'Connell-Rodwell et al., 2006
42 O'Connell, 2008, p. 180
43 O'Connell-Rodwell et al., 2007
44 O'Connell, Arnason, and Hart, 1997; Günther, O'Connell-Rodwell, and Klemperer, 2004
45 Smith et al., 2018
46 Phippen, 2016
47 Standing Bear, 2006, p. 192
48 クモの糸とその進化に関する優れた書籍：Brunetta and Craig ,2012
49 Agnarsson, Kuntner, and Blackledge, 2010
50 Blackledge, Kuntner, and Agnarsson, 2011
51 Masters, 1984
52 Landolfa and Barth, 1996
53 Robinson and Mirick, 1971; Suter, 1978
54 Klärner and Barth, 1982
55 Vollrath, 1979a, 1979b
56 Wignall and Taylor, 2011
57 Wilcox, Jackson, and Gentile, 1996
58 Barth, 2002, p. 19
59 Mortimer et al., 2014
60 Mortimer et al., 2016
61 Watanabe, 1999, 2000
62 Nakata, 2010, 2013
63 拡張認識の例としてのクモの巣に関する優れたレビュー：Japyassú and Laland, 2017
64 Mhatre, Sivalinghem, and Mason, 2018

第 8 章　あらゆる耳を傾ける——音

1 ペインのメンフクロウ研究に関する自著論文：Payne, 1971
2 Payne, 1971
3 Dusenbery, 1992
4 Konishi, 1973, 2012
5 Krumm et al., 2017
6 Knudsen, Blasdel, and Konishi, 1979
7 Payne, 1971
8 Carr and Christensen-Dalsgaard, 2015, 2016
9 動物の聴覚に関する古いが優れたレビュー：Stebbins, 1983（引用部は 1 ページに登場）
10 Weger and Wagner, 2016; Clark, LePiane, and Liu, 2020
11 Konishi, 2012

45 Mitchinson et al., 2011
46 Mitchinson et al., 2011
47 Marshall, Clark, and Reep, 1998
48 マナティの触毛についてレビュー：Reep and Sarko, 2009; Bauer, Reep, and Marshall, 2018
49 Marshall et al., 1998
50 Bauer et al., 2012
51 Crish, Crish, and Comer, 2015; Sarko, Rice, and Reep, 2015
52 Reep, Marshall, and Stoll, 2002
53 Gaspard et al., 2017
54 Hanke and Dehnhardt, 2015
55 Murphy, Reichmuth, and Mann, 2015
56 Dehnhardt, Mauck, and Hyvärinen, 1998
57 Dehnhardt et al., 2001
58 Hanke et al., 2010
59 Wieskotten et al., 2010
60 Wieskotten et al., 2011
61 Niesterok et al., 2017
62 側線に関するレビュー：Montgomery, Bleckmann, and Coombs, 2013
63 Dijkgraaf, 1989
64 Dijkgraaf, 1989
65 Hofer, 1908
66 Dijkgraaf, 1963
67 Dijkgraaf, 1963
68 Webb, 2013; Mogdans, 2019
69 Partridge and Pitcher, 1980
70 Pitcher, Partridge, and Wardle, 1976
71 Webb, 2013
72 Mogdans, 2019
73 Montgomery and Saunders, 1985
74 Yoshizawa et al., 2014; Lloyd et al., 2018
75 Patton, Windsor, and Coombs, 2010
76 Haspel et al., 2012
77 Haspel et al., 2012
78 Soares, 2002
79 Soares, 2002
80 Leitch and Catania, 2012
81 Crowe-Riddell, Williams, et al., 2019
82 Ibrahim et al., 2014
83 Carr et al., 2017
84 Kane, Van Beveren, and Dakin, 2018
85 Kane, Van Beveren, and Dakin, 2018
86 Necker, 1985; Clark and de Cruz, 1989
87 Brown and Fedde, 1993
88 Sterbing-D'Angelo et al., 2017
89 Sterbing-D'Angelo and Moss, 2014
90 バルトのタイガーワンダリングスパイダー研究に関する自著：Barth, 2002
91 Barth, 2015
92 Seyfarth, 2002
93 Barth and Höller, 1999
94 Klopsch, Kuhlmann, and Barth, 2012, 2013
95 Casas and Dangles, 2010
96 Dangles, Casas, and Coolen, 2006; Casas and Steinmann, 2014
97 Di Silvestro, 2012
98 Shimozawa, Murakami, and Kumagai, 2003
99 Tautz and Markl, 1978
100 Tautz and Rostás, 2008

第7章　波打つ地面——表面振動

1 Warkentin, 1995
2 Cohen, Seid, and Warkentin, 2016
3 Warkentin, 2005; Caldwell, McDaniel, and Warkentin, 2010
4 環境によって誘発される胚の孵化に関するレビュー：Warkentin, 2011
5 Jung et al., 2019
6 Jung et al., 2019
7 Caldwell, McDaniel, and Warkentin, 2010
8 Takeshita and Murai, 2016
9 Hager and Kirchner, 2013
10 Han and Jablonski, 2010
11 Hill, 2009; Hill and Wessel, 2016; Mortimer, 2017
12 Hill, 2014
13 振動コミュニケーションに関する

32 Schmitz, Schmitz, and Schneider, 2016
33 Bisoffi et al., 2013
34 Bryant and Hallem, 2018; Bryant et al., 2018
35 Windsor, 1998; Forbes et al., 2018
36 Lazzari, 2009; Chappuis et al., 2013; Corfas and Vosshall, 2015
37 Kürten and Schmidt, 1982
38 Gracheva et al., 2011
39 Carr and Salgado, 2019
40 Goris, 2011
41 Gracheva et al., 2010
42 Ros, 1935
43 Noble and Schmidt, 1937
44 Kardong and Mackessy, 1991
45 Bullock and Diecke, 1956
46 Ebert and Westhoff, 2006
47 Hartline, Kass, and Loop, 1978; Newman and Hartline, 1982
48 Goris, 2011
49 Rundus et al., 2007
50 Bakken and Krochmal, 2007
51 Schraft, Bakken, and Clark, 2019
52 Shine et al., 2002
53 Chen et al., 2012
54 Goris, 2011
55 Bleicher et al., 2018; Embar et al., 2018
56 Schraft and Clark, 2019
57 Schraft, Goodman, and Clark, 2018
58 Cadena et al., 2013
59 Bakken et al., 2018
60 Gläser and Kröger, 2017; Kröger and Goiricelaya, 2017
61 Bálint et al., 2020

第6章　乱れを読む――接触と流れ

1 Monterey Bay Aquarium, 2016
2 Kuhn et al., 2010
3 Costa and Kooyman, 2011
4 Yeates, Williams, and Fink, 2007
5 Radinsky, 1968
6 Wilson and Moore, 2015
7 Strobel et al., 2018
8 Strobel et al., 2018
9 Thometz et al., 2016
10 触覚に関するレビュー：Prescott and Dürr, 2015
11 多種多様な触覚器官についてレビュー：Zimmerman, Bai, and Ginty, 2014; Moayedi, Nakatani, and Lumpkin, 2015
12 Walsh, Bautista, and Lumpkin, 2015
13 Carpenter et al., 2018
14 Skedung et al., 2013
15 Prescott, Diamond, and Wing, 2011
16 Skedung et al., 2013
17 カタニアのホシバナモグラ研究に関する自著論文：Catania, 2011
18 Catania, 1995b
19 Catania, Northcutt, and Kaas, 1999
20 Catania et al., 1993
21 Catania and Kaas, 1997b
22 Catania, 1995a
23 Catania and Kaas, 1997a
24 Catania and Remple, 2004, 2005
25 Gentle and Breward, 1986
26 Schneider et al., 2014, 2017
27 Birkhead, 2013, p. 78
28 Schneider et al., 2019
29 Piersma et al., 1995
30 Piersma et al., 1998
31 Cunningham, Castro, and Alley, 2007; Cunningham et al., 2010
32 Gal et al., 2014
33 Cohen et al., 2020
34 Hardy and Hale, 2020
35 Seneviratne and Jones, 2008
36 Seneviratne and Jones, 2008
37 Cunningham, Alley, and Castro, 2011
38 Persons and Currie, 2015
39 Prescott and Dürr, 2015
40 哺乳類の触毛に関するレビュー：Prescott, Mitchinson, and Grant, 2011
41 Bush, Solla, and Hartmann, 2016
42 Grant, Breakell, and Prescott, 2018
43 Grant, Sperber, and Prescott, 2012
44 Arkley et al., 2014

27 Sneddon et al., 2014
28 Anand, Sippell, and Aynsley-Green, 1987
29 Broom, 2001
30 Li, 2013; Lu et al., 2017
31 Sneddon, Braithwaite, and Gentle, 2003a, 2003b
32 Dunlop and Laming, 2005; Reilly et al., 2008
33 Bjørge et al., 2011; Mettam et al., 2011
34 Sneddon, 2013
35 Millsopp and Laming, 2008
36 Braithwaite, 2010
37 Rose et al., 2014; Key, 2016
38 Rose et al., 2014; Key, 2016; Sneddon, 2019
39 Rose et al., 2014
40 Braithwaite and Droege, 2016
41 Dinets, 2016
42 Marder and Bucher, 2007
43 Garcia-Larrea and Bastuji, 2018
44 Adamo, 2016, 2019
45 Appel and Elwood, 2009; Elwood and Appel, 2009
46 Elwood, 2019
47 Sneddon et al., 2014
48 Chittka and Niven, 2009
49 Bateson, 1991; Elwood, 2011
50 Stiehl, Lalla, and Breazeal, 2004; Lee-Johnson and Carnegie, 2010; Ikinamo, 2011
51 Hochner, 2012
52 European Parliament, Council of the European Union, 2010
53 Crook et al., 2011
54 Crook, Hanlon, and Walters, 2013
55 Crook et al., 2014
56 Alupay, Hadjisolomou, and Crook, 2014
57 Alupay, Hadjisolomou, and Crook, 2014
58 Crook, 2021
59 Chatigny, 2019
60 Eisemann et al., 1984
61 Eisemann et al., 1984

第5章　寒暑を生き延びる――熱

1 Geiser, 2013
2 Daan, Barnes, and Strijkstra, 1991
3 Andrews, 2019
4 Matos-Cruz et al., 2017
5 Matos-Cruz et al., 2017
6 動物が耐えられる温度範囲についてレビュー：McKemy, 2007; Sengupta and Garrity, 2013
7 Matos-Cruz et al., 2017; Hoffstaetter, Bagriantsev, and Gracheva, 2018
8 Hoffstaetter, Bagriantsev, and Gracheva, 2018
9 Gracheva and Bagriantsev, 2015
10 Matos-Cruz et al., 2017
11 Key et al., 2018
12 Hoffstaetter, Bagriantsev, and Gracheva, 2018
13 Laursen et al., 2016
14 Gehring and Wehner, 1995; Ravaux et al., 2013
15 Hartzell et al., 2011
16 Corfas and Vosshall, 2015
17 Heinrich, 1993
18 Simões et al., 2021
19 Wurtsbaugh and Neverman, 1988; Thums et al., 2013
20 Bates et al., 2010
21 Tsai et al., 2020
22 Du et al., 2011
23 Schmitz and Bousack, 2012
24 Linsley, 1943
25 Linsley and Hurd, 1957
26 Schmitz, Schmitz, and Schneider, 2016
27 Schütz et al., 1999
28 Dusenbery, 1992; Schmitz, Schmitz, and Schneider, 2016
29 Schmitz and Bleckmann, 1998
30 Schmitz and Bousack, 2012
31 Schneider, Schmitz, and Schmitz, 2015

1998; Hunt et al., 1998
41 Eaton, 2005
42 Cummings, Rosenthal, and Ryan, 2003
43 Siebeck et al., 2010
44 Stevens and Cuthill, 2007
45 Viitala et al., 1995
46 Lind et al., 2013
47 Stoddard et al., 2020
48 色覚の可視化に関する古典的論文：Kelber, Vorobyev, and Osorio, 2003
49 Stoddard et al., 2020
50 Stoddard et al., 2019
51 Neumeyer, 1992
52 Collin et al., 2009
53 Hines et al., 2011
54 Briscoe et al., 2010
55 Finkbeiner et al., 2017
56 McCulloch, Osorio, and Briscoe, 2016
57 Jordan et al., 2010
58 Greenwood, 2012; Jordan and Mollon, 2019
59 Zimmermann et al., 2018
60 Koshitaka et al., 2008; Chen et al., 2016; Arikawa, 2017
61 Patek, Korff, and Caldwell, 2004
62 Marshall, 1988
63 Cronin and Marshall, 1989a, 1989b
64 シャコの視覚に関する優れたレビュー：Cronin, Marshall, and Caldwell, 2017
65 Marshall and Oberwinkler, 1999; Bok et al., 2014
66 Inman, 2013
67 Thoen et al., 2014
68 Daly et al., 2018
69 Marshall, Land, and Cronin, 2014
70 Land et al., 1990
71 Marshall et al., 2019b
72 Temple et al., 2012
73 Chiou et al., 2008
74 Daly et al., 2016
75 Gagnon et al., 2015
76 Cronin, 2018
77 Hiramatsu et al., 2017; Moreira et al., 2019
78 Marshall et al., 2019a
79 Maan and Cummings, 2012
80 Chittka and Menzel, 1992
81 Chittka, 1997

第4章　不快を感知する――痛み

1 Braude et al., 2021
2 Park, Lewin, and Buffenstein, 2010; Braude et al., 2021
3 Catania and Remple, 2002
4 Van der Horst et al., 2011
5 Park et al., 2017
6 Zions et al., 2020
7 Park et al., 2017
8 LaVinka and Park, 2012
9 Park et al., 2008
10 Poulson et al., 2020
11 侵害受容の基礎に関するレビュー：Kavaliers, 1988; Lewin, Lu, and Park, 2004; Tracey, 2017
12 Smith, Park, and Lewin, 2020
13 Smith et al., 2011
14 Liu et al., 2014
15 Jordt and Julius, 2002
16 Melo et al., 2021
17 Rowe et al., 2013
18 Sherrington, 1903
19 侵害受容と痛みに関する優れたレビュー：Sneddon, 2018; Williams et al., 2019
20 Cox et al., 2006; Goldberg et al., 2012
21 Cox et al., 2006
22 Cowart, 2021
23 このトピックに関する優れた書籍：*The Lady's Handbook for Her Mysterious Illness*（Sarah Ramey, 2020）；*Doing Harm*（Maya Dusenbery, 2018）
24 動物の痛みに関するレビュー：Sneddon, 2018
25 Bateson, 1991
26 Sullivan, 2013

68 Thomas, Robison, and Johnsen, 2017
69 Meyer-Rochow, 1978
70 Simons, 2020
71 Wardill et al., 2013
72 Gonzalez-Bellido, Wardill, and Juusola, 2011
73 Gonzalez-Bellido, Wardill, and Juusola, 2011
74 Masland, 2017
75 Laughlin and Weckström, 1993
76 動物の CFF 値についていくつか記載あり：Healy et al., 2013; Inger et al., 2014
77 Fritsches, Brill, and Warrant, 2005
78 Boström et al., 2016
79 Evans et al., 2012
80 Ruck, 1958
81 Warrant et al., 2004
82 O'Carroll and Warrant, 2017
83 O'Carroll and Warrant, 2017
84 Niven and Laughlin, 2008; Moran, Softley, and Warrant, 2015
85 Porter and Sumner-Rooney, 2018
86 Porter and Sumner-Rooney, 2018
87 Warrant, 2017
88 Stokkan et al., 2013
89 Collins, Hendrickson, and Kaas, 2005
90 Warrant and Locket, 2004
91 海洋中の光景についての優れたレビュー：Warrant and Locket, 2004; Johnsen, 2014
92 Widder, 2019
93 Johnsen and Widder, 2019
94 Nilsson et al., 2012
95 Nilsson et al., 2012
96 Schrope, 2013
97 Kelber, Balkenius, and Warrant, 2002

第 3 章　人間には見えない紫——色

1 Tansley, 1965
2 Neitz, Geist, and Jacobs, 1989
3 Neitz, Geist, and Jacobs, 1989
4 色覚に関する優れた入門書：Osorio and Vorobyev, 2008; Cuthill et al. , 2017; Cronin et al., 2014 の 7 章
5 Marshall and Arikawa, 2014
6 Sacks and Wasserman, 1987
7 Emerling and Springer, 2015
8 Peichl, 2005; Hart et al., 2011
9 Peichl, Behrmann, and Kröger, 2001
10 Hanke and Kelber, 2020
11 Seidou et al., 1990
12 Maximov, 2000
13 Neitz, Geist, and Jacobs, 1989
14 Paul and Stevens, 2020
15 Colour Blind Awareness, n.d.
16 Carvalho et al., 2017
17 Carvalho et al., 2017
18 Pointer and Attridge, 1998; Neitz, Carroll, and Neitz, 2001
19 Mollon, 1989; Osorio and Vorobyev, 1996; Smith et al., 2003
20 Dominy and Lucas, 2001; Dominy, Svenning, and Li, 2003
21 Jacobs, 1984
22 Jacobs and Neitz, 1987
23 Saito et al., 2004
24 Jacobs and Neitz, 1987
25 Fedigan et al., 2014
26 Melin et al., 2007, 2017
27 Mancuso et al., 2009
28 Lubbock, 1881
29 Dusenbery, 1992
30 UV 視覚とその歴史についての優れた概説は以下を参照：Cronin and Bok, 2016
31 Goldsmith, 1980
32 Jacobs, Neitz, and Deegan, 1991
33 Douglas and Jeffery, 2014
34 Zimmer, 2012
35 Tedore and Nilsson, 2019
36 Marshall, Carleton, and Cronin, 2015
37 Tyler et al., 2014
38 Primack, 1982
39 Herberstein, Heiling, and Cheng, 2009
40 Andersson, Ornborg, and Andersson,

126 Johnson et al., 2018
127 Toda et al., 2021
128 Baldwin et al., 2014
129 Nilsson, 2009

第2章　無数にある見え方——光

1 Cross et al., 2020
2 Morehouse, 2020
3 ランドの研究について詳しく書かれた自著：Land, 2018
4 Land, 1969a, 1969b
5 Land, 2018, p. 107
6 Jakob et al., 2018
7 Nilsson et al., 2012; Polilov, 2012
8 Nilsson, 2009
9 Stowasser et al., 2010; Thomas, Robison, and Johnsen, 2017
10 Li et al., 2015
11 Goté et al., 2019
12 Johnsen, 2012, p. 2
13 Porter et al., 2012
14 Porter et al., 2012
15 視覚とその多岐にわたる使われ方についてとても読みやすく書かれた素晴らしい入門書：Cronin et al., 2014
16 Nilsson, 2009
17 Plachetzki, Fong, and Oakley, 2012
18 Crowe-Riddell, Simões, et al., 2019
19 Kingston et al., 2015
20 Arikawa, 2001
21 Parker, 2004
22 Darwin, 1958, p. 171
23 Picciani et al., 2018
24 Nilsson and Pelger, 1994
25 Garm and Nilsson, 2014
26 Schuergers et al., 2016
27 Gavelis et al., 2015
28 Caro, 2016
29 Melin et al., 2016
30 Caro et al., 2019
31 動物の視力に関する優れたレビュー：Caves, Brandley, and Johnsen, 2018
32 Reymond, 1985; Mitkus et al., 2018
33 Fox, Lehmkuhle, and Westendorf, 1976
34 Caves, Brandley, and Johnsen, 2018
35 Veilleux and Kirk, 2014; Caves, Brandley, and Johnsen, 2018
36 Feller et al., 2021
37 Kirschfeld, 1976
38 Mitkus et al., 2018
39 Land, 1966
40 Speiser and Johnsen, 2008a
41 Speiser and Johnsen, 2008b
42 Land, 2018
43 Palmer et al., 2017
44 Li et al., 2015
45 Bok, Capa, and Nilsson, 2016
46 Land, 2003
47 Sumner-Rooney et al., 2018
48 Ullrich-Luter et al., 2011
49 Sumner-Rooney et al., 2020
50 Carrete et al., 2012
51 Martin, Portugal, and Murn, 2012
52 Martin, 2012（鳥の視界に関するマーティンの多くの論文についてのレビューおよび引用も含む）
53 Martin, 2012
54 Moore et al., 2017; Baden, Euler, and Berens, 2020
55 Stamp Dawkins, 2002
56 Mitkus et al., 2018
57 Potier et al., 2017
58 Rogers, 2012（広範な実験についてレビューしている）
59 Hanke, Römer, and Dehnhardt, 2006
60 Hughes, 1977
61 動物の網膜における領域形成についての優れたレビュー：Baden, Euler, and Berens, 2020
62 Mass and Supin, 1995; Baden, Euler, and Berens, 2020
63 Mass and Supin, 2007
64 Katz et al., 2015
65 Perry and Desplan, 2016
66 Owens et al., 2012
67 Partridge et al., 2014

49 Wilson, Durlach, and Roth, 1958
50 Treisman, 2010
51 D'Ettorre, 2016
52 Moreau et al., 2006
53 McKenzie and Kronauer, 2018
54 McKenzie and Kronauer, 2018
55 Trible et al., 2017
56 Forel, 1874
57 Atema, 2018
58 Roberts et al., 2010
59 Schiestl et al., 2000
60 Wilson, 2015
61 Niimura, Matsui, and Touhara, 2014
62 McArthur et al., 2019
63 Miller, Hensman, et al., 2015
64 von Dürckheim et al., 2018
65 Plotnik et al., 2019
66 Bates et al., 2007
67 Moss, 2000
68 Hurst et al., 2008
69 Rasmussen et al., 1996
70 Rasmussen and Schulte, 1998
71 Hurst et al., 2008
72 Bates et al., 2008
73 Miller, Hensman, et al., 2015
74 Ramey et al., 2013
75 Rasmussen and Krishnamurthy, 2000
76 Wisby and Hasler, 1954
77 Bingman et al., 2017
78 Owen et al., 2015
79 Jacobs, 2012
80 Stager, 1964; Birkhead, 2013; Eaton, 2014
81 Audubon, 1826
82 Stager, 1964
83 バングとヴェンツルの影響についての歴史的見解：Nevitt and Hagelin, 2009.
84 Bang, 1960; Bang and Cobb, 1968
85 Nevitt and Hagelin, 2009
86 Zelenitsky, Therrien, and Kobayashi, 2009
87 Sieck and Wenzel, 1969
88 Wenzel and Sieck, 1972
89 Nevitt and Hagelin, 2009
90 Nevitt, 2000
91 Nevitt, Veit, and Kareiva, 1995
92 Nevitt and Bonadonna, 2005
93 Bonadonna et al., 2006; Van Buskirk and Nevitt, 2008
94 Nevitt, Losekoot, and Weimerskirch, 2008
95 Nevitt, 2008; Nevitt, Losekoot, and Weimerskirch, 2008
96 Gagliardo et al., 2013
97 Nicolson, 2018, p. 230
98 Sobel et al., 1999
99 Schwenk, 1994
100 Shine et al., 2003
101 Ford and Low, 1984
102 Schwenk, 1994
103 Clark, 2004; Clark and Ramirez, 2011
104 Durso, 2013
105 Chiszar et al., 1983, 1999; Chiszar, Walters, and Smith, 2008
106 Smith et al., 2009
107 Ryerson, 2014
108 Baxi, Dorries, and Eisthen, 2006
109 Kardong and Berkhoudt, 1999
110 Baxi, Dorries, and Eisthen, 2006
111 Pain, 2001
112 Yarmolinsky, Zuker, and Ryba, 2009
113 Secor, 2008
114 de Brito Sanchez et al., 2014
115 Thoma et al., 2016
116 Van Lenteren et al., 2007
117 Dennis, Goldman, and Vosshall, 2019
118 Raad et al., 2016
119 Yanagawa, Guigue, and Marion-Poll, 2014
120 Atema, 1971; Caprio et al., 1993
121 Kasumyan, 2019
122 Caprio, 1975
123 Caprio et al., 1993
124 Jiang et al., 2012
125 Shan et al., 2018

原 注

はじめに

1 Uexküll, 1909
2 ユクスキュルの重要な作品の現代語訳：Uexküll, 2010
3 Uexküll, 2010, p. 200
4 Beston, 2003, p. 25
5 Dusenbery, 1992
6 Mugan and MacIver, 2019
7 Niven and Laughlin, 2008; Moran, Softley, and Warrant, 2015
8 Wehner, 1987
9 Uexküll, 2010, p. 51
10 Pyenson et al., 2012
11 Johnsen, 2017
12 Macpherson, 2011
13 Macpherson, 2011, p. 36
14 Nagel, 1974, pp. 438–439
15 Griffin, 1974
16 Horowitz, 2010, p. 243ÿ
17 Proust, 1993, p. 343

第 1 章　滲み出る化学物質――匂いと味

1 犬とその嗅覚について、詳しくは以下の 2 冊を強く推奨：Horowitz, 2010, 2016
2 Kaminski et al., 2019
3 Craven, Paterson, and Settles, 2010
4 Quignon et al., 2012
5 Craven, Paterson, and Settles, 2010
6 Steen et al., 1996
7 Krestel et al., 1984; Walker et al., 2006; Wackermannová, Pinc, and Jebavý, 2016
8 Krestel et al., 1984
9 Hepper, 1988
10 Hepper and Wells, 2005
11 King, Becker, and Markee, 1964
12 Smith et al., 2004
13 Miller, Maritz, et al., 2015
14 Horowitz and Franks, 2020
15 Duranton and Horowitz, 2019
16 Pihlström et al., 2005
17 Laska, 2017
18 McGann, 2017
19 Weiss et al., 2020
20 Darwin, 1871, volume 1, p. 24
21 Kant, 2007, p. 270
22 Majid, 2015
23 Ackerman, 1991, p. 6
24 Majid et al., 2017; Majid and Kruspe, 2018
25 Porter et al., 2007
26 Silpe and Bassler, 2019
27 Dusenbery, 1992
28 匂いに関するレビュー：Keller and Vosshall, 2004b.
29 Keller and Vosshall, 2004b
30 Ravia et al., 2020
31 匂いに関するレビュー：Eisthen, 2002; Ache and Young, 2005; Bargmann, 2006
32 Firestein, 2005
33 Keller and Vosshall, 2004a
34 Keller et al., 2007
35 Vogt and Riddiford, 1981
36 Kalberer, Reisenman, and Hildebrand, 2010
37 Atema, 2018
38 Haynes et al., 2002
39 動物のフェロモンに関するレビュー：Wyatt, 2015a.
40 Wyatt, 2015b
41 Wyatt, 2015b
42 Leonhardt et al., 2016
43 Tumlinson et al., 1971
44 Sharma et al., 2015
45 Monnin et al., 2002
46 Lenoir et al., 2001
47 Schneirla, 1944
48 Yong, 2020

204.
Zuk, M., Rotenberry, J. T., and Tinghitella, R. M. (2006) Silent night: Adaptive disappearance of a sexual signal in a parasitized population of field crickets, *Biology Letters*, 2 (4), 521–524.
Zullo, L., et al. (2009) Nonsomatotopic organization of the higher motor centers in octopus, *Current Biology*, 19 (19), 1632–1636.
Zupanc, G. K. H., and Bullock, T. H. (2005) From electrogenesis to electroreception: An overview, in Bullock, T. H., et al. (eds), *Electroreception*, 5–46. New York: Springer.

114.
Wyatt, T. D. (2015b) The search for human pheromones: The lost decades and the necessity of returning to first principles, *Proceedings of the Royal Society B: Biological Sciences*, 282 (1804), 20142994.
Wynn, J., et al. (2020) Natal imprinting to the Earth's magnetic field in a pelagic seabird, *Current Biology*, 30 (14), 2869–2873. e2.
Yadav, C. (2017) Invitation by vibration: Recruitment to feeding shelters in social caterpillars, *Behavioral Ecology and Sociobiology*, 71 (3), 51.
Yager, D. D., and Hoy, R. R. (1986) The cyclopean ear: A new sense for the praying mantis, *Science*, 231 (4739), 727–729.
Yanagawa, A., Guigue, A. M. A., and Marion-Poll, F. (2014) Hygienic grooming is induced by contact chemicals in Drosophila melanogaster, *Frontiers in Behavioral Neuroscience*, 8, 254.
Yarmolinsky, D. A., Zuker, C. S., and Ryba, N. J. P. (2009) Common sense about taste: From mammals to insects, *Cell*, 139 (2), 234–244.
Yeates, L. C., Williams, T. M., and Fink, T. L. (2007) Diving and foraging energetics of the smallest marine mammal, the sea otter (*Enhydra lutris*), *Journal of Experimental Biology*, 210 (11), 1960–1970.
Yong, E. (2020) America is trapped in a pandemic spiral, *The Atlantic*. 以下で利用可: www.theatlantic.com/health/archive/2020/09/pandemic-intuition-nightmare-spiral-winter/616204/.
Yoshizawa, M., et al. (2014) The sensitivity of lateral line receptors and their role in the behavior of Mexican blind cavefish (*Astyanax mexicanus*), *Journal of Experimental Biology*, 217 (6), 886–895.
Yovel, Y., et al. (2009) The voice of bats: How greater mouse-eared bats recognize individuals based on their echolocation calls, *PLOS Computational Biology*, 5 (6), e1000400.
Zagaeski, M., and Moss, C. F. (1994) Target surface texture discrimination by the echolocating bat, *Eptesicus fuscus*, *Journal of the Acoustical Society of America*, 95 (5), 2881–2882.
Zapka, M., et al. (2009) Visual but not trigeminal mediation of magnetic compass information in a migratory bird, *Nature*, 461 (7268), 1274–1277.
Zelenitsky, D. K., Therrien, F., and Kobayashi, Y. (2009) Olfactory acuity in theropods: Palaeobiological and evolutionary implications, *Proceedings of the Royal Society B: Biological Sciences*, 276 (1657), 667–673.
Zimmer, C. (2012) Monet's ultraviolet eye, *Download the Universe*. 以下で利用可 : www.downloadtheuniverse.com/dtu/2012/04/monets-ultraviolet-eye.html.
Zimmerman, A., Bai, L., and Ginty, D. D. (2014) The gentle touch receptors of mammalian skin, *Science*, 346 (6212), 950–954.
Zimmermann, M. J. Y., et al. (2018) Zebrafish differentially process color across visual space to match natural scenes, *Current Biology*, 28 (13), 2018–2032.e5.
Zions, M., et al. (2020) Nest carbon dioxide masks GABA-dependent seizure susceptibility in the naked mole-rat, *Current Biology*, 30 (11), 2068–2077. e4.
Zippelius, H.-M. (1974) Ultraschall-Laute nestjunger Mäuse, *Behaviour*, 49 (3–4), 197–

Wilson, E. O., Durlach, N. I., and Roth, L. M. (1958) Chemical releasers of necrophoric behavior in ants, *Psyche*, 65 (4), 108–114.

Wilson, S., and Moore, C. (2015) S1 somatotopic maps, *Scholarpedia*, 10 (4), 8574.

Wiltschko, R., and Wiltschko, W. (2013) The magnetite-based receptors in the beak of birds and their role in avian navigation, *Journal of Comparative Physiology A*, 199 (2), 89–98.

Wiltschko, R., and Wiltschko, W. (2019) Magnetoreception in birds, *Journal of the Royal Society Interface*, 16 (158), 20190295.

Wiltschko, W. (1968) Über den Einfluß statischer Magnetfelder auf die Zugorientierung der Rotkehlchen (*Erithacus rubecula*), *Zeitschrift für Tierpsychologie*, 25 (5), 537–558.

Wiltschko, W., et al. (2002) Lateralization of magnetic compass orientation in a migratory bird, *Nature*, 419 (6906), 467–470.

Wiltschko, W., and Merkel, F. W. (1965) Orientierung zugunruhiger Rotkehlchen im statischen Magnetfeld, *Verhandlungen der Deutschen Zoologischen Gesellschaft in Jena*, 59, 362–367.

Windsor, D. A. (1998) Controversies in parasitology: Most of the species on Earth are parasites, *International Journal for Parasitology*, 28 (12), 1939–1941.

Winklhofer, M., and Mouritsen, H. (2016) A room-temperature ferrimagnet made of metallo-proteins?, bioRxiv, 094607.

Wisby, W. J., and Hasler, A. D. (1954) Effect of olfactory occlusion on migrating silver salmon (*O. kisutch*), *Journal of the Fisheries Research Board of Canada*, 11 (4), 472–478.

Witherington, B., and Martin, R. E. (2003) Understanding, assessing, and resolving light-pollution problems on sea turtle nesting beaches, Florida Marine Research Institute Technical Report TR-2.

Witte, F., et al. (2013) Cichlid species diversity in naturally and anthropogenically turbid habitats of Lake Victoria, East Africa, *Aquatic Sciences*, 75 (2), 169–183.

Woith, H., et al. (2018) Review: Can animals predict earthquakes?, *Bulletin of the Seismological Society of America*, 108 (3A), 1031–1045.

Wolff, G. H., and Riffell, J. A. (2018) Olfaction, experience and neural mechanisms underlying mosquito host preference, *Journal of Experimental Biology*, 221 (4), jeb157131.

Wu, C. H. (1984) Electric fish and the discovery of animal electricity, *American Scientist*, 72 (6), 598–607.

Wu, L.-Q., and Dickman, J. D. (2012) Neural correlates of a magnetic sense, *Science*, 336 (6084), 1054–1057.

Wueringer, B. E. (2012) Electroreception in elasmobranchs: Sawfish as a case study, *Brain, Behavior and Evolution*, 80 (2), 97–107.

Wueringer, B. E., Squire, L., et al. (2012a) Electric field detection in sawfish and shovelnose rays, *PLOS One*, 7 (7), e41605.

Wueringer, B. E., Squire, L., et al. (2012b) The function of the sawfish's saw, *Current Biology*, 22 (5), R150-R151.

Wurtsbaugh, W. A., and Neverman, D. (1988) Post-feeding thermotaxis and daily vertical migration in a larval fish, *Nature*, 333 (6176), 846–848.

Wyatt, T. (2015a) How animals communicate via pheromones, *American Scientist*, 103 (2),

scientificamerican.com/ article/a-cricket- robot/.
Webb, J. F.（2013）Morphological diversity, development, and evolution of the mechanosensory lateral line system, in Coombs, S., et al.（eds）, *The lateral line system*, 17–72. New York: Springer.
Webster, D. B.（1962）A function of the enlarged middle-ear cavities of the kangaroo rat, *Dipodomys*, *Physiological Zoology*, 35（3）, 248–255.
Webster, D. B., and Webster, M.（1971）Adaptive value of hearing and vision in kangaroo rat predator avoidance, *Brain, Behavior and Evolution*, 4（4）, 310–322.
Webster, D. B., and Webster, M.（1980）Morphological adaptations of the ear in the rodent family heteromyidae, *American Zoologist*, 20（1）, 247–254.
Weger, M., and Wagner, H.（2016）Morphological variations of leading-edge serrations in owls（*Strigiformes*）, *PLOS One*, 11（3）, e0149236.
Wehner, R.（1987）"Matched filters" — Neural models of the external world, *Journal of Comparative Physiology A*, 161（4）, 511–531.
Weiss, T., et al.（2020）Human olfaction without apparent olfactory bulbs, *Neuron*, 105（1）, 35–45. e5.
Wenzel, B. M., and Sieck, M. H.（1972）Olfactory perception and bulbar electrical activity in several avian species, *Physiology & Behavior*, 9（3）, 287–293.
Wheeler, W. M.（1910）*Ants: Their structure, development and behavior*. New York: Columbia University Press.
Widder, E.（2019）The Medusa, NOAA Ocean Exploration. 以下で利用可 : oceanexplorer.noaa.gov/explorations/19biolum/background/medusa/medusa.html.
Wieskotten, S., et al.（2010）Hydrodynamic determination of the moving direction of an artificial fin by a harbour seal（*Phoca vitulina*）, *Journal of Experimental Biology*, 213（13）, 2194–2200.
Wieskotten, S., et al.（2011）Hydrodynamic discrimination of wakes caused by objects of different size or shape in a harbour seal（*Phoca vitulina*）, *Journal of Experimental Biology*, 214（11）, 1922–1930.
Wignall, A. E., and Taylor, P. W.（2011）Assassin bug uses aggressive mimicry to lure spider prey, *Proceedings of the Royal Society B: Biological Sciences*, 278（1710）, 1427–1433.
Wilcox, C., Van Sebille, E., and Hardesty, B. D.（2015）Threat of plastic pollution to seabirds is global, pervasive, and increasing, *Proceedings of the National Academy of Sciences*, 112（38）, 11899–11904.
Wilcox, S. R., Jackson, R. R., and Gentile, K.（1996）Spiderweb smokescreens: Spider trickster uses background noise to mask stalking movements, *Animal Behaviour*, 51（2）, 313–326.
Williams, C. J., et al.（2019）Analgesia for non-mammalian vertebrates, *Current Opinion in Physiology*, 11, 75–84.
Wilson, D. R., and Hare, J. F.（2004）Ground squirrel uses ultrasonic alarms, *Nature*, 430（6999）, 523.
Wilson, E. O.（2015）Pheromones and other stimuli we humans don't get, with E. O. Wilson, *Big Think*. 以下で利用可: bigthink.com/videos/eo-wilson-on-the-world-of-pheromones.

Von der Emde, G., and Schnitzler, H.-U. (1990) Classification of insects by echolocating greater horseshoe bats, *Journal of Comparative Physiology A*, 167 (3), 423–430.

Von Dürckheim, K. E. M., et al. (2018) African elephants (*Loxodonta africana*) display remarkable olfactory acuity in human scent matching to sample performance, *Applied Animal Behaviour Science*, 200, 123–129.

Von Holst, E., and Mittelstaedt, H. (1950) Das reafferenzprinzip, *Naturwissenschaften*, 37 (20), 464–476.

Wackermannová, M., Pinc, L., and Jebavý, L. (2016) Olfactory sensitivity in mammalian species, *Physiological Research*, 65 (3), 369–390.

Walker, D. B., et al. (2006) Naturalistic quantification of canine olfactory sensitivity, *Applied Animal Behaviour Science*, 97 (2–4), 241–254.

Walsh, C. M., Bautista, D. M., and Lumpkin, E. A. (2015) Mammalian touch catches up, *Current Opinion in Neurobiology*, 34, 133–139.

Wang, C. X., et al. (2019) Transduction of the geomagnetic field as evidenced from alpha-band activity in the human brain, *eNeuro*, 6 (2), ENEURO.0483–18.2019.

Ward, J. (2013) Synesthesia, *Annual Review of Psychology*, 64 (1), 49–75.

Wardill, T., et al. (2013) The miniature dipteran killer fly *Coenosia attenuata* exhibits adaptable aerial prey capture strategies, *Frontiers of Physiology Conference Abstract: International Conference on Invertebrate Vision*, doi:10.3389/conf.fphys.2013.25.00057.

Ware, H. E., et al. (2015) A phantom road experiment reveals traffic noise is an invisible source of habitat degradation, *Proceedings of the National Academy of Sciences*, 112 (39), 12105–12109.

Warkentin, K. M. (1995) Adaptive plasticity in hatching age: A response to predation risk trade-offs, *Proceedings of the National Academy of Sciences*, 92 (8), 3507–3510.

Warkentin, K. M. (2005) How do embryos assess risk? Vibrational cues in predator-induced hatching of red-eyed treefrogs, *Animal Behaviour*, 70 (1), 59–71.

Warkentin, K. M. (2011) Environmentally cued hatching across taxa: Embryos respond to risk and opportunity, *Integrative and Comparative Biology*, 51 (1), 14–25.

Warrant, E. J. (2017) The remarkable visual capacities of nocturnal insects: Vision at the limits with small eyes and tiny brains, *Philosophical Transactions of the Royal Society B: Biological Sciences*, 372 (1717), 20160063.

Warrant, E. J., et al. (2004) Nocturnal vision and landmark orientation in a tropical halictid bee, *Current Biology*, 14 (15), 1309–1318.

Warrant, E., et al. (2016) The Australian bogong moth *Agrotis infusa*: A long-distance nocturnal navigator, *Frontiers in Behavioral Neuroscience*, 10, 77.

Warrant, E. J., and Locket, N. A. (2004) Vision in the deep sea, *Biological Reviews of the Cambridge Philosophical Society*, 79 (3), 671–712.

Watanabe, T. (1999) The influence of energetic state on the form of stabilimentum built by *Octonoba sybotides* (Araneae: Uloboridae), *Ethology*, 105 (8), 719–725.

Watanabe, T. (2000) Web tuning of an orb-web spider, *Octonoba sybotides*, regulates prey-catching behaviour, *Proceedings of the Royal Society B: Biological Sciences*, 267 (1443), 565–569.

Webb, B. (1996) A cricket robot, *Scientific American*. 以下で利用可: www.

Van Buskirk, R. W., and Nevitt, G. A. (2008) The influence of developmental environment on the evolution of olfactory foraging behaviour in procellariiform seabirds, *Journal of Evolutionary Biology*, 21 (1), 67–76.
Van der Horst, G., et al. (2011) Sperm structure and motility in the eusocial naked mole-rat, *Heterocephalus glaber*: A case of degenerative orthogenesis in the absence of sperm competition?, *BMC Evolutionary Biology*, 11 (1), 351.
Van Doren, B. M., et al. (2017) High-intensity urban light installation dramatically alters nocturnal bird migration, *Proceedings of the National Academy of Sciences*, 114 (42), 11175–11180.
Van Lenteren, J. C., et al. (2007) Structure and electrophysiological responses of gustatory organs on the ovipositor of the parasitoid *Leptopilina heterotoma*, *Arthropod Structure & Development*, 36 (3), 271–276.
Van Staaden, M. J., et al. (2003) Serial hearing organs in the atympanate grasshopper *Bullacris membracioides* (Orthoptera, Pneumoridae), *Journal of Comparative Neurology*, 465 (4), 579–592.
Veilleux, C. C., and Kirk, E. C. (2014) Visual acuity in mammals: Effects of eye size and ecology, *Brain, Behavior and Evolution*, 83 (1), 43–53.
Vélez, A., Ryoo, D. Y., and Carlson, B. A. (2018) Sensory specializations of mormyrid fish are associated with species differences in electric signal localization behavior, *Brain, Behavior and Evolution*, 92 (3–4), 125–141.
Vernaleo, B. A., and Dooling, R. J. (2011) Relative salience of envelope and fine structure cues in zebra finch song, *Journal of the Acoustical Society of America*, 129 (5), 3373–3383.
Vidal-Gadea, A., et al. (2015) Magnetosensitive neurons mediate geomagnetic orientation in Caenorhabditis elegans, *eLife*, 4, e07493.
Viguier, C. (1882) Le sens de l'orientation et ses organes chez les animaux et chez l'homme, *Revue philosophique de la France et de l'étranger*, 14, 1–36.
Viitala, J., et al. (1995) Attraction of kestrels to vole scent marks visible in ultraviolet light, *Nature*, 373 (6513), 425–427.
Vogt, R. G., and Riddiford, L. M. (1981) Pheromone binding and inactivation by moth antennae, *Nature*, 293 (5828), 161–163.
Vollrath, F. (1979a) Behaviour of the kleptoparasitic spider *Argyrodes elevatus* (Araneae, theridiidae), *Animal Behaviour*, 27 (Pt 2), 515–521.
Vollrath, F. (1979b) Vibrations: Their signal function for a spider kleptoparasite, *Science*, 205 (4411), 1149–1151.
Von der Emde, G. (1990) Discrimination of objects through electrolocation in the weakly electric fish, *Gnathonemus petersii*, *Journal of Comparative Physiology A*, 167, 413–421.
Von der Emde, G. (1999) Active electrolocation of objects in weakly electric fish, *Journal of Experimental Biology*, 202, 1205–1215.
Von der Emde, G., et al. (1998) Electric fish measure distance in the dark, *Nature*, 395 (6705), 890–894.
Von der Emde, G., and Ruhl, T. (2016) Matched filtering in African weakly electric fish: Two senses with complementary filters, in von der Emde, G., and Warrant, E. (eds), *The ecology of animal senses*, 237–263. Cham: Springer.

Tierney, K. B., et al. (2008) Salmon olfaction is impaired by an environmentally realistic pesticide mixture, *Environmental Science & Technology*, 42 (13), 4996–5001.

Toda, Y., et al. (2021) Early origin of sweet perception in the songbird radiation, *Science*, 373 (6551), 226–231.

Tracey, W. D. (2017) Nociception, *Current Biology*, 27 (4), R129-R133.

Treiber, C. D., et al. (2012) Clusters of iron-rich cells in the upper beak of pigeons are macrophages not magnetosensitive neurons, *Nature*, 484 (7394), 367–370.

Treisman, D. (2010) Ants and answers: A conversation with E. O. Wilson, *The New Yorker*. 以下で利用可: www.newyorker.com/books/page-turner/ants-and-answers-a-conversation-with-e-o-wilson.

Trible, W., et al. (2017) Orco mutagenesis causes loss of antennal lobe glomeruli and impaired social behavior in ants, *Cell*, 170 (4), 727–735. e10.

Tricas, T. C., Michael, S. W., and Sisneros, J. A. (1995) Electrosensory optimization to conspecific phasic signals for mating, *Neuroscience Letters*, 202 (1), 129–132.

Tsai, C.-C., et al. (2020) Physical and behavioral adaptations to prevent overheating of the living wings of butterflies, *Nature Communications*, 11 (1), 551.

Tsujii, K., et al. (2018) Change in singing behavior of humpback whales caused by shipping noise, *PLOS One*, 13 (10), e0204112.

Tumlinson, J. H., et al. (1971) Identification of the trail pheromone of a leaf-cutting ant, Atta texana, *Nature*, 234 (5328), 348–349.

Turkel, W. J. (2013) *Spark from the deep: How shocking experiments with strongly electric fish powered scientific discovery*. Baltimore: Johns Hopkins University Press.

Tuthill, J. C., and Azim, E. (2018) Proprioception, *Current Biology*, 28 (5), R194-R203.

Tuttle, M. D., and Ryan, M. J. (1981) Bat predation and the evolution of frog vocalizations in the neotropics, *Science*, 214 (4521), 677–678.

Tyack, P. L. (1997) Studying how cetaceans use sound to explore their environment, in Owings, D. H., Beecher, M. D., and Thompson, N. S. (eds), *Perspectives in ethology*, vol. 12, 251–297. New York: Plenum Press.

Tyack, P. L., and Clark, C. W. (2000) Communication and acoustic behavior of dolphins and whales, in Au, W. W. L., Fay, R. R., and Popper, A. N. (eds), *Hearing by whales and dolphins*,156–224. New York: Springer.

Tyler, N. J. C., et al. (2014) Ultraviolet vision may enhance the ability of reindeer to discriminate plants in snow, *Arctic*, 67 (2), 159–166.

Uexküll, J. von (1909) *Umwelt und Innenwelt der Tiere*. Berlin: J. Springer. (動物の環境と内的世界、ヤーコプ・V・ユクスキュル著、前野佳彦訳、みすず書房、2012)

Uexküll, J. von (2010) *A foray into the worlds of animals and humans: With a theory of meaning* (trans. J. D. O'Neil). Minneapolis: University of Minnesota Press.

Ulanovsky, N., and Moss, C. F. (2008) What the bat's voice tells the bat's brain, *Proceedings of the National Academy of Sciences*, 105 (25), 8491–8498.

Ullrich-Luter, E. M., et al. (2011) Unique system of photoreceptors in sea urchin tube feet, *Proceedings of the National Academy of Sciences*, 108 (20), 8367–8372.

Vaknin, Y., et al. (2000) The role of electrostatic forces in pollination, *Plant Systematics and Evolution*, 222 (1), 133–142.

Suthers, R. A. (1967) Comparative echolocation by fishing bats, *Journal of Mammalogy*, 48 (1), 79–87.

Sutton, G. P., et al. (2016) Mechanosensory hairs in bumblebees (Bombus terrestris) detect weak electric fields, *Proceedings of the National Academy of Sciences*, 113 (26), 7261–7265.

Swaddle, J. P., et al. (2015) A framework to assess evolutionary responses to anthropogenic light and sound, *Trends in Ecology & Evolution*, 30 (9), 550–560.

Takeshita, F., and Murai, M. (2016) The vibrational signals that male fiddler crabs (*Uca lactea*) use to attract females into their burrows, *The Science of Nature*, 103, 49.

Tansley, K. (1965) *Vision in vertebrates*. London: Chapman and Hall.

Tautz, J., and Markl, H. (1978) Caterpillars detect flying wasps by hairs sensitive to airborne vibration, *Behavioral Ecology and Sociobiology*, 4 (1), 101–110.

Tautz, J., and Rostás, M. (2008) Honeybee buzz attenuates plant damage by caterpillars, *Current Biology*, 18 (24), R1125-R1126.

Taylor, C. J., and Yack, J. E. (2019) Hearing in caterpillars of the monarch butterfly (*Danaus plexippus*), *Journal of Experimental Biology*, 222 (22), jeb211862.

Tedore, C., and Nilsson, D.-E. (2019) Avian UV vision enhances leaf surface contrasts in forest environments, *Nature Communications*, 10 (1), 238.

Temple, S., et al. (2012) High-resolution polarisation vision in a cuttlefish, *Current Biology*, 22 (4), R121-R122.

Ter Hofstede, H. M., and Ratcliffe, J. M. (2016) Evolutionary escalation: The bat-moth arms race, *Journal of Experimental Biology*, 219 (11), 1589–1602.

Thaler, L., et al. (2017) Mouth-clicks used by blind expert human echolocators — Signal description and model based signal synthesis, *PLOS Computational Biology*, 13 (8), e1005670.

Thaler, L., et al. (2020) The flexible action system: Click-based echolocation may replace certain visual functionality for adaptive walking, *Journal of Experimental Psychology: Human Perception and Performance*, 46 (1), 21–35.

Thaler, L., Arnott, S. R., and Goodale, M. A. (2011) Neural correlates of natural human echolocation in early and late blind echolocation experts, *PLOS One*, 6 (5), e20162.

Thaler, L., and Goodale, M. A. (2016) Echolocation in humans: An overview, *Wiley Interdisciplinary Reviews: Cognitive Science*, 7 (6), 382–393.

Thoen, H. H., et al. (2014) A different form of color vision in mantis shrimp, *Science*, 343 (6169), 411–413.

Thoma, V., et al. (2016) Functional dissociation in sweet taste receptor neurons between and within taste organs of Drosophila, *Nature Communications*, 7 (1), 10678.

Thomas, K. N., Robison, B. H., and Johnsen, S. (2017) Two eyes for two purposes: In situ evidence for asymmetric vision in the cockeyed squids *Histioteuthis heteropsis* and *Stigmatoteuthis dofleini*, *Philosophical Transactions of the Royal Society B: Biological Sciences*, 372 (1717), 20160069.

Thometz, N. M., et al. (2016) Trade-offs between energy maximization and parental care in a central place forager, the sea otter, *Behavioral Ecology*, 27 (5), 1552–1566.

Thums, M., et al. (2013) Evidence for behavioural thermoregulation by the world's largest fish, *Journal of the Royal Society Interface*, 10 (78), 20120477.

Stoddard, M. C., et al.（2019）I see your false colours: How artificial stimuli appear to different animal viewers, *Interface Focus*, 9（1）, 20180053.

Stoddard, M. C., et al.（2020）Wild hummingbirds discriminate nonspectral colors, *Proceedings of the National Academy of Sciences*, 117（26）, 15112–15122.

Stokkan, K.-A., et al.（2013）Shifting mirrors: Adaptive changes in retinal reflections to winter darkness in Arctic reindeer, *Proceedings of the Royal Society B: Biological Sciences*, 280（1773）, 20132451.

Stowasser, A., et al.（2010）Biological bifocal lenses with image separation, *Current Biology*, 20（16）, 1482–1486.

Strauß, J., and Stumpner, A.（2015）Selective forces on origin, adaptation and reduction of tympanal ears in insects, *Journal of Comparative Physiology A*, 201（1）, 155–169.

Strobel, S. M., et al.（2018）Active touch in sea otters: In-air and underwater texture discrimination thresholds and behavioral strategies for paws and vibrissae, *Journal of Experimental Biology*, 221（18）, jeb181347.

Suga, N., and Schlegel, P.（1972）Neural attenuation of responses to emitted sounds in echolocating bats, *Science*, 177（4043）, 82–84.

Sukhum, K. V., et al.（2016）The costs of a big brain: Extreme encephalization results in higher energetic demand and reduced hypoxia tolerance in weakly electric African fishes, *Proceedings of the Royal Society B: Biological Sciences*, 283（1845）, 20162157.

Sullivan, J. J.（2013）One of us, *Lapham's Quarterly*. 以下で利用可 : www.laphamsquarterly.org/ animals/one-us.

Sumbre, G., et al.（2006）Octopuses use a human-like strategy to control precise point-to-point arm movements, *Current Biology*, 16（8）, 767–772.

Sumner-Rooney, L., et al.（2018）Whole-body photoreceptor networks are independent of "lenses" in brittle stars, *Proceedings of the Royal Society B: Biological Sciences*, 285（1871）, 20172590.

Sumner-Rooney, L. H., et al.（2014）Do chitons have a compass? Evidence for magnetic sensitivity in Polyplacophora, *Journal of Natural History*, 48（45–48）, 3033–3045.

Sumner-Rooney, L. H., et al.（2020）Extraocular vision in a brittle star is mediated by chromatophore movement in response to ambient light, *Current Biology*, 30（2）, 319–327. e4.

Supa, M., Cotzin, M., and Dallenbach, K. M.（1944）"Facial vision": The perception of obstacles by the blind, *The American Journal of Psychology*, 57（2）, 133–183.

Suraci, J. P., et al.（2019）Fear of humans as apex predators has landscape-scale impacts from mountain lions to mice, *Ecology Letters*, 22（10）, 1578–1586.

Surlykke, A., et al.（eds）,（2014）Biosonar. New York: Springer.

Surlykke, A., and Kalko, E. K. V.（2008）Echolocating bats cry out loud to detect their prey, *PLOS One*, 3（4）, e2036.

Surlykke, A., Simmons, J. A., and Moss, C. F.（2016）Perceiving the world through echolocation and vision, in Fenton, M. B., et al.（eds）, *Bat bioacoustics*, 265–288. New York: Springer.

Suter, R. B.（1978）Cyclosa turbinata（Araneae, Araneidae）: Prey discrimination via web-borne vibrations, *Behavioral Ecology and Sociobiology*, 3（3）, 283–296.

Biological Sciences, 270 (1520), 1115–1121.
Sneddon, L. U., Braithwaite, V. A., and Gentle, M. J. (2003b) Novel object test: Examining nociception and fear in the rainbow trout, *Journal of Pain*, 4 (8), 431–440.
Snyder, J. B., et al. (2007) Omnidirectional sensory and motor volumes in electric fish, *PLOS Biology*, 5 (11), e301.
Soares, D. (2002) An ancient sensory organ in crocodilians, *Nature*, 417 (6886), 241–242.
Sobel, N., et al. (1999) The world smells different to each nostril, *Nature*, 402 (6757), 35.
Solvi, C., Gutierrez Al-Khudhairy, S., and Chittka, L. (2020) Bumble bees display cross-modal object recognition between visual and tactile senses, *Science*, 367 (6480), 910–912.
Speiser, D. I., and Johnsen, S. (2008a) Comparative morphology of the concave mirror eyes of scallops (Pectinoidea), *American Malacological Bulletin*, 26 (1–2), 27–33.
Speiser, D. I., and Johnsen, S. (2008b) Scallops visually respond to the size and speed of virtual particles, *Journal of Experimental Biology*, 211 (Pt 13), 2066–2070.
Sperry, R. W. (1950) Neural basis of the spontaneous optokinetic response produced by visual inversion, *Journal of Comparative and Physiological Psychology*, 43 (6), 482–489.
Spoelstra, K., et al. (2017) Response of bats to light with different spectra: Light-shy and agile bat presence is affected by white and green, but not red light, *Proceedings of the Royal Society B: Biological Sciences*, 284 (1855), 20170075.
Stack, D. W., et al. (2011) Reducing visitor noise levels at Muir Woods National Monument using experimental management, *Journal of the Acoustical Society of America*, 129 (3), 1375–1380.
Stager, K. E. (1964) The role of olfaction in food location by the turkey vulture (*Cathartes aura*), *Contributions in Science*, 81, 1–63.
Stamp Dawkins, M. (2002) What are birds looking at? Head movements and eye use in chickens, *Animal Behaviour*, 63 (5), 991–998.
Standing Bear, L. (2006) *Land of the spotted eagle*. Lincoln: Bison Books.
Stangl, F. B., et al. (2005) Comments on the predator-prey relationship of the Texas kangaroo rat (*Dipodomys elator*) and barn owl (*Tyto alba*), *The American Midland Naturalist*, 153 (1), 135–141.
Stebbins, W. C. (1983) *The acoustic sense of animals*. Cambridge, MA: Harvard University Press.
Steen, J. B., et al. (1996) Olfaction in bird dogs during hunting, *Acta Physiologica Scandinavica*, 157 (1), 115–119.
Sterbing-D'Angelo, S. J., et al. (2017) Functional role of airflow-sensing hairs on the bat wing, *Journal of Neurophysiology*, 117 (2), 705–712.
Sterbing-D'Angelo, S. J., and Moss, C. F. (2014) Air flow sensing in bats, in Bleckmann, H., Mogdans, J., and Coombs, S. L. (eds), *Flow sensing in air and water*, 197–213. Berlin: Springer.
Stevens, M., and Cuthill, I. C. (2007) Hidden messages: Are ultraviolet signals a special channel in avian communication?, *BioScience*, 57 (6), 501–507.
Stiehl, W. D., Lalla, L., and Breazeal, C. (2004) A "somatic alphabet" approach to "sensitive skin," in *Proceedings, ICRA '04, IEEE International Conference on Robotics and Automation, 2004*, 3, 2865–2870. New Orleans: IEEE.

Simmons, J. A., and Stein, R. A. (1980) Acoustic imaging in bat sonar: Echolocation signals and the evolution of echolocation, *Journal of Comparative Physiology*, 135 (1), 61–84.

Simões, J. M., et al. (2021) Robustness and plasticity in *Drosophila* heat avoidance, *Nature Communications*, 12 (1), 2044.

Simons, E. (2020) Backyard fly training and you, *Bay Nature*. 以下で利用可 : baynature.org/article/lord-of-the-flies/.

Simpson, S. D., et al. (2016) Anthropogenic noise increases fish mortality by predation, *Nature Communications*, 7 (1), 10544.

Sisneros, J. A. (2009) Adaptive hearing in the vocal plainfin midshipman fish: Getting in tune for the breeding season and implications for acoustic communication, *Integrative Zoology*, 4 (1), 33–42.

Skedung, L., et al. (2013) Feeling small: Exploring the tactile perception limits, *Scientific Reports*, 3 (1), 2617.

Slabbekoorn, H., and Peet, M. (2003) Birds sing at a higher pitch in urban noise, *Nature*, 424 (6946), 267.

Smith, A. C., et al. (2003) The effect of colour vision status on the detection and selection of fruits by tamarins (*Saguinus* spp.), *Journal of Experimental Biology*, 206 (18), 3159–3165. ★

Smith, B., et al. (2004) A survey of frog odorous secretions, their possible functions and phylogenetic significance, *Applied Herpetology*, 2, 47–82.

Smith, C. F., et al. (2009) The spatial and reproductive ecology of the copperhead (*Agkistrodon contortrix*) at the northeastern extreme of its range, *Herpetological Monographs*, 23 (1), 45–73.

Smith, E. St. J., et al. (2011) The molecular basis of acid insensitivity in the African naked mole-rat, *Science*, 334 (6062), 1557–1560.

Smith, E. St. J., Park, T. J., and Lewin, G. R. (2020) Independent evolution of pain insensitivity in African mole-rats: Origins and mechanisms, *Journal of Comparative Physiology A*, 206 (3), 313–325.

Smith, F. A., et al. (2018) Body size downgrading of mammals over the late Quaternary, *Science*, 360 (6386), 310–313.

Smith, L. M., et al. (2020) Impacts of COVID-19- related social distancing measures on personal environmental sound exposures, *Environmental Research Letters*, 15 (10), 104094.

Sneddon, L. (2013) Do painful sensations and fear exist in fish?, in van der Kemp, T., and Lachance, M. (eds), *Animal suffering: From science to law*, 93–112. Toronto: Carswell.

Sneddon, L. U. (2018) Comparative physiology of nociception and pain, *Physiology*, 33 (1), 63- 73.

Sneddon, L. U. (2019) Evolution of nociception and pain: Evidence from fish models, *Philosophical Transactions of the Royal Society B: Biological Sciences*, 374 (1785), 20190290.

Sneddon, L. U., et al. (2014) Defining and assessing animal pain, *Animal Behaviour*, 97, 201–212.

Sneddon, L. U., Braithwaite, V. A., and Gentle, M. J. (2003a) Do fishes have nociceptors? Evidence for the evolution of a vertebrate sensory system, *Proceedings of the Royal Society B:*

Senzaki, M., et al. (2016) Traffic noise reduces foraging efficiency in wild owls, *Scientific Reports*, 6 (1), 30602.

Sewell, G. D. (1970) Ultrasonic communication in rodents, *Nature*, 227 (5256), 410.

Seyfarth, E.-A. (2002) Tactile body raising: Neuronal correlates of a "simple" behavior in spiders, in Toft, S., and Scharff, N. (eds), *European Arachnology 2000: Proceedings of the 19th European College of Arachnology*, 19–32. Aarhus: Aarhus University Press.

Shadwick, R. E., Potvin, J., and Goldbogen, J. A. (2019) Lunge feeding in rorqual whales, *Physiology*, 34 (6), 409–418.

Shamble, P. S., et al. (2016) Airborne acoustic perception by a jumping spider, *Current Biology*, 26 (21), 2913–2920.

Shan, L., et al. (2018) Lineage-specific evolution of bitter taste receptor genes in the giant and red pandas implies dietary adaptation, Integrative *Zoology*, 13 (2), 152–159.

Shannon, G., et al. (2014) Road traffic noise modifies behaviour of a keystone species, *Animal Behaviour,* 94, 135–141.

Shannon, G., et al. (2016) A synthesis of two decades of research documenting the effects of noise on wildlife: Effects of anthropogenic noise on wildlife, *Biological Reviews*, 91 (4), 982–1005.

Sharma, K. R., et al. (2015) Cuticular hydrocarbon pheromones for social behavior and their coding in the ant antenna, *Cell Reports*, 12 (8), 1261–1271.

Shaw, J., et al. (2015) Magnetic particle-mediated magnetoreception, *Journal of the Royal Society Interface*, 12 (110), 20150499.

Sherrington, C. S. (1903) Qualitative difference of spinal reflex corresponding with qualitative difference of cutaneous stimulus, *Journal of Physiology*, 30 (1), 39–46.

Shimozawa, T., Murakami, J., and Kumagai, T. (2003) Cricket wind receptors: Thermal noise for the highest sensitivity known, in Barth, F. G., Humphrey, J. A. C., and Secomb, T. W. (eds), *Sensors and sensing in biology and engineering*, 145–157. Vienna: Springer.

Shine, R., et al. (2002) Antipredator responses of free-ranging pit vipers (*Gloydius shedaoensis*, Viperidae), *Copeia*, 2002 (3), 843–850.

Shine, R., et al. (2003) Chemosensory cues allow courting male garter snakes to assess body length and body condition of potential mates, *Behavioral Ecology and Sociobiology*, 54 (2), 162–166.

Sidebotham, J. (1877) Singing mice, *Nature*, 17 (419), 29.

Siebeck, U. E., et al. (2010) A species of reef fish that uses ultraviolet patterns for covert face recognition, *Current Biology*, 20 (5), 407–410.

Sieck, M. H., and Wenzel, B. M. (1969) Electrical activity of the olfactory bulb of the pigeon, *Electroencephalography and Clinical Neurophysiology*, 26 (1), 62–69.

Siemers, B. M., et al. (2009) Why do shrews twitter? Communication or simple echo-based orientation, *Biology Letters*, 5 (5), 593–596.

Silpe, J. E., and Bassler, B. L. (2019) A host-produced quorum-sensing autoinducer controls a phage lysis-lysogeny decision, *Cell*, 176 (1–2), 268–280. e13.

Simmons, J. A., Ferragamo, M. J., and Moss, C. F. (1998) Echo-delay resolution in sonar images of the big brown bat, *Eptesicus fuscus*, *Proceedings of the National Academy of Sciences*, 95 (21), 12647–12652.

Naturwissenschaften, 54 (19), 523.

Schnitzler, H.-U. (1973) Control of Doppler shift compensation in the greater horseshoe bat, *Rhinolophus ferrumequinum*, *Journal of Comparative Physiology*, 82 (1), 79–92.

Schnitzler, H.-U., and Denzinger, A. (2011) Auditory fovea and Doppler shift compensation: Adaptations for flutter detection in echolocating bats using CF-FM signals, *Journal of Comparative Physiology A*, 197 (5), 541–559.

Schnitzler, H.-U., and Kalko, E. K. V. (2001) Echolocation by insect-eating bats, *BioScience*, 51 (7), 557–569.

Schraft, H. A., Bakken, G. S., and Clark, R. W. (2019) Infrared-sensing snakes select ambush orientation based on thermal backgrounds, *Scientific Reports*, 9 (1), 3950.

Schraft, H. A., and Clark, R. W. (2019) Sensory basis of navigation in snakes: The relative importance of eyes and pit organs, *Animal Behaviour*, 147, 77–82.

Schraft, H. A., Goodman, C., and Clark, R. W. (2018) Do free-ranging rattlesnakes use thermal cues to evaluate prey?, *Journal of Comparative Physiology A*, 204 (3), 295–303.

Schrope, M. (2013) Giant squid filmed in its natural environment, *Nature*, doi.org/10.1038/nature. 2013.12202.

Schuergers, N., et al. (2016) Cyanobacteria use micro-optics to sense light direction, *eLife*, 5, e12620.

Schuller, G., and Pollak, G. (1979) Disproportionate frequency representation in the inferior colliculus of Doppler-compensating greater horseshoe bats: Evidence for an acoustic fovea, *Journal of Comparative Physiology*, 132 (1), 47–54.

Schulten, K., Swenberg, C. E., and Weller, A. (1978) A biomagnetic sensory mechanism based on magnetic field modulated coherent electron spin motion, *Zeitschrift für Physikalische Chemie*, 111 (1), 1–5.

Schumacher, S., et al. (2016) Cross-modal object recognition and dynamic weighting of sensory inputs in a fish, *Proceedings of the National Academy of Sciences*, 113 (27), 7638–7643.

Schusterman, R. J., et al. (2000) Why pinnipeds don't echolocate, *Journal of the Acoustical Society of America*, 107 (4), 2256–2264.

Schütz, S., et al. (1999) Insect antenna as a smoke detector, *Nature*, 398 (6725), 298–299.

Schwenk, K. (1994) Why snakes have forked tongues, *Science*, 263 (5153), 1573–1577.

Secor, S. M. (2008) Digestive physiology of the Burmese python: Broad regulation of integrated performance, *Journal of Experimental Biology*, 211 (24), 3767–3774.

Seehausen, O., et al. (2008) Speciation through sensory drive in cichlid fish, *Nature*, 455 (7213), 620–626.

Seehausen, O., van Alphen, J. J. M., and Witte, F. (1997) Cichlid fish diversity threatened by eutrophication that curbs sexual selection, *Science*, 277 (5333), 1808–1811.

Seidou, M., et al. (1990) On the three visual pigments in the retina of the firefly squid, *Watasenia scintillans*, *Journal of Comparative Physiology A*, 166, 769–773.

Seneviratne, S. S., and Jones, I. L. (2008) Mechanosensory function for facial ornamentation in the whiskered auklet, a crevice-dwelling seabird, *Behavioral Ecology*, 19 (4), 784–790.

Sengupta, P., and Garrity, P. (2013) Sensing temperature, *Current Biology*, 23 (8), R304-R307.

system in the rock hyrax (*Procavia capensis*), *Brain, Behavior and Evolution*, 85 (3), 170–188.

Savoca, M. S., et al. (2016) Marine plastic debris emits a keystone infochemical for olfactory foraging seabirds, *Science Advances*, 2 (11), e1600395.

Sawtell, N. B. (2017) Neural mechanisms for predicting the sensory consequences of behavior: Insights from electrosensory systems, *Annual Review of Physiology*, 79 (1), 381–399.

Scanlan, M. M., et al. (2018) Magnetic map in nonanadromous Atlantic salmon, *Proceedings of the National Academy of Sciences*, 115 (43), 10995–10999.

Schevill, W. E., and McBride, A. F. (1956) Evidence for echolocation by cetaceans, *Deep Sea Research*, 3 (2), 153–154.

Schevill, W. E., Watkins, W. A., and Backus, R. H. (1964) The 20-cycle signals and Balaenoptera (fin whales), in Tavolga, W. N. (ed), *Marine bio-acoustics*, 147–152. Oxford: Pergamon Press.

Schiestl, F. P., et al. (2000) Sex pheromone mimicry in the early spider orchid (*Ophrys sphegodes*) : Patterns of hydrocarbons as the key mechanism for pollination by sexual deception, *Journal of Comparative Physiology A*, 186 (6), 567–574.

Schmitz, H., and Bleckmann, H. (1998) The photomechanic infrared receptor for the detection of forest fires in the beetle *Melanophila acuminata* (Coleoptera: Buprestidae), *Journal of Comparative Physiology A*, 182 (5), 647–657.

Schmitz, H., and Bousack, H. (2012) Modelling a historic oil-tank fire allows an estimation of the sensitivity of the infrared receptors in pyrophilous *Melanophila* beetles, *PLOS One*, 7 (5), e37627.

Schmitz, H., Schmitz, A., and Schneider, E. S. (2016) Matched filter properties of infrared receptors used for fire and heat detection in insects, in von der Emde, G., and Warrant, E. (eds), *The ecology of animal senses*, 207–234. Cham: Springer.

Schneider, E. R., et al. (2014) Neuronal mechanism for acute mechanosensitivity in tactile-foraging waterfowl, *Proceedings of the National Academy of Sciences*, 111 (41), 14941–14946.

Schneider, E. R., et al. (2017) Molecular basis of tactile specialization in the duck bill, *Proceedings of the National Academy of Sciences*, 114 (49), 13036–13041.

Schneider, E. R., et al. (2019) A cross-species analysis reveals a general role for Piezo2 in mechanosensory specialization of trigeminal ganglia from tactile specialist birds, *Cell Reports*, 26 (8), 1979–1987. e3.

Schneider, E. S., Schmitz, A., and Schmitz, H. (2015) Concept of an active amplification mechanism in the infrared organ of pyrophilous *Melanophila* beetles, *Frontiers in Physiology*, 6, 391.

Schneider, W. T., et al. (2018) Vestigial singing behaviour persists after the evolutionary loss of song in crickets, *Biology Letters*, 14 (2), 20170654.

Schneirla, T. C. (1944) A unique case of circular milling in ants, considered in relation to trail following and the general problem of orientation, *American Museum Novitates*, no. 1253.

Schnitzler, H.-U. (1967) Kompensation von Dopplereffekten bei Hufeisen-Fledermäusen,

Rogers, L. J. (2012) The two hemispheres of the avian brain: Their differing roles in perceptual processing and the expression of behavior, *Journal of Ornithology*, 153 (1), 61–74.

Rolland, R. M., et al. (2012) Evidence that ship noise increases stress in right whales, *Proceedings of the Royal Society B: Biological Sciences*, 279 (1737), 2363–2368.

Ros, M. (1935) Die Lippengruben der Pythonen als Temperaturorgane, *Jenaische Zeitschrift für Naturwissenschaft*, 70, 1–32.

Rose, J. D., et al. (2014) Can fish really feel pain?, *Fish and Fisheries*, 15 (1), 97–133.

Rowe, A. H., et al. (2013) Voltage-gated sodium channel in grasshopper mice defends against bark scorpion toxin, *Science*, 342 (6157), 441–446.

Rubin, J. J., et al. (2018) The evolution of anti-bat sensory illusions in moths, *Science Advances*, 4 (7), eaar7428.

Ruck, P. (1958) A comparison of the electrical responses of compound eyes and dorsal ocelli in four insect species, *Journal of Insect Physiology*, 2 (4), 261–274.

Rundus, A. S., et al. (2007) Ground squirrels use an infrared signal to deter rattlesnake predation, *Proceedings of the National Academy of Sciences*, 104 (36), 14372–14376.

Ryan, M. J. (1980) Female mate choice in a neotropical frog, *Science*, 209 (4455), 523–525.

Ryan, M. J. (2018) *A taste for the beautiful: The evolution of attraction*. Princeton, NJ: Princeton University Press.(動物たちのセックスアピール：性的魅力の進化論、マイケル・J・ライアン著、東郷えりか訳、河出書房新社、2018)

Ryan, M. J., et al. (1990) Sexual selection for sensory exploitation in the frog *Physalaemus pustulosus*, *Nature*, 343 (6253), 66–67.

Ryan, M. J., and Rand, A. S. (1993) Sexual selection and signal evolution: The ghost of biases past, *Philosophical Transactions of the Royal Society B: Biological Sciences*, 340 (1292), 187–195.

Rycyk, A. M., et al. (2018) Manatee behavioral response to boats, *Marine Mammal Science*, 34 (4), 924–962.

Ryerson, W. (2014) Why snakes flick their tongues: A fluid dynamics approach. 未発表論文, University of Connecticut.

Sacks, O., and Wasserman, R. (1987) The case of the colorblind painter, *The New York Review of Books*, November 19. 以下で利用可 : www.nybooks.com/articles/1987/11/19/the-case-of-the-colorblind-painter/.

Saito, C. A., et al. (2004) Alouatta trichromatic color vision — single-unit recording from retinal ganglion cells and microspectrophotometry, *Investigative Ophthalmology & Visual Science*, 45, 4276.

Salazar, V. L., Krahe, R., and Lewis, J. E. (2013) The energetics of electric organ discharge generation in gymnotiform weakly electric fish, *Journal of Experimental Biology*, 216 (13), 2459–2468.

Sales, G. D. (2010) Ultrasonic calls of wild and wild-type rodents, in Brudzynski, S. (ed), *Handbook of behavioral neuroscience*, vol. 19, 77–88. Amsterdam: Elsevier.

Sanders, D., et al. (2021) A meta-analysis of biological impacts of artificial light at night, *Nature Ecology & Evolution*, 5 (1), 74–81.

Sarko, D. K., Rice, F. L., and Reep, R. L. (2015) Elaboration and innervation of the vibrissal

Ramey, E., et al. (2013) Desert-dwelling African elephants (*Loxodonta africana*) in Namibia dig wells to purify drinking water, *Pachyderm*, 53, 66–72.
Ramey, S. (2020) *The lady's handbook for her mysterious illness*. London: Fleet.
Ramsier, M. A., et al. (2012) Primate communication in the pure ultrasound, *Biology Letters*, 8 (4), 508–511.
Rasmussen, L. E. L., et al. (1996) Insect pheromone in elephants, *Nature*, 379 (6567), 684.
Rasmussen, L. E. L., and Krishnamurthy, V. (2000) How chemical signals integrate Asian elephant society: The known and the unknown, *Zoo Biology*, 19 (5), 405–423.
Rasmussen, L. E. L., and Schulte, B. A. (1998) Chemical signals in the reproduction of Asian (*Elephas maximus*) and African (*Loxodonta africana*) elephants, *Animal Reproduction Science*, 53 (1–4), 19–34.
Ratcliffe, J. M., et al. (2013) How the bat got its buzz, *Biology Letters*, 9 (2), 20121031.
Ravaux, J., et al. (2013) Thermal limit for Metazoan life in question: In vivo heat tolerance of the Pompeii worm, *PLOS One*, 8 (5), e64074.
Ravia, A., et al. (2020) A measure of smell enables the creation of olfactory metamers, *Nature*, 588 (7836), 118–123.
Reep, R. L., Marshall, C. D., and Stoll, M. L. (2002) Tactile hairs on the postcranial body in Florida manatees: A mammalian lateral line?, *Brain, Behavior and Evolution*, 59 (3), 141–154.
Reep, R., and Sarko, D. (2009) Tactile hair in manatees, *Scholarpedia*, 4 (4), 6831.
Reilly, S. C., et al. (2008) Novel candidate genes identified in the brain during nociception in common carp (*Cyprinus carpio*) and rainbow trout (*Oncorhynchus mykiss*), *Neuroscience Letters*, 437 (2), 135–138.
Reymond, L. (1985) Spatial visual acuity of the eagle *Aquila audax*: A behavioural, optical and anatomical investigation, *Vision Research*, 25 (10), 1477–1491.
Reynolds, R. P., et al. (2010) Noise in a laboratory animal facility from the human and mouse perspectives, *Journal of the American Association for Laboratory Animal Science*, 49 (5), 592–597.
Ridgway, S. H., and Au, W. W. L. (2009) Hearing and echolocation in dolphins, in Squire, L. R. (ed), *Encyclopedia of neuroscience*, 1031–1039. Amsterdam: Elsevier.
Riitters, K. H., and Wickham, J. D. (2003) How far to the nearest road?, *Frontiers in Ecology and the Environment*, 1 (3), 125–129.
Ritz, T., Adem, S., and Schulten, K. (2000) A model for photoreceptor-based magnetoreception in birds, *Biophysical Journal*, 78 (2), 707–718.
Robert, D., Amoroso, J., and Hoy, R. (1992) The evolutionary convergence of hearing in a parasitoid fly and its cricket host, *Science*, 258 (5085), 1135–1137.
Robert, D., Mhatre, N., and McDonagh, T. (2010) The small and smart sensors of insect auditory systems, in *2010 Ninth IEEE Sensors Conference (SENSORS 2010)*, 2208–2211. Kona, HI: IEEE. 以下で利用可：ieeexplore.ieee.org/document/5690624/.
Roberts, S. A., et al. (2010) Darcin: A male pheromone that stimulates female memory and sexual attraction to an individual male's odour, *BMC Biology*, 8 (1), 75.
Robinson, M. H., and Mirick, H. (1971) The predatory behavior of the golden-web spider *Nephila clavipes* (Araneae: Araneidae), *Psyche*, 78 (3), 123–139.

Porter, M. L., et al. (2012) Shedding new light on opsin evolution, *Proceedings of the Royal Society B: Biological Sciences*, 279 (1726), 3–14.

Porter, M. L., and Sumner-Rooney, L. (2018) Evolution in the dark: Unifying our understanding of eye loss, *Integrative and Comparative Biology*, 58 (3), 367–371.

Potier, S., et al. (2017) Eye size, fovea, and foraging ecology in accipitriform raptors, *Brain, Behavior and Evolution*, 90 (3), 232–242.

Poulet, J. F. A., and Hedwig, B. (2003) A corollary discharge mechanism modulates central auditory processing in singing crickets, *Journal of Neurophysiology*, 89 (3), 1528–1540.

Poulson, S. J., et al. (2020) Naked mole-rats lack cold sensitivity before and after nerve injury, *Molecular Pain*, 16, 1744806920955103.

Prescott, T. J., Diamond, M. E., and Wing, A. M. (2011) Active touch sensing, *Philosophical Transactions of the Royal Society B: Biological Sciences*, 366 (1581), 2989–2995.

Prescott, T. J., and Dürr, V. (2015) The world of touch, *Scholarpedia*, 10 (4), 32688.

Prescott, T. J., Mitchinson, B., and Grant, R. (2011) Vibrissal behavior and function, *Scholarpedia*, 6 (10), 6642.

Primack, R. B. (1982) Ultraviolet patterns in flowers, or flowers as viewed by insects, *Arnoldia*, 42 (3), 139–146.

Prior, N. H., et al. (2018) Acoustic fine structure may encode biologically relevant information for zebra finches, *Scientific Reports*, 8 (1), 6212.

Proske, U., and Gregory, E. (2003) Electrolocation in the platypus — Some speculations, *Comparative Biochemistry and Physiology Part A: Molecular & Integrative Physiology*, 136 (4), 821–825.

Proust, M. (1993) *In search of lost time*, volume 5. Translated by C. K. Scott Moncrieff and Terence Kilmartin. New York: Modern Library. (失われた時を求めて、マルセル・プルースト著；吉川一義訳、岩波書店、2018；高遠弘美訳、光文社、2018；ほか)

Putman, N. F., et al. (2013) Evidence for geomagnetic imprinting as a homing mechanism in Pacific salmon, *Current Biology*, 23 (4), 312–316.

Pye, D. (2004) Poem by David Pye: On the variety of hearing organs in insects, *Microscopic Research Techniques*, 63, 313–314.

Pyenson, N. D., et al. (2012) Discovery of a sensory organ that coordinates lunge feeding in rorqual whales, *Nature*, 485 (7399), 498–501.

Pynn, L. K., and DeSouza, J. F. X. (2013) The function of efference copy signals: Implications for symptoms of schizophrenia, *Vision Research*, 76, 124–133.

Pytte, C. L., Ficken, M. S., Moiseff, A. (2004) Ultrasonic singing by the blue-throated hummingbird: A comparison between production and perception, *Journal of Comparative Physiology A*, 190 (8), 665–673.

Qin, S., et al. (2016) A magnetic protein biocompass, *Nature Materials*, 15 (2), 217–226.

Quignon, P., et al. (2012) Genetics of canine olfaction and receptor diversity, *Mammalian Genome*, 23 (1–2), 132–143.

Raad, H., et al. (2016) Functional gustatory role of chemoreceptors in *Drosophila* wings, *Cell Reports*, 15 (7), 1442–1454.

Radinsky, L. B. (1968) Evolution of somatic sensory specialization in otter brains, *Journal of Comparative Neurology*, 134 (4), 495–505.

Perry, M. W., and Desplan, C. (2016) Love spots, *Current Biology*, 26 (12), R484-R485.

Persons, W. S., and Currie, P. J. (2015) Bristles before down: A new perspective on the functional origin of feathers, *Evolution: International Journal of Organic Evolution*, 69 (4), 857–862.

Pettigrew, J. D., Manger, P. R., and Fine, S. L. B. (1998) The sensory world of the platypus, *Philosophical Transactions of the Royal Society B: Biological Sciences*, 353 (1372), 1199–1210.

Phillips, J. N., et al. (2019) Background noise disrupts host-parasitoid interactions, *Royal Society Open Science*, 6 (9), 190867.

Phippen, J. W. (2016) "Kill every buffalo you can! Every buffalo dead is an Indian gone," *The Atlantic*. 以下で利用可 : www.theatlantic.com/national/archive/2016/05/the-buffalo-killers/482349/.

Picciani, N., et al. (2018) Prolific origination of eyes in Cnidaria with co-option of non-visual opsins, *Current Biology*, 28 (15), 2413–2419. e4.

Piersma, T., et al. (1995) Holling's functional response model as a tool to link the food-finding mechanism of a probing shorebird with its spatial distribution, *Journal of Animal Ecology*, 64 (4), 493–504.

Piersma, T., et al. (1998) A new pressure sensory mechanism for prey detection in birds: The use of principles of seabed dynamics?, *Proceedings of the Royal Society B: Biological Sciences*, 265 (1404), 1377–1383.

Pihlström, H., et al. (2005) Scaling of mammalian ethmoid bones can predict olfactory organ size and performance, *Proceedings of the Royal Society B: Biological Sciences*, 272 (1566), 957–962.

Pitcher, T. J., Partridge, B. L., and Wardle, C. S. (1976) A blind fish can school, *Science*, 194 (4268), 963–965.

Plachetzki, D. C., Fong, C. R., and Oakley, T. H. (2012) Cnidocyte discharge is regulated by light and opsin-mediated phototransduction, *BMC Biology*, 10 (1), 17.

Plotnik, J. M., et al. (2019) Elephants have a nose for quantity, *Proceedings of the National Academy of Sciences*, 116 (25), 12566–12571.

Pointer, M. R., and Attridge, G. G. (1998) The number of discernible colours, *Color Research & Application*, 23 (1), 52–54.

Polajnar, J., et al. (2015) Manipulating behaviour with substrate-borne vibrations — Potential for insect pest control, *Pest Management Science*, 71 (1), 15–23.

Polilov, A. A. (2012) The smallest insects evolve anucleate neurons, *Arthropod Structure & Development*, 41 (1), 29–34.

Pollack, L. (2012) Historical series: Magnetic sense of birds. 以下で利用可 : www.ks.uiuc.edu/History/magnetoreception/.

Poole, J. H., et al. (1988) The social contexts of some very low frequency calls of African elephants, *Behavioral Ecology and Sociobiology*, 22 (6), 385–392.

Popper, A. N., et al. (2004) Response of clupeid fish to ultrasound: A review, *ICES Journal of Marine Science*, 61 (7), 1057–1061.

Porter, J., et al. (2007) Mechanisms of scent-tracking in humans, *Nature Neuroscience*, 10(1), 27- 29.

Palmer, B. A., et al. (2017) The image-forming mirror in the eye of the scallop, *Science*, 358 (6367), 1172–1175.

Panksepp, J., and Burgdorf, J. (2000) 50-kHz chirping (laughter?) in response to conditioned and unconditioned tickle-induced reward in rats: Effects of social housing and genetic variables, *Behavioural Brain Research*, 115 (1), 25–38.

Park, T. J., et al. (2008) Selective inflammatory pain insensitivity in the African naked mole-rat (*Heterocephalus glaber*), *PLOS Biology*, 6 (1), e13.

Park, T. J., et al. (2017) Fructose-driven glycolysis supports anoxia resistance in the naked mole-rat, *Science*, 356 (6335), 307–311.

Park, T. J., Lewin, G. R., and Buffenstein, R. (2010) Naked mole rats: Their extraordinary sensory world, in Breed, M., and Moore, J. (eds), *Encyclopedia of animal behavior*, 505–512. Amsterdam: Elsevier.

Parker, A. (2004) *In the blink of an eye: How vision sparked the big bang of evolution*. New York: Basic Books. (眼の誕生：カンブリア紀大進化の謎を解く、アンドリュー・パーカー著、渡辺政隆訳、今西康子訳、草思社、2006)

Partridge, B. L., and Pitcher, T. J. (1980) The sensory basis of fish schools: Relative roles of lateral line and vision, *Journal of Comparative Physiology*, 135 (4), 315–325.

Partridge, J. C., et al. (2014) Reflecting optics in the diverticular eye of a deep-sea barreleye fish (*Rhynchohyalus natalensis*), *Proceedings of the Royal Society B: Biological Sciences*, 281 (1782), 20133223.

Patek, S. N., Korff, W. L., and Caldwell, R. L. (2004) Deadly strike mechanism of a mantis shrimp, *Nature*, 428 (6985), 819–820.

Patton, P., Windsor, S., and Coombs, S. (2010) Active wall following by Mexican blind cavefish (*Astyanax mexicanus*), *Journal of Comparative Physiology A*, 196 (11), 853–867.

Paul, S. C., and Stevens, M. (2020) Horse vision and obstacle visibility in horseracing, *Applied Animal Behaviour Science*, 222, 104882.

Paulin, M. G. (1995) Electroreception and the compass sense of sharks, *Journal of Theoretical Biology*, 174 (3), 325–339.

Payne, K. (1999) *Silent thunder: In the presence of elephants*. London: Penguin.

Payne, K. B., Langbauer, W. R., and Thomas, E. M. (1986) Infrasonic calls of the Asian elephant (*Elephas maximus*), *Behavioral Ecology and Sociobiology*, 18 (4), 297–301.

Payne, R. S. (1971) Acoustic location of prey by barn owls (*Tyto alba*), *Journal of Experimental Biology*, 54 (3), 535–573.

Payne, R. S., and McVay, S. (1971) Songs of humpback whales, *Science*, 173 (3997), 585–597.

Payne, R., and Webb, D. (1971) Orientation by means of long range acoustic signaling in baleen whales, *Annals of the New York Academy of Sciences*, 188 (1 Orientation), 110–141.

Peichl, L. (2005) Diversity of mammalian photoreceptor properties: Adaptations to habitat and lifestyle?, *The Anatomical Record Part A: Discoveries in Molecular, Cellular, and Evolutionary Biology*, 287A (1), 1001–1012.

Peichl, L., Behrmann, G., and Kröger, R. H. (2001) For whales and seals the ocean is not blue: A visual pigment loss in marine mammals, *The European Journal of Neuroscience*, 13 (8), 1520–1528.

porpoise, *Tursiops truncatus* (Montagu), *Biological Bulletin*, 120 (2), 163–176.

Ntelezos, A., Guarato, F., and Windmill, J. F. C. (2016) The anti-bat strategy of ultrasound absorption: The wings of nocturnal moths (Bombycoidea: Saturniidae) absorb more ultrasound than the wings of diurnal moths (Chalcosiinae: Zygaenoidea: Zygaenidae), *Biology Open*, 6 (1), 109–117.

O'Carroll, D. C., and Warrant, E. J. (2017) Vision in dim light: Highlights and challenges, *Philosophical Transactions of the Royal Society B: Biological Sciences*, 372 (1717), 20160062.

O'Connell, C. (2008) *The elephant's secret sense: The hidden life of the wild herds of Africa*. Chicago: University of Chicago Press.

O'Connell, C. E., Arnason, B. T., and Hart, L. A. (1997) Seismic transmission of elephant vocalizations and movement, *Journal of the Acoustical Society of America*, 102 (5), 3124.

O'Connell-Rodwell, C. E., et al. (2006) Wild elephant (*Loxodonta africana*) breeding herds respond to artificially transmitted seismic stimuli, *Behavioral Ecology and Sociobiology*, 59 (6), 842–850.

O'Connell-Rodwell, C. E., et al. (2007) Wild African elephants (*Loxodonta africana*) discriminate between familiar and unfamiliar conspecific seismic alarm calls, *Journal of the Acoustical Society of America*, 122 (2), 823–830.

O'Connell-Rodwell, C. E., Hart, L. A., and Arnason, B. T. (2001) Exploring the potential use of seismic waves as a communication channel by elephants and other large mammals, *American Zoologist*, 41 (5), 1157–1170.

Olson, C. R., et al. (2018) Black Jacobin hummingbirds vocalize above the known hearing range of birds, *Current Biology*, 28 (5), R204-R205.

Osorio, D., and Vorobyev, M. (1996) Colour vision as an adaptation to frugivory in primates, *Proceedings of the Royal Society B: Biological Sciences*, 263 (1370), 593–599.

Osorio, D., and Vorobyev, M. (2008) A review of the evolution of animal colour vision and visual communication signals, *Vision Research*, 48 (20), 2042–2051.

Ossiannilsson, F. (1949) Insect drummers, a study on the morphology and function of the sound-producing organ of Swedish *Homoptera auchenorrhyncha*, with notes on their soundproduction. Dissertation, Entomologika sällskapet i Lund.

Owen, M. A., et al. (2015) An experimental investigation of chemical communication in the polar bear: Scent communication in polar bears, *Journal of Zoology*, 295 (1), 36–43.

Owens, A. C. S., et al. (2020) Light pollution is a driver of insect declines, *Biological Conservation*, 241, 108259.

Owens, G. L., et al. (2012) In the four-eyed fish (*Anableps anableps*), the regions of the retina exposed to aquatic and aerial light do not express the same set of opsin genes, *Biology Letters*, 8 (1), 86–89.

Pack, A., and Herman, L. (1995) Sensory integration in the bottlenosed dolphin: Immediate recognition of complex shapes across the senses of echolocation and vision, *Journal of the Acoustical Society of America*, 98, 722–33.

Page, R. A., and Ryan, M. J. (2008) The effect of signal complexity on localization performance in bats that localize frog calls, *Animal Behaviour*, 76 (3), 761–769.

Pain, S. (2001) Stench warfare, *New Scientist*. 以下で利用可：www.newscientist.com/article/mg17122984-600-stench-warfare/.

Nevitt, G. A., and Bonadonna, F. (2005) Sensitivity to dimethyl sulphide suggests a mechanism for olfactory navigation by seabirds, *Biology Letters*, 1 (3), 303–305.

Nevitt, G. A., and Hagelin, J. C. (2009) Symposium overview: Olfaction in birds: A dedication to the pioneering spirit of Bernice Wenzel and Betsy Bang, *Annals of the New York Academy of Sciences*, 1170 (1), 424–427.

Nevitt, G. A., Losekoot, M., and Weimerskirch, H. (2008) Evidence for olfactory search in wandering albatross, *Diomedea exulans*, *Proceedings of the National Academy of Sciences*, 105 (12), 4576–4581.

Nevitt, G. A., Veit, R. R., and Kareiva, P. (1995) Dimethyl sulphide as a foraging cue for Antarctic procellariiform seabirds, *Nature*, 376 (6542), 680–682.

Newman, E. A., and Hartline, P. H. (1982) The infrared "vision" of snakes, *Scientific American*, 246 (3), 116–127.

Nicolson, A. (2018) *The seabird's cry*. New York: Henry Holt.

Niesterok, B., et al. (2017) Hydrodynamic detection and localization of artificial flatfish breathing currents by harbour seals (*Phoca vitulina*), *Journal of Experimental Biology*, 220 (2), 174–185.

Niimura, Y., Matsui, A., and Touhara, K. (2014) Extreme expansion of the olfactory receptor gene repertoire in African elephants and evolutionary dynamics of orthologous gene groups in 13 placental mammals, *Genome Research*, 24 (9), 1485–1496.

Nilsson, D.-E. (2009) The evolution of eyes and visually guided behaviour, *Philosophical Transactions of the Royal Society B: Biological Sciences*, 364 (1531), 2833–2847.

Nilsson, D.-E., et al. (2012) A unique advantage for giant eyes in giant squid, *Current Biology*, 22 (8), 683–688.

Nilsson, D.-E., and Pelger, S. (1994) A pessimistic estimate of the time required for an eye to evolve, *Proceedings of the Royal Society B: Biological Sciences*, 256 (1345), 53–58.

Nilsson, G. (1996) Brain and body oxygen requirements of *Gnathonemus petersii*, a fish with an exceptionally large brain, *Journal of Experimental Biology*, 199 (3), 603–607.

Nimpf, S., et al. (2019) A putative mechanism for magnetoreception by electromagnetic induction in the pigeon inner ear, *Current Biology*, 29 (23), 4052–4059. e4.

Niven, J. E., and Laughlin, S. B. (2008) Energy limitation as a selective pressure on the evolution of sensory systems, *Journal of Experimental Biology*, 211 (Pt 11), 1792–1804.

Noble, G. K., and Schmidt, A. (1937) The structure and function of the facial and labial pits of snakes, *Proceedings of the American Philosophical Society*, 77 (3), 263–288.

Noirot, E. (1966) Ultra-sounds in young rodents. I. Changes with age in albino mice, *Animal Behaviour*, 14 (4), 459–462.

Noirot, I. C., et al. (2009) Presence of aromatase and estrogen receptor alpha in the inner ear of zebra finches, *Hearing Research*, 252 (1–2), 49–55.

Nordmann, G. C., Hochstoeger, T., and Keays, D. A. (2017) Magnetoreception — A sense without a receptor, *PLOS Biology*, 15 (10), e2003234.

Norman, L. J., and Thaler, L. (2019) Retinotopic-like maps of spatial sound in primary "visual" cortex of blind human echolocators, *Proceedings of the Royal Society B: Biological Sciences*, 286 (1912), 20191910.

Norris, K. S., et al. (1961) An experimental demonstration of echolocation behavior in the

Murphy, C. T., Reichmuth, C., and Mann, D. (2015) Vibrissal sensitivity in a harbor seal (*Phoca vitulina*), *Journal of Experimental Biology*, 218 (15), 2463–2471.

Murray, R. W. (1960) Electrical sensitivity of the ampullæ of Lorenzini, *Nature*, 187 (4741), 957.

Nachtigall, P. E. (2016) Biosonar and sound localization in dolphins, in Sherman, S. M. (ed), *Oxford research encyclopedia of neuroscience*. New York: Oxford University Press.

Nachtigall, P. E., and Supin, A. Y. (2008) A false killer whale adjusts its hearing when it echolocates, *Journal of Experimental Biology*, 211 (11), 1714–1718.

Nagel, T. (1974) What is it like to be a bat?, *The Philosophical Review*, 83 (4), 435–450.

Nakano, R., et al. (2009) Moths are not silent, but whisper ultrasonic courtship songs, *Journal of Experimental Biology*, 212 (24), 4072–4078.

Nakano, R., et al. (2010) To females of a noctuid moth, male courtship songs are nothing more than bat echolocation calls, *Biology Letters*, 6 (5), 582–584.

Nakata, K. (2010) Attention focusing in a sit-and- wait forager: A spider controls its prey-detection ability in different web sectors by adjusting thread tension, *Proceedings of the Royal Society B: Biological Sciences*, 277 (1678), 29–33.

Nakata, K. (2013) Spatial learning affects thread tension control in orb-web spiders, *Biology Letters*, 9 (4), 20130052.

Narins, P. M., and Lewis, E. R. (1984) The vertebrate ear as an exquisite seismic sensor, *Journal of the Acoustical Society of America*, 76 (5), 1384–1387.

Narins, P. M., Stoeger, A. S., and O'Connell-Rodwell, C. (2016) Infrasonic and seismic communication in the vertebrates with special emphasis on the Afrotheria: An update and future directions, in Suthers, R. A., et al. (eds), *Vertebrate sound production and acoustic communication*, 191–227. Cham: Springer.

Necker, R. (1985) Observations on the function of a slowly-adapting mechanoreceptor associated with filoplumes in the feathered skin of pigeons, *Journal of Comparative Physiology A*, 156 (3), 391–394.

Neil, T. R., et al. (2020) Moth wings are acoustic metamaterials, *Proceedings of the National Academy of Sciences*, 117 (49), 31134–31141.

Neitz, J., Carroll, J., and Neitz, M. (2001) Color vision: Almost reason enough for having eyes, *Optics & Photonics News*, 12 (1), 26–33.

Neitz, J., Geist, T., and Jacobs, G. H. (1989) Color vision in the dog, *Visual Neuroscience*, 3 (2), 119–125.

Nesher, N., et al. (2014) Self-recognition mechanism between skin and suckers prevents octopus arms from interfering with each other, *Current Biology*, 24 (11), 1271–1275.

Neumeyer, C. (1992) Tetrachromatic color vision in goldfish: Evidence from color mixture experiments, *Journal of Comparative Physiology A*, 171 (5), 639–649.

Neunuebel, J. P., et al. (2015) Female mice ultrasonically interact with males during courtship displays, *eLife*, 4, e06203.

Nevitt, G. (2000) Olfactory foraging by Antarctic procellariiform seabirds: Life at high Reynolds numbers, *Biological Bulletin*, 198 (2), 245–253.

Nevitt, G. A. (2008) Sensory ecology on the high seas: The odor world of the procellariiform seabirds, *Journal of Experimental Biology*, 211 (11), 1706–1713.

Moran, D., Softley, R., and Warrant, E. J. (2015) The energetic cost of vision and the evolution of eyeless Mexican cavefish, *Science Advances*, 1 (8), e1500363.

Moreau, C. S., et al. (2006) Phylogeny of the ants: Diversification in the age of angiosperms, *Science*, 312 (5770), 101–104.

Morehouse, N. (2020) Spider vision, *Current Biology*, 30 (17), R975-R980.

Moreira, L. A. A., et al. (2019) Platyrrhine color signals: New horizons to pursue, *Evolutionary Anthropology: Issues, News, and Reviews*, 28 (5), 236–248.

Morley, E. L., and Robert, D. (2018) Electric fields elicit ballooning in spiders, *Current Biology*, 28 (14), 2324–2330. e2.

Mortimer, B. (2017) Biotremology: Do physical constraints limit the propagation of vibrational information?, *Animal Behaviour*, 130, 165–174.

Mortimer, B., et al. (2014) The speed of sound in silk: Linking material performance to biological function, *Advanced Materials*, 26 (30), 5179–5183.

Mortimer, B., et al. (2016) Tuning the instrument: Sonic properties in the spider's web, *Journal of the Royal Society Interface*, 13 (122), 20160341.

Mortimer, J. A., and Portier, K. M. (1989) Reproductive homing and internesting behavior of the green turtle (*Chelonia mydas*) at Ascension Island, South Atlantic Ocean, *Copeia*, 1989 (4), 962–977.

Moss, C. F. (2018) Auditory mechanisms of echolocation in bats, in Sherman, S. M. (ed), *Oxford research encyclopedia of neuroscience*. Oxford: Oxford University Press.

Moss, C. F., et al. (2006) Active listening for spatial orientation in a complex auditory scene, *PLOS Biology*, 4 (4), e79.

Moss, C. F., Chiu, C., and Surlykke, A. (2011) Adaptive vocal behavior drives perception by echolocation in bats, *Current Opinion in Neurobiology*, 21 (4), 645–652.

Moss, C. F., and Schnitzler, H.-U. (1995) Behavioral studies of auditory information processing, in Popper, A. N., and Fay, R. R. (eds), *Hearing by bats*, 87–145. New York: Springer.

Moss, C. F., and Surlykke, A. (2010) Probing the natural scene by echolocation in bats, *Frontiers in Behavioral Neuroscience*, 4, 33.

Moss, C. J. (2000) *Elephant memories: Thirteen years in the life of an elephant family*. Chicago: University of Chicago Press.

Mouritsen, H. (2018) Long-distance navigation and magnetoreception in migratory animals, *Nature*, 558 (7708), 50–59.

Mouritsen, H., et al. (2005) Night-vision brain area in migratory songbirds, *Proceedings of the National Academy of Sciences*, 102 (23), 8339–8344.

Mourlam, M. J., and Orliac, M. J. (2017) Infrasonic and ultrasonic hearing evolved after the emergence of modern whales, *Current Biology*, 27 (12), 1776–1781. e9.

Mugan, U., and MacIver, M. A. (2019) The shift from life in water to life on land advantaged planning in visually-guided behavior, bioRxiv, 585760.

Müller, P., and Robert, D. (2002) Death comes suddenly to the unprepared: Singing crickets, call fragmentation, and parasitoid flies, *Behavioral Ecology*, 13 (5), 598–606.

Murchy, K. A., et al. (2019) Impacts of noise on the behavior and physiology of marine invertebrates: A meta-analysis, *Proceedings of Meetings on Acoustics*, 37 (1), 040002.

whales are sensitive to behavioural disturbance from anthropogenic noise, *Royal Society Open Science*, 2 (6), 140484.

Millsopp, S., and Laming, P. (2008) Trade-offs between feeding and shock avoidance in goldfish (*Carassius auratus*), *Applied Animal Behaviour Science*, 113 (1), 247–254.

Mitchinson, B., et al. (2011) Active vibrissal sensing in rodents and marsupials, *Philosophical Transactions of the Royal Society B: Biological Sciences*, 366 (1581), 3037–3048.

Mitkus, M., et al. (2018) Raptor vision, in Sherman, S. M. (ed), *Oxford research encyclopedia of neuroscience*. Oxford: Oxford University Press.

Mitra, O., et al. (2009) Grunting for worms: Seismic vibrations cause *Diplocardia* earthworms to emerge from the soil, *Biology Letters*, 5 (1), 16–19.

Moayedi, Y., Nakatani, M., and Lumpkin, E. (2015) Mammalian mechanoreception, *Scholarpedia*, 10 (3), 7265.

Modrell, M. S., et al. (2011) Electrosensory ampullary organs are derived from lateral line placodes in bony fishes, *Nature Communications*, 2 (1), 496.

Mogdans, J. (2019) Sensory ecology of the fish lateral-line system: Morphological and physiological adaptations for the perception of hydrodynamic stimuli, *Journal of Fish Biology*, 95 (1), 53–72.

Møhl, B., et al. (2003) The monopulsed nature of sperm whale clicks, *Journal of the Acoustical Society of America*, 114 (2), 1143–1154.

Moir, H. M., Jackson, J. C., and Windmill, J. F. C. (2013) Extremely high frequency sensitivity in a "simple" ear, *Biology Letters*, 9 (4), 20130241.

Mollon, J. D. (1989) "Tho' she kneel'd in that place where they grew . . .": The uses and origins of primate colour vision, *Journal of Experimental Biology*, 146, 21–38.

Monnin, T., et al. (2002) Pretender punishment induced by chemical signalling in a queenless ant, *Nature*, 419 (6902), 61–65.

Montague, M. J., Danek-Gontard, M., and Kunc, H. P. (2013) Phenotypic plasticity affects the response of a sexually selected trait to anthropogenic noise, *Behavioral Ecology*, 24 (2), 343–348.

Montealegre-Z, F., et al. (2012) Convergent evolution between insect and mammalian audition, *Science*, 338 (6109), 968–971.

Monterey Bay Aquarium (2016) Say hello to Selka!, Monterey Bay Aquarium. 以下で利用可 : montereybayaquarium.tumblr.com/post/149326681398/say-hello-to-selka.

Montgomery, J., Bleckmann, H., and Coombs, S. (2013) Sensory ecology and neuroethology of the lateral line, in Coombs, S., et al. (eds), *The lateral line system*, 121–150. New York: Springer.

Montgomery, J. C., and Saunders, A. J. (1985) Functional morphology of the piper *Hyporhamphus ihi* with reference to the role of the lateral line in feeding, *Proceedings of the Royal Society B: Biological Sciences*, 224 (1235), 197–208.

Mooney, T. A., Yamato, M., and Branstetter, B. K. (2012) Hearing in cetaceans: From natural history to experimental biology, *Advances in marine biology*, 63, 197–246.

Moore, B., et al. (2017) Structure and function of regional specializations in the vertebrate retina, in Kaas, J. H., and Streidter, G. (eds), *Evolution of nervous systems*, 351–372. Oxford, UK: Academic Press.

McMeniman, C. J., et al. (2014) Multimodal integration of carbon dioxide and other sensory cues drives mosquito attraction to humans, *Cell*, 156 (5), 1060–1071.

Meister, M. (2016) Physical limits to magnetogenetics, *eLife*, 5, e17210.

Melin, A. D., et al. (2007) Effects of colour vision phenotype on insect capture by a free-ranging population of white-faced capuchins, *Cebus capucinus*, *Animal Behaviour*, 73 (1), 205–214.

Melin, A. D., et al. (2016) Zebra stripes through the eyes of their predators, zebras, and humans, *PLOS One*, 11 (1), e0145679.

Melin, A. D., et al. (2017) Trichromacy increases fruit intake rates of wild capuchins (*Cebus capucinus imitator*), *Proceedings of the National Academy of Sciences*, 114 (39), 10402–10407.

Melo, N., et al. (2021) The irritant receptor TRPA1 mediates the mosquito repellent effect of catnip, *Current Biology*, 31 (9), 1988–1994. e5.

Mencinger-Vračko, B., and Devetak, D. (2008) Orientation of the pit-building antlion larva *Euroleon* (Neuroptera, Myrmeleontidae) to the direction of substrate vibrations caused by prey, *Zoology*, 111 (1), 2–8.

Menda, G., et al. (2019) The long and short of hearing in the mosquito *Aedes aegypti*, *Current Biology*, 29 (4), 709–714. e4.

Merkel, F. W., and Fromme, H. G. (1958) Untersuchungen über das Orientierungsvermögen nächtlich ziehender Rotkehlchen, *Naturwissenschaften*, 45 (2), 499–500.

Merker, B. (2005) The liabilities of mobility: A selection pressure for the transition to consciousness in animal evolution, *Consciousness and Cognition*, 14 (1), 89–114.

Mettam, J. J., et al. (2011) The efficacy of three types of analgesic drugs in reducing pain in the rainbow trout, *Oncorhynchus mykiss*, *Applied Animal Behaviour Science*, 133 (3), 265–274.

Meyer-Rochow, V. B. (1978) The eyes of mesopelagic crustaceans. II. *Streetsia challengeri* (amphipoda), *Cell and Tissue Research*, 186 (2), 337–349.

Mhatre, N., Sivalinghem, S., and Mason, A. C. (2018) Posture controls mechanical tuning in the black widow spider mechanosensory system, bioRxiv. 以下で利用可 : biorxiv.org/lookup/doi/10.1101/484238.

Middendorff, A. T. (1855) *Die Isepiptesen Russlands: Grundlagen zur Erforschung der Zugzeiten und Zugrichtungen der Vögel Russlands*. St. Petersburg: Academie impériale des Sciences.

Miles, R. N., Robert, D., and Hoy, R. R. (1995) Mechanically coupled ears for directional hearing in the parasitoid fly *Ormia ochracea*, *Journal of the Acoustical Society of America*, 98 (6), 3059–3070.

Miller, A. K., Hensman, M. C., et al. (2015) African elephants (*Loxodonta africana*) can detect TNT using olfaction: Implications for biosensor application, *Applied Animal Behaviour Science*, 171, 177–183.

Miller, A. K., Maritz, B., et al. (2015) An ambusher's arsenal: Chemical crypsis in the puff adder (*Bitis arietans*), *Proceedings of the Royal Society B: Biological Sciences*, 282 (1821), 20152182.

Miller, P. J. O., Kvadsheim, P. H., et al. (2015) First indications that northern bottlenose

B: *Biological Sciences*, 369 (1636), 20130042.

Martin, G. R. (2012) Through birds' eyes: Insights into avian sensory ecology, *Journal of Ornithology*, 153 (Suppl. 1), 23–48.

Martin, G. R., Portugal, S. J., and Murn, C. P. (2012) Visual fields, foraging and collision vulnerability in *Gyps vultures*, *Ibis*, 154 (3), 626–631.

Martinez, V., et al. (2020) Antlions are sensitive to subnanometer amplitude vibrations carried by sand substrates, *Journal of Comparative Physiology* A, 206 (5), 783–791.

Masland, R. H. (2017) Vision: Two speeds in the retina, *Current Biology*, 27 (8), R303-R305.

Mason, A. C., Oshinsky, M. L., and Hoy, R. R. (2001) Hyperacute directional hearing in a microscale auditory system, *Nature*, 410 (6829), 686–690.

Mason, M. J. (2003) Bone conduction and seismic sensitivity in golden moles (Chrysochloridae), *Journal of Zoology*, 260 (4), 405–413.

Mason, M. J., and Narins, P. M. (2002) Seismic sensitivity in the desert golden mole (*Eremitalpa granti*) : A review, *Journal of Comparative Psychology*, 116 (2), 158–163.

Mass, A. M., and Supin, A. Y. (1995) Ganglion cell topography of the retina in the bottlenosed dolphin, *Tursiops truncatus*, *Brain, Behavior and Evolution*, 45 (5), 257–265.

Mass, A. M., and Supin, A. Y. (2007) Adaptive features of aquatic mammals' eye, *The Anatomical Record*, 290 (6), 701–715.

Masters, W. M. (1984) Vibrations in the orbwebs of *Nuctenea sclopetaria* (Araneidae). I. Transmission through the web, *Behavioral Ecology and Sociobiology*, 15 (3), 207–215.

Matos-Cruz, V., et al. (2017) Molecular prerequisites for diminished cold sensitivity in ground squirrels and hamsters, *Cell Reports*, 21 (12), 3329–3337.

Maximov, V. V. (2000) Environmental factors which may have led to the appearance of colour vision, *Philosophical Transactions of the Royal Society B: Biological Sciences*, 355 (1401), 1239–1242.

McArthur, C., et al. (2019) Plant volatiles are a salient cue for foraging mammals: Elephants target preferred plants despite background plant odour, *Animal Behaviour*, 155, 199–216.

McBride, C. S. (2016) Genes and odors underlying the recent evolution of mosquito preference for humans, *Current Biology*, 26 (1), R41-R46.

McBride, C. S., et al. (2014) Evolution of mosquito preference for humans linked to an odorant receptor, *Nature*, 515 (7526), 222–227.

McCulloch, K. J., Osorio, D., and Briscoe, A. D. (2016) Sexual dimorphism in the compound eye of *Heliconius erato*: A nymphalid butterfly with at least five spectral classes of photoreceptor, *Journal of Experimental Biology*, 219 (15), 2377–2387.

McGann, J. P. (2017) Poor human olfaction is a 19th-century myth, *Science*, 356 (6338), eaam7263.

McGregor, P. K., and Westby, G. M. (1992) Discrimination of individually characteristic electric organ discharges by a weakly electric fish, *Animal Behaviour*, 43 (6), 977–986.

McKemy, D. D. (2007) Temperature sensing across species, *Pflügers Archiv — European Journal of Physiology*, 454 (5), 777–791.

McKenzie, S. K., and Kronauer, D. J. C. (2018) The genomic architecture and molecular evolution of ant odorant receptors, *Genome Research*, 28 (11), 1757–1765.

evidence for a new sensory organ in sponges, *BMC Evolutionary Biology*, 14 (1), 3.

Maan, M. E., and Cummings, M. E. (2012) Poison frog colors are honest signals of toxicity, particularly for bird predators, *The American Naturalist*, 179 (1), E1-E14.

Macpherson, F. (2011) Individuating the senses, in Macpherson, F. (ed), *The senses: Classic and contemporary philosophical perspectives*, 3–43. Oxford: Oxford University Press.

Madhav, M. S., et al. (2018) High-resolution behavioral mapping of electric fishes in Amazonian habitats, *Scientific Reports*, 8 (1), 5830.

Madsen, P. T., et al. (2002) Sperm whale sound production studied with ultrasound time/depth-recording tags, *Journal of Experimental Biology*, 205 (Pt 13), 1899–1906.

Madsen, P. T., et al. (2013) Echolocation in Blainville's beaked whales (*Mesoplodon densirostris*), *Journal of Comparative Physiology A*, 199 (6), 451–469.

Madsen, P. T., and Surlykke, A. (2014) Echolocation in air and water, in Surlykke, A., et al. (eds), *Biosonar*, 257–304. New York: Springer.

Majid, A. (2015) Cultural factors shape olfactory language, *Trends in Cognitive Sciences*, 19 (11), 629–630.

Majid, A., et al. (2017) What makes a better smeller?, *Perception*, 46 (3–4), 406–430.

Majid, A., and Kruspe, N. (2018) Hunter-gatherer olfaction is special, *Current Biology*, 28 (3), 409–413. e2.

Malakoff, D. (2010) A push for quieter ships, *Science*, 328 (5985), 1502–1503.

Mancuso, K., et al. (2009) Gene therapy for red-green colour blindness in adult primates, *Nature*, 461 (7625), 784–787.

Marder, E., and Bucher, D. (2007) Understanding circuit dynamics using the stomatogastric nervous system of lobsters and crabs, *Annual Review of Physiology*, 69 (1), 291–316.

Marshall, C. D., et al. (1998) Prehensile use of perioral bristles during feeding and associated behaviors of the Florida manatee (*Trichechus manatus latirostris*), *Marine Mammal Science*, 14 (2), 274–289.

Marshall, C. D., Clark, L. A., and Reep, R. L. (1998) The muscular hydrostat of the Florida manatee (*Trichechus manatus latirostris*) : A functional morphological model of perioral bristle use, *Marine Mammal Science*, 14 (2), 290–303.

Marshall, J., and Arikawa, K. (2014) Unconventional colour vision, *Current Biology*, 24 (24), R1150-R1154.

Marshall, J., Carleton, K. L., and Cronin, T. (2015) Colour vision in marine organisms, *Current Opinions in Neurobiology*, 34, 86–94.

Marshall, J., and Oberwinkler, J. (1999) The colourful world of the mantis shrimp, *Nature*, 401 (6756), 873–874.

Marshall, N. J. (1988) A unique colour and polarization vision system in mantis shrimps, *Nature*, 333 (6173), 557–560.

Marshall, N. J., et al. (2019a) Colours and colour vision in reef fishes: Past, present and future research directions, *Journal of Fish Biology*, 95 (1), 5–38.

Marshall, N. J., et al. (2019b) Polarisation signals: A new currency for communication, *Journal of Experimental Biology*, 222 (3), jeb134213.

Marshall, N. J., Land, M. F., and Cronin, T. W. (2014) Shrimps that pay attention: Saccadic eye movements in stomatopod crustaceans, Philosophical Transactions of the Royal Society

elicit attraction in female *Aedes aegypti* mosquitoes, *Current Biology*, 29 (13), 2250–2257. e4.
Liu, Z., et al. (2014) Repeated functional convergent effects of NaV1.7 on acid insensitivity in hibernating mammals, *Proceedings of the Royal Society B: Biological Sciences*, 281 (1776), 20132950.
Lloyd, E., et al. (2018) Evolutionary shift towards lateral line dependent prey capture behavior in the blind Mexican cavefish, *Developmental Biology*, 441 (2), 328–337.
Lohmann, K. J. (1991) Magnetic orientation by hatchling loggerhead sea turtles (*Caretta caretta*), *Journal of Experimental Biology*, 155, 37–49.
Lohmann, K., et al. (1995) Magnetic orientation of spiny lobsters in the ocean: Experiments with undersea coil systems, *Journal of Experimental Biology*, 198 (Pt 10), 2041–2048.
Lohmann, K. J., et al. (2001) Regional magnetic fields as navigational markers for sea turtles, *Science*, 294 (5541), 364–366.
Lohmann, K. J., et al. (2004) Geomagnetic map used in sea-turtle navigation, *Nature*, 428 (6986), 909–910.
Lohmann, K., and Lohmann, C. (1994) Detection of magnetic inclination angle by sea turtles: A possible mechanism for determining latitude, *Journal of Experimental Biology*, 194 (1), 23- 32.
Lohmann, K. J., and Lohmann, C. M. F. (1996) Detection of magnetic field intensity by sea turtles, *Nature*, 380 (6569), 59–61.
Lohmann, K. J., and Lohmann, C. M. F. (2019) There and back again: Natal homing by magnetic navigation in sea turtles and salmon, *Journal of Experimental Biology*, 222 (Suppl. 1), jeb184077.
Lohmann, K. J., Putman, N. F., and Lohmann, C. M. F. (2008) Geomagnetic imprinting: A unifying hypothesis of long-distance natal homing in salmon and sea turtles, *Proceedings of the National Academy of Sciences*, 105 (49), 19096–19101.
Longcore, T. (2018) Hazard or hope? LEDs and wildlife, *LED Professional Review*, 70, 52–57.
Longcore, T., et al. (2012) An estimate of avian mortality at communication towers in the United States and Canada, *PLOS One*, 7 (4), e34025.
Longcore, T., and Rich, C. (2016) Artificial night lighting and protected lands: Ecological effects and management approaches. *Natural Resource Report* 2017/1493.
Lu, P., et al. (2017) Extraoral bitter taste receptors in health and disease, *Journal of General Physiology*, 149 (2), 181–197.
Lubbock, J. (1881) Observations on ants, bees, and wasps. — Part VIII, *Journal of the Linnean Society of London, Zoology*, 15 (87), 362–387.
Lucas, J., et al. (2002) A comparative study of avian auditory brainstem responses: Correlations with phylogeny and vocal complexity, and seasonal effects, *Journal of Comparative Physiology A*, 188 (11–12), 981–992.
Lucas, J. R., et al. (2007) Seasonal variation in avian auditory evoked responses to tones: A comparative analysis of Carolina chickadees, tufted titmice, and white-breasted nuthatches, *Journal of Comparative Physiology A*, 193 (2), 201–215.
Ludeman, D. A., et al. (2014) Evolutionary origins of sensation in metazoans: Functional

Lecocq, T., et al. (2020) Global quieting of high-frequency seismic noise due to COVID-19 pandemic lockdown measures, *Science*, 369 (6509), 1338–1343.

Lee-Johnson, C. P., and Carnegie, D. A. (2010) Mobile robot navigation modulated by artificial emotions, *IEEE Transactions on Systems, Man, and Cybernetics, Part B (Cybernetics)*, 40 (2), 469–480.

Legendre, F., Marting, P. R., and Cocroft, R. B. (2012) Competitive masking of vibrational signals during mate searching in a treehopper, *Animal Behaviour*, 83 (2), 361–368.

Leitch, D. B., and Catania, K. C. (2012) Structure, innervation and response properties of integumentary sensory organs in crocodilians, *Journal of Experimental Biology*, 215 (23), 4217–4230.

Lenoir, A., et al. (2001) Chemical ecology and social parasitism in ants, *Annual Review of Entomology*, 46 (1), 573–599.

Leonard, M. L., and Horn, A. G. (2008) Does ambient noise affect growth and begging call structure in nestling birds?, *Behavioral Ecology*, 19 (3), 502–507.

Leonhardt, S. D., et al. (2016) Ecology and evolution of communication in social insects, *Cell*, 164 (6), 1277–1287.

Levy, G., and Hochner, B. (2017) Embodied organization of Octopus vulgaris morphology, vision, and locomotion, *Frontiers in Physiology*, 8, 164.

Lewin, G., Lu, Y., and Park, T. (2004) A plethora of painful molecules, *Current Opinion in Neurobiology*, 14 (4), 443–449.

Lewis, E. R., et al. (2006) Preliminary evidence for the use of microseismic cues for navigation by the Namib golden mole, *Journal of the Acoustical Society of America*, 119 (2), 1260–1268.

Lewis, J. (2014) Active electroreception: Signals, sensing, and behavior, in Evans, D. H., Claiborne, J. B., and Currie, S. (eds), *The physiology of fishes*, 4th ed., 373–388. Boca Raton, FL: CRC Press.

Li, F. (2013) Taste perception: From the tongue to the testis, *Molecular Human Reproduction*, 19 (6), 349–360.

Li, L., et al. (2015) Multifunctionality of chiton biomineralized armor with an integrated visual system, *Science*, 350 (6263), 952–956.

Lind, O., et al. (2013) Ultraviolet sensitivity and colour vision in raptor foraging, *Journal of Experimental Biology*, 216 (Pt 10), 1819–1826.

Linsley, E. G. (1943) Attraction of *Melanophila* beetles by fire and smoke, *Journal of Economic Entomology*, 36 (2), 341–342.

Linsley, E. G., and Hurd, P. D. (1957) *Melanophila* beetles at cement plants in Southern California (Coleoptera, Buprestidae), *Coleopterists Bulletin*, 11 (1/2), 9–11.

Lissmann, H. W. (1951) Continuous electrical signals from the tail of a fish, *Gymnarchus niloticus* Cuv., *Nature*, 167 (4240), 201–202.

Lissmann, H. W. (1958) On the function and evolution of electric organs in fish, *Journal of Experimental Biology*, 35 (1), 156–191.

Lissmann, H. W., and Machin, K. E. (1958) The mechanism of object location in *Gymnarchus niloticus* and similar fish, *Journal of Experimental Biology*, 35 (2), 451–486.

Liu, M. Z., and Vosshall, L. B. (2019) General visual and contingent thermal cues interact to

(*Desmodus rotundus*), *Journal of Comparative Physiology A*, 146 (2), 223–228.

Kwon, D. (2019) Watcher of whales: A profile of Roger Payne. *The Scientist*. 以下で利用可: www.the-scientist.com/profile/watcher-of-whales--a-profile-of-roger-payne-66610.

Kyba, C. C. M., et al. (2017) Artificially lit surface of Earth at night increasing in radiance and extent, *Science Advances*, 3 (11), e1701528.

Land, M. F. (1966) A multilayer interference reflector in the eye of the scallop, *Pecten maximus*, *Journal of Experimental Biology*, 45 (3), 433–447.

Land, M. F. (1969a) Movements of the retinae of jumping spiders (Salticidae: Dendryphantinae) in response to visual stimuli, *Journal of Experimental Biology*, 51 (2), 471–493.

Land, M. F. (1969b) Structure of the retinae of the principal eyes of jumping spiders (Salticidae: Dendryphantinae) in relation to visual optics, *Journal of Experimental Biology*, 51 (2), 443–470.

Land, M. F. (2003) The spatial resolution of the pinhole eyes of giant clams (*Tridacna maxima*), *Proceedings of the Royal Society B: Biological Sciences*, 270 (1511), 185–188.

Land, M. F. (2018) *Eyes to see: The astonishing variety of vision in nature*. Oxford: Oxford University Press.

Land, M. F., et al. (1990) The eye-movements of the mantis shrimp *Odontodactylus scyllarus* (Crustacea: Stomatopoda), *Journal of Comparative Physiology A*, 167 (2), 155–166.

Landler, L., et al. (2018) Comment on "Magnetosensitive neurons mediate geomagnetic orientation in *Caenorhabditis elegans*," *eLife*, 7, e30187.

Landolfa, M. A., and Barth, F. G. (1996) Vibrations in the orb web of the spider Nephila clavipes: Cues for discrimination and orientation, *Journal of Comparative Physiology A*, 179 (4), 493–508.

Lane, K. A., Lucas, K. M., and Yack, J. E. (2008) Hearing in a diurnal, mute butterfly, *Morpho peleides* (Papilionoidea, Nymphalidae), *Journal of Comparative Neurology*, 508 (5), 677–686.

Laska, M. (2017) Human and animal olfactory capabilities compared, in Buettner, A. (ed), *Springer handbook of odor*, 81–82. New York: Springer.

Laughlin, S. B., and Weckström, M. (1993) Fast and slow photoreceptors — A comparative study of the functional diversity of coding and conductances in the Diptera, *Journal of Comparative Physiology A*, 172 (5), 593–609.

Laursen, W. J., et al. (2016) Low-cost functional plasticity of TRPV1 supports heat tolerance in squirrels and camels, *Proceedings of the National Academy of Sciences*, 113 (40), 11342–11347.

LaVinka, P. C., and Park, T. J. (2012) Blunted behavioral and C Fos responses to acidic fumes in the African naked mole-rat, *PLOS One*, 7 (9), e45060.

Lavoué, S., et al. (2012) Comparable ages for the independent origins of electrogenesis in African and South American weakly electric fishes, *PLOS One*, 7 (5), e36287.

Lawson, S. L., et al. (2018) Relative salience of syllable structure and syllable order in zebra finch song, *Animal Cognition*, 21 (4), 467–480.

Lazzari, C. R. (2009) Orientation towards hosts in haematophagous insects, in Simpson, S., and Casas, J. (eds), *Advances in insect physiology*, vol. 37, 1–58. Amsterdam: Elsevier.

Klopsch, C., Kuhlmann, H. C., and Barth, F. G. (2012) Airflow elicits a spider's jump towards airborne prey. I. Airflow around a flying blowfly, *Journal of the Royal Society Interface*, 9 (75), 2591–2602.

Klopsch, C., Kuhlmann, H. C., and Barth, F. G. (2013) Airflow elicits a spider's jump towards airborne prey. II. Flow characteristics guiding behaviour, *Journal of the Royal Society Interface*, 10 (82), 20120820.

Knop, E., et al. (2017) Artificial light at night as a new threat to pollination, *Nature*, 548 (7666), 206–209.

Knudsen, E. I., Blasdel, G. G., and Konishi, M. (1979) Sound localization by the barn owl (*Tyto alba*) measured with the search coil technique, *Journal of Comparative Physiology A*, 133 (1), 1–11.

Kober, R., and Schnitzler, H. (1990) Information in sonar echoes of fluttering insects available for echolocating bats, *Journal of the Acoustical Society of America*, 87 (2), 882–896.

Kojima, S. (1990) Comparison of auditory functions in the chimpanzee and human, *Folia Primatologica*, 55 (2), 62–72.

Kolbert, E. (2014) *The sixth extinction: An unnatural history*. New York: Henry Holt. (6度目の大絶滅、エリザベス・コルバート著、鍛原多惠子訳、NHK出版、2015)

Konishi, M. (1969) Time resolution by single auditory neurones in birds, *Nature*, 222(5193), 566–567.

Konishi, M. (1973) Locatable and nonlocatable acoustic signals for barn owls, *The American Naturalist*, 107 (958), 775–785.

Konishi, M. (2012) How the owl tracks its prey, *American Scientist*, 100 (6), 494.

Koselj, K., Schnitzler, H.-U., and Siemers, B. M. (2011) Horseshoe bats make adaptive prey-selection decisions, informed by echo cues, *Proceedings of the Royal Society B: Biological Sciences*, 278 (1721), 3034–3041.

Koshitaka, H., et al. (2008) Tetrachromacy in a butterfly that has eight varieties of spectral receptors, *Proceedings of the Royal Society B: Biological Sciences*, 275 (1637), 947–954.

Kothari, N. B., et al. (2014) Timing matters: Sonar call groups facilitate target localization in bats, *Frontiers in Physiology*, 5, 168.

Krestel, D., et al. (1984) Behavioral determination of olfactory thresholds to amyl acetate in dogs, *Neuroscience and Biobehavioral Reviews*, 8 (2), 169–174.

Kröger, R. H. H., and Goiricelaya, A. B. (2017) Rhinarium temperature dynamics in domestic dogs, *Journal of Thermal Biology*, 70, 15–19.

Krumm, B., et al. (2017) Barn owls have ageless ears, *Proceedings of the Royal Society B: Biological Sciences*, 284 (1863), 20171584.

Kuhn, R. A., et al. (2010) Hair density in the Eurasian otter *Lutra lutra* and the sea otter *Enhydra lutris*, *Acta Theriologica*, 55 (3), 211–222.

Kuna, V. M., and Nábělek, J. L. (2021) Seismic crustal imaging using fin whale songs, *Science*, 371 (6530), 731–735.

Kunc, H., et al. (2014) Anthropogenic noise affects behavior across sensory modalities, *The American Naturalist*, 184 (4), E93-E100.

Kürten, L., and Schmidt, U. (1982) Thermoperception in the common vampire bat

Bulletin, 21 (6), 923–931.

Kawahara, A. Y., et al. (2019) Phylogenomics reveals the evolutionary timing and pattern of butterflies and moths, *Proceedings of the National Academy of Sciences*, 116 (45), 22657–22663.

Kelber, A., Balkenius, A., and Warrant, E. J. (2002) Scotopic colour vision in nocturnal hawkmoths, *Nature*, 419 (6910), 922–925.

Kelber, A., Vorobyev, M., and Osorio, D. (2003) Animal colour vision — Behavioural tests and physiological concepts, *Biological Reviews of the Cambridge Philosophical Society*, 78 (1), 81–118.

Keller, A., et al. (2007) Genetic variation in a human odorant receptor alters odour perception, *Nature*, 449 (7161), 468–472.

Keller, A., and Vosshall, L. B. (2004a) A psychophysical test of the vibration theory of olfaction, *Nature Neuroscience*, 7 (4), 337–338.

Keller, A., and Vosshall, L. B. (2004b) Human olfactory psychophysics, *Current Biology*, 14 (20), R875-R878.

Kempster, R. M., Hart, N. S., and Collin, S. P. (2013) Survival of the stillest: Predator avoidance in shark embryos, *PLOS One*, 8 (1), e52551.

Ketten, D. R. (1997) Structure and function in whale ears, *Bioacoustics*, 8 (1–2), 103–135.

Key, B. (2016) Why fish do not feel pain, *Animal Sentience*, 1 (3).

Key, F. M., et al. (2018) Human local adaptation of the TRPM8 cold receptor along a latitudinal cline, *PLOS Genetics*, 14 (5), e1007298.

Kick, S., and Simmons, J. (1984) Automatic gain control in the bat's sonar receiver and the neuroethology of echolocation, *Journal of Neuroscience*, 4 (11), 2725–2737.

Kimchi, T., Etienne, A. S., and Terkel, J. (2004) A subterranean mammal uses the magnetic compass for path integration, *Proceedings of the National Academy of Sciences*, 101 (4), 1105–1109.

King, J. E., Becker, R. F., and Markee, J. E. (1964) Studies on olfactory discrimination in dogs: (3) Ability to detect human odour trace, *Animal Behaviour*, 12 (2), 311–315.

Kingston, A. C. N., et al. (2015) Visual phototransduction components in cephalopod chromatophores suggest dermal photoreception, *Journal of Experimental Biology*, 218 (10), 1596–1602.

Kirschfeld, K. (1976) The resolution of lens and compound eyes, in Zettler, F., and Weiler, R. (eds), *Neural principles in vision*, 354–370. Berlin: Springer.

Kirschvink, J., et al. (1997) Measurement of the threshold sensitivity of honeybees to weak, extremely low-frequency magnetic fields, *Journal of Experimental Biology*, 200 (Pt 9), 1363–1368.

Kish, D. (1995) Echolocation: How humans can "see" without sight. Unpublished master's thesis, California State University.

Kish, D. (2015) How I use sonar to navigate the world. TED Talk. 以下で利用可：www.ted.com/talks/daniel_kish_how_i_use_sonar_to_navigate_the_world.

Klärner, D., and Barth, F. G. (1982) Vibratory signals and prey capture in orb-weaving spiders (*Zygiella x-notata*, *Nephila clavipes*; Araneidae), *Journal of Comparative Physiology*, 148 (4), 445–455.

Jung, J., et al. (2019) How do red-eyed treefrog embryos sense motion in predator attacks? Assessing the role of vestibular mechanoreception, *Journal of Experimental Biology,* 222 (21), jeb206052.

Jung, K., Kalko, E. K. V., and von Helversen, O. (2007) Echolocation calls in Central American emballonurid bats: Signal design and call frequency alternation, *Journal of Zoology*, 272 (2), 125–137.

Kajiura, S. M. (2001) Head morphology and electrosensory pore distribution of carcharhinid and sphyrnid sharks, *Environmental Biology of Fishes*, 61 (2), 125–133.

Kajiura, S. M. (2003) Electroreception in neonatal bonnethead sharks, *Sphyrna tiburo*, *Marine Biology*, 143 (3), 603–611.

Kajiura, S. M., and Holland, K. N. (2002) Electroreception in juvenile scalloped hammerhead and sandbar sharks, *Journal of Experimental Biology*, 205 (23), 3609–3621.

Kalberer, N. M., Reisenman, C. E., and Hildebrand, J. G. (2010) Male moths bearing transplanted female antennae express characteristically female behaviour and central neural activity, *Journal of Experimental Biology*, 213 (8), 1272–1280.

Kalka, M. B., Smith, A. R., and Kalko, E. K. V. (2008) Bats limit arthropods and herbivory in a tropical forest, *Science*, 320 (5872), 71.

Kalmijn, A. J. (1971) The electric sense of sharks and rays, *Journal of Experimental Biology*, 55 (2), 371–383.

Kalmijn, A. J. (1974) The detection of electric fields from inanimate and animate sources other than electric organs, in Fessard, A. (ed), *Electroreceptors and other specialized receptors in lower vertebrates*, 147–200. Berlin: Springer.

Kalmijn, A. J. (1982) Electric and magnetic field detection in elasmobranch fishes, *Science*, 218 (4575), 916–918.

Kaminski, J., et al. (2019) Evolution of facial muscle anatomy in dogs, *Proceedings of the National Academy of Sciences*, 116 (29), 14677–14681.

Kane, S. A., Van Beveren, D., and Dakin, R. (2018) Biomechanics of the peafowl's crest reveals frequencies tuned to social displays, *PLOS One*, 13 (11), e0207247.

Kant, I. (2007) *Anthropology, history, and education*. Cambridge: Cambridge University Press.

Kapoor, M. (2020) The only catfish native to the western U.S. is running out of water, *High Country News*. 以下で利用可 : www.hcn.org/issues/52.7/fish-the-only-catfish-native-to-the-western-u-s-is-running-out-of-water.

Kardong, K. V., and Berkhoudt, H. (1999) Rattlesnake hunting behavior: Correlations between plasticity of predatory performance and neuroanatomy, *Brain, Behavior and Evolution*, 53 (1), 20–28.

Kardong, K. V., and Mackessy, S. P. (1991) The strike behavior of a congenitally blind rattlesnake, *Journal of Herpetology*, 25 (2), 208–211.

Kasumyan, A. O. (2019) The taste system in fishes and the effects of environmental variables, *Journal of Fish Biology*, 95 (1), 155–178.

Katz, H. K., et al. (2015) Eye movements in chameleons are not truly independent — Evidence from simultaneous monocular tracking of two targets, *Journal of Experimental Biology*, 218 (13), 2097–2105.

Kavaliers, M. (1988) Evolutionary and comparative aspects of nociception, *Brain Research*

Jacobs, L. F. (2012) From chemotaxis to the cognitive map: The function of olfaction, *Proceedings of the National Academy of Sciences*, 109 (Suppl. 1), 10693–10700.

Jakob, E. M., et al. (2018) Lateral eyes direct principal eyes as jumping spiders track objects, *Current Biology*, 28 (18), R1092-R1093.

Jakobsen, L., Ratcliffe, J. M., and Surlykke, A. (2013) Convergent acoustic field of view in echolocating bats, *Nature*, 493 (7430), 93–96.

Japyassú, H. F., and Laland, K. N. (2017) Extended spider cognition, *Animal Cognition*, 20 (3), 375–395.

Jechow, A., and Hölker, F. (2020) Evidence that reduced air and road traffic decreased artificial night-time skyglow during COVID-19 lockdown in Berlin, Germany, *Remote Sensing*, 12 (20), 3412.

Jiang, P., et al. (2012) Major taste loss in carnivorous mammals, *Proceedings of the National Academy of Sciences*, 109 (13), 4956–4961.

Johnsen, S. (2012) *The optics of life: A biologist's guide to light in nature*. Princeton, NJ: Princeton University Press.

Johnsen, S. (2014) Hide and seek in the open sea: Pelagic camouflage and visual countermeasures, *Annual Review of Marine Science*, 6 (1), 369–392.

Johnsen, S. (2017) Open questions: We don't really know anything, do we? Open questions in sensory biology, *BMC Biology*, 15, art. 43.

Johnsen, S., and Lohmann, K. J. (2005) The physics and neurobiology of magnetoreception, *Nature Reviews Neuroscience*, 6 (9), 703–712.

Johnsen, S., Lohmann, K. J., and Warrant, E. J. (2020) Animal navigation: A noisy magnetic sense?, *Journal of Experimental Biology*, 223 (18), jeb164921.

Johnsen, S., and Widder, E. (2019) Mission logs: June 20, Here be monsters: We filmed a giant squid in America's backyard, NOAA Ocean Exploration. 以下で利用可: oceanexplorer.noaa .gov/explorations/19biolum/logs/jun20/jun20.html.

Johnson, M., et al. (2004) Beaked whales echolocate on prey, *Proceedings of the Royal Society B: Biological Sciences*, 271 (Suppl. 6), S383-S386.

Johnson, M., Aguilar de Soto, N., and Madsen, P. (2009) Studying the behaviour and sensory ecology of marine mammals using acoustic recording tags: A review, *Marine Ecology Progress Series*, 395, 55–73.

Johnson, R. N., et al. (2018) Adaptation and conservation insights from the koala genome, *Nature Genetics*, 50 (8), 1102–1111.

Jones, G., and Teeling, E. (2006) The evolution of echolocation in bats, *Trends in Ecology & Evolution*, 21 (3), 149–156.

Jordan, G., et al. (2010) The dimensionality of color vision in carriers of anomalous trichromacy, *Journal of Vision*, 10 (8), 12.

Jordan, G., and Mollon, J. (2019) Tetrachromacy: The mysterious case of extra-ordinary color vision, *Current Opinion in Behavioral Sciences*, 30, 130–134.

Jordt, S.-E., and Julius, D. (2002) Molecular basis for species-specific sensitivity to "hot" chili peppers, *Cell*, 108 (3), 421–430.

Josberger, E. E., et al. (2016) Proton conductivity in ampullae of Lorenzini jelly, *Science Advances*, 2 (5), e1600112.

Hore, P. J., and Mouritsen, H. (2016) The radical-pair mechanism of magnetoreception, *Annual Review of Biophysics*, 45 (1), 299–344.

Horowitz, A. (2010) *Inside of a dog: What dogs see, smell, and know*. London: Simon & Schuster UK. (犬から見た世界：その目で耳で鼻で感じていること、アレクサンドラ・ホロウィッツ著、竹内和世訳、白揚社、2012)

Horowitz, A. (2016) *Being a dog: Following the dog into a world of smell*. New York: Scribner. (犬であるとはどういうことか：その鼻が教える匂いの世界、アレクサンドラ・ホロウィッツ著、竹内和世訳、白揚社、2018)

Horowitz, A., and Franks, B. (2020) What smells? Gauging attention to olfaction in canine cognition research, *Animal Cognition*, 23 (1), 11–18.

Horváth, G., et al. (2009) Polarized light pollution: A new kind of ecological photopollution, *Frontiers in Ecology and the Environment*, 7 (6), 317–325.

Horwitz, J. (2015) *War of the whales: A true story*. New York: Simon & Schuster.

Hughes, A. (1977) The topography of vision in mammals of contrasting life style: Comparative optics and retinal organisation, in Crescitelli, F. (ed), *The visual system in vertebrates*, 613–756. New York: Springer.

Hughes, H. C. (2001) *Sensory exotica: A world beyond human experience*. Cambridge, MA: MIT Press.

Hulgard, K., et al. (2016) Big brown bats (*Eptesicus fuscus*) emit intense search calls and fly in stereotyped flight paths as they forage in the wild, *Journal of Experimental Biology*, 219 (3), 334–340.

Hunt, S., et al. (1998) Blue tits are ultraviolet tits, *Proceedings of the Royal Society B: Biological Sciences*, 265 (1395), 451–455.

Hurst, J., et al. (eds), (2008) Chemical signals in vertebrates 11. New York: Springer.

Ibrahim, N., et al. (2014) Semiaquatic adaptations in a giant predatory dinosaur, *Science*, 345 (6204), 1613–1616.

Ikinamo (2011) Simroid dental training humanoid robot communicates with trainee dentists #DigInfo . [Video] 以下で利用可 : www.youtube.com/watch?v=C47NHADFQSo.

Inger, R., et al. (2014) Potential biological and ecological effects of flickering artificial light, *PLOS One*, 9 (5), e98631.

Inman, M. (2013) Why the mantis shrimp is my new favorite animal, The Oatmeal. 以下で利用可 : theoatmeal.com/comics/mantis_shrimp.

Irwin, W. P., Horner, A. J., and Lohmann, K. J. (2004) Magnetic field distortions produced by protective cages around sea turtle nests: Unintended consequences for orientation and navigation?, *Biological Conservation*, 118 (1), 117–120.

Ivanov, M. P. (2004) Dolphin's echolocation signals in a complicated acoustic environment, *Acoustical Physics*, 50 (4), 469–479.

Jacobs, G. H. (1984) Within-species variations in visual capacity among squirrel monkeys (*Saimiri sciureus*) : *Color vision, Vision Research*, 24 (10), 1267–1277.

Jacobs, G. H., and Neitz, J. (1987) Inheritance of color vision in a New World monkey (*Saimiri sciureus*), *Proceedings of the National Academy of Sciences*, 84 (8), 2545–2549.

Jacobs, G. H., Neitz, J., and Deegan, J. F. (1991) Retinal receptors in rodents maximally sensitive to ultraviolet light, *Nature*, 353 (6345), 655–656.

University Press.
Hill, P. S. M. (2009) How do animals use substrate-borne vibrations as an information source?, *Naturwissenschaften*, 96 (12), 1355–1371.
Hill, P. S. M. (2014) Stretching the paradigm or building a new? Development of a cohesive language for vibrational communication, in Cocroft, R. B., et al. (eds), *Studying vibrational communication*, 13–30. Berlin: Springer.
Hill, P. S. M., and Wessel, A. (2016) Biotremology, *Current Biology*, 26 (5), R187-R191.
Hines, H. M., et al. (2011) Wing patterning gene redefines the mimetic history of *Heliconius* butterflies, *Proceedings of the National Academy of Sciences*, 108 (49), 19666–19671.
Hiramatsu, C., et al. (2017) Experimental evidence that primate trichromacy is well suited for detecting primate social colour signals, *Proceedings of the Royal Society B: Biological Sciences*, 284 (1856), 20162458.
Hiryu, S., et al. (2005) Doppler-shift compensation in the Taiwanese leaf-nosed bat (*Hipposideros terasensis*) recorded with a telemetry microphone system during flight, *Journal of the Acoustical Society of America*, 118 (6), 3927–3933.
Hochner, B. (2012) An embodied view of octopus neurobiology, *Current Biology*, 22 (20), R887-R892.
Hochner, B. (2013) How nervous systems evolve in relation to their embodiment: What we can learn from octopuses and other molluscs, *Brain, Behavior and Evolution*, 82 (1), 19-30.
Hochstoeger, T., et al. (2020) The biophysical, molecular, and anatomical landscape of pigeon CRY4: A candidate light-based quantal magnetosensor, *Science Advances*, 6 (33), eabb9110.
Hofer, B. (1908) Studien über die Hautsinnesorgane der Fische. I. Die Funktion der Seitenorgane bei den Fischen, *Berichte aus der Kgl. Bayerischen Biologischen Versuchsstation in München*, 1, 115–164.
Hoffstaetter, L. J., Bagriantsev, S. N., and Gracheva, E. O. (2018) TRPs et al.: A molecular toolkit for thermosensory adaptations, *Pflügers Archiv — European Journal of Physiology*, 470 (5), 745–759.
Holderied, M. W., and von Helversen, O. (2003) Echolocation range and wingbeat period match in aerial-hawking bats, *Proceedings of the Royal Society B: Biological Sciences*, 270 (1530), 2293–2299.
Holland, R. A., et al. (2006) Navigation: Bat orientation using Earth's magnetic field, *Nature*, 444 (7120), 702.
Holy, T. E., and Guo, Z. (2005) Ultrasonic songs of male mice, *PLOS Biology*, 3 (12), e386.
Hopkins, C., and Bass, A. (1981) Temporal coding of species recognition signals in an electric fish, *Science*, 212 (4490), 85–87.
Hopkins, C. D. (1981) On the diversity of electric signals in a community of mormyrid electric fish in West Africa, *American Zoologist*, 21 (1), 211–222.
Hopkins, C. D. (2005) Passive electrolocation and the sensory guidance of oriented behavior, in Bullock, T. H., et al. (eds), *Electroreception*, 264–289. New York: Springer.
Hopkins, C. D. (2009) Electrical perception and communication, in Squire, L. R. (ed), *Encyclopedia of neuroscience*, 813–831. Amsterdam: Elsevier.

Infrared and visual integration in rattlesnakes, *Science*, 199 (4334), 1225–1229.

Hartzell, P. L., et al. (2011) Distribution and phylogeny of glacier ice worms (*Mesenchytraeus solifugus* and *Mesenchytraeus solifugus rainierensis*), *Canadian Journal of Zoology*, 83 (9), 1206–1213.

Haspel, G., et al. (2012) By the teeth of their skin, cavefish find their way, *Current Biology*, 22 (16), R629-R630.

Haynes, K. F., et al. (2002) Aggressive chemical mimicry of moth pheromones by a bolas spider: How does this specialist predator attract more than one species of prey?, *Chemoecology*, 12 (2), 99–105.

Healy, K., et al. (2013) Metabolic rate and body size are linked with perception of temporal information, *Animal Behaviour*, 86 (4), 685–696.

Heffner, H. E. (1983) Hearing in large and small dogs: Absolute thresholds and size of the tympanic membrane, *Behavioral Neuroscience*, 97 (2), 310–318.

Heffner, H. E., and Heffner, R. S. (2018) The evolution of mammalian hearing, in *To the ear and back again — Advances in auditory biophysics: Proceedings of the 13th Mechanics of Hearing Workshop*, St. Catharines, Canada, 130001. 以下で利用可 : aip.scitation.org/doi/abs/10.1063/ 1.5038516.

Heffner, R. S., and Heffner, H. E. (1985) Hearing range of the domestic cat, *Hearing Research*, 19 (1), 85–88.

Hein, C. M., et al. (2011) Robins have a magnetic compass in both eyes, *Nature*, 471 (7340), E1.

Heinrich, B. (1993) *The hot-blooded insects: Strategies and mechanisms of thermoregulation*. Berlin: Springer.

Henninger, J., et al. (2018) Statistics of natural communication signals observed in the wild identify important yet neglected stimulus regimes in weakly electric fish, *Journal of Neuroscience*, 38 (24), 5456–5465.

Henry, K. S., et al. (2011) Songbirds tradeoff auditory frequency resolution and temporal resolution, *Journal of Comparative Physiology A*, 197 (4), 351–359.

Henson, O. W. (1965) The activity and function of the middle-ear muscles in echo-locating bats, *Journal of Physiology*, 180 (4), 871–887.

Hepper, P. G. (1988) The discrimination of human odour by the dog, *Perception*, 17 (4), 549–554.

Hepper, P. G., and Wells, D. L. (2005) How many footsteps do dogs need to determine the direction of an odour trail?, *Chemical Senses*, 30 (4), 291–298.

Herberstein, M. E., Heiling, A. M., and Cheng, K. (2009) Evidence for UV-based sensory exploitation in Australian but not European crab spiders, *Evolutionary Ecology*, 23 (4), 621–634.

Heyers, D., et al. (2007) A visual pathway links brain structures active during magnetic compass orientation in migratory birds, *PLOS One*, 2 (9), e937.

Hildebrand, J. (2005) Impacts of anthropogenic sound, in Reynolds, J. E., et al. (eds), *Marine mammal research: Conservation beyond crisis*, 101–124. Baltimore: Johns Hopkins University Press.

Hill, P. S. M. (2008) *Vibrational communication in animals*. Cambridge, MA: Harvard

Sciences, 17 (2), 262–265.

Gu, J.-J., et al. (2012) Wing stridulation in a Jurassic katydid (Insecta, Orthoptera) produced low-pitched musical calls to attract females, *Proceedings of the National Academy of Sciences*, 109 (10), 3868–3873.

Günther, R. H., O'Connell-Rodwell, C. E., and Klemperer, S. L. (2004) Seismic waves from elephant vocalizations: A possible communication mode?, *Geophysical Research Letters*, 31 (11).

Gutnick, T., et al. (2011) Octopus vulgaris uses visual information to determine the location of its arm, *Current Biology*, 21 (6), 460–462.

Hagedorn, M. (2004) Essay: The lure of field research on electric fish, in von der Emde, G., Mogdans, J., and Kapoor, B. G. (eds), *The senses of fish: Adaptations for the reception of natural stimuli*, 362–368. Dordrecht: Springer.

Hagedorn, M., and Heiligenberg, W. (1985) Court and spark: Electric signals in the courtship and mating of gymnotoid fish, *Animal Behaviour*, 33 (1), 254–265.

Hager, F. A., and Kirchner, W. H. (2013) Vibrational long-distance communication in the termites *Macrotermes natalensis* and *Odontotermes* sp., *Journal of Experimental Biology*, 216 (17), 3249–3256.

Hager, F. A., and Krausa, K. (2019) Acacia ants respond to plant-borne vibrations caused by mammalian browsers, *Current Biology*, 29 (5), 717–725. e3.

Halfwerk, W., et al. (2019) Adaptive changes in sexual signalling in response to urbanization, *Nature Ecology & Evolution*, 3 (3), 374–380.

Hamel, J. A., and Cocroft, R. B. (2012) Negative feedback from maternal signals reduces false alarms by collectively signalling offspring, *Proceedings of the Royal Society B: Biological Sciences*, 279 (1743), 3820–3826.

Han, C. S., and Jablonski, P. G. (2010) Male water striders attract predators to intimidate females into copulation, *Nature Communications*, 1 (1), 52.

Hanke, F. D., and Kelber, A. (2020) The eye of the common octopus (*Octopus vulgaris*), *Frontiers in Physiology*, 10, 1637.

Hanke, W., et al. (2010) Harbor seal vibrissa morphology suppresses vortex-induced vibrations, *Journal of Experimental Biology*, 213 (15), 2665–2672.

Hanke, W., and Dehnhardt, G. (2015) Vibrissal touch in pinnipeds, *Scholarpedia*, 10 (3), 6828.

Hanke, W., Römer, R., and Dehnhardt, G. (2006) Visual fields and eye movements in a harbor seal (*Phoca vitulina*), *Vision Research*, 46 (17), 2804–2814.

Hardy, A. R., and Hale, M. E. (2020) Sensing the structural characteristics of surfaces: Texture encoding by a bottom-dwelling fish, *Journal of Experimental Biology*, 223 (21), jeb227280.

Harley, H. E., Roitblat, H. L., and Nachtigall, P. E. (1996) Object representation in the bottlenose dolphin (*Tursiops truncatus*) : Integration of visual and echoic information, *Journal of Experimental Psychology: Animal Behavior Processes*, 22 (2), 164–174.

Hart, N. S., et al. (2011) Microspectrophotometric evidence for cone monochromacy in sharks, *Naturwissenschaften*, 98 (3), 193–201.

Hartline, P. H., Kass, L., and Loop, M. S. (1978) Merging of modalities in the optic tectum:

Current Opinion in Neurobiology, 34, 67–73.

Granger, J., et al. (2020) Gray whales strand more often on days with increased levels of atmospheric radio-frequency noise, *Current Biology*, 30 (4), R155-R156.

Grant, R. A., Breakell, V., and Prescott, T. J. (2018) Whisker touch sensing guides locomotion in small, quadrupedal mammals, *Proceedings of the Royal Society B: Biological Sciences*, 285 (1880), 20180592.

Grant, R. A., Sperber, A. L., and Prescott, T. J. (2012) The role of orienting in vibrissal touch sensing, *Frontiers in Behavioral Neuroscience*, 6, 39.

Grasso, F. W. (2014) The octopus with two brains: How are distributed and central representations integrated in the octopus central nervous system?, in Darmaillacq, A.-S., Dickel, L., and Mather, J. (eds), *Cephalopod cognition*, 94–122. Cambridge: Cambridge University Press.

Graziadei, P. P., and Gagne, H. T. (1976) Sensory innervation in the rim of the octopus sucker, *Journal of Morphology*, 150 (3), 639–679.

Greenwood, V. (2012) The humans with super human vision, *Discover Magazine*. 以下で利用可 : www.discovermagazine.com/mind/the-humans-with-super-human-vision.

Gregory, J. E., et al. (1989) Responses of electroreceptors in the snout of the echidna, *Journal of Physiology*, 414, 521–538.

Greif, S., et al. (2017) Acoustic mirrors as sensory traps for bats, *Science*, 357 (6355), 1045–1047.

Griffin, D. R. (1944a) Echolocation by blind men, bats and radar, *Science*, 100 (2609), 589–590.

Griffin, D. R. (1944b) The sensory basis of bird navigation, *The Quarterly Review of Biology*, 19 (1), 15–31.

Griffin, D. R. (1953) Bat sounds under natural conditions, with evidence for echolocation of insect prey, *Journal of Experimental Zoology*, 123 (3), 435–465.

Griffin, D. R. (1974) *Listening in the dark: The acoustic orientation of bats and men*. New York: Dover Publications.

Griffin, D. R. (2001) Return to the magic well: Echolocation behavior of bats and responses of insect prey, *BioScience*, 51 (7), 555–556.

Griffin, D. R., and Galambos, R. (1941) The sensory basis of obstacle avoidance by flying bats, *Journal of Experimental Zoology*, 86 (3), 481–506.

Griffin, D. R., Webster, F. A., and Michael, C. R. (1960) The echolocation of flying insects by bats, *Animal Behaviour*, 8 (3), 141–154.

Grinnell, A. D. (1966) Mechanisms of overcoming interference in echolocating animals, in Busnel, R.-G. (ed), *Animal Sonar Systems: Biology and Bionics*, 1, 451–480.

Grinnell, A .D., Gould, E., and Fenton, M. B. (2016) A history of the study of echolocation, in Fenton, M. B., et al. (eds), *Bat bioacoustics*, 1–24. New York: Springer.

Grinnell, A. D., and Griffin, D. R. (1958) The sensitivity of echolocation in bats, *Biological Bulletin*, 114 (1), 10–22.

Gross, K., Pasinelli, G., and Kunc, H. P. (2010) Behavioral plasticity allows short-term adjustment to a novel environment, *The American Naturalist*, 176 (4), 456–464.

Grüsser, O.-J. (1994) Early concepts on efference copy and reafference, *Behavioral and Brain*

sensory specializations in placental mammals, *Journal of Thermal Biology*, 67, 30–34.

Godfrey-Smith, P.（2016）*Other minds: The octopus, the sea, and the deep origins of consciousness*. New York: Farrar, Straus and Giroux.（タコの心身問題：頭足類から考える意識の起源、ピーター・ゴドフリー゠スミス著、夏目大訳、みすず書房、2018）

Goerlitz, H. R., et al.（2010）An aerial-hawking bat uses stealth echolocation to counter moth hearing, *Current Biology*, 20（17）, 1568–1572.

Goldberg, Y. P., et al.（2012）Human Mendelian pain disorders: A key to discovery and validation of novel analgesics, *Clinical Genetics*, 82（4）, 367–373.

Goldbogen, J. A., et al.（2019）Extreme bradycardia and tachycardia in the world's largest animal, *Proceedings of the National Academy of Sciences*, 116（50）, 25329–25332.

Gol'din, P.（2014）"Antlers inside": Are the skull structures of beaked whales（Cetacea: Ziphiidae）used for echoic imaging and visual display?, *Biological Journal of the Linnean Society*, 113（2）, 510–515.

Goldsmith, T. H.（1980）Hummingbirds see near ultraviolet light, *Science*, 207（4432）, 786–788.

Gonzalez-Bellido, P. T., Wardill, T. J., and Juusola, M.（2011）Compound eyes and retinal information processing in miniature dipteran species match their specific ecological demands, *Proceedings of the National Academy of Sciences*, 108（10）, 4224–4229.

Göpfert, M. C., and Hennig, R. M.（2016）Hearing in insects, *Annual Review of Entomology*, 61, 257–276.

Göpfert, M. C., Surlykke, A., and Wasserthal, L. T.（2002）Tympanal and atympanal "mouth-ears" in hawkmoths（Sphingidae）, *Proceedings of the Royal Academy B: Biological Sciences*, 269（1486）, 89–95.

Gordon, T. A. C., et al.（2018）Habitat degradation negatively affects auditory settlement behavior of coral reef fishes, *Proceedings of the National Academy of Sciences*, 115（20）, 5193–5198.

Gordon, T. A. C., et al.（2019）Acoustic enrichment can enhance fish community development on degraded coral reef habitat, *Nature Communications*, 10（1）, 5414.

Gorham, P. W.（2013）Ballooning spiders: The case for electrostatic flight, arXiv:1309.4731.

Goris, R. C.（2011）Infrared organs of snakes: An integral part of vision, *Journal of Herpetology*, 45（1）, 2–14.

Goté, J. T., et al.（2019）Growing tiny eyes: How juvenile jumping spiders retain high visual performance in the face of size limitations and developmental constraints, *Vision Research*, 160, 24–36.

Gould, E.（1965）Evidence for echolocation in the Tenrecidae of Madagascar, *Proceedings of the American Philosophical Society*, 109（6）, 352–360.

Goutte, S., et al.（2017）Evidence of auditory insensitivity to vocalization frequencies in two frogs, *Scientific Reports*, 7（1）, 12121.

Gracheva, E. O., et al.（2010）Molecular basis of infrared detection by snakes, *Nature*, 464（7291）, 1006–1011.

Gracheva, E. O., et al.（2011）Ganglion-specific splicing of TRPV1 underlies infrared sensation in vampire bats, *Nature*, 476（7358）, 88–91.

Gracheva, E. O., and Bagriantsev, S. N.（2015）Evolutionary adaptation to thermosensation,

Sciences, 280 (1751), 20122296.

Gall, M. D., and Wilczynski, W. (2015) Hearing conspecific vocal signals alters peripheral auditory sensitivity, *Proceedings of the Royal Society B: Biological Sciences*, 282 (1808), 20150749.

Garcia-Larrea, L., and Bastuji, H. (2018) Pain and consciousness, *Progress in Neuro-Psychopharmacology and Biological Psychiatry*, 87 (Pt B), 193–199.

Gardiner, J. M., et al. (2014) Multisensory integration and behavioral plasticity in sharks from different ecological niches, *PLOS One*, 9 (4), e93036.

Garm, A., and Nilsson, D.-E. (2014) Visual navigation in starfish: First evidence for the use of vision and eyes in starfish, *Proceedings of the Royal Society B: Biological Sciences*, 281 (1777), 20133011.

Garstang, M., et al. (1995) Atmospheric controls on elephant communication, *Journal of Experimental Biology*, 198 (Pt 4), 939–951.

Gaspard, J. C., et al. (2017) Detection of hydrodynamic stimuli by the postcranial body of Florida manatees (*Trichechus manatus latirostris*), *Journal of Comparative Physiology A*, 203 (2), 111–120.

Gaston, K. J. (2019) Nighttime ecology: The "nocturnal problem" revisited, *The American Naturalist*, 193 (4), 481–502.

Gavelis, G. S., et al. (2015) Eye-like ocelloids are built from different endosymbiotically acquired components, *Nature*, 523 (7559), 204–207.

Gehring, J., Kerlinger, P., and Manville, A. (2009) Communication towers, lights, and birds: Successful methods of reducing the frequency of avian collisions, *Ecological Applications*, 19 (2), 505–514.

Gehring, W. J., and Wehner, R. (1995) Heat shock protein synthesis and thermotolerance in Cataglyphis, an ant from the Sahara desert, *Proceedings of the National Academy of Sciences*, 92 (7), 2994–2998.

Geipel, I., et al. (2019) Bats actively use leaves as specular reflectors to detect acoustically camouflaged prey, *Current Biology*, 29 (16), 2731–2736. e3.

Geipel, I., Jung, K., and Kalko, E. K. V. (2013) Perception of silent and motionless prey on vegetation by echolocation in the gleaning bat *Micronycteris microtis*, *Proceedings of the Royal Society B: Biological Sciences*, 280 (1754), 20122830.

Geiser, F. (2013) Hibernation, *Current Biology*, 23 (5), R188-R193.

Gentle, M. J., and Breward, J. (1986) The bill tip organ of the chicken (*Gallus gallus* var. *domesticus*), *Journal of Anatomy*, 145, 79–85.

Ghose, K., Moss, C. F., and Horiuchi, T. K. (2007) Flying big brown bats emit a beam with two lobes in the vertical plane, *Journal of the Acoustical Society of America*, 122 (6), 3717–3724.

Gil, D., et al. (2015) Birds living near airports advance their dawn chorus and reduce overlap with aircraft noise, *Behavioral Ecology*, 26 (2), 435–443.

Gill, A. B., et al. (2014) Marine renewable energy, electromagnetic (EM) fields and EM-sensitive animals, in Shields, M. A., and Payne, A. I. L. (eds), *Marine renewable energy technology and environmental interactions*, 61–79. Dordrecht: Springer.

Gläser, N., and Kröger, R. H. H. (2017) Variation in rhinarium temperature indicates

Fleissner, G., et al. (2007) A novel concept of Fe-mineral- based magnetoreception: Histological and physicochemical data from the upper beak of homing pigeons, *Naturwissenschaften*, 94 (8), 631–642.

Forbes, A. A., et al. (2018) Quantifying the unquantifiable: Why Hymenoptera, not Coleoptera, is the most speciose animal order, *BMC Ecology*, 18 (1), 21.

Ford, N. B., and Low, J. R. (1984) Sex pheromone source location by garter snakes, *Journal of Chemical Ecology*, 10 (8), 1193–1199.

Forel, A. (1874) *Les fourmis de la Suisse: Systématique, notices anatomiques et physiologiques, architecture, distribution géographique, nouvelles expériences et observations de moeurs*. Zurich: Druck von Zürcher & Furrer.

Fournier, J. P., et al. (2013) If a bird flies in the forest, does an insect hear it?, *Biology Letters*, 9 (5), 20130319.

Fox, R., Lehmkuhle, S. W., and Westendorf, D. H. (1976) Falcon visual acuity, *Science*, 192 (4236), 263–265.

Francis, C. D., et al. (2012) Noise pollution alters ecological services: Enhanced pollination and disrupted seed dispersal, *Proceedings of the Royal Society B: Biological Sciences*, 279 (1739), 2727–2735.

Francis, C. D., et al. (2017) Acoustic environments matter: Synergistic benefits to humans and ecological communities, *Journal of Environmental Management*, 203 (Pt 1), 245–254.

Fransson, T., et al. (2001) Magnetic cues trigger extensive refuelling, *Nature*, 414 (6859), 35- 36.

Friis, I., Sjulstok, E., and Solov'yov, I. A. (2017) Computational reconstruction reveals a candi- date magnetic biocompass to be likely irrelevant for magnetoreception, *Scientific Reports*, 7 (1), 13908.

Frisk, G. V. (2012) Noiseonomics: The relationship between ambient noise levels in the sea and global economic trends, *Scientific Reports*, 2 (1), 437.

Fritsches, K. A., Brill, R. W., and Warrant, E. J. (2005) Warm eyes provide superior vision in swordfishes, *Current Biology*, 15 (1), 55–58.

Fukutomi, M., and Carlson, B. A. (2020) A history of corollary discharge: Contributions of mormyrid weakly electric fish, *Frontiers in Integrative Neuroscience*, 14, 42.

Fullard, J. H., and Yack, J. E. (1993) The evolutionary biology of insect hearing, *Trends in Ecology & Evolution*, 8 (7), 248–252.

Gagliardo, A., et al. (2013) Oceanic navigation in Cory's shearwaters: Evidence for a crucial role of olfactory cues for homing after displacement, *Journal of Experimental Biology*, 216 (15), 2798–2805.

Gagnon, Y. L., et al. (2015) Circularly polarized light as a communication signal in mantis shrimps, *Current Biology*, 25 (23), 3074–3078.

Gal, R., et al. (2014) Sensory arsenal on the stinger of the parasitoid jewel wasp and its possible role in identifying cockroach brains, *PLOS One*, 9 (2), e89683.

Galambos, R., and Griffin, D. R. (1942) Obstacle avoidance by flying bats: The cries of bats, *Journal of Experimental Zoology*, 89 (3), 475–490.

Gall, M. D., Salameh, T. S., and Lucas, J. R. (2013) Songbird frequency selectivity and temporal resolution vary with sex and season, *Proceedings of the Royal Society B: Biological*

Erbe, C., et al. (2019) The effects of ship noise on marine mammals — A review, *Frontiers in Marine Science*, 6, 606.

Erbe, C., Dunlop, R., and Dolman, S. (2018) Effects of noise on marine mammals, in Slabbekoorn, H., et al. (eds), *Effects of anthropogenic noise on animals*, 277–309. New York: Springer.

Eriksson, A., et al. (2012) Exploitation of insect vibrational signals reveals a new method of pest management, *PLOS One*, 7 (3), e32954.

Etheredge, J. A., et al. (1999) Monarch butterflies (*Danaus plexippus* L.) use a magnetic compass for navigation, *Proceedings of the National Academy of Sciences*, 96 (24), 13845–13846.

European Parliament, Council of the European Union (2010) Directive 2010/63/EU of the European Parliament and of the Council of 22 September 2010 on the protection of animals used for scientific purposes: Text with EEA relevance, L 276 (20.10.2010), 33–79.

Evans, J. E., et al. (2012) Short-term physiological and behavioural effects of high-versus low-frequency fluorescent light on captive birds, *Animal Behaviour*, 83 (1), 25–33.

Falchi, F., et al. (2016) The new world atlas of artificial night sky brightness, *Science Advances*, 2 (6), e1600377.

Fedigan, L. M., et al. (2014) The heterozygote superiority hypothesis for polymorphic color vision is not supported by long-term fitness data from wild neotropical monkeys, *PLOS One*, 9 (1), e84872.

Feller, K. D., et al. (2021) Surf and turf vision: Patterns and predictors of visual acuity in compound eye evolution, *Arthropod Structure & Development*, 60, 101002.

Fenton, M. B., et al. (eds), (2016) *Bat bioacoustics*. New York: Springer.

Fenton, M. B., Faure, P. A., and Ratcliffe, J. M. (2012) Evolution of high duty cycle echolocation in bats, *Journal of Experimental Biology*, 215 (17), 2935–2944.

Fertin, A., and Casas, J. (2007) Orientation towards prey in antlions: Efficient use of wave propagation in sand, *Journal of Experimental Biology*, 210 (19), 3337–3343.

Feynman, R. (1964) *The Feynman Lectures on Physics*, vol. II, ch. 9, *Electricity in the Atmosphere*. 以下で利用可 : www.feynmanlectures.caltech.edu/II_09.html. (ファインマン物理学 3、9 章、空中電気、ファインマンほか著、岩波書店、1 9 8 6)

Finger, S., and Piccolino, M. (2011) *The shocking history of electric fishes: From ancient epochs to the birth of modern neurophysiology*. New York: Oxford University Press.

Finkbeiner, S. D., et al. (2017) Ultraviolet and yellow reflectance but not fluorescence is important for visual discrimination of conspecifics by *Heliconius erato*, *Journal of Experimental Biology*, 220 (7), 1267–1276.

Finneran, J. J. (2013) Dolphin "packet" use during long-range echolocation tasks, *Journal of the Acoustical Society of America*, 133 (3), 1796–1810.

Firestein, S. (2005) A Nobel nose: The 2004 Nobel Prize in Physiology and Medicine, *Neuron*, 45 (3), 333–338.

Fishbein, A. R., et al. (2020) Sound sequences in birdsong: How much do birds really care?, *Philosophical Transactions of the Royal Society B: Biological Sciences*, 375 (1789), 20190044.

Fleissner, G., et al. (2003) Ultrastructural analysis of a putative magnetoreceptor in the beak of homing pigeons, *Journal of Comparative Neurology*, 458 (4), 350–360.

Dusenbery, D. B. (1992) *Sensory ecology: How organisms acquire and respond to information*. New York: W. H. Freeman.

Dusenbery, M. (2018) *Doing harm: The truth about how bad medicine and lazy science leave women dismissed, misdiagnosed, and sick*. New York: HarperOne.

Eaton, J. (2014) When it comes to smell, the turkey vulture stands (nearly) alone, *Bay Nature*. 以下で利用可 : baynature.org/article/comes-smell-turkey-vulture-stands-nearly-alone/.

Eaton, M. D. (2005) Human vision fails to distinguish widespread sexual dichromatism among sexually "monochromatic" birds, *Proceedings of the National Academy of Sciences*, 102 (31), 10942–10946.

Ebert, J., and Westhoff, G. (2006) Behavioural examination of the infrared sensitivity of rattlesnakes (*Crotalus atrox*), *Journal of Comparative Physiology A*, 192 (9), 941–947.

Edelman, N. B., et al. (2015) No evidence for intracellular magnetite in putative vertebrate magnetoreceptors identified by magnetic screening, *Proceedings of the National Academy of Sciences*, 112 (1), 262–267.

Eder, S. H. K., et al. (2012) Magnetic characterization of isolated candidate vertebrate magnetoreceptor cells, *Proceedings of the National Academy of Sciences*, 109 (30), 12022–12027.

Einwich, A., et al. (2020) A novel isoform of cryptochrome 4 (Cry4b) is expressed in the retina of a night-migratory songbird, *Scientific Reports*, 10 (1), 15794.

Eisemann, C. H., et al. (1984) Do insects feel pain? A biological view, *Experientia*, 40 (2), 164–167.

Eisenberg, J. F., and Gould, E. (1966) The behavior of *Solenodon paradoxus* in captivity with comments on the behavior of other insectivora, *Zoologica*, 51 (4), 49–60.

Eisthen, H. L. (2002) Why are olfactory systems of different animals so similar?, *Brain, Behavior and Evolution*, 59 (5–6), 273–293.

Elemans, C. P. H., et al. (2011) Superfast muscles set maximum call rate in echolocating bats, *Science*, 333 (6051), 1885–1888.

Elwood, R. W. (2011) Pain and suffering in invertebrates?, *ILAR Journal*, 52 (2), 175–184.

Elwood, R. W. (2019) Discrimination between nociceptive reflexes and more complex responses consistent with pain in crustaceans, *Philosophical Transactions of the Royal Society B: Biological Sciences*, 374 (1785), 20190368.

Elwood, R. W., and Appel, M. (2009) Pain experience in hermit crabs?, *Animal Behaviour*, 77 (5), 1243–1246.

Embar, K., et al. (2018) Pit fights: Predators in evolutionarily independent communities, *Journal of Mammalogy*, 99 (5), 1183–1188.

Emerling, C. A., and Springer, M. S. (2015) Genomic evidence for rod monochromacy in sloths and armadillos suggests early subterranean history for *Xenarthra, Proceedings of the Royal Society B: Biological Sciences*, 282 (1800), 20142192.

Engels, S., et al. (2012) Night-migratory songbirds possess a magnetic compass in both eyes, *PLOS One*, 7 (9), e43271.

Engels, S., et al. (2014) Anthropogenic electromagnetic noise disrupts magnetic compass orientation in a migratory bird, *Nature*, 509 (7500), 353–356.

Dijkgraaf, S. (1963) The functioning and significance of the lateral-line organs, *Biological Reviews*, 38 (1), 51–105.

Dijkgraaf, S. (1989) A short personal review of the history of lateral line research, in Coombs, S., Görner, P., and Münz, H. (eds), The mechanosensory lateral line, 7–14. New York: Springer.

Dijkgraaf, S., and Kalmijn, A. J. (1962) Verhaltensversuche zur Funktion der Lorenzinischen Ampullen, *Naturwissenschaften*, 49, 400.

Dinets, V. (2016) No cortex, no cry, *Animal Sentience*, 1 (3).

Di Silvestro, R. (2012) Spider-Man vs the real deal: Spider powers, National Wildlife Foundation blog. 以下で利用可 : blog.nwf.org/2012/06/spiderman-vs-the-real-deal-spider -powers/.

Dominoni, D. M., et al. (2020) Why conservation biology can benefit from sensory ecology, *Nature Ecology & Evolution*, 4 (4), 502–511.

Dominy, N. J., and Lucas, P. W. (2001) Ecological importance of trichromatic vision to primates, *Nature*, 410 (6826), 363–366.

Dominy, N. J., Svenning, J.-C., and Li, W.-H. (2003) Historical contingency in the evolution of primate color vision, *Journal of Human Evolution*, 44 (1), 25–45.

Dooling, R. J., et al. (2002) Auditory temporal resolution in birds: Discrimination of harmonic complexes, *Journal of the Acoustical Society of America*, 112 (2), 748–759.

Dooling, R. J., Lohr, B., and Dent, M. L. (2000) Hearing in birds and reptiles, in Dooling, R. J., Fay, R. R., and Popper, A. N. (eds), *Comparative hearing: Birds and reptiles*, 308–359. New York: Springer.

Dooling, R. J., and Prior, N. H. (2017) Do we hear what birds hear in birdsong?, *Animal Behaviour*, 124, 283–289.

Douglas, R. H., and Jeffery, G. (2014) The spectral transmission of ocular media suggests ultraviolet sensitivity is widespread among mammals, *Proceedings of the Royal Society B: Biological Sciences*, 281 (1780), 20132995.

Dreyer, D., et al. (2018) The Earth's magnetic field and visual landmarks steer migratory flight behavior in the nocturnal Australian bogong moth, *Current Biology*, 28 (13), 2160–2166. e5.

Du, W.-G., et al. (2011) Behavioral thermoregulation by turtle embryos, *Proceedings of the National Academy of Sciences*, 108 (23), 9513–9515.

Duarte, C. M., et al. (2021) The soundscape of the Anthropocene ocean, *Science*, 371(6529), eaba4658.

Dunlop, R., and Laming, P. (2005) Mechanoreceptive and nociceptive responses in the central nervous system of goldfish (*Carassius auratus*) and trout (*Oncorhynchus mykiss*), *Journal of Pain*, 6 (9), 561–568.

Dunning, D. C., and Roeder, K. D. (1965) Moth sounds and the insect-catching behavior of bats, *Science*, 147 (3654), 173–174.

Duranton, C., and Horowitz, A. (2019) Let me sniff! Nosework induces positive judgment bias in pet dogs, *Applied Animal Behaviour Science*, 211, 61–66.

Durso, A. (2013) Non-toxic venoms?, *Life is short, but snakes are long* (blog). 以下で利用可 : snakesarelong.blogspot.com/2013/03/non-toxic-venoms.html.

Daly, I., et al.（2016）Dynamic polarization vision in mantis shrimps, *Nature Communications*, 7, 12140.

Daly, I. M., et al.（2018）Complex gaze stabilization in mantis shrimp, *Proceedings of the Royal Society B: Biological Sciences*, 285（1878）, 20180594.

Dangles, O., Casas, J., and Coolen, I.（2006）Textbook cricket goes to the field: The ecological scene of the neuroethological play, *Journal of Experimental Biology*, 209（3）, 393–398.

Darwin, C.（1871）*The descent of man, and selection in relation to sex*. London: J. Murray.（人間の由来、チャールズ・ダーウィン著、長谷川眞理子訳、講談社学術文庫、2016）

Darwin, C.（1890）*The formation of vegetable mould, through the action of worms, with observations on their habits*. New York: D. Appleton and Company.（ミミズによる腐植土の形成、ダーウィン著、渡辺政隆訳、光文社古典新訳文庫、2020）

Darwin, C.（1958）*The origin of species by means of natural selection*. New York: Signet.（種の起源、ダーウィン著、渡辺政隆訳、光文社古典新訳文庫、2009 ほか）

De Brito Sanchez, M. G., et al.（2014）The tarsal taste of honey bees: Behavioral and electrophysiological analyses, *Frontiers in Behavioral Neuroscience*, 8.

Degen, T., et al.（2016）Street lighting: Sex-independent impacts on moth movement, *Journal of Animal Ecology*, 85（5）, 1352–1360.

DeGennaro, M., et al.（2013）*Orco* mutant mosquitoes lose strong preference for humans and are not repelled by volatile DEET, *Nature*, 498（7455）, 487–491.

Dehnhardt, G., et al.（2001）Hydrodynamic trail-following in harbor seals（*Phoca vitulina*）, *Science*, 293（5527）, 102–104.

Dehnhardt, G., Mauck, B., and Hyvärinen, H.（1998）Ambient temperature does not affect the tactile sensitivity of mystacial vibrissae in harbour seals, *Journal of Experimental Biology*, 201（22）, 3023–3029.

Dennis, E. J., Goldman, O. V., and Vosshall, L. B.（2019）*Aedes aegypti* mosquitoes use their legs to sense DEET on contact, *Current Biology*, 29（9）, 1551–1556. e5.

Derryberry, E. P., et al.（2020）Singing in a silent spring: Birds respond to a half-century soundscape reversion during the COVID-19 shutdown, *Science*, 370（6516）, 575–579.

DeRuiter, S. L., et al.（2013）First direct measurements of behavioural responses by Cuvier's beaked whales to mid-frequency active sonar, *Biology Letters*, 9（4）, 20130223.

De Santana, C. D., et al.（2019）Unexpected species diversity in electric eels with a description of the strongest living bioelectricity generator, *Nature Communications*, 10（1）, 4000.

D'Estries, M.（2019）This bat-friendly town turned the night red, *Treehugger*. 以下で利用可 :www.treehugger.com/worlds-first-bat-friendly-town-turns-night-red-4868381.

D'Ettorre, P.（2016）Genomic and brain expansion provide ants with refined sense of smell, *Proceedings of the National Academy of Sciences*, 113（49）, 13947–13949.

Deutschlander, M. E., Borland, S. C., and Phillips, J. B.（1999）Extraocular magnetic compass in newts, *Nature*, 400（6742）, 324–325.

Diderot, D.（1749）Lettre sur les aveugles à l'usage de ceux qui voient. 以下で利用可 : www.google.com/books/edition/Lettre_sur_les_aveugles/W3oHAAAAQAAJ?hl=en&gbpv=1.

Cronon, W. (1996) The trouble with wilderness; Or, getting back to the wrong nature, *Environmental History*, 1 (1), 7–28.

Crook, R. J. (2021) Behavioral and neurophysiological evidence suggests affective pain experience in octopus, *iScience*, 24 (3), 102229.

Crook, R. J., et al. (2011) Peripheral injury induces long-term sensitization of defensive responses to visual and tactile stimuli in the squid *Loligo pealeii*, Lesueur 1821, *Journal of Experimental Biology*, 214 (19), 3173–3185.

Crook, R. J., et al. (2014) Nociceptive sensitization reduces predation risk, *Current Biology*, 24 (10), 1121–1125.

Crook, R. J., Hanlon, R. T., and Walters, E. T. (2013) Squid have nociceptors that display widespread long-term sensitization and spontaneous activity after bodily injury, *Journal of Neuroscience*, 33 (24), 10021–10026.

Crook, R. J., and Walters, E. T. (2014) Neuroethology: Self-recognition helps octopuses avoid entanglement, *Current Biology*, 24 (11), R520-R521.

Cross, F. R., et al. (2020) Arthropod intelligence? The case for Portia, *Frontiers in Psychology*, 11.

Crowe-Riddell, J. M., Simões, B. F., et al. (2019) Phototactic tails: Evolution and molecular basis of a novel sensory trait in sea snakes, *Molecular Ecology*, 28 (8), 2013–2028.

Crowe-Riddell, J. M., Williams, R., et al. (2019) Ultrastructural evidence of a mechanosensory function of scale organs (sensilla) in sea snakes (Hydrophiinae), *Royal Society Open Science*, 6 (4), 182022.

Cullen, K. E. (2004) Sensory signals during active versus passive movement, *Current Opinion in Neurobiology*, 14 (6), 698–706.

Cummings, M. E., Rosenthal, G. G., and Ryan, M. J. (2003) A private ultraviolet channel in visual communication, *Proceedings of the Royal Society B: Biological Sciences*, 270 (1518), 897–904.

Cunningham, S., et al. (2010) Bill morphology of ibises suggests a remote-tactile sensory system for prey detection, *The Auk*, 127 (2), 308–316.

Cunningham, S., Castro, I., and Alley, M. (2007) A new prey-detection mechanism for kiwi (*Apteryx* spp.) suggests convergent evolution between paleognathous and neognathous birds, *Journal of Anatomy*, 211 (4), 493–502.

Cunningham, S. J., Alley, M. R., and Castro, I. (2011) Facial bristle feather histology and morphology in New Zealand birds: Implications for function, *Journal of Morphology*, 272 (1), 118–128.

Cuthill, I. C., et al. (2017) The biology of color, *Science*, 357 (6350), eaan0221.

Czaczkes, T. J., et al. (2018) Reduced light avoidance in spiders from populations in light-polluted urban environments, *Naturwissenschaften*, 105 (11–12), 64.

Czech-Damal, N. U., et al. (2012) Electroreception in the Guiana dolphin (*Sotalia guianensis*), *Proceedings of the Royal Society B: Biological Sciences*, 279 (1729), 663–668.

Czech-Damal, N. U., et al. (2013) Passive electroreception in aquatic mammals, *Journal of Comparative Physiology A*, 199 (6), 555–563.

Daan, S., Barnes, B. M., and Strijkstra, A. M. (1991) Warming up for sleep? Ground squirrels sleep during arousals from hibernation, *Neuroscience Letters*, 128 (2), 265–268.

Biology, 214 (14), 2416–2425.
Corcoran, A. J., Barber, J. R., and Conner, W. E. (2009) Tiger moth jams bat sonar, *Science*, 325 (5938), 325–327.
Corcoran, A. J., and Moss, C. F. (2017) Sensing in a noisy world: Lessons from auditory specialists, echolocating bats, *Journal of Experimental Biology*, 220 (24), 4554–4566.
Corfas, R. A., and Vosshall, L. B. (2015) The cation channel TRPA1 tunes mosquito thermotaxis to host temperatures, *eLife*, 4, e11750.
Costa, D. (1993) The secret life of marine mammals: Novel tools for studying their behavior and biology at sea, *Oceanography*, 6 (3), 120–128.
Costa, D., and Kooyman, G. (2011) Oxygen consumption, thermoregulation, and the effect of fur oiling and washing on the sea otter, *Enhydra lutris, Canadian Journal of Zoology*, 60 (11), 2761–2767.
Cowart, L. (2021) *Hurts so good: The science and culture of pain on purpose*. New York: PublicAffairs.（なぜ人は自ら痛みを得ようとするのか、リー・カワート著、瀬高真智訳、原書房、2024）
Cox, J. J., et al. (2006) An SCN9A channelopathy causes congenital inability to experience pain, *Nature*, 444 (7121), 894–898.
Crampton, W. G. R. (2019) Electroreception, electrogenesis and electric signal evolution, *Journal of Fish Biology*, 95 (1), 92–134.
Cranford, T. W., Amundin, M., and Norris, K. S. (1996) Functional morphology and homology in the odontocete nasal complex: Implications for sound generation, *Journal of Morphology*, 228 (3), 223–285.
Crapse, T. B., and Sommer, M. A. (2008) Corollary discharge across the animal kingdom, *Nature Reviews Neuroscience*, 9 (8), 587–600.
Craven, B. A., Paterson, E. G., and Settles, G. S. (2010) The fluid dynamics of canine olfaction: Unique nasal airflow patterns as an explanation of macrosmia, *Journal of the Royal Society Interface*, 7 (47), 933–943.
Crish, C., Crish, S., and Comer, C. (2015) Tactile sensing in the naked mole rat, *Scholarpedia*, 10 (3), 7164.
Cronin, T. W. (2018) A different view: Sensory drive in the polarized-light realm, *Current Zoology*, 64 (4), 513–523.
Cronin, T. W., et al. (2014) *Visual Ecology*. Princeton, NJ: Princeton University Press.
Cronin, T. W., and Bok, M. J. (2016) Photoreception and vision in the ultraviolet, *Journal of Experimental Biology*, 219 (18), 2790–2801.
Cronin, T. W., and Marshall, N. J. (1989a) A retina with at least ten spectral types of photoreceptors in a mantis shrimp, *Nature*, 339 (6220), 137–140.
Cronin, T. W., and Marshall, N. J. (1989b) Multiple spectral classes of photoreceptors in the retinas of gonodactyloid stomatopod crustaceans, *Journal of Comparative Physiology A*, 166 (2), 261–275.
Cronin, T. W., Marshall, N. J., and Caldwell, R. L. (2017) Stomatopod vision, in Sherman, S. M. (ed), *Oxford research encyclopedia of neuroscience*. New York: Oxford University Press. 以下で利用可: oxfordre.com/neuroscience/view/10.1093/acrefore/9780190264086.001.0001/acrefore-9780190264086-e-157.

the North Atlantic: Insights from IUSS detections, locations and tracking from 1992 to 1996, *Journal of Underwater Acoustics*, 52, 609–640.

Clark, G. A., and de Cruz, J. B. (1989) Functional interpretation of protruding filoplumes in oscines, *The Condor*, 91 (4), 962–965.

Clark, R. (2004) Timber rattlesnakes (*Crotalus horridus*) use chemical cues to select ambush sites, *Journal of Chemical Ecology*, 30 (3), 607–617.

Clark, R., and Ramirez, G. (2011) Rosy boas (*Lichanura trivirgata*) use chemical cues to identify female mice (Mus musculus) with litters of dependent young, *Herpetological Journal*, 21 (3), 187–191.

Clarke, D., et al. (2013) Detection and learning of floral electric fields by bumblebees, *Science*, 340 (6128), 66–69.

Clarke, D., Morley, E., and Robert, D. (2017) The bee, the flower, and the electric field: Electric ecology and aerial electroreception, *Journal of Comparative Physiology A*, 203 (9), 737–748.

Cocroft, R. (1999) Offspring-parent communication in a subsocial treehopper (Hemiptera: Membracidae: *Umbonia crassicornis*), *Behaviour*, 136 (1), 1–21.

Cocroft, R. B. (2011) The public world of insect vibrational communication, *Molecular Ecology*, 20 (10), 2041–2043.

Cocroft, R. B., and Rodríguez, R. L. (2005) The behavioral ecology of insect vibrational communication, *BioScience*, 55 (4), 323–334.

Cohen, K. E., et al. (2020) Knowing when to stick: Touch receptors found in the remora adhesive disc, *Royal Society Open Science*, 7 (1), 190990.

Cohen, K. L., Seid, M. A., and Warkentin, K. M. (2016) How embryos escape from danger: The mechanism of rapid, plastic hatching in red-eyed treefrogs, *Journal of Experimental Biology*, 219 (12), 1875–1883.

Cokl, A., and Virant-Doberlet, M. (2003) Communication with substrate-borne signals in small plant-dwelling insects, *Annual Review of Entomology*, 48, 29–50.

Cole, J. (2016) *Losing touch: A man without his body*. Oxford: Oxford University Press.

Collin, S. P. (2019) Electroreception in vertebrates and invertebrates, in Choe, J. C. (ed), *Encyclopedia of animal behavior*, 2nd ed., 120–131. Amsterdam: Elsevier.

Collin, S. P., et al. (2009) The evolution of early vertebrate photoreceptors, *Philosophical Transactions of the Royal Society B: Biological Sciences*, 364 (1531), 2925–2940.

Collins, C. E., Hendrickson, A., and Kaas, J. H. (2005) Overview of the visual system of Tarsius, *The Anatomical Record: Part A, Discoveries in Molecular, Cellular, and Evolutionary Biology*, 287 (1), 1013–1025.

Colour Blind Awareness (n.d.) Living with Colour Vision Deficiency, Colour Blind Awareness. 以下で利用可 :www.colourblindawareness.org/colour-blindness/living-with-colour-vision-deficiency/.

Conner, W. E., and Corcoran, A. J. (2012) Sound strategies: The 65-million-year-old battle between bats and insects, *Annual Review of Entomology*, 57 (1), 21–39.

Corbet, S. A., Beament, J., and Eisikowitch, D. (1982) Are electrostatic forces involved in pollen transfer?, *Plant, Cell & Environment*, 5 (2), 125–129.

Corcoran, A. J., et al. (2011) How do tiger moths jam bat sonar?, *Journal of Experimental* signals, *Trends in Ecology & Evolution*, 33 (5), 358–372.

Ceballos, G., Ehrlich, P. R., and Dirzo, R. (2017) Biological annihilation via the ongoing sixth mass extinction signaled by vertebrate population losses and declines, *Proceedings of the National Academy of Sciences*, 114 (30), E6089-E6096.

Chappuis, C. J., et al. (2013) Water vapour and heat combine to elicit biting and biting persistence in tsetse, *Parasites & Vectors*, 6 (1), 240.

Chatigny, F. (2019) The controversy on fish pain: A veterinarian's perspective, *Journal of Applied Animal Welfare Science*, 22 (4), 400–410.

Chen, P.-J., et al. (2016) Extreme spectral richness in the eye of the common bluebottle butterfly, *Graphium sarpedon*, *Frontiers in Ecology and Evolution*, 4, 12.

Chen, Q., et al. (2012) Reduced performance of prey targeting in pit vipers with contralaterally occluded infrared and visual senses, *PLOS One*, 7 (5), e34989.

Chernetsov, N., Kishkinev, D., and Mouritsen, H. (2008) A long-distance avian migrant compensates for longitudinal displacement during spring migration, *Current Biology*, 18 (3), 188–190.

Chiou, T.-H., et al. (2008) Circular polarization vision in a stomatopod crustacean, *Current Biology*, 18 (6), 429–434.

Chiszar, D., et al. (1983) Strike-induced chemosensory searching by rattlesnakes: The role of envenomation-related chemical cues in the post-strike environment, in Müller-Schwarze, D., and Silverstein, R. M. (eds), *Chemical signals in vertebrates*, 3:1–24. Boston: Springer.

Chiszar, D., et al. (1999) Discrimination between envenomated and nonenvenomated prey by western diamondback rattlesnakes (*Crotalus atrox*): Chemosensory consequences of venom, *Copeia*, 1999 (3), 640–648.

Chiszar, D., Walters, A., and Smith, H. M. (2008) Rattlesnake preference for envenomated prey: Species specificity, *Journal of Herpetology*, 42 (4), 764–767.

Chittka, L. (1997) Bee color vision is optimal for coding flower color, but flower colors are not optimal for being coded — why?, *Israel Journal of Plant Sciences*, 45 (2–3), 115–127.

Chittka, L., and Menzel, R. (1992) The evolutionary adaptation of flower colours and the insect pollinators' colour vision, *Journal of Comparative Physiology A*, 171 (2), 171–181.

Chittka, L., and Niven, J. (2009) Are bigger brains better?, *Current Biology*, 19 (21), R995-R1008.

Chiu, C., and Moss, C. F. (2008) When echolocating bats do not echolocate, *Communicative & Integrative Biology*, 1 (2), 161–162.

Chiu, C., Xian, W., and Moss, C. F. (2008) Flying in silence: Echolocating bats cease vocalizing to avoid sonar jamming, *Proceedings of the National Academy of Sciences*, 105 (35), 13116–13121.

Chiu, C., Xian, W., and Moss, C. F. (2009) Adaptive echolocation behavior in bats for the analysis of auditory scenes, *Journal of Experimental Biology*, 212 (9), 1392–1404.

Cinzano, P., Falchi, F., and Elvidge, C. D. (2001) The first world atlas of the artificial night sky brightness, *Monthly Notices of the Royal Astronomical Society*, 328 (3), 689–707.

Clark, C. J., LePiane, K., and Liu, L. (2020) Evolution and ecology of silent flight in owls and other flying vertebrates, *Integrative Organismal Biology*, 2 (1), obaa001.

Clark, C. W., and Gagnon, G. C. (2004) Low-frequency vocal behaviors of baleen whales in

Carr, T. D., et al. (2017) A new tyrannosaur with evidence for anagenesis and crocodile-like facial sensory system, *Scientific Reports*, 7 (1), 44942.

Carrete, M., et al. (2012) Mortality at wind-farms is positively related to large-scale distribution and aggregation in griffon vultures, *Biological Conservation*, 145 (1), 102–108.

Carvalho, L. S., et al. (2017) The genetic and evolutionary drives behind primate color vision, *Frontiers in Ecology and Evolution*, 5, 34.

Casas, J., and Dangles, O. (2010) Physical ecology of fluid flow sensing in arthropods, *Annual Review of Entomology*, 55 (1), 505–520.

Casas, J., and Steinmann, T. (2014) Predator-induced flow disturbances alert prey, from the onset of an attack, *Proceedings of the Royal Society B: Biological Sciences*, 281 (1790), 20141083.

Catania, K. C. (1995a) Magnified cortex in star-nosed moles, *Nature*, 375 (6531), 453–454.

Catania, K. C. (1995b) Structure and innervation of the sensory organs on the snout of the star-nosed mole, *Journal of Comparative Neurology*, 351 (4), 536–548.

Catania, K. C. (2006) Olfaction: Underwater "sniffing" by semi-aquatic mammals, *Nature*, 444 (7122), 1024–1025.

Catania, K. C. (2008) Worm grunting, fiddling, and charming — Humans unknowingly mimic a predator to harvest bait, *PLOS One*, 3 (10), e3472.

Catania, K. C. (2011) The sense of touch in the star-nosed mole: From mechanoreceptors to the brain, *Philosophical Transactions of the Royal Society B: Biological Sciences*, 366 (1581), 3016–3025.

Catania, K. C. (2016) Leaping eels electrify threats, supporting Humboldt's account of a battle with horses, *Proceedings of the National Academy of Sciences*, 113 (25), 6979–6984.

Catania, K. C. (2019) The astonishing behavior of electric eels, *Frontiers in Integrative Neuroscience*, 13, 23.

Catania, K. C., et al. (1993) Nose stars and brain stripes, *Nature*, 364 (6437), 493.

Catania, K. C., and Kaas, J. H. (1997a) Somatosensory fovea in the star-nosed mole: Behavioral use of the star in relation to innervation patterns and cortical representation, *Journal of Comparative Neurology*, 387 (2), 215–233.

Catania, K. C., and Kaas, J. H. (1997b) The mole nose instructs the brain, *Somatosensory & Motor Research*, 14 (1), 56–58.

Catania, K. C., Northcutt, R. G., and Kaas, J. H. (1999) The development of a biological novelty: A different way to make appendages as revealed in the snout of the star-nosed mole *Condylura cristata*, *Journal of Experimental Biology*, 202 (Pt 20), 2719–2726.

Catania, K. C., and Remple, F. E. (2004) Tactile foveation in the star-nosed mole, *Brain, Behavior and Evolution*, 63 (1), 1–12.

Catania, K. C., and Remple, F. E. (2005) Asymptotic prey profitability drives star-nosed moles to the foraging speed limit, *Nature*, 433 (7025), 519–522.

Catania, K. C., and Remple, M. S. (2002) Somatosensory cortex dominated by the representation of teeth in the naked mole-rat brain, *Proceedings of the National Academy of Sciences*, 99 (8), 5692–5697.

Caves, E. M., Brandley, N. C., and Johnsen, S. (2018) Visual acuity and the evolution of detection in rattlesnakes, *Journal of Comparative Physiology A*, 199 (12), 1093–1104.

Caldwell, M. S., McDaniel, J. G., and Warkentin, K. M. (2010) Is it safe? Red-eyed treefrog embryos assessing predation risk use two features of rain vibrations to avoid false alarms, *Animal Behaviour*, 79 (2), 255–260.

Calma, J. (2020) The pandemic turned the volume down on ocean noise pollution, *The Verge*. 以下で利用可 : www.theverge.com/22166314/covid-19-pandemic-ocean-noise-pollution.

Caprio, J. (1975) High sensitivity of catfish taste receptors to amino acids, *Comparative Biochemistry and Physiology Part A: Physiology*, 52 (1), 247–251.

Caprio, J., et al. (1993) The taste system of the channel catfish: From biophysics to behavior, *Trends in Neurosciences*, 16 (5), 192–197.

Caputi, A. A. (2017) Active electroreception in weakly electric fish, in Sherman, S. M. (ed), *Oxford research encyclopedia of neuroscience*. New York: Oxford University Press. 以下で利用可 : DOI: 10.1093/acrefore/9780190264086.013.106.

Caputi, A. A., et al. (2013) On the haptic nature of the active electric sense of fish, *Brain Research*, 1536, 27–43.

Caputi, Á. A., Aguilera, P. A., and Pereira, A. C. (2011) Active electric imaging: Body-object interplay and object's "electric texture," *PLOS One*, 6 (8), e22793.

Caras, M. L. (2013) Estrogenic modulation of auditory processing: A vertebrate comparison, *Frontiers in Neuroendocrinology*, 34 (4), 285–299.

Carlson, B. A. (2002) Electric signaling behavior and the mechanisms of electric organ discharge production in mormyrid fish, *Journal of Physiology-Paris*, 96 (5), 405–419.

Carlson, B. A., et al. (eds), (2019) *Electroreception: Fundamental insights from comparative approaches*. Cham: Springer.

Carlson, B. A., and Arnegard, M. E. (2011) Neural innovations and the diversification of African weakly electric fishes, *Communicative & Integrative Biology*, 4 (6), 720–725.

Carlson, B. A., and Sisneros, J. A. (2019) A brief history of electrogenesis and electroreception in fishes, in Carlson, B. A., et al. (eds), *Electroreception: Fundamental insights from comparative approaches*, 1–23. Cham: Springer.

Caro, T. M. (2016) *Zebra stripes*. Chicago: University of Chicago Press.

Caro, T., et al. (2019) Benefits of zebra stripes: Behaviour of tabanid flies around zebras and horses, *PLOS One*, 14 (2), e0210831.

Carpenter, C. W., et al. (2018) Human ability to discriminate surface chemistry by touch, *Materials Horizons*, 5 (1), 70–77.

Carr, A. (1995) Notes on the behavioral ecology of sea turtles, in Bjorndal, K. A. (ed), *Biology and conservation of sea turtles*, rev. ed., 19–26. Washington, DC: Smithsonian Institution Press.

Carr, A. L., and Salgado, V. L. (2019) Ticks home in on body heat: A new understanding of Haller's organ and repellent action, *PLOS One*, 14 (8), e0221659.

Carr, C. E., and Christensen-Dalsgaard, J. (2015) Sound localization strategies in three predators, *Brain, Behavior and Evolution*, 86 (1), 17–27.

Carr, C. E., and Christensen-Dalsgaard, J. (2016) Evolutionary trends in directional hearing, *Current Opinion in Neurobiology*, 40, 111–117.

geomagnetic imprinting shape spatial genetic variation in sea turtles, *Current Biology*, 28 (8), 1325–1329. e2.

Brown, F. A. (1962) Responses of the planarian, dugesia, and the protozoan, paramecium, to very weak horizontal magnetic fields, *Biological Bulletin*, 123 (2), 264–281.

Brown, F. A., Webb, H. M., and Barnwell, F. H. (1964) A compass directional phenomenon in mud-snails and its relation to magnetism, *Biological Bulletin*, 127 (2), 206–220.

Brown, R. E., and Fedde, M. R. (1993) Airflow sensors in the avian wing, *Journal of Experimental Biology*, 179 (1), 13–30.

Brownell, P., and Farley, R. D. (1979a) Detection of vibrations in sand by tarsal sense organs of the nocturnal scorpion, Paruroctonus mesaensis, *Journal of Comparative Physiology A*, 131 (1), 23–30.

Brownell, P., and Farley, R. D. (1979b) Orientation to vibrations in sand by the nocturnal scorpion, *Paruroctonus mesaensis*: Mechanism of target localization, *Journal of Comparative Physiology A*, 131 (1), 31–38.

Brownell, P., and Farley, R. D. (1979c) Prey-localizing behaviour of the nocturnal desert scorpion, *Paruroctonus mesaensis*: Orientation to substrate vibrations, *Animal Behaviour*, 27 (Pt 1), 185–193.

Brownell, P. H. (1984) Prey detection by the sand scorpion, *Scientific American*, 251 (6), 86–97.

Brumm, H. (2004) The impact of environmental noise on song amplitude in a territorial bird, *Journal of Animal Ecology*, 73 (3), 434–440.

Brunetta, L., and Craig, C. L. (2012) *Spider silk: Evolution and 400 million years of spinning, waiting, snagging, and mating*. New Haven, CT: Yale University Press. (クモはなぜ糸をつくるのか？：糸と進化し続けた四億年、Leslie Brunetta, Catherine L. Craig 著、三井恵津子訳、丸善出版、2013)

Bryant, A. S., et al. (2018) A critical role for thermosensation in host seeking by skin-penetrating nematodes, *Current Biology*, 28 (14), 2338–2347. e6.

Bryant, A. S., and Hallem, E. A. (2018) Temperature-dependent behaviors of parasitic helminths, *Neuroscience Letters*, 687, 290–303.

Bullock, T. H. (1969) Species differences in effect of electroreceptor input on electric organ pacemakers and other aspects of behavior in electric fish, *Brain, Behavior and Evolution*, 2 (2), 102–118.

Bullock, T. H., Behrend, K., and Heiligenberg, W. (1975) Comparison of the jamming avoidance responses in Gymnotoid and Gymnarchid electric fish: A case of convergent evolution of behavior and its sensory basis, *Journal of Comparative Physiology*, 103 (1), 97–121.

Bullock, T. H., and Diecke, F. P. J. (1956) Properties of an infra-red receptor, *Journal of Physiology*, 134 (1), 47–87.

Bush, N. E., Solla, S. A., and Hartmann, M. J. (2016) Whisking mechanics and active sensing, *Current Opinion in Neurobiology*, 40, 178–188.

Buxton, R. T., et al. (2017) Noise pollution is pervasive in U.S. protected areas, *Science*, 356 (6337), 531–533.

Cadena, V., et al. (2013) Evaporative respiratory cooling augments pit organ thermal

Blickley, J. L., et al. (2012) Experimental chronic noise is related to elevated fecal corticosteroid metabolites in lekking male greater sage-grouse (*Centrocercus urophasianus*), *PLOS One*, 7 (11), e50462.

Bok, M. J., et al. (2014) Biological sunscreens tune polychromatic ultraviolet vision in mantis shrimp, *Current Biology*, 24 (14), 1636–1642.

Bok, M. J., Capa, M., and Nilsson, D.-E. (2016) Here, there and everywhere: The radiolar eyes of fan worms (Annelida, Sabellidae), *Integrative and Comparative Biology*, 56 (5), 784–795.

Boles, L. C., and Lohmann, K. J. (2003) True navigation and magnetic maps in spiny lobsters, *Nature*, 421 (6918), 60–63.

Bonadonna, F., et al. (2006) Evidence that blue petrel, Halobaena caerulea, fledglings can detect and orient to dimethyl sulfide, *Journal of Experimental Biology*, 209 (11), 2165–2169.

Boonman, A., et al. (2013) It's not black or white: On the range of vision and echolocation in echolocating bats, *Frontiers in Physiology*, 4, 248.

Boonman, A., Bumrungsri, S., and Yovel, Y. (2014) Nonecholocating fruit bats produce biosonar clicks with their wings, *Current Biology*, 24 (24), 2962–2967.

Boström, J. E., et al. (2016) Ultra-rapid vision in birds, *PLOS One*, 11 (3), e0151099.

Bottesch, M., et al. (2016) A magnetic compass that might help coral reef fish larvae return to their natal reef, *Current Biology*, 26 (24), R1266-R1267.

Braithwaite, V. (2010) *Do fish feel pain?* New York: Oxford University Press. (魚は痛みを感じるか?、ヴィクトリア・ブレイスウェイト著、高橋洋訳、紀伊國屋書店、2012)

Braithwaite, V., and Droege, P. (2016) Why human pain can't tell us whether fish feel pain, *Animal Sentience*, 3 (3).

Braude, S., et al. (2021) Surprisingly long survival of premature conclusions about naked mole-rat biology, *Biological Reviews*, 96 (2), 376–393.

Brill, R. L., et al. (1992) Target detection, shape discrimination, and signal characteristics of an echolocating false killer whale (*Pseudorca crassidens*), *Journal of the Acoustical Society of America*, 92 (3), 1324–1330.

Brinkløv, S., Elemans, C. P. H., and Ratcliffe, J. M. (2017) Oilbirds produce echolocation signals beyond their best hearing range and adjust signal design to natural light conditions, *Royal Society Open Science*, 4 (5), 170255.

Brinkløv, S., Fenton, M. B., and Ratcliffe, J. M. (2013) Echolocation in oilbirds and swiftlets, *Frontiers in Physiology*, 4, 123.

Brinkløv, S., Kalko, E. K. V., and Surlykke, A. (2009) Intense echolocation calls from two "whispering" bats, *Artibeus jamaicensis* and *Macrophyllum macrophyllum* (Phyllostomidae), *Journal of Experimental Biology*, 212 (Pt 1), 11–20.

Brinkløv, S., and Warrant, E. (2017) Oilbirds, *Current Biology*, 27 (21), R1145-R1147.

Briscoe, A. D., et al. (2010) Positive selection of a duplicated UV-sensitive visual pigment coincides with wing pigment evolution in *Heliconius* butterflies, *Proceedings of the National Academy of Sciences*, 107 (8), 3628–3633.

Broom, D. (2001) Evolution of pain, *Vlaams Diergeneeskundig Tijdschrift*, 70, 17–21.

Brothers, J. R., and Lohmann, K. J. (2018) Evidence that magnetic navigation and

Bateson, P. (1991) Assessment of pain in animals, *Animal Behaviour*, 42 (5), 827–839.

Bauer, G. B., et al. (2012) Tactile discrimination of textures by Florida manatees (*Trichechus manatus latirostris*), *Marine Mammal Science*, 28 (4), E456-E471.

Bauer, G. B., Reep, R. L., and Marshall, C. D. (2018) The tactile senses of marine mammals, *International Journal of Comparative Psychology*, 31.

Baxi, K. N., Dorries, K. M., and Eisthen, H. L. (2006) Is the vomeronasal system really specialized for detecting pheromones?, *Trends in Neurosciences*, 29 (1), 1–7.

Bedore, C. N., and Kajiura, S. M. (2013) Bioelectric fields of marine organisms: Voltage and frequency contributions to detectability by electroreceptive predators, *Physiological and Biochemical Zoology*, 86 (3), 298–311.

Bedore, C. N., Kajiura, S. M., and Johnsen, S. (2015) Freezing behaviour facilitates bioelectric crypsis in cuttlefish faced with predation risk, *Proceedings of the Royal Society B: Biological Sciences*, 282 (1820), 20151886.

Benoit-Bird, K. J., and Au, W. W. L. (2009a) Cooperative prey herding by the pelagic dolphin, Stenella longirostris, *Journal of the Acoustical Society of America*, 125 (1), 125–137.

Benoit-Bird, K. J., and Au, W. W. L. (2009b) Phonation behavior of cooperatively foraging spinner dolphins, *Journal of the Acoustical Society of America*, 125 (1), 539–546.

Bernal, X. E., Rand, A. S., and Ryan, M. J. (2006) Acoustic preferences and localization performance of blood-sucking flies (*Corethrella* Coquillett) to túngara frog calls, *Behavioral Ecology*, 17 (5), 709–715.

Beston, H. (2003) *The outermost house: A year of life on the great beach of Cape Cod*. New York: Holt Paperbacks. (ケープコッドの海辺に暮らして：大いなる浜辺における 1 年間の生活、ヘンリー・ベストン著、村上清敏訳、本の友社、1997)

Bianco, G., Ilieva, M., and Åkesson, S. (2019) Magnetic storms disrupt nocturnal migratory activity in songbirds, *Biology Letters*, 15 (3), 20180918.

Bingman, V. P., et al. (2017) Importance of the antenniform legs, but not vision, for homing by the neotropical whip spider *Paraphrynus laevifrons*, *Journal of Experimental Biology*, 220 (Pt 5), 885–890.

Birkhead, T. (2013) *Bird sense: What it's like to be a bird*. New York: Bloomsbury. (鳥たちの驚異的な感覚世界、ティム・バークヘッド著、沼尻由起子訳、河出書房新社、2013)

Bisoffi, Z., et al. (2013) Strongyloides stercoralis: A plea for action, *PLOS Neglected Tropical Diseases*, 7 (5), e2214.

Bjørge, M. H., et al. (2011) Behavioural changes following intraperitoneal vaccination in Atlantic salmon (*Salmo salar*), *Applied Animal Behaviour Science*, 133 (1), 127–135.

Blackledge, T. A., Kuntner, M., and Agnarsson, I. (2011) The form and function of spider orb webs, in Casas, J. (ed), *Advances in insect physiology*, 175–262. Amsterdam: Elsevier.

Blackwall, J. (1830) Mr Murray's paper on the aerial spider, *Magazine of Natural History and Journal of Zoology, Botany, Mineralogy, Geology, and Meteorology*, 2, 116–413.

Blakemore, R. (1975) Magnetotactic bacteria, *Science*, 190 (4212), 377–379.

Bleicher, S. S., et al. (2018) Divergent behavior amid convergent evolution: A case of four desert rodents learning to respond to known and novel vipers, *PLOS One*, 13 (8), e0200672.

Bakken, G. S., et al. (2018) Cooler snakes respond more strongly to infrared stimuli, but we have no idea why, *Journal of Experimental Biology*, 221 (17), jeb182121.

Bakken, G. S., and Krochmal, A. R. (2007) The imaging properties and sensitivity of the facial pits of pitvipers as determined by optical and heat-transfer analysis, *Journal of Experimental Biology*, 210 (16), 2801–2810.

Baldwin, M. W., et al. (2014) Evolution of sweet taste perception in hummingbirds by transformation of the ancestral umami receptor, *Science*, 345 (6199), 929–933.

Bálint, A., et al. (2020) Dogs can sense weak thermal radiation, *Scientific Reports*, 10 (1), 3736.

Baltzley, M. J., and Nabity, M. W. (2018) Reanalysis of an oft-cited paper on honeybee magnetoreception reveals random behavior, *Journal of Experimental Biology*, 221 (Pt 22), jeb185454.

Bang, B. G. (1960) Anatomical evidence for olfactory function in some species of birds, *Nature*, 188 (4750), 547–549.

Bang, B. G., and Cobb, S. (1968) The size of the olfactory bulb in 108 species of birds, *The Auk*, 85 (1), 55–61.

Barber, J. R., et al. (2015) Moth tails divert bat attack: Evolution of acoustic deflection, *Proceedings of the National Academy of Sciences*, 112 (9), 2812–2816.

Barber, J. R., and Conner, W. E. (2007) Acoustic mimicry in a predator-prey interaction, *Proceedings of the National Academy of Sciences*, 104 (22), 9331–9334.

Barber, J. R., Crooks, K. R., and Fristrup, K. M. (2010) The costs of chronic noise exposure for terrestrial organisms, *Trends in Ecology & Evolution*, 25 (3), 180–189.

Barber, J. R., and Kawahara, A. Y. (2013) Hawkmoths produce anti-bat ultrasound, *Biology Letters*, 9 (4), 20130161.

Barbero, F., et al. (2009) Queen ants make distinctive sounds that are mimicked by a butterfly social parasite, *Science*, 323 (5915), 782–785.

Bargmann, C. I. (2006) Comparative chemosensation from receptors to ecology, *Nature*, 444 (7117), 295–301.

Barth, F. G. (2002) *A spider's world: Senses and behavior*. Berlin: Springer.

Barth, F. (2015) A spider's tactile hairs, *Scholarpedia*, 10 (3), 7267.

Barth, F. G., and Höller, A. (1999) Dynamics of arthropod filiform hairs. V. The response of spider trichobothria to natural stimuli, *Philosophical Transactions of the Royal Society B: Biological Sciences*, 354 (1380), 183–192.

Barton, B. T., et al. (2018) Testing the AC/DC hypothesis: Rock and roll is noise pollution and weakens a trophic cascade, *Ecology and Evolution*, 8 (15), 7649–7656.

Basolo, A. L. (1990) Female preference predates the evolution of the sword in swordtail fish, *Science*, 250 (4982), 808–810.

Bates, A. E., et al. (2010) Deep-sea hydrothermal vent animals seek cool fluids in a highly variable thermal environment, *Nature Communications*, 1 (1), 14.

Bates, L. A., et al. (2007) Elephants classify human ethnic groups by odor and garment color, *Current Biology*, 17 (22), 1938–1942.

Bates, L. A., et al. (2008) African elephants have expectations about the locations of out-of-sight family members, *Biology Letters*, 4 (1), 34–36.

Arikawa, K. (2017) The eyes and vision of butterflies, *Journal of Physiology*, 595 (16), 5457–5464.

Arkley, K., et al. (2014) Strategy change in vibrissal active sensing during rat locomotion, *Current Biology*, 24 (13), 1507–1512.

Arnegard, M. E., and Carlson, B. A. (2005) Electric organ discharge patterns during group hunting by a mormyrid fish, *Proceedings of the Royal Society B: Biological Sciences*, 272 (1570), 1305–1314.

Arranz, P., et al. (2011) Following a foraging fish-finder: Diel habitat use of Blainville's beaked whales revealed by echolocation, *PLOS One*, 6 (12), e28353.

Aschwanden, C. (2015) Science isn't broken, FiveThirtyEight. 以下で利用可: fivethirtyeight.com/features/science-isnt-broken/.

Atema, J. (1971) Structures and functions of the sense of taste in the catfish (*Ictalurus natalis*), *Brain, Behavior and Evolution*, 4 (4), 273–294.

Atema, J. (2018) Opening the chemosensory world of the lobster, *Homarus americanus*, *Bulletin of Marine Science*, 94 (3), 479–516.

Au, W. W. L. (1993) *The sonar of dolphins*. New York: Springer-Verlag.

Au, W. W. L. (1996) Acoustic reflectivity of a dolphin, *Journal of the Acoustical Society of America*, 99 (6), 3844–3848.

Au, W. W. L. (2011) History of dolphin biosonar research, *Acoustics Today*, 11 (4), 10–17.

Au, W. W. L., et al. (2009) Acoustic basis for fish prey discrimination by echolocating dolphins and porpoises, *Journal of the Acoustical Society of America*, 126 (1), 460–467.

Au, W. W. L., and Simmons, J. A. (2007) Echolocation in dolphins and bats, *Physics Today*, 60 (9), 40–45.

Au, W. W., and Turl, C. W. (1983) Target detection in reverberation by an echolocating Atlantic bottlenose dolphin (*Tursiops truncatus*), *Journal of the Acoustical Society of America*, 73 (5), 1676–1681.

Audubon, J. J. (1826) Account of the habits of the turkey buzzard (Vultur aura), particularly with the view of exploding the opinion generally entertained of its extraordinary power of smelling, *Edinburgh New Philosophical Journal*, 2, 172–184.

Baden, T., Euler, T., and Berens, P. (2020) Understanding the retinal basis of vision across species, *Nature Reviews Neuroscience*, 21 (1), 5–20.

Baker, C. A., and Carlson, B. A. (2019) Electric signals, in Choe, J. C. (ed), *Encyclopedia of animal behavior*, 2nd ed., 474–486. Amsterdam: Elsevier.

Baker, C. A., Huck, K. R., and Carlson, B. A. (2015) Peripheral sensory coding through oscillatory synchrony in weakly electric fish, *eLife*, 4, e08163.

Baker, C. V. H. (2019) The development and evolution of lateral line electroreceptors: Insights from comparative molecular approaches, in Carlson, B. A., et al. (eds), *Electroreception: Fundamental insights from comparative approaches*, 25–62. Cham: Springer.

Baker, C. V. H., Modrell, M. S., and Gillis, J. A. (2013) The evolution and development of vertebrate lateral line electroreceptors, *Journal of Experimental Biology*, 216 (13), 2515–2522.

Baker, R. R. (1980) Goal orientation by blindfolded humans after long-distance displacement: Possible involvement of a magnetic sense, *Science*, 210 (4469), 555–557.

参考文献

Ache, B. W., and Young, J. M. (2005) Olfaction: Diverse species, conserved principles, *Neuron*, 48 (3), 417–430.

Ackerman, D. (1991) *A natural history of the senses*. New York: Vintage Books. (感覚の博物誌、ダイアン・アッカーマン著、岩崎徹、原田大介訳、河出書房新社、1996)

Adamo, S. A. (2016) Do insects feel pain? A question at the intersection of animal behaviour, philosophy and robotics, *Animal Behaviour*, 118, 75–79.

Adamo, S. A. (2019) Is it pain if it does not hurt? On the unlikelihood of insect pain, *The Canadian Entomologist*, 151 (6), 685–695.

Aflitto, N., and DeGomez, T. (2014) Sonic pest repellents, College of Agriculture, University of Arizona (Tucson, AZ). 以下で利用可 : repository.arizona.edu/handle/10150/333139.

Agnarsson, I., Kuntner, M., and Blackledge, T. A. (2010) Bioprospecting finds the toughest biological material: Extraordinary silk from a giant riverine orb spider, *PLOS One*, 5 (9), e11234.

Albert, J. S., and Crampton, W. G. R. (2006) Electroreception and electrogenesis, in Evans, D. H., and Claiborne, J. B. (eds), *The physiology of fishes*, 3rd ed., 431–472. Boca Raton, FL: CRC Press.

Alexander, R. M. (1996) Hans Werner Lissmann, 30 April 1909–21 April 1995, *Biographical Memoirs of Fellows of the Royal Society*, 42, 235–245.

Altermatt, F., and Ebert, D. (2016) Reduced flight-to-light behaviour of moth populations exposed to long-term urban light pollution, *Biology Letters*, 12 (4), 20160111.

Alupay, J. S., Hadjisolomou, S. P., and Crook, R. J. (2014) Arm injury produces long-term behavioral and neural hypersensitivity in octopus, *Neuroscience Letters*, 558, 137–142.

Amey-Özel, M., et al. (2015) More a finger than a nose: The trigeminal motor and sensory innervation of the Schnauzenorgan in the elephant-nose fish *Gnathonemus petersii*, *Journal of Comparative Neurology*, 523 (5), 769–789.

Anand, K. J. S., Sippell, W. G., and Aynsley-Green, A. (1987) Randomised trial of fentanyl anaesthesia in preterm babies undergoing surgery: Effects on the stress response, *The Lancet*, 329 (8527), 243–248.

Andersson, S., Ornborg, J., and Andersson, M. (1998) Ultraviolet sexual dimorphism and assortative mating in blue tits, *Proceedings of the Royal Society B: Biological Sciences*, 265 (1395), 445–450.

Andrews, M. T. (2019) Molecular interactions underpinning the phenotype of hibernation in mammals, *Journal of Experimental Biology*, 222 (Pt 2), jeb160606.

Appel, M., and Elwood, R. W. (2009) Motivational trade-offs and potential pain experience in hermit crabs, *Applied Animal Behaviour Science*, 119 (1), 120–124.

Arch, V. S., and Narins, P. M. (2008) "Silent" signals: Selective forces acting on ultrasonic communication systems in terrestrial vertebrates, *Animal Behaviour*, 76 (4), 1423–1428.

Arikawa, K. (2001) Hindsight of butterflies: The *Papilio* butterfly has light sensitivity in the genitalia, which appears to be crucial for reproductive behavior, *BioScience*, 51 (3), 219–225.

ら

り

る

れ

ろ

わ

ひ

ね

の

は

つ

て

た

ち

す

せ

そ

さ

し

け

こ

き

く

う

え

お

索　引

著者

エド・ヨン（Ed Yong）

アトランティック誌のスタッフとして活躍する受賞歴のあるサイエンスライター。同誌では、ピューリッツァー賞（説明報道部門）やジョージ・ポルク賞（科学報道部門）など、数々の栄誉ある賞を受賞している。初の著書『I Contain Multitudes』（日本語版は『世界は細菌にあふれ、人は細菌によって生かされる』、柏書房）はニューヨーク・タイムズ紙のベストセラーとなり、数々の賞を受賞した。彼の執筆した記事は、ニューヨーカー、ナショナルジオグラフィック、ワイアード、ニューヨーク・タイムズ、サイエンティフィック・アメリカン、その他の出版物に掲載されている。ワシントン D.C. 在住。

訳者

久保尚子（くぼ・なおこ）

翻訳家。京都大学理学部（化学）卒、同大学院理学研究科（分子生物学）修了。IT 系企業勤務を経て翻訳業に従事。訳書にダニエル・M・デイヴィス著『美しき免疫の力　人体の動的ネットワークを解き明かす』（NHK 出版）、同著『人体の全貌を知れ　私たちの生き方を左右する新しい人体科学』（亜紀書房）、スーザン・ホックフィールド著『生命機械が未来を変える　次に来るテクノロジー革命「コンバージェンス 2.0」の衝撃』（インターシフト）、キャシー・オニール著『あなたを支配し、社会を破壊する、AI・ビッグデータの罠』（同左）、マイケル・ワイスマン著『スペシャルティコーヒー物語　最高品質コーヒーを世界に広めた人々』（楽工社）など。

動物《どうぶつ》には何《なに》が見《み》え、聞《き》こえ、感《かん》じられるのか――人間《にんげん》には感知《かんち》できない驚異《きょうい》の環世界《かんせかい》

2025 年 3 月 5 日　第 1 刷発行
著　者　エド・ヨン
翻　訳　久保尚子
発行者　富澤凡子
発行所　柏書房株式会社
東京都文京区本郷 2-15-13（〒 113-0033）
電話（03）3830-1891［営業］
（03）3830-1894［編集］
装　丁　加藤愛子（オフィスキントン）
カバーイラスト　秦　直也
D T P　株式会社キャップス
印　刷　壮光舎印刷株式会社
製　本　株式会社ブックアート

ISBN978-4-7601-5601-6 C0045